한솔아카데미가 답이다!
토목기사·토목산업기사 인터넷 강좌

한솔과 함께라면 빠르게 합격 할 수 있습니다.

단계별 완전학습 커리큘럼
기초핵심 – 정규이론과정 – 모의고사 – 마무리특강의 단계별 학습 프로그램 구성

토목기사·토목산업기사 유료 동영상 강의

구 분	과 목	담당강사	강의시간	동영상	교 재
필 기	응용역학	안광호	약 22시간		
	측량학	고길용	약 31시간		
	수리학 및 수문학	한웅규	약 20시간		
	철근콘크리트	고길용	약 25시간		
	토질 및 기초	박광진	약 29시간		
	상하수도공학	이상도	약 17시간		
	기사 과년도	과목별 교수님	약 62시간		
	산업기사 과년도	과목별 교수님	약 41시간		

• 유료 동영상강의 수강방법 : www.inup.co.kr

HANSOL INFO
수험생이 알아야 할 출제경향

최근의 출제문제를 중심으로 분석한 출제빈도와 중요내용입니다.

과목	단원명	출제문항수	세부항목
응용역학	1. 힘과 모멘트	1~2	평형해석, 부정정차수, sin법칙
	2. 단면의 성질	2	단면2차모멘트, 단면계수, 도심
	3. 재료의 역학적성질	2	프아송비, 변형량, 비틀림응력, 주응력
	4. 정정보	3~4	휨모멘트 계산, 반력계산
	5. 보의 응력	1~2	휨응력, 전단응력
	6. 라멘 아치 트러스	2	라멘의 휨모멘트, 3힌지의 수평반력, 트러스의 부재력
	7. 기둥	2	최대압축응력, 좌굴길이, 오일러 좌굴하중, 세장비
	8. 처짐 탄성변형	3~4	보의 처짐, 트러스처짐, 휨변형에너지
	9. 부정정구조	2~3	변위일치법, 모멘트분배법
계		20	
측량학	1. 측량학개론	1~2	측지학분류, 지구형상, 좌표계, 지구물리측정
	2. 거리측량	1	방법, 보정값, 관측값 해석
	3. 평판측량	1~2	3요소, 측량방법, 오차
	4. 수준측량	2~3	용어, 기포관감도, 교호, 지반고계산, 야장기입
	5. 각측량	1~2	측량방법, 트랜싯, 각오차
	6. 기준점측량	2	트래버스 종류, 관측오차, 계산문제, 조정, 삼각망, 조건식수, 삼변측량
	7. 스타디아지형측량	2~3	원리와 공식, 오차, 지성선, 등고선, 기입방법
	8. 면적체적측량	2	직선면적, 곡선면적, 체적계산, 면적분할
	9. 노선측량	3	단곡선, 설치방법, 완화곡선, 클로소이드, 종단곡선
	10. 하천측량	1~2	정의, 수위관측소, 유속측정방법
	11. 사진측량	2	특성, 특수3점, 항공사진축척, 시차차, 중복도, 사진매수, 입체시, 표정, 사진지도, 원격탐측
계		20	
수리학 및 수문학	1. 유체의 기본성질	1	표면장력, 비중, 공학단위, 차원
	2. 정수역학	2~3	전수압, 피토관, 부체상태
	3. 동수역학	3	연속방정식, 운동방정식, 항력, 마찰저항, 흐름상태
	4. 오리피스와 위어	2~3	위어의 유량, 오리피스 유속
	5. 관수로	2~3	마찰손실수두, 유속계수, 펌프마력
	6. 개수로	3	비에너지, 경심, 도수에너지, 최대유량조건
	7. 지하수	1~2	투수계수, 유량계산, 지하수유속, 여과수량
	8. 수문학 일반	2~3	수문기상, 물의순환과정
	9. 증발과 유출	2~3	단위도, 합리식
계		20	

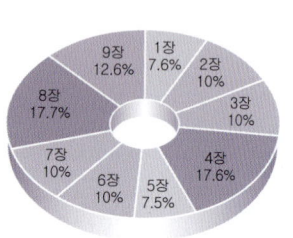

응용역학

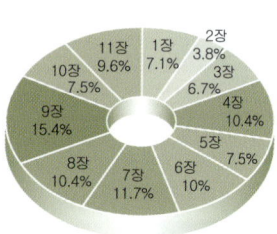

측량학

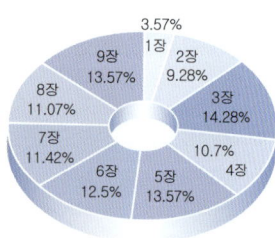

수리학 및 수문학

과목	단원명	출제문항수	세부항목
철근콘크리트 및 강구조	1. 기본개념	1	성립이유, 콘크리트강도, 철근종류
	2. 설계방법	1	설계법 비교, 기본가정
	3. 강도설계법	4~5	단철근직사각형보, 복철근직사각형보, T형보, 처짐균열
	4. 전단설계법	3	전단철근종류, 철근량, 간격, 전단마찰
	5. 정착과 이음	1~2	철근상세, 부착, 정착, 이음
	6. 기둥	1~2	구조세목, 단주해석, 장주해석
	7. 슬래브	1	종류, 설계, 구조상세, 2방향슬래브
	8. 옹벽 확대기초	1	안정조건, 옹벽설계, 기초소요면적
	9. PSC	3	정의 특징, 재료, 분류, 기본개념, 손실
	10. 강구조 교량	3~4	리벳이음, 고장력볼트, 용접이음, 교량
계		20	
토질 및 기초	1. 흙의 기본적성질	2~3	상관관계, 단위무게, 연경지수, 통일분류법
	2. 흙의 투수성과 침투	2	다르시법칙, 투수계수, 유선망특성
	3. 유효응력	2~3	모관영역의 유효응력, 침투수압, 분사현상
	4. 흙의 압축성	1~2	압밀도, 선행압밀하중, 압밀시간계산, 침하량계산
	5. 흙의 전단강도	3~4	전단강도계산, 배수방법에따른 삼축압축, 전단특성, 간극수압계수
	6. 토압	1	랜킨의 토압이론, 정지토압계수, 토압계산
	7. 사면의 안정	1	유한사면의 안정, 무한사면의 안정
	8. 흙의 다짐	2	다짐곡선의 성질, 다짐특성, 현장다짐
	9. 기초	2~3	얕은기초지지력계산, 말뚝의 지지력, 부마찰력, 군말뚝, 공기케이슨
	10. 연약지반개량공법	2	개량공법의 종류, 샌드드레인, 페이퍼드레인, 컴포저 공법, 바이브로플로테이션, 사운딩
계		20	
상하수도공학	1. 상수도시설계획	2~3	상수도 구성, 급수인구 급수량산정
	2. 수질관리	1~2	먹는 물 수질기준, 자정작용, 부영양화
	3. 수원과 취수	2	수원 및 취수지점 선정요건, 종류
	4. 상수관로시설	2~3	도수·송수·배수·급수계획, 관로설계공식
	5. 정수장시설	3	정수방법, 시설, 배출수처리시설
	6. 하수도시설계획	3~4	하수도구성 계통, 하수배제방식, 계획하수량산정
	7. 하수관로시설	2~3	하수관로계획, 하수관로, 우수조정지
	8. 하수처리장시설	3~4	하수처리방법, 처리시설, 오니처리시설
	9. 펌프장시설	2	계획, 종류, 관련식, 펌프특성곡선
계		20	

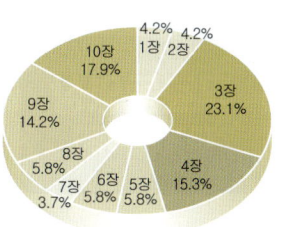

철근콘크리트 및 강구조

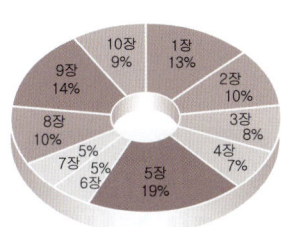

토질 및 기초

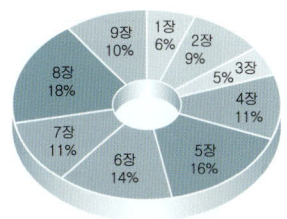

상하수도공학

본 도서를 구매하신 분께 드리는 혜택

본 도서를 구매하신 후 홈페이지에 회원등록을 하시면 아래와 같은 학습 관리시스템을 이용하실 수 있습니다.

무료동영상 (3개월 제공)

토목기사·토목산업기사 합격은 출제경향 및 기출학습에서 갈린다

- 최근 3개년 기출문제 제공
- 2026년 대비 출제경향분석

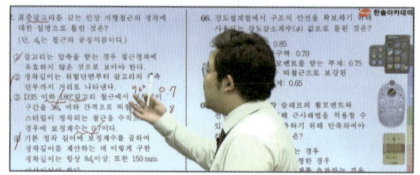

전국 모의고사

토목기사·토목산업기사 시험일 2주전 실시 (세부일정은 인터넷 전용 홈페이지 참조)

- 전국 실전모의고사
- 토목기사 실기 동영상강좌 할인쿠폰

  모의고사 결과 상위 10% 이내 회원은 토목기사 실기 동영상 강좌 30,000원 할인쿠폰

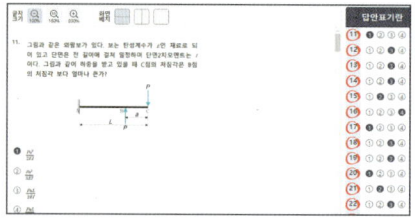

CBT 모의고사

토목기사·토목산업기사 CBT모의고사

- 토목기사 6회
  - CBT대비 기사 6회 실전테스트
    - CBT 토목기사 6회분
      - 2023년, 2024년, 2025년 과년도
- 토목산업기사 6회
  - CBT대비 산업기사 6회 실전테스트
    - CBT 토목산업기사 6회분
      - 2023년, 2024년, 2025년 과년도

[등록절차] 도서구매 후 뒷표지 회원등록 인증번호를 확인하세요.

포켓북 제공 — 일주일 완성! 핵심정리 120제

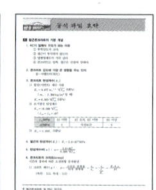
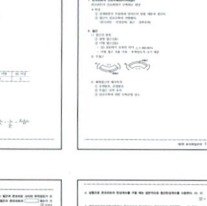

THE PASS

2026

토목기사·산업기사 시리즈

철근콘크리트 및 강구조

기출문제 무료동영상
핵심정리 120제
CBT 모의고사

4

한솔아카데미

머리말

토목(산업)기사 자격증에서 철근콘크리트 및 강구조라는 과목을 많은 학생들이 어려워한다고 생각한다. 하지만 실제 그 내용을 들여다보면 이 과목은 특정 챕터(Chapter)에 집중되어 출제되고 있다. 그만큼 중요한 부분이 어떤 부분에만 국한되어 있다는 것이다. 바로 3장, 4장, 9장이다. 시험을 합격하기 위해 우리가 이 과목을 공부한다면 서로 다르게 비중을 두고 공부하는 것이 한 번에 끝낼 수 있는 최선의 방법이라 생각된다.

먼저 공부한 선배로서 시험은 한 번에 공부는 영원히 하는 것이라고 말하고 싶다.

단순히 자격증만을 목표로 하지 않고 공사·공단, 공무원 입사시험을 준비한다면 나머지 부분은 자격을 딴 후에 차근히 공부해도 늦지 않을 것이다. 물론 자신이 있다면 처음부터 끝까지 정독할 수도 있을 것이다.

우선은 자격증이 없으면 시험 응시가 불가능하거나 가산점의 제한을 받기 때문에 자격증은 필수이다. 이제는 책을 한 번 읽어보고, 수업을 듣고, 복습하는 것만이 남아 있다.

모두 합격하기를 바라는 간절한 마음으로 문제 하나 하나 이해가 될 수 있도록 해설을 달았다. 만약 모르는 내용이 있다면 나의 홈페이지(www.macpass.co.kr) 혹은 출판사 홈페이지로 질문한다면 자세히 부연설명할 것을 약속하는 바이다.

이 책은 2017년 "강구조 설계" 및 2021년 전면 개정된 "콘크리트 구조 설계"를 수록 반영하여 철근 콘크리트, 프리스트레스트 콘크리트, 강구조에 대해 토목기사 및 산업기사뿐만 아니라 각종 시험에 대비하는 수험서로서 쓰여졌으며, 광대한 이론을 요약 정리하고 쉽게 이해할 수 있도록 꾸몄다. 그리고 단순한 암기보다는 이해 위주로 학습할 수 있도록 가능한 기본원리를 밝히고자 노력하였다.

> **이 책의 특징을 요약하면 다음과 같다.**
> **첫째** : 각 단원별로는 내용을 간단하게 요약 정리하였으며, 그러면서도 쉽게 이해할 수 있도록 필요한 경우에는 자세하게 밝혀 적었다.
> **둘째** : 각 단원마다 출제경향분석 및 학습방향을 제시하여 학습에 도움이 되도록 하였다.
> **셋째** : 각 단원의 뒤에는 핵심문제를 엄선하여 수록함으로서 적은 노력으로도 많은 학습효과를 얻을 수 있도록 하였으며, 핵심문제에는 자세한 해설을 붙여 이해하는데 도움이 되도록 하였다.
> **넷째** : 각 장의 끝에는 기출문제 및 예상문제를 수록하여 출제경향과 난이도를 파악해 볼 수 있도록 하였다.

따라서, 각종 시험을 대비하는 사람뿐만 아니라 설계자에게도 좋은 지침이 될 수 있기를 기대하며, 오류나 부족한 부분은 계속 보완해 나갈 것을 약속 드립니다.

출판이 되기까지 자신의 공부 시간을 할애해 준 김태헌군, 고병규군, 윤은균군에게 감사하며 출판이 되도록 허락해주신 한병천 사장님과 이종권 전무님 그리고 편집과 교정에 고생하신 안주현 부장님께 진심으로 감사드립니다.

저자 드림

"한솔아카데미" 교재는 앞서갑니다.

교재구성 특징

각 항목별 단원에 학습방향을 두어 흐름을 파악할 수 있습니다.
본문에 들어가기전 핵심을 체크하면서 쉽고 간단하게 학습에 몰입할 수 있도록 해드립니다.

각 핵심문제를 통해서 시험의 유형을 파악할 수 있습니다.
본문내용의 흐름에 맞추어 핵심문제를 구성하여 핵심문제를 완벽하게 풀 수 있도록 해설을 명쾌하게 구성하였습니다.

각문제마다 출제비중을 알게 하였습니다
[09,21,22㉮] 출제횟수를 한눈에 파악할 수 있게 하여 출제경향을 파악할 수 있게 하였습니다.

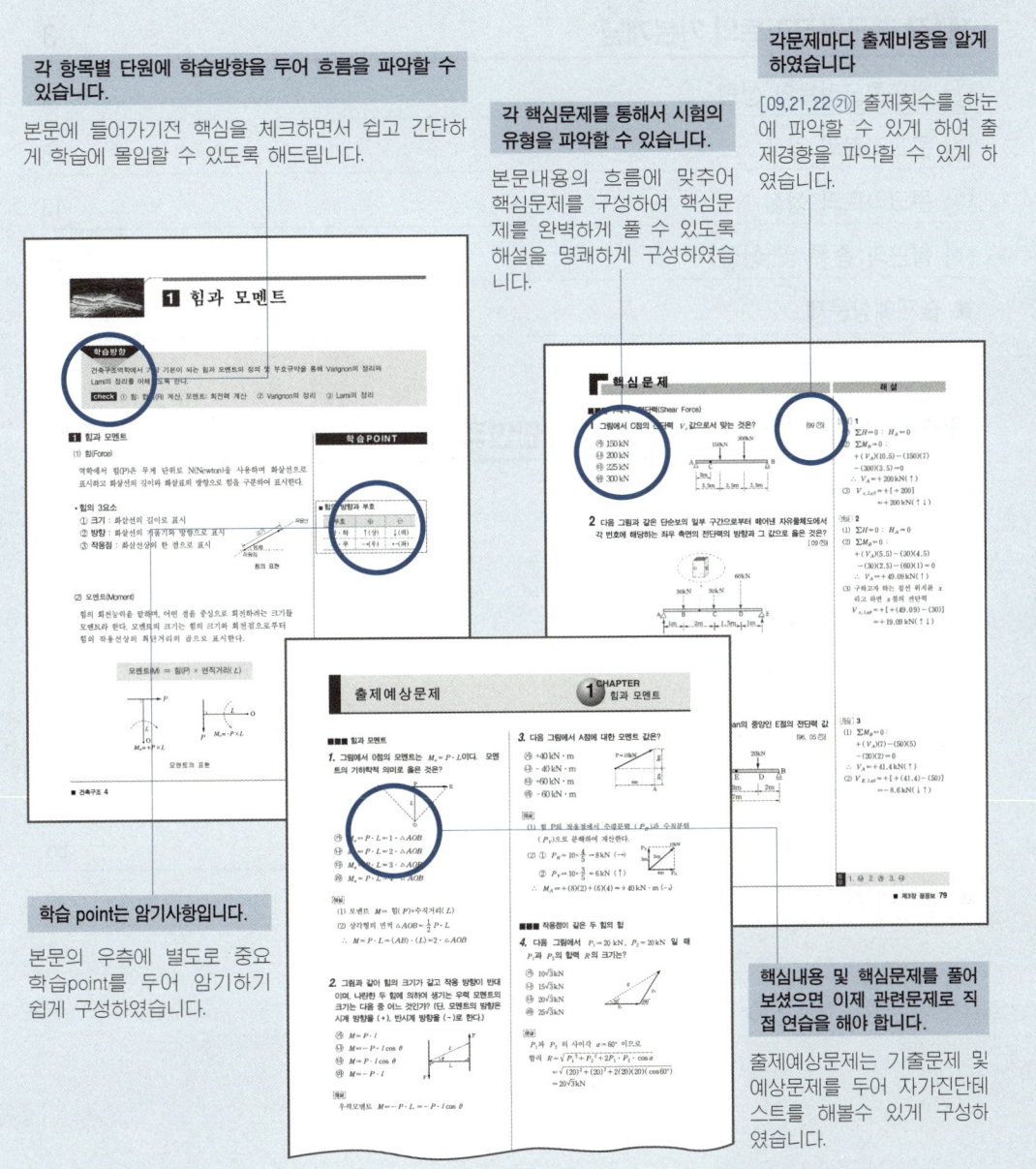

학습 point는 암기사항입니다.
본문의 우측에 별도로 중요 학습point를 두어 암기하기 쉽게 구성하였습니다.

핵심내용 및 핵심문제를 풀어 보셨으면 이제 관련문제로 직접 연습을 해야 합니다.
출제예상문제는 기출문제 및 예상문제를 두어 자가진단테스트를 해볼수 있게 구성하였습니다.

목 차

제1장 철근콘크리트의 기본개념　　3

1. 철근콘크리트의 성립　　4
2. 콘크리트의 강도　　8
3. 콘크리트의 성질　　13
4. 철근의 종류 및 성질　　20
■ 출제예상문제　　26

제2장 강도설계법의 기본개념과 환산단면적　　37

1. 강도설계법　　38

제3장 보의 휨설계(강도설계법)　　51

1. 단철근 직사각형 보　　52
2. 복철근 직사각형 보　　69
3. T형 단면보　　75
4. 사용성 및 내구성　　85
■ 출제예상문제　　92

제4장 전단과 비틀림　　99

- 1 전단응력과 전단철근의 종류　　100
- 2 전단철근의 설계(강도설계법)　　103
- ■ 출제예상문제　　113

제5장 철근의 정착과 이음　　131

- 1 철근 상세　　132
- 2 철근의 정착　　136
- 3 철근의 이음　　144
- ■ 출제예상문제　　147

제6장 기둥　　157

- 1 서론 및 제한사항　　158
- 2 기둥의 설계　　163
- ■ 출제예상문제　　171

제7장 슬래브　　177

- 1 서론 및 1방향 슬래브　　178
- 2 2방향 슬래브　　187
- ■ 출제예상문제　　192

제8장 확대기초와 옹벽　　　　　　　　　　　　　　　　**197**

1 확대기초　　　　　　　　　　　　　　　　　　　　　　198
2 옹벽　　　　　　　　　　　　　　　　　　　　　　　　205
■ 출제예상문제　　　　　　　　　　　　　　　　　　　211

제9장 프리스트레스트 콘크리트(PSC)　　　　　　　　　**217**

1 서론 및 재료의 성질　　　　　　　　　　　　　　　　218
2 프리스트레싱 방법 및 공법　　　　　　　　　　　　　222
3 PSC의 기본개념 및 분류　　　　　　　　　　　　　　230
4 프리스트레스의 도입과 손실　　　　　　　　　　　　237
5 휨 부재의 해석　　　　　　　　　　　　　　　　　　245
■ 출제예상문제　　　　　　　　　　　　　　　　　　　248

제10장 강구조 및 교량　　　　　　　　　　　　　　　　**269**

1 리벳 및 고장력 볼트 이음　　　　　　　　　　　　　270
2 압축, 인장, 휨 부재　　　　　　　　　　　　　　　　276
3 용접 이음　　　　　　　　　　　　　　　　　　　　　281
4 교량　　　　　　　　　　　　　　　　　　　　　　　288
■ 출제예상문제　　　　　　　　　　　　　　　　　　　292

부 록 : 과년도 출제문제

■ 토목기사

1 2021 토목기사 과년도 출제문제	3
2 2022 토목기사 과년도 출제문제	19
3 2023 토목기사 과년도 출제문제	34
4 2024 토목기사 과년도 출제문제	49
5 2025 토목기사 과년도 출제문제	65

■ 토목산업기사

1 2023 토목산업기사 과년도 출제문제	81
2 2024 토목산업기사 과년도 출제문제	90
3 2025 토목산업기사 과년도 출제문제	99

CBT 대비 토목기사, 토목산업기사 실전테스트는 홈페이지 (www.inup.co.kr)에서 CBT 모의 TEST 로 함께 체험하실 수 있습니다.

■ **CBT대비 기사 6회 실전테스트**
- CBT 토목기사 제1회 (2025년 제1회 과년도)
- CBT 토목기사 제2회 (2025년 제3회 과년도)
- CBT 토목기사 제3회 (2024년 제1회 과년도)
- CBT 토목기사 제4회 (2024년 제3회 과년도)
- CBT 토목기사 제5회 (2023년 제1회 과년도)
- CBT 토목기사 제6회 (2023년 제3회 과년도)

■ **CBT대비 산업기사 6회 실전테스트**
- CBT 토목산업기사 제1회 (2025년 제1회 과년도)
- CBT 토목산업기사 제2회 (2025년 제3회 과년도)
- CBT 토목산업기사 제3회 (2024년 제1회 과년도)
- CBT 토목산업기사 제4회 (2024년 제3회 과년도)
- CBT 토목산업기사 제5회 (2023년 제1회 과년도)
- CBT 토목산업기사 제6회 (2023년 제4회 과년도)

제4과목

철근콘크리트
및 PSC·강구조
(최근 기출문제 분석수록)

철근콘크리트의 기본개념 01
강도설계법의 기본개념과 환산단면적 02
보의 휨설계(강도설계법) 03
전단과 비틀림 04
철근의 정착과 이음 05
기둥 06
슬래브 07
확대기초와 옹벽 08
프리스트레스트 콘크리트(PSC) 09
강구조 및 교량 10

출제기준

■ 토목기사 필기 (적용기간 : 2026. 1. 1 ~ 2027. 12. 31)

자격종목	주요항목	세부항목	세세항목
철근콘크리트 및 강구조	철근콘크리트 및 강구조	1. 철근콘크리트	1. 설계일반 2. 설계하중 및 하중조합 3. 휨과 압축 4. 전단과 비틀림 5. 철근의 정착과 이음 6. 슬래브, 벽체, 기초, 옹벽, 라멘, 아치 등의 구조물 설계
		2. 프리스트레스트 콘크리트	1. 기본개념 및 재료 2. 도입과 손실 3. 휨부재 설계 4. 전단 설계 5. 슬래브 설계
		3. 강구조	1. 기본개념 2. 인장 및 압축부재 3. 휨부재 4. 접합 및 연결

■ 토목산업기사 필기 (적용기간 : 2026. 1. 1 ~ 2027. 12. 31)

자격종목	주요항목	세부항목	세세항목
구조설계 (전) 철근콘크리트 및 강구조	철근콘크리트 및 강구조	1. 철근콘크리트	1. 설계일반 2. 설계하중 및 하중조합 3. 휨과 압축 4. 전단 5. 철근의 정착과 이음 6. 슬래브, 벽체, 기초, 옹벽 등의 구조물 설계
		2. 프리스트레스트 콘크리트	1. 기본개념 및 재료 2. 도입과 손실
		3. 강구조	1. 기본개념 2. 인장 및 압축부재 3. 휨부재 4. 접합 및 연결

제1장 철근콘크리트의 기본개념

출제경향분석

철근콘크리트가 성립되는 이유와 철근콘크리트에 사용되는 재료의 기본적인 특성을 공부한다. 출제되는 비율은 20문제 중 1~2문제 정도이다.

단원별 경향분석

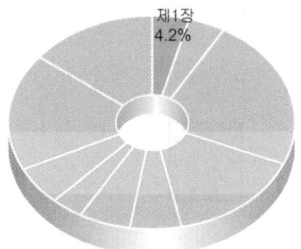

토목기사

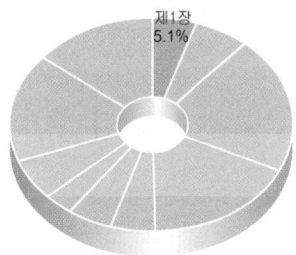

토목산업기사

항목별 경향분석

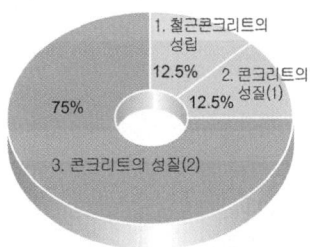

토목기사

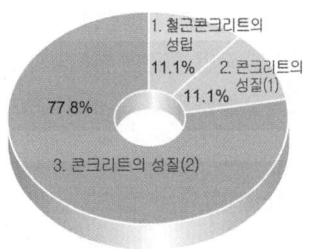

토목산업기사

1 철근콘크리트의 성립

학습방향

다른 절에 비해 출제된 비율은 다소 적으며, 철근콘크리트의 성립이유와 장·단점이 다소 출제된 바가 있다. 단순히 암기하려하기보다는 상식과 합리적인 이해를 토대로 학습하면 쉽게 기억할 수 있으며, 핵심내용은 다음과 같다. 콘크리트속의 철근은 부식되지 않고, 철근과 콘크리트의 열팽창 계수는 거의 같다. 철근콘크리트 부재는 경제적이며, 내구성, 내화성이 좋다. 그러나 균열이 발생하는 것을 피할 수 없고, 검사, 개조, 보강, 해체가 어렵다. 철근콘크리트의 단위 질량은 2,500kg/m³정도이고, 보통 골재로 만들어진 콘크리트의 단위 질량은 2,300kg/m³정도이다.

1 철근콘크리트의 정의

콘크리트는 압축에 강하지만 인장에는 매우 약하다. 따라서 그림과 같이 보의 인장측에 철근을 넣어서 콘크리트는 압축력을, 철근은 인장력을 받도록 만든 일체식 구조(합성체)를 철근콘크리트(Reinforced Concrete, RC)라 한다.

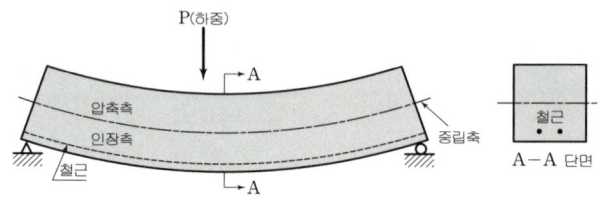

그림. 철근콘크리트 보

2 철근콘크리트의 성립 이유

① 철근과 콘크리트 사이의 부착강도가 크다.
② 철근과 콘크리트의 열팽창 계수는 거의 같다.
③ 콘크리트 속의 철근은 부식되지 않는다.
④ 철근은 인장에 강하고, 콘크리트는 압축에 강하다.

3 철근콘크리트의 장점

① 구조물의 형상과 치수에 제약을 받지 않고 자유로이 만들 수 있다.
② 복잡한 여러 조각의 구조물을 하나로 만들 수 있다.
③ 구조물을 경제적으로 만들 수 있다.

학습POINT

■ 일반적으로 시멘트, 물, 모래를 혼합한 것을 모르타르(mortar), 시멘트, 물, 모래, 자갈 또는 쇄석(부순돌)을 혼합한 것을 콘크리트(concrete)라고 한다.

■ 철근과 콘크리트는 부착강도(부착력)가 크다. 그러므로 이 부착력이 두 재료 사이의 활동(活動), 즉 미끄러짐을 방지하여 하나의 합성체가 될 수 있다. 그리고 콘크리트 속에 묻힌 철근은 부식되지 않으므로 부재의 내구성이 크다.

④ 내구성(耐久性)이 좋다.
⑤ 내화성(耐火性)이 좋다.
⑥ 진동이 적고 소음이 적다.
⑦ 유지 관리비가 저렴하다.

> ※ 원하는 형상의 거푸집을 만든 후, 거푸집 속에 콘크리트를 타설하여 구조물을 만들기 때문에 임의의 형상과 치수를 가진 구조물을 만들 수 있으며, 복잡한 여러 조각의 구조물을 하나로 만들 수 있다. 그리고 여러 조각의 구조물을 일체로 만들 수 있기 때문에 전체적으로 강성이 큰 구조물을 얻을 수 있다.
> 콘크리트는 압축을 받는 데 강하며 경제적인 재료이고, 철근은 인장재로 사용하기에 경제적인 재료이다. 두 재료를 효과적으로 합성한 철근콘크리트는 일반적으로 경제적인 구조물을 만들 수 있으며, 다른 구조재료와 비교해서 안전하고 경제적이기 때문에 각종 공사에 철근콘크리트가 많이 쓰이고 있다.
> 콘크리트 속에 묻힌 철근은 부식되지 않으므로 철근콘크리트로 만들어진 부재는 내구성이 좋으며, 구조물을 유지하고 관리하는 데 비용이 거의 들지 않는다.

4 철근콘크리트의 단점

① 중량이 비교적 크다.
② 균열이 발생하기 쉽다.
③ 부분적인 파손이 일어나기 쉽다.
④ 검사하기가 어렵다.
⑤ 개조, 보강, 해체가 어렵다.
⑥ 시공 기간이 길다.
⑦ 인장에 약하다.

핵심문제

해 설

1 다음 중 철근콘크리트가 성립되는 조건으로 옳지 않은 것은?
[88, 02, 04 ㉮, 00, 96 ㉯]

㉮ 철근은 콘크리트 속에서 녹이 슬지 않는다.
㉯ 철근과 콘크리트의 탄성계수가 거의 같다.
㉰ 철근과 콘크리트의 열팽창 계수가 거의 같다.
㉱ 철근과 콘크리트와의 부착력이 크다.

해설 1
철근의 탄성계수 E_s는 $200,000\,MPa$ 정도이고, 콘크리트는 철근에 비해 탄성계수가 상당히 작다.

2 철근콘크리트가 한 구조체로서 성립하는 이유를 기술한 것 중 옳지 않은 것은?
[98 ㉯]

㉮ 콘크리트와 철근은 대단히 큰 부착력을 가지고 있다.
㉯ 콘크리트와 철근은 온도에 대한 팽창계수가 거의 같다.
㉰ 철근과 콘크리트는 모두 탄성체이기 때문에 일체(一體)로 잘 되지 않는다.
㉱ 콘크리트 속에 묻힌 철근은 녹슬지 않는다.

해설 2
철근과 콘크리트는 일체로 되어 하나의 구조물로 거동한다.

3 철근콘크리트의 특징에 관한 설명이다. 옳지 않은 것은? [00 ㉯]

㉮ 두 재료의 탄성계수가 거의 같다.
㉯ 내구성과 내화성이 좋다.
㉰ 철근과 콘크리트의 부착강도가 크다.
㉱ 철근과 콘크리트는 온도에 대한 신축계수가 거의 같다.

해설 3
일반적으로 철근의 탄성계수가 콘크리트의 탄성계수보다 크다.

4 콘크리트와 철근이 일체가 되어 외력에 저항하는 철근콘크리트 구조에 관한 설명 중 틀린 것은? [04 ㉮]

㉮ 콘크리트 속에 묻힌 철근은 거의 부식하지 않는다.
㉯ 콘크리트와 철근의 부착강도가 크다.
㉰ 콘크리트와 철근의 탄성계수는 거의 같다.
㉱ 콘크리트와 철근의 열에 대한 팽창계수는 거의 같다.

5 다음은 철근콘크리트의 특징에 대한 설명이다. 틀린 것은? [93 ㉯]

㉮ 내구성과 내화성이 크다.
㉯ 철근과 콘크리트는 온도에 대한 신축 계수가 거의 같다.
㉰ 콘크리트와 철근은 부착 강도가 커서 합성체를 이룬다.
㉱ 설계하중에서 균열이 거의 생기지 않는다.

해설 5
처짐이나 균열은 사용상태하에서 발생하는 것이 문제가 되므로 설계하중(사용하중)에 의해 검토한다. 철근콘크리트 구조물에서, 인장응력을 받는 부분에는 미세한 균열이 발생하는 것이 대부분이다.

정답 1. ㉯ 2. ㉰ 3. ㉮ 4. ㉰ 5. ㉱

6 철근콘크리트의 장점을 열거한 것 중에서 옳지 않은 것은? [97 ④]

㉮ 내구성, 내화성이 크다.
㉯ 형상이나 치수에 제한을 받지 않는다.
㉰ 보수(補修)나 개조(改造)가 용이하다.
㉱ 유지 관리비가 적게 든다.

7 다음은 철근콘크리트 구조물의 단점을 열거한 것이다. 틀린 것은?

㉮ 중량이 비교적 크다.
㉯ 균열이 발생하기 쉽다.
㉰ 내구성과 내화성이 좋지 않다.
㉱ 개조, 보강 및 해체가 어렵다.

해 설

해설 **6**
철근콘크리트 구조물은 보수, 보강, 해체가 어렵다.

해설 **7**
철근콘크리트 구조물은 내구성과 내화성이 좋다.

정답 6. ㉰ 7. ㉰

2 콘크리트의 강도

학습방향

비교적 출제된 비율이 낮은 내용들이다. 그러나 철근콘크리트 공학의 기초적인 사항들이므로 익혀 두어야 한다. 설계기준강도, 배합강도와 배합설계, 압축강도, 인장강도, 물-시멘트비 등과 같은 단어들의 의미는 파악하고 있어야 하며, 콘크리트의 강도에 영향을 미치는 요인과 압축강도와 인장강도의 시험방법에 대하여 학습한다.

1 설계기준강도와 배합강도

(1) 설계기준압축강도(f_{ck}) : 콘크리트 부재를 설계할 때 기준으로 하는 재령 28일 압축강도를 말한다.

(2) 배합강도(f_{cr}) : 콘크리트의 배합을 정할 때 목표로 하는 재령 28일 압축강도이다. 배합강도(f_{cr})는 다음 식으로 계산된 두 값 중에서 큰 값으로 한다.

① $f_{ck} \leq 35\,\mathrm{MPa}$일 때
 $f_{cr} = f_{ck} + 1.34s\,(\mathrm{MPa})$
 $f_{cr} = (f_{ck} - 3.5) + 2.33s\,(\mathrm{MPa})$

② $f_{ck} > 35\,\mathrm{MPa}$일 때
 $f_{cr} = f_{ck} + 1.34s\,(\mathrm{MPa})$
 $f_{cr} = 0.9f_{ck} + 2.33s\,(\mathrm{MPa})$

여기서 s는 압축강도의 표준편차인데, 표준편차 s는 실제상황과 비슷한 재료와 품질관리 절차 및 조건하에서 적어도 30회의 연속시험을 실시하여 얻어진 것이어야 하고, 또 계획된 공사에서 요구하는 설계기준강도와 같거나 혹은 설계기준강도에서 그 차이가 7MPa 이내의 강도를 갖는 콘크리트에 의해 구해진 값이어야 한다.

학습POINT

■ 재령(材齡, age)은 콘크리트나 모르타르 등이 만들어진 후부터의 기간을 일수(日數)로 나타낸 것이다.

■ 양생(養生, curing)이라는 것은 모르타르를 칠한 후, 또는 콘크리트를 타입한 후에 균열을 방지하고, 강도의 증진이 저하되지 않도록 하기 위해 수분을 잃지 않도록 보호하거나, 동결을 방지하기 위해 보호하는 것을 말한다.

■ 물-시멘트비(W/C) : 콘크리트를 배합할 때 사용한 물과 시멘트량의 비율

■ MPa는 메가파스칼이라고 읽으며, 접두어 M(메가)은 10^6배를 나타낸다. 그리고 Pa=N/m²이다.

압축강도의 표준편차(s)	$s = \sqrt{\dfrac{\sum(X_i - \overline{X})^2}{(n-1)}}$ 시험 횟수가 30회 미만인 경우 : 계산된 값에 아래의 보정 계수를 곱하여 사용한다. · 시험 횟수 15회 : 1.16 · 시험 횟수 20회 : 1.08 · 시험 횟수 25회 : 1.03 · 시험 횟수 30회 이상 : 1.00 ※ 기타의 경우는 직선 보간한다.
시험 횟수가 15회 미만인 경우	설계기준강도(f_{ck})의 크기에 따라 배합강도(f_{cr})를 결정한다. | f_{ck}(MPa)	f_{cr}(MPa)
21미만	$f_{ck} + 7.0$
21이상, 35이하	$f_{ck} + 8.5$
35초과	$1.1 f_{ck} + 5.0$	

2 굵은 골재의 최대치수($G_{\max}$)

(1) 철근콘크리트

· 거푸집 양측면 사이 거리의 $\dfrac{1}{5}$ 이하

· 슬래브의 두께의 $\dfrac{1}{3}$ 이하

· 최소 순간격의 $\dfrac{3}{4}$ 배 이하

(2) 무근콘크리트

· 부재 최소 치수의 $\dfrac{1}{4}$ 이하

· 40mm 이하

(3) 프리스트레스트콘크리트

· 25mm 표준

사용되는 굵은 골재의 공칭 최대치수는 다음 값을 초과하지 않아야 한다.

① 거푸집 양측면 사이의 최소 거리의 $\dfrac{1}{5}$

② 슬래브 두께의 $\dfrac{1}{3}$

③ 개별철근, 다발철근, 긴장재 또는 덕트 사이 최소 순간격의 $\dfrac{3}{4}$

3 콘크리트의 실험 강도

일반적으로 콘크리트 강도는 재령 28일의 압축강도를 의미하며, 물-시멘트비 (W/C)가 콘크리트의 강도에 가장 큰 영향을 준다. 또한 가능한 범위내에서 물-시멘트비 (W/C)가 작을수록 압축강도는 증가한다.

① 압축강도(f_{cu}) 시험

시험용으로 만든 콘크리트를 공시체라고 한다. 우리나라에서 압축강도용 공시체는 $\phi 150 \times 300mm$인 원주형 공시체를 기준으로 사용하며, $\phi 100 \times 200mm$의 공시체를 사용할 경우에는 강도 보정계수 0.97을 사용한다. 압축강도는 압축에 대하여 주어진 재료가 저항할 수 있는 강도를 말하며, 시험결과를 이용해서 다음 식으로 계산한다.

$$f_{cu} = \frac{P}{A} = \frac{P}{\frac{\pi d^2}{4}} \text{ (MPa)}$$

P : 파괴 시 하중(N)
A : 공시체의 단면적(mm^2)

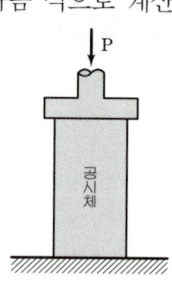

- $Pa = N/m^2$
  $N/mm^2 = MPa = 10^6 Pa$
  $= MN/m^2$
- 영국 : 150mm 입방체공시체(0.8)
- 독일 : 200mm 입방체공시체(0.83)
- $f_{cu} = \frac{P}{A}$ 이므로 공시체의 면적이 작을수록 압축강도는 증가한다.
- 입방형 공시체의 압축강도가 원주형 공시체의 압축강도보다 크다.

② 인장강도(f_{sp}) 시험

인장강도는 인장에 대하여 주어진 재료가 저항할 수 있는 강도이며, 직접 실험하기 어렵기 때문에 원주형 공시체를 옆으로 뉘인 상태로 상·하 압축을 가하는 쪼갬 인장강도 시험에 의해 구한다. 쪼갬 인장강도 시험에 의한 인장강도의 계산식은 다음과 같고 압축강도의 약 $\frac{1}{10}$ 정도이다.

$$f_{sp} = \frac{2P}{\pi dl} \text{ (MPa)}$$

P : 파괴 시 하중(N)
d : 원주형 공시체의 직경(mm)
l : 원주형 공시체의 길이(mm)

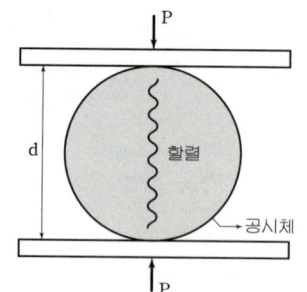

- 실험하지 않는 경우 이론적인 쪼갬인장강도
  $f_{sp} ≒ 0.56\sqrt{f_{ck}}$

③ 휨인장강도(휨강도)

구분	중앙점 재하법	3등분점 재하법
하중재하	P 중앙, 지간 $l/2 + l/2$	$P/2, P/2$ 작용, 지간 $l/3 + l/3 + l/3$
균열 모멘트 (M_{cr})	$\dfrac{Pl}{4}$	$\dfrac{Pl}{6}$
휨 인장 강도 (f_r)	$f_r = \dfrac{M_{cr}}{I_g} y_t = \dfrac{M_{cr}}{Z}$	

④ 시험하지 않는 경우
- 보통중량 콘크리트 : $f_r = 0.63\sqrt{f_{ck}}\,(\mathrm{MPa})$
- 경량 콘크리트 : $f_r = 0.63\lambda\sqrt{f_{ck}}\,(\mathrm{MPa})$

여기서, λ : 경량 콘크리트 계수

표. 경량콘크리트 계수 (λ)

구분		경량콘크리트 계수 (λ)
보통(일반) 콘크리트		1.0
f_{sp}가 주어진 경우		$f_{sp}/(0.56\sqrt{f_{ck}}) \le 1.0$
경량 콘크리트 / f_{sp}가 규정되어 있지 않은 경우	전경량 콘크리트	0.75
	모래 경량 콘크리트	0.85
	일부의 모래만이 치환된 경우	0.75에서 0.85 사이값은 보통중량 콘크리트의 잔골재를 경량 잔골재로 치환하는 체적비에 따라 직선보간하고, 0.85에서 1.0 사이값은 보통중량의 잔골재와 경량 및 굵은 골재의 치환되는 체적비에 따라 직선 보간한다.

핵심문제

1 설계기준강도란 다음 중 어느 것인가? [98산]

㉮ 콘크리트의 배합설계시에 목표로 하는 강도
㉯ 시공시 현장에서 채취한 콘크리트의 재령 28일 강도
㉰ 콘크리트 부재의 설계에서 기준으로 하는 재령 28일의 압축강도
㉱ 설계자가 바라는 콘크리트의 강도

해설 1
콘크리트 부재를 설계할 때 기준으로 하는 재령28일 압축강도를 설계기준강도라고 한다.

2 시방 배합에서 골재의 상태는 다음 중 어느 것을 기준으로 하는가? [78산]

㉮ 습윤상태
㉯ 절대건조상태
㉰ 표면건조포화상태
㉱ 현장상태

해설 2
시방 배합에서 기준으로 하는 골재의 상태는 표면건조포화상태(표건상태)이다.

3 콘크리트 재령 28일 표준 공시체($\phi 150 \times 300\,mm$)의 압축강도 시험을 실시한 바 320 kN의 압축 하중에서 파괴되었다. 이 콘크리트 공시체의 압축강도는? [84산]

㉮ 17.1 MPa
㉯ 18.1 MPa
㉰ 19.1 MPa
㉱ 20.1 MPa

해설 3
$$f_{cu} = \frac{P}{A} = \frac{P}{\pi d^2/4}$$
$$= \frac{320 \times 10^3}{\pi \times 150^2/4}$$
$$= 18.1\,N/mm^2 = 18.1\,MPa$$

4 굵은 골재의 공칭 최대치수에 대한 것 중 잘못된 것은?

㉮ 거푸집 양측면 사이의 최소 거리의 $\frac{1}{5}$
㉯ 슬래브 두께의 $\frac{1}{3}$
㉰ 철근 사이의 순간격의 $\frac{3}{4}$
㉱ 다발 철근 사이 순간격의 $\frac{3}{5}$

정답 1. ㉰ 2. ㉰ 3. ㉯ 4. ㉱

3 콘크리트의 성질

학습방향

비교적 출제된 비율이 낮은 내용들이다. 그러나 철근콘크리트 공학의 기초적인 사항들이므로 익혀 두어야 한다. 설계기준강도, 배합강도와 배합설계, 압축강도, 인장강도, 물-시멘트비 등과 같은 단어들의 의미는 파악하고 있어야 하며, 콘크리트의 강도에 영향을 미치는 요인과 압축강도와 인장강도의 시험방법에 대하여 학습한다.

1 콘크리트의 탄성계수

(1) 할선탄성계수(시컨트탄성계수)

실험에 의해 구할 수 있는 응력-변형률 곡선에서 **할선계수는 $\overline{OP}$의 기울기로서, 별도의 언급이 없는 한 콘크리트의 탄성계수를 의미한다.**

O점에서의 접선의 기울기는 초기 탄젠트(접선)계수, 응력-변형률 곡선상의 임의의 점에서 접선의 기울기는 접선탄성계수 또는 탄젠트 계수라고 한다.

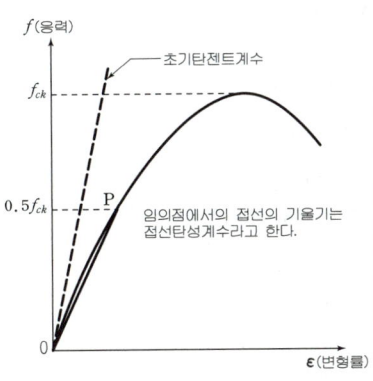

(2) 탄성계수

콘크리트구조기준(이하 구조기준이라 한다)에서 콘크리트의 탄성계수는 다음 식으로 구한 값을 사용하도록 규정하고 있다.

① 할선탄성계수(단면결정 및 응력계산 시 적용)
  · 일반식 : m_c(단위질량)가 1,450~2,500 kg/m³ 일 때

$$E_c = 0.077 m_c^{1.5} \sqrt[3]{f_{cm}} \text{ (MPa)}$$

여기서, $f_{cm} = f_{ck} + \Delta f$ (MPa)

f_{ck} (MPa)	40 이하	40 초과 60 미만	60 이상
Δf (MPa)	4	직선 보간	6

· 보통 골재를 사용할 때 $m_c = 2,300 \text{ kg/m}^3$ 이므로

$$E_c = 8,500 \sqrt[3]{f_{cm}} \text{ (MPa)}$$

학습 POINT

■ 응력(應力, stress) f는 물체에 외력이 작용했을 때, 물체의 단면에 생기는 내력(內力) P를 원래의 단면적 A로 나눈 값을 말하며 단위는 Pa(파스칼, $=N/m^2$)로 나타낸다. 다시 말해서, 응력은 단위 면적에 작용하는 힘으로 $f=P/A$이다.

■ 변형률(strain) ε은 물체가 외력을 받아 변형된 길이 Δl을 물체의 길이 l로 나눈 것이며, 단위는 무차원이다. 즉, 단위길이당의 변형량으로, $\varepsilon = \Delta l / l$로 쓴다.

■ 응력-변형률 곡선(應力-變形率曲線, stress-strain curve)은 어떤 재료에 하중을 가할 때, 재료가 외력에 의해 받는 응력과 변형률과의 관계를 나타낸 것으로 시험을 통해 얻을 수 있다. 즉, 콘크리트 공시체에 하중의 증가에 따른 변형률을 측정함으로써 구할 수 있다.

■ 탄성계수(彈性係數, modulus of elasticity) E는 탄성한계 내에서 재료의 응력 f와 변형률 ε의 비로써 단위변형률을 일으키기 위하여 필요한 응력의 크기를 말하며, $E=f/\varepsilon$이다.

② 콘크리트의 초기접선탄성계수(크리프 변형 계산 시 적용)

$$E_{ci} = 10,000 \sqrt[3]{f_{cm}} \quad (\text{MPa})$$

③ 초기접선탄성계수(E_{ci})와 할선탄성계수(E_c)의 관계

$$E_{ci} = 1.18 E_c$$

2 콘크리트의 크리프(creep)

콘크리트에 일정한 하중을 장기간 작용시키면 시간이 경과함에 따라 소성변형이 증대되는 현상을 크리프라고 한다.

(1) 크리프에 영향을 미치는 요인
 ① 재하기간 중의 습도가 낮을수록 크리프는 크다.
 ② 재하시의 재령이 작을수록 크리프는 크다.
 ③ 재하응력이 클수록 크리프는 크다.
 ④ 단위시멘트량이 많을수록 크리프는 크다.
 ⑤ 물-시멘트비가 클수록 크리프는 크다.
 ⑥ 부재치수가 작을수록 크리프는 크다.
 ⑦ 조직이 치밀하지 않은 콘크리트일수록 크리프는 크다.
 ⑧ 온도가 높을수록 크리프는 크다.
 ⑨ 콘크리트의 강도가 클수록 크리프는 작다.
 ⑩ 많은 철근량이 효과적으로 배근되면 크리프는 작다.
 ⑪ 고온증기양생을 하면 크리프는 작다.

(2) 크리프 계수(ϕ)

$$\phi = \frac{\text{크리프 변형률}}{\text{탄성 변형률}} = \frac{\varepsilon_c}{\varepsilon_e}$$

$$= \frac{\varepsilon_c}{\left(\dfrac{f_c}{E_c}\right)} = \frac{A_c E_c \varepsilon_c}{P}$$

옥내 구조물 : $\phi = 3.0$
옥외 구조물 : $\phi = 2.0$
수중 구조물 : $\phi = 1.0$ 이하

■ 단위시멘트량
단위 콘크리트($1\,\text{m}^3$)를 만드는데 소요되는 시멘트량

■ 탄성(彈性, elasticity)은 물체에 외력이 작용하여 변형이 생긴 후, 이 외력을 제거하면 원래의 모양, 크기로 되돌아가려는 성질을 말한다.

■ 소성(塑性, plasticity)은 외력을 제거하여도 변형이 그대로 남아 있어, 모양과 크기가 원래의 모양으로 되돌아가지 않으려는 성질을 말한다.

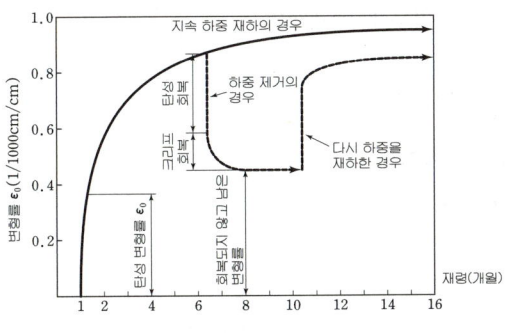

그림. 콘크리트의 크리프 변형률

3 콘크리트의 건조수축(dry shrinkage)

콘크리트를 배합할 때는 수화작용에 필요한 수량(水量)보다 많은 물을 사용하여 **수화하고 남은 물이 증발하면서 건조수축을 일으킨다. 건조수축은 하중의 재하 여부와는 관계없이 발생한다.**
시멘트가 완전히 수화하는데 필요한 물의 양은 시멘트 중량의 25% 정도라고는 하지만 물이 시멘트 입자에 도달할 수 있기 위해서는 유동성을 가지고 있어야 하기 때문에 10~15% 정도의 물이 더 필요하다. 그래서 수화를 위해 필요한 최소의 물-시멘트비는 35~40% 정도이다. 그러나 실제의 콘크리트 배합의 경우는 소요의 워커빌리티(workability)를 얻기 위해 더 큰 물-시멘트비를 사용한다.
보통 콘크리트의 최종 건조수축률은 $2 \times 10^{-4} \sim 7 \times 10^{-4}$의 범위에 있다.

(1) 건조수축에 영향을 미치는 요인
   ① 단위수량과 단위시멘트량이 많으면 건조수축은 크게 일어난다.
   ② 건조수축의 진행속도는 초기에는 크고 시간이 경과함에 따라 감소한다.
   ③ 수중 양생을 하게 되면 수화작용이 촉진되어 건조수축이 거의 없다.
   ④ 철근을 많이 사용한 콘크리트는 건조수축이 작아진다.
   ⑤ 일반적으로 모르타르는 콘크리트의 2배 정도의 건조수축이 생긴다.
   ⑥ 상재 하중과 무관하다.

(2) 건조수축에 의한 응력
   ① 부재의 변형이 구속되지 않은 경우

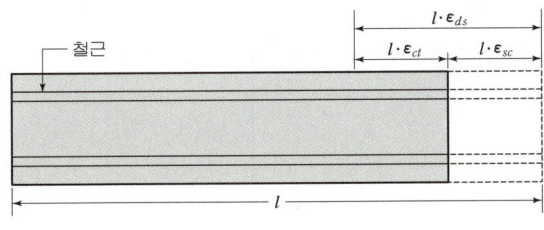

■ 수화작용(水和作用) : 시멘트와 물이 반응하여 굳어지는 현상이며 이때 발생되는 열을 수화열이라 한다.

■ 워커빌리티 : 아직 굳지 않은 모르타르나 콘크리트의 작업성의 난이도를 뜻하며 통상은 슬럼프 시험이나 블리딩 시험 등으로 판정한다.

■ 단위수량(單位水量) : 타입 직후의 콘크리트 $1m^3$ 중에 포함되어 있는 수량이며, 골재중의 수량은 포함하지 않는다.

철근이 단면도심에 대하여 대칭되게 배치되어 있는 경우에 대해서만 살펴본다. 철근이 배치되지 않은 무근콘크리트 부재일 경우의 건조수축변형률을 ε_{ds}라 하자. 철근이 배근된 철근콘크리트 부재일 경우, 콘크리트는 철근의 저항에 의해 ε_{ct}만큼의 인장 변형률이, 철근에는 ε_{sc}만큼의 압축 변형률이 발생하고 다음 관계가 성립한다.

$$\varepsilon_{ds} = \varepsilon_{ct} + \varepsilon_{sc}$$
$$\varepsilon_{ct} = \frac{f_{ct}}{E_c}, \quad \varepsilon_{sc} = \frac{f_{sc}}{E_s}$$

f_{ct} : 콘크리트에 발생하는 인장응력
E_c : 콘크리트의 탄성계수
f_{sc} : 철근에 발생하는 압축응력
E_s : 철근의 탄성계수

- 적합방정식

  콘크리트의 인장변형률(ε_{ct})과 철근의 압축변형률(ε_{sc})을 합하면 건조수축에 의한 변형률(ε_{ds})와 같아야 한다.

  $$\varepsilon_{ds} = \varepsilon_{ct} + \varepsilon_{sc} = \frac{f_{ct}}{E_c} + \frac{f_{sc}}{E_s} = \frac{1}{E_c}\left(\frac{A_s}{A_c}f_{sc}\right) + \frac{f_{sc}}{E_s} \text{에서}$$

  탄성계수비 $\dfrac{E_s}{E_c} = n$ 이므로 이를 대입하면

  $$\varepsilon_{ds} = \frac{f_{sc}}{E_s}\left\{\frac{nA_s}{A_c} + 1\right\} \quad \therefore f_{sc} = \frac{E_s \varepsilon_{ds} A_c}{A_c + nA_s}$$

- 평형방정식

  $\sum H = 0$에서 콘크리트의 인장력과 철근의 압축력은 같아야 한다. 철근에 작용하는 압축력과 콘크리트 단면에 작용하는 인장력은 서로 균형을 이루므로

  $$f_{ct}A_c = f_{sc}A_s$$

  $$\therefore f_{ct} = \frac{A_s}{A_c}f_{sc} = \frac{E_s \varepsilon_{ds} A_s}{A_c + nA_s}$$

  여기서, A_c : 콘크리트의 단면적
  A_s : 철근의 단면적

② 부재의 변형이 구속된 경우

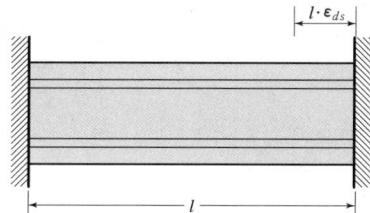

$\varepsilon_{sc}=0$이므로 $f_{sc}=0$이 되어 모든 응력은 콘크리트가 부담 한다. 따라서 콘크리트의 인장변형률 $\varepsilon_{ct}=\varepsilon_{ds}$가 되어 콘크리트에 발생하는 인장응력은 다음과 같다.

$$f_{ct}=E_c\varepsilon_{ds}$$

핵 심 문 제

1 철근콘크리트 단면의 결정이나 응력을 계산할 때 콘크리트의 탄성계수 (elastic modulus : E_c)는 다음의 어느 값으로 취하는가? [04 ㉮, 90 ㉯]

㉮ 초기접선탄성 계수(initial modulus)
㉯ 탄젠트 계수(tangent modulus)
㉰ 할선(시컨트)탄성 계수(secant modulus)
㉱ 영 계수(Young's modulus)

2 보통중량골재를 사용한 콘크리트의 탄성계수(E_c)는?
(단, 콘크리트의 설계 기준 강도 $f_{ck} = 24\,MPa$) [94, 80 ㉮, 90 ㉯]

㉮ $2.10 \times 10^6\,MPa$ ㉯ $2.30 \times 10^4\,MPa$
㉰ $2.58 \times 10^4\,MPa$ ㉱ $3.69 \times 10^6\,MPa$

3 보통중량 콘크리트의 설계기준강도가 f_{ck}일 때, 적용되는 탄성계수는 어느 것인가?

㉮ $E_c = 3,300\sqrt{f_{ck}} + 7,700$
㉯ $E_c = 70,000\sqrt{(f_{ck} + \Delta f)} + 10,500$
㉰ $E_c = 0.043\,m_c^{1.5}\sqrt{f_{ck}}$
㉱ $E_c = 0.077\,m_c^{1.5}\sqrt[3]{(f_{ck} + \Delta f)}$

4 콘크리트의 크리프에 대한 설명 중 잘못된 것은? [94 ㉮]

㉮ 크리프 처짐은 탄성처짐의 2~3배가 되며 반드시 하중이 작용해야만 생긴다.
㉯ 콘크리트의 압축응력이 설계기준강도의 50% 이내인 경우 크리프는 응력에 비례한다.
㉰ 크리프 계수는 옥내인 경우 2, 옥외인 경우 3으로 한다.
㉱ 크리프 변형은 철근이 더 많은 하중을 지지하도록 하는 효과를 나타낸다.

5 다음은 콘크리트의 크리프에 대한 설명이다. 틀린 것은? [90 ㉯]

㉮ 응력은 늘지 않았는데 변형은 계속 진행되는 현상을 말한다.
㉯ 물-시멘트비가 큰 콘크리트는 물-시멘트비가 작은 콘크리트보다 크리프가 크게 일어난다.
㉰ 전체 크리프 변형률은 탄성 변형률보다 크고 약 1.5~3배가 된다.
㉱ 크리프 변형의 증가 비율은 시간의 경과와 더불어 급격히 증가된다.

해 설

해설 1
실험에 의해 콘크리트의 탄성계수를 구할 때는 일반적으로 할선탄성계수를 콘크리트의 탄성계수로 사용한다.

해설 2
보통중량 콘크리트를 사용한 콘크리트의 탄성계수
$$E_c = 8,500\sqrt[3]{f_{cm}}$$
$$= 8,500\sqrt[3]{(24 + \Delta f)}$$
$$= 8,500\sqrt[3]{(24 + 4)}$$
$$= 25,811\,MPa$$
$$\fallingdotseq 2.58 \times 10^4\,(MPa)$$
[$f_{ck} \leq 40\,MPa$이므로 $\Delta f = 4\,MPa$]

해설 3
$$E_c = 0.077\,m_c^{1.5}\sqrt[3]{f_{cm}}$$
$$= 0.077\,m_c^{1.5}\sqrt[3]{(f_{ck} + \Delta f)}$$
$\begin{cases} f_{ck} \leq 40\,MPa\text{이면 } \Delta f = 4\,MPa \\ f_{ck} \geq 60\,MPa\text{이면 } \Delta f = 6\,MPa \end{cases}$

해설 4
크리프계수는 옥내가 더 건조하기 때문에 3 정도이고, 옥외가 2 정도이다.

해설 5
크리프 변형의 증가 비율은 재하 시간이 경과함에 따라 감소한다.

정답 1. ㉰ 2. ㉰ 3. ㉱ 4. ㉰ 5. ㉱

6 어떤 재료가 초기 탄성 변형량이 1.5cm이고 크리프(creep) 변형량이 3.0cm라면 이 재료의 크리프 계수는 얼마인가? [97 ⓐ]

㉮ 1.0
㉯ 2.0
㉰ 3.0
㉱ 4.0

7 $f_{ck} = 21\,\text{MPa}$ 인 보통중량 콘크리트로 된 기둥이 $9\,\text{MPa}$ 의 응력을 장기 하중으로 받을 때 이 기둥은 크리프로 인하여 그 길이가 얼마나 줄어들겠는가? (단, 이 기둥의 길이는 5m이고, 옥외에 있다.) [95, 98 ㉮]

㉮ 3.62 mm
㉯ 4.18 mm
㉰ 5.45 mm
㉱ 6.18 mm

8 콘크리트의 건조수축에 대한 설명 중 잘못된 것은? [90, 97 ㉮]

㉮ 탄성변형 외에 시간에 따라 생기는 변형으로 반드시 하중이 재하되어야만 한다.
㉯ 수화에 필요한 수량을 초과하여 배합설계시 워커빌리티를 위해 많은 수량을 넣기 때문에 생긴다.
㉰ 부재가 구속된 부정정 구조에서는 건조수축으로 인해 인장력이 발생되고 그 결과 균열이 생긴다.
㉱ 최종 건조수축 크기는 W/C(물-시멘트비), 상대습도, 온도, 골재 형태 및 구조물의 크기와 형상에 따라 다르다.

9 다음은 건조수축에 관한 사항이다. 잘못된 것은? [92 ㉮]

㉮ 수중 구조물은 수축이 거의 없고, 아주 습한 대기중에 있는 구조물에는 건조수축이 적게 일어난다.
㉯ 철근이 많이 사용된 콘크리트 구조물에서는 자연적으로 콘크리트의 수축이 크게 일어난다.
㉰ 부정정 구조의 설계에 쓰이는 건조수축은 라멘에서 0.00015이다.
㉱ 아치에서 건조수축은 철근량이 0.5% 이상에서 0.00015, 철근량이 0.1~0.5%에서는 0.0002로 본다.

해 설

해설 6

$$\phi = \frac{\text{크리프 변형률}(\varepsilon_c)}{\text{탄성 변형률}(\varepsilon_e)}$$

$$= \frac{3.0/l}{1.5/l} = 2.0$$

여기서, l 는 부재의 길이

해설 7

크리프 변형량

$$\delta_c = \varepsilon_c l = \phi \varepsilon_e l = \phi \left(\frac{f_c}{E_c}\right) l$$

$$= \phi \left(\frac{f_c}{8,500 \sqrt[3]{f_{cm}}}\right) l$$

$$= 2 \left(\frac{9}{8,500 \sqrt[3]{25}}\right) \times 5000$$

$$= 3.62\,\text{mm}$$

$\begin{bmatrix}\text{옥외구조물이므로 } \phi = 2.0 \text{이고} \\ f_{cm} = f_{ck} + \Delta f = 21 + 4 = 25\,\text{MPa}\end{bmatrix}$

해설 8

수화하고 남은 물이 증발하면서 건조수축을 일으키며, 하중의 재하 여부와는 관계없이 발생한다.

해설 9

철근이 건조수축에 저항하므로 철근을 많이 사용할수록 수축이 적게 일어난다.

정답 6. ㉯ 7. ㉮ 8. ㉮ 9. ㉯

4 철근의 종류 및 성질

> **학습방향**
>
> 철근의 탄성계수는 특별한 언급이 없으면 2.0×10^5 MPa를 사용하고, 탄성계수비는 철근과 콘크리트의 탄성계수의 비이다. 사용목적에 따라 분류된 각 철근의 용도와 명칭에 관한 문제도 비교적 출제율이 높다. 철근의 용도를 잘 이해하고 그림을 토대로 학습하는 것이 기억하는데 많은 도움이 될 것이다.

1 철근의 종류

(1) 열간압연 원형 봉강인 SR(Round Steel)은 (SR 240, SR 300), 열간 압연 이형 봉강인 SD(Deformed Steel)는 (SD 300, SD 350, SD 400, SD 500, SD 600, SD 400W, SD 500W)이 있다.

(2) SD 350에서 숫자 350이 의미하는 것은 철근의 최소항복강도 (f_y)가 350MPa인 것을 뜻한다.

(3) 이형철근의 공칭 지름, 공칭 단면적, 공칭 둘레는 원형철근과 단위 무게를 같이 했을 때의 지름, 단면적, 둘레로 환산한 값을 말한다. 이때 강의 비중은 7.85로 본다.

2 철근의 탄성계수(E_S)

$$E_s = 2.0 \times 10^5 \text{ MPa}$$
$$E_{ps} = 2.0 \times 10^5 \text{ MPa}$$
$$E_{ss} = 2.05 \times 10^5 \text{ MPa}$$

3 탄성계수비(n)

$$n = \frac{\text{철근의 탄성계수}}{\text{콘크리트의 탄성계수}} = \frac{E_s}{E_c}$$

보통중량 콘크리트의 탄성계수비

$$n = \frac{E_s}{E_c} = \frac{2.0 \times 10^5}{8,500 \sqrt[3]{f_{cm}}} \geq 6$$

일반적으로 탄성계수비는 6 이상이고, 일반적으로 계산된 값은 가까운 정수를 사용한다.

학습 POINT

■ 이형봉강 : 철근의 표면에 돌기를 붙인 것으로 철근과 콘크리트의 부착력이 강해진다. 축방향의 돌기를 리브, 축의 직교 방향의 돌기를 마디라고 한다.

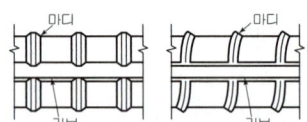

4 철근의 용도에 따른 분류

구조물에 배근하는 철근은 역할과 용도에 따라 다음과 같이 구분하고 있다.

(1) 주철근
설계하중에 의하여 그 단면적이 정해지는 철근

(2) 정철근
슬래브 또는 보에서 정(+)의 휨모멘트에 의해 생기는 인장응력을 받도록 배치한 주철근

(3) 부철근
슬래브 또는 보에서 부(-)의 휨모멘트에 의해 생기는 인장응력을 받도록 배치한 주철근

(4) 배력철근
응력을 분포시킬 목적으로 정철근 또는 부철근과 직각 또는 직각에 가까운 방향으로 배치한 보조적인 철근

(5) 전단 철근(전단보강 철근, 사인장 철근, 복부 철근(보의 경우에 해당))
전단력 또는 사인장 응력에 저항하도록 배치하는 철근으로 스터럽과 굽힘(절곡) 철근이 이에 해당한다.

(6) 스터럽
보의 주철근을 둘러싸고 주철근에 직각되게 또는 경사지게 배근한 복부 보강근으로서 전단력 및 비틀림 모멘트에 저항한다.

(7) 굽힘철근
부재의 길이 방향으로 배근된 철근 중에서 구부려 올리거나 내린 철근

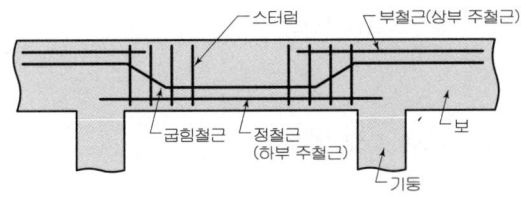

(8) 옵셋 굽힘철근
상하 기둥 연결부에서 단면치수가 변하는 경우에 구부린 주철근

(9) 축방향 철근
기둥에서 부재의 축방향으로 배치한 주철근

(10) 띠철근
축방향 철근을 소정의 간격마다 둘러싼 횡방향 철근

■ 정철근과 부철근의 배치 위치

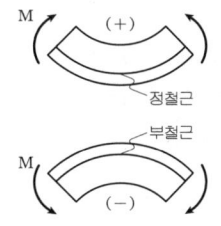

(11) 나선철근
축방향 철근을 나선형으로 둘러싼 철근

(12) 비틀림철근
비틀림 모멘트에 의한 사인장응력에 저항하기 위하여 배치하는 철근으로 종방향 철근과 횡방향 철근으로 구성된다.

(13) 갈고리
철근의 정착을 위하여 철근의 끝을 구부린 부분

(14) 조립용 철근
철근을 조립할 때 철근의 위치를 확보하기 위하여 사용하는 보조적인 철근

(15) 가외 철근
콘크리트의 건조수축, 크리프, 온도변화, 기타 여러 가지 원인에 의하여 콘크리트에 발생되는 응력에 대비하기 위해서 더 넣은 보조적인 철근

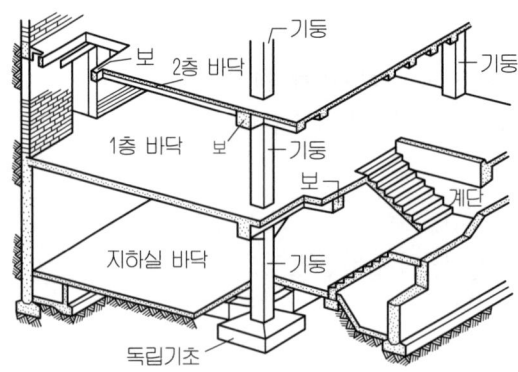

(16) 수축 및 온도철근
건조수축 또는 온도변화에 의하여 콘크리트에 발생하는 균열을 방지하기 위한 목적으로 배치되는 철근

(17) 표피철근
전체 깊이가 900mm를 초과하는 휨부재 복부의 양 측면에 부재 축방향으로 배치하는 철근

핵 심 문 제

1 철근콘크리트 부재에 이형 철근으로 2종인 SD300을 사용한다고 하였을 때 SD300에서 300은 무엇을 뜻하는가? [91④]
㉮ 철근의 공칭지름
㉯ 철근의 인장강도
㉰ 철근의 연신율
㉱ 철근의 항복점 응력

2 강재 및 강봉의 기계적 성질을 설명한 것 중 적합하지 않는 것은? [90㉮]
㉮ SS 400 – 인장강도가 400 MPa 이상인 일반구조용 압연 강재
㉯ SM400 – 인장강도가 400 MPa 이상인 용접구조용 압연 강재
㉰ SD 240 – 인장강도가 240 MPa 이상인 철근콘크리트 봉강
㉱ SR 300 – 항복강도가 300 MPa 이상인 철근콘크리트 봉강

3 보통중량 골재를 사용하였을 때, $f_{ck} = 21$ MPa 이면 탄성계수비(n)는? (단, $E_s = 2.0 \times 10^5$ MPa) [93㉮]
㉮ 7
㉯ 8
㉰ 9
㉱ 10

4 $f_{ck} = 24$ MPa 이고, 보통중량 골재를 사용한 콘크리트와 철근의 탄성계수비(n)는? [94㉮④]
㉮ 6
㉯ 7
㉰ 8
㉱ 9

5 다음 중 철근콘크리트 부재 설계시 하중항으로 고려해야 할 사항이 아닌 것은? [94㉮]
㉮ 연직 활하중 및 고정하중
㉯ 온도 변화
㉰ 건조수축과 크리프
㉱ 탄성계수비

해 설

해설 1
철근의 강도는 항복강도 f_y를 말하며, SD 300에서 300은 $f_y = 300$ MPa이라는 뜻이다.

해설 2
SD 240은 항복강도가 240 MPa 이상인 이형봉강이다.

해설 3
$$n = \frac{E_s}{E_c} = \frac{2.0 \times 10^5}{8,500 \sqrt[3]{f_{cm}}}$$
$$= \frac{2.0 \times 10^5}{8,500 \sqrt[3]{(21+4)}}$$
$$= 8.05 \quad \therefore n = 8$$
$f_{cm} = f_{ck} + \Delta f = 21 + 4 = 25$ MPa
※ 탄성계수비는 일반적으로 계산된 값에서 가까운 정수를 사용하고, 6 이상의 값을 갖는다.

해설 4
$$n = \frac{E_s}{E_c} = \frac{2.0 \times 10^5}{8,500 \sqrt[3]{f_{cm}}}$$
$$= \frac{2.0 \times 10^5}{8,500 \sqrt[3]{(24+4)}}$$
$$= 7.74 \quad \therefore n = 8$$

해설 5
온도변화, 건조수축, 크리프는 구조물에 변형이 생기게 하여 하중을 유발시킨다. 그러나 탄성계수비는 하중을 발생시키는 것과는 무관하다.

정답 1.㉱ 2.㉰ 3.㉯ 4.㉰ 5.㉱

6 강도 설계법에서 철근의 탄성계수 (E_s) 값은? [93㉰]

㉮ 2.0×10^5 MPa ㉯ 2.04×10^6 kgf/cm²
㉰ 2.1×10^6 MPa ㉱ 규정되어 있지 않다.

7 다음과 같은 철근의 설명 중에서 틀린 것은? [85, 86, 90㉰]

㉮ 정철근 : 보에서 정(+)의 휨모멘트에 의해 인장응력을 받도록 배치한 주철근
㉯ 배력철근 : 응력을 분포시킬 목적으로 정(+)철근 또는 부(−)철근과 직각 또는 직각에 가까운 방향으로 배치하는 보조적인 철근
㉰ 부철근 : 보에서 부(−)의 휨모멘트가 작용할 때 부재의 하단에 배치하는 주철근
㉱ 가외철근 : 주철근, 배력철근, 띠철근, 조립용철근 이외의 철근으로 예비적으로 사용되는 보조적인 철근

8 슬래브 또는 보에서 부(−)의 휨 모멘트에 의해서 일어난 인장응력을 받도록 배치한 주철근을 무슨 철근이라고 부르는가? [96, 85㉮]

㉮ 정철근   ㉯ 부철근
㉰ 압축철근   ㉱ 사인장철근

9 부(−)모멘트가 일어나는 단순보의 단면에서 배근이 가장 적당한 것은? [05㉰]

㉮    ㉯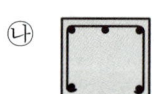
㉰ 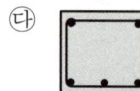   ㉱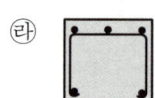

10 다음 철근의 설명 중 틀린 것은? [99㉮, 83, 98㉰]

㉮ 굽힘철근 : 부재의 축방향에 배치된 철근으로서 구부려 올리는 철근
㉯ 주철근 : 설계하중에 의하여 그 단면적이 정해지는 철근
㉰ 배력철근 : 응력을 분포시킬 목적으로 정철근 또는 부철근과 직각 또는 직각에 가까운 방향으로 배치된 보조적 철근
㉱ 띠철근 : 축방향 철근을 소정의 간격마다 둘러싼 횡방향의 보조적 철근

해 설

해설 6

$E_s = 2.0 \times 10^5$ (MPa)
$E_c = 8,500 \sqrt[3]{f_{cm}}$ (MPa)

해설 7

보에서 부(−)의 휨 모멘트가 발생하면 단면의 상부에 인장응력이 생기며, 이때 보강을 위해 단면 상부에 배치한 철근을 부철근이라 한다.

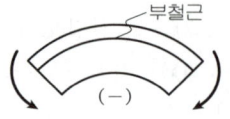

해설 8

부(−)의 휨을 받는 철근은 부철근, 정(+)의 휨을 받는 철근은 정철근이라한다.

해설 9

단순보에서 부(−)의 휨모멘트가 작용하는 경우는 복철근보로 설계하며 동시에 종방향철근을 폐합스터럽으로 둘러 감는다.

해설 10

굽힘철근은 정철근 또는 부철근을 구부려 올리거나 내린 철근이며 전단철근의 일종이다.

정답 6. ㉮ 7. ㉰ 8. ㉯ 9. ㉰ 10. ㉮

11 배력철근을 배치하는 이유 중 옳지 않은 것은? [89, 95 ㉮, 87, 96, 98 ㉑]

㉮ 하중을 고르게 분포시킨다.
㉯ 온도변화에 의한 균열을 방지한다.
㉰ 전단응력으로 인한 균열을 방지한다.
㉱ 건조수축에 의한 균열을 방지한다.

해설 11
전단력에 저항하도록 배치하는 철근은 전단철근이라 하며 스터럽과 굽힘철근이 있다.

12 다음은 배력 철근을 배치하는 이유이다. 옳지 않은 것은? [92, 05 ㉑]

㉮ 응력을 분포시켜 균열 폭을 최소화하기 위함이다.
㉯ 주철근의 부착력을 확보하기 위함이다.
㉰ 주철근의 간격을 유지하기 위함이다.
㉱ 콘크리트의 건조수축이나 온도변화에 의한 콘크리트의 신축을 억제하기 위함이다.

해설 12
배력철근을 배치하는 이유
① 응력분포(균열분포)
② 주철근의 간격유지
③ 수축 및 온도변화에 의한 수축(균열) 감소

13 정철근 또는 부철근을 둘러싸고 이에 직각되게 또는 경사지게 배치한 복부 철근은? [82, 83, 86, 93 ㉑]

㉮ 배력 철근
㉯ 스터럽(stirrup)
㉰ 사인장 철근
㉱ 굽힘 철근

해설 13
주철근에 직각 또는 경사지게 배치되는 철근은 스터럽이다.

14 철근콘크리트 보에서 사인장철근(복부철근)을 배근하는 이유는? [00 ㉑]

㉮ 휨인장응력을 받게 하기 위하여
㉯ 전단응력에 저항시키기 위하여
㉰ 부착응력을 늘리기 위하여
㉱ 지압응력을 늘리기 위하여

해설 14
보에서 사인장철근(복부철근)을 배근하는 이유는 전단응력(사인장응력)에 저항하기 위함이다.

15 응력 계산에 의하여 그 단면적을 결정하는 것이 아닌 철근은 어느 것인가? [95 ㉑, 84, 98 ㉑]

㉮ 사인장 철근
㉯ 조립 철근
㉰ 정철근
㉱ 부철근

해설 15
조립철근은 철근을 조립할 때 사용되는 보조적인 철근이다.

정답: 11. ㉰ 12. ㉯ 13. ㉯ 14. ㉯ 15. ㉯

출제예상문제

CHAPTER 1 철근콘크리트의 기본개념

■■■ 철근콘크리트의 성립

1. 다음 중 철근콘크리트가 성립되는 조건으로 옳지 않은 것은? [88 ㉮, 88, 93, 96 ㉳]
㉮ 철근은 콘크리트 속에서 녹이 슬지 않는다.
㉯ 철근과 콘크리트의 탄성계수가 거의 같다.
㉰ 철근과 콘크리트의 열팽창 계수가 거의 같다.
㉱ 철근과 콘크리트와의 부착력이 크다.

2. 철근콘크리트가 한 구조체로서 성립하는 이유를 기술한 것 중 옳지 않은 것은? [98 ㉳]
㉮ 콘크리트와 철근은 대단히 큰 부착력을 가지고 있다.
㉯ 콘크리트와 철근은 온도에 대한 팽창계수가 거의 같다.
㉰ 철근과 콘크리트는 모두 탄성체이기 때문에 일체(一體)로 잘 되지 않는다.
㉱ 콘크리트 속에 묻힌 철근은 녹슬지 않는다.

3. 철근콘크리트의 장점을 열거한 것 중에서 옳지 않은 것은? [97 ㉳]
㉮ 내구성, 내화성이 크다.
㉯ 형상이나 치수에 제한을 받지 않는다.
㉰ 보수(補修)나 개조(改造)가 용이하다.
㉱ 유지 관리비가 적게 든다.

■■■ 콘크리트의 성질(1)

4. 설계기준강도란 다음 중 어느 것인가? [98 ㉳]
㉮ 콘크리트의 배합설계시에 목표로 하는 강도
㉯ 시공시 현장에서 채취한 콘크리트의 재령 28일 강도
㉰ 콘크리트 부재의 설계에서 기준으로 하는 재령 28일 압축강도
㉱ 설계자가 바라는 콘크리트의 강도

5. 콘크리트 재령 28일 표준공시체($\phi 150\,mm \times 300\,mm$)의 압축강도 시험을 실시한 바 500kN의 압축 하중에서 파괴되었다. 이 콘크리트 공시체의 압축강도는?
㉮ 27.3 MPa
㉯ 28.3 MPa
㉰ 29.3 MPa
㉱ 30.3 MPa

[해설] $f_{cu} = \dfrac{P}{A} = \dfrac{P}{\dfrac{\pi d^2}{4}} = \dfrac{500 \times 10^3}{\pi \times 150^2/4} = 28.3\,MPa$

6. 콘크리트의 인장강도는 압축강도의 약 몇 배인가?
㉮ $\dfrac{1}{2}$ ㉯ $\dfrac{1}{5}$
㉰ $\dfrac{1}{10}$ ㉱ $\dfrac{1}{20}$

7. AE 콘크리트의 특징 중 적당치 않은 것은 다음 중 어느 것인가? [78 ㉳]
㉮ 기상에 대한 내구성이 크다.
㉯ 워커빌리티가 작고 탄성이 크다.
㉰ 단위수량을 감소할 수 있다.
㉱ 물의 부유 현상을 아주 감퇴시킨다.

해답 1. ㉯ 2. ㉰ 3. ㉰ 4. ㉰ 5. ㉯ 6. ㉰ 7. ㉯

■■■ 콘크리트의 성질(2)

8. 철근콘크리트 단면의 결정이나 응력을 계산할 때 콘크리트의 탄성계수(elastic modulus : E_c)는 다음의 어느 값으로 취하는가? [87, 90 ⓢ]

㉮ 초기접선탄성 계수(initial modulus)
㉯ 할선(시컨트)탄성 계수(secant modulus)
㉰ 탄젠트 계수(tangent modulus)
㉱ 영 계수(Young's modulus)

9. 콘크리트의 허용전단응력, 허용인장응력을 결정하는 데 공통되는 것을 고르면? [80, 97 ㉮]

㉮ 물-시멘트비(W/C)
㉯ 콘크리트의 28일 압축강도의 제곱근
㉰ 단위 시멘트량
㉱ 콘크리트의 단위 수량

10. 보통중량 골재를 사용한 콘크리트의 탄성계수는 다음 중 어느 것인가? (단, f_{ck} : 콘크리트의 설계기준강도, f_{cm} : 콘크리트의 평균압축강도) [93 ㉮, 99 ⓢ]

㉮ $3,300 \sqrt[3]{f_{cm}}$
㉯ $4,700 \sqrt{f_{ck}}$
㉰ $8,500 \sqrt[3]{f_{cm}}$
㉱ $10,000 \sqrt{f_{ck}}$

해설 보통중량 콘크리트의 탄성계수
$$E_c = 8,500 \sqrt[3]{f_{cm}} \text{ (MPa)}$$
여기서, $f_{cm} = f_{ck} + \Delta f$
$\begin{cases} f_{ck} \leq 40 \text{ MPa 이면 } \Delta f = 4 \text{ MPa} \\ f_{ck} \geq 60 \text{ MPa 이면 } \Delta f = 6 \text{ MPa} \end{cases}$

11. 보통중량 골재를 사용한 콘크리트의 단위 질량이 2,300kg/m³이라면 콘크리트의 탄성계수 E_c는 얼마인가? [05 ㉮]

㉮ $3,300 \sqrt[3]{f_{cm}}$ ㉯ $7,700 \sqrt[3]{f_{cm}}$
㉰ $8,500 \sqrt[3]{f_{cm}}$ ㉱ $10,000 \sqrt[3]{f_{cm}}$

해설 콘크리트의 탄성계수 일반식
$E_c = 0.077 m_c^{1.5} \sqrt[3]{f_{cm}}$ 에서
단위용적질량 $m_c = 2,300 \text{ kg/cm}^3$을 대입하면
$E_c = 0.077 \times (2,300)^{1.5} \sqrt[3]{f_{cm}} \fallingdotseq 8,500 \sqrt[3]{f_{cm}} \text{(MPa)}$

12. 보통중량 골재를 사용한 콘크리트의 단위 질량이 2,300 kg/m³이고, 설계기준강도 f_{ck}가 28MPa일 때 콘크리트의 탄성계수는 얼마인가? [92, 00 ⓢ]

㉮ 2.70×10^4 MPa
㉯ 2.51×10^4 MPa
㉰ 2.10×10^4 MPa
㉱ 2.00×10^4 MPa

해설 $E_c = 8500 \sqrt[3]{f_{cm}} = 8500 \sqrt[3]{(28+4)}$
$= 2.70 \times 10^4 \text{ MPa}$

13. 콘크리트의 강도가 f_{ck}일 때 보통중량 골재를 사용한 콘크리트의 탄성계수는 어느 것인가? [99 ㉮ⓢ]

㉮ $E_c = 70,000 \sqrt{f_{ck}} + 10,500$
㉯ $E_c = 0.030 \sqrt{f_{cm}} + 7,700$
㉰ $E_c = m_c^{1.5} \times 4,270 \sqrt{f_{ck}}$
㉱ $E_c = 8,500 \sqrt[3]{f_{cm}}$

해설 $E_c = 8,500 \sqrt[3]{f_{cm}}$ (MPa)

14. 콘크리트의 설계기준강도가 40MPa인 경우 콘크리트의 탄성계수 E_c는? (단, 보통중량 골재를 사용한 콘크리트이다.) [00 ㉮]

㉮ 2.76×10^4 MPa
㉯ 2.86×10^4 MPa
㉰ 2.91×10^4 MPa
㉱ 3.00×10^4 MPa

해설 $E_c = 8,500 \sqrt[3]{f_{cm}} = 8,500 \sqrt[3]{(40+4)}$
$= 3.00 \times 10^4 \text{ MPa}$

해답 8. ㉯ 9. ㉯ 10. ㉰ 11. ㉰ 12. ㉮ 13. ㉱ 14. ㉱

15. 설계기준강도 f_{ck}가 35 MPa인 콘크리트를 사용할 때 이 콘크리트의 탄성계수 E_c는 얼마인가?
[00 산]

㉮ 28,825 MPa ㉯ 27,804 MPa
㉰ 50,286 MPa ㉱ 55,738 MPa

[해설] $E_c = 8,500 \sqrt[3]{f_{cm}}$
$= 8,500 \sqrt[3]{(35+4)} = 28,825 \text{ MPa}$

16. 콘크리트의 탄성계수가 21,000 MPa, 압축강도가 28 MPa일 때 콘크리트의 탄성변형률은 얼마인가?
[00, 01 산]

㉮ $\varepsilon = 0.0011$ ㉯ $\varepsilon = 0.0013$
㉰ $\varepsilon = 0.0014$ ㉱ $\varepsilon = 0.015$

[해설] 후크의 법칙 $f = E\varepsilon$에서
$\varepsilon_e = \dfrac{f_{cu}}{E_c} = \dfrac{28}{21000} = 0.0013$

17. 콘크리트의 크리프에 대한 설명 중 잘못된 것은?

㉮ 크리프 처짐은 탄성 처짐의 2~3배가 되며 반드시 하중이 작용해야만 생긴다.
㉯ 콘크리트의 압축응력이 설계기준강도의 50% 이내인 경우 크리프는 응력에 비례한다.
㉰ 크리프 계수는 옥내인 경우 2, 옥외인 경우 3으로 한다.
㉱ 크리프 변형은 철근이 더 많은 하중을 지지하도록 하는 효과를 나타낸다.

[해설] 크리프 계수는 옥내가 더 건조하기 때문에 3, 옥외가 2이다.

18. 콘크리트의 크리프(creep) 변형에 관한 설명으로 틀린 것은?
[00 산]

㉮ 작용 응력의 크기에 비례한다.
㉯ 콘크리트의 강도가 클수록 크리프도 커진다.
㉰ 하중을 가한 초기에는 갑자기 증가하나 시간이 지남에 따라 지수 함수적으로 감소한다.
㉱ 시간이 지남에 따라 하중의 증가 없이 증가하는 처짐의 한 원인이 된다.

[해설] 콘크리트의 강도가 큰 경우는 크리프와 건조수축은 모두 감소한다.

19. 다음은 콘크리트의 크리프에 대한 설명이다. 틀린 것은?
[90 산]

㉮ 응력은 늘지 않았는데 변형은 계속 진행되는 현상을 말한다.
㉯ 물-시멘트비가 큰 콘크리트는 물-시멘트비가 작은 콘크리트보다 크리프가 크게 일어난다.
㉰ 전체 크리프 변형률은 탄성 변형률보다 크고 약 1.5~3배가 된다.
㉱ 크리프 변형의 증가 비율은 시간의 경과와 더불어 급격히 증가된다.

[해설] 크리프 변형의 증가 비율은 재하 시간이 경과함에 따라 감소한다.

20. 콘크리트의 크리프에 대한 설명으로 틀린 것은?
[00 ㉮]

㉮ 일정한 응력이 장시간 계속하여 작용하고 있을 때 변형이 계속 진행되는 현상을 말한다.
㉯ 물-시멘트비가 큰 콘크리트는 물-시멘트비가 적은 콘크리트보다 크리프가 크게 일어난다.
㉰ 고강도 콘크리트는 저강도 콘크리트보다 크리프가 크게 일어난다.
㉱ 콘크리트가 놓이는 주위의 온도가 높을수록 크리프 변형은 크게 일어난다.

[해설] 콘크리트의 강도가 큰 경우는 크리프와 건조수축은 모두 자게 일어난다.

21. 콘크리트의 크리프(creep)에 관한 설명 중 옳지 않은 것은?
[83, 78 산]

㉮ 습도가 높을수록 크리프량이 크다.
㉯ 재하시의 재령이 클수록 크리프량은 작다.
㉰ 단면의 치수가 클수록 크리프의 최종값은 작다.
㉱ 적절한 진동기에 의한 다짐을 실시한 콘크리트는 크리프량이 작다.

해답 15. ㉮ 16. ㉯ 17. ㉰ 18. ㉯ 19. ㉱ 20. ㉰ 21. ㉮

[해설] 습도가 높을수록 습윤 양생에 가까워지므로 건조 수축과 크리프는 모두 작아진다.

22. 콘크리트의 크리프에 대한 설명 중 틀린 것은?
[05 ⓐ]

㉮ 물-시멘트비가 크면 크리프는 감소한다.
㉯ 응력을 받는 시점의 콘크리트 재령이 클수록 크리프는 감소한다.
㉰ 온도가 높을수록 크리프는 증가한다.
㉱ 습도가 높을수록 크리프는 감소한다.

[해설] 물-시멘트비가 클수록 콘크리트 강도가 작아지므로 크리프는 커진다.

23. 어떤 재료의 초기 탄성 변형량이 15mm이고 크리프(creep) 변형량이 25mm라면 이 재료의 크리프 계수는 얼마인가?

㉮ 0.7   ㉯ 1.7
㉰ 2.7   ㉱ 3.7

[해설] $\phi = \dfrac{\varepsilon_c}{\varepsilon_e} = \dfrac{\delta_c/l}{\delta_e/l} = \dfrac{25}{15} = 1.7$

24. 콘크리트의 크리프에 관한 사항 중 크리프 계수는 다음 어느 것을 말하는가?
[94 ⓐ]

㉮ $\dfrac{크리프\ 변형률}{팽창률}$
㉯ $\dfrac{크리프\ 변형률}{탄성\ 변형률}$
㉰ $\dfrac{팽창률}{크리프\ 변형률}$
㉱ $\dfrac{탄성\ 변형률}{크리프\ 변형률}$

[해설] $\phi = \dfrac{크리프\ 변형률}{탄성\ 변형률} = \dfrac{크리프\ 변형량}{탄성\ 변형량}$

25. 콘크리트의 크리프 변형률은 탄성 변형률의 보통 몇 배인가?
[85, 96 ㉮]

㉮ 8~10배   ㉯ 6~7배
㉰ 4~5배   ㉱ 1~3배

[해설] $\phi = \dfrac{\varepsilon_c}{\varepsilon_e} = \dfrac{\delta_c}{\delta_e} = (1\sim3)$
(옥내 : 3, 옥외 : 2, 수중 : 1)

26. 프리스트레스트 콘크리트에서 콘크리트의 응력을 f, 탄성계수를 E_c, 크리프 계수를 ϕ라 하면 크리프 변형률은?
[97 ㉮]

㉮ $\dfrac{E_c}{\phi f}$ ㉯ $\dfrac{f}{\phi E_c}$
㉰ $\dfrac{\phi f}{E_c}$ ㉱ $\dfrac{\phi E_c}{f}$

[해설] 크리프 계수 $\phi = \dfrac{\varepsilon_c}{\varepsilon_e} = \dfrac{\varepsilon_c}{\left(\dfrac{f}{E_c}\right)}$ 에서

$\varepsilon_c = \dfrac{\phi f}{E_c}$

27. $f_{ck} = 28$ MPa인 보통중량 콘크리트로 된 기둥이 9 MPa의 응력을 장기 하중으로 받을 때 이 기둥은 크리프로 인하여 그 길이가 얼마나 줄어들겠는가? (단, 이 기둥의 길이는 4m이고, 옥외에 있다.)

㉮ 1.80mm   ㉯ 2.67mm
㉰ 2.90mm   ㉱ 3.87mm

[해설] (1) 탄성 변형률
$\varepsilon_e = \dfrac{f_c}{E_c} = \dfrac{9}{8,500\sqrt[3]{(28+4)}} = 0.00034$

(2) 크리프 변형률
$\varepsilon_c = \phi \varepsilon_e = 2.0 \times 0.000334 = 0.000668$
[옥외구조물이므로 $\phi = 2.0$]

(3) 크리프 변형량
$\delta_c = \varepsilon_c l = 0.000668 \times 4,000 = 2.67$ mm

해답 22. ㉮ 23. ㉯ 24. ㉯ 25. ㉱ 26. ㉰ 27. ㉯

28. 콘크리트 탄성계수 $E_c = 21,000\,\text{MPa}$ 이고 크리프 계수 $\phi_t = 3$일 때 콘크리트 크리프에 의한 변형률은? (단, $f_c = 8\,\text{MPa}$ 로 한다.) [99 ㉮, 89 ㉯]

㉮ 0.00167   ㉯ 0.0020
㉰ 0.0022   ㉱ 0.00114

[해설] $\phi = \dfrac{\varepsilon_c}{\varepsilon_e} = \dfrac{\varepsilon_c}{\left(\dfrac{f_c}{E_c}\right)}$ 에서

$\varepsilon_c = \dfrac{\phi f_c}{E_c} = \dfrac{3 \times 8}{21,000} = 0.00114$

29. 콘크리트의 건조수축에 대한 설명 중 잘못된 것은?

㉮ 탄성변형 외에 시간에 따라 생기는 변형으로 반드시 하중이 재하되어야만 한다.
㉯ 수화에 필요한 수량을 초과하여 배합설계시 워커빌리티를 위해 많은 수량을 넣기 때문이다.
㉰ 부재가 구속된 부정정 구조에서는 건조수축으로 인해 인장력이 발생되고 그 결과 균열이 생긴다.
㉱ 최종 건조수축 크기는 W/C(물-시멘트비), 상대습도, 온도, 골재 형태 및 구조물의 크기와 형상에 따라 다르다.

[해설] 크리프는 반드시 하중이 재하되어야 하지만 건조수축은 물 때문에 발생하므로 건조수축은 상재하중과는 무관하다.

30. 다음은 콘크리트의 건조수축에 대한 설명이다. 틀린 것은? [90 ㉯]

㉮ 보통 콘크리트의 최종 수축량은 일반적으로 0.0002~0.0007의 범위에 있다.
㉯ 건조수축의 주원인은 콘크리트가 수화작용을 하고 남은 물이 증발하기 때문이다.
㉰ 콘크리트의 단위수량이 많은 콘크리트일수록 건조수축이 작게 일어난다.
㉱ 일반적으로 모르타르는 콘크리트의 2배 정도의 건조수축을 나타낸다.

[해설] 콘크리트의 단위수량이 많으면 물이 많이 증발하므로 건조수축이 커진다.

31. 다음 철근콘크리트 구조물의 건조수축에 관한 설명중 옳지 않은 것은? [81, 93 ㉮, 80, 81, 87 ㉱]

㉮ 수중 구조물은 수축이 거의 없다.
㉯ 철근이 많이 사용된 구조물에서는 콘크리트의 수축이 크게 일어난다.
㉰ 라멘 구조에 쓰이는 건조수축 계수는 0.00015이다.
㉱ 부재의 철근 종단면의 도심이 콘크리트 도심과 일치하지 않을 때는 건조수축에 의하여 축방향력과 동시에 휨모멘트를 일으키게 되므로 휨응력이 발생한다.

[해설] 철근이 건조수축을 방해하므로 철근이 많이 사용될수록 콘크리트의 건조수축은 작아진다.

32. 다음은 건조수축에 관한 사항이다. 잘못된 것은?

㉮ 수중 구조물은 수축이 거의 없고, 아주 습한 대기중에 있는 구조물에는 건조수축이 적게 일어난다.
㉯ 철근이 많이 사용된 콘크리트 구조물에서는 자연적으로 콘크리트의 수축이 크게 일어난다.
㉰ 부정정 구조의 설계에 쓰이는 건조수축은 라멘에서 0.00015이다.
㉱ 아치에서 건조수축은 철근량이 0.5% 이상에서 0.00015, 철근량이 0.1~0.5%에서는 0.0002로 본다.

33. 콘크리트 특성에 대한 설명 중 잘못된 것은? [00 ㉮]

㉮ 부정정 구조물인 경우에는 부재가 건조수축을 일으키려는 거동이 구속되어 인장력이 생긴다.
㉯ 압축력은 콘크리트의 모상균열을 통하여 전달되지만 인장력은 그렇지 못하다.
㉰ 부재표면에 인접된 콘크리트가 내부콘크리트보다 빨리 건조되어 압축을 받는다.
㉱ 양생 중 골재사이의 시멘트풀이 건조수축을 일으켜 내부에 모상균열을 형성한다.

[해설] 부재표면에 인접한 콘크리트는 건조수축의 영향으로 인장력을 받게 되어 균열발생의 원인이 된다.

해답 28. ㉱   29. ㉮   30. ㉰   31. ㉯   32. ㉯   33. ㉰

34. 철근콘크리트 부정정 구조물의 건조수축에 의한 휨 응력 발생을 억제하기 위한 방법으로 옳은 것은?

[92 ㈐]

㉮ 압축철근 단면의 도심을 콘크리트 단면의 도심에 일치시켜 설계한다.
㉯ 인장철근 단면의 도심을 콘크리트 단면의 도심에 일치시켜 설계한다.
㉰ 총 철근 단면의 도심을 콘크리트 단면의 도심에 일치시켜 설계한다.
㉱ 압축철근을 사용하지 않는다.

[해설] 총 철근 단면의 도심과 콘크리트의 단면의 도심을 일치시키면 인장력과 압축력이 동일선상에서 작용하게 되므로 우력에 의한 모멘트가 생기지 않는다.

35. 단면이 400mm×500mm이고, 길이가 6m인 철근콘크리트 부재가 있다. 철근은 단면도심에 대하여 대칭으로 배치하였으며, 단면적 $A_s = 2,000\,\text{mm}^2$이다. 콘크리트의 건조수축으로 인한 콘크리트의 수축 응력은? (단, 콘크리트의 건조수축률은 0.0002이고, 콘크리트 및 철근의 탄성계수는 각각 $E_c = 2.2 \times 10^4\,\text{MPa}$, $E_s = 2.0 \times 10^5\,\text{MPa}$이다. 이 부재의 변형은 구속되어 있지 않음)

[98 ㉮]

㉮ 0.370 MPa   ㉯ 1.28 MPa
㉰ 1.50 MPa   ㉱ 2.0 MPa

[해설] $f_{ct} = \dfrac{E_s \varepsilon_{sh} A_s}{A_c + nA_s}$

$= \dfrac{(2\times 10^5)\times(0.0002)\times(2,000)}{(400\times 500 - 2,000) + 9\times 2,000}$

$= 0.37\,\text{N/mm}^2 = 0.37\,\text{MPa}$

$\left[n = \dfrac{E_s}{E_c} = \dfrac{2.0\times 10^5}{2.2\times 10^4} \fallingdotseq 9 \right]$

36. 다음과 같은 내용 중에서 옳지 않은 것은? [86 ㉮]

㉮ Rahmen, arch 등의 부정정 구조물의 설계에서 보통의 경우 온도의 승강은 각각 20℃를 표준으로 한다.
㉯ 콘크리트 및 철근의 온도(열)팽창계수는 거의 같다.
㉰ 부정정 구조의 설계 계산에서 사용하는 건조수축 계수는 Rahmen에서 0.00015이고 arch에서 철근량이 0.5% 이상일 때 0.00015, 0.1~0.5%일 때 0.00020이다.
㉱ 콘크리트 크리프 계수는 대기 중에 있는 부정정 구조물에서 하중이 조기에 재하되지 않을 때 일반적으로 옥내 2.0, 옥외 3.0으로 표준으로 한다.

[해설] 크리프 계수는 옥내가 3.0, 옥외가 2.0이다.

37. 콘크리트의 크리프와 건조수축에 관한 다음의 기술 중 옳지 않은 것은? [81 ㉮, 87 ㉯]

㉮ 일정한 응력을 장시간 받았을 경우 시간의 경과와 함께 응력이 증가하는 현상을 크리프라 한다.
㉯ 콘크리트의 크리프 계수는 보통 대기중에 있는 경우 옥내의 경우 3.0, 옥외의 경우 2.0을 표준으로 한다.
㉰ 공기중의 콘크리트가 내부의 수분이 증발하여 수축하는 현상을 건조수축이라 한다.
㉱ 부정정 구조물 계산에 쓰는 건조수축은 라멘에서 0.00015를 표준값으로 한다.

[해설] 크리프는 일정한 장기하중에 의해 소성 변형이 증가되는 현상이다.

해답 34. ㉰   35. ㉮   36. ㉱   37. ㉮

38. 콘크리트의 크리프와 건조수축에 관한 설명 중 옳지 않은 것은? [86 ㉠]

㉮ 콘크리트의 크리프에 의한 변형은 탄성변형의 1~3배 정도이다.
㉯ 콘크리트의 크리프 변형률과 소성 변형률과의 비를 크리프 계수라 하며, 옥내에서 2.0, 옥외에서 3.0을 표준으로 한다.
㉰ 콘크리트의 건조수축량은 변형률로 표시되며 그 값은 보통 $2.0 \times 10^{-4} \sim 6.0 \times 10^{-4}$ 정도이다.
㉱ 항상 수중에 있는 구조물에 대해서는 부재의 최소 치수에 관계없이 건조수축의 영향을 고려하지 않아도 된다.

[해설] 크리프 계수는 옥내가 3.0, 옥외가 2.0이다.

■■■ 철근의 종류 및 성질

39. 콘크리트의 설계기준강도 f_{ck}가 18 MPa 일 때 탄성 계수비는 n의 값은 얼마인가?
[95, 80 ㉠, 94, 84, 81 ㉲]

㉮ 10　　㉯ 9
㉰ 8　　㉱ 7

[해설] $n = \dfrac{2.0 \times 10^5}{8,500 \sqrt[3]{(18+4)}} = 8.4 \therefore n = 8$

여기서, $f_{cm} = f_{ck} + \Delta f$
$\begin{cases} f_{ck} \leq 40 \text{ MPa 이면 } \Delta f = 4 \text{ MPa} \\ f_{ck} \geq 60 \text{ MPa 이면 } \Delta f = 6 \text{ MPa} \end{cases}$

40. 다음 중 철근콘크리트 부재설계시 하중항으로 고려해야 할 사항이 아닌 것은? [94 ㉠]

㉮ 연직 활하중 및 고정 하중
㉯ 온도 변화
㉰ 건조수축과 크리프
㉱ 탄성계수비

[해설] 철근 콘크리트 부재는 하중뿐만 아니라 온도변화, 크리프, 건조수축 또는 부등침하에 의해서도 단면력이 발생하므로 설계에서 하중(T)으로 고려한다.

41. 주철근(主鐵筋)에 이형철근을 쓰는 이유로서 옳지 않은 것은? [96, 99 ㉠, 99 ㉲]

㉮ 부착응력이 크다.
㉯ 철근 이음에서 절약된다.
㉰ 보통의 경우에는 갈고리를 필요로 하지 않는다.
㉱ 지압강도를 증진시킨다.

[해설] 이형철근을 많이 사용하는 이유는 원형철근에 비해 부착강도가 크기 때문이다.

42. 슬래브 또는 보에서 정(+)의 휨모멘트에 의해서 일어나는 인장응력을 받도록 배치한 주철근은?
[81 ㉲]

㉮ 부철근　　㉯ 정철근
㉰ 스터럽(stirrup)　　㉱ 굽힘 철근

[해설] 정(+)의 휨모멘트에 의해 일어나는 인장응력을 받기 위하여 단면의 하부에 배치하는 주철근을 정철근이라 한다.

43. 부철근에 대한 설명 중 옳은 것은?
[83 ㉠, 89, 83 ㉲]

㉮ 전단보강 철근이다.
㉯ 인장응력을 받도록 배치한 주철근이다.
㉰ 인장철근이기는 하나 주철근이 아니다.
㉱ 가외 철근으로 압축철근이다.

[해설] 부철근은 부(-)의 휨모멘트에 의해 일어나는 인장응력을 받기위하여 단면의 상부에 배치하는 주철근이다.

44. 다음 중 배력철근이 하는 일이 아닌 것은?

㉮ 주철근의 위치를 확보한다.
㉯ 건조수축에 의한 균열을 방지한다.
㉰ 사인장 균열을 방지한다.
㉱ 하중을 고르게 분포시킨다.

[해설] 사인장 균열을 방지하기 위하여 배치하는 철근은 사인장 철근(전단 철근)이다.

해답 38. ㉯　39. ㉰　40. ㉱　41. ㉱　42. ㉯　43. ㉯　44. ㉰

45. 철근콘크리트 보에 배치하는 복부철근에 대한 설명 중에서 틀린 것은? [94 ㉆]

㉮ 복부철근은 사인장 응력에 대하여 배치하는 철근이다.
㉯ 복부 철근은 휨모멘트가 가장 크게 작용하는 곳에 배치하는 철근이다.
㉰ 복부철근의 종류는 절곡철근과 스터럽이 있다.
㉱ 인장응력과 전단력의 합성력인 사인장 응력에 대응하기 위해 보강하는 철근이다.

[해설] 복부철근은 보의 복부에 배치하는 전단철근이므로 전단력이 크게 작용하는 곳에 배치한다.

46. 배력철근의 역할이 아닌 것은? [89 ㉆]

㉮ 응력을 고르게 분포시킨다.
㉯ 전단응력에 대한 보강 철근이다.
㉰ 주철근의 간격을 유지시켜 준다.
㉱ 온도변화에 의한 수축을 감소시킨다.

[해설] 전단응력에 대한 보강철근은 사인장 철근(전단 철근)이다.

47. 슬래브에서 응력을 분포시킬 목적으로 주철근에 직각 또는 직각에 가까운 방향으로 배치하는 철근은? [79 ㉑]

㉮ 정철근   ㉯ 부철근
㉰ 배력철근   ㉱ 스터럽

[해설] 1방향 슬래브와 같이 정·부 주철근에 직각 또는 직각에 가까운 방향으로 배치하는 철근을 배력철근 (또는 수축 및 온도철근)이라 한다.

48. 사인장 응력에 의하여 생기는 보의 파괴를 방지하기 위하여 사용하는 철근의 명칭이 맞는 것은? [87 ㉑]

㉮ 정철근 및 부철근
㉯ 주철근 및 배력철근
㉰ 가외철근 및 보조철근
㉱ 스터럽 및 굽힘철근

[해설] 사인장 균열을 방지하기 위하여 배치하는 철근은 사인장 철근(전단 철근)으로 스터럽, 굽힘철근, 나선철근, 원형띠철근, 후프철근 등이 있다.

49. 다음 중 전단보강을 위한 철근으로 주로 쓰이는 것은? [84 ㉑]

㉮ 스터럽   ㉯ 주철근
㉰ 부철근   ㉱ 정철근

[해설] 전단을 보강하기 위하여 사용되는 대표적인 전단철근은 스터럽이다.

50. 설계 계산에 있어 부착응력에 대한 검토를 해야 하는 철근은 어느 것인가? [79 ㉆, 83, 87 ㉑]

㉮ 인장철근   ㉯ 나선철근
㉰ 축방향철근   ㉱ 배력철근

51. 철근콘크리트가 성립될 수 있는 기본적인 이유 중 옳지 않은 것은?

㉮ 철근과 콘크리트는 부착이 잘된다.
㉯ 두 재료의 열팽창 계수가 비슷하다.
㉰ 압축에 약한 콘크리트를 보강하기 위한 철근을 사용한다.
㉱ 콘크리트는 철근의 부식을 방지한다.

[해설] 철근콘크리트가 성립되는 이유
① 콘크리트는 압축에 강하고 철근은 인장에 강하다.
② 철근과 콘크리트의 부착강도가 크다.
③ 콘크리트속에 묻힌 철근은 부식하지 않는다.
④ 열팽창 계수가 같다.

해답 45. ㉯ 46. ㉯ 47. ㉰ 48. ㉱ 49. ㉮ 50. ㉮ 51. ㉰

52. 철근콘크리트가 일체식 거동을 나타낼 수 있도록 두 재료 사이의 부착효과를 일으키는 것이 아닌 것은?

㉮ 이형철근의 정착효과
㉯ 시멘트풀과 철근의 점착력
㉰ 물과 시멘트의 수화반응에 의한 수화열
㉱ 철근과 콘크리트 사이의 마찰

[해설] 콘크리트와 철근의 부착효과를 일으키는 요인
① 이형철근의 마디와 리브에 의한 정착효과
② 시멘트풀과 철근의 점착력
③ 철근과 콘크리트 사이의 마찰

53. 철근콘크리트의 단점을 열거한 사항 중에서 옳지 않은 것은 다음 중 어느 것인가?

㉮ 균열이 생기기 쉽고 자중이 크다.
㉯ 구조물 시공후의 검사나 개조 및 보강이 어렵다.
㉰ 진동이나 충격에 대해서는 저항력이 작다.
㉱ 거푸집 비용이 많이 들며 시공관리가 어렵다.

[해설] 철근콘크리트는 다른 구조에 비해 진동이나 충격에 강하다.

54. 우리나라 구조기준 강도 설계편에서 처짐의 검사는 다음 어느 하중에 의하도록 되어 있는가?

㉮ 극한하중(factored load)
㉯ 설계하중(design load)
㉰ 사용하중(service load)
㉱ 상재하중(surcharge load)

[해설] 구조기준에서는 처짐, 균열, 진동피로와 같은 사용성은 사용하중으로 검사하도록 규정하고 있다.

55. 설계기준강도 $f_{ck} = 28\,\text{MPa}$ 인 보통중량 콘크리트가 균열이 생기려면 적어도 얼마만큼의 인장응력을 받아야 하는가?

㉮ 3.33MPa ㉯ 2.51MPa
㉰ 1.65MPa ㉱ 1.21MPa

[해설] 휨인장 강도(파괴계수)
보통중량 골재를 사용한 콘크리트의 경우에 경량콘크리트계수는 $\lambda = 1.0$을 사용한다.
$f_r = 0.63\lambda\sqrt{f_{ck}} = 0.63 \times 1.0 \times \sqrt{28} = 3.333\,\text{MPa}$

56. 구조물에 사용하는 콘크리트의 공시체를 채취하여 재령 28일의 압축강도시험을 한 시험치가 설계기준 압축강도 f_{ck}이하 되는 경우가 생기는 확률의 허용한계는 다음중 어느 것인가?

㉮ 1%   ㉯ 2%
㉰ 3%   ㉱ 4%

[해설] 현장에서의 압축강도의 시험치가 설계기준강도 (f_{ck}) 이하가 될 확률을 1% 이하가 되도록 규정한다.

57. 콘크리트의 설계기준강도(f_{ck})가 25MPa일 때 탄성계수비($n = \dfrac{E_s}{E_c}$)는 얼마인가?

㉮ 7.8   ㉯ 8
㉰ 7.3   ㉱ 7

[해설] $n = \dfrac{E_s}{E_c} = \dfrac{2.0 \times 10^5}{8{,}500\sqrt[3]{f_{cm}}} = \dfrac{2.0 \times 10^5}{8{,}500\sqrt[3]{29}} = 7.66$
∴ $n = 8$

58. 철근콘크리트의 탄성 계수비 n에 대한 설명 중 틀린 것은?

㉮ 품질관리를 잘한 콘크리트(철근 제외)일수록 탄성계수비는 크다.
㉯ 콘크리트 단위 질량을 2,300kg/m³이라 할 때 $E_c = 8{,}500\sqrt[3]{f_{cm}}$이다.
㉰ 콘크리트의 설계기준강도 f_{ck}가 18MPa일 경우 $n = 8$이다.
㉱ 탄성계수비 n은 환산단면적 계산에 이용되는 중요 인자이다.

[해설] 탄성계수비 $n = \dfrac{2.0 \times 10^5}{8{,}500\sqrt[3]{f_{cm}}}$ 에서 품질관리를 잘한 콘크리트일수록 평균압축강도 f_{cm}이 증가하므로 탄성계수비는 작아진다.

해답 52. ㉰ 53. ㉰ 54. ㉰ 55. ㉮ 56. ㉮ 57. ㉯ 58. ㉮

59. 콘크리트 탄성계수 $E_c = 9 \times 10^3 \text{MPa}$ 이고 크리프 계수 $\phi_c = 3$ 일 때 콘크리트의 크리프에 의한 변형률은? (단, $f_c = 8 \text{MPa}$ 로 한다.)

㉮ 0.00167 ㉯ 0.0020
㉰ 0.0022 ㉱ 0.00267

[해설] $\phi_c = \dfrac{\varepsilon_c}{\varepsilon_e} = \dfrac{E_c \varepsilon_c}{f_c}$ 에서

$\varepsilon_c = \dfrac{\phi_c f_c}{E_c} = \dfrac{3 \times 8}{9.0 \times 10^3} = 0.00267$

60. $f_{ck} = 21 \text{MPa}$ 인 보통중량 콘크리트로 된 기둥이 9MPa의 응력을 장기하중으로 받을 때 이 기둥은 크리프로 인하여 그 길이가 얼마나 줄어들겠는가? (단, 이 기둥의 길이는 5m이고, 옥외에 있다.)

㉮ 2.5mm ㉯ 3.0mm
㉰ 3.6mm ㉱ 4.0mm

[해설] (1) 탄성 변형률

$\varepsilon_e = \dfrac{f_c}{E_c} = \dfrac{9}{8,500 \sqrt[3]{25}} = 0.000362$

$[f_{cm} = f_{ck} + \Delta f = 21 + 4 = 25 \text{MPa}]$

(2) 크리프 변형률

$\varepsilon_c = \phi \varepsilon_e = 2.0 \times 0.000362 = 0.000724$

[옥외구조물이므로 $\phi = 2.0$]

(3) 크리프 변형량

$\delta_c = \varepsilon_c l = 0.000668 \times 5,000 = 3.6 \text{mm}$

61. 응력계산에 의하여 그 단면을 결정하는 철근이 아닌 것은?

㉮ 정철근 ㉯ 부철근
㉰ 사인장철근 ㉱ 조립철근

[해설] 응력계산에 의해 그 단면적이 결정되는 철근은 주철근이라 하며 조립철근, 배력철근(온도 및 수축철근)은 보조철근에 속한다.

62. 다음은 배력철근을 배치하는 이유이다. 옳지 않은 것은?

㉮ 응력을 분포시켜 균열폭을 최소화하기 위함이다.
㉯ 주철근의 부착력을 확보하기 위함이다.
㉰ 주철근의 간격을 유지하기 위함이다.
㉱ 콘크리트의 건조수축이나 온도변화에 의한 콘크리트의 신축을 억제하기 위함이다.

[해설] 배력철근 배치 이유
① 응력분포(균열분포)
② 주철근의 간격 유지
③ 건조수축 및 온도변화에 의한 영향 감소

63. 슬래브 또는 보에서 부(-)의 휨모멘트에 의해 일어나는 인장응력을 받도록 배치한 주철근을 무슨 철근이라고 부르는가?

㉮ 정철근 ㉯ 부철근
㉰ 압축철근 ㉱ 사인장 철근

[해설] 슬래브 또는 보에 배치되는 주철근
(1) 정철근 : 정(+)의 휨모멘트에 의해 일어나는 인장응력을 받도록 배치한 주철근
(2) 부철근 : 부(-)의 휨모멘트에 의해 일어나는 인장응력을 받도록 배치한 주철근

해답 59. ㉱ 60. ㉰ 61. ㉱ 62. ㉯ 63. ㉯

MEMO

제 2 장 강도설계법의 기본개념과 환산단면적

출제경향분석

강도설계법의 기본가정과 설계원리 및 환산단면적을 계산할 수 있도록 학습한다.
출제 비율은 1~2문제 정도이다.

단원별 경향분석

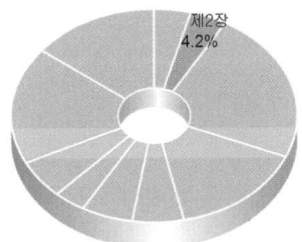

토목기사

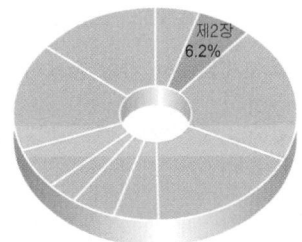

토목산업기사

항목별 경향분석

토목기사

토목산업기사

1 강도설계법

학습방향

2021년 개정된 구조설계기준[KDS 14 20 01, KDS 14 20 10, KDS 14 20 20]을 반영하여 이론을 수정하고, 이미 출제된 문제 중 출제 빈도가 높은 문제를 중심으로 개정 내용을 반영하여 예상문제로 수록하였다.

1 기본개념

구조물이 파괴점($\varepsilon_c = \varepsilon_{cu}$)도달했을 때 어떠한 초과하중에 대해서도 안전하도록 설계하는 안전성 중심의 설계법이다.

(1) $f_{ck} \leq 40$ MPa : $\varepsilon_{cu} = 0.0033$
(2) $f_{ck} > 40$ MPa : f_{ck}가 10MPa 증가시마다 0.0001씩 감소

학습POINT

핵심예제1

극한강도설계법에서 가장 중요시 하는 것은?
㉮ 사용성
㉯ 안전성
㉰ 내구성
㉱ 경제성

해설 강도설계법은 안전성을 중시하는 계법이다.
① 사용성 : 처짐, 균열, 피로가 작아야 한다는 것으로 사용성은 사용하중으로 검토한다.
② 안전성 : 계수강도가 설계강도보다 작아야 한다는 것으로 안전성은 극한하중으로 검토한다
③ 허용응력설계법은 사용성을 중시하는 설계법으로 사용성이 자동으로 확보된다.
④ 강도설계법은 안전성에 중점을 둔 설계법으로, 사용성은 별도로 검토해야 한다.

답 : ㉯

2 설계 가정 사항

휨모멘트와 축력을 받는 부재의 강도설계는 다음 규정된 가정에 따라야 하며, 힘의 평형조건과 변형률 적합조건으로 만족시켜야 한다.

(1) 철근과 콘크리트의 변형률은 중립축부터 거리에 비례하는 것으로 가정할 수 있다. 단, 깊은보는 비선형 변형률 분포를 고려하여야 한다. 깊은보의 설계에서 비선형 변형률 분포를 고려하는 대신 스트럿-타이 모델을 적용할 수도 있다.

(2) 휨모멘트 또는 휨모멘트와 축력을 동시에 받는 부재의 콘크리트 압축연단의 극한변형률은 콘크리트의 설계기준압축강도가 40MPa 이하인 경우에는 0.0033으로 가정하며, 40MPa을 초과할 경우에는 매 10MPa의 강도 증가에 대하여 0.0001씩 감소시킨다. 콘크리트의 설계기준압축강도가 90MPa을 초과하는 경우에는 성능실험을 통한 조사연구에 의하여 콘크리트 압축연단의 극한변형률을 선정하고 근거를 명시하여야 한다.

(3) 철근의 응력이 설계기준항복강도 f_y 이하일 때 철근의 응력은 그 변형률에 E_s를 곱한 값으로 하고, 철근의 변형률이 f_y에 대응하는 변형률보다 큰 경우 철근의 응력은 변형률에 관계없이 f_y로 하여야 한다.

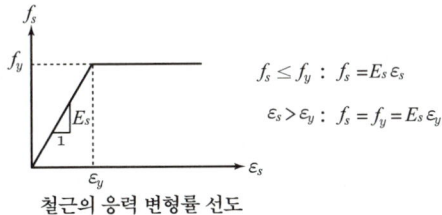

철근의 응력 변형률 선도

$$f_y \leqq 600\,\text{MPa}$$

핵심예제 2

강도설계법에서 철근을 인장시험하기 위해 강재에 규정된 응력 f_y를 가하였을 때 그 변형이 0.0035 이하로 되면, f_y를 감소시키지 않고 그냥 쓸 수 있다. 이때 최대로 사용할 수 있는 f_y의 값은 얼마인가?

[91, 92, 97 ㉿]

㉮ 480 MPa ㉯ 500 MPa
㉰ 520 MPa ㉱ 600 MPa

해설 철근의 설계기준항복강도

$f_y \leq 600\,\text{MPa}$

(단, 전단철근은 500MPa 이하)

답 : ㉱

(4) 콘크리트의 인장강도는 철근콘크리트 부재 단면의 축강도와 휨강도 계산에서 무시할 수 있다.

(5) 콘크리트 압축응력의 분포와 콘크리트변형률 사이의 관계는 직사각형, 사다리꼴, 포물선형 또는 강도의 예측에서 광범위한 실험의 결과와 실질적으로 일치하는 어떤 형상으로도 가정할 수 있다.

(6) 7항의 규정은 다음에 정의되는 **포물선-직선 형상의 응력-변형률 관계**로 나타낼 수 있다.

① 원점에서 최대 응력에 처음 도달할 때까지의 상승 곡선부는

$$f_c = 0.85 f_{ck} \left[1 - \left(1 - \frac{\varepsilon_c}{\varepsilon_{co}} \right)^n \right]$$

에 의해 계산하고, 이후 극한변형률 ε_{cu}까지는 식 $f_c = 0.85 f_{ck}$에 의해 계산한다.

여기서, n은 상승 곡선부의 형상을 나타내는 지수, ε_c는 콘크리트의 압축변형률, ε_{co}는 최대 응력에 처음 도달할 때의 변형률이다.

② 콘크리트 압축강도가 40 MPa 이하인 경우 n, ε_{co}, ε_{cu}는 각각 2.0, 0.002, 0.0033으로 한다. 콘크리트 압축강도가 40 MPa을 초과하는 경우, n은 식 $n = 1.2 + 1.5 \left(\frac{100 - f_{ck}}{60} \right)^4 \leq 2.0$에 따라 결정하며 매 10 MPa의 강도 증가에 대하여

식 $\varepsilon_{co} = 0.002 + \left(\frac{f_{ck} - 40}{100,000} \right) \geq 0.002$와 같이 ε_{co}의 값을 0.0001씩 증가시키고 식 $\varepsilon_{cu} = 0.0033 - \left(\frac{f_{ck} - 40}{100,000} \right) \leq 0.0033$와 같이 ε_{cu}의 값을 0.0001씩 감소시킨다.

단, 콘크리트의 압축강도가 90 MPa을 초과하는 경우에는 성능실험을 통한 조사연구에 의하여 이 값들을 선정하고 근거를 명시하여야 한다.

③ 포물선-직선 형상의 응력-변형률 관계에 의하여 콘크리트에 작용하는 **압축응력의 평균값**은 $\alpha(0.85 f_{ck})$로, 압축연단으로부터 합력의 작용위치는 중립축 깊이 c에 대한 β의 비율로 나타내며, 응력분포의 각 변수 및 계수는 아래 표의 값을 적용한다.

표. 응력분포의 변수 및 계수 값

f_{ck}(MPa)	≤40	50	60	70	80	90
n	2.0	1.92	1.50	1.29	1.22	1.20
ε_{co}	0.002	0.0021	0.0022	0.0023	0.0024	0.0025
ε_{cu}	0.0033	0.0032	0.0031	0.003	0.0029	0.0028
α	0.80	0.78	0.72	0.67	0.63	0.59
β	0.40	0.40	0.38	0.37	0.36	0.35

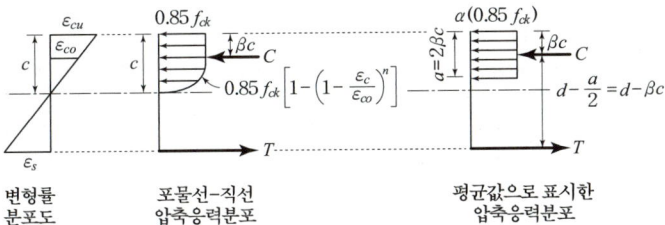

변형률 분포도 / 포물선-직선 압축응력분포 / 평균값으로 표시한 압축응력분포

(7) 규정된 **포물선-직선 형상의 응력-변형률 관계** 대신 다음에 정의되는 등가 직사각형 압축응력블록으로 나타낼 수 있다.
 ① 단면의 가장자리와 최대 압축변형률이 일어나는 연단부터 $a=\beta_1 c$ 거리에 있고 중립축과 평행한 직선에 의해 이루어지는 등가 압축영역에 $\eta(0.85f_{ck})$인 콘크리트 응력이 등분포하는 것으로 가정한다.
 ② 최대 변형률이 발생하는 압축연단에서 중립축까지 거리 c는 중립축에 대해 직각방향으로 측정한 것으로 한다.
 ③ 계수 η와 β_1은 아래 표의 값을 적용한다.

표. 등가직사각형 응력분포 변수 값

f_{ck}(MPa)	≤40	50	60	70	80	90
ε_{cu}	0.0033	0.0032	0.0031	0.003	0.0029	0.0028
η	1.00	0.97	0.95	0.91	0.87	0.84
β_1	0.80	0.80	0.76	0.74	0.72	0.70

➡ 포물선-직선 응력분포와 동일한 작용점을 갖기 위해 $a=2\beta c$라야 한다.

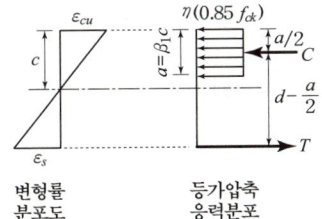

변형률 분포도 / 등가압축 응력분포

핵심예제 3

강도설계법에 대한 사항 중 옳지 않은 것은? (단, η는 콘크리트 등가 직사각형 압축응력블록의 크기를 나타내는 계수이다.)

[97㉮]

㉮ 압축측 연단의 최대변형률은 콘크리트의 설계기준압축강도가 40MPa 이하인 경우에는 0.0033으로 가정하며, 40MPa을 초과할 경우에는 매 10MPa의 강도 증가에 대하여 0.0001씩 감소시킨다.

㉯ 철근의 항복변형률은 $\dfrac{f_y}{E_s}$로 본다.

㉰ 콘크리트의 응력은 그 변형률에 비례한다고 본다.

㉱ 콘크리트의 응력의 분포는 가로 $\eta(0.85f_{ck})$, 깊이 $a = \beta_1 c$인 등가 직사각형 분포로 본다.

해설 콘크리트의 응력을 등가직사각형으로 가정하는 경우 $\eta(0.85f_{ck})$가 $a=\beta_1 c$ 깊이까지 등분포한다고 가정한다.

[보충] 포물선-직선으로 가정할 때 콘크리트의 응력
원점에서 최대 응력에 처음 도달할 때까지의 상승 곡선부는
$f_c = 0.85f_{ck}\left[1-\left(1-\dfrac{\varepsilon_c}{\varepsilon_{co}}\right)^n\right]$, 이후 극한변형률 ε_{cu}까지는
$f_c = 0.85f_{ck}$이다.
만약, 포물선-직선 형상을 평균압축응력으로 나타낼 경우 평균압축응력 $\alpha(0.85f_{ck})$가 $2\beta c$깊이까지 직선분포한다고 가정한다.

답 : ㉰

핵심예제 4

콘크리트의 설계강도 $f_{ck}=30\,\text{MPa}$일 때 단철근 직사각형보의 등가 사각형 압축응력 분포에서 응력깊이를 $a=\beta_1 c$이라고 할 때, β_1의 값은?

㉮ 0.60   ㉯ 0.70
㉰ 0.80   ㉱ 0.90

해설 $\beta_1 = 2\beta = 2(0.40) = 0.8$
여기서, $f_{ck} \leq 40\text{MPa}$이므로 $\beta = 0.40$

답 : ㉰

3 계수하중(Factored Load, U)

계수하중은 사용하중에 하중계수를 곱한 하중으로 강도설계법의 설계하중이다.

(1) 기본조합

$$U = 1.2D + 1.6L \geq 1.4D$$

(2) 콘크리트구조설계기준 : 소요강도

① $U = 1.4(D+F)$
② $U = 1.2(D+F+T) + 1.6(L + a_H \cdot H_v + H_h)$
    $+ 0.5(L_r \text{ 또는 } S \text{ 또는 } R)$
③ $U = 1.2D + 1.6(L_r \text{ 또는 } S \text{ 또는 } R) + (1.0L \text{ 또는 } 0.65W)$
④ $U = 1.2D + 1.3W + 1.0L + 0.5(L_r \text{ 또는 } S \text{ 또는 } R)$
⑤ $U = 1.2(D + H_v) + 1.0E + 1.0L + 0.2S$
    $+ (1.0H_h + 0.5H_h)$
⑥ $U = 1.2(D+F+T) = 1.6(L + a_H \cdot H_v) + 0.8H_h$
    $+ 0.5(L_r \text{ 또는 } S \text{ 또는 } R)$
⑦ $U = 0.9(D + H_v) + 1.3W + (1.6H_v \text{ 또는 } 0.8H_h)$
⑧ $U = 0.9(D + H_v) + 1.0E + (1.0H_v \text{ 또는 } 0.5H_h)$

※ 차고, 공공집회 장소 및 L이 5.0kN/m² 이상인 모든 장소 이외에는 ③, ④, ⑤에서 활하중 L에 대한 하중계수를 0.5로 감소시킬 수 있다.
※ 구조물에 충격의 영향이 있는 경우 활하중(L)을 충격효과(I)가 포함된 ($L+I$)로 대체하여 상기 식들을 적용하여야 한다.
※ 부등침하, 크리프, 건조수축, 팽창콘크리트의 팽창량 및 온도변화는 사용구조물의 실제적 상황을 고려하여 계산한다.
※ a_H : 토피계수
 • h ≤ 2m에 대해서 a_H = 1.0
 • h > 2m에 대해서 a_H = 1.05 - 0.025h ≥ 0.875
※ 포스트텐션 정착부 설계에 있어서, 최대 프리스트레싱 강재 긴장력에 대한 하중계수는 1.2를 적용한다.

핵심예제 5

하중계수를 곱하지 않은 고정하중 및 활하중을 강도설계법에서는 무엇이라고 부르는가? [92㉮, 97㉯]

㉮ 계수하중(factored load)
㉯ 사용하중(service load)
㉰ 설계하중(design load)
㉱ 지속하중(sustained load)

[해설] 하중계수를 곱하지 않은 하중은 사용하중이라고 한다.

답 : ㉯

핵심예제 6

자중 20 kN/m, 활하중 30 kN/m의 등분포하중을 받는 경간 10m의 단순보에서 설계단면력에 따른 부재의 최대휨강도는? (단, 1.2D+1.6L의 하중계수를 사용함, D : 고정하중, L : 활하중) [00㉯]

㉮ 672 kN·m
㉯ 812 kN·m
㉰ 886 kN·m
㉱ 900 kN·m

[해설] $M_u = \dfrac{w_u l^2}{8} = \dfrac{72 \times 10^2}{8} = 900 \text{ kN·m}$

여기서, $w_u = 1.2D + 1.6L$
$= 1.2 \times 20 + 1.6 \times 30$
$= 72 \text{ kN/m}$

[보충] 강도설계법에서 사용하는 설계하중은 사용하중에 하중계수를 곱한 계수하중을 사용한다.
$U = 1.2D + 1.6L \geq 1.4D$

답 : ㉱

핵심예제 7

그림과 같은 보의 경간 중앙점의 계수 모멘트($M_u = \phi \cdot M_n$) M_u는?
(단, 콘크리트의 단위중량 $m_c = 25\,\text{kN/m}^3$, $f_{ck} = 21\,\text{MPa}$, 고정하중 계수 1.2, 활하중 계수 1.6이다.) [88, 85㉮]

㉮ 59,159 N·m
㉯ 54,375 N·m
㉰ 37,234 N·m
㉱ 23,438 N·m

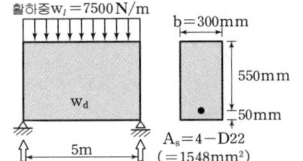

[해설] (1) 고정하중
$$w_d = \gamma_c b h = 25 \times 10^3 \times 0.3 \times 0.6$$
$$= 4,500\,\text{N/m}$$

(2) 계수하중
$$w_u = 1.2 w_d + 1.6 w_l$$
$$= 1.2 \times 4,500 + 1.6 \times 7,500$$
$$= 17,400\,\text{N/m}$$

(3) 계수 모멘트
$$M_u = \frac{w_u l^2}{8} = \frac{17,400 \times 5^2}{8}$$
$$= 54,375\,\text{N·m}$$

답 : ㉯

4 강도감소계수(ϕ)

	적용 부재		강도감소계수(ϕ)
(1)	인장지배 단면		0.85
(2)	압축지배 단면	띠철근 기둥	0.65
		나선철근 기둥	0.70
(3)	변화구간단면(=전이구역)		0.65(0.70)~0.85 직선 보간
(4)	전단력과 비틀림 모멘트		0.75
(5)	콘크리트 지압력 (포스트텐션 정착부나 스트럿-타이 모델 제외)		0.65
(6)	포스트텐션 정착구역		0.85
(7)	스트럿-타이 모델	스트럿, 절점부, 지압부	0.75
		타이	0.85
(8)	무근콘크리트의 휨모멘트, 압축력, 전단력, 지압력		0.55

핵심예제 8

강도감소계수(ϕ)에 대한 설명 중 틀린 것은? [98산]
㉮ 설계 및 시공상의 오차를 고려한 값이다.
㉯ 하중의 종류와 조합에 따라 값이 달라진다.
㉰ 인장지배단면에 대한 강도감소계수는 0.85이다.
㉱ 전단과 비틀림에 대한 강도감소계수는 0.75이다.

[해설] 하중의 종류와 조합에 따라 값이 달라지는 것은 하중계수이다.

답 : ㉯

핵심예제 9

다음 중 강도설계법에서 적용되는 부재별 강도감소계수가 잘못된 것은? (단, 보통 철근콘크리트부재) [05산]
㉮ 인장지배단면 : 0.85
㉯ 나선철근으로 보강된 압축지배단면의 기둥 : 0.70
㉰ 전단과 비틀림을 받는 부재 : 0.75
㉱ 지압을 받는 부재 : 0.80

[해설] 지압을 받는 부재의 강도 감소계수는 0.65이다.

답 : ㉱

핵심예제 10

강도설계법에 의해 콘크리트 구조물을 설계할 때 안전을 위해 사용하는 강도감소계수 ϕ의 값으로 잘못 이루어진 것은? [05산]
㉮ 인장지배단면의 철근콘크리트 휨부재 : 0.85
㉯ 인장지배단면의 프리스트레스트 콘크리트 휨부재 : 0.85
㉰ 나선철근으로 보강된 압축지배단면의 축방향 압축부재 : 0.65
㉱ 전단력과 비틀림모멘트를 받는 부재 : 0.75

[해설] 나선철근으로 보강된 압축지배단면의 축방향 압축 부재의 강도감소계수는 0.70이다.

답 : ㉰

핵심예제11

보강철근의 f_y=350MPa일 때 공칭강도에서 최외단 인장철근의 순인장변형률 $\varepsilon_t < 0.00175$이고 나선철근으로 보강된 단면의 강도감소계수는 얼마인가?

㉮ 0.85 ㉯ 0.75
㉰ 0.70 ㉱ 0.65

[해설] $f_y = 350\text{MPa}$ 일 때 압축지배 변형률 한계는

$\varepsilon_y = \dfrac{f_y}{E_s} = \dfrac{350}{2.0 \times 10^5} = 0.00175$ 이고, 현재 최외단 인장철근 최외단 순인장변형률(ε_t)이 0.00175 미만이므로 나선철근으로 보강된 단면은 압축지배단면에 속한다.

∴ $\phi = 0.70$

답 : ㉰

5 지배단면

① 인장지배단면 : 콘크리트 압축연단 변형률이 가정된 극한변형률 ε_{cu}에 도달할 때 최외단 인장철근의 순인장변형률 ε_t가 인장지배변형률한계 이상인 단면 ∴ $\varepsilon_t \geq \varepsilon_{t,tcl} = 0.005$ 또는 $2.5\varepsilon_y$

② 압축지배단면 : 콘크리트 압축연단 변형률이 가정된 극한변형률 ε_{cu}에 도달할 때 최외단 인장철근의 순인장변형률 ε_t가 압축지배변형률한계 이하인 단면 ∴ $\varepsilon_t \leq \varepsilon_{t,ccl} = \varepsilon_y$

③ 변화구간단면 : 순인장변형률 ε_t가 압축지배변형률한계($\varepsilon_{t,ccl}$)와 인장지배변형률한계($\varepsilon_{t,tcl}$) 사이인 단면 ∴ $\varepsilon_y < \varepsilon_t < \varepsilon_{t,tcl}$

지배단면	최외단 인장철근의 순인장변형률 (ε_t)	강도감소계수(ϕ)
압축지배단면	ε_y 이하	0.65
변화구간단면	$\varepsilon_y \sim 0.005$(또는 $2.5\varepsilon_y$)	0.65~0.85
인장지배단면	0.005 이상 (단, $f_y > 400\text{MPa}$인 경우 $2.5\varepsilon_y$ 이상)	0.85

* $\varepsilon_y \left(= \dfrac{f_y}{E_s} \right)$: 철근의 항복변형률

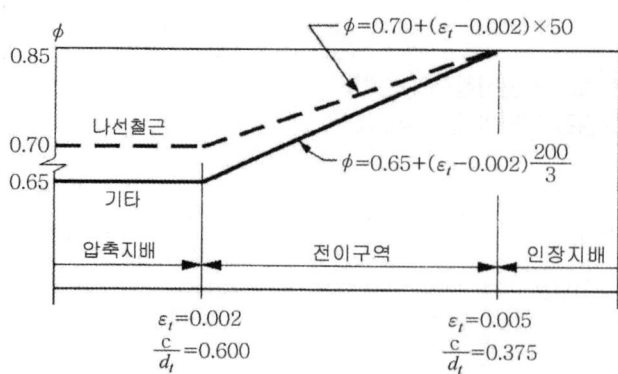

그림. 철근 및 프리스트레스 강재에 대한 최외단 인장철근의
순인장변형률 ε_t와 c/d_t에 따른 ϕ값의 변화

핵심예제 12

철근 콘크리트 휨 부재설계에 대한 일반원칙을 설명한 것으로 틀린 것은?

㉮ 인장철근이 설계기준항복강도에 대응하는 변형률에 도달하고 동시에 압축 콘크리트가 가정된 극한 변형률인 0.003에 도달할 때, 그 단면이 균형변형률 상태에 있다고 본다.

㉯ 철근의 항복강도가 400MPa 이하인 경우, 압축연단 콘크리트가 가정된 극한 변형률인 0.003에 도달할 때 최외단 인장철근 순인장변형률이 0.005의 인장지배변형률 한계 이상인 단면을 인장지배단면이라고 한다.

㉰ 철근의 항복강도가 400MPa을 초과하는 경우, 인장지배변형률한계를 철근 항복변형률의 1.5배로 한다.

㉱ 순인장변형률이 압축지배변형률 한계와 인장지배변형률 한계 사이인 단면은 변화구간단면이라고 한다.

[해설] 철근의 항복강도가 400MPa을 초과하는 경우, 인장지배변형률 한계는 철근 항복변형률의 2.5배로 한다.

- 인장지배변형률 한계
  $f_y \leq 400\,\text{MPa}$이면 0.005, $f_y > 400\,\text{MPa}$이면 $2.5\varepsilon_y$

답 : ㉰

6 강도설계법에 의한 설계

부재의 공칭강도(M_n)에 강도감소계수(ϕ)를 곱하여 구한 설계강도 (M_d)가 계수하중에 의한 소요강도(M_u) 이상이 되도록 설계한다.

$$M_d = \phi \cdot M_n \geq M_u$$

① 공칭강도(M_n, nominal strength) : 강도설계법의 규정과 가정에 따라 계산된 부재 또는 단면의 강도를 말한다.
② 소요강도(M_u) : 외력을 견딜 수 있기 위해 필요한 강도이다.
③ 설계강도(M_d) : 극한외력으로 설계된 부재의 공칭강도에 강도감소계수 ϕ를 곱한 강도이다.

핵심예제 13

강도설계법에 관한 용어의 설명 중에서 틀린 것은? [90④]
㉮ 공칭강도는 강도설계법의 규정과 가정에 따라 계산된 부재 또는 단면의 강도를 말한다.
㉯ 설계강도는 시공시 안전을 고려하여 공칭강도를 강도감소계수 ϕ로 나눈 값을 말한다.
㉰ 강도감소계수는 재료의 공칭강도와 실제강도 사이의 차이나 시공의 불확실성을 고려한 안전계수이다.
㉱ 하중계수는 하중의 공칭치와 실제 하중과의 차이 등을 고려하기 위한 안전계수이다.

[해설] 설계강도는 공칭강도에 강도감소계수를 곱한 값이다.

답 : ㉯

핵심예제 14

강도설계법의 강도 관계식이 옳게 표시된 것은? (단, M_d는 설계 강도, M_n은 공칭 강도, M_u는 계수(소요) 강도이다 [90㉮]
㉮ $M_d = \phi \cdot M_n \geq M_u$
㉯ $M_d = M_u \leq \phi \cdot M_n$
㉰ $M_d \leq \phi \cdot M_n = M_u$
㉱ $M_n = \phi \cdot M_d \geq M_u$

[해설] 강도설계법에 의한 휨설계
$$M_u \leq M_d = \phi \cdot M_n$$

답 : ㉮

7 안전계수 사용이유

(1) 강도감소계수 사용이유
   ① 재료 강도와 치수가 변동할 수 있으므로 부재의 강도저하 확률에 대비한 여유
   ② 부정확한 설계 방정식에 대비한 여유
   ③ 주어진 하중 조건에 대한 부재의 연성도와 소요신뢰도
   ④ 구조물에서 차지하는 부재의 중요도 반영

(2) 하중계수 사용이유
   ① 사용하중에 예상을 초과한 하중 및 구조해석의 단순화로 인하여 발생되는 초과 요인 고려
   ② 하중조합에 따른 영향 고려

핵심예제 15

철근콘크리트 부재 설계에서 강도감소계수(ϕ)를 사용하는 이유에 해당하지 않는 것은? [05④]
㉮ 응력산정시 계산오차
㉯ 시공시 단면치수 차
㉰ 사용재료의 시험오차
㉱ 재료의 강도편차

해설 강도감소계수를 사용하는 이유는 실제와 계산의 여러 가지 오차를 고려하기 위함이다

답 : ㉮

제3장 보의 휨설계

출제경향분석

강도설계법에 의한 보의 해석 및 설계를 학습한다. 그리고 사용성 확보를 위해 검토할 필요가 있는 처짐과 균열에 대하여 공부한다. 출제빈도는 2~3문제 정도로 다른 단원에 비해 높은 편이다.

단원별 경향분석

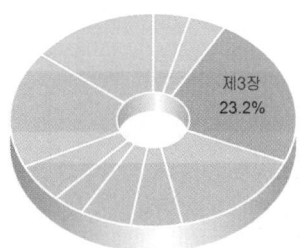

토목기사

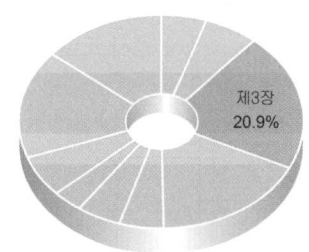

토목산업기사

항목별 경향분석

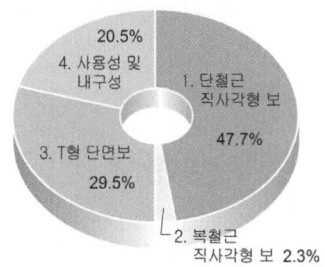

토목기사

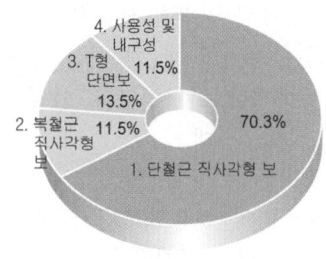

토목산업기사

1 단철근 직사각형 보

학습방향

2021년 개정된 구조설계기준[KDS 14 20 01, KDS 14 20 10, KDS 14 20 20]을 반영함에 포물선-직선 형상은 복잡성과 두 가지의 방법으로 계산한 값은 근사적으로 같음을 고려하여 본 교재에서는 콘크리트의 압축응력분포를 포물선-직선 형상의 응력-변형률 대신에 등가직사각형블록으로 분포한다고 가정하여 계산하였음을 밝힙니다.

1 개요

보의 인장구역에만 철근이 배치된 직사각형보를 단철근 직사각형보라 한다.

2 균형보(=균형 변형률 상태)

인장철근이 항복강도 f_y에 상응하는 변형률(ε_y)도달함과 동시에 압축측 콘크리트가 극한변형률(ε_{cu})에 도달하는 상태를 말한다.

$$\begin{cases} \varepsilon_c = \varepsilon_{cu} \\ \varepsilon_s = \varepsilon_y = \dfrac{f_y}{E_s} \end{cases} \text{에 동시 도달하는 상태}$$

학습POINT

핵심예제 1

다음은 강도설계에서 균형상태에 대한 용어이다. 옳은 것은 어느 것인가?
[97, 98 ㈂]

㉮ 균형상태란 인장철근이 항복강도 f_y에 도달할 때 콘크리트에 생기는 응력이 f_{ck}가 되는 상태
㉯ 균형상태란 인장철근과 압축철근이 동시에 항복하여 f_y에 도달하는 상태
㉰ 균형상태란 인장철근이 f_{ck}에 도달함과 동시에 압축을 콘크리트의 평균응력이 $\eta(0.85f_{ck})$가 되는 상태
㉱ 균형상태란 인장철근이 항복강도 f_y에 도달할 때 바로 압축을 받는 콘크리트가 극한 변형률 ε_{cu}에 도달하는 상태

[해설] 균형상태는 인장철근이 항복강도 f_y에 도달함과 동시에 압축을 받는 콘크리트가 극한 변형률 ε_{cu}에 도달하는 상태를 말한다.

답 : ㉣

(1) 균형보의 중립축의 위치(c_b)

균형보의 변형률도에서 삼각형의 닮음비를 이용하면

$$c_b : d - c_b = \varepsilon_{cu} : \varepsilon_y \quad \text{이므로}$$

$$c_b = \frac{\varepsilon_{cu}}{\varepsilon_{cu} + \varepsilon_y} d = \frac{\varepsilon_{cu}}{\varepsilon_{cu} + \dfrac{f_y}{E_s}} d$$

핵심예제 2

강도설계법에서 단철근 직사각형 보의 중립축 위치를 구하는 식은? (단, 보의 단면은 균형 단면이다.)

㉮ $\dfrac{\varepsilon_{cu}}{\varepsilon_{cu} + f_y} d$

㉯ $\dfrac{\varepsilon_{cu}}{\varepsilon_{cu} + E_s} d$

㉰ $\dfrac{\varepsilon_{cu} E_s}{\varepsilon_{cu} E_s + f_y} d$

㉱ $\dfrac{\varepsilon_{cu} f_y}{\varepsilon_{cu} f_f + E_s} d$

[해설] 변형률선도의 닮음비를 이용하면

$$c_b = \frac{\varepsilon_{cu}}{\varepsilon_{cu} + \varepsilon_y} d = \frac{\varepsilon_{cu} E_s}{\varepsilon_{cu} E_s + f_y} d$$

답 : ㉰

(2) 균형철근비(ρ_b)

균형단면의 철근비를 균형철근비 ρ_b라 한다.

$C_b = T_b$에서

$$\rho_b = \eta(0.85\beta_1) \frac{f_{ck}}{f_y} \cdot \frac{\varepsilon_{cu}}{\varepsilon_{cu} + \varepsilon_y}$$

여기서, ε_{cu} : 콘크리트의 극한변형률
① $f_{ck} \leq 40$ MPa : $\varepsilon_{cu} = 0.0033$
② $f_{ck} > 40$ MPa : f_{ck}가 10MPa 증가시마다 0.0001씩 감소

핵심예제 3

강도설계에서 균형철근비 ρ_b를 구하는 공식은? (단, KDS 14 20 20 콘크리트구조 휨 및 압축 설계기준에 의해 콘크리트는 등가 직사각형 압축응력블록으로 나타낸다.)

㉮ $\rho_b = \dfrac{\eta(0.80f_{ck})}{f_y} \beta_1 \cdot \left(\dfrac{\varepsilon_{cu}}{\varepsilon_{cu} + \varepsilon_y}\right)$

㉯ $\rho_b = \dfrac{f_y}{\eta(0.85f_{ck})} \beta_1 \cdot \left(\dfrac{\varepsilon_{cu}}{\varepsilon_{cu} + \varepsilon_y}\right)$

㉰ $\rho_b = \dfrac{\eta(0.85f_{ck})}{f_y} \beta_1 \cdot \left(\dfrac{\varepsilon_{cu}}{\varepsilon_{cu} + \varepsilon_y}\right)$

㉱ $\rho_b = \dfrac{f_y}{\eta(0.85f_{ck})} \beta_1 \cdot \left(\dfrac{\varepsilon_{cu}}{\varepsilon_{cu} + \varepsilon_y}\right)$

[해설] 균형단면에서 평형조건($\sum H = 0$)을 적용하면
$C = T$에서 $\eta(0.85f_{ck})(\beta_1 c_b b) = (\rho_b bd)f_y$

$\rho_b = \dfrac{\eta(0.85f_{ck})}{f_y} \beta_1 \cdot \dfrac{c_b}{d} = \dfrac{0.85f_{ck}}{f_y} \beta_1 \cdot \left(\dfrac{\varepsilon_{cu}}{\varepsilon_{cu} + \varepsilon_y}\right)$

답 : ㉰

핵심예제 4

단철근 직사각형 보에서 f_{ck}=21MPa, f_y=300MPa일 때 균형 철근비를 구한 값은? (단, 강도설계법임)

㉮ 0.025   ㉯ 0.033
㉰ 0.043   ㉱ 0.052

[해설] $\rho_b = \dfrac{\eta(0.85f_{ck})}{f_y} \beta_1 \cdot \left(\dfrac{\varepsilon_{cu}}{\varepsilon_{cu} + \varepsilon_y}\right)$

$= \dfrac{1.0(0.85 \times 21)}{300} \times 0.80 \times \left(\dfrac{0.0033}{0.0033 + 0.0015}\right) \simeq 0.033$

여기서, $f_{ck} \leq 40$ MPa이므로 $\eta = 1.0$, $\beta_1 = 0.80$, $\varepsilon_{cu} = 0.0033$

$\varepsilon_y = \dfrac{f_y}{E_s} = \dfrac{300}{2 \times 10^5} = 0.0015$

답 : ㉯

핵심예제 5

폭이 400mm, 유효깊이가 500mm인 단철근 직사각형보 단면에서, $f_{ck}=35\,\mathrm{MPa}$, $f_y=420\,\mathrm{MPa}$ 일 때, 강도설계법으로 구한 균형철근량은 얼마인가?

㉮ 5,000mm²   ㉯ 5,312mm²
㉰ 6,925mm²   ㉱ 7,083mm²

[해설] 균형철근량은 균형철근비에 콘크리트의 유효단면적을 곱한 값과 같으므로

$$A_{sb} = \rho_b(b_w d) = \frac{\eta(0.85f_{ck})}{f_y}\beta_1 \cdot \left(\frac{\varepsilon_{cu}}{\varepsilon_{cu}+\varepsilon_y}\right)(b_w d)$$

$$= \frac{1.0(0.85\times35)}{420}\times 0.80 \times \left(\frac{0.0033}{0.0033+0.0021}\right)(400\times500) \approx 6,925\,\mathrm{mm}^2$$

여기서, $f_{ck} \le 40\,\mathrm{MPa}$이므로 $\eta=1.0$, $\beta_1=0.80$, $\varepsilon_{cu}=0.0033$

$$\varepsilon_y = \frac{f_y}{E_s} = \frac{420}{2\times10^5} = 0.0021$$

답 : ㉰

3 최대 철근비

인장철근이 먼저 항복하는 연성파괴를 보장하기 위해 설계기준에서는 최소 허용변형률 및 해당 철근비를 규정하고 있다.

$$\rho_{s,\max} = \frac{\eta(0.85f_{ck})\beta_1}{f_y}\frac{\varepsilon_{cu}}{\varepsilon_{cu}+\varepsilon_a} = \frac{\varepsilon_{cu}+\varepsilon_y}{\varepsilon_{cu}+\varepsilon_a}\rho_b$$

이 식에 대입하여 계산한 결과는 다음 표와 같다.

f_y : 철근의 설계기준항복강도(MPa)	휨부재 허용값	
	최소 허용변형률(ε_a)	해당 철근비 ($\rho_{s,\max}$)
300	0.004	$0.658\,\rho_b$
350	0.004	$0.692\,\rho_b$
400	0.004	$0.726\,\rho_b$
500	$0.005(2.0\varepsilon_y)$	$0.699\,\rho_b$
600	$0.006(2.0\varepsilon_y)$	$0.677\,\rho_b$

※ 허용변형률은 최외단 인장철근의 변형률이 0.004에 해당하는 철근비 (단, $f_y \ge 400\,\mathrm{MPa}$ 인 경우는 $2\varepsilon_y$에 해당하는 철근비)이다.

핵심예제 6

강도설계에서 f_{ck}=35MPa, f_y=350MPa를 사용하는 단철근보에 사용할 수 있는 최대 인장철근비는?

㉮ 0.018 ㉯ 0.020
㉰ 0.024 ㉱ 0.031

해설 최대철근량은 최대철근비에 콘크리트의 유효단면적을 곱한 값과 같으므로

$$\rho_{s,max} = \frac{\eta(0.85f_{ck})\beta_1}{f_y} \frac{\varepsilon_{cu}}{\varepsilon_{cu}+\varepsilon_a}$$

$$= \frac{1.0(0.85 \times 35) \times 0.80}{350} \times \left(\frac{0.0033}{0.0033+0.004}\right) \simeq 0.031$$

여기서, $f_{ck} \leq 40$ MPa 이므로 $\eta=1.0$, $\beta_1=0.80$, $\varepsilon_{cu}=0.0033$

$f_y \leq 400$ MPa 이므로 $\varepsilon_a=0.004$

답 : ㉱

핵심예제 7

균형철근비 $\rho_b=0.0365$이고, $b=300$ mm, $d=500$ mm일 때 유효한 철근량은? (단, $f_y=400$ MPa 이다)

㉮ 3,800 mm² ㉯ 3,975 mm²
㉰ 4,110 mm² ㉱ 5,330 mm²

해설 유효철근량은 최대철근량과 같으므로

$$A_{s,max} = \rho_{max}(b_w d) = 0.726\rho_b(b_w d)$$

$$= 0.726 \times 0.0365 \times (300 \times 500)$$

$$\simeq 3,975 \text{ mm}^2$$

답 : ㉯

4 최소철근비

보에 인장철근량이 너무 적어도 취성파괴를 일으킨다. 즉, 인장측 콘크리트에 균열이 생기는 순간 철근도 같이 끊어져서 갑작스럽게 파괴된다. 이러한 취성파괴를 피하기 위하여 휨부재의 모든 단면에 대하여 최소 철근비 (ρ_{min})는 다음 식을 만족하는 값 이상으로 하여야 한다.

$$\phi M_n \geq 1.2 M_{cr}$$

부재의 모든 단면에서 해석에 의해 필요한 철근량보다 1/3 이상 인장철근이 더 배치된 경우는 최소철근비 규정을 적용하지 않는다.

즉 $\phi M_n \geq \frac{4}{3} M_u$을 만족하는 경우이다.

핵심예제 8

휨 부재의 최소철근비는 구하기 위한 조건식으로 옳은 것은?

㉮ $\phi M_n \geq 1.0 M_{cr}$을 만족하는 인장철근비
㉯ $\phi M_n \geq 1.2 M_{cr}$을 만족하는 인장철근비
㉰ $\phi M_n \geq 1.4 M_{cr}$을 만족하는 인장철근비
㉱ $\phi M_n \geq 1.6 M_{cr}$을 만족하는 인장철근비

[해설] 휨부재는 $\phi M_n \geq 1.2 M_{cr}$을 만족하는 인장철근을 모든 단면에 배치하여야 한다.

답 : ㉯

핵심예제 9

인장철근이 필요한 휨부재의 모든 단면은 규정된 최소철근량 이상을 사용해야 하는데, 이 때 해석상 필요한 철근량보다 얼마 이상 철근을 더 배근하면 이들 규정을 적용하지 않아도 되는가? [01산]

㉮ 1/3
㉯ 1/4
㉰ 1/5
㉱ 1/6

[해설] 해석상 필요한 철근량의 1/3 이상의 철근이 배치된 부재는 최소철근비 규정을 적용하지 않아도 된다.

답 : ㉮

핵심예제 10

휨부재의 설계시에 최소철근량을 제한하는 이유 중 옳은 것은? [00산]

㉮ 압축측 콘크리트의 취성파괴를 방지하기 위해서
㉯ 철근의 연성파괴를 방지하기 위해서
㉰ 콘크리트와 철근이 동시에 항복하도록 하기 위해서
㉱ 인장측 콘크리트의 취성 파괴를 방지하기 위해서

[해설] 인장철근이 너무 적으면 인장측 콘크리트가 파괴되므로 최소철근량을 규정하는 이유는 인장측 콘크리트의 취성파괴를 방지하기 위함이다.

답 : ㉱

핵심예제11

철근콘크리트 휨 부재에서 최대 철근비와 최소 철근비를 규정한 이유는?
[00, 93㉮]

㉮ 부재의 경제적인 단면 설계를 위하여
㉯ 부재의 사용성을 증진시키기 위해서
㉰ 부재의 파괴에 대한 안전을 확보하기 위해서
㉱ 부재의 급작스런 파괴를 방지하기 위해서

[해설] 최대 철근비와 최소 철근비를 규정하는 이유는 근본적으로 콘크리트의 취성파괴를 방지하기 위함이다.

답 : ㉱

5 단철근 직사각형 보의 해석

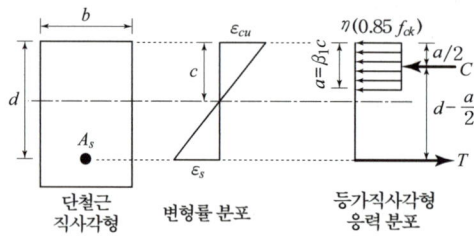

단철근 직사각형   변형률 분포   등가직사각형 응력 분포

핵심예제12

그림과 같은 인장철근을 갖는 보의 유효깊이는? (여기서, D19철근의 공칭단면적은 287mm²임)
[02㉮]

㉮ 350mm
㉯ 410mm
㉰ 440mm
㉱ 500mm

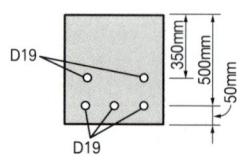

[해설] 유효깊이는 압축연단에서 인장철근군까지의 도심거리이므로 단면1차모멘트를 이용한 도심거리를 구하면

$$d = \frac{\Sigma A_s d}{\Sigma A_s} = \frac{A_s(350) \times 2개 + A_s(500) \times 3개}{A_s \times 5개} = 440 \text{ mm}$$

답 : ㉰

핵심예제 13

$b = 300\,\text{mm}$, $a = 90\,\text{mm}$인 단철근 사각형 보에서 $f_{ck} = 25\,\text{MPa}$ 일 때 콘크리트의 전압축력을 강도설계법으로 구하면 얼마인가?

[99④]

㉮ 382 kN ㉯ 422 kN
㉰ 574 kN ㉱ 634 kN

[해설] 응력에 작용 단면적을 곱하면

$C = \eta(0.85 f_{ck})ab = 1.0(0.85 \times 25) \times (90 \times 300) = 573,750\,\text{N} \approx 574\,\text{kN}$

여기서, $f_{ck} \leq 40\,\text{MPa}$이므로 $\eta = 1.0$

답 : ㉰

핵심예제 14

그림에 나타난 직사각형 단철근 보가 공칭휨강도 M_n에 도달할 때 압축측 콘크리트가 부담하는 압축력을 계산하면? (단, 철근 D22 4본의 단면적은 1548mm², f_{ck}=28MPa, f_y=350MPa이다.)

㉮ 542 kN ㉯ 637 kN
㉰ 724 kN ㉱ 833 kN

[해설] 힘의 평형조건이 성립되어야 하므로

$C = T = f_y A_s = 350 \times 1548 = 541,800\,\text{N} \approx 542\,\text{kN}$

답 : ㉮

핵심예제 15

그림과 같은 단철근 보에서 $f_{ck} = 21\,\text{MPa}$ 이고, $f_y = 350\,\text{MPa}$ 라면 철근량 A_s는 얼마가 필요한가?

㉮ 2,840 mm²
㉯ 3,060 mm²
㉰ 3,240 mm²
㉱ 3,460 mm²

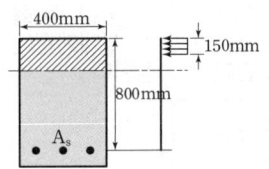

[해설] 힘의 평형조건($C = T$)을 적용하면

$\eta(0.85 f_{ck})ab = f_y A_s$에서

$A_s = \dfrac{\eta(0.85)f_{ck}ab}{f_y} = \dfrac{1.0(0.85 \times 21) \times 150 \times 400}{350}$

$= 3,060\,\text{mm}^2$

여기서, $f_{ck} \leq 40\,\text{MPa}$이므로 $\eta = 1.0$

답 : ㉯

(1) 등가응력사각형의 깊이(a)

$\Sigma H = 0$ 에서 $C = T$를 적용하면

$$\eta(0.85f_{ck}ab) = f_y A_s$$

$$a = \frac{A_s f_y}{\eta(0.85f_{ck}b)}$$

핵심예제 16

강도설계법에서 단철근 직사각형 보의 등가 직사각형 응력분포의 깊이를 구하는 식은? (단, KDS 14 20 20 콘크리트구조 휨 및 압축 설계기준에 의해 콘크리트는 등가 직사각형 압축응력분포한다고 가정한다.)

㉮ $a = \dfrac{A_s \cdot f_y}{\eta(0.85f_{ck}) \cdot b}$ ㉯ $a = \dfrac{f_y(A_s \cdot A_s')}{\eta(0.85f_{ck}) \cdot b}$

㉰ $a = \dfrac{660}{660 + f_y} \cdot d$ ㉱ $a = \dfrac{0.0033}{0.0033 + \dfrac{f_y}{E_s}} \cdot d$

[해설] 힘의 평형조건($\Sigma H = 0$)을 적용하면

$C = T$에서

$\eta(0.85f_{ck})ab = f_y A_s$

∴ $a = \dfrac{A_s f_y}{\eta(0.85f_{ck})b}$

답 : ㉮

핵심예제 17

그림과 같은 단철근 직사각형 보에서 항복점 응력 f_y=400MPa, f_{ck}=21MPa일 때 강도설계법에 의한 등가응력의 깊이 a를 구한 값 중 옳은 것은? (단, KDS 14 20 20 콘크리트구조 휨 및 압축 설계기준에 의해 콘크리트는 등가 직사각형 압축응력분포한다고 가정한다.)

㉮ 90 mm
㉯ 110 mm
㉰ 130 mm
㉱ 150 mm

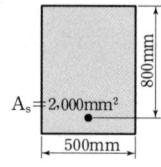

[해설] 힘의 평형조건($\Sigma H = 0$)을 적용하면

$\eta(0.85f_{ck})ab = f_y A_s$에서

$a = \dfrac{A_s f_y}{\eta(0.85f_{ck})b} = \dfrac{2,000 \times 400}{1.0(0.85 \times 21) \times 500} = 89.6 \text{ mm} \approx 90 \text{ mm}$

여기서, $f_{ck} \leq 40$ MPa이므로 $\eta = 1.0$

답 : ㉮

핵심예제 18

다음 단면에서 중립축까지의 거리 c는 얼마인가? (단, $f_{ck}=24\,\text{MPa}$, $f_y=400\,\text{MPa}$, 이고, 콘크리트는 등가 직사각형 압축응력분포한 다고 가정한다.)

㉮ 151 mm
㉯ 159 mm
㉰ 181 mm
㉱ 199 mm

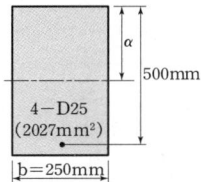

해설 (1) 등가응력깊이 (a)

힘의 평형조건($\sum H=0$)을 적용하면

$\eta(0.85f_{ck})ab=f_yA_s$에서

$a=\dfrac{A_s f_y}{0.85f_{ck}b}=\dfrac{2027\times 400}{1.0(0.85\times 24)\times 250}=159\,\text{mm}$

여기서, $f_{ck}\leq 40\,\text{MPa}$이므로 $\eta=1.0$

(2) 중립축 위치(c)

$a=\beta_1 c$에서

$c=\dfrac{a}{\beta_1}=\dfrac{159}{0.80}\approx 198.75\,\text{mm}$

여기서, $f_{ck}\leq 40\,\text{MPa}$이므로 $\beta_1=0.80$

답 : ㉱

핵심예제 19

그림과 같은 임의 단면에서 중립축거리 c에 작용하는 압축응력 분포 인 포물선을 직사각형으로 환산했을 때 빗금친 부분으로 나타났다면 철근량 A_s는 얼마인가? (단, $f_{ck}=21\,\text{MPa}$, $f_y=400\,\text{MPa}$ 빗금친 부분 면적은 $51{,}075\,\text{mm}^2$이다.)

㉮ 2,031 mm²
㉯ 2,279 mm²
㉰ 2,432 mm²
㉱ 2,681 mm²

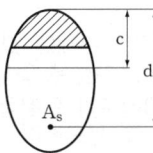

해설 힘의 평형조건($\sum H=0$)을 적용하면

$C=T$에서

$\eta(0.85f_{ck})A_c=f_yA_s$

$A_s=\dfrac{\eta(0.85f_{ck})A_c}{f_y}=\dfrac{1.0(0.85\times 21)\times 51{,}075}{400}=2{,}279\,\text{mm}^2$

여기서, $f_{ck}\leq 40\,\text{MPa}$이므로 $\eta=1.0$

답 : ㉯

(2) 설계휨강도(M_d)

부재의 공칭강도(M_n)에 강도감소계수(ϕ)를 곱한 강도가 설계강도(M_d)이며, 계수하중에 의한 소요강도(M_u)보다 커야 한다.

$$M_d = \phi M_n = \phi C \cdot z = \phi \eta (0.85 f_{ck} ab)\left(d - \frac{a}{2}\right)$$

$$M_d = \phi M_n = \phi T \cdot z = \phi \eta (A_s f_y)\left(d - \frac{a}{2}\right)$$
$$= \phi \{ f_{ck} q b d^2 (1 - 0.59 q)\}$$

여기서, $q = \dfrac{\rho f_y}{\eta f_{ck}}$

핵심예제20

f_{ck}=21MPa, A_s=4,880mm², f_y=300MPa, b=400mm, d=650mm인 단면의 공칭 휨강도는 얼마인가? (단, KDS 14 20 20 콘크리트구조 휨 및 압축 설계기준에 의해 콘크리트는 등가 직사각형 압축응력분포한다고 가정한다.)

㉮ 652 kN·m ㉯ 702 kN·m
㉰ 752 kN·m ㉱ 802 kN·m

해설 $M_n = Tz = f_y A_s \left(d - \dfrac{a}{2}\right)$

$= 300 \times 4,880 \times \left(650 - \dfrac{205}{2}\right)$

$= 801,540,000$ N·mm ≈ 802 kN·m

여기서, $f_{ck} \leq 40$ MPa 이므로 $\eta = 1.0$

답 : ㉱

핵심예제21

그림과 같은 휨을 받는 직사각형 단면의 철근콘크리트 부재에 있어서 자중에 의한 고정하중만 작용할 때 공칭모멘트강도 M_n은 얼마 이상이어야 하는가? (단, 경간은 6.8m이며, 철근콘크리트의 단위중량은 25kN/m³이고, 콘크리트의 압축응력은 등가직사각형 분포하며, 보는 인장지배단면으로 가정한다.)

㉮ 85 kN·m
㉯ 93 kN·m
㉰ 100 kN·m
㉱ 119 kN·m

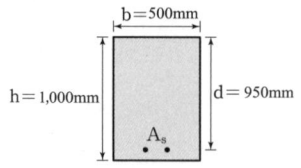

해설 (1) 고정하중 : $w_d = \gamma_c (bh) = 25 \times 10^3 \times (0.5 \times 1.0)$
$= 12,500$ N/m

(2) 계수강도

$$M_u = 1.2M_D + 1.6M_L \geq 1.4M_D$$

$$= 1.4\left(\frac{w_d l^2}{8}\right)$$

$$= 1.4\left(\frac{12,500 \times 6.8^2}{8}\right)$$

$$= 101,150 \, \text{N} \cdot \text{m}$$

(3) 공칭휨강도

$M_u \leq M_d = \phi M_n$ 에서

$$M_n \geq \frac{M_u}{\phi} = \frac{101,150}{0.85} = 119,000 \, \text{N} \cdot \text{m} = 119 \, \text{kN} \cdot \text{m}$$

인장지배단면이므로 $\phi = 0.85$

답 : ㉣

핵심예제 22

그림에 나타난 이등변삼각형 단철근보의 공칭 휨강도 M_n을 계산하면? (단, 철근 D19 3본의 단면적은 860mm², $f_{ck} = 28 \, \text{MPa}$, $f_y = 350 \, \text{MPa}$이다.)

㉮ 75.2 kN · m
㉯ 85.2 kN · m
㉰ 95.2 kN · m
㉱ 105.2 kN · m

해설 (1) 등가응력깊이

등가응력이 작용하는 부분의 하부 폭을 b라고 하면

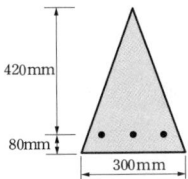

$$b = 300 \times \frac{a}{500} = 0.6a$$

평형조건 $C = T$를 적용하면 $\eta(0.85 f_{ck})\left(\frac{ab}{2}\right) = A_s f_y$ 에서

$$1.0(0.85) \times 28 \times \left(\frac{a \times 0.6a}{2}\right) = 860 \times 350$$

∴ $a = 205.3 \, \text{mm}$

여기서, $f_{ck} \leq 40 \, \text{MPa}$이므로 $\eta = 1.0$

(2) 공칭휨강도

$$M_n = Tz = A_s f_y \left(d - \frac{2a}{3}\right) = 860 \times 350 \left(420 - \frac{2 \times 205.3}{3}\right)$$

$$= 85,223,133 \, \text{N} \cdot \text{mm} = 85.2 \, \text{kN} \cdot \text{m}$$

답 : ㉯

핵심예제23

폭 b=400mm, 유효깊이 d=600mm, 철근단면적 A_s=1,800mm²를 갖는 단철근콘크리트 직사각형 보를 강도설계법으로 휨설계할 때, 설계강도는 얼마인가? (단, 콘크리트의 설계기준압축강도 f_{ck}=28 MPa, 철근의 항복강도 f_y=400 MPa, 콘크리트의 압축응력은 등가 직사각형 분포한다.)

㉮ 503 kN·m ㉯ 457 kN·m
㉰ 395 kN·m ㉱ 344 kN·m

해설 (1) 등가응력깊이 : 힘의 평형조건 $C = T$에서

$$a = \frac{A_s f_y}{\eta(0.85 f_{ck})b} = \frac{1,800 \times 400}{1.0(0.85 \times 28) \times 400} = 75.6 \text{ mm}$$

여기서, $f_{ck} \leq 40$ MPa이므로 $\eta = 1.0$

(2) 최외단 인장철근의 순인장변형률 : 변형률선도의 닮음비를 이용하면

$$\varepsilon_t = \frac{d-c}{c}\varepsilon_{cu} = \frac{d-a/\beta_1}{a/\beta_1}\varepsilon_{cu} = \frac{\beta_1 d - a}{a}\varepsilon_{cu}$$

$$= \frac{0.80 \times 600 - 75.6}{75.6} \times 0.0033 \simeq 0.019$$

여기서, $f_{ck} \leq 40$ MPa이므로 $\beta_1 = 0.80$, $\varepsilon_{cu} = 0.0033$

(3) 강도감소계수

$\varepsilon_t = 0.019 > \varepsilon_{t,tcl} = 0.005$(인장지배변형률 한계)

∴ 인장지배단면이므로 $\phi = 0.85$

(4) 설계휨강도

$$M_d = \phi\left\{A_s f_y\left(d - \frac{a}{2}\right)\right\}$$

$$= 0.85 \times \left\{1,800 \times 400 \times \left(600 - \frac{75.6}{2}\right)\right\}$$

$$= 344,066,400 \text{ N·mm} = 344 \text{kN·m}$$

답 : ㉱

핵심예제24

단철근 직사각형보의 설계 휨 강도를 구하는 식은? (단, $q = \rho\frac{f_y}{\eta f_{ck}}$, $\rho = \frac{A_s}{b \cdot d}$)

㉮ $\phi \cdot M_n = \phi_f \cdot b \cdot d^2 \cdot f_{ck} \cdot q(1 - 0.5q)$

㉯ $\phi \cdot M_n = \phi_f \cdot A_s \cdot f_{sa}\left(d - \frac{a}{2}\right)$

㉰ $\phi \cdot M_n = \phi_f \cdot b \cdot d^2 \cdot f_{ck} \cdot q(1 - 0.59q)$

㉱ $\phi \cdot M_n = \phi_f \cdot A_s \cdot f_s(d - a)$

해설 $M_d = \phi M_n = \phi Tz$

$= \phi\left\{f_y A_s\left(d - \dfrac{a}{2}\right)\right\}$

$= \phi f_y \rho bd\left\{d - \dfrac{1}{2} \cdot \dfrac{f_y A_s}{\eta(0.85)f_{ck}b}\right\}$

$= \phi f_y \rho bd\left(d - 0.59 \times \dfrac{f_y \rho bd}{\eta f_{ck}b}\right)$

$= \phi bd^2 f_{ck} q(1 - 0.59q)$

답 : 㐰

6 인장철근비와 균형철근비의 관계

(1) 균형철근비 미만($\rho_s < \rho_b$) : 과소철근보
 ① 인장 철근이 먼저 파괴
 ② 과소철근이므로 중립축이 압축측으로 이동(중립축 상승)
 ③ 인장철근의 연성파괴 발생

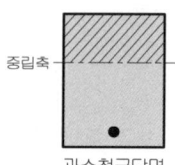
과소철근단면

(2) 균형철근비 초과($\rho_s > \rho_b$) : 과다철근보
 ① 압축측 콘크리트가 먼저 파괴
 ② 과다철근이므로 중립축이 인장측으로 이동(중립축 하강)
 ③ 콘크리트의 취성파괴가 일어나므로 위험

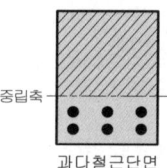
과다철근단면

(3) 균형철근비($\rho_s = \rho_b$) : 균형보
 ① 인장 철근과 압축측 콘크리트가 동시에 파괴
 ② 보의 설계방향을 제시한다.

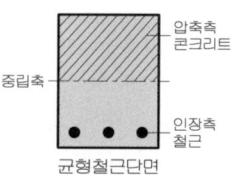
균형철근단면

핵심예제25

강도설계시에 휨부재는 다음 중 어느 것으로 설계되어야 하는가?
㉮ 과다 철근보
㉯ 균형 철근보
㉰ 과소 철근보
㉱ 균형 철근비의 최소 허용변형률에 해당되는 철근비 이내의 과소 철근보로 설계한다.

해설 RC 휨부재는 취성파괴를 막고 연성파괴를 유도하기 위하여 철근이 콘크리트보다 먼저 항복하는 과소철근보로 설계해야 한다.

답 : ㉱

핵심예제26

단철근 직사각형 보를 강도설계법으로 설계할 때 과소철근보로 설계하는 이유로 적합한 것은? [00 ㉑]

㉮ 처짐을 감소시키기 위해서
㉯ 철근이 먼저 파괴되는 것을 방지하기 위해서
㉰ 철근을 절약해서 경제적인 설계가 되도록 하기 위해서
㉱ 압축력의 부족으로 인한 콘크리트의 취성파괴를 방지하기 위해서

[해설] 과소철근보로 설계하는 이유는 콘크리트의 취성파괴를 방지하기 위함이다.

답 : ㉱

핵심예제27

균형철근량 보다 적은 인장철근량을 가진 보가 휨에 의해 파괴되는 경우에 대한 설명으로 옳은 것은? [00 ㉑]

㉮ 취성파괴를 한다.
㉯ 연성파괴를 한다.
㉰ 사용철근량이 균형철근량보다 적은 경우는 보로서 의미가 없다.
㉱ 중립축이 인장측으로 내려 오면서 철근이 먼저 파괴한다.

[해설] 균형철근량보다 적은 인장철근은 인장측의 균열로 인해 균형보에 비해 중립축이 상승하면서 연성파괴를 한다.

답 : ㉯

핵심예제28

과소 철근콘크리트보에서 철근이 항복한 후에 계속해서 외부모멘트가 증가할 경우, 중립축의 위치는 어떻게 되는가? [04㉮, 02 ㉑]

㉮ 압축연단 쪽으로 이동한다.
㉯ 인장연단 쪽으로 이동한다.
㉰ 변화하지 않는다.
㉱ 단면의 도심 쪽으로 이동한다.

[해설] 과소철근보는 중립축이 상승하므로 압축측으로 이동한다.

답 : ㉮

핵심예제29

보의 휨파괴에 대한 설명 중 틀린 것은? [90 ⓐ]

㉮ 인장철근이 항복응력 f_y에 도달함과 동시에 콘크리트도 최대응력에 도달하여 파괴되는 보를 균형철근보라고 한다
㉯ 인장으로 인한 파괴시 중립축은 위로, 압축으로 인한 파괴시 중립축은 아래로 이동한다.
㉰ 과소철근보는 철근이 먼저 항복하게 되지만 철근은 연성이 크기 때문에 파괴는 단계적으로 일어난다.
㉱ 과다철근보는 철근량이 많기 때문에 더욱 느린 속도로 파괴되고 위험예측이 가능하다.

해설 과다철근보는 철근보다 콘크리트가 먼저 파괴되므로 파괴가 급속히 진행된다.

답 : ㉱

핵심예제30

강도설계법에서 보의 휨파괴에 대한 설명으로 잘못된 것 [01 ㉮]

㉮ 보는 취성파괴보다는 연성파괴가 일어나도록 설계되어야 한다.
㉯ 과소철근보는 인장철근이 항복하기 전에 압축측 콘크리트의 변형률이 극한변형률(ε_{cu})에 도달하는 보이다.
㉰ 균형철근보는 압축측 콘크리트의 변형률이 극한변형률(ε_{cu})에 도달함과 동시에 인장철근이 항복하는 보이다.
㉱ 과다철근보는 인장철근량이 많아서 갑작스런 압축파괴가 발생하는 보이다.

해설 과소철근보는 인장철근이 압축측 콘크리트보다 먼저 항복한다.

답 : ㉯

핵심예제31

b=300mm, d=500mm, A_s=3-D25=1,520mm²인 직사각형 단면보의 파괴는? (단, 강도설계법에 의하며 f_{ck}=24MPa, f_y=400MPa, 균형철근비 ρ_b=0.0262이다.)

㉮ 취성파괴
㉯ 연성파괴
㉰ 균형파괴
㉱ 파괴되지 않는다.

해설 (1) 배근된 인장철근비

$$\rho = \frac{A_s}{b_w d} = \frac{1{,}520}{300 \times 500} = 0.0101$$

(2) 최대철근비 : 균형철근비가 주어졌으므로 이를 이용하면
  $\rho_{s,max} = 0.726\rho_b = 0.726 \times 0.0262 \approx 0.019$
(3) 보의 파괴형태
  $\rho_s < \rho_{s,max}$ 이므로 연성파괴가 발생한다.

답 : ㉯

2 복철근 직사각형 보

> **학습방향**
>
> 앞서 말한 것과 같이 콘크리트의 압축응력은 포물선-직선 형상의 응력-변형률 대신에 등가직사각형블록으로 분포한다고 가정하여 계산하였음을 밝힙니다.

1 개요

보의 인장측 뿐만 아니라 압축측에도 철근을 배치한 직사각형 보를 말한다.

단면의 크기가 제한을 받아 단철근 보로서는 휨모멘트를 견딜 수 없는 경우이거나, 정(+)과 부(-)의 모멘트를 교대로 받는 부재, 또한 부재의 처짐을 극소화시켜야 할 경우에 사용한다.

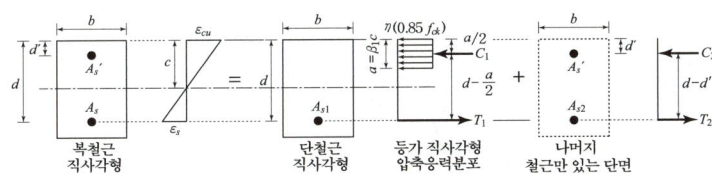

복철근 직사각형보의 휨강도 M_n은 압축철근이 제외된 단철근 직사각형 단면이 부담할 수 있는 휨강도 M_{n1}과 압축철근과 이에 해당되는 인장철근이 부담할 수 있는 휨강도 M_{n2}로 구분하여 계산한다.

압축철근이 항복하는 경우 $A_{s2} = A_s{'}$ 이므로 $A_{s1} = A_s - A_s{'}$ 가 된다.

2 최대철근비

일반적으로 A_s와 $A_s{'}$가 모두 항복하여 f_y의 응력을 받는다고 가정하여 계산한다.

$$\rho_{s,\max} = \frac{\eta(0.85f_{ck})\beta_1}{f_y}\frac{\varepsilon_{cu}}{\varepsilon_{cu}+\varepsilon_a} + \rho'\frac{f_s{'}}{f_y}$$

$$= \frac{\varepsilon_{cu}+\varepsilon_y}{\varepsilon_{cu}+\varepsilon_a}\rho_b + \rho'\frac{f_s{'}}{f_y}$$

여기서, 압축철근이 항복하는 경우 $f_s{'} = f_y$를 대입하여 구할 수 있다.

학습POINT

핵심예제 1

다음 중에서 복철근 직사각형 보의 최대철근비를 구하는 공식은?
(단, f_s' : 균형상태에서의 압축철근 응력, ρ' : 압축철근비, ε_{cu} : 콘크리트 압축연단의 극한변형률)   [97㉮]

㉮ $\rho_{\max} = \dfrac{\eta(0.85f_{ck})\beta_1}{f_y} \dfrac{\varepsilon_{cu}}{\varepsilon_{cu} + \varepsilon_a} + \rho' \dfrac{f_s'}{f_y}$

㉯ $\rho_{\max} = \dfrac{\eta(0.85f_{ck}) \cdot \beta_1}{f_y} \times \dfrac{\varepsilon_{cu}}{\varepsilon_{cu} + \varepsilon_y}$

㉰ $\rho_{\max} = \dfrac{0.85f_{ck} \cdot \beta_1 \cdot d'}{f_y \cdot d} \times \dfrac{\varepsilon_{cu}}{\varepsilon_{cu} - \varepsilon_y}$

㉱ $\rho_{\max} = \dfrac{\eta(0.85f_{ck}) \cdot \beta_1}{f_y} \times \dfrac{\eta(0.85f_{ck})}{\eta(0.85f_{ck}) + f_y}$

[해설] 복철근직사각형보의 최대철근비

$\rho_{s,\max} = \dfrac{\eta(0.85f_{ck})\beta_1}{f_y} \dfrac{\varepsilon_{cu}}{\varepsilon_{cu}+\varepsilon_a} + \rho'\dfrac{f_s'}{f_y} = \dfrac{\varepsilon_{cu}+\varepsilon_y}{\varepsilon_{cu}+\varepsilon_a}\rho_b + \rho'\dfrac{f_s'}{f_y}$

답 : ㉮

3 압축철근의 항복 조건

변형률 선도의 닮음비를 이용하면

$\dfrac{\varepsilon_s'}{\varepsilon_{cu}} = \dfrac{c-d'}{c}$ 에서

$\varepsilon_s' = \varepsilon_{cu}\left(\dfrac{c-d'}{c}\right) \geq \varepsilon_y$

$\therefore c \geq \dfrac{\varepsilon_{cu}}{\varepsilon_{cu}-\varepsilon_y}d'$ 일 때 압축철근이 항복한다.

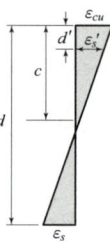

변형률 분포

핵심예제 2

그림과 같은 강도설계법으로 설계된 복철근 보에서 콘크리트의 변형률이 극한변형률(ε_{cu})에 도달했을 때 압축철근이 항복하는 경우의 변형률은? (단, E_s는 철근의 탄성계수이다.)   [96, 01㉯]

㉮ $\varepsilon_{cu}\left(\dfrac{f_y - E_s}{E_s}\right)$

㉯ $\varepsilon_{cu} - \varepsilon_{cu}\dfrac{f_y}{E_s}$

㉰ $\varepsilon_{cu}\left(\dfrac{d'-c}{d'}\right)$

㉱ $\varepsilon_{cu} - \varepsilon_{cu}\dfrac{d'}{c}$

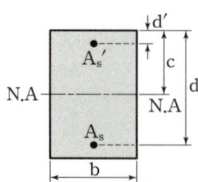

해설 변형률 선도의 닮음비를 이용하면

$$\frac{\varepsilon_s'}{\varepsilon_{cu}} = \frac{c-d'}{c} \text{에서}$$

$$\varepsilon_s' = \left(\frac{c-d'}{d}\right)\varepsilon_{cu} = \varepsilon_{cu} - \varepsilon_{cu}\frac{d'}{c} \geq \varepsilon_y \text{일 때 항복한다.}$$

답 : ㉣

핵심예제 3

강도설계법에서 복철근 직사각형보의 중립축까지의 거리 C = 300mm일 때 압축연단에서 50mm 떨어진 곳에 배치된 압축철근의 응력 f_s'은 얼마인가? (여기서, 철근의 항복강도는 300MPa이고 철근의 탄성계수는 2.0×10^5 MPa이다.) [05㉠]

㉮ 200 MPa
㉯ 300 MPa
㉰ 259 MPa
㉱ 500 MPa

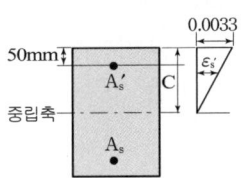

해설 (1) 압축철근의 변형률

$$\varepsilon_s' = \left(\frac{c-d'}{c}\right)\varepsilon_{cu}$$

$$= \left(\frac{300-50}{300}\right) \times 0.0033$$

$$= 0.00275 > \varepsilon_y = \frac{f_y}{E_s} = \frac{300}{2 \times 10^5} = 0.0015$$

∴ 압축철근이 항복한 상태

(2) 압축철근의 응력
압축철근이 항복하였으므로
$f_s' = f_y = 300$ MPa

답 : ㉯

4 압축철근이 항복할 경우의 휨강도

일반적으로 A_s와 A_s'가 모두 항복하여 f_y의 응력을 받는다고 가정하여 계산한다.

(1) 응력사각형의 깊이(a)
힘의 평형조건($\sum H = 0$)을 적용하면 $C = T$에서

$$\eta(0.85f_{ck})ab + A_s'f_y = A_sf_y$$

$$a = \frac{(A_s - A_s')f_y}{\eta(0.85f_{ck})b}$$

핵심예제 4

그림과 같은 복철근 직사각형 보에서 압축측의 총응력 C의 값은 얼마인가? (단, $f_{ck} = 28\,\mathrm{MPa}$, $f_y = 300\,\mathrm{MPa}$, $a = 181.4\,\mathrm{mm}$이다.)

㉮ 1,314 kN
㉯ 1,263 kN
㉰ 1,060 kN
㉱ 1,161 kN

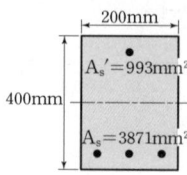

[해설] 힘의 평형조건($\sum H = 0$)을 적용하면

$C = T = f_y A_s = 300 \times 3871 = 1,161,300\,\mathrm{N} \simeq 1,161\,\mathrm{kN}$

또는 $C = \eta(0.85 f_{ck})ab + A_s' f_y$

$= 1.0(0.85 \times 28) \times 181.4 \times 200 + 993 \times 300$

$= 1,161,364\,\mathrm{N} \simeq 1,161\,\mathrm{kN}$

여기서, $f_{ck} \leq 40\,\mathrm{MPa}$이므로 $\eta = 1.0$

답 : ㉮

핵심예제 5

강도설계의 경우 복철근 직사각형 보의 휨압축 응력의 등가 사각형의 깊이 a는? (단, 모든 철근이 항복하며 콘크리트의 압축응력은 등가직사각형 분포한다고 가정한다.)

㉮ $a = \dfrac{f_y(A_s - A_s')}{\eta(0.85 f_{ck}) \cdot b}$

㉯ $a = \dfrac{f_y(A_s - A_s')c}{\eta(0.85 f_{ck}) \cdot b}$

㉰ $a = \dfrac{f_y(A_s - A_s')c}{\eta(0.85 f_{ck})}$

㉱ $a = \dfrac{f_y(A_s - A_s')}{\eta(0.85 f_{ck})}$

[해설] 힘의 평형조건($\sum H = 0$)을 적용하면

$C = T$에서

$\eta(0.85 f_{ck})ab + A_s' f_y = A_s f_y$

$\therefore\ a = \dfrac{(A_s - A_s')f_y}{\eta(0.85 f_{ck})b}$

$= 1,161,364\,\mathrm{N} \simeq 1,161\,\mathrm{kN}$

여기서, $f_{ck} \leq 40\,\mathrm{MPa}$이므로 $\eta = 1.0$

답 : ㉮

핵심예제6

복철근 직사각형 단면에서 응력사각형의 깊이 a의 값은? (단, $f_{ck}=24\,\mathrm{MPa}$, $f_y=300\,\mathrm{MPa}$, $A_s=5-D35=4,790\,\mathrm{mm}^2$, $A_s'=2-D35=1,916\,\mathrm{mm}^2$이며 강도설계법으로 계산할 것)

[82, 96, 99 ㉮, 83, 92 ㉯]

㉮ 151 mm
㉯ 268 mm
㉰ 107 mm
㉱ 147 mm

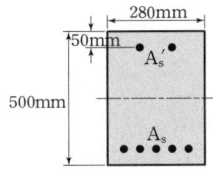

[해설] 힘의 평형조건($\sum H = 0$)을 적용하면

$C = T$에서

$$a = \frac{(A_s - A_s')f_y}{\eta(0.85f_{ck})b} = \frac{(4,790-1,916)\times 300}{1.0(0.85\times 24)\times 280}$$

$= 151\,\mathrm{mm}$

여기서, $f_{ck} \leq 40\,\mathrm{MPa}$이므로 $\eta = 1.0$

답 : ㉮

(2) 설계휨강도

복철근보는 단철근 직사각형 보가 부담할 수 있는 휨모멘트와 압축철근과 이에 해당되는 인장철근이 부담할 수 있는 휨모멘트로 구분하여 계산한다.

$$\phi M_n = \phi(M_{n1} + M_{n2})$$
$$= \phi\left\{(A_s - A_s')f_y\left(d - \frac{a}{2}\right) + A_s' f_y(d - d')\right\}$$

핵심예제7

복철근 직사각형 보의 설계휨강도를 구하는 식은 다음 중 어느 것인가? (단, 모든 철근은 항복하며, 콘크리트의 압축응력은 등가직사각형 분포한다고 가정한다.)

㉮ $\phi \cdot M_n = \phi\left\{(A_s - A_s')f_y\left(d - \frac{a}{2}\right) + A_s' \cdot f_y(d - d')\right\}$

㉯ $\phi \cdot M_n = \phi\left\{A_s \cdot f_y\left(d - \frac{a}{2}\right) + A_s' \cdot f_y(d - d')\right\}$

㉰ $\phi \cdot M_n = \phi\left\{(A_s - A_s')f_y\left(d - \frac{a}{2}\right) + A_{s2} \cdot f_y\left(d - \frac{t}{2}\right)\right\}$

㉱ $\phi \cdot M_n = \phi\left\{A_{s1} \cdot f_y\left(d - \frac{a}{2}\right) + (A_s - A_s')f_y(d - d')\right\}$

해설 복철근 직사각형보의 공칭휨강도

$$\phi M_n = \phi(M_{n1} + M_{n2})$$
$$= \phi(T_1 z + T_2 z)$$
$$= \phi\left\{(A_s - A_s')f_y\left(d - \frac{a}{2}\right) + A_s'f_y(d-d')\right\}$$

답 : ㉮

핵심예제 8

$b = 300\text{mm}$, $d = 550\text{mm}$, $d' = 50\text{mm}$, $A_s = 4,500\text{mm}^2$, $A_s' = 2,200\text{mm}^2$인 단면이 연성파괴를 한다면 설계휨강도는 얼마인가? (여기서, 인장철근이 항복응력에 도달하면 압축철근도 항복응력을 나타내며 $f_{ck} = 21\text{MPa}$, $f_y = 300\text{MPa}$임)

㉮ 516 kN · m
㉯ 565 kN · m
㉰ 599 kN · m
㉱ 613 kN · m

해설 (1) 등가응력깊이 : 힘의 평형조건 $C = T$에서

$$a = \frac{(A_s - A_s')f_y}{\eta(0.85f_{ck})b}$$
$$= \frac{(4,500 - 2,200) \times 300}{1.0(0.85 \times 21) \times 300}$$
$$= 129 \text{ mm}$$

여기서, $f_{ck} \leq 40$ MPa이므로 $\eta = 1.0$

(2) 최외단 인장철근의 순인장변형률 : 변형률선도의 닮음비를 이용하면

$$\varepsilon_t = \frac{d-c}{c}\varepsilon_{cu} = \frac{d - a/\beta_1}{a/\beta_1}\varepsilon_{cu} = \frac{\beta_1 d - a}{a}\varepsilon_{cu}$$
$$= \frac{0.80 \times 550 - 129}{129} \times 0.0033 \approx 0.008$$

여기서, $f_{ck} \leq 40$ MPa이므로 $\beta_1 = 0.80$, $\varepsilon_{cu} = 0.0033$

(3) 강도감소계수

$\varepsilon_t = 0.008 > \varepsilon_{t,tcl} = 0.005$ (인장지배변형률 한계)

∴ 인장지배단면이므로 $\phi = 0.85$

(4) 설계휨강도

$$M_d = \phi M_n = \phi(M_{n1} + M_{n2})$$
$$= \phi\left\{(A_s - A_s')f_y\left(d - \frac{a}{2}\right) + A_s'f_y(d-d')\right\}$$
$$= 0.85\left\{(4,500 - 2,200) \times 300 \times \left(550 - \frac{129}{2}\right) + 2,200\right.$$
$$\left. \times 300 \times (550 - 50)\right\}$$
$$= 565,245,750 \text{N} \cdot \text{mm} = 565 \text{ kN} \cdot \text{m}$$

답 : ㉯

3 T형 단면보

> **학습방향**
>
> 플랜지의 유효폭에 관한 내용은 암기하고 있어야 하고, T형보의 판정과 해석은 이해를 요구한다. T형 단면보에 관한 문제는 시험에 비교적 잘 출제되는 편이다.

1 개요

교량이나 건물에서는 보와 슬래브가 일체가 되도록 만드는 경우가 대부분이다. 이런 경우 정(+)의 휨모멘트를 받는다면 슬래브도 보의 상부와 함께 압축을 받으며 하나의 보로 거동할 것이다. 이런 보를 T형 보라고 한다. 플랜지와 복부의 접합부에는 응력의 집중을 막기 위해 헌치(haunch)를 붙이는데 계산에서는 이를 무시한다.

학습POINT

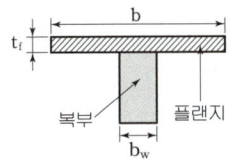 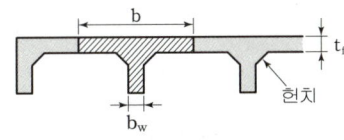

그림. T형 보의 단면

2 플랜지의 유효폭

플랜지의 유효폭은 다음과 같다.

(1) T형보(대칭 T형보)

다음 중에서 가장 작은 값을 유효폭으로 한다.

① $16t_f + b_w$ (양쪽으로 각각 내민 플랜지 두께의 8배씩+b_w)
② 양쪽 슬래브의 중심간 거리
③ 보의 경간의 $\frac{1}{4}$

(2) 반T형보(비대칭 T형보)

다음 중에서 가장 작은 값을 유효폭으로 한다.

① $6t_f + b_w$ (한쪽으로 내민 플랜지 두께의 6배 + b_w)
② 인접보와의 내측거리의 $\frac{1}{2} + b_w$
③ 보의 경간의 $\frac{1}{12} + b_w$

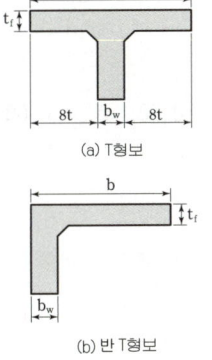

그림. 플랜지의 유효폭

핵심예제 1

대칭 T형보의 플랜지의 유효폭을 결정하는 규정 중 옳지 않은 것은?
(단, t_f = 플랜지의 두께, b_w = 복부의 폭) [94, 00㉮]

㉮ $16t_f + b_w$

㉯ 양측 슬래브의 중심간 거리

㉰ 보의 경간의 $\frac{1}{12}$

㉱ 보의 경간의 $\frac{1}{4}$

[해설] 대칭 T형보의 유효폭

(1) $16t_f + b_w$

(2) 양쪽 슬래브의 중심간 거리

(3) 보의 경간의 $\frac{1}{4}$

이 중 최솟값을 유효폭으로 한다.

답 : ㉰

핵심예제 2

다음 그림과 같은 경간 $l = 12\,\text{m}$인 연속 T형 보에서 대칭부의 플랜지 유효폭은?

㉮ 3,600mm
㉯ 3,400mm
㉰ 3,200mm
㉱ 3,000mm

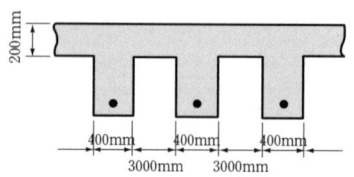

[해설] (1) $16t_f + b_w = 16 \times 200 + 400$
$= 3,600\,\text{mm}$

(2) 양쪽 슬래브의 중심간 거리
$= 1,500 + 400 + 1,500$
$= 3,400$

여기서, $f_{ck} \leq 40\,\text{MPa}$이므로 $\beta_1 = 0.80$, $\varepsilon_{cu} = 0.0033$

(3) 보의 경간의 $\frac{1}{4} = \frac{12,000}{4}$
$= 3,000\,\text{mm}$

∴ 이 중 최솟값인 3,000mm를 유효폭으로 한다.

답 : ㉱

핵심예제 3

반T형 보(비대칭 T형보)의 플랜지의 유효폭을 결정하는 규정 중 틀린 것은? (단, l_n은 인접보와의 내측거리, b_w는 복부의 폭, t_f는 플랜지의 두께이다.)

㉮ $6t_f + b_w$

㉯ 보의 경간의 $\dfrac{1}{12} + b_w$

㉰ $\dfrac{l_n}{2} + b_w$

㉱ 양측 슬래브의 중심간 거리

해설 반T형보의 유효폭

(1) $6t_f + b_w$

(2) 인접보와의 내측거리의 $1/2 + b_w$

(3) 보의 경간의 $\dfrac{1}{12} + b_w$

이 중 최솟값을 유효폭으로 한다.

답 : ㉱

핵심예제 4

슬래브와 보가 일체로 타설된 반T형 보의 유효폭은 얼마인가? (단, 플랜지 두께=100mm, 복부폭= 300mm, 인접보와의 내측거리=1,600mm, 보의 경간=6.0m) [05, 01 ㉮]

㉮ 800 mm

㉯ 900 mm

㉰ 1,000 mm

㉱ 1,100 mm

해설 반T형보의 유효폭

(1) $6t_f + b_w = 6 \times 100 + 300 = 900\,\mathrm{mm}$

(2) 인접보와의 내측거리의 $1/2 + b_w$

$= \dfrac{1,600}{2} + 300 = 1,100\,\mathrm{mm}$

(3) 보의 경간의

$\dfrac{1}{12} + b_w = \dfrac{6,000}{12} + 300 = 800\,\mathrm{mm}$

이 중 최솟값인 800mm를 플랜지의 유효폭으로 한다.

답 : ㉮

3 T형 보의 판정

아래 그림 (a)와 같이 정(+)모멘트가 작용할 때 등가응력사각형이 플랜지 내에 있으면 직사각형 보로 보고 해석하며, 그림 (b)와 같이 등가응력사각형이 복부에까지 작용할 때에만 T형 보로 해석한다.

만약 그림 (c)와 같이 부(−)모멘트가 작용하고 등가응력사각형이 복부에 있을 때는 폭이 b_w인 직사각형 보로 해석하면 된다.

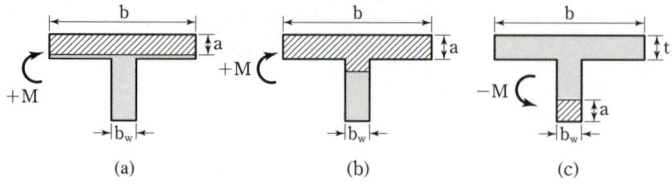

그림. T형 단면의 판정

위의 그림(b)와 같이 폭이 b인 직사각형 단면을 고려해 보면
(1) 정(+)모멘트 작용할 때

$\eta(0.85f_{ck})ab = A_s f_y$ 가 성립하므로 a는 다음과 같다.

$$a = \frac{A_s f_y}{\eta(0.85f_{ck})b}$$

① 등가 응력 사각형이 플랜지 내에 있을 때
  $a \leq t_f$: 폭이 b인 직사각형 단면으로 설계(그림(a))

② 등가 응력 사각형이 복부에 작용할 때
  $a > t_f$: T형단면으로 설계(그림(b))

(2) 부(−) 모멘트 작용할 때
  폭이 b_w인 직사각형으로 해석(그림(c))

핵심예제 5

그림과 같은 T형 보에 계수설계하중(+의 휨모멘트)이 작용할 때 이 보의 안전성을 검토한 사항 중 옳은 것은? (단, f_{ck}=21MPa, f_y=280MPa, 콘크리트의 압축응력은 등가직사각형 분포한다고 가정한다.)

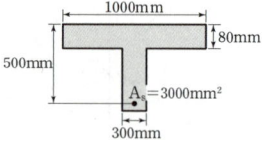

㉮ b_w를 폭으로 하는 직사각형 보로 취급한다.
㉯ b를 플랜지 폭으로 하는 T형 보로 취급한다.
㉰ b를 폭으로 하는 직사각형 보로 취급한다.
㉱ $c = t_f$로 보아서 극한 저항 모멘트를 계산한다.

[해설] 폭 b인 단철근 직사각형보로 보고 등가응력깊이를 구하면

$$a = \frac{A_s f_y}{\eta(0.85 f_{ck})b} = \frac{3000 \times 280}{1.0(0.85 \times 21) \times 1000}$$

$= 47\,mm < t_f = 80\,mm$

∴ $b = 1,000\,mm$를 폭으로 하는 직사각형 보로 해석한다.

여기서, $f_{ck} \leq 40\,MPa$이므로 $\eta = 1.0$

답 : ㉰

4 T형 보의 해석

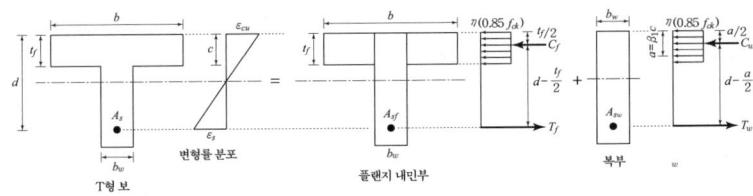
T형보 / 변형률 분포 / 플랜지 내민부 / 복부

(1) T형 보는 플랜지의 내민 부분과 복부 부분으로 나누어 계산한다.
(2) 플랜지의 내민 부분에 해당하는 압축력과의 균형을 이루는 인장철근의 단면적(A_{sf})은 $C_f = T_f$로부터 다음과 같이 구해진다.

$$A_{sf} = \frac{\eta(0.85 f_{ck})(b - b_w)t_f}{f_y}$$

핵심예제 6

그림과 같은 T형 단면보의 A_{sf}가 바르게 설명된 공식은 다음 어느 것인가? (단, 콘크리트의 압축응력은 등가직사각형 분포한다고 가정한다.)

㉮ $A_{sf} = \dfrac{\eta(0.85 f_{ck}) \cdot b_w \cdot t_f}{f_y}$

㉯ $A_{sf} = \dfrac{\eta(0.85 f_{ck}) \cdot b \cdot t_f}{f_y}$

㉰ $A_{sf} = \dfrac{\eta(0.85 f_{ck})(b_w - b)t_f}{f_y}$

㉱ $A_{sf} = \dfrac{\eta(0.85 f_{ck})(b - b_w)t_f}{f_y}$

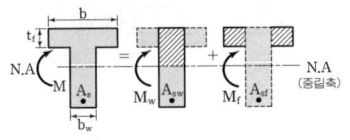

[해설] 힘의 평형조건 $C_f = T_f$를 적용하면

$\eta(0.85 f_{ck})(b - b_w)t_f = A_{sf} f_y$

$A_{sf} = \dfrac{\eta(0.85 f_{ck})(b - b_w)t_f}{f_y}$

답 : ㉱

핵심예제 7

그림과 같은 T형보의 사선 친 플랜지 단면에 작용 하는 압축력과 평형이 되는 가상 압축철근 단면적은? (단, f_{ck}=24MPa, f_y=280MPa이고, 콘크리트의 압축응력은 등가직사각형 분포한다고 가정한다.)

㉮ 5,730 mm²
㉯ 6,030 mm²
㉰ 5,930 mm²
㉱ 5,830 mm²

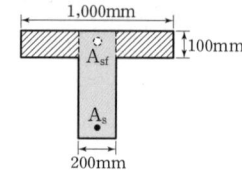

[해설] 힘의 평형조건($\Sigma H=0$)을 적용하면

$$\eta(0.85f_{ck})(b-b_w)t_f = A_{sf}f_y$$

$$A_{sf} = \frac{\eta(0.85f_{ck})(b-b_w)t_f}{f_y}$$

$$= \frac{1.0(0.85\times 24)\times(1,000-200)\times 100}{280}$$

$$= 5,830 \text{ mm}^2$$

답 : ㉱

(3) 복부 부분에 작용하는 등가응력사각형의 깊이 a는 $C_w = T_w$인 것을 이용하여 구한다.

$$a = \frac{(A_s - A_{sf})f_y}{\eta(0.85f_{ck})b_w}$$

핵심예제 8

강도설계법에서 그림과 같은 T형보의 등가응력사각형깊이 a는 얼마인가? (단, b=1,000mm, b_w=480mm, t_f=120mm, d=600mm, A_s=14-D25 =7,094mm², f_{ck}=21MPa, f_y=300MPa)

㉮ 120 mm
㉯ 130 mm
㉰ 140 mm
㉱ 150 mm

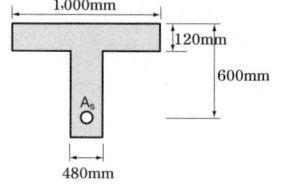

[해설] 폭 b인 단철근 직사각형보로 보고 등가응력깊이를 구하면

$$a = \frac{A_s f_y}{\eta(0.85)f_{ck}b} = \frac{7,094\times 300}{1.0(0.85\times 21)\times 1000} = 119.2 \text{ mm} < t_f = 120 \text{ mm}$$

∴ 직사각형보로 설계하므로 $a = 119.2$ mm ≈ 120 mm가 된다.
여기서, $f_{ck} \leq 40$ MPa이므로 $\eta = 1.0$

답 : ㉮

핵심예제 9

그림과 같은 T형보에서 등가응력사각형의 깊이 a는? (단, f_{ck}=21MPa, f_y=300MPa이고, A_s=4,020 mm² 이다.)

㉮ 68 mm
㉯ 82 mm
㉰ 94 mm
㉱ 109 mm

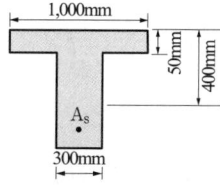

[해설] (1) T형보의 판정 : 폭 b인 단철근 직사각형보로 보고 등가응력깊이를 구하면

$$a = \frac{A_s f_y}{\eta(0.85 f_{ck})b} = \frac{4,020 \times 300}{1.0(0.85 \times 21) \times 1000}$$

$= 67.56$ mm $> t_f = 50$ mm

∴ T형보로 계산한다.

여기서, $f_{ck} \leq 40$ MPa이므로 $\eta = 1.0$

(2) 플랜지 내민부 압축력에 비기는 인장철근량 : 평형조건 $C_f = T_f$을 적용하면

$$A_{sf} = \frac{\eta(0.85 f_{ck})(b - b_w) t_f}{f_y}$$

$$= \frac{1.0(0.85 \times 21) \times (1,000 - 300) \times 50}{300}$$

$= 2,082.5$ mm²

(3) 등가응력깊이 : 평형조건 $C_w = T_w$를 적용하면

$$a = \frac{(A_s - A_{sf}) f_y}{\eta(0.85 f_{ck}) b_w}$$

$$= \frac{(4020 - 2082.5) \times 300}{1.0(0.85 \times 21) \times 300}$$

$\simeq 109$ mm

답 : ㉱

(4) 설계 휨강도(ϕM_n)

$$\phi M_n = \phi \{M_{nf} + M_{nw}\}$$
$$M_{nf} = 0.85 f_{ck} t_f (b - b_w)\left(d - \frac{t_f}{2}\right) = A_{sf} f_y \left(d - \frac{t_f}{2}\right)$$
$$M_{nw} = 0.85 f_{ck} a b_w \left(d - \frac{a}{2}\right) = (A_s - A_{sf}) f_y \left(d - \frac{a}{2}\right)$$

핵심예제 10

강도설계법으로 단철근 T형보의 설계휨강도 $\phi \cdot M_n$을 구하는 바른 식은?
(단, 보는 인장지배단면이고, 콘크리트의 압축응력은 등가직사각형 분포한다고 가정한다.)

㉮ $\phi \cdot M_n = 0.85\left\{A_{sf} \cdot f_y\left(d - \dfrac{t_f}{2}\right) + (A_s - A_{sf})f_y\left(d - \dfrac{a}{2}\right)\right\}$

㉯ $\phi \cdot M_n = 0.85\left\{(A_s - A_{sf}) \cdot f_y\left(d - \dfrac{t_f}{2}\right) + (A_s - A_{sf})f_y\left(d - \dfrac{a}{2}\right)\right\}$

㉰ $\phi \cdot M_n = 0.75\left\{A_{sf} \cdot f_y\left(d - \dfrac{t_f}{2}\right) + (A_s - A_{sf})f_y\left(d - \dfrac{a}{2}\right)\right\}$

㉱ $\phi \cdot M_n = 0.75\left\{(A_s - A_{sf})f_y\left(d - \dfrac{t_f}{2}\right) + A_{sf} \cdot f_y\left(d - \dfrac{a}{2}\right)\right\}$

[해설] 플랜지 내민부와 복부를 나누어 중첩법을 적용하면

$M_d = \phi M_n = \phi(M_{nf} + M_{nw})$
$= 0.85\left\{f_y A_{sf}\left(d - \dfrac{t_f}{2}\right) + f_y(A_s - A_{sf})\left(d - \dfrac{a}{2}\right)\right\}$

답 : ㉮

핵심예제 11

그림과 같은 T형 보에서 f_{ck}=21MPa, f_y=300MPa일 때 설계휨강도 ϕM_n을 구하면? (단, 과소철근보이고, b=1,000mm, t=70mm, b_w=300mm, d= 600mm, A_s=4,000mm^2)

㉮ 613 kN·m
㉯ 578 kN·m
㉰ 653 kN·m
㉱ 690 kN·m

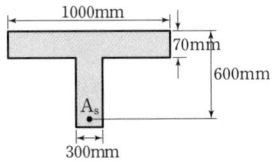

[해설] (1) T형 단면의 판정

폭 b인 단철근 직사각형보로 보고 등가응력깊이를 구하면

$a = \dfrac{A_s f_y}{\eta(0.85 f_{ck})b} = \dfrac{4,000 \times 300}{1.0(0.85 \times 21) \times 1000}$

$= 67.2$ mm $< t_f = 70$ mm

∴ 폭 $b = 1,000$ mm 인 직사각형보로 해석

여기서, $f_{ck} \leq 40$ MPa 이므로 $\eta = 1.0$

(2) 최외단 인장철근의 순인장변형률 : 변형률선도의 닮음비를 이용하면

$$\varepsilon_t = \frac{d-c}{c}\varepsilon_{cu} = \frac{d-a/\beta_1}{a/\beta_1}\varepsilon_{cu} = \frac{\beta_1 d - a}{a}\varepsilon_{cu}$$

$$= \frac{0.80 \times 600 - 67.2}{67.2} \times 0.0033 \simeq 0.02$$

여기서, $f_{ck} \leq 40$ MPa이므로 $\beta_1 = 0.80$, $\varepsilon_{cu} = 0.0033$

(3) 강도감소계수

$\varepsilon_t = 0.02 > \varepsilon_{t,tcl} = 0.005$(인장지배변형률 한계)

∴ 인장지배단면이므로 $\phi = 0.85$

(4) 설계휨강도 계산

$$\phi M_n = \phi A_s f_y \left(d - \frac{a}{2}\right)$$

$$= 0.85 \times 4,000 \times 300 \left(600 - \frac{67.2}{2}\right)$$

$$= 578 \times 10^6 \text{ N} \cdot \text{mm}$$

$$= 578 \text{ kN} \cdot \text{m}$$

답 : ㉯

핵심예제12

그림과 같은 T형보에서 $f_{ck} = 21$MPa, $f_y = 300$MPa일 때 설계휨강도 ϕM_n를 구하면? (단, 과소 철근보이고, $A_s = 5000$ mm², 콘크리트의 압축응력은 등가직사각형 분포한다고 가정한다.)

㉮ 613.13 kN · m
㉯ 631.38 kN · m
㉰ 690.55 kN · m
㉱ 707.94 kN · m

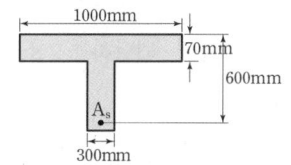

해설 (1) T형 단면의 판정

폭 b인 단철근 직사각형보로 보고 등가응력깊이를 구하면

$$a = \frac{A_s f_y}{0.85 f_{ck} b} = \frac{5000 \times 300}{1.0(0.85 \times 21) \times 1000} = 84.03 \text{ mm} > t_f = 70 \text{ mm}$$

∴ T형보로 설계한다.

여기서, $f_{ck} \leq 40$ MPa이므로 $\eta = 1.0$

(2) 플랜지 내민부 압축력에 비기는 인장철근량 : 평형조건 $C_f = T_f$을 적용하면

$$A_{sf} = \frac{\eta(0.85 f_{ck})(b - b_w)t_f}{f_y} = \frac{\eta(0.85 \times 21) \times (1000 - 300) \times 70}{300}$$

$$= 2915.5 \text{ mm}^2$$

(3) 등가응력깊이 : 평형조건 $C_w = T_w$를 적용하면

$$a = \frac{(A_s - A_{sf})f_y}{\eta(0.85f_{ck})b_w} = \frac{(5000 - 2915.5) \times 300}{1.0(0.85 \times 21) \times 300} = 116.78 \text{ mm}$$

(4) 최외단 인장철근의 순인장변형률 : 변형률선도의 닮음비를 이용하면

$$\varepsilon_t = \frac{d-c}{c}\varepsilon_{cu} = \frac{d - a/\beta_1}{a/\beta_1}\varepsilon_{cu} = \frac{\beta_1 d - a}{a}\varepsilon_{cu}$$

$$= \frac{0.80 \times 600 - 116.78}{116.78} \times 0.0033 \approx 0.01$$

여기서, $f_{ck} \leq 40$ MPa이므로 $\beta_1 = 0.80$, $\varepsilon_{cu} = 0.0033$

(5) 강도감소계수

$\varepsilon_t = 0.01 > \varepsilon_{t,tcl} = 0.005$(인장지배변형률 한계)

∴ 인장지배단면이므로 $\phi = 0.85$

(6) 설계휨강도 계산

$$\phi M_n = \phi \left\{ A_{sf}f_y\left(d - \frac{t_f}{2}\right) + (A_s - A_{sf})f_y\left(d - \frac{a}{2}\right) \right\}$$

$$= 0.85 \times \left\{ 2915.5 \times 300 \times \left(600 - \frac{70}{2}\right) + (5000 - 2915.5) \right.$$

$$\left. \times 300 \times \left(600 - \frac{116.78}{2}\right) \right\}$$

$$= 707,942,104 \text{ N·mm} = 707.94 \text{kN·m}$$

답 : ㉣

(5) 최대 철근비

힘의 평형조건($\Sigma H = 0$)에서 최소 허용변형률에 해당하는 철근비가 최대철근비라는 조건을 적용하여 구한다.

$$\rho_{s,\max} = \frac{\eta(0.85f_{ck})\beta_1}{f_y}\frac{\varepsilon_{cu}}{\varepsilon_{cu} + \varepsilon_a} + \rho_f = \frac{\varepsilon_{cu} + \varepsilon_y}{\varepsilon_{cu} + \varepsilon_a}\rho_b + \rho_f$$

여기서, $\rho_f = \dfrac{A_{sf}}{b_w d}$

4 사용성 및 내구성

학습방향

강도설계법에서는 구조물에 대한 사용성을 검토하도록 하고 있다. 처짐과 균열에 대한 기본적인 내용을 묻는 문제와 처짐량을 구하는 문제가 기출문제의 대부분을 차지하고 있다.

1 탄성처짐

단순지지된 보에 발생하는 최대처짐(δ_{max})

(1) 집중하중(P)이 중앙에 작용할 때 : $\delta_{max} = \dfrac{Pl^3}{48EI}$

(2) 등분포하중(w)이 경간 전체에 작용할 때 : $\delta_{max} = \dfrac{5wl^4}{384EI}$

(3) 단면2차모멘트(I)

① 균열이 생기지 않았을 때는 전단면이 유효하다고 보고 총단면 2차모멘트(I_g)를 사용한다.

② 인장측에 균열이 발생할 경우 단면2차모멘트는 I_g와 I_{cr}의 사이에 있으며, 보의 길이에 따른 단면2차모멘트의 변화를 고려하여 유효단면2차모멘트 I_e를 사용한다.

$$I_e = \left(\dfrac{M_{cr}}{M_a}\right)^3 I_g + \left[1 - \left(\dfrac{M_{cr}}{M_a}\right)^3\right] I_{cr}$$

여기서, 단면2차모멘트의 크기 : $I_{cr} < I_e < I_g$

M_{cr} : 균열모멘트 $\left(= f_r \cdot \dfrac{I_g}{y_t}\right)$

$f_r(= 0.63\lambda\sqrt{f_{ck}})$: 콘크리트의 휨인장강도(파괴계수)

λ : 경량콘크리트계수(전경량 : 0.75, 모래경량 : 0.85)

y_t : 중립축에서 인장측 연단까지의 거리

M_a : 처짐이 계산되는 단계에서 사용하중에 의한 부재의 최대 휨모멘트

2 장기처짐

크리프, 건조수축 등으로 인하여 시간의 경과와 함께 진행되는 처짐이다. 장기처짐량은 탄성처짐량에 장기처짐계수(λ_Δ)를 곱하여 구한다.

학습POINT

장기처짐량 = 탄성처짐량 × 장기처짐계수 (λ_Δ)

$$\lambda_\Delta = \frac{\xi}{1 + 50\rho'}$$

여기서, ξ : 지속하중 재하기간에 따라 달라지는 계수이며, 다음 값을 사용한다.
(3개월 : 1.0, 6개월 : 1.2, 12개월 : 1.4, 5년 이상 : 2.0)

$\rho' \left(= \dfrac{A_s'}{bd} \right)$: 압축철근비

A_s' : 압축 철근량, b : 보의 폭, d : 보의 유효깊이

3 처짐의 제한

(1) 처짐을 계산하지 않는 경우의 보 또는 1방향 슬래브의 최소두께

(l : 경간의 길이(mm))

부재	최소두께 또는 높이			
	단순지지	일단연속	양단연속	캔틸레버
1방향 슬래브	$\dfrac{l}{20}$	$\dfrac{l}{24}$	$\dfrac{l}{28}$	$\dfrac{l}{10}$
보	$\dfrac{l}{16}$	$\dfrac{l}{18.5}$	$\dfrac{l}{21}$	$\dfrac{l}{8}$

위의 표는 f_y가 400MPa인 경우를 기준으로 한 것이며, 그 외의 경우는 표에 의해 계산된 값에 $\left(0.43 + \dfrac{f_y}{700} \right)$를 곱하여 구한다.

(2) 최대허용처짐

(l : 보의 경간)

부재의 종류	고려해야 할 처짐	처짐한계
과도한 처짐에 의해 손상되기 쉬운 비구조 요소를 지지 또는 부착하지 않은 평지붕구조	활하중 L에 의한 순간처짐	$\dfrac{l}{180}$
과도한 처짐에 의해 손상되기 쉬운 비구조 요소를 지지 또는 부착하지 않은 바닥구조	활하중 L에 의한 순간처짐	$\dfrac{l}{360}$
과도한 처짐에 의해 손상되기 쉬운 비구조 요소를 지지 또는 부착한 지붕 또는 바닥구조	전체 처짐 중에서 비구조 요소가 부착된 후에 발생하는 처짐부분(모든 지속하중에 의한 장기처짐과 추가적인 활하중에 의한 순간처짐의 합)	$\dfrac{l}{480}$
과도한 처짐에 의해 손상될 염려가 없는 비구조 요소를 지지 또는 부착한 지붕 또는 바닥구조		$\dfrac{l}{240}$

4 균열

균열은 그 수보다는 폭이 더욱 문제된다. 철근의 응력과 지름이 클수록, 피복두께가 클수록 균열폭은 증가되므로, 균열폭을 줄이기 위해서는 동일한 철근량을 사용하더라도 가는 철근을 여러 개 사용하고, 이형철근을 사용하며, 배근 간격을 지나치게 크게 하지 않는 것이 좋다.

5 균열의 제한

(1) 균열의 제한

콘크리트 인장연단에 가장 가까이에 배치되는 철근의 중심간격 s는 다음 두 값 중 작은 값 이하로 하여야 한다.

① $s = 375\left(\dfrac{k_{cr}}{f_s}\right) - 2.5c_c$

② $s = 300\left(\dfrac{k_{cr}}{f_s}\right)$

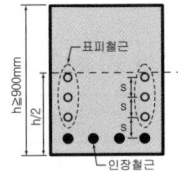

여기서, c_c : 인장철근이나 긴장재의 표면과 콘크리트 표면 사이의 최소 두께

f_s : 사용 하중 상태에서 인장연단에서 가장 가까이에 위치한 철근 응력으로 사용하중 휨모멘트에 대한 해석으로 결정하여야 하지만, 근삿값으로 f_y의 2/3를 사용할 수 있다.

k_{cr} : 철근의 노출 조건을 고려한 계수
(건조환경은 280, 그 외의 환경은 210이다.)

(2) 균열폭에 영향을 미치는 요인

① 이형철근을 사용하면 균열폭을 최소로 할 수 있다.
② 하중으로 인한 균열의 최대폭은 철근의 응력과 철근지름에 비례하고, 철근비에 반비례한다(철근량이 많을수록 균열폭은 감소).
③ 인장측에 철근을 잘 분배하면 균열폭을 최소로 할 수 있다.
④ 콘크리트 표면의 균열폭은 철근에 대한 콘크리트 피복두께에 비례한다.
⑤ 균열을 제한하는 가장 좋은 방법은 콘크리트의 최대인장구역에서 지름이 가는 철근을 여러 개 쓰고 이형철근만을 쓰는 것이다.

6 철근콘크리트 구조물의 허용균열폭(w_a)

(1) 해석에 의해 균열폭을 검토할 때는 다음 식을 만족시켜야 한다.

$w_k \leq w_a$

여기서, w_k : 지속하중이 작용할 때 계산된 균열폭

w_a : 내구성, 사용성(누수) 및 미관에 관련하여 허용되는 균열폭

(3) 철근콘크리트 구조물의 내구성 확보를 위하여 허용되는 균열폭

강재의 종류	강재의 부식환경에 대한 조건			
	건조 환경	습윤 환경	부식성 환경	고부식성 환경
철근	0.4mm와 0.006 c_c 중 큰 값	0.3mm와 0.005 c_c 중 큰 값	0.3mm와 0.004 c_c 중 큰 값	0.3mm와 0.0035 c_c 중 큰 값
프리스트레싱 긴장재	0.2mm와 0.005 c_c 중 큰 값	0.2mm와 0.004 c_c 중 큰 값	–	–

(4) 수처리 구조물의 내구성과 누수방지를 위하여 허용되는 균열폭

	휨 인장 균열	전 단면 인장 균열
(1) 오염되지 않은 물	0.25mm	0.20mm
(2) 오염된 액체	0.20mm	0.15mm

7 피로(Fatigue)

피로는 하중이 지속적으로 반복 작용함으로써 구조물이 정하중이 작용하는 경우보다 낮은 강도에서 파괴되는 원인이 된다.

(1) 피로에 대한 일반사항
   ① 콘크리트의 피로한도는 보통 100만회로 하고 있다.
   ② 콘크리트의 압축에 대한 피로강도는 정적(靜的)강도의 50~55% 범위이다.
   ③ 보 및 슬래브의 피로는 휨 및 전단에 대하여 검토한다.
      즉, 휨부재는 과소철근보로 설계되는 것이 보통이므로 반복 인장응력을 받는 철근의 피로에 대하여 검토한다.
   ④ 기둥의 피로는 검토하지 않아도 좋다. 단, 휨모멘트나 축방향력의 영향이 특히 큰 경우는 보에 준하여 검토하여야 한다.
   ⑤ 피로의 검토가 필요한 구조부재는 높은 응력을 받는 부분에서 철근을 구부리지 않도록 해야 한다.
   ⑥ 충격을 포함한 사용 활하중에 의한 철근의 응력 범위가 다음 표의 값 이내이면 피로에 대하여 검토할 필요가 없다.

(2) 피로를 고려하지 않아도 좋은 철근의 응력범위(MPa)

이형 철근의 항복강도 f_y(MPa)	철근 응력의 범위(MPa)
300	130
350	140
400 이상	150

※ 피로에 대한 안전성 검토 시 작용하는 철근 응력의 범위는 충격을 포함한 사용 활하중에 의한 철근의 최대응력(f_{max})에서 최소응력(f_{min})을 뺀 값이다.

핵 심 문 제

1 처짐에 대한 기술 중 잘못된 것은?

㉮ 장기처짐은 순간처짐(탄성처짐)과 크리프와 건조수축에 의한 추가처짐의 합으로 나타난다.
㉯ 일반적으로 탄성처짐이 추가처짐보다는 크게 나타난다.
㉰ 비구조재(칸막이, 창문 등)에 손상을 주지 않도록 처짐이 제한되어야 한다.
㉱ 복철근(압축부에 압축 철근 배근)으로 하면 추가처짐이 작아진다.

2 다음 단면의 균열모멘트 M_{cr}의 값은? (단, $f_{ck} = 21\,\text{MPa}$, 휨인장강도 $f_r = 0.63\lambda\sqrt{f_{ck}}$ 이고, 보통중량 콘크리트이다.)   [02 ㉮]

㉮ 78.4 kN·m
㉯ 41.2 kN·m
㉰ 36.1 kN·m
㉱ 26.3 kN·m

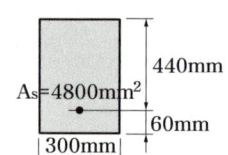

3 $A_s' = 1,200\,\text{mm}^2$로 배근된 그림과 같은 복철근 보의 탄성처짐이 12mm라 할 때 5년 후 지속하중에 의해 유발되는 장기처짐은 얼마인가? (단, 5년 후 지속하중 재하에 따른 계수 $\xi = 2.0$이다.)   [99, 97, 94 ㉮]

㉮ 24 mm
㉯ 21 mm
㉰ 15 mm
㉱ 12 mm

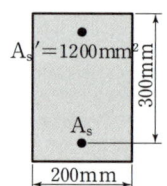

4 b = 350mm, d = 550mm인 직사각형 단면의 보에서 지속하중에 의한 순간처짐이 16mm였다. 1년후 총 처짐량은 얼마인가? (단, $A_s = 2,246\,\text{mm}^2$, $A_s' = 1,284\,\text{mm}^2$, $\xi = 1.4$)   [05 ㉮]

㉮ 20.5 mm
㉯ 32.8 mm
㉰ 42.1 mm
㉱ 26.5 mm

해 설

해설 1

총처짐량
= 탄성 처짐량 + 장기 처짐량
∴ 순간처짐과 추가처짐의 합은 총처짐이 된다.

해설 2

$$M_{cr} = f_r\left(\frac{I_g}{y_t}\right) = f_r Z$$
$$= 0.63\lambda\sqrt{f_{ck}}\left(\frac{bh^2}{6}\right)$$
$$= 0.63\lambda\sqrt{f_{ck}}\left(\frac{bh^2}{6}\right)$$
$$= 0.63(1.0\sqrt{21}) \times \frac{300 \times 500^2}{6}$$
$$\fallingdotseq 36.1\,\text{kN}\cdot\text{m}$$

[보통중량콘크리트의 $\lambda = 1.0$]

해설 3

장기처짐 = 탄성처짐 × $\dfrac{\xi}{1+50\rho'}$

$= 12 \times \dfrac{2.0}{1+50\times 0.02}$

$= 12\,\text{mm}$

$\left[\rho' = \dfrac{A_s'}{b_w d} = \dfrac{1,200}{200\times 300} = 0.02\right]$

해설 4

(1) 장기처짐

장기처짐 = 탄성처짐 × $\dfrac{\xi}{1+50\rho'}$

$= 16 \times \left(\dfrac{1.4}{1+50\times 0.00667}\right)$

$= 16.8\,\text{mm}$

$\left[\rho' = \dfrac{A_s'}{b_w d} = \dfrac{1,284}{350\times 550} = 0.00667\right]$

(2) 총처짐

총처짐 = 순간처짐 + 장기처짐
= 16 + 16.8
= 32.8mm

정답 1. ㉮ 2. ㉰ 3. ㉱ 4. ㉯

5 지속하중에 의한 탄성처짐이 20mm 발생한 캔틸레버보의 5년간의 총 처짐을 계산하면 얼마인가? (단, 보의 인장철근비는 0.02, 지지부의 압축 철근비는 0.01이다.) [02 ㉮]

㉮ 26.6 mm
㉯ 36.6 mm
㉰ 46.6 mm
㉱ 56.6 mm

6 길이 6m의 단순 철근콘크리트보의 처짐을 계산하지 않아도 되는 보의 최소두께는 얼마인가? (단, $f_{ck}=21\,\text{MPa}$, $f_y=350\,\text{MPa}$) [02 ㉮]

㉮ 356 mm
㉯ 403 mm
㉰ 375 mm
㉱ 349 mm

7 철근콘크리트 부재에서 균열폭 제한을 위해 적절한 조치는? [93, 96 ㉮]

㉮ 가능한 한 직경이 작은 이형철근을 배근한다.
㉯ 가능한 한 콘크리트 피복두께를 두껍게 한다.
㉰ 가능한 한 배근 간격을 넓힌다.
㉱ 가능한 한 직경이 큰 이형철근을 배근한다.

8 처짐과 균열에 대한 다음 설명 중 틀린 것은? [98, 04 ㉮]

㉮ 크리프, 건조수축 등으로 인하여 시간의 경과와 더불어 진행되는 처짐이 탄성처짐이다.
㉯ 처짐에 영향을 미치는 인자로는 하중, 온도, 습도, 재령, 함수량, 압축철근의 단면적 등이다.
㉰ 균열폭을 최소화하기 위해서는 적은 수의 굵은 철근보다는 많은 수의 가는 철근을 인장측에 잘 분포시켜야 한다.
㉱ 콘크리트 표면의 균열폭은 피복두께의 영향을 받는다.

해 설

해설 5
(1) 장기처짐
장기처짐 = 탄성처짐 × $\dfrac{\xi}{1+50\rho'}$
= $20 \times \left(\dfrac{2.0}{1+50\times 0.01}\right)$
= 26.67 mm

(2) 총처짐
총처짐 = 순간처짐 + 장기처짐
= 20 + 26.67
= 46.67 mm

해설 6
단순지지보의 최소두께는 $\dfrac{l}{16}$ 이고, f_y가 400 MPa이 아니므로 $\left(0.43 + \dfrac{f_y}{700}\right)$를 곱하여 구한다.

∴ 최소두께 = $\dfrac{l}{16}\left(0.43 + \dfrac{f_y}{700}\right)$
= $\dfrac{6,000}{16} \times \left(0.43 + \dfrac{350}{700}\right)$
= 349 mm

해설 7
동일한 철근량을 배근할 때 굵은 철근을 사용하는 것보다 가는 철근을 여러 개 사용하는 것이 균열폭 감소에 효과적이다.

해설 8
크리프, 건조수축 등으로 인하여 시간의 경과와 더불어 진행되는 처짐은 장기처짐이다.

정답 5. ㉰ 6. ㉱ 7. ㉮ 8. ㉮

출제예상문제

CHAPTER 3 보의 휨설계

■■■ 단철근 직사각형 보

1. 철근콘크리트의 배근 방법을 잘못 기술한 것은? [00⑮]

㉮ 단순보의 주철근은 중앙부의 하측에 많이 넣는다.
㉯ 캔틸레버의 주철근은 하측에 배근한다.
㉰ 독립 확대기초 바닥판의 주철근은 하측에 배근한다.
㉱ 1방향 슬래브의 주철근은 단변방향으로 배근한다.

[해설] 캔틸레버는 부의 휨모멘트를 받으므로 인장구역인 상부에 주철근을 배근해야 한다.

2. 다음 그림에서 철근의 배근이 잘못된 것은? [95㉮]

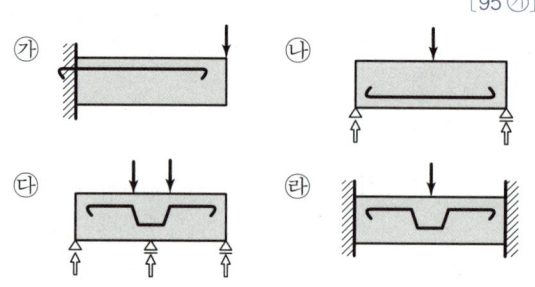

[해설] 연속보의 중간 지점에서는 부(−)의 휨 모멘트가 발생하므로 인장구역인 상부에 철근을 배근한다.

3. 다음 그림에서 배근이 잘못된 것은? [79, 93⑮]

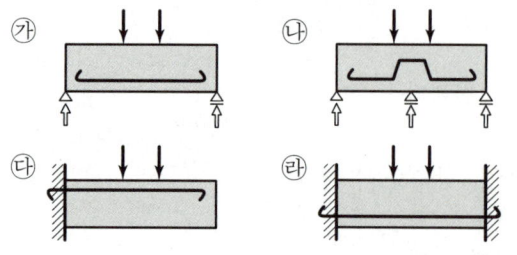

[해설] 양단고정보의 고정단에서는 부(−)의 휨 모멘트가 발생하므로 인장구역인 상부에 철근을 배근한다.

■■■ 사용성 및 내구성

4. 우리나라 구조설계기준 강도설계편에서 처짐의 검사는 다음 중 어느 하중에 의하도록 되어 있는가? [92㉮]

㉮ 계수하중(factored load)
㉯ 설계하중(design load)
㉰ 사용하중(service load)
㉱ 상재하중(surcharge load)

[해설] 사용성(처짐, 균열, 피로)의 검토는 사용하중, 안전성의 검토는 계수하중으로 한다.

5. 처짐에 대한 기술 중 잘못된 것은? [95, 99㉮]

㉮ 장기처짐은 순간처짐(탄성처짐)과 크리프와 건조수축에 의한 추가처짐의 합으로 나타난다.
㉯ 일반적으로 탄성처짐이 추가처짐보다는 크게 나타난다.
㉰ 비구조재(칸막이, 창문 등)에 손상을 주지 않도록 처짐이 제한되어야 한다.
㉱ 복철근(압축부에 압축철근 배근)으로 하면 추가 처짐이 작아진다.

[해설] 장기처짐은 크리프와 건조수축과 같은 장기하중에 의해 추가되는 소성처짐이다.
∴ 순간처짐(탄성처짐)과 크리프, 건조수축에 의한 장기처짐의 합은 최종처짐(총처짐)이 된다.

6. 다음 처짐에 관한 설명 중 틀린 것은? [96㉮]

㉮ 철근콘크리트 부재의 처짐은 탄성처짐과 장기처짐으로 구분된다.
㉯ 장기처짐은 주로 건축수축과 크리프에 의해 일어난다.
㉰ 압축철근은 장기처짐의 감소에 효과적이다.
㉱ 탄성처짐의 계산시 사용하는 I는 보의 해석에서 사용되는 I를 사용한다.

해답 1. ㉯ 2. ㉰ 3. ㉱ 4. ㉰ 5. ㉮ 6. ㉱

[해설] 탄성처짐계산 시 사용하는 단면2차모멘트(I)
- 균열 전 : 총단면2차모멘트(I_g)
- 균열 후 : 유효환산단면2차모멘트(I_e)

7. 처짐과 균열에 관한 설계기준의 규정과 맞지 않는 것은? [93⑦]

㉮ 부재의 처짐은 사용하중에 대하여 검토해야 한다.
㉯ 장기처짐에 영향을 주는 중요 요인들은 온도, 습도, 양생조건, 재하시의 재령, 지속하중의 크기, 압축철근량 등이다.
㉰ 미세한 균열이 많은 것보다는 몇 개의 넓은 균열이 있는 것이 더 바람직하다.
㉱ 2방향 구조물에 관한 설계기준의 최소두께에 대한 요구조건이 만족되면 처짐은 계산할 필요가 없다.

[해설] 균열은 수의 문제가 아니라 폭의 문제이다.
∴ 균열폭을 작게 하여야 한다.

8. 처짐과 균열에 대한 다음 설명 중 틀린 것은? [98⑦]

㉮ 크리프, 건조수축 등으로 인하여 시간의 경과와 더불어 진행되는 처짐이 탄성처짐이다.
㉯ 처짐에 영향을 미치는 인자로는 하중, 온도, 습도, 재령, 함수량, 압축철근의 단면적 등이다.
㉰ 균열폭을 최소화하기 위해서는 적은 수의 굵은 철근보다는 많은 수의 가는 철근을 인장측에 잘 분포시켜야 한다.
㉱ 콘크리트 표면의 균열폭은 철근에 대한 콘크리트 피복두께에 비례한다.

[해설] 탄성처짐은 하중 재하 즉시 생기는 처짐이고 크리프와 건조수축에 추가로 생기는 처짐은 장기처짐이다.

9. 그림의 등분포하중을 받는 단순지지된 철근콘크리트 보의 최대처짐은? (단, I_g=0.0065m^4, I_{cr}=0.00265m^4, M_{cr}=70,000N·m, E_c=25,000MPa)

㉮ 13.87mm
㉯ 15.65mm
㉰ 17.94mm
㉱ 18.35mm

[94⑦]

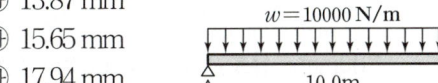

[해설] (1) 균열 유·무 검토

$$M_a = \frac{wl^2}{8} = \frac{10,000 \times 10^2}{8}$$
$$= 125,000 \text{ N·m} > M_{cr} = 70,000 \text{ N·m}$$

∴ 균열이 발생하므로 유효환산단면2차모멘트 (I_e)를 사용한다.

(2) 단면2차모멘트

$$I_e = \left(\frac{M_{cr}}{M_a}\right)^3 I_g + \left[1 - \left(\frac{M_{cr}}{M_a}\right)^3\right] I_{cr}$$
$$= \left(\frac{70,000}{125,000}\right)^3 \times 0.0065$$
$$+ \left[1 - \left(\frac{70,000}{125,000}\right)^3\right] \times 0.00265$$
$$= 0.003326 \text{ m}^4$$

(3) 최대 처짐

$$\delta_{max} = \frac{5wl^4}{384EI_e}$$
$$= \frac{5 \times 10,000 \times 10^4}{384 \times 25,000 \times 10^6 \times 0.003326}$$
$$= 0.01566 \text{ m} = 15.66 \text{mm}$$

10. 콘크리트의 파괴계수를 기술한 것 중 틀린 것은?

㉮ 파괴계수는 콘크리트가 균열이 시작될 때의 콘크리트의 인장응력을 말한다.
㉯ 보통중량 콘크리트의 파괴계수 f_r는 $0.63\sqrt{f_{ck}}$로 본다.
㉰ 모래 경량 콘크리트의 파괴계수는 보통중량 콘크리트 파괴계수의 0.85배이다.
㉱ 전 경량 콘크리트의 파괴 계수는 보통중량 콘크리트 파괴 계수의 0.9배이다.

해답 7.㉰ 8.㉮ 9.㉯ 10.㉱

[해설] 콘크리트 파괴계수(=휨인장강도)

일반콘크리트	$f_r = 0.63\sqrt{f_{ck}}$
모래경량콘크리트	$f_r = 0.63\sqrt{f_{ck}} \times 0.85$
전경량콘크리트	$f_r = 0.63\sqrt{f_{ck}} \times 0.75$

11. 폭 $b=300$mm, 유효깊이 $d=400$mm, 높이 $h=550$mm, 철근량 $A_s = 4,800$mm²인 보의 균열모멘트의 값은? (단, 보통중량 콘크리트의 $f_{ck}=21$MPa이다.) [00㉮]

㉮ 78.4 kN·m   ㉯ 52.5 kN·m
㉰ 36.2 kN·m   ㉱ 43.7 kN·m

[해설] $f_r = \dfrac{M_{cr}}{I_g} y_t = \dfrac{f_r}{Z}$ 에서

$M_{cr} = f_r Z = 0.63\lambda\sqrt{fck}\left(\dfrac{bh^2}{6}\right)$

$= 0.63 \times (1.0 \times \sqrt{21})\left(\dfrac{300 \times 550^2}{6}\right)$

$= 43,666,218.15 \text{ N·mm} = 43.7 \text{kN·m}$

[보통중량 콘크리트의 $\lambda=1.0$이다.]

12. 휨부재의 강도설계법에서 장기처짐계수는 $\lambda_\Delta = \dfrac{\xi}{1+50\rho'}$ 로 구한다. 이 식에 대한 설명 중 잘못된 것은? [98㉮]

㉮ ρ'는 단순 및 연속 경간에서는 경간 중앙 단면의 압축철근비이다.
㉯ ρ'는 캔틸레버보에서는 지지부 단면의 인장철근비이다.
㉰ ξ는 지속하중 재하기간에 따라 달라지는 계수로서 12개월이면 1.4를 사용한다.
㉱ ξ에 2.0을 사용하는 경우 지속하중 재하기간이 5년 이상인 경우이다.

[해설] ρ'는 압축철근비 $\dfrac{A_s'}{b_w d}$ 이며 단순 및 연속 경간은 중앙부 단면, 캔틸레버는 지지부 단면의 ρ'를 사용한다.

13. 철근콘크리트 부재의 장기처짐량은 해당 하중에 의한 탄성처짐에 계수 λ를 곱해서 얻어진다. 다음 조건에 대한 λ_Δ의 값은 얼마인가? (조건 : 압축철근비 $\rho'=0.01$, 인장철근비 $\rho=0.02$, 지속하중의 재하기간에 따른 계수 $\xi=2.0$) [00㉮]

㉮ $\lambda_\Delta = 1.0$ ㉯ $\lambda_\Delta = 2.0$
㉰ $\lambda_\Delta = 1.42$ ㉱ $\lambda_\Delta = 1.33$

[해설] $\lambda_\Delta = \dfrac{\xi}{1+50\rho'} = \dfrac{2}{1+(50\times 0.01)} = 1.33$

14. $A_s' = 1,200$ mm²로 배근된 그림과 같은 복철근 보의 탄성처짐이 12mm라 할 때 5년 후 지속하중에 의해 유발되는 장기처짐은 얼마인가? (단, 5년 후 지속하중 재하에 따른 계수 $\xi=2.0$이다.) [94, 97, 99㉮, 05㉱]

㉮ 24 mm
㉯ 21 mm
㉰ 15 mm
㉱ 12 mm

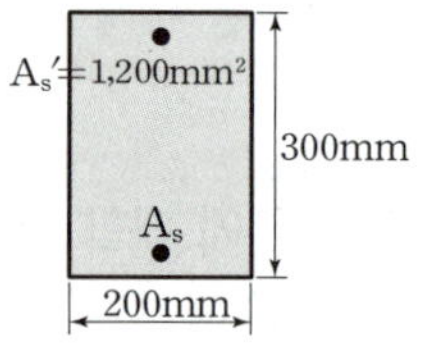

[해설] 장기처짐 = 탄성처짐 × λ_Δ

$= 탄성처짐 \times \dfrac{\xi}{1+50\rho'}$

$= 12 \times \dfrac{2}{1+50\times\left(\dfrac{1,200}{200\times 300}\right)}$

$= 12 \text{ mm}$

15. 하중재하 지속기간이 5년 이상인 부재에 순간적인 처짐이 30mm가 생겼을 때 이 부재의 최종적인 총처짐은 얼마인가? (단, 단순 부재로서 중앙 단면의 압축철근비는 0.02이다.) [99, 05㉱]

㉮ 40 mm   ㉯ 50 mm
㉰ 60 mm   ㉱ 70 mm

[해설] (1) 장기처짐
장기처짐 = 탄성처짐 × λ_Δ
$= 탄성처짐 \times \dfrac{\xi}{1+50\rho'}$
$= 30 \times \dfrac{2}{1+50\times 0.02} = 30 \text{ mm}$

해답 11. ㉱ 12. ㉯ 13. ㉱ 14. ㉱ 15. ㉰

(2) 총처짐

$$총처짐 = 탄성처짐 + 장기처짐$$
$$= 30 + 30 = 60\,mm$$

16. 단철근 직사각형보에 하중이 작용하여 10mm의 탄성처짐이 발생하였다. 모든 하중이 5년 이상의 장기하중으로 작용한다면 총처짐량은 얼마인가?
　　　　　　　　　　　　　　　　　　[00 ㉯]

㉮ 10 mm　　㉯ 20 mm
㉰ 30 mm　　㉱ 40 mm

해설 (1) 장기처짐

$$장기처짐 = 탄성처짐 \times \lambda_\Delta$$
$$= 탄성처짐 \times \frac{\xi}{1+50\rho'}$$
$$= 10 \times \frac{2}{1+50\times 0} = 20\,mm$$

(2) 총처짐
$$총처짐 = 탄성처짐 + 장기처짐$$
$$= 10 + 20 = 30\,mm$$

17. 인장철근만 있고 압축철근을 전혀 배근하지 않은 보에 하중이 작용하여 15mm의 처짐이 생겼다. 이 하중이 장기하중으로 5년 이상 계속 작용할 때 최종적으로 생긴 전체처짐량은 얼마인가? (단, 이때 모든 하중을 지속하중으로 본다.)　[00, 05 ㉮]

㉮ 15 mm　　㉯ 45 mm
㉰ 60 mm　　㉱ 80 mm

해설 (1) 장기처짐

$$장기처짐 = 탄성처짐 \times \lambda_\Delta$$
$$= 탄성처짐 \times \frac{\xi}{1+50\rho'}$$
$$= 15 \times \frac{2}{1+50\times 0} = 30\,mm$$

(2) 전체처짐
$$전체\ 처짐 = 탄성처짐 + 장기처짐$$
$$= 15 + 30 = 45\,mm$$

18. 콘크리트의 균열에 대한 기술 중 잘못된 것은?

㉮ 콘크리트의 균열은 균열폭이 문제가 아니라 균열의 수가 문제이다.
㉯ 이형철근을 사용하면 균열폭을 최소로 할 수 있다.
㉰ 인장측에 철근을 잘 분배하면 균열폭을 최소화할 수 있다.
㉱ 콘크리트 표면의 균열폭은 철근에 대한 콘크리트 피복두께에 비례한다.

해설 콘크리트의 균열은 균열수의 문제가 아니라 균열폭의 문제이다.
∴ 균열폭 ≤ 허용균열폭

19. 철근콘크리트 구조물에서 균열을 허용균열폭 이하로 제어하기 위하여 사용하는 방법이 아닌 것은?
　　　　　　　　　　　　　　　　　　[01 ㉮]

㉮ 철근의 피복두께를 크게 한다.
㉯ 항복강도가 큰 철근을 사용한다.
㉰ 굵은 철근보다는 가는 철근을 사용한다.
㉱ 철근들을 콘크리트의 인장구역에 고르게 분포시킨다.

해설 철근의 피복두께가 큰 경우는 더 깊숙한 곳까지 균열이 진행하므로 균열폭이 증가한다.

20. 철근콘크리트 부재에서 균열폭 제한을 위한 적절한 조치는?　　[93, 96, 05 ㉮]

㉮ 가능한 한 직경이 작은 이형철근을 배근한다.
㉯ 가능한 한 콘크리트 피복두께를 두껍게 한다.
㉰ 가능한 한 배근간격을 넓힌다.
㉱ 가능한 한 직경이 큰 이형철근을 배근한다.

해답　16. ㉰　17. ㉯　18. ㉮　19. ㉮　20. ㉮

21. 길이 6m의 단순 철근콘크리트보의 처짐을 계산하지 않아도 되는 보의 최소두께는 얼마인가? (단, f_{ck} = 21MPa, f_y = 350MPa) [05 ㉮]

㉮ 356 mm   ㉯ 403 mm
㉰ 375 mm   ㉱ 349 mm

해설 보의 최소두께 $= \dfrac{l}{16}\left(0.43 + \dfrac{f_y}{700}\right)$
$= \dfrac{6000}{16} \times \left(0.43 + \dfrac{350}{700}\right)$
$= 349\,mm$

22. 피로에 대해 기술한 것 중 잘못된 것은?

㉮ 보 및 슬래브의 피로에 대하여는 휨 및 전단에 대하여 검토하는 것이 일반적이다.
㉯ 기둥의 피로에 대해서도 검토하는 것이 원칙이다.
㉰ 피로의 검토가 필요한 구조부재에서는 높은 응력을 받는 부분의 철근은 구부리지 않는다.
㉱ 충격을 포함한 사용 활하중에 의한 철근의 응력범위는 130MPa에서 150MPa사이에 들면 피로에 대해 검토할 필요가 없다.

해설 기둥의 경우는 피로에 대하여 검토를 하지 않아도 좋다. 다만 휨모멘트나 축방향인장력이 특히 큰 경우는 보에 준하여 검토하여야 한다.

23. 피로(fatigue)에 대한 안전성 검토사항을 설명한 것 중 틀리는 것은? [99 ㉮]

㉮ 하중 중에서 변동하중이 차지하는 비율이 많거나 작용 빈도가 크기 때문에 안전성 검토를 한다.
㉯ 보 및 슬래브의 경우는 휨 및 전단에 대한 피로 검토를 하는 것이 일반적이지만, 기둥의 경우는 반드시 피로 검토를 해야 한다.
㉰ 충격을 포함한 사용 활하중에 의한 철근의 응력이 SD 300의 경우 130MPa 이내, SD 350의 경우 140MPa 이내, SD 400의 경우 150MPa이내일 경우는 피로에 대한 검토를 할 필요가 없다.
㉱ 피로의 검토가 필요한 구조 부재의 경우 높은 응력을 받는 부분에서는 철근을 구부리지 말아야 한다.

24. 철근콘크리트 구조물 중 일반적으로 피로를 검토하지 않아도 되는 것은? [01 ㉮]

㉮ 보   ㉯ 1방향 슬래브
㉰ 2방향 슬래브   ㉱ 기둥

해설 기둥의 경우는 피로에 대하여 검토를 하지 않아도 좋다. 다만 휨 모멘트나 축 방향 인장력이 특히 큰 경우는 보에 준하여 검토한다.

25. 다음 설명 중 타당하지 못한 것은?

㉮ 철근콘크리트의 파괴는 균형 파괴형태로 설계함이 바람직하다.
㉯ 단면 설계시 고정하중(자중)은 먼저 적당히 가정하고 계산값과 차가 적을 때까지 반복 계산하다.
㉰ 철근콘크리트보는 연성 파괴가 되도록 과소 철근단면으로 설계한다.
㉱ (+M)와 (−M)을 받는 부재는 복철근으로 설계한다.

해설 균형상태에서의 파괴도 동시파괴로 일종의 취성 파괴이기 때문에 바람직한 파괴가 아니다.

26. 강도 설계로 휨부재를 해석할 때 고정하중 모멘트 100kN·m, 활하중 모멘트 200kN·m가 생긴다면 설계 단면력은? (단, 활하중 모멘트는 연직 활하중으로 생긴 것이며, 위에 언급되지 않은 하중들은 무시)

㉮ 420kN·m   ㉯ 440kN·m
㉰ 460kN·m   ㉱ 480kN·m

해설 $M_u = 1.2M_d + 1.6M_l = 1.2 \times 100 + 1.6 \times 200$
$= 440\,kN \cdot m$

해답 21. ㉱ 22. ㉯ 23. ㉯ 24. ㉱ 25. ㉮ 26. ㉯

27. 단면 형상은 T형보 이지만 직사각형보로 설계 계산을 하는 경우는?

㉮ $x \leq t$
㉯ $x < t$
㉰ $x > t$
㉱ $x \geq t$

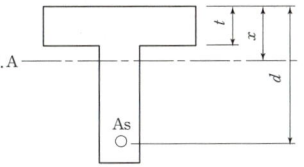

[해설] 중립축까지의 거리 x가 플랜지 두께 t보다 작은 경우는 단철근 직사각형 보로 해석을 하며 큰 경우는 T형 보로 해석을 한다.

28. 다음 설명 중 옳지 않은 것은?

㉮ 일반적으로 직사각형보는 T형보 보다 비경제적이다.
㉯ T형보에 (−)의 모멘트가 작용하고 중립축이 복부에 있으면 직사각형보로 설계한다.
㉰ T형보에 (+)의 휨모멘트가 작용하고 중립축이 플랜지 내에 있으면 T형보로 설계한다.
㉱ T형보로 설계할 것인가 또는 직사각형보로 설계할 것인가는 중립축의 위치로 판별한다.

[해설] T형보에 (+)의 휨모멘트가 작용하고 중립축이 플랜지 내에 있는 경우는 등가응력이 플랜지의 폭에만 작용하는 직사각형 단면이 되므로 플랜지의 폭을 폭으로 하는 직사각형보로 설계한다.

29. 교량 등에 사용되는 T형 보들을 보면 일반적으로 복철근부재이다. 그러나 설계 계산시에는 대부분 복철근 T형보로 해석하지 않고 복철근 직사각형보로 해석하는데 그런 이유는 무엇인가?

㉮ 비대칭 T형 보인 경우가 많으므로
㉯ 별도의 설계법을 사용하므로
㉰ 중립축이 플랜지내에 들어가므로
㉱ 교량에서는 T형보로 계산하지 못하므로

[해설] 대부분의 T형보는 중립축이 플랜지 내부에 위치하여 실제 설계에서는 플랜지의 폭을 폭으로 하는 직사각형보로 설계한다를 폭으로 하는 직사각형보로 설계한다.

30. 시간과 더불어 진행되는 장기처짐은 탄성처짐에 λ_Δ 계수를 곱하여 사용한다. 이때 λ_Δ의 값으로 옳은 것은? (단, ξ는 지속하중의 재하기간에 따른 계수이고, ρ'는 압축철근비를 의미한다.)

㉮ $\lambda_\Delta = \dfrac{\xi}{1+50\rho'}$
㉯ $\lambda_\Delta = \dfrac{1+50\rho'}{\xi}$
㉰ $\lambda_\Delta = \dfrac{1+\rho'}{50\xi}$
㉱ $\lambda_\Delta = \dfrac{\xi}{50+\rho'}$

[해설] 장기처짐에 곱해주는 계수
$$\lambda_\Delta = \frac{\xi}{1+50\rho'} = \frac{\xi}{1+50\left(\dfrac{A_s'}{b_w d}\right)}$$

31. 균열에 관한 다음 설명 중 옳지 않은 것은?

㉮ 이형 철근을 사용하면 균열 폭을 최소화 할 수 있다.
㉯ 동일한 철근량이면 많은 수의 가는 철근을 사용하면 균열폭이 적어진다.
㉰ 고강도 철근을 사용하면 저강도 철근 사용시보다 균열에 유리하다.
㉱ 균열은 철근의 부식으로 내구성이 저하되고 외관상 좋지 않다.

[해설] 균열의 폭은 철근의 강도와 비례한다.

32. 처짐과 균열에 관한 시방서 규정의 다음 설명 중 맞지 않는 것은?

㉮ 부재의 처짐은 사용 하중에 대하여 검토해야 한다.
㉯ 장기 처짐에 영향을 주는 중요 요인들은 온도, 습도, 양생조건, 재하시의 재령, 지속하중의 크기, 압축 철근량들이다.
㉰ 미세한 균열이 많은 것보다는 몇 개의 넓은 균열이 있는 것이 더 바람직하다.
㉱ 2방향 구조물에 관한 시방서의 최소 두께에 대한 요구 조건이 만족되면 처짐은 계산할 필요가 없다.

[해설] 균열은 수의 문제가 아니라 폭의 문제이므로 폭이 큰 균열이 생기지 않도록 해야 한다.

해답 27. ㉮ 28. ㉰ 29. ㉰ 30. ㉮ 31. ㉰ 32. ㉰

MEMO

제4장 전단과 비틀림

출제경향분석

전단응력과 전단철근의 종류를 학습하고 강도설계법에 의해 전단철근을 설계하는 방법을 살펴본다. 출제빈도는 1~2문제 정도이다. 비틀림은 출제된 비율이 낮아 출제되었던 문제만을 "기출문제 및 예상문제"에 수록하였다.

단원별 경향분석

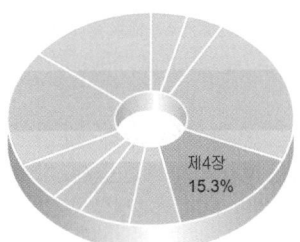

토목기사 (제4장 15.3%)

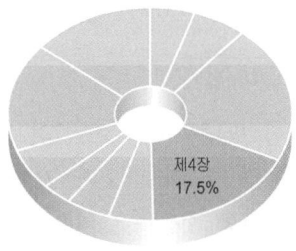

토목산업기사 (제4장 17.5%)

항목별 경향분석

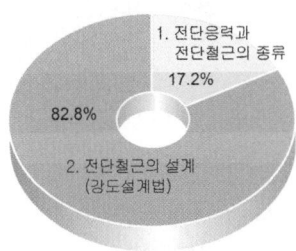

토목기사
1. 전단응력과 전단철근의 종류 17.2%
2. 전단철근의 설계 (강도설계법) 82.8%

토목산업기사
1. 전단응력과 전단철근의 종류 22.6%
2. 전단철근의 설계 (강도설계법) 77.4%

1 전단응력과 전단철근의 종류

학습방향

비교적 출제가 잘 되는 편에 속하는 단원이며, 사인장응력에 대한 문제와 전단보강철근은 사용목적과 종류에 관한 문제가 기출문제의 주류를 이루고 있다.

1 사인장응력

철근콘크리트 보의 지점 부근에는 전단응력과 휨응력이 합성되어 주인장응력이 생기므로, 인장철근이 충분히 배치된 부재에서도 사인장응력으로 인해 부재 단면에는 중립축과 45°정도의 각을 이루는 사인장균열이 생기게 된다.

평면응력 상태에서의 주응력 f_1, f_2와 그 작용면은 다음 식에 의해 구할 수 있다.

$$f_{1,2} = \frac{f_x + f_y}{2} \pm \sqrt{\left(\frac{f_x - f_y}{2}\right)^2 + v^2}$$

$$\tan 2\theta = \frac{2v}{f_x - f_y}$$

보의 길이 방향을 x축으로 취하면, 철근콘크리트 보에서는 y축 방향의 휨응력 f_{yt}가 없으며 f_x만 작용하게 된다. 그러므로 철근콘크리트 보에서의 주응력은 다음과 같이 된다.

$$f_{1,2} = \frac{f_x}{2} \pm \sqrt{\left(\frac{f_x}{2}\right)^2 + v^2}$$

$$\tan 2\theta = \frac{2v}{f_x}$$

중립축 이하에서 균열이 발생하였다면, 인장측에서의 $f_x = 0$이다. 그러므로 인장측에 일어나는 주응력의 크기는 다음과 같이 된다.

$$f_{1,2} = \pm v$$
$$\theta = 45° \text{ 또는 } 135°$$

위에서 구해진 주인장응력이 보의 축과 45°경사로 작용하기 때문에 사인장응력이라고 하며, 전단응력 v와 같기 때문에 전단응력이라고도 한다. 그리고 지점 부근에서 사인장균열을 일으키는 원인이 된다.

학습 POINT

특히 보의 경우 지점 가까이의 중립축 부근에서 휨응력은 작고 전단응력은 크게 발생되어 사인장균열이 발생되며, 이런 균열을 복부전단균열이라고 한다.

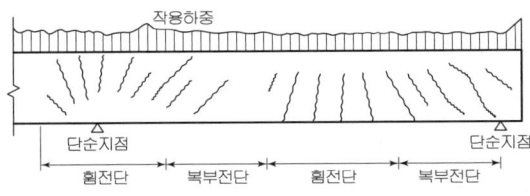

그림. 연속보의 사인장균열

2 전단철근의 종류

전단철근은 전단보강철근 또는 사인장철근이라고도 하며, 보에서는 복부 철근이라 부르기도 한다. 전단철근은 전단력으로 인해 생기는 사인장균열을 막기 위해서 배치할 필요가 있으며, 전단철근의 종류 중 굽힘철근은 아래 그림의 (b)와 같이 부재의 인장력이 줄어드는 구간에 남게 되는 인장철근을 구부려 올리거나 구부려 내린 것으로, 30°이상의 경사를 가져야 한다. 전단철근의 종류는 다음과 같다.

(1) 전단철근의 형태
 ① 부재축에 직각인 스터럽
 ② 부재축에 직각으로 배치한 용접철망
 ③ 나선철근, 원형 띠철근, 또는 후프철근

(2) 철근콘크리트 부재의 경우
 ① 주인장철근에 45° 이상의 각도로 설치되는 스터럽
 ② 주인장철근에 30° 이상의 각도로 구부린 굽힘철근
 ③ 스터럽과 굽힘철근의 조합

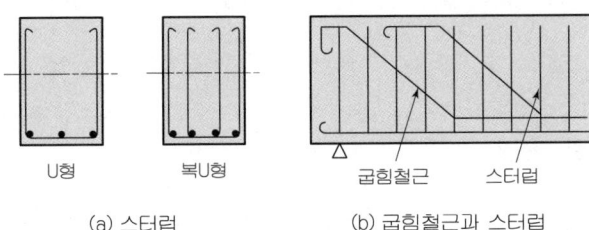

그림. 스터럽과 굽힘철근

핵심문제

1 철근콘크리트 보에 생기는 전단응력도(shearing stress)의 분포를 나타낸 그림 중 옳은 것은? [95 ㉮]

㉮ (a)
㉯ (b)
㉰ (c)
㉱ (d)

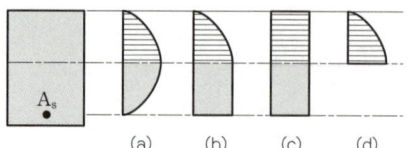

2 콘크리트 보의 중립축에서 사인장응력은 중립축과 몇 도의 각을 이루는가? [97, 99 ㉮]

㉮ 0° ㉯ 30°
㉰ 45° ㉱ 90°

3 철근콘크리트 보에서 스터럽을 배근하는 주목적은? [98 ㉮, 92 ㉯]

㉮ 콘크리트의 휨에 의한 압축강도가 부족하기 때문에
㉯ 콘크리트의 휨에 의한 인장강도가 부족하기 때문에
㉰ 콘크리트의 사인장강도가 부족하기 때문에
㉱ 철근의 인장강도가 부족하기 때문에

4 철근콘크리트 보에서 단부에 스터럽(Stirrup)을 배치하는 이유 중에서 가장 적합한 것은?

㉮ 콘크리트의 강도를 높이기 위하여
㉯ 철근이 미끄러지는 것을 방지하기 위하여
㉰ 보에 생기는 휨모멘트에 저항시키기 위하여
㉱ 보에 생기는 전단응력에 저항시키기 위하여

5 전단설계시에 깊은 보(deep beam)란 부재의 상부 또는 압축면에 하중이 작용하는 부재로 l_n/h 이 최대 얼마보다 작은 경우인가? (단, l_n : 받침부 내면 사이의 순경간, h : 종방향 인장철근의 중심에서 압축측 연단까지의 거리)

㉮ 3 ㉯ 4
㉰ 5 ㉱ 6

6 다음 전단보강철근의 종류에 대한 설명 중 틀린 것은? [98 ㉮, 94, 98 ㉯]

㉮ 주철근에 직각으로 설치하는 스터럽
㉯ 주철근을 30° 또는 그 이상의 경사로 구부린 굽힘철근
㉰ 주철근에 45° 또는 그 이상의 경사로 설치하는 스터럽
㉱ 주철근에 직각으로 설치하는 스터럽과 45°로 경사된 스터럽을 겸용한다.

해설

해설 1

전단응력의 분포
탄성체로 된 일반 보의 경우 중립축에서 최대이고, 상단과 하단에서 0인 포물선이다. 즉 (a)의 경우이다. 철근콘크리트의 해석에서는 콘크리트의 인장응력은 무시한다. 그러므로 RC 보의 중립축 이하에서 휨에 의한 인장응력은 무시된다. 그리고 전단응력은 휨응력이 0 일 때 최대이므로 RC 보의 중립축 이하의 전단응력은 중립축에서와 같은 크기의 최대값이 된다.

해설 2

사인장응력은 중립축과 45°의 경사를 이루며 발생한다.

해설 3

스터럽과 굽힘철근은 사인장균열을 막기 위해서 배치한다.

해설 5

깊은 보의 정의
$\frac{l_n}{h} \leq 4$ 이거나 $\frac{a}{h} \leq 2$ 이하인 보

해설 6

굽힘철근과 스터럽은 겸용이 가능하나 수직스터럽과 경사 스터럽의 병용은 안 된다.

정답 1.㉯ 2.㉰ 3.㉰ 4.㉱ 5.㉯ 6.㉱

2 전단철근의 설계(강도설계법)

학습방향

출제된 비율이 가장 높은 단원 중 하나이다. 전단설계의 원칙, 콘크리트가 부담할 수 있는 전단강도에 대한 근사식, 전단철근에 의한 전단강도, 전단철근의 상세, 최소전단철근량 등의 내용을 전체적으로 모두 학습해야 한다.

1 전단경간(shear span)의 영향

전단철근이 없는 보의 경우 $\frac{a}{d}$의 크기에 따라 보의 전단에 대한 거동을 구분지어 볼 수 있으며, 여기서, d는 보의 유효깊이이고, a는 전단경간 또는 전단지간이라고 한다.

$$a = \frac{M}{V}$$

$$\therefore \frac{a}{d} = \frac{M}{Vd}$$

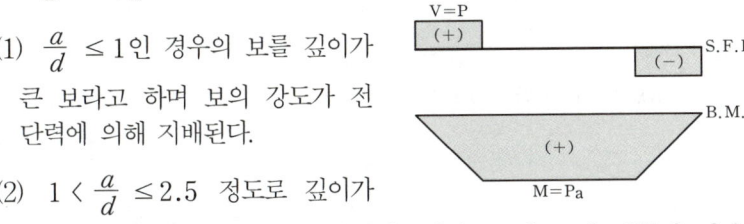

(1) $\frac{a}{d} \leq 1$인 경우의 보를 깊이가 큰 보라고 하며 보의 강도가 전단력에 의해 지배된다.

(2) $1 < \frac{a}{d} \leq 2.5$ 정도로 깊이가 큰 보의 경우도 전단강도가 사인장균열강도보다 크기 때문에 전단파괴를 나타낸다.

(3) $2.5 < \frac{a}{d} \leq 6$인 경우는 일반적인 보에 해당되며, 전단강도가 사인장균열강도와 같아서 사인장파괴를 나타낸다.

(4) $6 < \frac{a}{d}$인 경우와 같이 지간이 긴 보의 파괴는 전단보다는 주로 휨강도에 의해 지배된다.

2 전단설계의 원칙

$$V_u \leq \phi V_n \qquad V_n = V_c + V_s$$

V_u : 소요전단강도
ϕ : 강도감소계수(전단과 비틀림의 경우 0.75)
V_n : 공칭전단강도
V_c : 콘크리트가 부담하는 전단강도
V_s : 전단철근이 부담하는 전단강도

3 계수전단력의 계산

철근콘크리트 부재의 경우, 받침부 내면과 위험단면(받침부 내면에서 d 거리) 사이에 집중하중이 작용하지 않을 때는 받침부 내면에서 d 거리 이내에 위치한 단면은 d 거리에서 구한 전단력 V_u의 값으로 설계할 수 있다.

4 콘크리트에 의한 전단강도

철근콘크리트 부재에서 전단과 휨만을 받는 부재일 경우, 전단철근 없이 콘크리트가 부담할 수 있는 전단강도(V_c)는 다음 식으로 구할 수 있다.

① 근사식
$$V_c = \frac{1}{6} \lambda \sqrt{f_{ck}} b_w d$$

② 정밀식
$$V_c = \left(0.16\lambda \sqrt{f_{ck}} + 17.6\rho_w \frac{V_u d}{M_u} \right) b_w d \leq 0.29 \lambda \sqrt{f_{ck}} b_w d$$

M_u는 고려하는 단면에서 V_u와 동시에 발생하는 계수휨모멘트로서 $\frac{V_u d}{M_u} \leq 1.0$로 취하여야 한다.

* $\sqrt{f_{ck}}$는 8.4 MPa 을 넘을 수 없다.
* λ는 경량콘크리트보정계수(전경량 : 0.75, 모래 경량 : 0.85)

5 전단철근에 의한 전단강도

전단철근이 배근되어 있는 철근콘크리트 보에서 전단철근이 부담할 수 있는 전단강도 V_s 는 다음 식으로 구할 수 있다.

(1) 부재축에 직각인 전단철근
$$V_s = \frac{A_v f_{yt} d}{s}$$

A_v : 전단철근의 단면적　　d : 보의 유효깊이
s : 수직스터럽의 간격　　f_{yt} : 전단철근의 항복강도

(2) 경사스터럽이 전단철근으로 사용되는 경우
(또는 서로 다른 거리에서 구부린 일련의 평행한 굽힘철근)
$$V_s = \frac{A_v f_{yt} (\sin \alpha + \cos \alpha) d}{s}$$

(3) 전단철근이 1개의 굽힘철근 또는 받침부에서 모두 같은 거리에서 구부린 평행한 1조의 철근으로 구성될 경우

$$V_s = A_v f_{yt} \sin \alpha \leq 0.25\sqrt{f_{ck}} b_w d$$

(4) 종방향 철근을 구부려 전단철근으로 사용할 때는 그 경사길이의 중앙 $\frac{3}{4}$ 만이 굽힘철근으로서 유효하다고 보아야 한다.

(5) 전단강도 V_s 는 $0.2(1-f_{ck}/250)f_{ck}b_w d$ 이하로 하여야 한다.

■ 전단철근에 의한 공칭전단강도 V_s 가 $0.2(1-f_{ck}/250)f_{ck}b_w d$ 를 초과할 경우에는 콘크리트 단면을 증가시켜야 한다.

6 전단철근의 상세

(1) 전단철근의 설계기준항복강도는 500 MPa 을 초과하여 취할 수 없다.
 (단, 벽체의 전단철근 또는 용접 이형철망은 600MPa 이하)

(2) 전단철근의 간격제한
 ① 부재축에 직각으로 설치되는 스터럽의 간격은 철근콘크리트 부재의 경우 $0.5d$ 이하, $600\,mm$ 이하(단, PSC에서는 $0.75h$ 이하, 600mm 이하)
 ② 경사스터럽과 굽힘철근은 부재의 중간 높이 $0.5\,d$에서 반력점 방향으로 주인장철근까지 연장된 45°방향의 선과 한 번 이상 교차되도록 배치해야 한다.
 ③ $V_s > \frac{1}{3} \lambda\sqrt{f_{ck}} b_w d$ 일 경우에는 위의 ①, ②에서 규정된 최대간격을 $\frac{1}{2}$ 로 감소시켜야 한다.

7 최소전단철근량

$\frac{1}{2}\phi V_c < V_u$ 일 경우 다음과 같은 최소전단철근량 A_v를 배근하여야 한다.

$$A_v = 0.0625\sqrt{f_{ck}}\,\frac{b_w s}{f_{yt}} \geq \left(0.35\frac{b_w s}{f_{yt}}\right)$$

여기서, b_w 와 s 의 단위는 mm이다.

* 최소 전단철근을 배치하지 않아도 되는 경우
 ① 슬래브나 확대기초의 경우
 ② 콘크리트 장선구조
 ③ 전체깊이가 250mm 이하이거나, I형 보, T형 보에 있어서 그 높이가 플랜지 두께의 2.5배 또는 복부폭의 $\frac{1}{2}$ 중 큰 값 이하인 보

■ $V_u \leq \phi V_c$ 인 경우 이론상으로는 전단철근이 필요 없으나, 안전을 위해 $V_u > \frac{1}{2}\phi V_c$ 인 경우에 대해서 최소량의 전단철근을 배치하도록 콘크리트구조기준에서 규정하고 있다.

④ 교대 벽체 및 날개벽, 옹벽의 벽체, 암거 등과 같이 휨이 주거 동인 판 부재
⑤ 순단면의 깊이가 315mm를 초과하지 않는 속 빈 부재에 작용하는 계수전단력이 $0.5\phi V_{cw}$를 초과하지 않는 경우
⑥ 보의 깊이가 600mm를 초과하지 않고 설계기준압축강도가 40MPa을 초과하지 않는 강섬유콘크리트보에 작용하는 계수전단력이 $\phi(1/6)\lambda\sqrt{f_{ck}}b_w d$를 초과하지 않는 경우

그리고 전단철근이 없어도 계수휨모멘트와 전단력에 저항할 수 있다는 것을 실험에 의해 확인할 수 있는 경우는 최소전단철근을 적용하지 않을 수 있다.

8 깊은 보(Deep Beam)에 대한 전단설계

(1) 깊은 보의 정의

한쪽 면이 하중을 받고 반대쪽 면이 지지되어 하중과 받침부 사이에 압축대가 형성되는 구조요소로 다음의 ①, ②에 해당되는 부재이다.
① 순경간 l_n이 부재깊이 h의 4배 이하인 경우
② 받침부 내면에서 부재깊이의 2배 이하인 위치에 집중하중이 작용하는 경우는 집중하중과 받침부 사이의 구간

∴ $\dfrac{l_n}{h} \leq 4$ 또는 $\dfrac{a}{h} \leq 2$인 a 구간

(2) 설계
① 깊은 보는 비선형 해석 또는 스터럿-타이 모델로 설계하여야 한다.
② 깊은 보의 V_n은 $(5\lambda\sqrt{f_{ck}}/6)b_w d$ 이하이어야 한다.

(3) 최소철근량 산정 및 배치
① 휨인장철근과 직각인 수직전단철근의 단면적 A_v를 $0.0025\,b_w s$ 이상으로 하여야 하며, s를 $d/5$ 이하 또는 300mm 이하로 하여야 한다.
② 휨인장철근과 평행한 수평전단철근의 단면적 A_{vh}를 $0.0015\,b_w s$ 이상으로 하여야 하며, s를 $d/5$ 이하 또한 300mm 이하로 하여야 한다.

9 비틀림 설계

(1) 균열 비틀림모멘트

$$T_{cr} = \left(\frac{\lambda\sqrt{f_{ck}}}{3}\right)\frac{A_{cp}^2}{p_{cp}}$$

여기서, T_{cr} : 균열 비틀림모멘트
p_{cp} : 콘크리트 단면의 외부 둘레길이
A_{cp} : 콘크리트 단면에서 외부 둘레로 둘러싸인 면적
λ : 경량콘크리트계수

(2) 비틀림을 고려하지 않아도 되는 경우

$$T_u < \phi(\lambda\sqrt{f_{ck}}/12)\frac{A_{cp}^2}{p_{cp}}$$

여기서, T_u : 계수 비틀림모멘트

(3) 비틀림 설계

$$T_u \leq \phi T_n$$

여기서, T_u을 계산할 때는 모든 비틀림모멘트가 스터럽 및 종방향 철근에 의하여 저항하고 $T_c = 0$ 이라고 가정한다. 동시에 콘크리트에 의한 전단강도 V_c는 비틀림에 의하여 변하지 않는다고 가정한다.

① 비틀림 모멘트에 저항하기 위한 수직철근의 식

$$T_n = \frac{2A_o A_t f_{yt}}{s}\cot\theta$$

여기서, A_o를 $0.85A_{oh}$로 취할 수 있고,
압축경사각은 $30° \leq \theta \leq 60°$ 로써 프리스트레싱되지 않은 부재나 프리스트레스 힘이 주철근 인장강도의 40% 미만인 경우 45°로 취할 수 있으며, 프리스트레스 힘이 주철근 인장강도의 40% 이상인 경우는 37.5°로 취할 수 있다.
A_t : 간격 s내의 비틀림에 저항하는 폐쇄스터럽 한 가닥의 단면적
A_o : 전단흐름에 의해 닫혀진 단면적
f_{yt} : 횡방향 철근의 설계기준항복강도

② 비틀림모멘트에 저항하기 위한 추가적인 종방향 철근의 식

$$A_l = \frac{A_t}{s}p_h\left(\frac{f_{yt}}{f_y}\right)\cot^2\theta$$

여기서, p_h : 가장 바깥의 횡방향 폐쇄스터럽 중심선의 둘레길이
f_y : 종방향 철근의 설계기준항복강도

③ 휨을 받는 부재에서 휨압축 영역에 위치한 종방향 비틀림 철근의 소요 단면적은 $M_u/0.9df_y$ 만큼 줄일 수 있다.
④ 비틀림 철근의 종방향 철근 또는 종방향 긴장재와 다음의 해당 철근으로 구성하여야 한다.
　・부재축에 수직인 폐쇄 스터럽 또는 폐쇄 띠철근
　・부재축에 수직인 횡방향 강선으로 구성된 폐쇄 용접철망
　・철근콘크리트에서 나선철근
⑤ 횡방향 비틀림철근은 종방향 철근 주위로 135° 표준갈고리에 의하여 정착한다.
⑥ 종방향 비틀림철근은 양단에 정착하여야 한다.
⑦ 비틀림모멘트를 받는 속빈 단면에서 횡방향 비틀림철근의 중심선으로부터 내부 벽면까지의 거리는 $0.5A_{oh}/p_h$ 이상이 되도록 설계한다.
⑧ 횡방향 비틀림철근의 간격은 $p_h/8$ 보다 작아야 하고, 또한 300mm 보다 작아야 한다.
⑨ 비틀림에 요구되는 종방향 철근은 폐쇄스터럽의 둘레를 따라 300mm 이하의 간격으로 분포시켜야 한다. 종방향 철근이나 긴장재는 스터럽의 내부에 배치시켜야 하며, 스터럽의 각 모서리에 최소한 하나의 종방향 철근이나 긴장재가 있어야 한다. 종방향 철근의 지름은 스터럽 간격의 1/24 이상, D10 이상의 철근이어야 한다.
⑩ 비틀림철근은 계산상으로 필요한 위치에서 (b_t+d) 이상의 거리까지 연장시켜 배치하여야 한다.

10 전단마찰

(1) 전단마찰이 생기는 경우
　① 균열이 발생하거나 발생할 가능성이 있는 면
　② 서로 다른 시기에 친 콘크리트 사이의 접촉면
　③ 서로 다른 재료 사이의 접촉면
　④ 기둥과 브래킷 또는 내민 받침의 접촉면
　⑤ 프리캐스트 부재의 단부의 지압부

(2) 전단강도 V_n의 제한
　① 보통콘크리트의 경우
　　$0.2f_{ck}b_wd$, $(3.3+0.08f_{ck})b_wd$ 및 $11b_wd$ 중 가장 작은 값
　② 전경량콘크리트 또는 모래경량콘크리트
　　$(0.2-0.07a_v/d)f_{ck}b_wd$ 와 $(5.6-2.0a_v/d)f_{ck}b_wd$ 중의 작은 값

핵심문제

1 전단을 받는 휨부재의 단면설계에서 기초로 하는 식은? [97⑭]

V_u : 계수전단력
V_n : 공칭전단강도
V_c : 콘크리트가 부담하는 전단강도
V_s : 철근이 부담하는 전단강도

㉮ $V_u \leq \phi V_c$ ㉯ $V_u \leq \phi V_n$
㉰ $V_u \geq \phi V_s$ ㉱ $V_u \leq \phi V_s$

해설 1
$V_u \leq \phi V_n$
여기서, $V_n = V_c + V_s$
∴ $V_u \leq \phi V_n = \phi(V_c + V_s)$

2 강도설계법에서 보통중량 콘크리트가 부담하는 공칭전단강도는 다음 중 어느 것인가? (단, 전단과 휨만을 받는 부재로 생각한다.) [96㉮, 90, 93, 97, 98⑭]

㉮ $V_c = \dfrac{1}{9}\sqrt{f_{ck}} \cdot b_w \cdot d$
㉯ $V_c = \dfrac{1}{6}\sqrt{f_{ck}} \cdot b_w \cdot d$
㉰ $V_c = \dfrac{1}{3}\sqrt{f_{ck}} \cdot b_w \cdot d$
㉱ $V_c = \dfrac{2}{3}\sqrt{f_{ck}} \cdot b_w \cdot d$

해설 2
콘크리트가 부담하는 공칭전단강도
$V_c = \left(\dfrac{\lambda\sqrt{f_{ck}}}{6}\right)b_w d$
$= \dfrac{1}{6}(1.0)\sqrt{f_{ck}}\, b_w d$
$= \dfrac{1}{6}\sqrt{f_{ck}}\, b_w d$

3 강도설계법에서 이론상 전단보강철근을 사용하지 않고 계수하중에 의한 전단력 $V_u = 30\,\text{kN}$ 을 지지하려면 직사각형 단면 보의 최소면적은 얼마인가? (단, 보통중량 콘크리트의 $f_{ck} = 28\,\text{MPa}$) [92㉮, 99⑭]

㉮ 84,050 mm²
㉯ 96,650 mm²
㉰ 16,800 mm²
㉱ 45,360 mm²

해설 3
전단철근을 사용하지 않는 경우
$V_u \leq \phi V_c = \phi\left(\dfrac{\lambda\sqrt{f_{ck}}}{6}\right)b_w d$ 에서
$b_w d = \dfrac{6 V_u}{\phi \lambda \sqrt{f_{ck}}} = \dfrac{6 \times (30 \times 10^3)}{0.75(1.0\sqrt{28})}$
$= 45,360\,\text{mm}^2$
[보통중량 콘크리트의 $\lambda = 1.0$]

4 그림과 같은 Cantilever 보의 위험 단면에서 자중의 영향을 제외한 전단보강철근이 부담해야 할 전단력을 강도설계법으로 구하면? (단, 보통중량 콘크리트의 $f_{ck} = 24\,\text{MPa}$, $f_{yt} = 260\,\text{MPa}$) [94㉮]

㉮ 68 kN
㉯ 66 kN
㉰ 64 kN
㉱ 38 kN

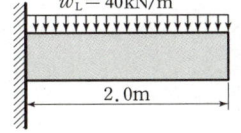

해설 4
$V_u = \phi(V_c + V_s)$ 에서
$V_s = \dfrac{V_u}{\phi} - V_c = \dfrac{102.4}{0.75} - 97.98$
$= 38,553.74\,\text{N} = 38.55\,\text{kN}$

$\begin{cases} w_u = 1.2 w_D + 1.6 w_L \\ \quad = 1.6 \times 40 = 64\,\text{kN/m} \\ V_u = w_u l - w_u d = 64 \times 2 - 64 \times 0.4 \\ \quad = 102.4\,\text{kN} \\ V_c = \left(\dfrac{\lambda\sqrt{f_{ck}}}{6}\right) b_w d \\ \quad = \left(\dfrac{1.0 \times \sqrt{24}}{6}\right) \times 300 \times 400 \\ \quad = 97,979.5\,\text{N} = 97.98\,\text{kN} \end{cases}$

[보통중량 콘크리트의 $\lambda = 1.0$]

정답 1. ㉯ 2. ㉯ 3. ㉱ 4. ㉱

5 그림과 같은 단순보에서 자중을 포함하여 계수하중이 20kN/m 작용하고 있다. 이 보의 위험단면에서 전단력은 얼마인가? [02산]

㉮ 100 kN
㉯ 90 kN
㉰ 80 kN
㉱ 70 kN

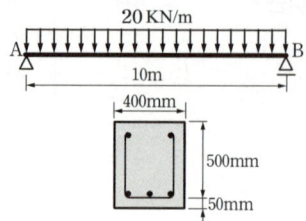

해설 5

$$V_u = \frac{w_u l}{2} - w_u d$$
$$= \frac{20 \times 10}{2} - 20 \times 0.5$$
$$= 90 \text{ kN}$$

6 강도설계에서 부재의 공칭전단응력 v_n은? (단, V_u은 단면의 총 작용 전단력이다.) [83, 99㉮, 83, 98산]

㉮ $v_n = \dfrac{V_u}{\phi \cdot b_w \cdot d}$

㉯ $v_n = \dfrac{V_u \cdot \phi}{b_w \cdot d}$

㉰ $v_n = \dfrac{V_u \cdot d}{\phi \cdot b_w}$

㉱ $v_n = \dfrac{V_u \cdot b_w}{\phi \cdot d}$

해설 6

$$v_n = \frac{V_n}{b_w d} = \frac{V_u}{\phi b_w d}$$
$$V_u = \phi V_n \text{에서 } V_n = \frac{V_n}{\phi}$$

7 D13 철근을 U형 스터럽으로 가공하여 300mm 간격으로 부재축에 직각이 되게 설치한 전단보강철근의 강도 V_s는? (단, $f_{yt} = 400$ MPa, $d = 600$ mm, D13 철근의 단면적은 127 mm^{2}로 계산하며 강도설계임) [97, 02, 05산]

㉮ 101.6 kN
㉯ 203.2 kN
㉰ 406.4 kN
㉱ 812.8 kN

해설 7

$$V_s = \frac{A_v f_{yt} d}{s}$$
$$= \frac{254 \times 400 \times 600}{300}$$

$$\begin{bmatrix} = 203,200 \text{ N} = 203.2 \text{ kN} \\ \text{U형 스터럽의 다리는 2개 이므로} \\ A_v = 127 \times 2 = 254 \text{ mm}^2 \end{bmatrix}$$

8 전단보강철근이 부담해야 할 전단력 V_s가 400 kN 이라 할 때 전단보강철근의 간격 s는 얼마 이하라야 하는가? (단, $A_v = 700$ mm^2, $f_{yt} = 350$ MPa, $f_{ck} = 21$ MPa, $b_w = 400$ mm, $d = 580$ mm) [97, 98㉮]

㉮ 145 mm
㉯ 200 mm
㉰ 280 mm
㉱ 340 mm

해설 8

(1) 전단철근의 전단강도 검토
$$\left(\frac{\lambda\sqrt{f_{ck}}}{3}\right) b_w d = \left(\frac{1.0\sqrt{28}}{3}\right) \times 300 \times 580$$
$$= 306,907 \text{ N}$$
$$\therefore V_s = 400 \text{ kN} > \left(\frac{\lambda\sqrt{f_{ck}}}{3}\right) b_w d$$

(2) 전단철근의 간격
$$s = \frac{A_v f_{yt} d}{V_s} = \frac{700 \times 350 \times 580}{400 \times 10^3}$$
$$= 355.25 \text{ mm}$$
$$\frac{d}{4} = \frac{580}{4} = 145 \text{ mm 이하}$$
300 mm 이하
∴ 최솟값 145mm 이하로 한다.

9 강도설계법에 의한 전단설계에 대한 설명 중에서 옳지 않은 것은?

㉮ $\frac{1}{2}\phi V_c < V_u$ 인 경우는 최소전단철근을 배치해야 한다.
㉯ 전단철근의 항복강도는 500 MPa을 초과할 수 없다.
㉰ $V_s \leq \frac{2}{3}\sqrt{f_{ck}} b_w d$ 이어야 한다.
㉱ $V_s > \frac{1}{3}\lambda\sqrt{f_{ck}} b_w d$ 인 경우의 전단철근의 간격은
$V_s \leq \frac{1}{3}\lambda\sqrt{f_{ck}} b_w d$ 인 경우 보다 2배로 늘려야 한다.

해설 9

㉱의 경우 전단철근의 간격은 $\frac{1}{2}$배로 줄여야 한다.

정답 5.㉯ 6.㉮ 7.㉯ 8.㉮ 9.㉱

10 철근콘크리트 보에서 전단철근의 설계에 대한 설명 중 틀린 것은?

[00 ㉮]

㉮ 계수전단강도 V_u가 ϕV_c보다 적으면 전단보강이 필요없다.

㉯ 용접이형철망을 제외한 전단철근의 f_y는 항상 500MPa 이하라야 한다.

㉰ $V_s \leq \dfrac{1}{3}\lambda\sqrt{f_{ck}}\,b_w d$인 경우 수직스터럽의 간격은 $d/2$ 이하 600mm 이하라야 한다.

㉱ 전단철근이 받아야 할 전단강도 V_s는 $0.2\left(1-\dfrac{f_{ck}}{250}\right)f_{ck}b_w d$ 이하라야 한다.

11 계수전단력 $V_u = 70\,\text{kN}$ 을 전단보강철근 없이 지지하고자 할 경우 필요한 유효 깊이 d는 얼마인가? (단, 보의 폭을 $b_w = 400\,\text{mm}$로 하고 $f_{ck} = 21\,\text{MPa}$, $f_{yt} = 350\,\text{MPa}$로 한다.) [90, 94, 00 ㉮]

㉮ $d = 325.5\,\text{mm}$
㉯ $d = 458.3\,\text{mm}$
㉰ $d = 520.8\,\text{mm}$
㉱ $d = 611.0\,\text{mm}$

12 이론상 전단보강철근이 필요 없지만 최소전단철근량 $A_s = 0.0625\sqrt{f_{ck}} \cdot \dfrac{b_w \cdot s}{f_{yt}} \geq 0.35\dfrac{b_w \cdot s}{f_{yt}}$ 를 배치하도록 규정하고 있다. 계수전단력(factored shear) V_u의 범위가 맞는 것은? (단, 강도설계법이고, V_c는 콘크리트가 부담하는 전단강도이다.) [82, 93 ㉮, 90, 96 ㉱]

㉮ $V_u \leq \phi \cdot V_c$
㉯ $V_c/2 < V_u \leq V_c$
㉰ $\dfrac{\phi \cdot V_c}{2} < V_u \leq \phi \cdot V_c$
㉱ $V_u \leq V_c$

해 설

해설 10

V_u가 ϕV_c보다 작다 하더라도 $\dfrac{1}{2}\phi V_c$를 초과하면 최소전단보강이 필요하다.

∴ $V_u \leq \dfrac{1}{2}\phi V_c$일 때 전단보강이 필요 없다.

해설 11

전단보강이 필요 없는 경우

$V_u = \dfrac{1}{2}\phi V_c$

$= \dfrac{1}{2}\phi\left(\dfrac{\lambda\sqrt{f_{ck}}}{6}\right)b_w d$ 에서

$d = \dfrac{12 V_u}{\phi\lambda\sqrt{f_{ck}}\,b_w}$

$= \dfrac{12\times(70\times 10^3)}{0.75\times(1.0\sqrt{21})\times 400}$

$= 611.0\,\text{mm}$

해설 12

최소전단철근을 배치하는 경우

$\dfrac{1}{2}\phi V_c < V_u \leq \phi V_c$

정답 10. ㉮ 11. ㉱ 12. ㉰

13 자중을 포함한 계수하중 80 kN/m를 지지하는 그림과 같은 단순보가 있다. 지간은 7m이고, $f_{ck} = 21$ MPa, $f_{yt} = 300$ MPa 다음 설명중 옳지 않은 것은?

[00 ㉮]

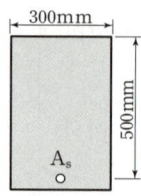

㉮ 위험단면에서의 계수전단력은 240 kN이다.
㉯ 콘크리트가 부담할 수 있는 전단강도는 114.6 kN이다.
㉰ 전단철근(수직스터럽)의 최대간격은 250mm이다.
㉱ 이론적으로 전단철근이 필요한 구간은 지점으로부터 1.73m까지 구간이다.

해설 ㉮ 위험단면에서의 계수전단력

$$V_u = \frac{w_u l}{2} - w_u d = \frac{80 \times 7}{2} - 80 \times 0.5 = 240 \text{ kN}$$

㉯ 콘크리트가 부담할 수 있는 전단강도

$$V_c = \left(\frac{\sqrt{f_{ck}}}{6}\right) b_w d = \left(\frac{\sqrt{21}}{6}\right) \times 300 \times 500 = 114,564.39 \text{ N}$$
$$= 114.6 \text{ kN}$$

㉰ 전단철근의 전단강도 검토

$$V_s = \frac{V_u}{\phi} - V_c = \frac{240}{0.75} - 114.6 = 205.4 \text{ kN}$$

$$\left(\frac{\lambda\sqrt{f_{ck}}}{3}\right) b_w d = \left(\frac{1.0 \times \sqrt{21}}{3}\right) \times 300 \times 500$$
$$= 229,129 \text{ N} = 229.1 \text{ kN}$$

$$\therefore V_s = 205.4 \text{ kN} < \left(\frac{\lambda\sqrt{f_{ck}}}{3}\right) b_w d = 229.1 \text{ kN}$$

전단철근의 간격은 $\frac{d}{2}$ 이하, 600 mm 이하이다.

$$\frac{d}{2} = \frac{500}{2} = 250 \text{ mm}$$

㉱ 이론적으로 전단철근이 필요한 경우

$$V_u \geq \phi V_c$$
$$\phi V_c = 0.75 \times 114.6 = 86 \text{ kN}$$

단부로부터 x 만큼 떨어진 위치에 해당하는 전단력이 ϕV_c이므로 단부부터 x 거리까지 전단철근을 배치한다.

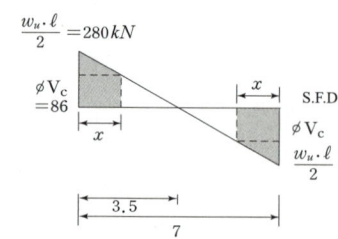

$(280 - 86) : x = 280 : 3.5$
$x = 2.425 \text{ m}$

해 설

13. ㉱

출제예상문제

■■■ 전단응력과 전단철근의 종류

1. 철근콘크리트 보에서 전단응력이 제일 크게 생기는 곳은?

㉮ 압축측
㉯ 압축측 상단
㉰ 인장측
㉱ 전단면 동일

[해설] RC보의 최대 전단응력이 생기는 곳은 중립축 아래이므로 인장측이 된다.

2. 철근콘크리트 보에서 사인장철근(복부철근)이 부담하는 응력은? [99, 98, 85 ㉮]

㉮ 휨인장응력
㉯ 전단응력
㉰ 부착 응력
㉱ 지압 응력

[해설] 사인장철근(복부철근)이 부담하는 응력은 사인장 응력(=전단응력)이다.

3. 철근콘크리트 보의 중립축에서 사인장응력은 중립축과 약 몇 도의 각을 이루고 작용하는가? [87, 99 ㉮]

㉮ 15°
㉯ 30°
㉰ 45°
㉱ 60°

[해설] 보의 중립축은 순수전단이 발생하므로 사인장응력의 발생각도는 중립축과 45°이다.

4. 전단응력과 전단균열에 대한 설명 중에서 옳은 것은? [97 ㉯]

㉮ 철근콘크리트 보의 중립축 이하에서는 45° 경사 방향으로 인장응력이 발생하여 사인장 균열을 일으킨다.
㉯ 사인장균열은 휨응력에 의해서 발생하며 그 값이 v로 나타나므로 전단균열이라고 한다.
㉰ 전단응력은 중립축에서 가장 크고 단순보의 중앙 부근이 받침부 부근보다 더 크다.
㉱ 전단응력은 단면의 상하단에서 가장 크고 중립축에서는 0이다.

[해설]
㉯ 사인장균열은 사인장응력에 의해 발생한다.
㉰ 단순보의 경우는 지점 부근이 중앙부근보다 전단력이 크게 작용하므로 지점 부근의 전단응력이 중앙보다 크다.
㉱ 전단응력은 상단에서 0이고, 일반적으로 중립축 아래에서 최대이다.(단, 균열 전에는 역학과 동일하다.)

5. 철근콘크리트 단순보에서 전단균열을 방지하는 방법은 다음 중 어느 것인가? [93 ㉯]

㉮ 콘크리트의 강도를 감소한다.
㉯ 하단에 주철근을 감소한다.
㉰ 스터럽의 수를 증가한다.
㉱ 상단에 주철근을 증가한다.

[해설] 전단균열에 저항하는 철근은 전단철근이므로 전단철근과 여러 번 교차하도록 전단철근(스터럽)을 배치한다.

해답 1. ㉰ 2. ㉯ 3. ㉰ 4. ㉮ 5. ㉰

6. 다음 중 보의 사인장철근이 아닌 것은 어느 것인가?
[93, 96 ⓒ]
㉮ 스터럽과 굽힘철근의 병용
㉯ 압축철근과 인장철근(수평)
㉰ 스터럽(stirrup)
㉱ 굽힘철근

[해설] 전단철근의 종류
① 스터럽(수직 스터럽, 경사 스터럽)
② 굽힘철근
③ 스터럽과 굽힘철근의 조합
④ 원형 띠철근, 후프철근 또는 후프철근

7. 다음 전단보강철근의 종류에 대한 설명 중 틀린 것은?
[98 ㉮, 94, 98 ⓒ]
㉮ 주철근에 직각으로 설치하는 스터럽
㉯ 주철근에 30° 또는 그 이상의 경사로 구부린 굽힘철근
㉰ 주철근에 45° 또는 그 이상의 경사로 설치하는 스터럽
㉱ 주철근에 직각으로 설치하는 스터럽과 45°로 경사된 스터럽을 겸용한다.

[해설] 굽힘철근과 스터럽은 병용하지만 수직 스터럽과 경사 스터럽은 병용하지 않는다.

8. 보에서 중앙 부분과 받침부 부분에 배치하는 전단보강철근은 대략 어떠한가?
[84 ⓒ]
㉮ 중앙 부분은 스터럽, 받침부 부분은 굽힘철근
㉯ 중앙 부분은 굽힘철근, 받침부 부분은 스터럽
㉰ 중앙 부분은 스터럽, 받침부 부분은 스터럽과 굽힘철근
㉱ 중앙 부분은 스터럽과 굽힘철근, 받침부 부분은 스터럽

[해설] • 중앙 부분 : 전단력이 작으므로 스터럽만 사용
 • 받침부 부분 : 전단력이 크게 작용하므로 스터럽과 굽힘철근을 조합

9. 철근콘크리트 보에 스터럽을 배근하는 이유는?
[00 ⓒ]
㉮ 보에 작용하는 전단응력에 의한 균열을 막기 위하여
㉯ 콘크리트와 철근의 부착을 잘되게 하기 위하여
㉰ 압축측의 좌굴을 방지하기 위하여
㉱ 인장철근의 응력을 분포시키기 위하여

[해설] RC보에 스터럽을 배치하는 이유는 사인장응력(전단응력)에 의한 사인장균열을 막기 위함이다.

10. 철근콘크리트 보에서 스터럽을 배근하는 주목적은?
[05 ㉮, 05 ⓒ]
㉮ 콘크리트의 휨에 의한 압축강도가 부족하기 때문에
㉯ 콘크리트의 휨에 의한 인장강도가 부족하기 때문에
㉰ 콘크리트의 사인장강도가 부족하기 때문에
㉱ 철근의 인장강도가 부족하기 때문에

11. 다음 중 스터럽을 사용함에 있어서 효과가 없는 것은 어느 것인가?
[95 ㉮]
㉮ 균열 후 그 균열의 증대를 방지
㉯ 전단력에 의한 균열 방지
㉰ 콘크리트의 부착력의 증가
㉱ 주철근 상호간의 위치 보존

12. 철근콘크리트 구조물의 전단철근 상세에 대한 다음 설명 중 잘못된 것은?
㉮ 스터럽의 간격은 어떠한 경우이든 400mm 이하로 하여야 한다.
㉯ 주인장철근에 45도 이상의 각도로 설치되는 스터럽은 전단철근으로 사용할 수 있다.
㉰ 일반적인 전단철근의 설계기준항복강도 f_{yt}는 500MPa을 초과하여 취할 수 없다.
㉱ 전단철근으로 사용된 스터럽과 기타 철근 또는 철선은 압축연단에서 d 거리까지 직접 연장되어야 한다.

해답 6. ㉯ 7. ㉱ 8. ㉰ 9. ㉮ 10. ㉰ 11. ㉰ 12. ㉮

[해설] 전단철근의 간격

전단철근	$\lambda(\sqrt{f_{ck}}/3)b_w d$ 이하	$\lambda(\sqrt{f_{ck}}/3)b_w d$ 초과
수직 스터럽	$d/2$ 이하, 600mm 이하	간격을 1/2로 감소
경사 스터럽	$3d/4$ 이하	

13. 철근콘크리트 보에 스터럽을 배근하는 가장 중요한 이유 중 옳은 것은? [92, 97, 00㉮, 94㉯]

㉮ 주철근 상호간의 위치를 바르게 하기 위하여
㉯ 보에 작용하는 사인장응력에 의한 균열을 막기 위하여
㉰ 콘크리트와 철근과의 부착강도를 높이기 위하여
㉱ 압축측 콘크리트의 좌굴을 방지하기 위하여

[해설] 스터럽은 대표적인 전단철근이므로 사인장응력(전단응력)에 의한 사인장균열을 막기 위함이다.

14. 복부철근에 대한 다음 설명 중 옳지 않은 것은?

㉮ 사인장응력에 대비하여 배치하는 철근이다.
㉯ 휨모멘트가 크게 작용하는 곳에 배치하는 철근이다.
㉰ 복부철근에는 굽힘철근과 스터럽이 있다.
㉱ 인장응력과 전단력의 합성력에 대응하기 위한 철근이다.

[해설] 휨모멘트가 크게 작용하는 곳에는 휨모멘트의 부호에 따라 정·부철근을 배치하여야 한다.

15. 철근콘크리트 단순보가 설계하중 하에서 받침부 부근에 균열이 발생했다. 균열을 제어하기 위한 가장 효과적인 방법은? [97, 05㉯]

㉮ 스터럽을 적절하게 배근한다.
㉯ 상단에 주철근을 배근한다.
㉰ 하단에 주철근을 배근한다.
㉱ 상·하단에 주철근을 배근한다.

[해설] 단순보의 받침부 부근에는 전단력이 크게 작용하므로 스터럽을 배치하는 것이 효과적이다.

16. 철근콘크리트 보를 휨모멘트에 대해서 설계한 후 계수하중에 대하여 받침부에서 d만큼 떨어진 점에서 계수전단강도를 검토한 결과 설계전단강도 ϕV_c를 초과하였다. 이에 대한 대책으로 가장 적절한 방법은? [93㉯]

㉮ 주철근의 지름이 굵은 것을 사용한다.
㉯ 주철근의 지름이 적은 것을 여러 개 사용한다.
㉰ 이형철근을 사용하고 갈고리도 둔다.
㉱ 보의 폭을 넓힌다.

[해설] $V_u > \phi V_c$이므로 전단철근을 배치하거나 콘크리트의 단면을 크게 한다.

17. 다음 설명 중 옳지 않은 것은? [96㉯]

㉮ 주인장응력이 콘크리트의 허용인장강도에 이르면 이것과 수평방향으로 균열이 일어난다. 이 경우의 주인장응력을 사인장응력이라 한다.
㉯ 철근콘크리트 보의 전단력에 의한 파괴는 보의 받침부 부근에서 경사균열이 일어나면서 파괴된다.
㉰ 사인장응력은 휨응력과 전단응력의 합성 응력이며, 휨응력을 무시하면 전단응력은 사인장응력이다.
㉱ 중립축 부근에서의 사인장균열 방향은 45°에 가깝다.

[해설] 콘크리트의 주인장응력이 인장강도에 도달하면 45° 각도로 균열이 발생한다.

해답 13. ㉯ 14. ㉯ 15. ㉮ 16. ㉱ 17. ㉮

18. 전단보강철근의 필요성 중 옳은 것은? [98 산]

㉮ 보의 휨파괴에 대한 보강
㉯ 받침부에서 d만큼 떨어진 보의 안쪽에서 사인장파괴에 대한 보강
㉰ 휨인장응력에 대한 보강
㉱ 보의 처짐 억제

[해설] 전단보강을 하는 이유는 사인장균열에 의한 취성 파괴를 막기 위함이다.

19. 전단보강철근에 대한 설명 중 틀린 것은? (단, V_c는 콘크리트가 부담하는 공칭전단강도이다.) [98 산]

㉮ 전단보강철근에는 스터럽과 굽힘철근이 있다.
㉯ 계수전단력이 $1/2 \cdot \phi V_c$보다 작을 경우는 전단보강철근을 배치하지 않아도 된다.
㉰ 전단보강철근은 보통의 사용하중 상태인 보의 인장측에 일어나는 주응력에 대응하기 위한 철근이다.
㉱ 전단보강철근은 배력철근이라고도 말하며 사인장철근과는 다르다.

[해설] 전단철근은 사인장철근 또는 복부철근이라고 한다. 배력철근은 응력분포를 목적으로 배치하는 보조적인 철근이다.

20. 철근콘크리트 보의 시공이음은 어느 위치에서 하는 것이 가장 좋은가? [89, 98 ㉮]

㉮ 보의 중앙
㉯ 받침부
㉰ 받침부로부터 경간의 1/4 되는 받침부
㉱ 받침부로부터 경간의 1/3 되는 받침부

[해설] 시공이음은 전단력이 가장 작은 곳에 두므로 보의 중앙부에 배치한다.

■■■ 전단철근의 설계

21. 다음 그림은 전단보강된 철근콘크리트 보의 전단력에 대한 보의 전단 부담 거동을 보인 것이다. 각 부분에 대해 옳게 표시한 것은? [98 ㉮]

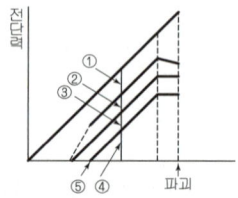

㉮ ①콘크리트 부담 전단력, ②균열면의 맞물림에 의한 내력의 수직 분력, ④전단보강 철근 부담 전단력 ⑤사인장균열 발생
㉯ ①콘크리트 부담 전단력, ②인장철근의 dowel action에 의한 수직내력, ④전단 보강철근 부담 전단력 ⑤사인장균열 발생
㉰ ①콘크리트 부담 전단력, ②균열면의 맞물림에 의한 내력의 수직분력, ④전단보강 철근 부담 전단력 ⑤휨인장철근의 항복
㉱ ①콘크리트 부담 전단력, ③인장철근의 dowel action에 의한 수직내력, ④전단보강 철근 부담 전단력 ⑤휨균열의 발생

[해설] 세로축은 차례로 ①은 V_c, ②는 V_d, ③은 V_{iv}, ④는 V_s이고, 가로축은 휨균열 - 전단균열(사인장균열) - 항복 - 파괴 순이다.

22. 다음 그림은 전단보강된 철근콘크리트 보의 전단력에 대한 보의 전단부담 거동을 보인 것이다. 각 부분의 설명으로 잘못된 것은?

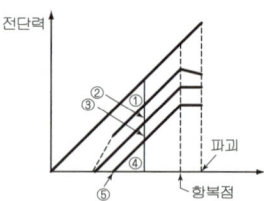

㉮ ①콘크리트 부담 전단력
㉯ ②균열면의 맞물림에 의한 내력의 수직분력
㉰ ④전단보강철근 부담 전단력
㉱ ⑤사인장균열 발생

해답 18. ㉯ 19. ㉱ 20. ㉮ 21. ㉯ 22. ㉯

23. 그림과 같은 단순보의 전단경간(shear span)의 영향에 대한 설명 중에서 옳지 않은 것은? (단, 전단경간이란 받침부에서부터 집중하중이 작용하고 있는 점까지의 거리 a를 의미한다.) [96 ㉠]

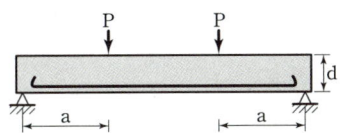

㉮ 전단경간 a와 보의 깊이 d와의 비(a/d)를 전단경간비(shear span to depth ratio)라고 한다.
㉯ a/d가 큰 경우는 경간이 긴 경우를 의미하며, 휨모멘트의 영향이 커져서 휨균열을 일으키기 쉽다.
㉰ a/d가 작은 경우는 경간에 비해 보의 깊이가 큰 경우를 의미하며 전단력의 영향이 커져서 전단균열을 일으키기 쉽다.
㉱ a/d가 6보다 큰 RC 보에서는 휨균열보다 전단균일이 먼저 발생하여 사인장균열 파괴를 일으키기 쉽다.

[해설] $\dfrac{a}{d}$가 6보다 큰 RC보는 전단보다는 휨강도에 의해 지배된다. 따라서 휨균열에 의한 휨파괴를 일으킨다.

24. 다음 중 전단보강철근이 없는 보의 전단강도에 영향을 가장 주지 않는 것은? [93 ㉮, 99 ㉠]

㉮ 콘크리트가 부담하는 전단력
㉯ 균열면에서의 골재의 맞물림력(interlocking force)
㉰ 수평철근의 연결작용(dowel action)
㉱ 철근의 정착강도

[해설] 전단철근이 없는 보의 전단강도
$V_n = V_c + V_d + V_{iv}$

25. 그림과 같은 단철근 직사각형보의 전단에 대한 위험단면에서의 전단력은 얼마인가? [05 ㉠]

㉮ 120 N
㉯ 180 N
㉰ 210 N
㉱ 240 N

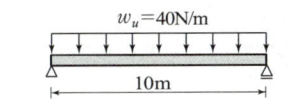

[해설] $V_u = \dfrac{w_u}{2} - w_u d = \dfrac{40 \times 10}{2} - 40 \times 0.5 = 180\,\text{N}$

26. 그림과 같은 캔틸레버 보의 위험단면에 작용하는 계수전단력 V_u는? (단, 콘크리트의 단위용적질량은 $2,500\,\text{kg/m}^3$, $f_{ck} = 20\,\text{MPa}$, $f_{yt} = 300\,\text{MPa}$)

㉮ 23 kN
㉯ 32 kN
㉰ 33 kN
㉱ 42 kN

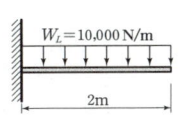 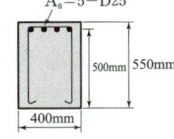

[해설] $V_u = w_u l - w_u d = 22{,}475 \times 2 - 22{,}475 \times 0.5$
$= 33{,}713\,\text{N} = 33.7\,\text{kN}$

$\begin{bmatrix} w_u = 1.2 w_D + 1.6 w_L \\ = 1.2 \times 2{,}500 \times 9.81 \times 0.4 \times 0.55 + 1.6 \times 10{,}000 \\ = 22{,}475\,\text{N/m} \end{bmatrix}$

27. 폭 400mm, 유효깊이 700mm인 직사각형보의 위험단면에 계수전단력 100 kN이 작용한다면 공칭전단강도 V_n는 얼마 이상이어야 하는가? (단, 강도감소계수를 고려함) [00 ㉠]

㉮ 105 kN   ㉯ 155 kN
㉰ 125 kN   ㉱ 133 kN

[해설] $V_u \le \phi V_n$에서
$V_n \ge \dfrac{V_u}{\phi} = \dfrac{100}{0.75} = 133.3\,\text{kN}$

해답 23. ㉱ 24. ㉱ 25. ㉯ 26. ㉰ 27. ㉱

28. 계수전단력 $V_u(V_u \leq \phi(V_c + V_s))$가 전단강도 ϕV_c를 초과하는 곳에는 전단보강철근을 배치하여야 하며 부재축에 직각인 전단보강철근을 사용하는 경우의 전단강도 V_s는? (단, A_v는 s거리 내의 전단보강철근의 단면적, s는 전단보강철근의 간격이다.)
[93㉮]

㉮ $V_s = \dfrac{A_v \cdot f_{yt} \cdot s}{d}$ ㉯ $V_s = \dfrac{A_v \cdot f_{yt}}{s \cdot d}$

㉰ $V_s = \dfrac{A_v \cdot f_{yt} \cdot d}{s}$ ㉱ $V_s = \dfrac{f_{yt} \cdot d \cdot s}{A_v}$

[해설] 수직스터럽의 전단강도 : $V_s = \dfrac{A_v f_{yt} d}{s}$

∴ $A_v = \dfrac{V_s s}{f_{yt} d}$ 이고 $s = \dfrac{A_v f_{yt} d}{V_s}$ 가 된다.

29. 부재축에 직각으로 배치하는 전단철근의 전단강도 V_s는 다음 중 어느 것인가? (단, A_v : 전단철근 단면적, s : 전단철근 간격, d : 부재의 유효깊이, f_{yt} : 횡방향철근의 항복강도)
[00㉯]

㉮ $V_s = \dfrac{A_v s d}{f_{yt}}$ ㉯ $V_s = \dfrac{A_v f_{yt} d}{f_y}$

㉰ $V_s = \dfrac{A_v f_{yt} d}{s}$ ㉱ $V_s = \dfrac{A_v f_{yt} s}{d}$

30. D13철근을 U형 스터럽으로 가공하여 300mm 간격으로 부재축에 직각이 되게 설치한 전단철근의 강도 V_s는? (단, $f_{yt} = 400\,MPa$, $d = 600\,mm$, D13철근의 단면적은 $127\,mm^2$로 계산하며 강도설계임)
[05㉯]

㉮ 101.6 kN ㉯ 203.2 kN
㉰ 406.4 kN ㉱ 812.8 kN

[해설] $V_s = \dfrac{A_v f_y d}{s} = \dfrac{(2 \times 127) \times 400 \times 600}{300}$
$= 203,200\,N = 203\,kN$

[U형 스터럽의 다리는 2개 이므로
전단철근량 (A_v)=D13철근의 단면적×2]

31. 스터럽의 간격은 다음의 어느 것에 반비례하는가?
[00, 05㉯]
㉮ 스터럽의 단면적
㉯ 철근의 허용인장응력
㉰ 스터럽이 부담해야 할 전단력
㉱ 보의 유효높이

[해설] $s = \dfrac{A_v f_{yt} d}{V_s} \propto \dfrac{1}{V_s}$

32. 전단보강철근이 1개의 굽힘철근으로 될 경우 전단보강철근이 부담하는 공칭전단강도 V_s값은? (단, A_v : 전단보강철근 단면적, f_{yt} : 횡방향 철근의 항복강도, d : 보의 유효깊이)
[98㉯]

㉮ $V_s = \dfrac{A_v \cdot f_{yt} \cdot d}{s}$

㉯ $V_s = \dfrac{A_v \cdot f_{yt} \cdot (\sin\alpha + \cos\alpha)d}{s}$

㉰ $V_s = A_v \cdot f_{yt} \cdot \cos\alpha$

㉱ $V_s = A_v \cdot f_{yt} \cdot \sin\alpha$

[해설] 1개의 굽힘철근이 부담할 수 있는 전단강도
$V_s = A_v f_{yt} \sin\alpha \leq 0.25\sqrt{f_{ck}}\,b_w d$

33. 단철근 직사각형보에서 부재축에 직각인 전단보강철근이 부담해야 할 전단력 V_s가 350 kN이라 할때 전단보강철근의 간격 s는 얼마 이하라야 하는가? (단, $A_v = 253\,mm^2$, $f_{yt} = 400\,MPa$, $f_{ck} = 28\,MPa$, $b_w = 300\,mm$, $d = 580\,mm$)
[01㉮]

㉮ 145 mm ㉯ 168 mm
㉰ 186 mm ㉱ 290 mm

[해설] ① 전단철근의 전단강도 검토
$\left(\dfrac{\lambda\sqrt{f_{ck}}}{3}\right)b_w d = \left(\dfrac{1.0\sqrt{28}}{3}\right) \times 300 \times 580$
$= 306,907\,N$

∴ $V_s = 350\,kN > \left(\dfrac{\lambda\sqrt{f_{ck}}}{3}\right)b_w d$

② 전단철근의 간격
$s = \dfrac{A_v f_{yt} d}{V_s} = \dfrac{253 \times 400 \times 580}{350 \times 10^3} = 167.7\,mm$

$\dfrac{d}{4} = \dfrac{580}{4} = 145\,mm$ 이하, 300mm 이하
∴ 최솟값 145mm 이하로 한다.

해답 28. ㉰ 29. ㉰ 30. ㉯ 31. ㉰ 32. ㉱ 33. ㉮

34. 콘크리트구조설계기준에서 전단보강철근이 발휘할 수 있는 공칭전단강도 V_s를 $0.2\left(1-\dfrac{f_{ck}}{250}\right)f_{ck}b_w d$ 로 제한한 이유는? [98, 00 ㉮]

㉮ 철근량을 줄이기 위해서
㉯ 콘크리트의 사압축파괴를 피하기 위해서
㉰ 휨강도를 증대시켜 연성파괴를 유도하기 위해서
㉱ 부재 단면의 높이를 제한하기 위해서

[해설] V_s가 $0.2\left(1-\dfrac{f_{ck}}{250}\right)f_{ck}b_w d$를 초과하면 콘크리트의 사압축파괴가 발생하므로 이 경우는 콘크리트의 단면을 증가시켜야 한다.

35. 전단보강철근이 받을 수 있는 최대전단강도는? (단, f_{ck}는 콘크리트의 압축강도, b_w는 보의 복부폭, d는 보의 유효깊이이다.) [98, 05 ㉮]

㉮ $0.2\left(1-\dfrac{f_{ck}}{250}\right)f_{ck}b_w d$　㉯ $1.1\sqrt{f_{ck}}b_w d$
㉰ $0.8\sqrt{f_{ck}}b_w d$　㉱ $\dfrac{1}{6}\sqrt{f_{ck}}b_w d$

[해설] 전단철근의 전단강도 제한 :
$$V_s \leq 0.2\left(1-\dfrac{f_{ck}}{250}\right)f_{ck}b_w d$$

36. 전단보강철근이 부담해야 할 공칭전단강도 V_s가 $0.2\left(1-\dfrac{f_{ck}}{250}\right)f_{ck}b_w d$를 초과한다면 다음 중 어떤 조치가 취해져야 가장 합당한가? (단, f_{ck} : 콘크리트의 설계기준강도, b_w : 보의 폭, d의 보의 유효깊이) [05, 97 ㉯]

㉮ 스터럽과 굽힘철근을 병용해서 부재를 제작한다.
㉯ 전단보강철근의 간격을 1/2로 줄여 배치한다.
㉰ 보의 단면을 늘려 ϕV_s값을 규정에 맞도록 한다.
㉱ 최소전단보강 철근량을 배치한다.

[해설] V_s가 $0.2\left(1-\dfrac{f_{ck}}{250}\right)f_{ck}b_w d$를 초과하면 콘크리트의 단면($b_w d$)을 증가시켜서 $0.2\left(1-\dfrac{f_{ck}}{250}\right)f_{ck}b_w d$ 이하가 되게한다.

37. 강도설계법에서 콘크리트가 부담하는 공칭전단강도는 다음 중 어느 것인가? (단, 전단과 휨만을 받는 부재로 생각한다.) [96 ㉮, 90, 93, 97, 98 ㉯]

㉮ $V_c = \dfrac{1}{3}\lambda\sqrt{f_{ck}}b_w d$
㉯ $V_c = \dfrac{1}{6}\lambda\sqrt{f_{ck}}b_w d$
㉰ $V_c = 0.56\lambda\sqrt{f_{ck}}b_w d$
㉱ $V_c = 1.25\lambda\sqrt{f_{ck}}b_w d$

[해설] 콘크리트가 부담하는 공칭전단강도
$$V_c = \dfrac{1}{6}\lambda\sqrt{f_{ck}}b_w d$$
여기서, λ:경량콘크리트계수
(전경량 : 0.75, 모래경량 : 0.85)

38. 전단과 휨만을 받는 부재에서 콘크리트가 부담하는 공칭전단강도를 구하는 식으로 옳은 것은? (단, f_{ck} : 콘크리트의 설계기준강도, b_w : 보의 폭, d : 보의 유효깊이) [00 ㉯]

㉮ $\dfrac{1}{6}\lambda\sqrt{f_{ck}}b_w d$
㉯ $\dfrac{1}{3}\lambda\sqrt{f_{ck}}b_w d$
㉰ $\dfrac{1}{2}\lambda\sqrt{f_{ck}}b_w d$
㉱ $\dfrac{2}{3}\lambda\sqrt{f_{ck}}b_w d$

39. 직사각형 보($b=300\,\text{mm}$, $d=550\,\text{mm}$)에서 보통중량 콘크리트가 부담할 수 있는 공칭전단강도는? (단, 강도설계법이며, $f_{ck}=24\,\text{MPa}$) [89, 92, 05 ㉮, 98, 99 ㉯]

㉮ 63.9 kN　㉯ 74.13 kN
㉰ 96.75 kN　㉱ 135 kN

[해설] $V_c = \dfrac{1}{6}\lambda\sqrt{f_{ck}}b_w d$
$= \dfrac{1}{6}(1.0\sqrt{24})\times 300\times 550$
$= 134,722\,\text{N} = 134.7\,\text{kN}$

해답　34. ㉯　35. ㉮　36. ㉰　37. ㉯　38. ㉮　39. ㉱

40. 아래 철근콘크리트 보에 전단력과 휨만이 작용할 때 콘크리트가 받을 수 있는 전단강도(실용식)를 계산하면? (단, f_{ck}=24MPa, 전단에 대한 강도 감소계수 ϕ_v를 고려할 것) [93, 92, 90 ㉮]

㉮ $\phi_v \cdot V_c = 99$ kN
㉯ $\phi_v \cdot V_c = 111$ kN
㉰ $\phi_v \cdot V_c = 129$ kN
㉱ $\phi_v \cdot V_c = 143$ kN

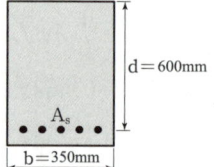

[해설] $\phi V_c = \phi\left(\frac{1}{6}\lambda\sqrt{f_{ck}}b_w d\right)$
$= 0.75\left\{\frac{1}{6}(1.0\sqrt{24})\times350\times600\right\}$
$= 128,598 \text{ N} = 128.6 \text{kN}$

41. 강도설계시에 보통중량콘크리트가 부담하는 공칭전단강도 V_c는 얼마인가? (단, $f_{ck}=24$MPa, 부재의 폭 300mm, 부재의 유효깊이 500mm이며 전단과 휨만을 받는 것으로 하여 실용식으로 계산한다.) [00 ㉯]

㉮ 105.7 kN ㉯ 110.1 kN
㉰ 118.4 kN ㉱ 122.5 kN

[해설] $V_c = \frac{1}{6}\lambda\sqrt{f_{ck}}b_w d$
$= \frac{1}{6}\times(1.0\sqrt{24})\times300\times500$
$= 122,475 \text{ N} = 122.5 \text{kN}$

42. 그림에 나타난 직사각형 단철근보의 공칭전단강도 V_n을 계산하면? (단, 철근 D10을 수직스터럽(stirrup)으로 사용하며, 스터럽 간격은 200mm, 철근 D10 1본의 단면적은 71.3mm², 보통중량 콘크리트의 f_{ck}=28MPa, 전단철근의 f_{yt}=350MPa이다.) [05 ㉯]

㉮ 119 kN
㉯ 176 kN
㉰ 231 kN
㉱ 287 kN

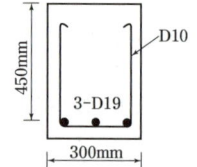

[해설] $V_n = V_c + V_s = \frac{1}{6}\lambda\sqrt{f_{ck}}b_w d + \frac{A_v f_{yt} d}{s}$
$= \frac{1}{6}(1.0\sqrt{28})\times300\times450 + \frac{(2\times71.3)\times350\times450}{200}$
$= 231,356 \text{ N} = 231.4 \text{ kN}$

43. 폭이 500mm, 유효깊이가 800mm 인 철근콘크리트보에서 f_{ck}가 28 MPa인 보통중량 콘크리트를 사용할 때 위험단면에 작용하는 계수전단력 V_u이 얼마 이하라야 전단철근이 필요 없는 부재가 되는가? [00, 05 ㉯]

㉮ 124.2 kN
㉯ 141.1 kN
㉰ 132.3 kN
㉱ 150.7 kN

[해설] $V_u \leq \frac{1}{2}\phi V_c = \frac{1}{2}\phi\left(\frac{1}{6}\lambda\sqrt{f_{ck}}b_w d\right)$
$= \frac{1}{2}(0.75)\times\left(\frac{1}{6}\times1.0\sqrt{28}\times500\times800\right)$
$= 132,287.6 \text{ N} \simeq 132.3 \text{kN}$

44. 단철근 직사각형보에서 계수전단력 V_u가 ϕV_c의 1/2을 초과하고 ϕV_c이하로 계산되어 최소전단철근을 배치하려고 한다. 이때 전단철근의 최소단면적을 구하면? (단, b_w=350mm, 스터럽 간격= 200mm, d=400mm, f_{ck}=24MPa, f_{yt}=300MPa) [05 ㉮]

㉮ 70mm² ㉯ 82mm²
㉰ 93mm² ㉱ 113mm²

[해설] 최소 전단 철근량($A_{v,\min}$)
· $0.0625\sqrt{f_{ck}}\frac{b_w s}{f_{yt}} = 0.0625\sqrt{24}\times\frac{350\times200}{300}$
$= 71.44 \text{ mm}^2 \simeq 71\text{mm}^2$
· $0.35\frac{b_w s}{f_{yt}} = 0.35\times\frac{350\times200}{300}$
$= 81.67 \text{ mm}^2 \simeq 82\text{mm}^2$
∴ 둘 중 큰 값을 사용하므로 $A_{v,\min} = 82\text{mm}^2$

해답 40. ㉰ 41. ㉱ 42. ㉰ 43. ㉰ 44. ㉯

45. 폭이 300mm, 유효깊이가 500mm인 직사각형 보에서 보통중량 콘크리트가 부담할 수 있는 설계전단강도를 구하면? (단, 강도감소계수를 고려하며, f_{ck}는 24MPa이다.) [99, 89 ㉮, 98 ㉴]

㉮ 85.73 kN
㉯ 91.86 kN
㉰ 97.98 kN
㉱ 104.10 kN

[해설] $\phi V_c = \phi\left(\dfrac{1}{6}\lambda\sqrt{f_{ck}}\,b_w d\right)$
$= 0.75\left(\dfrac{1}{6} \times 1.0\sqrt{24} \times 300 \times 500\right)$
$= 91,855.87\,\text{N} = 91.86\,\text{kN}$

46. 계수전단강도 V=60kN을 받을 수 있는 직사각형 단면이 최소전단철근 없이 견딜 수 있는 보통중량 콘크리트의 유효깊이 d는 최소 얼마 이상이어야 하는가? (단, f_{ck}=24 MPa, b_w=350mm) [00 ㉮]

㉮ 860 mm
㉯ 560 mm
㉰ 460 mm
㉱ 360 mm

[해설] $V_u \le \dfrac{1}{2}\phi V_c$ 일 경우에는 최소전단철근을 배치하지 않아도 된다.

$V_u \le \dfrac{1}{2}\phi V_c = \dfrac{1}{2}\phi\left(\dfrac{f_{ck}}{6}\right)b_w d$에서

$d \ge \dfrac{12V_u}{\phi\lambda\sqrt{f_{ck}} \times b_w} = \dfrac{12 \times (60 \times 10^3)}{0.75(1.0\sqrt{24}) \times 350}$

$\therefore d = 560\,\text{mm}$

47. 계수전단력 V_u=36kN를 콘크리트만으로 지지하고자 할 때 필요한 최소의 직사각형 단면적은? (단, 보통중량 콘크리트의 f_{ck}=24MPa) [01, 05 ㉮]

㉮ 54,000 mm²
㉯ 85,400 mm²
㉰ 117,600 mm²
㉱ 125,300 mm²

[해설] 콘크리트만으로 계수전단력을 지지할 조건

$V_u \le \dfrac{1}{2}\phi V_c = \dfrac{1}{2}\phi\left(\dfrac{1}{6}\lambda\sqrt{f_{ck}}\,b_w d\right)$

$\therefore b_w d \ge \dfrac{12V_u}{\phi\lambda\sqrt{f_{ck}}} = \dfrac{12 \times (36 \times 10^3)}{0.75 \times 1.0\sqrt{24}}$

$= 117,575.5\,\text{mm}^2$

48. 길이가 3m인 캔틸레버보의 자중을 포함한 설계하중이 100kN/m일 때 위험단면에서 전단철근이 부담해야 할 전단력을 강도설계법으로 구하면? (단, f_{ck}=24MPa, f_{yt}=300MPa, b=300mm, d=500mm) [01 ㉴]

㉮ 130 kN
㉯ 190 kN
㉰ 210 kN
㉱ 250 kN

[해설] $V_u = \phi(V_c + V_s)$에서

$V_s = \dfrac{V_u}{\phi} - V_c = \dfrac{V_u}{\phi} - \dfrac{1}{6}\lambda\sqrt{f_{ck}}\,b_w d$

$= \dfrac{250 \times 10^3}{0.75} - \dfrac{1}{6} \times (1.0\sqrt{24}) \times 300 \times 500$

$= 210,859\,\text{N} \fallingdotseq 210\,\text{kN}$

[$V_u = w_u l - w_u d = 100 \times 3 - 100 \times 0.5 = 250\,\text{kN}$]

49. 보의 전단보강철근 설계에 대한 설명 중 틀린 것은? [96 ㉴]

㉮ 보통중량 콘크리트 자체가 저항할 수 있는 전단력 V_c는 $0.15\sqrt{f_{ck}}\,b_w d$이다.

㉯ $\dfrac{1}{2}\phi V_c < V_u \le \phi V_c$인 경우에는 $0.0625\sqrt{f_{ck}}\,\dfrac{b_w s}{f_{yt}}$ 만큼의 전단보강철근을 배치해야 하고, 이 값은 $0.35\dfrac{b_w s}{f_{yt}}$ 보다 작지 않아야 한다.

㉰ $V_u > \phi V_c$인 경우에는 $V_s = \dfrac{V_u}{\phi} - V_c$ 만큼은 보강되어야 한다.

㉱ 전단강도 V_s는 $0.2\left(1 - \dfrac{f_{ck}}{250}\right)f_{ck}\,b_w d$를 넘어서는 안된다.

[해설] 콘크리트의 공칭전단강도는 $\dfrac{1}{6}\lambda\sqrt{f_{ck}}\,b_w d$이다.

해답 45. ㉯ 46. ㉯ 47. ㉰ 48. ㉰ 49. ㉮

50. 강도설계법에서 계수전단응력을 구하는 식은? (단, V_u는 계수전단력, U는 철근 둘레의 총 길이, b_w는 보의 폭, d는 보의 유효깊이임) [98⑪]

㉮ $v_u = \dfrac{V}{b_w d}$ ㉯ $v_u = \dfrac{V}{\phi b_w d}$

㉰ $v_u = \dfrac{V}{Ujd}$ ㉱ $v_u = \dfrac{V}{\phi Ujd}$

[해설] 계수전단응력 : $v_u = \dfrac{V_u}{b_w d}$

51. 강도설계법에 의해 전단부재를 설계할 때 보의 폭이 300mm, 유효깊이가 500mm라면 이때 수직 스터럽의 최대간격은 얼마이어야 하는가? [96, 00⑪]

㉮ 250 mm ㉯ 300 mm
㉰ 400 mm ㉱ 500 mm

[해설] 부재축에 직각으로 설치된 스터럽의 간격은 $\dfrac{d}{2}$ 이하, 600mm 이하가 되도록 배치해야 한다.

$\therefore \left[\dfrac{d}{2},\ 600\,\text{mm}\right]_{\min} = \left[\dfrac{500}{2},\ 600\,\text{mm}\right]_{\min} = 250\,\text{mm}$

52. 강도설계법에서 전단철근인 수직스터럽의 최대 간격은? [00⑪]

㉮ 0.8d 이상 600mm 이상
㉯ 500mm 이하
㉰ 0.5d 이하 600mm 이하
㉱ 600mm 이상

[해설] 수직 스터럽의 간격 : $\dfrac{d}{2}$ 이하, 600mm 이하

53. 철근콘크리트 부재에서 전단철근으로 부재축에 직각인 스터럽을 사용할 때 최대간격은 얼마이어야 하는가? (단, d는 부재의 유효깊이 이다.) [05⑪]

㉮ d와 400mm 중 최소값 이하
㉯ d와 600mm 중 최소값 이하
㉰ 0.5d와 400mm 중 최소값 이하
㉱ 0.5d와 600mm 중 최소값 이하

[해설] 수직 스터럽의 간격 : $\dfrac{d}{2}$ 이하, 600mm 이하

$\therefore \left[\dfrac{d}{2},\ 600\,\text{mm}\right]$ 중 최솟값 이하

54. 강도설계에서 전단보강철근의 공칭전단강도 V_s가 $\dfrac{1}{3}\lambda\sqrt{f_{ck}}\cdot b_w \cdot d$를 초과하는 경우 전단보강철근의 최대간격은? (단, b_w는 복부의 폭이고, d는 유효 깊이이다.) [97, 01㉮]

㉮ $\dfrac{d}{2}$ 이하, 600mm 이하
㉯ $\dfrac{d}{2}$ 이하, 300mm 이하
㉰ $\dfrac{d}{4}$ 이하, 600mm 이하
㉱ $\dfrac{d}{4}$ 이하, 300mm 이하

[해설] 전단철근의 전단강도 V_s가 $\dfrac{1}{3}\lambda\sqrt{f_{ck}}\cdot b_w \cdot d$를 초과하는 경우 전단철근의 간격은 1/2로 감소시켜야 한다.

$\therefore$ 수직 스터럽의 간격 : $\dfrac{d}{4}$ 이하, 300mm 이하

55. 전단철근이 부담하는 전단력 $V_s = 150$kN 일 때, 수직스터럽으로 전단보강을 하는 경우 최대 배치간격은 얼마 이하인가? ($f_{ck}=28$ MPa, 전단철근의 단면적=125mm², $f_{yt}=400$MPa, $b_w=300$mm, $d=500$mm) [00㉮]

㉮ 600mm ㉯ 333mm
㉰ 250mm ㉱ 167mm

[해설] ① 전단철근의 전단강도 검토

$\left(\dfrac{\lambda\sqrt{f_{ck}}}{3}\right)b_w d = \left(\dfrac{1.0\sqrt{28}}{3}\right) \times 300 \times 500$
$= 264{,}575\,\text{N}$

$\therefore V_s = 150\,\text{kN} < \left(\dfrac{\lambda\sqrt{f_{ck}}}{3}\right)b_w d$

② 전단철근의 간격

$s = \dfrac{A_v f_{yt} d}{V_s} = \dfrac{125 \times 400 \times 500}{150 \times 10^3} = 166.7\,\text{mm}$

$\dfrac{d}{2} = \dfrac{500}{2} = 250\,\text{mm}$ 이하, 600 mm 이하

$\therefore$ 최솟값 167mm 이하로 한다.

해답 50. ㉮   51. ㉮   52. ㉰   53. ㉱   54. ㉱   55. ㉱

56. 철근콘크리트 구조물의 전단철근 상세에 대한 다음 설명 중 잘못된 것은? [01 ㉮]

㉮ 스터럽의 간격은 어떠한 경우이든 600mm 이하로 하여야 한다.
㉯ 주철근에 45도 이상의 각도로 설치되는 스터럽은 전단철근으로 사용할 수 있다.
㉰ 벽체의 전단철근 또는 용접이형철망을 제외한 전단철근의 설계기준항복강도 f_{yt}는 550MPa을 초과하여 취할 수 없다.
㉱ 전단철근은 압축연단에서 d 거리까지 연장되어야 한다.

[해설] 전단철근의 설계기준항복강도는 500 MPa를 초과하여 취할 수 없다.

57. 강도설계법에 의한 전단설계에 대한 설명 중에서 옳지 않은 것은? [99 ㉮, 96 ㉱]

㉮ $1/2\phi V_c < V_u \leq \phi V_c$인 경우는 최소전단철근을 배치해야 한다.
㉯ 전단철근의 설계기준항복강도는 500 MPa을 초과할 수 없다.
㉰ $V_s \leq \frac{2}{3}\sqrt{f_{ck}}b_wd$ 이어야 한다.
㉱ $V_s > \frac{1}{3}\lambda\sqrt{f_{ck}}b_wd$인 경우의 전단철근의 간격은 $V_s \leq \frac{1}{3}\lambda\sqrt{f_{ck}}b_wd$인 경우 보다 2배로 늘려야 한다.

[해설] 전단철근의 전단강도 V_s가 $\frac{1}{3}\lambda\sqrt{f_{ck}}b_wd$를 초과하는 경우 전단철근의 간격은 1/2로 감소시켜야 한다.

58. 유효깊이가 800mm인 보를 강도설계법에 의해 설계했을 때 전단보강철근이 부담하는 전단력 V_s가 $\frac{1}{3}\lambda\sqrt{f_{ck}}\,b_wd$를 초과한다면 수직스터럽을 배치할 때의 최대간격은 얼마이어야 하는가? (단, f_{ck} : 콘크리트의 설계기준강도, b_w : 보의 폭, d : 보의 유효깊이) [97, 00 ㉱]

㉮ 200 mm   ㉯ 400 mm
㉰ 600 mm   ㉱ 800 mm

[해설] 전단철근의 전단강도 V_s가 $\frac{1}{3}\lambda\sqrt{f_{ck}}b_wd$를 초과하는 경우 전단철근의 간격은 1/2로 감소시켜야 한다. 따라서 $\frac{d}{4}$ 이하, 300mm 이하로 한다.
$\therefore \left[\frac{d}{4},\ 600\,mm\right]_{min} = \left[\frac{800}{4},\ 300mm\right]_{min} = 200\,mm$

59. 이론상 전단보강철근이 필요 없지만 최소전단철근량 $A_s = 0.0625\sqrt{f_{ck}}\frac{b_wS}{f_{yt}} \geq 0.35\frac{b_wS}{f_{yt}}$를 배치하도록 규정하고 있다. 계수전단력(factored shear) V_u의 범위가 맞는 것은? (단, 강도설계법이고, V_c는 콘크리트가 부담하는 전단강도이다.) [82, 93 ㉮, 90, 96 ㉱]

㉮ $V_u \leq \phi \cdot V_c$
㉯ $V_c/2 < V_u \leq V_c$
㉰ $\frac{\phi \cdot V_c}{2} < V_u \leq \phi \cdot V_c$
㉱ $V_u \leq V_c$

[해설] 최소전단보강이 필요한 경우 : $\frac{1}{2}\phi V_c < V_u \leq \phi V_c$

60. 계수하중에 의한 전단력 $V_u = 75$ kN을 받을 수 있는 직사각형 단면을 설계하려고 한다. 전단철근의 최소량을 사용할 경우 필요한 보통중량 콘크리트의 최소단면적 b_wd는 얼마인가? (단, f_{ck}=28 MPa, f_{yt}= 300 MPa) [00 ㉮]

㉮ 101,300 mm²   ㉯ 103,000 mm²
㉰ 106,300 mm²   ㉱ 113,400 mm²

[해설] 최소 전단철근을 배근하는 경우
$\frac{1}{2}\phi V_c < V_u \leq \phi V_c$에서
$\frac{1}{2}\phi\left(\frac{1}{6}\lambda\sqrt{f_{ck}}b_wd\right) < V_u \leq \phi\left(\frac{1}{6}\lambda\sqrt{f_{ck}}b_wd\right)$
∴ 콘크리트의 최소 단면적
$b_wd = \frac{6V_u}{\phi\lambda\sqrt{f_{ck}}} = \frac{6\times(75\times10^3)}{0.75\times1.0\sqrt{28}}$
$= 113,389.3\,mm^2 ≒ 113,400\,mm^2$

61. 철근콘크리트 보에서 전단보강철근의 설계에 대한 설명 중 틀린 것은? [97㉮, 98㉯]

㉮ 계수전단강도 V_u가 ϕV_c보다 작으면 전단보강이 필요 없다.
㉯ 전단보강철근의 f_{yt}는 항상 500 MPa 이하라야 한다.
㉰ 수직스터럽의 간격은 $d/2$ 이하, 600 mm 이하라야 한다.
㉱ 전단보강철근이 받아야 할 전단강도 V_s는 $0.2\left(1-\dfrac{f_{ck}}{250}\right)f_{ck}b_w d$ 이하라야 한다.

[해설] V_u가 ϕV_c보다 작다 하더라도 $\dfrac{1}{2}\phi V_c$를 초과하면 최소전단보강이 필요하다.

62. 계수하중에 의한 전단력이 $V_u = 550\,\text{kN}$인 경우 $b=300\,\text{mm},\ d=500\,\text{mm}$이고 $f_{ck}=24\,\text{MPa}$인 직사각형 단면보의 전단보강에 관한 설명 중 옳은 것은? (단, 보통중량 콘크리트이다.) [01㉯]

㉮ 인장철근을 2단으로 배치한다.
㉯ 최소 전단철근을 배치한다.
㉰ 전단보강이 필요하다.
㉱ 콘크리트의 단면을 증가시켜야 한다.

[해설] (1) 콘크리트의 전단강도
$$V_c = \left(\frac{\lambda\sqrt{f_{ck}}}{6}\right)b_w d = \left(\frac{1.0\sqrt{24}}{6}\right)\times 300\times 500$$
$$= 122{,}474.49\,\text{kN} \fallingdotseq 122.48\,\text{kN}$$
(2) 전단보강 유무 판단
$V_u = 550\,\text{kN} > \phi V_c = 0.75\times 122.48$
$= 91.86\,\text{kN}$이므로 전단보강을 실시한다.
(3) 전단철근의 전단강도
$V_s = \dfrac{V_u}{\phi} - V_c = \dfrac{550}{0.75} - 91.9 = 610.8\,\text{kN}$
$0.2\left(1-\dfrac{f_{ck}}{250}\right)f_{ck}b_w d = 0.2\left(1-\dfrac{24}{250}\right)$
$\times 24\times 300\times 500 = 650{,}880\,\text{N} \fallingdotseq 651\,\text{kN}$
∴ $V_u > \phi V_c,\ V_s < 0.2\left(1-\dfrac{f_{ck}}{250}\right)f_{ck}b_w d$이므로 규정에 따라 전단철근을 배치한다.

63. 전단보강철근의 설계항복강도는 다음 어느 값을 초과할 수 없는가? [99, 93㉮]

㉮ 400 MPa
㉯ 420 MPa
㉰ 500 MPa
㉱ 520 MPa

[해설] 전단철근의 설계기준항복강도는 500MPa을 초과할 수 없다.(단, 벽체의 전단철근과 용접철망은 600MPa 이하)

64. 강도설계법에서 그림과 같은 단철근 직사각형보에서 수직스터럽(stirrup)의 간격을 300mm로 할 때 최소전단보강철근의 단면적은 얼마 이상이면 좋겠는가? (단, $f_{ck}=21\,\text{MPa},\ f_{yt}=300\,\text{MPa}$) [96, 99㉮]

㉮ 50 mm²
㉯ 190 mm²
㉰ 105 mm²
㉱ 225 mm²

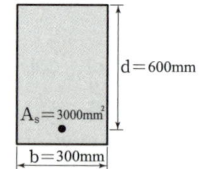

[해설] 최소 전단 철근량($A_{v,\,\text{min}}$)
· $0.0625\sqrt{f_{ck}}\dfrac{b_w s}{f_{yt}} = 0.0625\sqrt{21}\times\dfrac{300\times 300}{300}$
$= 85.92\,\text{mm}^2 \fallingdotseq 86\,\text{mm}^2$
· $0.35\dfrac{b_w s}{f_{yt}} = 0.35\times\dfrac{300\times 300}{300} = 105\,\text{mm}^2$
∴ 둘 중 큰 값을 사용하므로 $A_{v,\,\text{min}} = 105\,\text{mm}^2$

65. 그림에 나타난 직사각형 단철근보의 공칭전단강도 V_n을 계산하면? (단, 철근 D13을 스터럽(stirrup)으로 사용하며, 스터럽 간격은 150mm이다. 철근 D13 1본의 단면적은 126.7mm², 보통콘크리트의 $f_{ck}=$ 28MPa, $f_{yt}=350$MPa이다.) [05㉮]

㉮ 120 kN
㉯ 133 kN
㉰ 253 kN
㉱ 385 kN

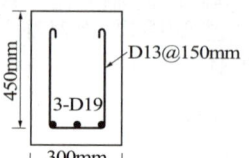

해답 61. ㉮   62. ㉰   63. ㉰   64. ㉰   65. ㉱

해설
$$V_n = V_c + V_s = \left(\frac{\lambda\sqrt{f_{ck}}}{6}\right)b_w d + \frac{A_v f_{yt} d}{s}$$
$$= \left(\frac{1.0\sqrt{28}}{6}\right) \times 300 \times 450 + \frac{(2 \times 126.7) \times 350 \times 450}{150}$$
$$= 385,129 \text{ N} = 385 \text{ kN}$$

66. 다음 중 전단마찰로서 설계할 수 있는 경우가 아닌 것은? [01 ㉮]

㉮ 기둥과 브래킷의 접합면
㉯ 콘크리트와 강재의 접합면
㉰ 굳은 콘크리트와 여기에 이어친 콘크리트와의 접합면
㉱ 높이가 변화하는 보의 지점부 단면

해설 전단마찰은 균열발생 가능면이나 두 개의 접합면에서 발생한다.

67. 전단마찰에 의한 최대전단강도(V_n)는 다음 중 어느 것인가? (단, f_{ck}는 보통콘크리트의 설계기준 압축강도이다.) [00, 01 ㉮]

㉮ $0.2f_{ck}b_w d$, $(3.3+0.08f_{ck})b_w d$, $11b_w d$ 이하
㉯ $0.2f_{ck}b_w d$ 또는 $5.5b_w d(N)$ 이하
㉰ $0.25f_{ck}b_w d$ 또는 $(3.3+0.08f_{ck})b_w d(N)$ 이하
㉱ $0.25f_{ck}b_w d$ 또는 $5.5b_w d$ 이하

해설 공칭전단강도(V_n)의 제한
① 보통콘크리트의 경우
  $0.2f_{ck}b_w d$, $(3.3+0.08f_{ck})b_w d$ 및 $11b_w d$ 중 가장 작은 값 이하
② 전경량콘크리트 또는 모래경량콘크리트
  $(0.2-0.07a_v/d)f_{ck}b_w d$와
  $(5.6-2.0a_v/d)f_{ck}b_w d$ 중의 작은 값 이하

68. 철근콘크리트 부재 단면에서 전단마찰을 계산할 때 전단 전달을 고려하는 것이 적절한 경우가 아닌 것은? [92 ㉯]

㉮ 균열이 발생할 가능성이 있는 면
㉯ 서로 다른 재료간의 접촉면
㉰ 서로 다른 시기에 친 두 콘크리트 사이의 접촉면
㉱ 가장 큰 압축력이 작용하는 면

해설 전단마찰은 균열발생 가능면이나 두 개의 접합면에서 발생한다.

69. 전단설계시에 깊은 보(deep beam)란 부재의 상부 또는 압축면에 하중이 작용하는 부재로 l_n/h이 얼마보다 작은 경우인가? (단, l_n : 받침부 내면 사이의 순경간, h : 보의 높이) [01 ㉮]

㉮ 3   ㉯ 4
㉰ 5   ㉱ 6

해설 깊은 보의 정의
① 순경간 l_n이 부재깊이 h의 4배 이하인 경우
② 받침부 내면에서 부재깊이의 2배 이하인 위치에 집중하중이 작용하는 경우는 집중하중과 받침부 사이의 구간이 4보다 작고 부재의 상부 또는 압축면에 하중이 작용하는 부재를 구조기준에서는 깊은 보로 규정하고 있다.

70. 전체깊이 h가 900mm을 초과하는 깊은 휨부재 복부의 양측면에 부재 축방향으로 배근하는 철근의 명칭은? [01 ㉯]

㉮ 표피철근   ㉯ 배력철근
㉰ 피복철근   ㉱ 연결철근

해설 보의 전체깊이 h가 900mm를 초과하는 경우 종방향 표피철근을 부재 양쪽 표면을 따라 배근해야 하며, 인장연단으로부터 $h/2$지점까지 균일하게 배근한다.

해답 66. ㉱ 67. ㉮ 68. ㉱ 69. ㉯ 70. ㉮

■■■ 비틀림

71. 경량콘크리트를 사용한 경우 전단강도 V_c에 대한 설명 중 옳지 않은 것은?

㉮ 평균 쪼갬인장강도(f_{sp})의 값이 주어진 경우에는 보통중량 콘크리트의 V_c에 포함된 $\sqrt{f_{ck}}$에 경량콘크리트보정계수 1/2.5을 곱한다.
㉯ 경량콘크리트에 대한 전단강도는 보통중량 콘크리트에 대한 전단강도를 넘을 수 없기 때문에 상한값이 규정되어 있다.
㉰ f_{sp}가 명시되어 있지 않는 경우는 V_c와 M_{cr}에 영향을 주는 모든 $\sqrt{f_{ck}}$의 값은 전경량콘크리트에 대해서는 0.75, 모래경량 콘크리트에 대해서는 0.85의 경량콘크리트보정계수를 곱해야 한다.
㉱ f_{sp}가 명시되어 있지 않은 경우에는 V_c와 M_{cr}에 영향을 주는 모든 $\sqrt{f_{ck}}$의 값은 경량골재로 치환하는 체적비에 따라 직선보간한 경량콘크리트보정계수를 사용한다.

[해설] f_{sp}가 주어진 경우 경량콘크리트보정계수는 $\lambda = \dfrac{f_{sp}}{0.56\sqrt{f_{ck}}}$ 이다.

72. 비틀림철근에 대한 설명 중 맞는 것은? [96 ㉮]

㉮ 계수비틀림모멘트가 T_u가 $\phi(\lambda\sqrt{f_{ck}}/12)\dfrac{A_{cp}^2}{p_{cp}}$보다 크면, 쪼갬인장강도 f_{sp}에 요구되는 단면적이 $3.5\dfrac{b_w \cdot s}{f_{yt}}$ 이상이어야 한다.
㉯ 횡방향 비틀림철근의 간격은 400mm보다 작아야 하고, $\dfrac{x_1 + y_1}{4}$보다 작아야 한다.
㉰ 스터럽의 각 모서리에는 최소 1개의 종방향 철근을 두어야 한다.
㉱ 공칭비틀림강도 T_n을 계산할 때 콘크리트의 공칭비틀림강도 T_c와 공칭전단강도 V_c의 영향을 고려하여야 한다.

[해설] ㉮ T_u가 $\phi(\lambda\sqrt{f_{ck}}/12)\dfrac{A_{cp}^2}{p_{cp}}$를 초과하면 비틀림철근을 종·횡으로 배치한다.
㉯ 횡방향 비틀림철근의 간격은 300mm 이하, $\dfrac{p_h}{8}$ 이하로 한다.
㉱ T_n계산에서 $T_c = 0$이고 V_c에는 영향을 미치지 않는다고 가정한다.

73. 비틀림모멘트를 받는 부재의 설계에 대한 설명 중 틀린 것은?

㉮ 계수비틀림모멘트가 $\phi(\lambda\sqrt{f_{ck}}/12)\dfrac{A_{cp}^2}{p_{cp}}$보다 클 때 비틀림 설계를 해야 한다.
㉯ 비틀림부재의 강도감소계수 $\phi = 0.75$이다.
㉰ 종방향 비틀림철근은 부재의 둘레 주위에 350mm 미만 간격으로 배치한다.
㉱ 비틀림철근의 설계항복강도는 최대 500MPa이다.

[해설] 종방향 비틀림철근은 폐쇄스터럽의 둘레를 따라 300mm 이하의 간격으로 분포시켜야 한다.

74. 철근콘크리트 부재의 비틀림철근 상세에 대한 설명으로 틀린 것은? [01 ㉮]

㉮ 종방향 비틀림철근은 양단에 정착되어야 한다.
㉯ 횡방향 비틀림철근의 간격은 $P_h/8$ 보다 작아야 하고 또한 200mm보다 작아야 한다.
㉰ 비틀림에 대한 종방향철근은 폐쇄스터럽의 둘레를 따라 300mm 이하의 간격으로 분포시켜야 한다.
㉱ 종방향 철근의 직경은 스터럽 간격의 1/24 이상이 되어야 하며, D10 이상이어야 한다.

[해설] 횡방향 비틀림철근의 간격은 300mm 이하, $\dfrac{p_h}{8}$ 이하로 한다.

해답 71. ㉮ 72. ㉰ 73. ㉰ 74. ㉯

75. 철근콘크리트 구조물에서 비틀림철근으로 사용할 수 없는 것은? [05㉔]

㉮ 부재축에 수직인 폐쇄스터럽
㉯ 부재축에 수직인 횡방향 강선으로 구성된 폐쇄용접철망
㉰ 프리스트레싱되지 않은 부재에서 나선철근
㉱ 주인장철근에 30도 이상의 각도로 구부린 굽힘철근

[해설] 횡방향 비틀림철근은 종방향 비틀림철근을 둘러싸야 하므로 반드시 폐쇄형을 사용해야 한다.

76. b_w=250mm이고, h=500mm인 직사각형 단면에 균열을 일으키는 비틀림모멘트 T_{cr}은 얼마인가? (단, 보통중량 콘크리트이며, f_{ck}=28MPa 이다.) [05㉮]

㉮ 9.8 kN·m   ㉯ 11.3 kN·m
㉰ 12.5 kN·m ㉱ 18.4 kN·m

[해설] 균열 비틀림 모멘트
$$T_{cr} = \left(\frac{\lambda\sqrt{f_{ck}}}{3}\right) \cdot \frac{A_{cp}^2}{p_{cp}}$$
$$= \left(\frac{1.0 \times \sqrt{28}}{3}\right) \times \frac{(250 \times 500)^2}{2 \times 250 + 2 \times 500}$$
$$= 18,373,273 \text{ N·mm} ≒ 18.4 \text{ kN·m}$$

77. 철근콘크리트 보에 배치하는 복부 철근에 대한 설명 중에서 틀리는 것은?

㉮ 복부 철근은 사인장응력에 대하여 배치하는 철근이다.
㉯ 복부 철근은 휨모멘트가 가장 크게 작용하는 곳에 배치하는 철근이다.
㉰ 복부 철근의 종류는 절곡 철근과 스터럽이 있다.
㉱ 인장응력과 전단력의 합성력인 사인장응력에 대응하기 위해 보강하는 철근이다.

[해설] 복부철근의 사인장응력(전단응력)에 의한 사인장균열을 제어하기 위하여 배치하는 철근이다.

78. 전단응력과 전단균열에 대한 설명 중에서 옳은 것은?

㉮ 철근콘크리트보의 중립축 이하에서는 45° 경사 방향으로 사인장응력이 발생하여 사인장균열을 일으킨다.
㉯ 사인장균열은 휨응력에 의해서 발생하며 그 값이 f로 나타나므로 전단균열이라고 한다.
㉰ 전단응력은 중립축에서 가장 크고 단순보의 중앙부근이 지점부근보다 더 크다.
㉱ 전단응력은 단면의 상·하단에서 가장 크고 중립축에서는 0이다.

[해설] ㉯ 사인장균열은 사인장응력(전단응력)에 의해 발생하므로 전단균열이라 한다.
㉰ 단순보의 중앙에서는 전단력이 0에 가까우므로 전단응력은 지점부근이 중앙부보다 더 크다.
㉱ 비균열단면으로 가정하면 전단응력은 상·하단에서 0이고, 중립축에서 최대가 된다.

79. 일반적으로 사용되고 있는 전단철근의 종류를 열거한 것 중 옳지 않은 것은?

㉮ 주철근에 수직한 U형 스터럽
㉯ 주철근에 30° 이상의 경사를 이루는 경사 스터럽
㉰ 주철근의 수평부분과 30° 또는 그 이상의 각을 이루도록 구부려 올린 굽힘철근
㉱ 주철근에 수직한 폐합스터럽

[해설] 경사스터럽은 45° 이상의 경사로 배치하여야 한다.

80. 다음에서 최소 전단철근량만을 배치해도 좋은 범위는? (단, V_u는 계수 전단강도(factored shear)이고, V_c는 콘크리트가 부담하는 공칭전단강도이다.)

㉮ $V_u \leq 0.5\phi V_c$
㉯ $0.5\phi V_c < V_u \leq 0.8\phi V_c$
㉰ $0.5\phi V_c < V_u \leq \phi V_c$
㉱ $V_u > \phi V_c$

[해설] 최소전단철근을 배치하는 경우
$$\frac{1}{2}\phi V_c < V_u \leq \phi V_c$$

해답 75. ㉱ 76. ㉱ 77. ㉯ 78. ㉮ 79. ㉯ 80. ㉰

81. 전단에 대한 설명 중 잘못된 것은?

㉮ 휨모멘트가 작게 생기는 단면에는 전단강도를 $0.29\sqrt{f_{ck}}\,b_w d$ 까지 볼 수 있다.
㉯ 공칭 전단강도 ϕV_c 가 V_u 이상이면 전단보강은 필요하지 않다.
㉰ 전단철근으로 부담하는 전단강도 V_s 가 $0.2\left(1-\dfrac{f_{ck}}{250}\right)f_{ck} b_w d$ 이상이면 복부 콘크리트의 압축 파쇄가 일어난다.
㉱ 전단철근, 복부철근, 사인장철근은 전단보강철근이라는 면에서 같은 의미를 나타낸다.

[해설] V_u 가 ϕV_c 보다 작다 하더라도 $\dfrac{1}{2}\phi V_c$ 를 초과하면 최소전단보강이 필요하다.

82. 강도설계시에 보통중량 콘크리트가 부담하는 전단강도 V_c 는 강도 감소계수 ϕ_v 를 고려하지 않을 때 얼마인가? (단, $f_{ck}=24\,\text{MPa}$, 부재의 폭 300mm, 부재의 유효높이 500mm이며 전단과 휨을 받는 것으로 하여 실용식으로 계산한다.)

㉮ 105.74kN ㉯ 110.08kN
㉰ 1184.3kN ㉱ 122.47kN

[해설] $V_c = \left(\dfrac{\lambda\sqrt{f_{ck}}}{6}\right)b_w d$
$= \left(\dfrac{1.0\times\sqrt{24}}{6}\right)\times 300\times 500$
$= 122,474\,\text{N} = 122.47\,\text{kN}$

83. 전혀 전단철근을 사용하지 않는 경우, 계수하중에 의한 전단력 40kN을 지지할 수 있는 직사각형보의 최소의 단면적($b_w d$)은 얼마인가? (단, 보통중량 콘크리트의 $f_{ck}=21\,\text{MPa}$ 이다.)

㉮ 65,100mm^2 ㉯ 139,660mm^2
㉰ 195,300mm^2 ㉱ 293,000mm^2

[해설] 전단철근을 배치하지 않는 경우
$V_u \leq \dfrac{1}{2}\phi V_c = \dfrac{1}{2}\phi\left(\dfrac{\lambda\sqrt{f_{ck}}}{6}\right)b_w d$
$b_w d \geq \dfrac{12V_u}{\phi\lambda\sqrt{f_{ck}}} = \dfrac{12\times(40\times10^3)}{0.75\times(1.0\sqrt{21})} = 139,660\,\text{mm}^2$

84. 강도설계법에서 전단과 휨만을 받는 부재에 보통중량 콘크리트가 부담하는 공칭 전단강도 V_c 를 구하는 근사식은 다음 어느 것인가? (단, $f_{ck}=21\text{MPa}$, $b_w=300\text{mm}$, $d=500\text{mm}$)

㉮ 114kN ㉯ 35kN
㉰ 150kN ㉱ 95kN

[해설] $V_c = \dfrac{1}{6}\lambda\sqrt{f_{ck}}\,b_w d$
$= \dfrac{1}{6}(1.0\sqrt{21})\times300\times500$
$= 114,564\,\text{N} \approx 114\,\text{kN}$

85. 강도설계법에 의해서 전단철근을 사용하지 않고 계수하중에 의한 전단력 $V_u=30\,\text{kN}$ 을 지지하려면 직사각형 단면보의 최소 면적은 얼마인가? (단, 보통중량 콘크리트의 $f_{ck}=28\,\text{MPa}$)

㉮ 90,710mm^2
㉯ 96,650mm^2
㉰ 108,000mm^2
㉱ 128,300mm^2

[해설] 전단철근 없이 계수하중을 지지할 조건
$V_u \leq \dfrac{1}{2}\phi V_c = \dfrac{1}{2}\phi\left(\dfrac{\lambda\sqrt{f_{ck}}}{6}\right)b_w d$
$b_w d \geq \dfrac{12V_u}{\phi\lambda\sqrt{f_{ck}}} = \dfrac{12\times(30\times10^3)}{0.75\times(1.0\sqrt{28})}$
$= 90,711\,\text{mm}^2$

86. 하중계수를 사용한 계수전단력 $V_u=71.6\,\text{kN}$ 을 받을 수 있는 직사각형 단면을 설계하고자 한다. 전단철근의 최소량을 사용할 경우 필요한 콘크리트의 최소 단면적 $b_w d$ 는 얼마인가? (단, $f_{ck}=28\text{MPa}$이다.)

㉮ 47,500mm^2
㉯ 95,000mm^2
㉰ 108,250mm^2
㉱ 130,200mm^2

해답 81. ㉯ 82. ㉱ 83. ㉯ 84. ㉮ 85. ㉮ 86. ㉰

[해설] 전단철근의 최소량을 사용할 범위

$\frac{1}{2}\phi V_c < V_u \leq \phi V_c$ 에서

$\frac{1}{2}\phi\left(\frac{\lambda\sqrt{f_{ck}}}{6}\right)b_w d < V_u \leq \phi\left(\frac{\lambda\sqrt{f_{ck}}}{6}\right)b_w d$

두 식을 모두 계산하여 작은 값이 최소의 단면적이다.

① $b_w d < \dfrac{12 V_u}{\phi\lambda\sqrt{f_{ck}}} = \dfrac{12\times(71.6\times 10^3)}{0.75\times(1.0\sqrt{28})}$

$\fallingdotseq 216,500\,mm^2$

② $b_w d \geq \dfrac{6 V_u}{\phi\lambda\sqrt{f_{ck}}} = \dfrac{6\times(71.6\times 10^3)}{0.75\times(1.0\sqrt{28})}$

$\fallingdotseq 108,250\,mm^2$

∴ $108,250\,mm^2 < b_w d \leq 216,500\,mm^2$

최소 콘크리트의 단면적 $b_w d = 108,250\,mm^2$이다.

87. 강도설계법에서 보의 공칭 전단력을 구하는 식으로 옳은 것은? (단, V_u는 단면에 작용하는 극한 전단력, b_o는 보의 폭, d는 보의 유효 높이임)

㉮ $\dfrac{V_u}{0.8 b_w d}$ ㉯ $\dfrac{V_u}{0.75 b_w d}$

㉰ $\dfrac{b_w d}{0.7 V_u}$ ㉱ $\dfrac{b_w d}{0.8 V_u}$

[해설] $v_n = \dfrac{V_n}{b_w d} = \dfrac{V_u}{\phi b_w d} = \dfrac{V_u}{0.75 b_w d}$

$\left[V_u = \phi V_n \text{에서 } V_n = \dfrac{V_u}{\phi}\right]$

88. 부재의 같은 부분을 경사 스터럽과 굽힘철근을 전단보강하여 경사 스터럽의 $V_s = 1,600\,kN$, 굽힘철근의 $V_s = 2,400\,kN$으로 계산되었다면, 이 부재의 같은 부분에 보강된 V_s는 얼마인가?

㉮ 800kN ㉯ 1,600kN
㉰ 2,400kN ㉱ 4,000kN

[해설] 경사스터럽과 굽힘철근이 부재의 같은 부분을 보강하기 위해 사용되었으므로 V_s는 합산하여 계산한다.

∴ $V_s = 1,600 + 2,400 = 4,000\,kN$

89. 강도설계법에서 콘크리트가 부담하는 공칭 전단강도는 다음 중 어느 것인가? (단, 전단과 휨만을 받는 부재로 생각한다.)

㉮ $V_c = 0.65\lambda\sqrt{f_{ck}}\,b_w d$
㉯ $V_c = 0.33\lambda\sqrt{f_{ck}}\,b_w d$
㉰ $V_c = 0.24\lambda\sqrt{f_{ck}}\,b_w d$
㉱ $V_c = 0.17\lambda\sqrt{f_{ck}}\,b_w d$

[해설] $V_c = \dfrac{1}{6}\lambda\sqrt{f_{ck}}\,b_w d = 0.17\lambda\sqrt{f_{ck}}\,b_w d$

90. 부재축에 직각으로 설치하는 스터럽의 최대 간격은 다음 어느 값인가? (단, 강도설계법에 의함, d는 부재의 유효높이)

㉮ 0.3d 이하, 300mm 이하
㉯ 0.5d 이하, 300mm 이하
㉰ 0.3d 이하, 600mm 이하
㉱ 0.5d 이하, 600mm 이하

[해설] 수직 스터럽의 간격 : 0.5d 이하, 600mm 이하

91. 계수전단력 V_u가 $\frac{1}{2}\phi V_c < V_u < \phi V_c$일 때 철근콘크리트 휨부재의 전단철근의 최소 단면적은? (단, $b_w = 300\,mm$, 전단철근의 간격 $s = 200\,mm$, $f_{ck} = 35\,MPa$, $f_y = 300\,MPa$이다.)

㉮ 50mm² ㉯ 74mm²
㉰ 108mm² ㉱ 120mm²

[해설] 최소 전단 철근량($A_{v,min}$)

· $0.0625\sqrt{f_{ck}}\dfrac{b_w s}{f_{yt}} = 0.0625\sqrt{35}\times\dfrac{200\times 300}{300}$

$= 73.95\,mm^2 \fallingdotseq 74\,mm^2$

· $0.35\dfrac{b_w s}{f_{yt}} = 0.35\times\dfrac{200\times 300}{300}$

$= 70\,mm^2$

∴ 둘 중 큰 값을 사용하므로 $A_{v,min} = 74\,mm^2$

해답 87. ㉯ 88. ㉱ 89. ㉱ 90. ㉱ 91. ㉯

92. W형 스터럽에서 $\phi 6(A_s = 28.3\,\text{mm}^2)$일 때 스터럽 1조의 단면적은 얼마인가?

㉮ 113.2mm²
㉯ 84.9mm²
㉰ 56.6mm²
㉱ 28.3mm²

[해설] W형 스터럽이므로
$$A_v = A_s \times 4 = 28.3 \times 4 = 113.2\,\text{mm}^2$$

93. 강도설계법에서 그림과 같은 단철근 직사각형보에 수직스터럽(stirrup)의 간격을 300mm로 할 때 최소 전단철근의 단면적은 얼마 이상이면 좋겠는가? (단, $f_{ck} = 21\,\text{MPa}$, $f_y = 300\,\text{MPa}$ 이다.)

㉮ 50mm²
㉯ 190mm²
㉰ 105mm²
㉱ 225mm²

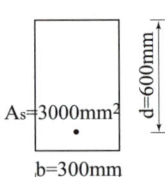

[해설] 최소 전단 철근량($A_{v,\min}$)

$f_{ck} \leq 31\,\text{MPa}$: $A_{v,\min} = \dfrac{0.35 b_w s}{f_y}$

$f_{ck} \geq 32\,\text{MPa}$ $A_{v,\min} = 0.0625\sqrt{f_{ck}}\dfrac{b_w s}{f_{yt}}$

$\therefore A_{v,\min} = \dfrac{0.35 \times 300 \times 300}{300} = 105\,\text{mm}^2$

해답 92. ㉮ 93. ㉰

제5장 철근의 정착과 이음

출제경향분석

철근상세에서는 철근을 배근하는 최소간격과 콘크리트 표면으로부터 철근까지의 최소거리인 최소피복두께에 관한 규정을 학습한다. 그리고 철근의 정착과 이음을 공부한다. 출제빈도는 1~2문제 정도이다.

단원별 경향분석

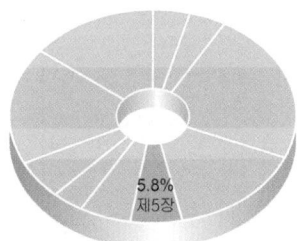

토목기사

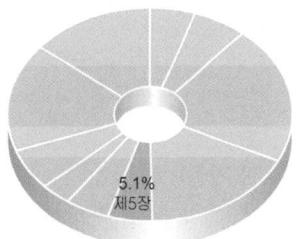

토목산업기사

항목별 경향분석

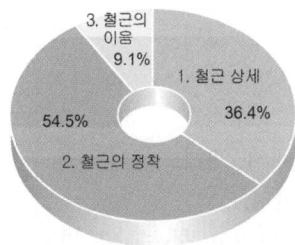

토목기사

토목산업기사

1 철근 상세

> **학습방향**
>
> 단순한 암기를 요구하는 내용이 대부분이며, 합리적인 사고를 바탕으로 정리하면 암기하는데 도움이 될 것이다. 예를 들어 다음과 같이 해야만 하는 이유를 생각해 보자. 습기에 많이 노출된 환경에서의 피복두께는 크게 하고, 건조한 환경에서는 작게 한다. 그리고 사용되는 철근이 굵으면 피복두께는 크게 하고, 가늘면 피복두께는 작게 한다.

1 철근의 간격

(1) 휨부재(보)

① 주철근을 2단 이상으로 배근할 때

> ㉠ 상하철근은 동일 연직면 내에 두어야 하며,
> ㉡ 연직 순간격은 25 mm 이상이어야 한다.

② 주철근의 수평 순간격

> ㉠ 25 mm 이상
> ㉡ 굵은 골재 최대치수의 $\frac{4}{3}$ 배 이상
> ㉢ 철근의 공칭지름 이상

(2) 압축부재(기둥)

① 기둥의 축방향 철근의 순간격

> ㉠ 40 mm 이상
> ㉡ 굵은 골재 최대치수의 $\frac{4}{3}$ 배 이상
> ㉢ 철근 공칭지름의 1.5배 이상

2 다발철근

① 보에서 D35를 초과하는 철근은 다발로 사용할 수 없다.
② 철근의 개수는 2개 이상, 4개 이하로 묶어야 한다.
③ 스터럽이나 띠철근으로 둘러싸야 한다.
④ 휨부재의 경간 내에서 끝나는 한 다발철근 내의 개개 철근은 철근 지름의 40배 이상 서로 엇갈리게 끝내야 한다.
⑤ 다발철근의 순간격과 피복두께 및 도막계수 그리고 구속효과 관련항을 계산할 경우, 다발철근의 전체와 동등한 단면적과 도심을 가지는 하나의 철근으로 취급하여야 한다.

학습 POINT

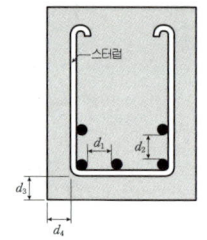

d_1: 주철근의 수평 순간격
d_2: 주철근의 연직 순간격
d_3, d_4: 피복두께

■ 다발철근은 2개 이상의 철근을 묶어서 사용하는 것을 말한다.

⑥ 다발철근의 피복두께는 50mm와 다발철근의 등가지름 중 작은 값 이상이라야 한다. 다만, 흙에 접하여 콘크리트를 친 후 영구히 흙에 묻혀 있는 경우는 피복두께를 75mm 이상, 수중에서 콘크리트를 친 경우는 100mm 이상으로 하여야 한다.

3 최소피복두께

콘크리트의 표면에서 가장 바깥쪽 철근의 표면까지의 최단거리를 피복두께라고 한다.

(1) 철근콘크리트 부재에 최소피복두께를 두는 이유

> ① 철근의 부식을 방지하기 위해
> ② 내화적인 구조물을 만들기 위해
> ③ 철근의 부착강도를 높이기 위해

(2) 현장치기 콘크리트의 최소피복두께

구 분			최소피복두께
수중에서 타설하는 콘크리트			100mm
흙에 접하여 콘크리트를 친 후 영구히 흙에 묻혀 있는 콘크리트			75mm
흙에 접하거나 옥외의 공기에 직접 노출되는 콘크리트	D19 이상 철근		50mm
	D16 이하 철근, 지름 16mm 이하의 철선		40mm
옥외의 공기나 흙에 직접 접하지 않는 콘크리트	슬래브, 벽체 장선	D35을 초과하는 철근	40mm
		D35 이하인 철근	20mm
	보, 기둥 콘크리트의 설계기준강도가 40MPa 이상이면 규정된 값에서 10mm 저감시킬 수 있다.		40mm
	쉘, 절판 부재		20mm

핵심예제 1

철근의 피복두께에 관한 설명 중 틀리는 것은? [92 ㉮]

㉮ 피복두께의 제한 이유는 철근의 부식 방지, 부착력 증대, 내화구조를 만들기 위해서이다.
㉯ 흙에 접하지 않는 현장치기 콘크리트의 경우 보와 기둥의 최소피복두께는 40 mm이다.
㉰ 현장치기 콘크리트의 경우 수중에 타설하는 콘크리트의 최소피복두께는 100 mm이다.
㉱ 현장치기 콘크리트의 경우 흙에 접하거나 심한 기상작용을 받는 D16 이하 철근의 최소피복두께는 50 mm이다.

답 : ㉱

4 표준갈고리

갈고리는 압축 구역에서는 효과가 없으므로 인장철근에만 붙인다. 일반적으로 원형철근에는 갈고리를 두는 것이 좋다.

(1) 주철근의 표준갈고리
   ① 180° 표준갈고리
   ② 90° 표준갈고리

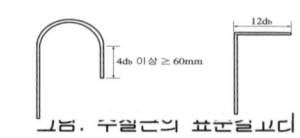

그림. 주철근의 표준갈고리

(2) 스터럽과 띠철근의 표준갈고리
   ① 90° 표준갈고리
   ② 135° 표준갈고리

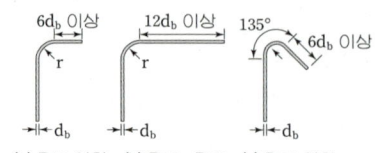

(a) D16 이하 (b) D19~D25 (c) D25 이하

그림. 스터럽과 띠철근의 갈고리

5 철근 구부리기

철근을 구부릴 때, 구부리는 부분에 손상을 주지 않기 위해 구부리는 최소 내면 반지름을 정해두고 있다.

(1) 180° 표준갈고리와 90° 표준갈고리의 구부리는 내면 반지름은 아래의 표에 있는 값 이상으로 하여야 한다.
(2) 스터럽이나 띠철근에서 구부리는 내면 반지름은 D16 이하일 때 $2d_b$ 이상이고, D19 이상일 때는 아래의 표를 따라야 한다.
(3) 표준갈고리 외의 모든 철근의 구부림 내면 반지름은 아래에 있는 표의 값 이상이어야 한다. 그러나 큰 응력을 받는 곳에서 철근을 구부릴 때에는 구부림 내면 반지름을 더 크게 하여 철근 반지름 내부의 콘크리트가 파쇄되는 것을 방지해야 한다.
(4) 모든 철근은 상온에서 구부려야 하며, 콘크리트 속에 일부가 매립된 철근은 현장에서 구부리지 않는 것이 원칙이다

표. 구부리는 내면반지름

철근 크기	최소 내면반지름, r
D10~D25	$3d_b$
D29~D35	$4d_b$
D38 이상	$5d_b$

핵심문제

1 철근의 간격에 대한 설명 중 옳은 것은? [92, 95, 99 ㉮, 96, 98 ㉯]

㉮ 보의 주철근의 수평 순간격은 30mm 이상, 굵은 골재 최대치수의 4/3배 이상, 철근의 공칭지름 이상이다.

㉯ 주철근을 2단 이상 배치할 경우 연직 순간격은 30mm 이상, 상하철근은 동일 연직면 내에 둔다.

㉰ 나선 및 띠철근 기둥에서 축방향 철근의 순간격은 40mm 이상, 철근 지름의 1.5배 이상, 굵은 골재 최대치수의 4/3배 이상이다.

㉱ 2방향 슬래브에서 철근의 간격은 최대휨모멘트가 일어나는 단면에서는 슬래브 두께의 2배 이내라야 하고, 300mm 이상이라야 한다.

2 다음의 철근 간격에 관한 설명 중 옳지 않은 것은? [98 ㉯]

㉮ 보의 정철근 또는 부철근의 수평 순간격은 25mm 이상이다.

㉯ 굵은 골재의 최대치수의 $\frac{4}{3}$배 이상

㉰ 철근의 공칭지름 이상이다.

㉱ 각 철근다발의 철근단은 철근 모두를 지점에서 끝나게 하지 않는다면 적어도 철근지름의 30배 길이로 서로 엇갈리게 끝내야 한다.

3 주 철근의 수평 순간격은 25 mm 이상, 또한 철근의 공칭지름 이상이라야 하는데 그림의 D29(공칭지름 28.6 mm) 2개를 다발철근으로 하면 수평간격을 규정하는 공칭지름은 얼마인가? [02 ㉮]

㉮ 28.6 mm
㉯ 32.6 mm
㉰ 40.4 mm
㉱ 42.9 mm

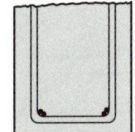

4 철근의 피복두께에 관한 설명 중 틀리는 것은? [92 ㉮]

㉮ 피복두께의 제한 이유는 철근의 부식 방지, 부착력 증대, 내화구조를 만들기 위해서이다.

㉯ 흙에 접하지 않는 현장치기 콘크리트의 경우 보와 기둥의 최소 피복두께는 40 mm이다.

㉰ 현장치기 콘크리트의 경우 수중에 타설하는 콘크리트의 최소피복두께는 100 mm이다.

㉱ 현장치기 콘크리트의 경우 흙에 접하거나 옥외의 공기에 접하는 D16 이하 철근의 최소피복두께는 50 mm이다.

5 D29인 굽힘철근의 구부리는 내면 반지름은 철근직경의 최소 몇 배 이상이라야 하는가?

㉮ 1배   ㉯ 3배
㉰ 4배   ㉱ 10배

해설

해설 1

㉮ 보의 주철근의 수평 순간격은 25mm 이상, 굵은 골재 최대치수의 $\frac{4}{3}$ 배 이상, 철근의 공칭지름 이상이다.

㉯ 보의 주철근을 2단 이상 배치할 경우는 상하철근을 동일연직면 내에 두어야 하고, 연직 순간격은 25mm 이상이어야 한다.

㉰ 2방향 슬래브에서 최대휨모멘트 발생 단면의 주철근 간격은 슬래브 두께의 2배 이하, 300mm 이하라야 한다.

해설 2

다발철근의 경우 철근지름의 40배 이상의 길이로 서로 엇갈리게 끝내야 한다.

해설 3

다발철근의 공칭지름은 등가단면적인 한 개의 철근으로 환산하여 구한다.

$$2\left(\frac{\pi \times 28.6^2}{4}\right) = \frac{\pi d^2}{4}$$

$$\therefore d = 40.4\,\text{mm}$$

해설 4

흙이나 옥외에 접하는 콘크리트의 최소피복두께
D 29 이상의 철근 : 60mm
D 25 이상의 철근 : 50mm
D 16 이하의 철근 : 40mm

해설 5

표준갈고리 이외의 구부리는 내면 반지름은 주철근과 동일하므로 D29~D35의 철근은 $4d_b$ 이상 구부려야 한다.

정답 1. ㉰ 2. ㉱ 3. ㉰ 4. ㉱ 5. ㉰

2 철근의 정착

> **학습방향**
> 출제율은 다소 떨어지면서도 단순히 암기해야 할 내용은 많다. 평소에는 원리를 이해하는 위주로 공부를 하고 암기를 요구하는 사항은 시험에 임박하여 공부하는 것이 좋을 듯 싶다.

1 부착에 영향을 주는 요인

(1) 콘크리트의 압축강도가 클수록 부착강도가 크다.
(2) 이형철근은 표면의 마디와 리브로 인해 원형철근 보다 부착강도가 크며, 약간 녹이 슨 철근의 부착강도가 크다.
(3) 같은 양의 철근을 배근할 때 철근의 지름이 큰 것보다는 가는 직경의 철근을 여러 개 사용하는 것이 좋으며, 또한 피복두께가 클수록 부착강도가 좋아진다.
(4) 블리딩의 영향으로 수평철근이 연직철근보다 부착강도가 작으며 수평철근 중에서도 상부철근이 하부철근보다 부착강도가 작다.

학습POINT

■ 블리딩은 아직 굳지 않은 콘크리트, 모르타르 등에서 다른 재료에 비해 비중이 낮은 물이 분리되어 상승하는 현상이다.

2 이론상 정착길이

철근의 한 쪽 끝에 $T=f_y A_s$ 만큼의 인장력을 가할 때 철근은 인장력으로 항복하지만 콘크리트에서 뽑혀 나오지 않아야 한다. 이때의 묻힘길이를 이론상 정착길이(l)라 한다.

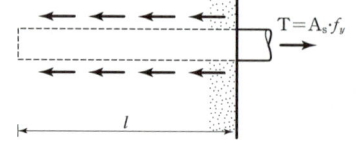

그림. 기본정착길이(l)

$$\tau \pi d l = \frac{\pi d^2}{4} f_y$$ 이므로

$$l = \frac{f_y d}{4\tau}$$

τ : 철근과 콘크리트의 부착응력
d : 철근의 지름

3 정착 방법의 종류

철근콘크리트 구조물에서 철근은 콘크리트 속에 묻혀서 인장력이나 압축력을 부담하고 있다.

그러므로 철근이 효과적으로 거동하기 위해서는 그 끝이 콘크리트로부터 빠져 나오지 않아야 하며, 빠져 나오지 않도록 고정하는 것을 철근의 정착이라고 한다.
(1) 묻힘길이에 의한 정착
(2) 갈고리에 의한 정착
(3) 기계적 정착 : 정착이 필요한 철근의 가로 방향으로 T형이 되도록 철근을 용접하여 붙이는 방법
(4) 조합에 의한 방법

■ 철근의 정착에 관한 식에서 $\sqrt{f_{ck}}$ 값은 8.4 MPa을 초과하지 않아야 한다.

4 인장 이형철근의 정착(묻힘길이에 의한 정착)

정착길이(l_d) = 기본정착길이(l_{db}) × 보정계수

인장력을 받는 이형철근의 정착길이(l_d)는 기본정착길이(l_{db})에 보정계수를 곱하여 구한다. 단, 정착길이(l_d)는 300mm 이상이어야 하며 기본정착길이는 $\sqrt{f_{ck}}$ 값이 8.4MPa 이하의 콘크리트에서만 적용이 가능하다.

(1) 기본정착길이(l_{db})

$$l_{db} = \frac{0.6 d_b f_y}{\lambda \sqrt{f_{ck}}}$$

여기서, f_y : 철근의 항복강도
f_{ck} : 콘크리트의 압축강도 ($\sqrt{f_{ck}} \leqq 8.4\,\text{MPa}$)
d_b : 철근 또는 철선의 공칭직경(mm)
λ : 경량콘크리트계수

(2) 보정계수

조건 \ 철근지름	D19이하의 철근과 이형철선	D22이상의 철근
정착되거나 이어지는 철근의 순간격이 d_b 이상이고 피복두께도 d_b 이상이면서 l_d 전 구간에 이 기준에서 규정된 최소철근량 이상의 스터럽 또는 띠철근을 배근한 경우 또는 정착되거나 이어지는 철근의 순간격이 $2d_b$ 이상이고 피복두께가 d_b 이상인 경우	$0.8\,\alpha\beta$	$\alpha\beta$
기 타	$1.2\,\alpha\beta$	$1.5\,\alpha\beta$

※ 보정계수
① α = 철근배근 위치계수
- 상부철근(정착길이 또는 이음부 아래 300mm를 초과되게 굳지 않은 콘크리트를 친 수평철근)…1.3
- 기타 철근…1.0

② β = 에폭시 도막계수
- 피복두께가 $3d_b$ 미만 또는 순간격이 $6d_b$ 미만인 에폭시 도막 혹은 아연-에폭시 이중 도막 철근 또는 철선 … 1.5
- 기타 에폭시 도막 혹은 아연-에폭시 이중 도막 철근 또는 철선 … 1.2
- 아연도금 혹은 도막되지 않은 철근 또는 철선 … 1.0

③ λ = 경량콘크리트계수
- f_{sp} 가 주어지지 않은 경량콘크리트 … 모래경량은 0.85, 전경량은 0.75
- f_{sp} 가 주어진 경량콘크리트 … $\dfrac{f_{sp}}{0.56\sqrt{f_{ck}}} \leq 1.0$
- 일반콘크리트 … 1.0

④ 에폭시 도막철근이 상부철근인 경우에 상부철근의 보정계수 α 와 에폭시 도막계수 β 의 곱, $\alpha\beta$ 가 1.7보다 클 필요는 없다.

5 표준갈고리를 갖는 인장 이형철근의 정착

정착길이(l_{dh}) = 기본정착길이(l_{hb}) × 보정계수

인장을 받는 표준갈고리의 정착길이 l_{dh} 는 위험단면으로부터 갈고리 외부 끝까지의 거리로 나타내며, 정착길이는 기본정착길이 l_{hb} 에 적용 가능한 모든 보정계수를 곱하여 구하고, l_{dh} 는 $8d_b$ 이상, 150mm 이상이어야 한다.

$$l_{hb} = \frac{0.24\beta d_b f_y}{\lambda \sqrt{f_{ck}}}$$

여기서, β는 에폭시 도막 혹은 아연-에폭시 이중 도막 철근의 경우 1.2
아연도금 또는 도막되지 않은 철근의 경우 1.0
λ는 인장철근의 정착에 사용되는 값과 같다.

※ 표준갈고리를 갖는 인장이형철근의 정착길이에 대한 보정계수

① 콘크리트 피복두께
D35 이하 철근에서 갈고리 평면에 수직방향인 측면 피복두께가 70 mm 이상이며, 90° 갈고리에 대해서는 갈고리를 넘어선 부분의 철근 피복두께가 50mm 이상인 경우 : 0.7

■ 표준갈고리를 갖는 인장 이형철근의 정착길이

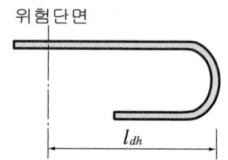

② (가) 띠철근 또는 스터럽
D35 이하 90° 갈고리 철근에서 정착길이 l_{dh} 구간을 $3d_b$ 이하 간격으로 띠철근 또는 스터럽이 정착 되는 철근을 수직으로 둘러싼 경우, 또는 갈고리 끝 연장부와 구부림부의 전 구간을 $3d_b$ 이하 간격으로 띠철근 또는 스터럽이 정착 되는 철근을 평행하게 둘러싼 경우 : 0.8

③ (나) D35 이하 180° 갈고리에서 정착길이 l_{dh} 구간을 $3d_b$ 이하 간격으로 띠철근 또는 스터럽이 정착되는 철근을 수직으로 둘러싼 경우 : 0.8

④ 배치된 철근량이 소요철근량을 초과하는 경우
전체 f_y를 발휘하도록 정착을 특별히 요구하지 않는 단면에서 휨철근이 소요철근량 이상 배치된 경우 : $\left(\dfrac{소요A_s}{배근A_s}\right)$

6 압축 이형철근의 정착

$$정착길이(l_d) = 기본정착길이(l_{db}) \times 보정계수$$

압축력을 받는 철근의 정착길이(l_d)는 기본정착길이(l_{db})에 보정계수를 곱하여 구하되, l_d는 200mm 이상이어야 한다.

(1) 기본정착길이(l_{db})

$$l_{db} = \dfrac{0.25 d_b f_y}{\lambda \sqrt{f_{ck}}} \ \ 또한 \ \ l_{db} = 0.043 d_b f_y \ \ 중\ 큰\ 값$$

(2) 보정계수
 ① 지름 6mm이상, 간격 100mm 이하인 나선철근 또는 간격 100mm 이하인 D13 띠철근으로 둘러싸인 압축 이형철근 … 0.75
 ② 배치된 철근량이 소요철근량보다 많을 때 … $\dfrac{(소요철근량)}{(실제철근량)}$

7 다발철근의 정착

다발철근의 정착길이는 다발이 아닌 경우의 각 철근의 정착길이에 3개의 다발로 된 경우에 대해서는 20%, 4개의 다발로 된 경우에는 33%를 증가시킨다.

■ 휨철근은 압축구역에서 끝내는 것을 원칙으로 한다. 그러나 다음 중 하나를 만족할 경우에는 인장구역에서 끊어도 좋다. 그러나 전체 철근량의 50%를 초과하여 한 인장구역에서 끊어내서는 안된다.

8 휨철근의 정착 일반

(1) 휨부재에서 `최대 응력점` 과 경간 내에서 `인장철근이 끝나거나 철근이 굽혀진` 위험단면에서 철근의 정착에 대한 안전을 검토하여야 한다.

(2) 휨철근은 휨모멘트를 저항하는데 더 이상 철근이 요구하지 않은 `유효깊이 $d$ 또는 $12d_b$ 이상 연장` 해야 한다. 다만 단순경간의 받침부와 캔틸레버의 자유단에서 이 규정은 적용되지 않는다.

(3) 연속철근은 구부러지거나 절단된 인장철근이 휨을 저항하는데 더 이상 필요하지 않은 점에서 정착길이 l_d 이상의 묻힘길이를 확보하여야 한다.

9 정모멘트 철근의 정착

단순부재에서 정철근의 1/3 이상, 연속부재에서 정철근의 1/4 이상을 부재의 같은 면을 따라 받침부까지 연장해야 하고, 보의 경우는 받침부 내로 150mm 이상 연장해야 한다.

10 부모멘트 철근의 정착

부철근은 묻힘길이, 갈고리 또는 기계적 정착에 의하여 받침부내에 정착되거나 받침부를 지나서 정착되어야 한다. 받침부에서 부모멘트에 대하여 배근된 전체 인장철근량의 1/3 이상은 변곡점을 지나 부재의 유효 깊이 d, $12d_b$, 또는 순경간의 1/16중에서 제일 큰 값 이상의 묻힘길이를 확보하여야 한다.

11 복부철근의 정착

(1) 복부철근은 가급적 압축면과 인장면 가까이까지 연장하여야 한다.

(2) 단일 U형 또는 다중 U형 스터럽의 단부 정착 방법
 ① D16 이하 철근으로 종방향철근을 둘러싸는 표준갈고리로 정착하여야 한다.
 ② f_y가 300MPa 이상의 D19, D22 및 D25 스터럽은 종방향 철근을 둘러싸는 표준갈고리 외에 추가로 부재의 중간 깊이에서 갈고리 단부의 바깥까지 $0.17d_b f_y/\sqrt{f_{ck}}$ 이상의 묻힘길이를 확보하여야 한다.

(3) 단일 U형 또는 다중 U형 스터럽의 양 정착단 사이의 연속구간 내의 굽혀진 부분은 종방향 철근을 둘러싸야 한다.

(4) 폐쇄형으로 배근된 한 쌍의 U형 스터럽이나 띠철근은 겹침이음 길이가 $1.3l_d$ 이상일 때 적절히 이어진 것으로 본다. 깊이 450mm 이상인 부재에서 스터럽의 가닥들이 부재의 전 깊이까지 연장된다면 폐쇄스터럽의 이음이 적절한 것으로 볼 수 있다.

---

① 끊는 점의 전단력이 전단철근의 전단강도를 포함한 전체 전단강도의 $\dfrac{2}{3}$ 이하인 경우

② 전단보강에 필요한 양 이상의 스터럽이 휨철근을 끝내는 점 전후 $\dfrac{3}{4}d$ 구간에 촘촘하게 배치되어 있는 경우, 이때 스터럽의 간격 s와 단면적 A_v는 다음과 같아야 한다.

$$s \leq \frac{d}{8\beta_b}, \quad A_v \geq 0.42\frac{b_w s}{f_y}$$

β_b : 끊는 철근의 전체 철근에 대한 단면비

③ D35 이하의 철근에 대해서는 연장되는 철근량이 끊는 점에서 휨에 필요한 철근량의 2배 이상이고, 또 전단력이 전단강도의 $\dfrac{3}{4}$ 이하인 경우

■ 변곡점(inflection point) : 부재에서 휨모멘트의 부호가 바뀌는 점

핵 심 문 제

1 철근과 콘크리트와의 부착에 영향을 주는 사항으로 틀린 것은? [90 ㉮]

㉮ 콘크리트의 압축강도가 증가하면 부착강도가 커지고 bleeding이 많은 배합에서는 부착강도가 감소한다.
㉯ 표면이 약간 녹슬어 있고 거치른 표면을 가진 철근이 부착강도가 크다.
㉰ 피복두께가 클수록 부착이 좋으며 적어도 철근의 직경 이상이어야 한다.
㉱ 철근은 큰 직경으로 소수를 사용해야 부착이 좋으며 스터럽이나 나선철근이 많이 사용하면 부착을 해친다.

해설 1
같은 양의 철근을 배근할 때 굵은 철근보다는 가는 철근을 여러 개 사용하는 것이 부착에 유리하다.

2 그림과 같이 콘크리트 속에 묻어 둔 철근을 한 쪽 끝에서 $T = A_s \cdot f_y$ 만큼의 인장력을 가하였을 때 철근이 인장력으로 항복은 되지만 콘크리트에서 뽑혀나오지 않아야 한다. 이때 묻힌 최소 길이를 정착길이 또는 최소 매설 길이라 한다. 이 길이의 값은? (단, 철근과 콘크리트의 평균 부착력을 τ_n, 철근 지름을 D라고 한다.) [91, 98 ㉮]

㉮ $L = \dfrac{f_y \cdot A}{4\tau_n}$

㉯ $L = \dfrac{f_y D^n}{4\tau_n}$

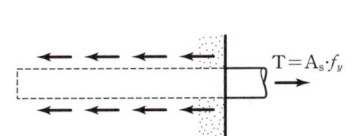

㉰ $L = \dfrac{f_y}{4\tau_n \cdot D}$

㉱ $L = \dfrac{f_y \cdot \tau_n \cdot D}{f_y}$

해설 2
$\tau_n(\pi D L) = f_y A_s$ 에서
$A_s = \dfrac{\pi D^2}{4}$ 이므로
$L = \dfrac{f_y A_s}{\pi D \tau_n} = \dfrac{f_y D}{4\tau_n}$

3 다음 중 철근의 정착 방법이 아닌 것은? [97 ㉯]

㉮ 매입 길이에 의한 정착 방법
㉯ 갈고리에 의한 정착 방법
㉰ 철근의 가로 방향에 T형 철근을 용접하여 정착하는 방법
㉱ 철근을 절곡시켜 정착하는 방법

해설 3
철근의 정착방법으로는
① 묻힘길이에 의한 정착 방법
② 갈고리에 의한 정착 방법
③ 정착이 필요한 철근의 가로 방향으로 T형이 되도록 철근을 용접하여 붙이는 방법이 있다.

4 설계 계산에 있어 정착에 대한 검토를 해야 하는 철근은 다음 중 어느 것인가? [92 ㉯]

㉮ 인장철근 ㉯ 나선철근
㉰ 조립철근 ㉱ 배력철근

해설 4
인장철근은 정착에 대해 검토해야 한다.

정답 1. ㉱ 2. ㉯ 3. ㉱ 4. ㉮

5 철근의 정착에 대한 설명 중 맞는 것은? [94 ㉮]

㉮ 연속보에서 정철근의 1/3 이상을 받침부를 넘어 150 mm 이상 받침부 내에 연장한다.

㉯ 일정한 철근량이면 굵은 철근을 많이 사용하는 것이 부착 및 정착에 유리하다.

㉰ 받침부에서 부철근의 1/3 이상을 철근 지름의 12배 이상, 유효깊이 이상, 순경간의 1/16 이상을 변곡점을 지나 연장한다.

㉱ 인장철근의 정착길이는 기본정착길이에 보정계수를 곱하여 얻으며, 상부철근일 때의 보정계수는 0.8이다.

해설 5
㉮ $\frac{1}{3}$ 이상 → $\frac{1}{4}$ 이상
㉯ 굵은 철근 → 가는 철근
㉱ 0.8 → 1.3

6 인장철근 D 32($d_b = 31.8$ mm, 공칭 단면적 $A_b = 794.2$ mm^2)를 정착시키는데 소요되는 기본 정착길이는? (단, 보통중량 콘크리트의 $f_{ck} = 21$ MPa, $f_y = 350$ MPa) [97 ㉮]

㉮ 1,200 mm
㉯ 1,250 mm
㉰ 1,460 mm
㉱ 1,560 mm

해설 6
$$l_{db} = \frac{0.6 d_b f_y}{\lambda \sqrt{f_{ck}}}$$
$$= \frac{0.6 \times 31.8 \times 350}{1.0\sqrt{21}}$$
$$= 1,457.3 \text{ mm}$$

7 휨을 받는 인장철근으로 4-D25철근이 배치되어 있을 경우, 그림과 같은 직사각형 단면 보의 기본 정착길이 l_d는 얼마 이상이어야 하는가? (단, 강도설계법에 의하며 철근의 직경 $d_b = 25.4$ mm, 보통중량 콘크리트의 $f_{ck} = 21$ MPa, 보정계수 = 1.0, $f_y = 400$ MPa) [00 ㉮]

㉮ 560 mm
㉯ 840 mm
㉰ 1,330 mm
㉱ 1,390 mm

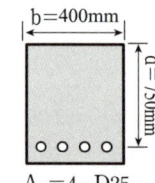

해설 7
$$l_{db} = \frac{0.6 d_b f_y}{\lambda \sqrt{f_{ck}}}$$
$$= \frac{0.6 \times 25.4 \times 400}{1.0\sqrt{21}}$$
$$= 1,330 \text{ mm}$$

8 기본정착길이(l_{db})의 계산값이 730 mm이고, 고려해야 할 보정계수가 1.4와 1.18인 부재에서의 철근의 소요정착길이(l_d)는? [92 ㉯]

㉮ 1,022 mm
㉯ 861.4 mm
㉰ 1,206 mm
㉱ 441.9 mm

해설 8
보정계수는 모두 곱하여 사용한다.
$l_d = 1.4 \times 1.18 \times 730$
$= 1,206$ mm

정답 5. ㉰ 6. ㉰ 7. ㉰ 8. ㉰

9 SD 300, 보통중량 콘크리트의 $f_{ck}=27$ MPa, D10($d_b=9.5$ mm)을 사용할 때 인장을 받는 표준갈고리의 정착길이는 구조기준을 따르면 얼마인가? (단, 주어지지 않은 조건은 고려하지 않는다.) [98②]

㉮ 120 mm　　　㉯ 130 mm
㉰ 150 mm　　　㉱ 180 mm

10 휨철근을 인장측에서 끊을 경우에 대한 설명 중 옳지 않은 것은? [90②]

㉮ 절단점에서 V_u가 $(3/4)\phi V_n$을 초과하지 않는 경우
㉯ 절단점에서 $(3/4)d$ 이상의 구간까지 절단된 철근을 따라 전단과 비틀림에 필요한 양을 초과하는 스터럽이 배치된 경우
㉰ 초과된 스터럽의 단면적은 $0.42b_w s/f_y$ 이상이고, 간격은 $\dfrac{d}{8\beta_b}$ 이내이어야 한다.
㉱ D35 이하의 철근이며 연속철근이 절단점에서 휨에 필요한 철근량의 2배 이상 배치되어 있고 V_u가 $(3/4)\phi V_n$를 초과하지 않는 경우

11 휨철근의 정착사항에 대한 설명 중 옳지 않은 것은? [96④]

㉮ 휨부재에서 철근의 정착에 위험한 단면은 경간내의 최대 응력점과 인장철근이 끝나거나 굽혀진 점들이다.
㉯ 휨철근은 휨모멘트를 저항하는 데 더 이상 철근을 요구하지 않는 점에서 원칙적으로 철근을 끊어 버리거나 구부려 올리거나 내릴 수 있다.
㉰ 휨철근은 압축구역에서 끝내는 것을 원칙으로 한다.
㉱ 휨철근은 휨모멘트 값의 (+)(−)에 관계없이 일렬로 배치해야 한다.

12 그림의 보에서 휨모멘트에 대해 계산한 단면 X-X에서 주철근의 일부를 절단할 수 있었다. 이론적인 절단점으로부터 실제로 절단할 수 있는 위치는? [80, 82④]

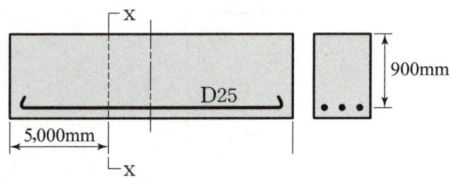

㉮ 받침부로부터 5,000 mm 이하　　㉯ 받침부로부터 4,500 mm 이하
㉰ 받침부로부터 4,100 mm 이하　　㉱ 받침부로부터 2,000 mm 이하

해 설

해설 9

$l_d = \dfrac{0.24\beta d_b f_y}{\lambda\sqrt{f_{ck}}} \times (\text{보정계수})$

$= \dfrac{0.24(1.0)\times 9.5 \times 300}{1.0\sqrt{27}}$

$= 131.64$ mm

그러나 $8d_b = 8\times 9.5 = 76$ mm 이상, 150 mm 이상이어야 하므로 정착길이 $l_d = 150$ mm로 한다.

해설 10

절단점에서 V_u가 $(2/3)\phi V_n$을 초과하지 않는 경우에는 휨철근을 인장구역에서 끊을 수 있다.

해설 11

휨철근은 휨에 저항하는 데 더 이상 철근이 필요하지 않은 점을 지나서 유효깊이 d 또는 $12d_b$이상 연장해야 한다. 다만 단순 경간부의 받침부와 캔틸레버의 자유단에서 이 규정은 적용되지 않는다.

해설 12

휨철근의 정착은 휨에 저항하는데 더 이상 철근을 필요로 하지 않은 점을 지나서 유효 깊이 d 또는 $12d_b$ 이상 연장해야 한다.

$[d, 12d_b]_{max} = [900, 12(25)]_{max}$
$= 900$ mm

∴ 900 mm 이상 연장해야 한다. 실제로 철근을 절단할 수 있는 위치 $= 5,000 - 900 = 4,100$ mm

정답 9. ㉰　10. ㉮　11. ㉯　12. ㉰

3 철근의 이음

학습방향

시험에 출제되는 비율은 타 단원들에 비해 다소 낮은 편이다. 기출제된 항목들을 중심으로 학습하는 것이 좋다.

1 이음방법

① 겹침이음 : D35 이하의 철근
② 용접이음 : D35를 초과하는 철근
③ 기계적 방법

2 이음의 일반사항

① D35 이하의 이형철근을 대상으로 한다. D35를 초과하면 용접이음을 하며, 인장을 받는 원형철근의 경우는 갈고리를 설치한다.
② 휨부재에서 서로 접촉되지 않게 겹침이음된 철근은 순간격이 겹침이음길이의 $\frac{1}{5}$ 이하, 150mm 이하여야 한다.
③ 다발철근의 겹침이음은 다발 내의 개개 철근에 대한 겹침이음 길이를 기본하여 하여 결정되어야 하며, 인장 또는 압축을 받는 하나의 다발철근 내에 있는 개개 철근의 겹침이음길이는 다발이 아닌 각 철근의 겹침이음길이에 3개의 다발철근은 20%, 4개다발철근은 33%를 증가시켜야 한다.

3 인장 이형철근 및 이형철선의 겹침이음

(1) 종류(2종류)

A급 이음	$\dfrac{\text{겹침이음된 } A_s}{\text{총 } A_s} \leq \dfrac{1}{2}$ 이고, $\dfrac{\text{배근된 } A_s}{\text{소요 } A_s} \geq 2$
B급 이음	위의 경우에 해당되지 않는 경우

(2) 겹침이음길이

① A급 이음 : 1.0 l_d 이상, 300mm 이상
② B급 이음 : 1.3 l_d 이상, 300mm 이상

학습POINT

(3) 서로 다른 크기의 철근을 인장부에서 겹침이음할 경우
- 크기가 큰 철근의 정착길이 이상
- 크기가 작은 철근의 겹침이음길이 이상

4 압축 이형철근의 겹침이음

(1) $f_{ck} \geq 21\,\text{MPa}$ 일 때

$$l_s = \left(\frac{1.4 f_y}{\lambda \sqrt{f_{ck}}} - 52 \right) d_b$$

① $f_y \leq 400\,\text{MPa}$ 일 때
- $0.072 d_b f_y$ 이하
- 인장철근의 겹침이음길이 이하
- 300 mm 이상

② $f_y > 400\,\text{MPa}$ 일 때
- $(0.13 f_y - 24) d_b$ 이하
- 인장철근의 겹침이음길이 이하
- 300 mm 이상

압축철근의 겹침이음길이	철근의 항복강도 (f_y, MPa)	제한 규정
$\left(\dfrac{1.4 f_y}{\lambda \sqrt{f_{ck}}} - 52 \right) d_b$	400 MPa 이하	$0.072 d_b f_y$ 이하, 인장철근의 겹침이음길이 이하
	400 MPa 이상	$(0.13 f_y - 24) d_b$ 이하, 인장철근의 겹침이음길이 이하

(2) $f_{ck} < 21\,\text{MPa}$ 일 때

위에서 계산된 겹침이음길이를 1/3 증가시킨다.

(3) 서로 다른 지름의 철근을 압축부에서 겹침이음할 경우
① 대상 철근
  (D41 + D35 이하) 또는 (D51 + D35 이하)
② 겹침이음길이
- 크기가 큰 철근의 정착길이 이상
- 크기가 작은 철근의 겹침이음길이 이상

핵 심 문 제

1 철근의 이음에 대한 설명 중 틀린 것은? [99, 96 ㈄]

㈎ 철근의 이음 방법으로 겹침이음이 가장 많이 사용된다.
㈏ 이형철근을 겹침이음할 때는 일반적으로 갈고리를 하지 않는다.
㈐ 원형철근을 겹침이음할 때는 갈고리를 붙인다.
㈑ D35를 초과하는 철근은 겹침이음을 하여야 한다.

해설 1
D35를 초과하는 철근은 겹침이음 해서는 안 된다. 이와 같이 크기가 큰 철근은 용접이음을 한다.

2 다음은 철근 이음 중 겹침이음에 관하여 기술한 것이다. 틀린 것은? [95 ㈎]

㈎ 확대 기초와 압축 이형철근의 상이한 철근의 이음새를 제외하고 D35를 초과하는 철근은 겹침이음 해서는 안 된다.
㈏ 3개의 다발철근에서는 30%, 4개의 다발철근에서는 40%만큼 겹침이음 길이를 증가시켜야 한다.
㈐ 다발내의 각 철근의 겹침이음은 같은 위치에 중첩해서는 안 된다.
㈑ 휨부재에서 서로 접촉되지 않게 겹침이음된 철근은 횡방향으로 겹침이음길이의 1/5 이하, 150 mm 이하라야 한다.

해설 2
다발내의 각 철근에 요구되는 겹침이음길이에 대해 3개의 다발철근은 20%, 4개의 다발철근은 33%를 증가시켜야 한다.

3 휨부재에서 보통콘크리트의 $f_{ck}=24$ MPa, $f_y=350$ MPa 일 때 인장철근(D32 : $d_b=31.8$ mm, $A_s=794.2$ mm^2)의 이음길이는? (단, 정착에 대한 보정계수는 1.18, B급이음이다.) [92 ㈄]

㈎ 2,090 mm
㈏ 1,270 mm
㈐ 1,070 mm
㈑ 670 mm

해설 3
(1) 인장 이형철근의 기본정착길이
$$l_{db}=\frac{0.6d_b f_y}{\lambda\sqrt{f_{ck}}}$$
$$=\frac{0.6\times31.8\times350}{1.0\sqrt{24}}$$
$$=1,363 \text{ mm}$$
[보통콘크리트의 $\lambda=1.0$]
(2) 인장 이형철근의 정착길이
$l_d=1.18\times1,363=1,608$ mm
(3) 겹침이음길이
B급이음이므로
$1.3l_d=1.3\times1,608=2,090$ mm

4 강도설계법에서 D25(공칭지름 25.4 mm)의 인장철근을 겹침이음할 때 소요정착길이 l_d는 얼마인가? (단, 보통중량 골재를 사용한 콘크리트의 $f_{ck}=21$ MPa, $f_y=300$ MPa이고 정착길이 계산에서 고려해야 할 보정계수는 1.3과 1.5의 두 종류이다.) [90 ㈄]

㈎ 2,011 mm
㈏ 1,946 mm
㈐ 1,750 mm
㈑ 1,697 mm

해설 4
(1) 기본정착길이
$$l_{db}=\frac{0.6d_b f_y}{\lambda\sqrt{f_{ck}}}$$
$$=\frac{0.6\times25.4\times300}{1.0\sqrt{21}}$$
$$=998 \text{ mm}$$
(2) 정착길이
$l_d=l_{db}\times$(모든 보정계수)
$=998\times1.7=1,697$ mm
$\left[\begin{array}{l}\alpha\beta=1.3\times1.5=1.95\leq1.7\\ \therefore \text{둘 중 작은 값 1.7을 사용}\end{array}\right]$

정답 1. ㈑ 2. ㈏ 3. ㈎ 4. ㈑

출제예상문제

CHAPTER 5 철근의 정착과 이음

■■■ 철근 상세

1. 철근의 간격에 대한 일반 구조 세목 중 옳은 것은?

㉮ 보에서 부철근의 수평 순간격은 철근의 공칭지름 이하로 해야 한다.
㉯ 띠철근 기둥에서 축방향 철근의 순간격은 철근 지름의 1.5배 이상으로 해야 한다.
㉰ 보에서 정철근의 수평 순간격은 굵은 골재 최대치수의 3/4배 이상으로 해야 한다.
㉱ 정철근 또는 부철근을 2단 이상으로 배치할 경우 연직 순간격은 15 mm 이상으로 해야 한다.

[해설] ㉮, ㉰ 정·부철근의 수평 순간격은 2.5mm 이상, 철근의 공칭지름 이상, 굵은 골재최대치수의 4/3배 이상으로 해야 한다. ㉱ 정·부철근의 연직 순간격은 25mm 이상으로 해야 한다.

2. 다음 철근 간격에 관한 설명 중 옳지 않은 것은?

㉮ 보의 정철근 또는 부철근의 수평 순간격은 25 mm 이상이다.
㉯ 굵은 골재의 최대치수의 4/3배 이상
㉰ 철근의 공칭지름 이상이다.
㉱ 각 철근 다발의 철근단은 철근 모두를 받침부에서 끝나게 하지 않는다면 적어도 철근지름의 30배 길이로 서로 엇갈리게 끝나야 한다.

[해설] 휨부재의 경간 내에서 끝나는 한 다발철근 내의 개개 철근은 철근지름의 40배 이상 서로 엇갈리게 끝나야 한다.

3. 보의 정철근 또는 부철근의 수평 순간격은 철근의 공칭지름 이상으로 해야 하는데 그림과 같이 다발철근을 사용한다면 수평 순간격을 규정하는 공칭지름은 다음 중 어느 것인가? (단, D 22의 공칭지름 22.2 mm) [96㉮]

㉮ 35.9 mm
㉯ 50.3 mm
㉰ 31.4 mm
㉱ 34.5 mm

[해설] 등가단면적인 한 개의 철근으로 환산하여 지름을 구한다.
$2\left(\dfrac{\pi \times 22.2^2}{4}\right) = \dfrac{\pi D^2}{4}$ 에서 $D = 31.4$ mm

4. 철근콘크리트에서 콘크리트의 피복두께에 대한 다음 사항 중 옳지 않은 것은? [87㉮]

㉮ 화재시 철근이 고온이 되는 것을 방지한다.
㉯ 철근의 부식을 방지한다.
㉰ 철근과 콘크리트의 부착력을 확보한다.
㉱ 보 및 기둥의 피복두께는 주철근의 표면에서 콘크리트 표면까지의 최단거리를 말한다.

[해설] 피복두께는 콘크리트 표면과 철근 표면 사이의 최단거리이다.

5. 현장치기 콘크리트에서 흙에 접하여 콘크리트를 친 후 영구히 흙에 묻혀 있는 콘크리트의 피복두께는 최소 얼마 이상이라야 하는가? [00㉮]

㉮ 120 mm   ㉯ 100 mm
㉰ 75 mm   ㉱ 60 mm

[해설] 흙에 접하여 콘크리트를 친 수 영구히 흙에 묻혀 있는 현장치기 콘크리트의 최소피복두께는 75mm 이다.

해답 1. ㉯ 2. ㉱ 3. ㉰ 4. ㉱ 5. ㉰

6. 철근콘크리트 부재의 최소피복두께에 관한 설명 중 틀린 것은? [01⑦]

㉮ 흙에 접하거나 옥외의 공기에 직접 노출되는 현장치기 콘크리트로 D19이상 철근을 사용하는 경우 최소피복두께는 50mm이다.
㉯ 옥외의 공기나 흙에 직접 접하지 않는 현장치기 콘크리트로 슬래브에 D35 이하 철근을 사용하는 경우 최소피복두께는 30mm이다.
㉰ 흙에 접하거나 옥외의 공기에 직접 노출되는 프리캐스트 콘크리트로 벽체에 D35 이하 철근을 사용하는 경우 최소피복두께는 20mm이다.
㉱ 흙에 접하거나 옥외의 공기에 직접 노출되는 프리스트레스트 콘크리트로 벽체인 경우 최소피복두께는 30mm이다.

[해설] 옥외의 공기나 흙에 직접 접하지 않는 현장치기 콘크리트일 때, D35이하의 철근을 사용하는 경우 최소피복두께는 20mm 이다.

7. 그림은 반원형의 표준갈고리이다. 구부린 끝에서 얼마 이상을 더 연장해야 하는가? (단, d_b는 철근지름) [00⑦]

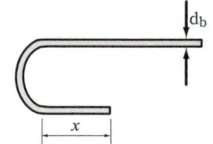

㉮ x는 $4d_b$ 이상, 60 mm 이상
㉯ x는 $6d_b$ 이상, 60 mm 이상
㉰ x는 $12d_b$ 이상, 100 mm 이상
㉱ x는 $10d_b$ 이상, 120 mm 이상

[해설] 180° 표준갈고리는 구부린 원 끝에서 $4d_b$ 이상, 60 mm 이상 연장하여야 한다.

8. D38인 굽힘철근의 구부리는 내면 반지름은 철근 직경의 최소 몇 배 이상이라야 하는가? [98⑦]

㉮ 1배   ㉯ 3배
㉰ 5배   ㉱ 10배

[해설] 표준갈고리 이외의 구부리는 내면반지름은 주철근과 동일하므로 D29 ~ D35의 철근은 $4d_b$ 이상 구부려야 한다.

9. 다음과 같은 철근의 구부리기에 관한 사항 중 옳은 것은?

㉮ 스터럽이나 띠철근에서 철근의 구부리는 내면 반지름은 철근의 지름 이상이어야 한다.
㉯ D38인 굽힘철근(bent-up bar)의 구부리는 내면 반지름은 철근 지름의 5배 이상으로 해야 한다.
㉰ 라멘 구조의 모서리 부분 외측에 연하는 철근의 구부리는 내면 반지름은 철근지름의 10배 이상으로 해야 한다.
㉱ 모든 철근은 상온에서 구부려야 하며 콘크리트 속에 일부가 매립된 철근은 현장에서 구부리는 것이 원칙이다.

[해설] 표준갈고리 이외의 모든 철근의 구부리는 내면반지름은 주철근과 동일하다.

철근 크기	최소 내면반지름
D 10 ~ D 25	$3d_b$
D 29 ~ D 35	$4d_b$
D 38 이상	$5d_b$

■■■ 철근의 정착

10. 철근콘크리트가 일체식 거동을 나타낼 수 있도록 두 재료 사이의 부착 효과를 일으키는 것이 아닌 것은? [97⑦]

㉮ 이형철근의 기계적 정착효과
㉯ 시멘트풀과 철근의 접착력
㉰ 물과 시멘트의 수화반응에 의한 수화열
㉱ 철근과 콘크리트 사이의 마찰

[해설] 철근과 콘크리트 사이에 부착효과가 생기는 이유
① 교착작용(점착작용)
② 마찰작용
③ 기계적 작용

해답 6. ㉯ 7. ㉮ 8. ㉰ 9. ㉯ 10. ㉰

11. 철근과 콘크리트와의 부착에 영향을 주는 사항으로 틀린 것은? [90, 99 ㉮, 87, 98 ㉯]

㉮ 콘크리트의 압축강도가 증가하면 부착강도가 커지고 블리딩(bleeding)이 많은 배합에서는 부착강도가 감소한다.
㉯ 표면이 약간 녹슬어 있고 거치른 표면을 가진 철근이 부착강도가 크다.
㉰ 피복두께가 클수록 부착이 좋으며 적어도 철근의 지름 이상이어야 한다.
㉱ 철근은 큰 지름으로 소수를 사용해야 부착이 좋으며 스터럽이나 나선철근을 많이 사용하면 부착을 해친다.

[해설] 철근의 지름이 가는 것을 여러 개 사용하는 것이 굵은 철근을 사용하는 것보다 표면적이 증가하여 부착강도가 증가한다.

12. 강도가 같고, 지름이 크고 작은 두 종류의 철근이 있다. 동일 철근량(즉, 단면적이 같게)을 사용했을 때 다음 설명 중 맞는 것은? [94 ㉮, 84 ㉯]

㉮ 작은 지름을 사용한 쪽이 전단력이 강하다.
㉯ 큰 지름을 사용한 쪽이 전단력이 강하다.
㉰ 작은 지름을 사용한 쪽이 부착력이 크다.
㉱ 큰 지름을 사용한 쪽이 부착력이 크다.

[해설] 동일한 철근량을 사용하므로 전단강도에는 변화가 없으며 지름이 작은 철근을 여러 개 사용하는 쪽이 부착강도가 커진다.

13. 철근과 콘크리트의 부착강도에 영향을 주는 요소에 대한 다음 설명 중 옳지 않은 것은? [99, 84 ㉯]

㉮ 이형철근의 부착강도는 원형철근보다 2배 이상 크다.
㉯ 콘크리트의 압축강도가 클수록 부착강도가 커진다.
㉰ 수평철근은 수직철근보다 콘크리트의 블리딩(bleeding)의 영향으로 부착강도가 떨어진다.
㉱ 정착 및 부착 응력은 일반적으로 철근 지름에 비례한다.

[해설] 지름이 작을수록 부착강도가 커지므로 지름과 부착강도는 반비례한다.

14. 다음 설명 중 옳지 않은 것은? [97 ㉯]

㉮ 철근량이 일정할 때 철근의 지름이 큰 것으로 선택하는 것이 부착력에 대하여 유리하다.
㉯ 인장철근은 부착응력에 대하여 검토해야 한다.
㉰ 동일한 인장력을 받는 철근에서 일어나는 부착강도는 철근의 지름에 반비례한다.
㉱ 콘크리트의 피복두께는 부착력을 증가시키기 위해서도 일정한 값 이상이 필요하다.

15. 그림과 같이 콘크리트 속에 묻어 둔 철근을 한 쪽 끝에서 $T = A_s \cdot f_y$ 만큼의 인장력을 가하였을 때 철근이 인장력으로 항복은 되지만 콘크리트에서 뽑혀 나오지 않아야 한다. 이때 묻힌 최소 길이를 정착길이 또는 최소 매설 길이라 한다. 이 길이의 값은? (단, 철근과 콘크리트의 평균 부착력을 U_n, 철근 지름을 D라고 한다.) [98, 91 ㉮]

㉮ $L = f_y \cdot A / 4U_n$
㉯ $L = f_y \cdot D / 4U_n$
㉰ $L = f_y / 4U_n \cdot D$
㉱ $L = f \cdot U_n \cdot D / f_y$

[해설] 평형 조건 $\sum H = 0$을 적용하면
$U_n(\pi DL) = f_y A_s$ 에서 $A_s = \dfrac{\pi D^2}{4}$ 이므로
$L = \dfrac{f_y A_s}{\pi D U_n} = \dfrac{f_y D}{4 U_n}$

16. 철근의 정착에 대한 다음 기술 중에서 옳지 않은 것은? [93 ㉮]

㉮ 휨철근은 압축구역에서 끝내는 것을 원칙으로 한다.
㉯ 많은 수의 가는 철근보다 적은 수의 굵은 철근이 부착에 유리하다.
㉰ 갈고리는 압축저항에는 효과가 없다.
㉱ 압축철근의 정착길이는 인장철근의 정착길이보다 짧다.

해답 11. ㉱ 12. ㉰ 13. ㉱ 14. ㉮ 15. ㉯ 16. ㉯

17. 철근의 정착에 대한 설명 중 옳지 않은 것은?

㉮ 정착방법에는 매입길이에 의한 정착, 갈고리에 의한 정착, 기계적 정착이 있다.
㉯ 주철근의 표준갈고리에는 반원형 갈고리와 수직 갈고리가 있다.
㉰ 모든 철근은 압축측에서 끝내는 것이 원칙이다.
㉱ 매입길이에 의한 이형인장철근의 기본 정착길이는 $\dfrac{6.4 A_b \cdot f_y}{f_{ck}}$ 이다.

[해설] 이형 인장철근의 기본정착길이
$$l_{db} = \dfrac{0.6 d_b f_y}{\lambda \sqrt{f_{ck}}}$$

18. 인장 이형철근의 정착길이는 기본정착길이에 적용가능한 모든 보정계수를 곱하여 구하는데, 다음의 조건 중 보정계수가 1.0보다 작게 되는 조건은?
[01 ㉮]

㉮ 피복두께가 $3 d_b$ 미만 또는 순간격이 $6 d_b$ 미만인 에폭시 도막 혹은 아연-에폭시 이중 도막 철근
㉯ 상부철근
㉰ 보통중량 콘크리트
㉱ 휨부재에 배근된 철근량이 해석에 의해 요구되는 소요철근을 초과하는 경우

[해설] ① 피복두께가 $3 d_b$ 미만 또는 순간격이 $6 d_b$ 미만인 에폭시 도막 혹은 아연-에폭시 이중 도막 철근 : $\beta = 1.5$
② 상부철근 : $\alpha = 1.3$
③ 보통중량 콘크리트 : $\lambda = 1.0$
④ 보정계수 = $\dfrac{\text{소요} A_s}{\text{배근} A_s} < 1.0$

19. 다음은 철근의 정착과 이음에 대한 사항이다. 틀린 것은?
[93 ㉮]

㉮ 인장철근의 기본정착길이에 곱해 주는 보정계수는 둘 이상이 적용될 수 있을 때는 큰 것 하나만 쓴다.
㉯ 갈고리는 압축을 받는 구역에서는 철근 정착에 유효하지 않다.
㉰ 인장을 받는 이형철근의 겹침이음길이는 300mm 이상이라야 한다.
㉱ 인장철근을 구부려서 복부를 지나 부재의 반대측에 있는 철근과 연속시키거나 거기에 정착시켜도 좋다.

[해설] 정착길이 계산에서 기본정착길이에 곱해주는 보정계수는 적용 가능한 모든 보정계수를 곱하여야 한다.

20. 강도설계에서 이형철근의 정착길이는 무엇과 반비례하는가?
[05 ㉮]

㉮ 철근의 공칭지름
㉯ 철근의 단면적
㉰ 철근의 항복강도
㉱ 콘크리트 설계기준 압축강도의 평방근

[해설] 인장은 $l_{db} = \dfrac{0.6 d_b f_y}{\lambda \sqrt{f_{ck}}}$,
압축은 $l_{db} = \dfrac{0.25 d_b f_y}{\lambda \sqrt{f_{ck}}}$,
표준갈고리는 $l_{hb} = \dfrac{0.24 \beta d_b f_y}{\lambda \sqrt{f_{ck}}}$ 이므로 경량콘크리계수와 설계기준압축강도의 평방근에 반비례한다.

21. 보통중량 콘크리트의 설계기준강도(f_{ck})가 30 MPa이며, 철근의 설계항복강도가 400 MPa이고, 직경이 25 mm인 인장이형철근의 기본정착길이(l_{db})는 얼마인가?
[05, 01 ㉮]

㉮ 462 mm ㉯ 1,096 mm
㉰ 1,262 mm ㉱ 1,645 mm

해답 17. ㉱ 18. ㉱ 19. ㉮ 20. ㉱ 21. ㉯

해설 $l_{db} = \dfrac{0.6 d_b f_y}{\lambda \sqrt{f_{ck}}} = \dfrac{0.6 \times 25 \times 400}{1.0\sqrt{30}}$
$= 1{,}095.5 \text{ mm}$
[보통중량 콘크리트의 $\lambda = 1.0$]

22. 인장철근 D35의 기본정착길이는?($d_b = 34.9\text{mm}$, 보통중량 콘크리트의 $f_{ck} = 27\text{ MPa}$, $f_y = 400\text{ MPa}$) [00 ㉮]

㉮ 1,290 mm　㉯ 1,240 mm
㉰ 1,612 mm　㉱ 1,812 mm

해설 $l_{db} = \dfrac{0.6 d_b f_y}{\lambda \sqrt{f_{ck}}} = \dfrac{0.6 \times 34.9 \times 400}{1.0\sqrt{27}}$
$= 1{,}612 \text{ mm}$

23. 300mm 이상의 유효깊이를 갖는 상부 인장이형철근의 정착길이를 구하려고 한다. $f_{ck} = 21\text{ MPa}$, $f_y = 300\text{ MPa}$을 사용한다면 상부철근으로서의 보정계수를 사용할 때 정착길이는 얼마 이상이어야 하는가? (단, D29 철근으로 공칭지름은 28.6mm, 공칭단면적은 642mm² 이고, 기타의 보정계수는 적용하지 않는다.) [05 ㉰]

㉮ 1,460 mm　㉯ 1,123 mm
㉰ 987 mm　㉱ 865 mm

해설 $l_{db} = \dfrac{0.6 d_b f_y}{\lambda \sqrt{f_{ck}}} = \dfrac{0.6 \times 28.6 \times 300}{1.0\sqrt{21}} = 1{,}123.4 \text{ mm}$
상부철근으로서 정착길이 또는 이음부 아래 300mm 를 초과되게 굳지 않은 콘크리트를 친 수평철근일 경우 고려해야 할 보정계수는 1.3이다.
∴ $l_d = 1.3 l_{db} = 1.3 \times 1{,}123.4 = 1{,}460.4 \text{ mm}$

24. 보통중량 골재를 사용한 콘크리트의 설계기준압축강도 $f_{ck} = 28\text{ MPa}$ 로 만들어지는 보에서 압축이형철근으로 D29(공칭지름 28.6mm)를 사용한다면 기본정착길이는? (단, $f_y = 350\text{ MPa}$) [01 ㉮]

㉮ 400 mm　㉯ 443 mm
㉰ 473 mm　㉱ 520 mm

해설 $l_{db} = \dfrac{0.25 d_b f_y}{\lambda \sqrt{f_{ck}}} = \dfrac{0.25 \times 28.6 \times 350}{1.0\sqrt{28}}$
$= 473 \text{ mm} \geq 0.043 d_b f_y = 0.043 \times 28.6 \times 350$
$= 430.4 \text{ mm}$
∴ 둘 중 큰 값 473mm로 한다.

25. 강도설계법에서 인장을 받는 이형철근의 정착길이 l_{db}는 얼마 이상이어야 하는가? (단, 갈고리가 없는 경우이다.) [92, 97 ㉯]

㉮ $l_{db} = 300\text{ mm}$ 이상
㉯ $l_{db} = 400\text{ mm}$ 이상
㉰ $l_{db} = 200\text{ mm}$ 이상
㉱ $l_{db} = 0.008 d_b f_y$

해설 인장을 받는 이형철근의 정착길이는 항상 300mm 이상이어야 한다.

26. 인장을 받는 이형철근의 정착길이는 일반적으로 몇 mm 이상인가? [00, 05 ㉯]

㉮ 200 mm　㉯ 300 mm
㉰ 400 mm　㉱ 600 mm

27. 인장을 받는 표준갈고리의 정착에 대한 기술 중 잘못된 것은? [92 ㉮, 94 ㉯]

㉮ 갈고리는 압축을 받는 구역에서 철근 정착에 유효하다.
㉯ 기본정착길이에 보정계수를 곱하여 정착길이를 계산하는데 $8 d_b$ 이상 150 mm 이상이어야 한다.
㉰ 쪼갬인장강도 f_{sp}가 주어지지 않은 전경량 콘크리트의계수는 0.75이다.
㉱ 정착길이는 위험단면으로부터 갈고리의 외부 끝까지의 거리로 나타낸다.

해설 갈고리는 압축철근의 정착에는 유효하지 않다.

해답　22. ㉰　23. ㉮　24. ㉰　25. ㉮　26. ㉯　27. ㉮

28. 표준갈고리를 갖는 인장 이형철근의 정착길이는 기본정착길이에 무엇을 곱하여 구하는가? [00⑭]

㉮ 갈고리 철근의 단면적
㉯ 보정계수
㉰ 갈고리 철근의 간격
㉱ 증가계수

[해설] 표준갈고리를 갖는 인장 이형철근의 정착길이는 기본정착길이에 적용 가능한 모든 보정계수를 곱하여 구한다.

29. 압축이형철근의 정착에 대한 다음 설명 중 잘못된 것은? [05㉮]

㉮ 정착길이는 기본정착길이에 적용 가능한 모든 보정계수를 곱하여 구한다.
㉯ 정착길이는 항상 200 mm 이상이어야 한다.
㉰ 해석결과 요구되는 철근량을 초과하여 배치한 경우의 보정계수는 (소요 A_s/배근 A_s)이다.
㉱ 표준갈고리를 갖는 압축이형철근의 보정계수는 0.75이다.

[해설] 갈고리는 압축철근의 정착에는 유효하지 않다.

30. 보통중량 골재를 사용한 콘크리트의 설계기준 압축강도 $f_{ck} = 24$ MPa 으로 된 부재에 인장을 받는 표준갈고리를 둔다면 기본정착길이는 얼마인가? (단, $f_y = 400$ MPa , 공칭지름은 25.4 mm(D 25)인 도막하지 않은 철근이다.) [90, 98⑭]

㉮ 530 mm   ㉯ 498 mm
㉰ 450 mm   ㉱ 410 mm

[해설] $l_{hb} = \dfrac{0.24\beta d_b f_y}{\lambda\sqrt{f_{ck}}} = \dfrac{0.24 \times 1.0 \times 25.4 \times 400}{1.0\sqrt{24}}$
= 497.7 mm ≒ 498 mm
[미도막 철근이므로 $\beta = 1.0$
보통중량 콘크리트이므로 $\lambda = 1.0$이다.]

31. 휨철근의 정착 사항에 대한 설명 중 옳지 않은 것은? [96⑭]

㉮ 휨부재에서 철근의 정착에 위험한 단면은 경간 내의 최대 응력점과 인장철근이 끝나거나 굽혀진 점들이다.
㉯ 휨철근은 휨모멘트를 저항하는 데 철근을 요구하지 않는 점에서 원칙적으로 철근을 끊어 버리거나 구부려 올리거나 내릴 수 있다.
㉰ 휨철근은 압축 구역에서 끝내는 것을 원칙으로 한다.
㉱ 휨철근은 휨모멘트 값의 (+)(-)에 관계없이 일렬로 배치해야 한다.

[해설] 휨철근은 휨에 저항하는 데 더 이상 철근이 필요하지 않은 점을 지나서 유효깊이 d 또는 $12d_b$ 이상 연장해야 한다.

32. 휨부재에서 철근의 정착에 대한 위험 단면의 설명 중 옳지 않은 것은? [97㉮]

㉮ 경간 내의 최대 응력점
㉯ 스터럽과 교차되지 않은 인장철근의 부분
㉰ 인장철근이 끝나는 점
㉱ 인장철근을 구부린 점

[해설] 휨부재에서 철근의 정착에 대한 위험단면
① 최대 응력점
② 인장철근이 끝나는 점
③ 인장철근이 구혀진 점

33. 단순보에서는 정모멘트 철근수의 얼마를 받침부를 넘어서 150mm 더 연장해야 되는가? [84⑭]

㉮ $\dfrac{1}{4}$ ㉯ $\dfrac{1}{3}$
㉰ $\dfrac{2}{3}$ ㉱ $\dfrac{1}{2}$

[해설] 단순보에서는 정모멘트 철근의 1/3 이상을 받침부 내로 150mm 이상 연장하여야 한다.

해답 28.㉯ 29.㉱ 30.㉯ 31.㉱ 32.㉯ 33.㉯

■■■ 철근의 이음

34. 철근의 이음에 대한 다음 기술 중 옳지 않은 것은?

㉮ 완전용접이음시에 이음부의 강도는 철근항복강도의 125% 이상이어야 한다.
㉯ 이음이 부재의 한 단면에 집중되지 않게 하는 것이 좋다.
㉰ D35 이상 되는 철근은 겹침이음을 해서는 안 된다.
㉱ 압축철근의 겹침이음길이는 인장철근의 겹침이음길이보다 길게 해야 한다.

[해설] 압축철근의 겹침이음길이는 인장철근의 겹침이음길이보다 길게 하지 않는다.

35. 다음은 철근이음 중 겹침이음에 관하여 기술한 것이다. 틀린 것은? [99㉮, 95㉯]

㉮ 확대 기초와 압축이형철근의 크기가 다른 철근의 이음을 제외하고 D35를 초과하는 철근은 겹침이음해서는 안 된다.
㉯ 3개의 다발철근에서는 30%, 4개의 다발철근에서는 40%만큼 겹침이음길이를 증가시켜야 한다.
㉰ 다발내의 각 철근의 겹침이음은 같은 위치에 중첩해서는 안 된다.
㉱ 휨부재에서 서로 직접 접촉되지 않게 겹침이음된 철근은 횡방향으로 겹침이음 길이의 1/5 이하, 150 mm 이상 떨어지지 않아야 한다.

[해설] 다발철근의 겹침이음길이는 3개의 다발철근은 20%, 4개의 다발철근은 33%를 증가시켜야 한다.

36. 철근콘크리트 부재의 철근이음에 관한 설명 중 옳지 않은 것은? [01㉮]

㉮ D35를 초과하는 철근은 겹침이음을 하지 않아야 한다.
㉯ 인장을 받는 이형철근의 겹침이음길이는 A급, B급, C급으로 분류한다.
㉰ 압축이형철근의 이음에서 콘크리트의 설계기준압축강도가 21 MPa 미만인 경우에는 겹침이음길이를 1/3 증가시켜야 한다.
㉱ 용접이음과 기계적이음은 철근의 항복강도의 125% 이상을 발휘할 수 있어야 한다.

[해설] 인장을 받는 이형철근의 겹침이음은 A급과 B급의 2종류로 분류되며, 겹침이음길이는 300mm 이상이다.

37. 철근의 이음에 대한 설명중 옳지 않는 것은? [02㉮]

㉮ 용접이음은 철근의 설계기준항복강도 f_y의 125% 이상을 발휘하여야 한다
㉯ 기계적이음은 철근의 설계기준항복강도 f_y의 125% 이상을 발휘하여야 한다.
㉰ 압축철근의 겹침이음길이는 인장철근의 겹침이음길이보다 길게 하여야 한다.
㉱ D35를 초과하는 철근은 겹침이음을 하지 않아야 한다.

[해설] 압축철근의 겹침이음길이는 인장철근의 겹침이음길이보다 길게 할 필요가 없다.

38. 철근콘크리트 보의 주철근을 이음하는데 가장 적당한 곳은? [96㉮]

㉮ 보의 중앙
㉯ 받침부로부터 경간의 1/3 되는 받침부
㉰ 받침부로부터 경간의 1/4 되는 받침부
㉱ 휨응력이 가장 작은 곳

[해설] 주철근의 이음 위치는 각종 위험단면을 피하여 인장응력이 최소인 곳에서 실시하는 것이 좋다.

해답 34. ㉱   35. ㉯   36. ㉯   37. ㉰   38. ㉱

39. 인장이형철근의 겹침이음길이는 l_{db}의 배수로 표시된다. 그 배수의 등급은 구조기준에 의해 몇 가지로 구분되는가? [96 ㉮]

㉮ 2등급　　㉯ 3등급
㉰ 4등급　　㉱ 5등급

[해설] 인장이형철근의 겹침이음에는 A급과 B급의 2종류로 분류한다.

40. 철근의 이음 등급에서 A급 이음의 조건은 다음 중 어느 것인가? [05 ㉴]

㉮ 배근된 철근량이 이음부 전체 구간에서 해석결과 요구되는 소요 철근량의 2배 이상이고 소요 겹침이음 길이내 겹침이음된 철근량이 전체 철근량의 1/3 이상인 경우
㉯ 배근된 철근량이 이음부 전체 구간에서 해석결과 요구되는 소요 철근량의 2배 이하이고 소요 겹침이음길이내 겹침이음된 철근량이 전체 철근량의 1/2 이상인 경우
㉰ 배근된 철근량이 이음부 전체 구간에서 해석결과 요구되는 소요 철근량의 2배 이상이고 소요 겹침이음길이내 겹침이음된 철근량이 전체 철근량의 1/2 이하인 경우
㉱ 배근된 철근량이 이음부 전체 구간에서 해석결과 요구되는 소요 철근량의 2배 이하이고 소요 겹침이음길이내 겹침이음된 철근량이 전체 철근량의 1/3 이하인 경우

[해설] A급이음 : $\dfrac{배근 A_s}{소요 A_s} \geq 2$, $\dfrac{겹침이음 A_s}{총 A_s} \leq \dfrac{1}{2}$

41. 인장이형철근의 겹침이음길이에 대한 다음 기술 중 틀린 것은? [93 ㉮]

㉮ A급 이음 : $1.0\, l_{db}$
㉯ B급 이음 : $1.3\, l_{db}$
㉰ C급 이음 : $1.5\, l_{db}$
㉱ 어떠한 경우라도 300 mm 이상

[해설] 인장이형철근의 겹침이음에는 A급과 B급의 2종류로 분류하므로 C급이음은 없다.

42. 인장이형철근을 겹침이음할 때 사용철근량이 소요철근량의 2배 미만이고 겹침이음길이 이내 겹침이음된 철근량이 많은 경우(전 철근량의 50%를 초과하는 경우) 겹침이음길이는? (단, l_{db}는 기본정착길이임) [93 ㉮]

㉮ $2.0\, l_{db}$ 이상　　㉯ $1.7\, l_{db}$ 이상
㉰ $1.3\, l_{db}$ 이상　　㉱ $1.0\, l_{db}$ 이상

[해설] 많은 철근이 겹침이음되는 경우는 B급 이음이다.
∴ 겹침이음길이는 $1.3\, l_{db}$ 이상, 300mm 이상

43. 강도설계법에서 D25(공칭직경 25.4mm)의 인장철근을 겹침이음할 때 기본정착길이 l_{db}는 얼마인가? (단, 보통중량 콘크리트의 $f_{ck}=21$MPa, $f_y=300$ MPa이다.) [00 ㉴]

㉮ 370 mm　　㉯ 1,000 mm
㉰ 300 mm　　㉱ 400 mm

[해설] $l_{db} = \dfrac{0.6 d_b f_y}{\lambda \sqrt{f_{ck}}} = \dfrac{0.6 \times 25.4 \times 300}{1.0\sqrt{21}} = 997.7\,mm$

44. 휨부재에서 $f_{ck}=24$MPa, $f_y=350$MPa일 때 인장철근(D 32 : $d_b=31.8$mm, $A_s=794.2$mm^2)의 이음길이는? (단, 보정계수 1.18, 이음은 B급이다.) [92 ㉴]

㉮ 2,090 mm　　㉯ 1,270 mm
㉰ 1,077 mm　　㉱ 668 mm

[해설] B급이음이므로 겹침이음길이
$= 1.3 l_d$
$= 1.3 \times 1,608 = 2,090\,mm$

$$\begin{bmatrix} l_{db} = \dfrac{0.6 d_b f_y}{\lambda\sqrt{f_{ck}}} = \dfrac{0.6\times 31.8\times 350}{1.0\sqrt{24}} \\ = 1,363\,mm \\ l_d = 1.18 \times 1,363 = 1,608\,mm \end{bmatrix}$$

해답　39. ㉮　40. ㉰　41. ㉰　42. ㉰　43. ㉯　44. ㉮

45. 압축 이형철근의 겹침이음길이에 대한 설명 중 맞는 것은? [96㉮]

㉮ 압축철근의 정착길이 l_{db} 이상으로 하되 200 mm 이상
㉯ 압축철근의 겹침이음길이는 $\left(\dfrac{1.4f_y}{\lambda\sqrt{f_{ck}}} - 52\right)d_b$로 구하고 $f_y \le 400\,\text{MPa}$일 때 $0.072f_y d_b$ 보다 길 필요가 없다.
㉰ $f_{ck} < 21\,\text{MPa}$ 일 때 규정된 겹침이음 길이를 $\dfrac{1}{4}$ 증가시켜야 한다.
㉱ 나선철근 압축부재의 나선철근 내에서의 겹침이음길이는 규정된 겹침이음길이의 0.83배를 사용하되 300 mm 이상이라야 한다.

[해설] 압축철근의 겹침이음길이 : $l_s = \left(\dfrac{1.4f_y}{\lambda\sqrt{f_{ck}}} - 52\right)d_b$

$f_y \le 400\,\text{MPa}$일 때	$f_y > 400\,\text{MPa}$일 때
$0.072f_y d_b$ 이하	$(0.13f_y - 24)d_b$ 이하

또한 인장철근의 겹침이음길이 이하, 300mm 이상

46. 보에 있어서 주철근의 수직수평 순간격은 얼마로 하는가?

㉮ 250mm 이상   ㉯ 25mm 이상
㉰ 2.5mm 이상   ㉱ 22.5mm 이상

[해설] 보의 배치되는 주철근의 순간격
① 수평 순간격
　25mm 이상, 철근의 공칭지름 이상
③ 수직 순간격
　25mm 이상, 동일 연직면 내에 배치

47. 철근콘크리트 보의 시공이음은 어느 위치에 하는 것이 가장 좋은가?

㉮ 지점
㉯ 전단력이 작은 위치
㉰ 지점으로부터 경간의 $\dfrac{1}{3}$ 되는 지점
㉱ 지점으로부터 경간의 $\dfrac{1}{4}$ 되는 지점

[해설] 시공이음 전단력이 가장 작은 곳에 두므로 보의 중앙에 위치한다.

48. 콘크리트 구조설계기준의 철근의 간격에 관한 규정 중 옳지 않은 것은?

㉮ 보의 정·부철근의 수평 순간격은 25mm 이상이다.
㉯ 보의 정·부철근의 수평 순간격은 철근의 공칭지름 이상으로 한다.
㉰ 기둥에서 축방향 철근의 순간격은 60mm 이상, 철근 직경의 1.5배 이상이다.
㉱ 보의 정·부철근의 수평 순간격은 굵은 골재의 최대치수의 4/3배 이상이다.

[해설] 기둥에서 축방향 철근의 순간격은 40mm 이상, 철근지름의 1.5배 이상, 굵은 골재 최대치수의 4/3배 이상으로 한다.

49. 압축(이형)철근 이음을 다발로 된 철근으로 겹침이음할 때 4개의 철근다발을 사용한다면 규정된 겹침이음길이의 몇 %를 증가시켜야 하는가?

㉮ 10%   ㉯ 20%
㉰ 25%   ㉱ 33%

[해설] 다발철근의 겹침이음길이는 3개의 다발철근은 20%, 4개의 다발철근은 33%를 증가시켜야 한다.

50. 여러 개의 철근을 묶어서 사용하는 다발철근에 대한 설명 중 옳지 않은 것은?

㉮ 이형철근만 사용이 가능하다.
㉯ 각 다발철근의 철근단은 모든 철근을 지점에서 끝나게 하여야 한다.
㉰ 철근 간격과 최소 철근 피복두께를 철근지름으로 나타낼 때는 다발의 지름은 등가단면적으로 환산되는 한 개의 지름으로 보아야 한다.
㉱ D35를 초과하는 철근은 다발로 사용하여서는 안 된다.

해답 45. ㉯ 46. ㉯ 47. ㉯ 48. ㉰ 49. ㉱ 50. ㉯

[해설] 휨부재의 경간 내에서 끝나는 한 다발철근 내의 개개 철근은 $40\,d_b$ 이상 서로 엇갈리게 끝내야 한다.

51. 주철근(主鐵筋)에 이형철근을 쓰는 이유로서 옳지 않은 것은?

㉮ 부착응력이 크다.
㉯ 철근이음에서 절약된다.
㉰ 보통의 경우에는 갈고리를 필요로 하지 않는다.
㉱ 지압강도를 증진시킨다.

[해설] 이형철근을 사용하는 것과 지압강도와는 무관하다.

52. 인장철근의 정착방법으로 가장 옳은 경우는?

㉮ 표준갈고리를 붙여 인장부 콘크리트에 정착한다.
㉯ 원칙적으로 압축부 콘크리트에 정착해야 한다.
㉰ 편리한 곳에 정착한다.
㉱ 인장부 콘크리트에 항상 정착해야 한다.

[해설] 휨철근은 압축구역에서 정착하는 것을 원칙으로 한다.

53. 다음 중 철근의 정착방법이 아닌 것은?

㉮ 묻힘길이에 의한 정착방법
㉯ 갈고리에 의한 정착방법
㉰ 철근의 가로방향에 T형 철근을 용접하여 정착하는 방법
㉱ 철근을 절곡시켜 정착하는 방법

[해설] 철근의 정착방법
① 묻힘길이에 의한 정착 방법
② 갈고리에 의한 정착 방법
③ 기계적 정착

해답 51.㉱ 52.㉯ 53.㉱

제6장 기둥

출제경향분석

띠철근 기둥 및 나선철근 기둥의 구조세목과 강도설계법에 의한 기둥의 해석과 설계를 학습한다. 출제되는 비율은 20문제중 1~2문제 정도이다.

단원별 경향분석

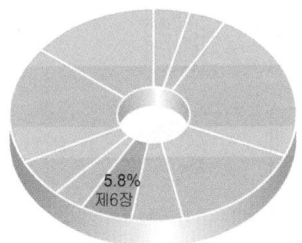

토목기사

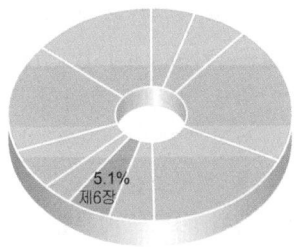

토목산업기사

항목별 경향분석

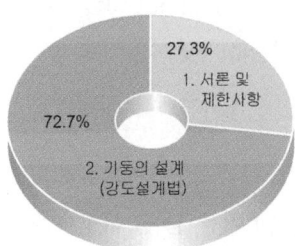

토목기사

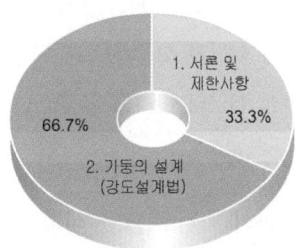

토목산업기사

1 서론 및 제한사항

> **학습방향**
>
> 설계시 고려해야 할 제한사항과 제한하는 이유를 묻는 문제가 대부분을 차지하고 있다. 제한사항은 암기하는 것이 좋으며, 제한하는 이유를 밝혀 보는 것이 암기에 도움이 될 것이다.

1 기둥의 정의

축방향 압축을 받는 부재를 압축부재(compression member) 또는 기둥(column)이라 한다. 구조기준에서는 높이가 단면최소치수의 3배 이상인 압축부재를 기둥이라고 한다.

2 기둥의 종류

(1) 띠철근 기둥(tied column) : 사각형 단면에 주로 쓰이며, 축방향 철근을 적당한 간격의 띠철근으로 감은 기둥이다.
(2) 나선철근 기둥(spiral column) : 원형 단면에 주로 쓰이며, 축방향 철근을 연속된 나선철근으로 둘러싼 기둥이다.
(3) 합성 기둥 : 구조용 강재나 강관 또는 튜브를 축방향으로 배치한 압축부재를 말하며, 이때 축방향 철근은 사용할 수도 있고, 사용하지 않을 수도 있다.

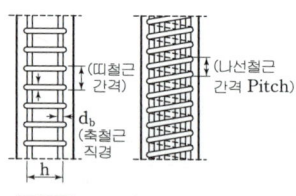

그림. 기둥의 종류

3 띠철근 기둥의 제한사항

(1) 축방향 부재의 주철근의 최소 개수는 직사각형이나 원형 띠철근 내부의 철근의 경우 4개, 삼각형 띠철근 내부의 철근의 경우 3개로 하여야 한다.
(2) 축방향 철근의 철근비는 총 단면적의 $1\% \sim 8\%$ 라야 한다.
(3) 축방향 철근의 간격은 이상, 철근 공칭지름의 1.5배 이상 굵은 골재 최대치수의 $\frac{4}{3}$ 배 이상 이어야 한다.
(4) 띠철근의 직경은 D 32 이하의 축방향 철근은 D 10 이상, D 35 이상의 축방향 철근과 다발철근은 D 13 이상의 띠철근으로 둘러싸야 한다.

철근콘크리트 및 강구조

2026
1주일 완성! 핵심문제풀이

핵심정리 120제

- 핵심 1 ~ 핵심 28
- 핵심공식 파일요약

4

한솔아카데미

CIVIL ENGINEER
철근콘크리트 및 PSC강구조

- 제1편 공식파일요약
- 제2편 핵심120제(1~40)

제1편
공식파일

공식 파일 요약

1 철근콘크리트의 기본 개념

1. RC가 일체식 구조가 되는 이유
① 부착강도가 크다.
② 철근이 부식되지 않는다.
③ 열팽창계수가 거의 같다.
④ 콘크리트는 압축, 철근은 인장에 강하다.

2. 콘크리트 강도에 가장 큰 영향을 주는 인자
: 물-시멘트비(W/C)

3. 콘크리트 탄성계수(E_c)
1) 할선(시컨트) 계수 사용
$E_c = 0.077\, m_c^{1.5}\, \sqrt[3]{f_{cm}}$ (MPa)
(m_c : 2,300 kg/m³ 일 때)
$E_c = 8,500\, \sqrt[3]{f_{cm}}$ (MPa)
2) 초기접선 탄성계수
$E_{ci} = 10,000\, \sqrt[3]{f_{cm}}$
($f_{cm} = f_{ck} + \Delta f$)

f_{ck}(MPa)	40 이하	40 초과, 60 미만	60 이상
Δf(MPa)	4	직선보간	6

3) $E_{ci} = 1.18 E_c$ (MPa)

4. 철근의 탄성계수(E_s) : $E_s = 2.0 \times 10^5$ MPa

5. 탄성계수비(n) : $n = \dfrac{2.0 \times 10^5}{8,500\, \sqrt[3]{f_{cm}}}$

6. 콘크리트의 크리프(creep)
시간의 경과에 따른 소성변형 증가현상
1) 크리프 계수(ϕ) : $\phi = \dfrac{\text{크리프 변형률}}{\text{탄성 변형률}} = \dfrac{\varepsilon_c}{\varepsilon_e} = \dfrac{\varepsilon_c}{\dfrac{f_c}{E_c}} = \dfrac{E_c A_c \varepsilon_c}{Pl}$
(옥외 : 2.0, 옥내 : 3.0)

2) 크리프의 특징
   ① 변형의 증가율은 감소된다.
   ② 응력이 큰 경우 크리프는 증가한다.
   ③ 강도가 큰 경우 크리프는 감소한다.

7. 콘크리트의 건조수축(shrinkage)
콘크리트가 건조하면서 수축하는 현상
- 특징
  ① 상재하중과 무관하게 잉여수의 방출 때문에 생긴다.
  ② 철근이 건조수축에 저항한다.
     (콘크리트 : 인장응력, 철근 : 압축응력)

8. 철근
1) 철근의 종류
   ① 원형 철근(SR)
   ② 이형 철근(SD)
   - SD 300에서 숫자의 의미 $f_y = 300\,MPa$
   - 이형 철근 사용 이유 : 부착강도가 크기 때문
2) 주철근

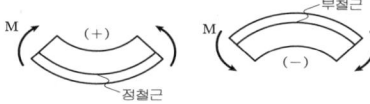

3) 배력철근의 배치목적
   ① 응력분포, 균열분포
   ② 주철근 간격 유지
   ③ 건조수축에 의한 수축균열 감소

2 강도설계법의 개요

1) 재료가 파단점 또는 파단점 부근에 위치
2) RC를 완전(탄)소성체로 취급
3) 소성이론 적용
4) 안전성 확보가 가장 중요
5) 설계 개요
   ① 휨부재 : $M_u \leq \phi M_n$ (일반적 : $\phi = 0.85$)
   ② 전단부재 : $V_u \leq \phi V_n$ ($\phi = 0.75$)
   ③ 비틀림부재 : $T_u \leq \phi T_n$ ($\phi = 0.75$)
   ④ 압축부재 : $P_u \leq \phi P_n$
       띠철근 : $\phi = 0.65$
       나선철근 : $\phi = 0.70$
6) 설계하중 : 계수하중(U)
   $U = 1.2D + 1.6L$
7) 설계시 기본가정 사항
   ① 콘크리트의 최대변형률(ε_{cu})
   - $f_{ck} \leq 40\,\text{MPa}$: $\varepsilon_{cu} = 0.0033$
   - $f_{ck} > 40\,\text{MPa}$: f_{ck}가 10MPa 증가시마다 0.0001씩 감소
   ② 변형률은 중립축으로부터의 거리에 비례
   ③ 철근의 응력
       $\varepsilon_s < \varepsilon_y$일 때 : $f_s = E_s \varepsilon_s$
       $\varepsilon_s > \varepsilon_y$일 때 : $f_s = f_y = E_s \varepsilon_y$
   ④ 콘크리트의 응력
     ㉠ 포물선-직선으로 가정하는 방법
       상승부 곡선식은 $f_c = 0.85 f_{ck} \left[1 - \left(1 - \dfrac{\varepsilon_c}{\varepsilon_{co}} \right)^n \right]$이고 이후 극한변형률에 도달할 때까지 $f_c = 0.85 f_{ck}$이다.
       이를 평균압축응력으로 표시하면 $\alpha(0.85 f_{ck})$가 $2\beta c$ 깊이까지 등분포한다.
     ㉡ 등가직사각형으로 가정하는 방법
       압축연단에서 $\eta(0.85 f_{ck})$로 $a = \beta_1 c$까지 등분포

표. 응력분포의 변수 및 계수 값

f_{ck}(MPa)	≤40	50	60	70	80	90
n	2.0	1.92	1.50	1.29	1.22	1.20
ε_{co}	0.002	0.0021	0.0022	0.0023	0.0024	0.0025
ε_{cu}	0.0033	0.0032	0.0031	0.003	0.0029	0.0028
α	0.80	0.78	0.72	0.67	0.63	0.59
β	0.40	0.40	0.38	0.37	0.36	0.35

표. 등가직사각형 응력분포 변수 값

f_{ck}(MPa)	≤40	50	60	70	80	90
ε_{cu}	0.0033	0.0032	0.0031	0.003	0.0029	0.0028
η	0.80	0.78	0.72	0.67	0.63	0.59
β_1	0.40	0.40	0.38	0.37	0.36	0.35

3 보의 휨설계 :

콘크리트 압축응력을 등가직사각형 분포로 가정하고 계산한 값

1. 단철근 직사각형보
   1) 균형철근비(ρ_b)

   $$\rho_b = \frac{\eta(0.85f_{ck})\beta_1}{f_y} \cdot \frac{\varepsilon_{cu}}{\varepsilon_{cu} + \varepsilon_y}$$

   2) 균형보의 중립축위치(c_b)

   $$c_b = \frac{\varepsilon_{cu}}{\varepsilon_{cu} + \varepsilon_y} d$$

   3) 철근비 제한 : 취성파괴 방지
   ① 최대 철근비(ρ_{max})

   부재가 파괴될 때 연성파괴가 되도록 하기 위하여 최소 허용변형률에 해당되는 철근비 이하로 배근하여 과소 철근보가 되도록 하고 있다.

f_y : 철근의 설계기준항복강도	휨부재 허용값	
	최소 허용변형률	해당 철근비
300MPa	0.004	$0.658\, \rho_b$
350MPa	0.004	$0.692\, \rho_b$
400MPa	0.004	$0.726\, \rho_b$
500MPa	$0.005(2\varepsilon_y)$	$0.699\, \rho_b$
600MPa	$0.006(2\varepsilon_y)$	$0.677\, \rho_b$

② 최소철근비(ρ_{min})

$\phi M_n \geq 1.2 M_{cr}$을 만족하는 철근비

③ 연성파괴 발생조건 : $\rho_{min} \leq \rho \leq \rho_{max}$

4) 등가응력 깊이 : $a = \dfrac{A_s f_y}{\eta(0.85 f_{ck})b}$

5) 설계 휨강도

$$M_d = \phi M_n = \phi\left\{A_s f_y\left(d - \dfrac{a}{2}\right)\right\} = \phi\{f_{ck}qbd^2(1-0.59q)\}$$

여기서, $q = \dfrac{\rho f_y}{\eta f_{ck}}$

2. 복철근 직사각형보

1) 등가응력깊이(a)

$$a = \dfrac{(A_s - A_s')f_y}{\eta(0.85 f_{ck})b}$$

2) 설계휨강도(M_d)

$$M_d = \phi M_n = \phi\left\{f_y(A_s - A_s')\left(d - \dfrac{a}{2}\right) + A_s' f_y(d - d')\right\}$$

3) 압축철근이 항복할 조건

$$\varepsilon_s' = \varepsilon_{cu}\left(\dfrac{c - d'}{c}\right) \geq \varepsilon_y = \dfrac{f_y}{E_s}$$

$$\therefore c \geq \dfrac{\varepsilon_{cu}}{\varepsilon_{cu} - \varepsilon_y} d'$$

4) 최대 철근비(ρ_{max}) (단, $f_y = 400\,\text{MPa}$)
   ① 압축철근이 항복하지 않은 경우
   $$\rho_{max} = 0.726\rho_b + \rho'\frac{f_s'}{f_y}$$
   ② 압축철근이 항복한 경우
   $$\rho_{max} = 0.726\rho_b + \rho'$$

3. T형보
1) T형보의 유효폭 : 다음 중 최솟값
   ① T형보
   $$\begin{cases} \text{양쪽으로 내민 슬래브두께의 각각 8배씩} + b_w \\ \text{양쪽슬래브의 중심간 거리} \\ \text{보의 경간의 } \frac{1}{4} \end{cases}$$
   ② 반 T형보 : 다음 중 최소값
   $$\begin{cases} \text{한쪽으로 내민 슬래브두께의 6배} + b_w \\ \text{인접보와의 내측거리의 } \frac{1}{2} + b_w \\ \text{보의 경간의 } \frac{1}{12} + b_w \end{cases}$$

2) T형보의 판정
   $$a = \frac{A_s f_y}{\eta(0.85 f_{ck})b} > t_f \text{ 일 때 : T형보로 설계}$$

3) 등가응력깊이(a)
   $$a = \frac{(A_s - A_{sf})f_y}{\eta(0.85 f_{ck})b}$$
   여기서, $A_{sf} = \dfrac{\eta(0.85 f_{ck})(b - b_w)t_f}{f_y}$

4) 설계 휨강도(M_d)
   $$M_d = \phi M_n = \phi\left\{A_{sf}f_y\left(d - \frac{t}{2}\right) + (A_s - A_{sf})f_y\left(d - \frac{a}{2}\right)\right\}$$

5) 최대 철근비(ρ_{max}) (단, $f_y = 400\,\text{MPa}$)
   $$\rho_{max} = 0.726\rho_b + \rho_f$$

4. 처짐과 균열

1) 처짐
   ① 장기처짐 = (탄성처짐) × λ_Δ

   여기서, $\lambda_\Delta = \dfrac{\xi}{1 + 50\rho'}$

   ② 총처짐 = (탄성처짐) + (장기처짐)
   ③ 처짐을 계산하지 않아도 되는 최소 두께

지지조건	1방향 슬래브	보
단순지지	$\dfrac{l}{20}$	$\dfrac{l}{16}$
일단연속	$\dfrac{l}{24}$	$\dfrac{l}{18.5}$
양단연속	$\dfrac{l}{28}$	$\dfrac{l}{21}$
캔틸레버	$\dfrac{l}{10}$	$\dfrac{l}{8}$

   $f_y \neq 400\,\text{MPa}$ 일 때는 $\left(0.43 + \dfrac{f_y}{700}\right)$ 를 곱한 값을 사용

2) 균열

   (1) 균열의 제한
   콘크리트 인장연단에 가장 가까이에 배치되는 철근의 중심간격 s는 다음 두 값 중 작은 값 이하로 하여야 한다.

   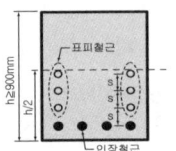

   ① $s = 375\left(\dfrac{k_{cr}}{f_s}\right) - 2.5c_c$
   ② $s = 300\left(\dfrac{k_{cr}}{f_s}\right)$

   여기서, k_{cr} : 철근의 노출 조건을 고려한 계수
   (건조환경은 280, 그 외의 환경은 210이다.)

(2) 철근콘크리트 구조물의 내구성 확보를 위하여 허용되는 균열폭

강재의 종류	강재의 부식환경에 대한 조건			
	건조 환경	습윤 환경	부식성 환경	고부식성 환경
철근	0.4mm와 0.006 C_c 중 큰 값	0.3mm와 0.005 C_c 중 큰 값	0.3mm와 0.004 C_c 중 큰 값	0.3mm와 0.0035 C_c 중 큰 값
프리스트레싱 긴장재	0.2mm와 0.005 C_c 중 큰 값	0.2mm와 0.004 C_c 중 큰 값	–	–

※ C_c : 피복두께

(3) 수처리 구조물의 내구성과 누수방지를 위하여 허용되는 균열폭

구 분	휨 인장 균열	전 단면 인장 균열
오염되지 않은 물	0.25mm	0.20mm
오염된 액체	0.20mm	0.15mm

3) 피로
① 기둥은 피로에 대해 검토하지 않아도 된다.
② 피로에 대해 검토하지 않아도 되는 철근응력 범위(130~150MPa)

(SD300 : 130MPa, SD350 : 140MPa, SD400 이상 : 150MPa)

4 전단 설계

1) 콘크리트가 부담하는 전단강도

$$V_c = \left(\frac{\lambda\sqrt{f_{ck}}}{6}\right) b_w d$$

여기서, λ : 경량콘크리트계수

(보통중량 : 1.0, 모래경량 : 0.85, 전경량 : 0.75)

2) 전단보강의 판정
① $V_u \leq \phi V_c$: 이론상 전단보강이 불필요

② $\frac{1}{2}\phi V_c < V_u \leq \phi V_c$: 최소한의 전단보강

$$A_{v,min} = 0.0625\sqrt{f_{ck}}\frac{b_w s}{f_{yt}} \geq 0.35\frac{b_w s}{f_{yt}}$$

③ $V_u \leq \frac{1}{2}\phi V_c$: 전단보강이 불필요

3) 전단 철근량

① 수직 스터럽 : $A_v = \frac{V_s s}{f_{yt} d}$

② 경사스트럽(여러 곳에서 굽힌 굽힘철근)

$$A_v = \frac{V_s s}{f_{yt} d(\sin\alpha + \cos\alpha)}$$

③ 한 곳에서 굽힌 굽힘철근 : $A_v = \frac{V_s}{f_{yt}\sin\alpha}$

4) 전단 철근의 간격 제한

구분	$V_s \leq \left(\frac{\lambda\sqrt{f_{ck}}}{3}\right)b_w d$	$V_s > \left(\frac{\lambda\sqrt{f_{ck}}}{3}\right)b_w d$ 간격을 절반 $\left(\frac{1}{2}\right)$으로 감소
수직 스터럽	$\frac{d}{2}$ 이하, 600mm 이하	$\left(\frac{d}{4}\ \text{이하},\ 300\text{mm 이하}\right)$
경사 스터럽 굽힘 철근	$\frac{3}{4}d$ 이하	$\frac{3}{8}d$ 이하

5) 전단 철근의 전단강도 제한

$$V_s \leq 0.2\left(1 - \frac{f_{ck}}{250}\right)f_{ck}b_w d$$

5 철근의 정착과 이음

1. 철근 간격

1) 주철근의 수평 순간격

① 25mm 이상   ② d_b 이상   ③ $\frac{4}{3}G_{max}$ 이상

2) 주철근의 연직 순간격

① 25mm 이상   ② 동일연직면내에 위치

3) 축방향철근의 간격

① 40mm 이상   ② $1.5d_b$ 이상

2. 철근의 정착

1) 이론상 정착길이 : $l_d = \dfrac{f_y d_b}{4v_u}$

2) 기본 정착길이

① 인장을 받는 경우 : $\dfrac{0.6 d_b f_y}{\lambda \sqrt{f_{ck}}}$

※ 인장을 받는 이형철근의 정착길이에 곱하는 보정계수 요약
  · 상부철근 : 1.3
  · 경량 콘크리트 : 경량콘크리트계수 λ로 통합
  · 순간격 $6d_b$ 미만, 피복두께 $3d_b$ 미만인 에폭시도막 혹은 아연-에폭시 이중 도막철근 : 1.5
  · 기타 에폭시도막 혹은 아연-에폭시 이중 도막 철근 : 1.2
  · 아연도금 혹은 도막되지 않은 철근 : 1.0

② 압축을 받는 경우 : $\dfrac{0.25 d_b f_y}{\lambda \sqrt{f_{ck}}}$ 또는 $0.043\, d_b f_y$

③ 갈고리를 갖는 경우 : $\dfrac{0.24 \beta d_b f_y}{\lambda \sqrt{f_{ck}}}$

(단, $f_y \geq 500\,\mathrm{MPa}$이면 띠철근 또는 스터럽이 있어도 보정계수 0.8적용 안 함)

3) 정착길이의 제한
  ① 인장을 받는 경우 : 300mm 이상
  ② 압축을 받는 경우 : 200mm 이상
  ③ 표준갈고리를 갖는 경우 : 150mm 이상, $8\,d_b$ 이상

3. 다발철근의 정착길이
  ① 3다발 철근 : 20%증가
  ② 4다발 철근 : 33%증가

4. 겹침 이음

1) D35이하인 이형철근을 대상으로 한다.
2) 다발철근의 겹침이음 길이
  ① 3다발 철근 : 20% 증가
  ② 4다발 철근 : 33% 증가
3) 용접이음과 기계적 연결은 철근 항복강도의 125%이상을 발휘하여야 한다.
4) 겹침이음 길이
  ① A급 이음 : $1.0\, l_d$ 이상, 300mm 이상
  ② B급 이음 : $1.3\, l_d$ 이상, 300mm 이상

5) 압축이형철근의 겹침이음 길이

$$l_s = \left(\frac{1.4f_y}{\lambda\sqrt{f_{ck}}} - 52\right)d_b$$

$f_y \leq 400\,\mathrm{MPa}$: $0.072f_y d_b$ 이하

$f_y > 400\,\mathrm{MPa}$: $(0.13f_y - 24)d_b$ 이하

- 어느 경우에도 300mm 이상이어야 한다.
- 인장철근의 겹침이음길이보다 길 필요는 없다.

단, $f_{ck} < 21\,\mathrm{MPa}$: 겹침이음길이를 $\frac{1}{3}$ 증가시킴

5. 나선철근의 정착 및 이음
① 정착 : 나선철근 끝에서 추가로 심부주위를 1.5회전만큼 더 확보
② 이음 : 겹침이음, 용접이음, 기계적이음

조건	겹침이음길이 제한규정
이형철근 및 철선	$48d_b$ 이상, 300mm 이상
원형철근 및 철선	$48d_b$ 이상, 300mm 이상
에폭시 도막 이형철근 또는 철선	$72d_b$ 이상, 300mm 이상
표준갈고리를 가지는 비도막 원형철근 또는 철선	$48d_b$ 이상, 300mm 이상
표준갈고리를 가지는 에폭시 도막 이형철근 또는 철선	$48d_b$ 이상, 300mm 이상

6 기둥

1. 구조상세
1) 축방향 철근 최소개수
    ① 삼각형 띠철근 : 3개 이상
    ② 사각형 및 원형 띠철근 : 4개 이상
    ③ 원형 나선철근 : 6개 이상
2) 축방향 철근비 : (1~8)%

3) 띠철근의 간격
   ① 축철근 지름의 16배 이하
   ② 띠철근 지름의 48배 이하
   ③ 단면 최소 치수 이하
4) 나선철근기둥의 설계기준강도 : 21MPa 이상
5) 나선철근비
$$\rho_s = \frac{\text{나선철근의 전체적}}{\text{심부체적}} = \frac{4A_s}{D_{ch}p} \geq 0.45\left(\frac{A_g}{A_{ch}} - 1\right)\frac{f_{ck}}{f_{yt}}$$

2. 최소 편심(e_{min})
① 나선철근 : 0.05t (t : 원의 지름)
② 띠철근 : 0.10t (t : 단면최소치수)

3. 중심축하중을 받는 기둥의 설계강도
1) 띠철근 기둥
   $P_d = 0.80\phi P_n = 0.80\phi\{0.85f_{ck}(A_g - A_{st}) + f_y A_{st})\}$
2) 나선철근 기둥
   $P_d = 0.85\phi P_n = 0.85\phi\{0.85f_{ck}(A_g - A_{st}) + f_y A_{st})\}$

4. 편심축하중을 받는 기둥의 설계강도
$P_d = \phi(C_c + C_s - T_s)$
$\quad = \phi\{\eta(0.85f_{ck})ab + A_s'f_s' - A_s f_s\}$

7 슬래브

1. 슬래브의 판별방법
1) 1방향 슬래브 : $\frac{L}{S} > 2$
2) 2방향 슬래브 : $1 \leq \frac{L}{S} < 2$

2. 주철근 간격
1) 위험단면(최대 휨모멘트 발생단면)
   슬래브 두께의 2배 이하, 300mm 이하
2) 기타 단면
   슬래브 두께의 3배 이하, 450mm 이하

3. 전단에 대한 위험단면
   1) 1방향 슬래브 : d 떨어진 곳
   2) 2방향 슬래브 : $\dfrac{d}{2}$ 떨어진 곳

4. 2방향 슬래브의 분담하중

구 분	단 변(S)	장 변(L)
등분포하중	$w_s = \dfrac{L^4}{L^4+S^4} w$	$w_L = \dfrac{S^4}{L^4+S^4} w$
집중하중	$P_s = \dfrac{L^3}{L^3+S^3} P$	$P_L = \dfrac{S^3}{L^3+S^3} P$

5. 직접 설계법의 제한 사항
   1) $w_L \leq 2w_D$
   2) 3경간 이상
   3) 경간의 차이는 장경간의 $\dfrac{1}{3}$ 이하
   4) 기둥의 어긋남은 10% 이하
   5) 보의 상대강성은 0.2~5.0

8 옹벽과 확대기초

1. **옹벽**
   1) 옹벽의 안정조건
      ① 전도에 대한 안정
      $$F_s = \dfrac{저항 M}{전도 M} \geq 2.0$$
      (R의 작용점이 옹벽저면 중앙 $\dfrac{1}{3}$ 이내)

      ② 활동에 대한 안정 : $F_s = \dfrac{마찰저항력}{주동토압} \geq 1.5$

      ③ 지반지지력에 대한 안정 : $q_{max} \leq q_a$

2. **옹벽의 설계**
   1) 캔틸레버식 옹벽
      캔틸레버로 설계

2) 부벽식 옹벽
   ① 앞부벽 : 직사각형보로 설계
   ② 뒷부벽 : T형보로 설계
   ③ 저 판 : 부벽간 거리를 경간으로 하는 고정보 또는 연속보로 설계
   ④ 전면벽 : 3변지지 2방향 슬래브로 설계

3. 확대기초
   1) 기초판의 밑면적 : $A = \dfrac{P}{q_a - \gamma h}$
   2) 위험단면의 계수 휨모멘트 : $M = \dfrac{q_u S(L-t)^2}{8} = \dfrac{P_u}{SL} \cdot \dfrac{S(L-t)^2}{8}$
   3) 확대기초의 위험단면
      ① 1방향 작용시 : d 떨어진 곳
      ② 2방향 작용시 : $\dfrac{d}{2}$ 떨어진 곳
   4) 구조상세
      ① 유효높이(기초 상면에서 철근 중심까지의 거리)
         · 직접기초 : 150mm 이상
         · 말뚝기초 : 300mm 이상
      ② 말뚝 위에 무근콘크리트 확대기초를 두어선 안 된다.
      ③ 무근 콘크리트 확대기초의 높이 : 200mm 이상

9 프리스트레스트 콘크리트(PSC)
미리 압축응력을 준 콘크리트

1. PSC의 단점
   ① 열에 약하다.   ② 강성이 적다.
   ③ 시공이 어렵다.   ④ 공사비가 비싸다.

2. 콘크리트의 설계기준강도
   ① 프리텐션 부재 : $f_{ck} \geq 35\,\text{MPa}$
   ② 포스트텐션 부재 : $f_{ck} \geq 30\,\text{MPa}$

3. PS 강재
   ① 인장강도의 크기 : 강연선 〉 강선 〉 강봉
   ② 탄성계수(E_{ps}) : $E_{ps} = 2.0 \times 10^5\,\text{MPa}$

4. 프리스트레싱 방법
   ① 기계적 방법 : 가장 일반적
   ② 화학적 방법
   ③ 전기적 방법
   ④ 프리플렉스 방법 : 구조용 강재를 대상

5. 프리텐션 공법 : 부착에 의해 압축력 도입
   ① 롱라인 공법 : 연속식
   ② 인디비듀얼 몰드 공법 : 단독식

6. 포스트텐션 공법 : 정착에 의해 압축력 도입
   ① 부착시킨 포스트텐션 부재
   ② 부착시키지 않은 포스트텐션 부재

7. PSC의 기본개념
   ① 제1개념(응력개념, 균등질보의 개념)
   $$f = \frac{P}{A} \pm \frac{M}{I} y \mp \frac{Pe}{I} y$$
   ② 제2개념(강도개념, 내력모멘트개념)
   RC와 같이 보고 외력모멘트는 내력모멘트가 저항한다는 개념
   ③ 제3개념(하중평형개념, 등가하중개념)
   · 곡선배치 될 때 등분포 상향력 : $u = \frac{8Ps}{l^2}$
   · 절곡배치 될 때 집중 상향력 : $U = \sum P\sin\theta = P(\sin\theta_{좌} + \sin\theta_{우})$

8. 프리스트레스 도입시 응력
   ① 프리텐션 부재 : $f_{ci} \geq 30\,\text{MPa}$
   ② 포스트텐션 부재
      · 단일 강연선 및 강봉 : $f_{ci} \geq 17\,\text{MPa}$, 도입직후 최대응력의 1.7배 이상
      · 여러 개의 강연선 : $f_{ci} \geq 28\,\text{MPa}$, 도입직후 최대응력의 1.7배 이상

9. 즉시 손실(프리스트레스 도입 시 손실)
   ① 탄성수축에 의한 손실
      · 프리텐션 부재 : $\Delta f_p = n f_c$
      · 포스트텐션 부재 : $\Delta f_p = \frac{1}{2} n f_c \frac{N-1}{N}$
   ② 활동에 의한 손실
      · 일단정착 : $\Delta f_p = E_p \left(\frac{\Delta l}{l} \right)$
      · 양단정착 : $\Delta f_p = E_p \left(\frac{2\Delta l}{l} \right)$

③ 마찰에 의한 손실
  감소율 $= \mu a + kl$

10. 시간적 손실(프리스트레스 도입후 손실)
  ① 건조수축에 의한 손실 : $\Delta f_p = E_p \varepsilon_{sh}$
  ② 크리프에 의한 손실 : $\Delta f_p = n \phi f_c$
  ③ 릴렉세이션에 의한 손실 : $\Delta f_p = r f_p$
    (강선 및 강연선 : $r = 5\%$, 강봉 : $r = 3\%$)

11. 콘크리트의 허용응력
  ① 프리스트레스 도입직후(손실 발생 전)
    · 단순지지단부 이외의 경우 허용휨압축응력 : $f_{ca} = 0.6 f_{ci}$
    · 단순지지단부의 허용휨압축응력 : $f_{ca} = 0.7 f_{ci}$
    · 단순지지단부 이외의 경우 허용휨인장응력 : $f_{ca} = 0.25 \sqrt{f_{ci}}$
    · 단순지지단부의 허용휨인장응력 : $f_{ca} = 0.50 \sqrt{f_{ci}}$
  ② 모든 손실 발생 후 허용휨압축응력
    · (P_e+지속하중)작용 시 $f_{ca} = 0.60 f_{ck}$
    · (P_e+전체하중)작용 시 $f_{ca} = 0.45 f_{ck}$

12. 강재의 허용응력
  ① 긴장할 때
    $0.8 f_{pu}$와 $0.94 f_{py}$ 중 작은 값 이하
  ② 프리스트레스 도입직후
    $0.74 f_{pu}$와 $0.82 f_{py}$ 중 작은 값 이하
    단, 정착구와 커플러의 위치에서 있는 포스트텐션 긴장재 : $0.70 f_{pu}$

10 강구조

1. 리벳의 강도
  1) 전단강도(ρ_s)
    ① 단전단 : $\rho_s = v_a \left(\dfrac{\pi d^2}{4} \right)$
    ② 복전단 : $\rho_s = v_a \left(\dfrac{\pi d^2}{2} \right)$

2) 지압강도(ρ_b)
$\rho_b = f_{ba}(dt_{min})$
3) 리벳강도(ρ_a)
ρ_s 와 ρ_b 중 작은 값

2. 리벳수(n)
$$n = \frac{전하중(P)}{리벳강도(\rho_a)}$$

3. 부재강도
1) 압축재 : 전단면이 유효
$P_a = f_a A_g = f_a(b_g t)$
2) 인장재 : 순폭을 고려
$P_a = f_a A_n = f_a(b_n t)$

4. 순폭의 계산
1) 리벳이 일직선 배치 : 리벳구멍의 지름을 공제
2) 리벳이 지그재그 배치
최초구멍은 리벳구멍의 지름을 공제하고 그 후는 계속 $\left(d - \frac{p^2}{4g}\right)$을 공제한다.
3) L형강 : 전개한 폭에 대해 계산
① 총폭 : $b_g = b_1 + b_2 - t$
② $g = g_1 - t$
③ $\frac{p^2}{4g} \geq d$: $b_n = b_g - d$
④ $\frac{p^2}{4g} < d$: $b_n = b_g - d - \left(d - \frac{p^2}{4g}\right)$

5. 용접부 단면
1) 목두께(a) : 용접부의 유효두께
① 홈용접 : 모재면에 90° 방향
$a = t$
② 필렛용접 : 모재면에 45° 방향
$a = \frac{s}{\sqrt{2}} = 0.7s$

2) 유효길이(l_e)
  ① 홈용접 : 단면에 투영한 길이
  ② 필렛용접 : 용접 양단에서 각각 s를 공제한 길이의 합
  $$l_e = \Sigma(L - 2s)$$

6. 용접부 응력

1) 인장(압축)응력 : $f = \dfrac{P}{\Sigma a l_e}$

2) 전단응력 : $v = \dfrac{P}{\Sigma a l_e}$

3) 휨응력 : $f = \dfrac{M}{I} y$

7. 용접부 강도

(허용응력)×(용접부 단면)=(허용응력)×(목두께)×(유효길이)

8. 교량

1) 판형교
  ① 복부판의 전단응력(v)
  $$v = \dfrac{V}{A_{wg}}$$
  ② 주형의 경제적인 높이(h)
  $$h = 1.1\sqrt{\dfrac{M}{f_a t}}$$
  ③ 플랜지의 단면적(A_f)
  $$A_f = \dfrac{M}{f_a h} - \dfrac{A_w}{6}$$
  ④ 스티프너(stiffner) : 복부판의 좌굴방지
  ⑤ 브레이싱(Bracing)
   • 횡력에 저항
   • 주형의 상호위치유지
   • 비틀림 방지
  ⑥ 스터드(stud)
   콘크리트 상부 플랜지와 강재를 연결하는 전단연결재

제2편
핵심120제

핵심 1 철근 콘크리트의 성립

1. 철근 콘크리트가 구조체로서 사용될 수 있는 이유는 철근과 콘크리트 사이의 부착강도가 크고, 콘크리트 속에 묻힌 철근은 부식되지 않으며, 철근과 콘크리트의 [　　　] 계수가 거의 같기 때문이다. 　　답 열팽창

2. 철근과 콘크리트는 모두 탄성체이기 때문에 일체(一體)로 잘 만들어지지 않는다. (O, X)
　　답 X

3. 철근 콘크리트 구조물은 경제적일 뿐만 아니라 내구성, 내화성이 좋다. (O, X)　　답 O

4. 철근 콘크리트 구조물은 중량이 비교적 크고, 개조, 보강, 해체가 어렵다. 그러나 균열은 잘 발생되지 않는다. (O, X)　　답 X, 철근 콘크리트 구조물에는 균열이 쉽게 발생한다.

5. 철근 콘크리트의 단위질량은 대략 2500kg/m³ 정도이고, 보통 골재로 만든 콘크리트의 단위질량은 [　　　] 정도이다.　　답 2300kg/m^3

핵심 2 콘크리트의 성질1

1. 콘크리트 부재를 설계할 때 기준으로 하는 압축강도를 [　　　] 강도(f_{ck})라고 하며, 재령 28일의 압축강도를 사용한다.　　답 설계기준압축

2. 시방배합에서 기준으로 하는 골재의 함수 상태는 [　　　] 이다.　　답 표면건조 포화상태

3. 콘크리트 재령 28일 표준 공시체($\phi 150 \times 300$mm)의 압축강도 시험을 실시한 바 320kN의 압축 하중에서 파괴되었다. 이 콘크리트 공시체의 압축강도는?

답 $f_{cu} = \dfrac{P}{A} = \dfrac{320 \times 10^3}{\pi \times 150^2/4} = 18.1 \text{MPa}$

4. 실험으로 콘크리트의 탄성계수를 구할 때는 일반적으로 할선탄성계수를 사용한다. (O, X)

답 O

5. 콘크리트구조설계기준에서 콘크리트의 탄성계수는 콘크리트의 단위질량 m_c의 값이 1450~2500kg/m³인 콘크리트의 경우 $E_c = 0.077 m_c^{1.5} \sqrt[3]{f_{cm}}$(MPa)을 사용할 수 있도록 하고 있으며, 보통골재를 사용한 콘크리트($m_c = 2300 \, \text{kg/m}^3$)일 경우 $E_c = \boxed{}$로 구한 값을 사용하도록 하고 있다. 여기서 $f_{cm} = f_{ck} + \Delta f$(MPa)이다.

답 $E_c = 8,500 \sqrt[3]{f_{cm}}$ (MPa)

6. 보통 골재를 사용한 콘크리트의 탄성계수(E_c)는?(단, 콘크리트의 설계 기준 강도 $f_{ck} = 24 MPa$)

답 $E_c = 8500 \sqrt[3]{f_{cm}} = 8500 \sqrt[3]{(f_{ck} + \Delta f)} = 8500 \sqrt[3]{(24+4)} = 26,986$ (MPa)
(f_{ck}가 40MPa 이하이므로 Δf는 4MPa을 사용한다.)

f_{ck}(MPa)	40이하	40초과, 60미만	60이상
Δf(MPa)	4	직선보간	6

핵심 3 콘크리트의 성질2

1. 콘크리트에 일정한 하중을 장기간 작용시킬 경우, 시간이 경과함에 따라 소성변형이 증대되는 현상을 $\boxed{}$라고 한다.

답 크리프

2. 콘크리트의 강도가 클수록 크리프는 작다. (O, X)

답 O

3. 크리프 계수는 $\phi = \dfrac{\boxed{}}{\text{탄성 변형률}}$ 이다.

답 크리프 변형률

4. 크리프 계수는 수중 구조물인 경우 1.0 이하, 옥내 구조물인 경우 $\boxed{}$, 옥외 구조물인 경우 3.0 정도이다.

답 2.0

5. 어떤 재료가 초기 탄성 변형량이 1.5cm이고 크리프(creep) 변형량이 3.0cm라면 이 재료의 크리프 계수는 얼마인가?

답 $\phi = \dfrac{\text{크리프 변형률}}{\text{탄성 변형률}} = \dfrac{3.0/l}{1.5/l} = 2.0$ 여기서, l는 부재의 길이

6. [　　　]은 수화하고 남은 물이 증발하면서 콘크리트가 수축을 일으키는 현상이므로 상재하중의 재하와는 상관없이 발생한다. 답 건조수축

7. 단위수량과 단위시멘트량이 많으면 건조수축은 크게 일어난다. (O, X) 답 O

8. 철근이 많이 사용된 콘크리트 구조물에서는 자연적으로 콘크리트의 건조수축이 크게 일어난다. (O, X) 답 X

핵심 4　철근의 종류 및 성질

1. 철근의 탄성계수는 $E_s =$ [　　　] MPa이다. 답 2.0×10^5

2. 슬래브 또는 보에서 정(+)의 휨모멘트에 의한 인장응력을 받도록 하부에 배치한 주철근을 정철근이라 하고, 부(-)의 휨모멘트에 의한 인장응력을 받도록 상부에 배치한 주철근을 [　　　]이라 한다. 답 부철근

3. 응력을 분포시킬 목적으로 정철근 또는 부철근과 직각 또는 직각에 가까운 방향으로 배치한 보조적인 철근을 [　　　]이라 한다. 답 배력철근

4. 부재의 길이방향으로 배근된 철근 중에서 구부려 올리거나 내린 철근을 [　　　]이라 한다. 답 굽힘철근

5. 보의 주철근을 둘러싸고 주철근에 직각되게 또는 경사지게 배근한 복부보강철근으로서 전단력 및 비틀림 모멘트에 저항하는 철근을 [　　　]이라고 한다. 답 스터럽

6. [　　　]은 전단력 또는 사인장 응력에 저항하도록 배치한 철근을 말하며, 스터럽과 굽힘철근이 이에 해당한다. 답 전단철근 (또는 사인장 철근)

핵심 5   강도 설계법의 가정

1. 휨과 축하중을 받는 부재의 설계에서 압축연단 콘크리트의 극한변형률은 [　　　] 으로 가정한다.   답 0.003

2. 철근 및 콘크리트의 변형률은 중립축으로부터의 거리에 [　　　] 한다고 가정하며, 항복강도 f_y 이하에서 철근 응력은 그 변형률의 E_s 배로 취한다.   답 비례

3. 휨강도 및 축강도 계산에서 콘크리트의 [　　　] 강도는 무시한다.   답 인장

4. 구조물에 고정하중(D)과 활하중(L)이 작용할 경우, 계수하중은 [　　　] 이다.
   답 $U = 1.2D + 1.6L$

5. 설계 및 시공 상의 오차를 고려하여 안전을 확보하기 위해 부재의 공칭강도에 곱하는 계수를 [　　　] 라고 하며, 인장지배단면은 0.85, 전단력과 비틀림모멘트에 대해서는 0.75 이다.   답 강도감소계수(ϕ)

6. 강도설계법에서는 부재의 공칭강도(M_n)에 강도감소계수(ϕ)를 곱하여 구한 [　　　] 가 계수하중에 의한 소요강도(M_u)보다 크게 되도록 설계한다. 즉, 다음 식을 만족하도록 설계한다.

$$M_d = \phi M_n \geq M_u$$

답 설계강도(M_d)

핵심 6   단철근 보의 휨설계1

1. 보의 단면에서 인장철근이 항복강도 f_y 에 도달함과 동시에 압축측 콘크리트가 극한 변형률 ε_{cu} 에 도달하는 상태를 [　　　] 상태라고 한다.   답 균형

2. 강도 설계법에 의할 때 단철근 직사각형보가 균형단면이 되기 위한 중립축의 위치 c_b 는?
(단, $f_y = 300$ MPa, $d = 600$ mm)

답 $c_b = \dfrac{\varepsilon_{cu}}{\varepsilon_{cu} + \varepsilon_y} d = \dfrac{0.0033}{0.0033 + \dfrac{300}{2 \times 10^5}} \times 600 = 412.5$ mm

3. 단철근 직사각형보에서 $f_{ck}=28MPa$, $f_y=400MPa$일 때 균형 철근비를 구한 값은? (단, 강도 설계법임)

답 $\rho_b = \dfrac{\eta(0.85f_{ck})\beta_1}{f_y} \cdot \dfrac{\varepsilon_{cu}}{\varepsilon_{cu}+\varepsilon_y} = \dfrac{1.0(0.85\times28)\times0.80}{400} \cdot \dfrac{0.0033}{0.0033+\dfrac{400}{2\times10^5}} = 0.0296$

여기서, $f_{ck} \leq 40$ MPa이므로 $\eta=1.0$, $\beta_1=0.80$, $\varepsilon_{cu}=0.0033$

4. 균형철근비보다 철근을 적게 배근하여 보가 연성파괴가 되도록 한 보를 □□□□□라고 하며, 이러한 보로 설계하는 것이 가장 경제적이고 바람직한 설계가 된다. 답 과소철근보

5. 과소철근보에서 철근이 항복한 후에 계속해서 외부모멘트가 증가할 경우, 중립축의 위치는 압축연단 쪽으로 이동한다. (O, X) 답 O

핵심 7 단철근 보의 휨설계2

1. 강도 설계에 있어서 그림과 같은 보의 압축응력 사각형의 깊이 a를 구하면? (단, 과소철근보이고 $f_{ck}=21MPa$, $f_y=300MPa$)

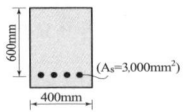

답 $a = \dfrac{f_y A_s}{\eta(0.85f_{ck})b} = \dfrac{300\times3000}{1.0(0.85\times21)\times400} = 126\,\text{mm}$

2. 그림에 나타난 직사각형 단철근 보가 공칭 휨강도 M_n에 도달할 때 압축측 콘크리트가 부담하는 압축력을 계산하면? (단, 철근 D22 4본의 단면적은 1548mm², $f_{ck}=28MPa$, $f_y=350MPa$, 콘크리트의 압축응력은 등가직사각형 분포한다고 가정한다.)

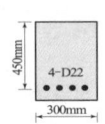

답 $C=T$: $\eta(0.85f_{ck})ab = A_s f_y = 1548\times350 = 541,800\,\text{N} \fallingdotseq 542\text{kN}$

핵심 8   단철근 보의 휨설계3

1. 그림과 같은 휨을 받는 직사각형의 인장지배단면의 철근 콘크리트 부재에 있어서 자중에 의한 고정 하중만 작용할 때 공칭모멘트 강도 M_n은 얼마 이상이어야 하는가? (단, 경간은 6.8m이며, 철근 콘크리트의 단위 중량은 25kN/m³이다.)

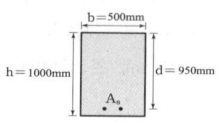

답) $w_d = \gamma bh = 25 \times 0.5 \times 1.0 = 12.5 \, \text{kN/m}$

$M_d = \dfrac{w_d l^2}{8} = \dfrac{12.5 \times 6.8^2}{8} = 72.25 \, \text{kN} \cdot \text{m}$

$M_u = 1.2 M_d + 1.6 M_l = 1.2 \times 72.25 = 86.7 \, \text{kN} \cdot \text{m}$

$M_u \leq M_d = \phi M_n$에서

$M_n = \dfrac{M_u}{\phi} = \dfrac{86.7}{0.85} = 102 \, \text{kN} \cdot \text{m}$

[인장지배단면이므로 $\phi = 0.85$이다.]

2. 폭 b=300mm, 유효깊이 d=500mm, 철근단면적 $A_s = 1500 \, \text{mm}^2$을 갖는 단철근 콘크리트 직사각형 보를 강도 설계법으로 휨 설계 할 때, 설계강도는 얼마인가?(콘크리트 설계기준강도 $f_{ck} = 26 \, \text{MPa}$, 철근항복강도 $f_y = 400 \, \text{MPa}$, 콘크리트의 압축응력은 등가직사각형 분포한다고 가정한다.)

답) $a = \dfrac{f_y A_s}{\eta(0.85 f_{ck}) b} = \dfrac{400 \times 1500}{1.0(0.85 \times 26) \times 300} = 90.5 \, \text{mm}$

여기서, $f_{ck} \leq 40 \, \text{MPa}$이므로 $\eta = 1.0$

$M_d = \phi f_y A_s \left(d - \dfrac{a}{2} \right) = 0.85 \times 400 \times 1500 \times \left(500 - \dfrac{90.5}{2} \right)$

$= 231,922,500 \, \text{N} \doteqdot 232 \, \text{kN} \cdot \text{m}$

$\varepsilon_t = \dfrac{d-c}{c} \varepsilon_{cu} = \dfrac{d - a/\beta_1}{a/\beta_1} \varepsilon_{cu} = \dfrac{\beta_1 d - a}{a} \varepsilon_{cu}$

$= \dfrac{0.80 \times 500 - 90.5}{90.5} \times 0.0033 \approx 0.011$

여기서, $f_{ck} \leq 40 \, \text{MPa}$이므로 $\beta_1 = 0.80$, $\varepsilon_{cu} = 0.0033$

$\varepsilon_t = 0.011 > \varepsilon_{t,tcl} = 0.005$ (인장지배변형률 한계)

∴ 인장지배단면이므로 $\phi = 0.85$

3. 폭 b=300mm, 유효 깊이 d=540mm인 단철근 직사각형 단면에서 설계모멘트 M_u=208kN·m 을 받도록 설계하려고 한다. 이때 필요한 철근량을 구하면? (단, f_{ck}=21MPa, f_y=300MPa, a=93mm, 콘크리트의 압축응력은 등가직사각형 분포한다고 가정한다.)

답 $M_u = \phi Tz = \phi f_y A_s \left(d - \dfrac{a}{2}\right)$ 에서

$A_s = \dfrac{M_u}{\phi f_y (d - \dfrac{a}{2})} = \dfrac{208 \times 10^6}{0.85 \times 300 \times (540 - \dfrac{93}{2})} = 1653 \, \text{mm}^2$

$\varepsilon_t = \dfrac{d-c}{c} \varepsilon_{cu} = \dfrac{d - a/\beta_1}{a/\beta_1} \varepsilon_{cu} = \dfrac{\beta_1 d - a}{a} \varepsilon_{cu}$

$= \dfrac{0.80 \times 540 - 93}{93} \times 0.0033 \simeq 0.012$

여기서, $f_{ck} \leq 40 \, \text{MPa}$ 이므로 $\beta_1 = 0.80$, $\varepsilon_{cu} = 0.0033$

$\varepsilon_t = 0.011 > \varepsilon_{t,tcl} = 0.005$ (인장지배변형률 한계)

∴ 인장지배단면이므로 $\phi = 0.85$

핵심 9   복철근 보의 휨설계

1. b=300mm, d=550mm, d'=50mm, $A_s = 4500 \, \text{mm}^2$, $A_s' = 2200 \, \text{mm}^2$인 단면이 연성파괴를 한다면 휨강도는 얼마인가? (여기서, 인장철근이 항복응력에 도달하면 압축철근도 항복응력을 나타내며 $f_{ck}=21\,\text{MPa}$, $f_y=300\,\text{MPa}$, 콘크리트의 압축응력은 등가직사각형 분포한다고 가정한다.)

답 $a = \dfrac{(A_s - A_s')f_y}{\eta(0.85 f_{ck})b} = \dfrac{(4500 - 2200) \times 300}{1.0(0.85 \times 21) \times 300} = 128.9 \, \text{mm}$

여기서, $f_{ck} \leq 40 \, \text{MPa}$ 이므로 $\eta = 1.0$

$M_d = \phi M_n = \phi(M_{n1} + M_{n2}) = \phi\left\{(A_s - A_s')f_y\left(d - \dfrac{a}{2}\right) + A_s' f_y (d - d')\right\}$

$= 0.85 \left\{(4500 - 2200) \times 300 \times \left(550 - \dfrac{128.9}{2}\right) + 2200 \times 300 \times (550 - 50)\right\}$

$= 565,275,075 \, \text{N} \cdot \text{mm} = 565 \, \text{kN} \cdot \text{m}$

$\varepsilon_t = \dfrac{d-c}{c} \varepsilon_{cu} = \dfrac{d - a/\beta_1}{a/\beta_1} \varepsilon_{cu} = \dfrac{\beta_1 d - a}{a} \varepsilon_{cu}$

$= \dfrac{0.80 \times 550 - 128.9}{128.9} \times 0.0033 \simeq 0.008$

여기서, $f_{ck} \leq 40 \, \text{MPa}$ 이므로 $\beta_1 = 0.80$, $\varepsilon_{cu} = 0.0033$

$\varepsilon_t = 0.008 > \varepsilon_{t,tcl} = 0.005$ (인장지배변형률 한계)

∴ 인장지배단면이므로 $\phi = 0.85$

핵심 10 T형 보의 휨설계1

1. 대칭 T형보의 플랜지의 유효폭은 ① ☐ , ② 양쪽 슬래브의 중심간 거리, ③ 보의 경간의 $\frac{1}{4}$ 중에서 가장 작은 값으로 한다.   답 $16t_f + b_w$

2. 보의 경간이 10m이고, 양쪽 슬래브의 중심간 거리가 2.0m인 대칭형 T형보에 있어서 유효 플랜지 폭은? (여기서, 복부폭 $b_w = 500\,mm$, 플랜지 두께 $t_f = 100\,mm$ 이다.)

답 ① $16t_f + b_w = 16 \times 100 + 500 = 2100\,mm$
② 양쪽 슬래브의 중심간 거리 $= 2000\,mm$
③ 보의 경간의 $\frac{1}{4} = \frac{10,000}{4} = 2500\,mm$
∴ 가장 작은 값 $2000\,mm$가 유효폭이다.

3. 비대칭 T형보의 플랜지의 유효폭은 ① ☐ , ② (보의 경간의 $\frac{1}{12}$)+ b_w, ③ 인접보와의 내측거리 $\frac{1}{2} + b_w$ 중에서 가장 작은 값으로 한다.   답 $6t_f + b_w$

4. 그림과 같은 지간 L = 10m인 연속 T형보에서 비대칭부의 플랜지 유효폭은 얼마인가?

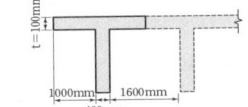

답 ① $6t_f + b_w = 6 \times 100 + 400 = 1000\,mm$
② $\left(\text{보의 경간의 } \frac{1}{12}\right) + b_w = \frac{10000}{12} + 100 = 1233\,mm$
③ 인접보와의 내측거리의 $\frac{1}{2} + b_w = \frac{1600}{2} + 400 = 1200\,mm$
∴ 가장 작은 값 $1000\,mm$가 유효폭이다.

핵심 11 T형 보의 휨설계2

1. 그림과 같은 T형보에서 응력사각형의 깊이 a는? (단, $f_{ck} = 21\,MPa$, $f_y = 300\,MPa$이고, $A_s = 4020\,mm^2$ 이다.)

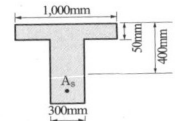

답 폭 $b = 1000\,mm$ 인 직사각형보로 보고 등가응력깊이 a를 구하면
$a = \dfrac{A_s f_y}{\eta(0.85 f_{ck})b} = \dfrac{4020 \times 300}{1.0(0.85 \times 21) \times 1000}$
$= 67.56\,mm > t_f = 50\,mm$ 이다.
∴ T형 단면으로 계산한다.

$$A_{sf} = \frac{\eta(0.85f_{ck})(b-b_w)t_f}{f_y} = \frac{1.0(0.85\times21)(1000-300)\times50}{300} = 2082.5\,\text{mm}^2$$

$$a = \frac{(A_s - A_{sf})f_y}{\eta(0.85f_{ck})b_w} = \frac{(4020-2082.5)\times300}{1.0(0.85\times21)\times300} = 108.5\,\text{mm}$$

여기서, $f_{ck} \leq 40\,\text{MPa}$이므로 $\eta = 1.0$.

2. 강도 설계법으로 단철근 T형보의 설계 휨강도 ϕM_n을 구하는 바른 식은?

답 플랜지와 웨브를 분리하여 중첩을 적용하면

$$M_d = \phi M_n = \phi(M_f + M_w) = \phi[T_f z_f + T_w z_w]$$
$$= 0.85\left\{f_y A_{sf}\left(d - \frac{t}{2}\right) + f_y(A_s - A_{sf})\left(d - \frac{a}{2}\right)\right\}$$

3. 극한 강도 설계법에서 그림과 같은 T형보의 빗금 친 플랜지 단면에 작용하는 압축력과 평형이 되는 가상 압축 철근 단면은? (단, f_{ck}=24MPa, f_y=280MPa)

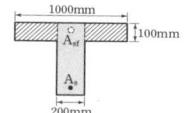

답 $C_f = T_f$이므로 $\eta(0.85f_{ck})(b-b_w)t = A_{sf}f_y$에서

$$A_{sf} = \frac{\eta(0.85f_{ck})(b-b_w)t_f}{f_y} = \frac{1.0(0.85\times24)(1000-200)\times100}{280}$$
$$= 5830\,\text{mm}^2$$

여기서, $f_{ck} \leq 40\,\text{MPa}$이므로 $\eta = 1.0$.

핵심 12 사용성 및 내구성

1. 다음 단면의 균열 모멘트 M_{cr}의 값은?(단, 보통중량 콘크리트이며 f_{ck}=21MPa, 휨인장강도 $f_r = 0.63\lambda\sqrt{f_{ck}}$임)

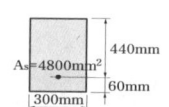

답 $f_r = \dfrac{M_{cr}}{I_g}\ y_t = \dfrac{M_{cr}}{Z}$ 에서

$$M_{cr} = f_r \cdot Z = 0.63\lambda\sqrt{f_{ck}}\left(\frac{bh^2}{6}\right) = 0.63\times1.0\times\sqrt{21}\times\frac{300\times500^2}{6}$$
$$= 36,087,783.6\,\text{N} \fallingdotseq 36.1\,\text{kN}$$

2. 크리프, 건조수축 등으로 인하여 시간의 경과와 더불어 진행되는 처짐이 탄성처짐이다. (O, X)

답 X, 크리프, 건조수축 등으로 생기는 처짐은 장기처짐이다.

3. b=350mm, d=550mm인 직사각형 단면의 보에서 지속하중에 의한 순간처짐이 16mm였다. 1년후 총 처짐량은 얼마인가? (단, $A_s = 2246\,\text{mm}^2$, $A_s' = 1284\,\text{mm}^2$, $\xi = 1.4$)

[답] 장기처짐 = 순간처짐 × λ_Δ = 순간처짐 × $\dfrac{\xi}{1+50\rho'}$

= 순간처짐 × $\dfrac{\xi}{1+50\left(\dfrac{A_s'}{b_w d}\right)}$

= $16 \times \dfrac{1.4}{1+50\times\left(\dfrac{1284}{350\times 550}\right)} = 16.8\,\text{mm}$

∴ 총처짐 = 순간처짐 + 장기처짐 = 16 + 16.8 = 32.8mm

4. 균열폭을 줄이기 위해서는 동일한 철근량을 사용하더라도 가는 철근을 여러 개 사용하고, 이형철근을 사용하고, 배근간격을 작게 하는 것이 좋다. (O, X)　　　　[답] O

핵심 13　전단 설계1

1. 콘크리트 보의 중립축에서 사인장 응력은 중립축과 45°의 경사를 이루며 발생한다. (O, X)
　　　　[답] O

2. 스터럽과 굽힘철근은 [　　　] 균열을 막기 위해서 배치한다.　　[답] 사인장 또는 전단

3. 수직스터럽과 경사스터럽은 겸용하기도 한다. (O, X)
　　　　[답] X, 굽힘철근과 스터럽은 겸용하지만 수직스터럽과 경사스터럽은 겸용하지 않는다.

4. 폭 400mm, 유효깊이 700mm인 직사각형보의 위험단면에 계수 전단력 100kN이 작용한다면 공칭 전단강도 V_n은 얼마 이상이어야 하는가?

[답] $V_u \leq \phi V_n$ 에서

$V_n \geq \dfrac{V_u}{\phi} = \dfrac{100}{0.75} = 133\,\text{kN}$

5. 철근콘크리트 부재의 경우, 받침부 내면과 위험단면 사이에 집중하중이 작용하지 않을 때는 받침부 내면에서 d 만큼의 거리 이내에 위치한 단면은 d 거리에서 구한 전단력 V_u의 값으로 설계할 수 있다. 여기서 d는 보의 유효깊이이다. (O, X)　　　　[답] O

6. 그림과 같은 단순보에서 자중을 포함하여 계수하중이 20kN/m 작용하고 있다. 이 보의 위험단면에서 전단력은 얼마인가?

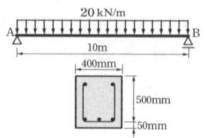

답 $V_u = \dfrac{w_u l}{2} - w_u d = \dfrac{20 \times 10}{2} - 20 \times 0.5 = 90\,\mathrm{kN}$

핵심 14 전단 설계 2

1. 그림에 나타난 직사각형 단철근보의 공칭 전단강도 V_n을 계산하면? (단, 보통중량 콘크리트와 철근 D13을 스터럽(stirrup)으로 사용하며, 스터럽 간격은 150mm이다. 철근 D13 1본의 단면적은 126.7mm², $f_{ck} = 28\,\mathrm{MPa}$, $f_y = 350\,\mathrm{MPa}$이다.)

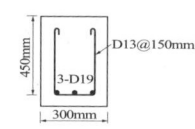

답 $V_c = \left(\dfrac{\lambda\sqrt{f_{ck}}}{6}\right) b_w d = \left(\dfrac{1.0 \times \sqrt{28}}{6}\right) \times 300 \times 450 = 119\,\mathrm{kN}$

$V_s = \dfrac{A_v f_y d}{s} = \dfrac{(2 \times 126.7) \times 350 \times 450}{150} = 266\,\mathrm{kN}$

∴ $V_n = V_c + V_s = 119 + 266 = 385\,\mathrm{kN}$

2. 종방향 철근을 구부려 전단철근으로 사용할 때는 그 경사길이의 중앙 ☐ 만이 굽힘철근으로서 유효하다고 보아야 한다.   답 $\dfrac{3}{4}$

3. 전단강도 V_s는 ☐ 이하로 하여야 한다.   답 $0.2(1 - f_{ck}/250) f_{ck} b_w d$

4. 전단철근의 설계기준항복강도는 ☐ MPa을 초과하여 취할 수 없다.   답 500

5. $V_s \leq \lambda(\sqrt{f_{ck}}/3) b_w d$ 일 경우, 수직스터럽의 간격은 ☐ 이하, ☐ 이하이어야 한다.

답 $\dfrac{d}{2}$, $600\,\mathrm{mm}$

6. $V_s > \lambda(\sqrt{f_{ck}}/3) b_w d$ 일 경우, 수직스터럽의 간격은 ☐ 이하, ☐ 이하이어야 한다.

답 $\dfrac{1}{2} \times \dfrac{d}{2} = \dfrac{d}{4}$, $\dfrac{1}{2} \times 600\,\mathrm{mm} = 300\,\mathrm{mm}$

핵심 15   전단 설계3

1. 전단 보강 철근이 부담해야 할 전단력 V_s가 $400\,\text{kN}$ 이라 할 때 전단 보강철근의 간격 s는 얼마 이하라야 하는가? (단, 보통중량 콘크리트이며, $A_v = 700\,\text{mm}^2$, $f_y = 350\,\text{MPa}$, $f_{ck} = 21\,\text{MPa}$, $b_w = 400\,\text{mm}$, $d = 560\,\text{mm}$)

[답] $s = \dfrac{A_v f_y d}{V_s} = \dfrac{560 \times 700 \times 350}{400 \times 10^3} = 343\,\text{mm}$

$V_s = 400\,\text{kN} > \left(\dfrac{\lambda\sqrt{f_{ck}}}{3}\right) b_w d = \left(\dfrac{1.0 \times \sqrt{21}}{3}\right) \times 400 \times 560 = 342\,\text{kN}$

$\left[\dfrac{d}{4},\ 300\,\text{mm}\right]_{\min} = \left[\dfrac{560}{4} = 140\,\text{mm},\ 300\,\text{mm}\right]_{\min} = 140\,\text{mm}$

∴ 최솟값 $140\,\text{mm}$ 이하로 한다.

2. 계수 전단력 $V_u = 70\,\text{kN}$ 을 전단보강철근 없이 지지하고자 할 경우 필요한 유효 깊이 d는 얼마인가? (단, 보통중량 콘크리트이며, 보의 폭은 $b_w = 400\,\text{mm}$로 하고 $f_{ck} = 21\,\text{MPa}$, $f_y = 350\,\text{MPa}$로 한다.)

[답] 전단철근이 없이 지지할 수 있는 조건 : $V_u \leq \dfrac{1}{2}\phi V_c$에서

$V_u = \dfrac{1}{2}\phi V_c = \dfrac{1}{2}\phi \left(\dfrac{\lambda\sqrt{f_{ck}}}{6}\right) b_w d$

$d = \dfrac{12 V_u}{\phi \lambda \sqrt{f_{ck}}\, b_w} = \dfrac{12 \times (70 \times 10^3)}{0.75 \times 1.0 \times \sqrt{21} \times 400} = 611\,\text{mm}$

3. 단철근 직사각형보에서 계수전단력 V_u가 ϕV_c의 1/2을 초과하고 ϕV_c이하로 계산되어 최소 전단철근을 배치하려고 한다. 이때 전단철근의 최소단면적을 구하면?(단, $b_w = 350\,\text{mm}$, 스터럽 간격 = 200mm, d = 400mm, $f_{ck} = 24\,\text{MPa}$, $f_y = 300\,\text{MPa}$)

[답] $A_{v,\min} = 0.0625\sqrt{f_{ck}}\,\dfrac{b_w s}{f_{yt}} = 0.0625\sqrt{24}\,\dfrac{350 \times 200}{300} = 71.4\,\text{mm}^2$

$\geq 0.35\,\dfrac{b_w s}{f_{yt}} = 0.35 \times \dfrac{350 \times 200}{300} = 81.7\,\text{mm}^2$

∴ 둘 중 큰 값 $81.7\,\text{mm}^2$로 한다.

핵심 16 철근 상세

1. 휨부재에서 주철근을 2단 이상으로 배근할 경우, 상하철근은 동일 연직면 내에 두어야 하고, 연직 순간격은 ☐ mm 이상이어야 한다. 답 25

2. 휨부재에서 주철근의 수평 순간격은 ☐ mm이상, 굵은 골재 최대치수의 $\frac{4}{3}$배 이상, 철근의 공칭지름 이상이어야 한다. 답 25

3. 보에서 D35를 초과하는 철근은 다발로 사용할 수 없으며, 다발로 사용하는 철근의 개수는 4개 이하로 해야 한다. 그리고 경간 내에서 끝나는 한 다발철근 내의 개개 철근은 철근 지름의 ☐ 배 이상 서로 엇갈리게 끝내야 한다. 답 40

4. 주철근의 수평 순간격은 25mm 이상, 또한 철근의 공칭지름 이상이라야 하는데 그림의 D29(공칭지름 28.6mm) 2개를 다발철근으로 하면 수평간격을 규정하는 공칭지름은 얼마인가?

   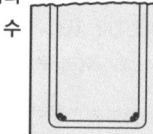

   답 다발철근의 공칭지름은 면적이 같다는 조건을 적용하여 구한다.
   $$n\left(\frac{\pi d_b^2}{4}\right) = \frac{\pi D_e^2}{4}$$ 에서
   $D_e = \sqrt{n}\,d_b = \sqrt{2} \times 28.6 = 40.4\,mm$

5. 철근콘크리트 부재에 최소 피복두께를 두는 이유는 ① 철근의 ☐ 방지, ② 철근의 부착력 증대, ③ 내화성 증진을 위해서이다. 답 부식

6. 현장치기 콘크리트의 최소 피복두께는 수중 타설인 경우 100mm, 흙에 접하여 타설한 후 영구히 흙에 묻혀 있는 경우 ☐ mm이다. 그리고 흙에 접하지 않을 경우 보와 기둥의 최소 피복두께는 40mm이다. 답 75

7. 모든 철근은 상온에서 구부려야 하며 콘크리트 속에 일부가 매립된 철근은 현장에서 구부리는 것이 원칙이다. (O, X)

   답 X, 콘크리트 속에 일부가 매립된 철근은 현장에서 구부리지 않는 것이 원칙이다.

핵심 17 철근의 정착1

1. 콘크리트의 압축강도가 클수록 [　　　] 강도가 크고, 원형철근 보다는 이형철근의 [　　　] 강도가 크며, 약간 녹슬어 표면이 거친 철근이 [　　　] 강도가 크다. 또한 피복 두께가 클수록 [　　　] 강도가 좋아진다.　　　답 부착

2. 같은 양의 철근을 배근할 때, 철근의 지름이 큰 것보다는 가는 직경의 철근을 여러 개 사용하는 것이 부착에 좋다. (O, X)　　　답 O

3. 블리딩의 영향으로 수직철근이 수평철근 보다 부착강도가 작다. (O, X)　　　답 X

4. 철근의 정착방법으로는 [　　　]에 의한 정착, 갈고리에 의한 정착, 기계적 정착 또는 이들의 조합에 의한 정착방법이 있다.　　　답 묻힘 길이

5. 휨을 받는 인장철근으로 4-D25철근이 배치되어 있을 경우, 그림과 같은 직사각형 단면 보의 기본 정착길이 l_d는 얼마이상이어야 하는가? (단, 보통중량 콘크리트이며, $d_b = 25.4\,mm$, $f_{ck} = 21\,MPa$, 모든 보정계수 $= 1.0$, $f_y = 400\,MPa$)

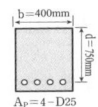

답 $l_{db} = \dfrac{0.6 d_b f_y}{\lambda \sqrt{f_{ck}}} = \dfrac{0.6 \times 25.4 \times 400}{1.0 \times \sqrt{21}} = 1330\,mm$

$l_d = 1.0\, l_{db} = 1 \times 1330 = 1330\,mm > 300\,mm$

∴ 둘 중 큰 값 $1,330\,mm$ 이상으로 한다.

6. 기본 정착 길이(l_{db})의 계산값이 730mm이고, 고려해야 할 보정 계수가 1.4와 1.18인 부재에서의 철근의 소요 정착 길이(l_d)는?

답 정착길이=(기본정착길이)×(모든 보정계수)
∴ $l_d = 1.4 \times (1.18 \times 730) = 1,206\,mm$

핵심 18　철근의 정착2

1. SD 300, $f_{ck} = 27\,\mathrm{MPa}$, D10($d_b = 9.5\,\mathrm{mm}$)을 사용할 때 인장을 받는 표준 갈고리의 기본 정착길이는 콘크리트구조기준(2012)을 따르면 얼마인가?(단, 보통중량 콘크리트이고, 도막하지 않은 철근을 사용한다.)

$$\boxed{답}\ l_{db} = \frac{0.24\beta d_b f_y}{\lambda\sqrt{f_{ck}}} = \frac{0.24 \times 1.0 \times 9.5 \times 300}{1.0 \times \sqrt{27}} = 131.6\,\mathrm{mm}$$

2. 압축구역에서 갈고리는 철근의 정착에 유효하다. (O, X)

$\boxed{답}$ X, 압축구역에서 갈고리는 철근의 정착에 유효하지 않다.

3. 휨 부재에서 철근의 정착에 위험한 단면은 경간내의 최대 응력점과 인장철근이 끝나거나 철근을 구부린 점들이다. (O, X)　　　　　　　　　　　　　　　　　　　　　　　$\boxed{답}$ O

4. 휨 철근은 압축구역에서 끝내는 것을 원칙으로 한다. (O, X)　　　　　$\boxed{답}$ O

5. 휨에 저항하는데 더 이상 철근이 필요하지 않은 곳이라면, 휨 철근은 원칙적으로 끊어 버리거나 구부려 올리거나 내릴 수 있다. (O, X)

$\boxed{답}$ X, 휨 철근은 휨에 저항하는데 더 이상 철근이 필요하지 않은 점을 지나서 유효깊이 d 또는 $12d_b$ 이상 연장해야 한다.

핵심 19　철근의 이음

1. D35를 초과하는 철근은 겹침이음을 해서는 안 된다. (O, X)　　　$\boxed{답}$ O

2. 3개의 다발철근에서는 20%, 4개의 다발철근에서는 ☐ % 만큼 겹침이음 길이를 증가시켜야 한다.　　　　　　　　　　　　　　　　　　　　　　　　　　　$\boxed{답}$ 33

3. 용접이음과 기계적이음은 그 이음부가 설계기준 항복강도의 ☐ % 이상을 발휘할 수 있는 완전용접이음, 완전기계적이음 이어야 한다.　　　　　　　　　$\boxed{답}$ 125

4. 인장이형철근 및 이형철선의 겹침이음은 A급, B급으로 분류되어 있으며, 겹침이음의 최소 길이는 ☐ mm 이상이어야 한다.　　　　　　　　　　　　　　　$\boxed{답}$ 300

5. 인장이형철근의 겹침이음에서 배근된 철근량이 이음부 전체 구간에서 해석결과 요구되는 소요철근량의 2배 이상이고, 겹침이음된 철근량이 총 철근량의 $\frac{1}{2}$ 이하인 경우는 □ 급 이음이다.
   답 A

6. 인장이형철근의 겹침이음에서 A급 이음길이는 $1.0l_d$ 이고, B급 이음길이는 □ 이다. 여기서 l_d 는 인장이형철근의 정착길이이다.
   답 $1.3l_d$

7. 휨부재에서 $f_{ck} = 24$ MPa, $f_y = 350$ MPa일 때 인장철근(D 32 : $d_b = 31.8$ mm, $A_s = 794.2$ mm²)의 이음길이는? (단, 보정계수의 총합은 1.18, 이음은 B급이음이다.)

   답 B급 이음의 겹침이음길이= $1.3l_d = 1.3\left(\frac{0.6d_b f_y}{\lambda\sqrt{f_{ck}}} \times 보정계수\right)$
   $= 1.3 \times \left(\frac{0.6 \times 31.8 \times 350}{1.0 \times \sqrt{24}} \times 1.18\right) = 2091 \text{ mm} \geq 300 \text{ mm}$
   ∴ 둘 중 큰 값 2,091mm로 한다.

핵심 20 기둥의 제한사항

1. 띠철근의 수직간격은 축방향철근 지름의 16배 이하, 띠철근 지름의 □ 배 이하, 기둥단면의 최소 치수 이하라야 한다.
   답 48

2. 나선철근비는 $\rho_s =$ □ 이상이라야 한다.

   답 $\rho_s = 0.45\left(\frac{A_g}{A_{ch}} - 1\right)\frac{f_{ck}}{f_{yt}}$, 여기서 A_{ch} 는 심부의 단면적이고, f_{yt} 는 나선철근의 설계기준항복강도이다.

3. 삼각형 띠철근에서 축방향철근의 최소 개수는 3개, 직사각형이나 원형 띠철근에서 축방향철근 최소 개수는 4개이고, 원형나선철근에서 축방향철근의 최소 개수는 □ 개이다.
   답 6

4. 축방향철근의 철근비는 총 단면적의 0.01 ~ □ 라야 한다.
   답 0.08

5. 기둥의 축방향 철근의 순간격은 40mm이상, 굵은 골재 최대치수의 $\frac{4}{3}$배 이상, 철근 공칭 지름의 ☐ 배 이상이어야 한다. 답 1.5

6. 예상외의 편심하중에 의한 휨모멘트에 대비하고, 크리프 및 건조수축의 영향을 감소시키고, 콘크리트의 부분적인 결함을 철근으로 보완하기 위해 축방향 철근비의 최대 한도를 두고 있다. (O, X) 답 X, 최소 축방향철근비 0.01을 두는 이유이다.

핵심 21 기둥의 설계

1. 횡구속 골조에서 기둥의 유효길이가 3m, 지름이 300mm인 원형기둥의 유효세장비는 얼마인가? 답 유효세장비 $= \frac{kl_u}{r} = \frac{kl_u}{0.25d} = \frac{1.0 \times 3000}{0.25 \times 300} = 40$

2. 기둥에서 편심(e)이 균형편심(e_b) 보다 작을 때 일어나는 파괴의 형태는 ☐ 파괴이다. 답 압축

3. 기둥에서 편심(e)이 균형편심(e_b) 보다 클 때 일어나는 파괴의 형태는 ☐ 파괴이다. 답 인장

4. 다음 그림과 같은 띠철근 기둥의 설계강도(ϕP_n)는 얼마인가? (단, $f_{ck} = 21\,\text{MPa}$, $f_y = 300\,\text{MPa}$, $A_{st} = 3177\,\text{mm}^2$, $\phi = 0.65$ 이다.)

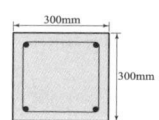

답 $P_u = 0.80 \phi P_n = 0.80 \phi \{0.85 f_{ck}(A_g - A_{st}) + f_y A_{st}\}$
$= 0.80 \times 0.65 \{0.85 \times 21 \times (300^2 - 3177) + 300 \times 3177\}$
$= 1,301,503\,\text{N} = 1,302\,\text{kN}$

5. 그림과 같은 나선철근 단주의 계수 중심축 하중 P_u는 얼마인가? (단, $f_{ck} = 28\,\text{MPa}$, $f_y = 350\,\text{MPa}$, 축방향 철근은 D25-8개($A_s = 4050\,\text{mm}^2$)를 사용함)

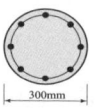

답 $P_u = 0.85 \phi P_n = 0.85\,\phi\,\{0.85 f_{ck}(A_g - A_{st}) + f_y A_{st}\}$
$= 0.85 \times 0.70 \left\{0.85 \times 28 \times \left(\frac{\pi \times 300^2}{4} - 4050\right) + 350 \times 4050\right\}$
$= 1,787,042\,\text{N} \fallingdotseq 1787\,\text{kN} = 1,787\,\text{kN}$

핵심 22 1방향 슬래브

1. 4변이 지지되는 슬래브 중에서 $\frac{L}{S} >$ □ 일 경우, 1방향 슬래브로 해석한다. 여기서, L은 슬래브 장변의 길이이고, S는 단변의 길이이다.
   답 2

2. 연속보 또는 1방향 슬래브에 대해 근사해법을 적용할 수 있는 경우는 ① 2경간 이상인 경우, ② 인접 두 경간이 서로 20%이상 차이가 나지 않고, ③ 등분포하중이 작용할 경우, ④ 활하중이 고정하중의 □ 배를 초과하지 않는 경우, ⑤ 부재의 단면 크기가 일정한 경우이다.
   답 3

3. 1방향 슬래브의 두께는 □ mm 이상이라야 한다.
   답 100

4. 1방향 슬래브의 정철근 및 부철근의 중심간격은 최대 휨모멘트가 일어나는 단면에서 슬래브 두께의 ① □ 배 이하, ② □ mm 이하라야 한다. 기타의 단면에서는 슬래브 두께의 3배 이하, 450mm 이하라야 한다.
   답 ① 2, ② 300

5. 응력을 고르게 분포시키고, 주철근의 간격을 유지시켜 주며, 건조수축이나 온도변화에 의한 수축을 감소시킬 뿐만 아니라 균열을 분포시킬 목적으로 주철근에 직각인 방향으로 배치하는 보조철근을 □ 철근이라고 한다.
   답 배력

6. 수축 · 온도철근의 간격은 슬래브 두께의 5배 이하, 또한 □ mm 이하로 해야 한다.
   답 450

7. 1방향 슬래브의 전단력에 대한 위험단면은 지점에서 □ 만큼 떨어진 단면이다.
   답 유효깊이 d

핵심 23 2방향 슬래브

1. 4변이 지지된 슬래브 중에서 $1 \leq \frac{L}{S} < 2$일 경우가 □ 슬래브이다. 여기서 L은 슬래브 장변의 길이이고, S는 단변의 길이이다.
   답 2방향

2. 슬래브의 단경간 $S=3\,\mathrm{m}$, 장경간 $L=5\,\mathrm{m}$에 집중 하중 $P=120\,\mathrm{kN}$이 슬래브의 중앙에 작용할 경우 장경간 L이 부담하는 하중은 얼마인가?

답 $P_L = \dfrac{S^3}{L^3+S^3}P = \dfrac{3^3}{5^3+3^3} \times 120 = 21.3\,\mathrm{kN}$

3. 2방향 슬래브에 등분포하중 w가 작용할 때, 슬래브의 긴 변이 부담하는 하중은 $w_L = \dfrac{S^4}{L^4+S^4}w$ 이고, 짧은 변이 부담하는 하중은 [ ] 이다. 답 $w_S = \dfrac{L^4}{L^4+S^4}w$

4. 모든 하중은 연직하중으로서 슬래브판 전체에 등분포되는 것으로 간주하고, 활하중은 고정하중의 [ ] 배 이하인 경우에 직접설계법을 적용해야한다. 답 2

5. 각 방향으로 [ ] 경간 이상이 연속되어야 하고, 연속한 받침부 중심간 경간의 차이는 긴 경간의 $\dfrac{1}{3}$ 이하인 경우에 한하여 직접설계법을 적용해야한다. 답 3

6. 직접설계법을 적용할 때, 연속한 기둥 중심선으로부터 기둥의 어긋남은 그 방향 경간의 최대 [ ] % 이하이어야 한다. 답 10

7. 2방향 슬래브의 위험단면에서 철근의 간격은 슬래브 두께의 2배 이하, [ ] mm 이하이어야 한다. 답 300

8. 4변이 지지된 슬래브는 반드시 전단보강을 해야 한다. (O, X)

답 X, 4변이 지지된 슬래브는 전단보강이 필요 없는 경우가 대부분이다.

9. 슬래브에서 펀칭전단이 일어날 때, 위험단면은 집중하중이나 집중반력을 받는 면의 주변에서 [ ] 만큼 떨어진 주변 단면이다. 답 $\dfrac{d}{2}$

핵심 24 옹벽

1. 옹벽의 전도에 대한 안전율은 $F_S = \dfrac{\text{저항 모멘트}}{\text{전도 모멘트}} \geq 2.0$ 이어야 하고, 활동에 대한 안전율은 $F_S = \dfrac{\text{수평저항력}}{\text{수평력}} \geq \boxed{}$ 이어야 한다. 답 1.5

2. 지지 지반에 작용하는 최대압력이 지반의 허용지지력을 넘어서는 안 된다. (O, X) 답 O

3. 옹벽에서 모든 외력의 합력의 작용점은 저면 중앙 ☐ 이내에 있어야 한다. 답 $\dfrac{1}{3}$

4. 캔틸레버식 옹벽의 저판은 전면벽과의 접합부를 고정단으로 간주한 ☐ 로 가정하고 설계한다. 답 캔틸레버

5. 캔틸레버식 옹벽의 전면벽은 저판에 지지된 ☐ 로 설계한다. 답 캔틸레버

6. 부벽식 옹벽의 전면벽은 3변이 지지된 ☐ 로 설계한다. 답 2방향 슬래브

7. 부벽식 옹벽의 저판은 뒷부벽 또는 앞부벽간의 거리를 경간으로 하는 고정보, 또는 ☐ 로 설계한다. 답 연속보

8. 부벽식 옹벽에서 앞부벽은 ☐ 로 보고 설계한다. 답 직사각형보

9. 부벽식 옹벽에서 뒷부벽은 ☐ 로 보고 설계한다. 답 T형보

핵심 25 확대기초1

1. 상부 구조물의 하중을 넓게 분포시켜 지반의 허용지지력 이내가 되도록 함으로써 구조물의 하중을 안전하게 지반에 전달하기 위해 설치되는 구조물을 ☐ 라고 한다. 답 확대기초

2. 축방향 압축력 $P = 1,800\,\text{kN}$, 흙의 허용지지력 $q_a = 200\,\text{kPa}$인 정사각형 확대기초의 저판의 한 변의 길이는 얼마인가?

답 $q = \dfrac{P}{A} = \dfrac{P}{l^2} \leq q_a$ 에서

$l = \sqrt{\dfrac{P}{q_a}} = \sqrt{\dfrac{1800}{200}} = 3\,\text{m}$

3. 허용 지내력 $q_a = 200\,\text{kN/m}^2$의 지반에 $80\,\text{kN/m}$의 자중을 포함한 하중을 받는 벽의 확대 기초의 최소폭은?

[답] $q = \dfrac{P}{A} = \dfrac{P}{l \times 1} \leq q_a$에서

$l = \dfrac{P}{q_a} = \dfrac{80}{200} = 0.4\,\text{m}$

4. 그림과 같은 철근콘크리트 확대기초가 단면이 350mm×350mm인 기둥을 지지하고 있다. 이때 기둥으로부터 확대기초에 전달되는 하중 $P = 1900\,\text{kN}$를 안전하게 지지할 수 있도록 확대기초의 최소 사용 하중면적을 구하면 얼마인가? (단, 기초 지반의 허용지지력 $q_a = 500\,\text{kPa}$, 기초의 단위중량은 25kN/m³)

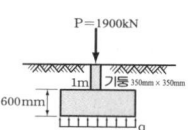

[답] $q = \dfrac{P}{A} + \gamma h \leq q_a$에서

$A \geq \dfrac{P}{q_a - \gamma h} = \dfrac{1900}{500 - 25 \times 0.6} = 3.92\,\text{m}^2$

5. 그림과 같은 압축 하중과 휨 모멘트가 작용하는 철근 콘크리트 확대 기초의 최대 지반 반력은 얼마인가?

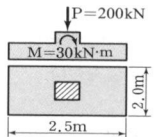

[답] $q_{max} = \dfrac{P}{A} + \dfrac{M}{I} y_{max} = \dfrac{P}{bh} \pm \dfrac{M}{\dfrac{bh^3}{12}} \times \dfrac{b}{2} = \dfrac{P}{bh} \pm \dfrac{6M}{bh^2}$

$= \dfrac{200}{2.5 \times 2.0} + \dfrac{6 \times 30}{2.0 \times 2.5^2} = 54.4\,\text{kPa}$

핵심 26 확대기초2

1. 콘크리트 기둥, 받침대 또는 벽체를 지지하는 기초판은 기둥, 받침대 또는 벽체의 외면을 □ 에 대한 위험단면으로 본다. [답] 휨모멘트

2. 그림과 같은 철근 콘크리트 확대 기초의 위험단면에서의 계수휨 모멘트는 얼마인가? (단, 확대기초 밑면에서 일어나는 계수하중에 의한 지반반력은 200kPa이다.)

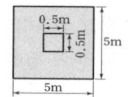

[답] $M_u = (\text{지반반력} \times \text{단면적}) \times \text{도심까지의 거리}$

$$= q_u \left(\frac{L-t}{2} \times S \right) \times \left(\frac{L-t}{4} \right) = \frac{q_u S(L-t)^2}{8}$$
$$= \frac{200 \times 5 \times (5-0.5)^2}{8} = 2530 \, \text{kN} \cdot \text{m}$$

3. 확대기초에서 1방향 작용일 경우 전단에 대한 위험단면은 기둥면에서 d 만큼 떨어진 단면이며, 2방향 작용일 경우 전단에 대한 위험단면은 기둥면에서 ☐ 만큼 떨어진 단면이다. 여기서 d는 유효깊이이다. 답 $\frac{d}{2}$

4. 그림과 같은 독립 확대 기초에서 전단에 대한 위험 단면의 주변 길이는 얼마인가? (단, 2방향 작용에 의해 펀칭 전단이 일어난다고 가정하고 확대 기초의 유효 높이는 600mm이다.)

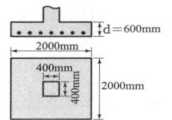

답 $b_o = 4(t+d) = 4(400+600) = 4000 \, \text{mm}$

5. 확대기초의 하단 철근부터 상연까지의 높이는 직접기초의 경우는 150mm 이상, 말뚝기초의 경우에는 ☐ mm 이상이라야 한다. 답 300

핵심 27 PSC의 장단점 및 재료의 성질

1. 프리스트레스트 콘크리트 구조물은 균열이 발생되지 않도록 설계하기 때문에 강재의 부식 위험이 적고 내구성이 좋다. (O, X) 답 O

2. 프리스트레스트 콘크리트 구조물은 탄력성과 복원성이 우수하며, 콘크리트 전단면을 유효하게 이용할 수 있다. (O, X) 답 O

3. 프리스트레스트 콘크리트 부재는 고강도 재료를 사용함으로써 단면을 감소시킬 수 있어 철근콘크리트 부재보다 경간을 길게 할 수 있으며, 변형과 진동이 적게 발생한다. (O, X)

답 X, 부재의 단면을 작게 만들면, 변형과 진동의 발생하기 쉽다.

4. 프리스트레스트 콘크리트 부재는 내화성(열에 대한 저항성)은 철근콘크리트 부재보다 우수하다. (O, X)

답 X, 내화성은 철근콘크리트보다 작다.

5. PS강재의 종류로는 강선(wire), 강연선(strand), ☐ (bar)이 있다. 답 강봉

6. PS강재는 인장강도, 항복비 $\left(=\dfrac{항복강도}{인장강도}\times100\right)$, 부착강도, 응력부식에 대한 저항성이 큰 것이 좋고, 릴렉세이션은 적은 것이 좋다. (O, X) 답 O

7. PS강재의 탄성계수를 시험에 의해 결정하지 않을 경우에는 [   ] MPa을 사용한다.
답 2.0×10^5

핵심 28 프리스트레싱 방법 및 공법 1

1. 프리스트레스를 가하는 방법으로 기계적 방법, 화학적 방법, 전기적 방법, [   ] 방법이 있다.
답 프리 플렉스(preflex)

2. 다음 작업순서를 따르는 공법은 [   ] 공법이다. ① 지주 설치, ② 강재 배치 후 긴장, ③ 거푸집 설치, ④ 콘크리트 타설, ⑤ 콘크리트 양생, ⑥ 콘크리트가 경화된 뒤 강재 절단
답 프리텐션

3. [   ] 공법은 공장 생산에 이용하므로 품질관리에 좋고, 대량 생산이 용이하며, 부착에 의해 긴장력을 전달하므로 쉬스와 같은 부수적인 재료가 필요 없다. 답 프리텐션

4. 프리텐션 공법은 강재를 곡선으로 배치하기가 쉬워 대형 구조물 제작에 적당하다. (O, X)
답 X

5. 프리텐션 공법에 속하는 [   ] 공법은 한 번의 긴장으로 여러 개의 부재를 동시에 제작할 수 있는 방법으로 넓은 면적이 필요하지만 대량 생산이 가능하다. 답 롱라인(long line)

6. 다음 작업순서를 따르는 공법은 [   ] 공법이다. ① 철근과 쉬스를 배치하고, 거푸집 제작, ② 콘크리트 타설, ③ 콘크리트 양생, ④ 콘크리트가 경화된 뒤 강재를 쉬스 속에 삽입하고, 긴장한 후 단부에 정착, ⑤ 그라우팅
답 포스트텐션

7. [   ] 공법은 강재를 곡선으로 배치할 수 있고, 부재의 결합과 조립이 편리하여 현장에서 1개의 크고 긴 부재를 만들 수 있는 장점이 있다.
답 포스트텐션

핵심 29 프리스트레싱 방법 및 공법2

1. 긴장재의 정착방법 중에서 프레시네 공법, CCL 공법, 마그넬 공법, VSL 공법은 강재와 정착장치 사이의 쐐기작용과 마찰력을 이용하는 방식으로 강선과 강연선에 주로 사용되며, 이를 통틀어 [ ] 공법이라고 한다. 〔답〕 쐐기식

2. 마그넬 공법은 쐐기 작용을 이용한 공법이며, 특수한 형태의 샌드위치 판을 사용하여 [ ] 개의 강선을 정착시킬 수 있다. 〔답〕 8

3. 긴장재의 정착방법 중에서 지압식 공법은 지압판으로 너트 또는 리벳의 머리 모양으로 가공된 PS강선을 지지하도록 한 공법이며, BBRV 공법, [ ] 공법이 이에 속한다. 〔답〕 디비닥

4. PS강봉의 단부를 가공하여 나사를 만들고 여기에 너트를 끼워서 정착판에 정착시키는 공법이 [ ] 공법이며, 이 공법은 커플러(coupler, 접속장치)를 사용하여 쉽게 강봉을 연결해 나갈 수 있는 장점이 있다. 〔답〕 디비닥

5. 다음 프리스트레스트 콘크리트(PSC)에 의한 교량 가설법 중에서 교대 후방의 작업장에서 교량 상부 구조를 10~30m의 블록(block)으로 제작한 후, 미리 가설된 교각의 교축 방향으로 밀어내고 다음 블록을 다시 제작하고 연결하여 연속적으로 밀어내며 시공하는 공법은?
〔답〕 압출 공법(I. L. M)

6. 공장 또는 현장부근에서 큰 구조의 부재를 작은 세그먼트로 분할하여 제작한 후, 이것을 운반하여 소정 위치에 들어 올려놓고 포스트텐션 방식으로 압착하고 접합시켜서 교량을 완성하는 공법은 [ ] 공법이다. 〔답〕 프리캐스트 세그먼트

핵심 30 PSC 해석의 원리1

1. 프리스트레스트 콘크리트의 원리를 설명할 수 있는 기본개념으로는 응력개념(균등질 보의 개념), 강도 개념(내력모멘트개념), [ ] 이 있다. 〔답〕 하중평형개념(등가하중개념)

2. 그림의 PSC 보에서 $P=750\,\mathrm{kN}$이 작용할 때 경간 중앙 단면의 콘크리트 상연 응력은? (단, PSC 보의 단위중량은 25kN/m³, PS 강재는 직선이고 단면 중앙에 배치되어 있다. w_l : 등분포 활하중이며 보의 자중도 고려한다.)

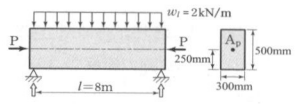

$$\boxed{답}\ f_{\substack{중앙\\상연}} = \frac{P}{A} + \frac{M}{I}y_{상연} = \frac{P}{bh} + \frac{\dfrac{wl^2}{8}}{\dfrac{bh^3}{12}} \times \frac{h}{2} = \frac{P}{bh} + \frac{3wl^2}{4bh^2}$$

$$= \frac{750\times10^3}{300\times500} + \frac{3\times(5.75\times8^2\times10^6)}{4\times300\times500^2} = 8.68\,\mathrm{MPa}$$

$$w = w_l + w_d = 2 + 2.5\times(0.5\times0.3) = 5.75\,\mathrm{kN/m}$$

3. 그림과 같이 등분포 하중을 받는 단순보에 PS 강재를 $e=50\,\mathrm{mm}$만큼 편심시켜서 직선으로 작용시킬 때 보 중앙 단면의 하연 응력은 얼마인가? (단, 자중은 무시한다.)

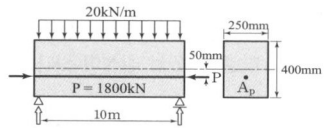

$$\boxed{답}\ f_{\substack{중앙\\하연}} = \frac{P}{A} + \frac{Pe}{I}y_{하연} - \frac{M_{중앙}}{I}y_{상연} = \frac{P}{bh} + \frac{Pe}{\dfrac{bh^3}{12}} \times \frac{h}{2} - \frac{\dfrac{wl^2}{8}}{\dfrac{bh^3}{12}} \times \frac{h}{2}$$

$$= \frac{P}{bh} + \frac{6Pe}{bh^2} - \frac{3wl^2}{4bh^2} = \frac{1800\times10^3}{250\times400} + \frac{6\times(1800\times10^3)\times50}{250\times400^2} - \frac{3\times(20\times10^2\times10^6)}{4\times250\times400^2}$$

$$= -6.0\,\mathrm{MPa}\,(\text{인장응력})$$

4. 그림과 같이 경간 20m, b=400mm, h=900mm인 직사각형 단면에 PS 강재가 도심에서 아래로 편심 e =250mm만큼 배치되어 있을 때 보의 중앙단면에서 일어나는 상연과 하연의 콘크리트 응력은 얼마이겠는가? (단, PS 강재의 긴장력은 3375kN 이고, 자중 포함 $w_l + w_d = 27\,\mathrm{kN/m}$)

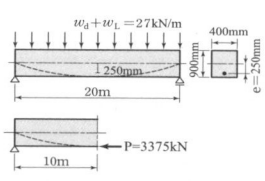

$$\boxed{답}\ f_{\substack{상연\\하연}} = \frac{P}{A} \mp \frac{Pe}{I}y_{연단} \pm \frac{M}{I}y_{연단} = \frac{P}{bh} \mp \frac{P\cdot e}{\dfrac{bh^3}{12}} \times \frac{h}{2} \pm \frac{\dfrac{wl^2}{8}}{\dfrac{bh^3}{12}} \times \frac{h}{2}$$

$$= \frac{P}{bh} \mp \frac{6Pe}{bh^2} \pm \frac{3wl^2}{4bh^2} = \frac{3375\times10^3}{400\times900} \mp \frac{6(3375\times10^3)\times250}{400\times900^2} \pm \frac{3\times(27\times20^2\times10^6)}{4\times400\times900^2}$$

$$f_{상연} = 18.75\,\mathrm{MPa}\,(\text{압축응력}),\quad f_{하연} = 0\,(\text{무응력})$$

핵심 31 PSC 해석의 원리2

1. 휨모멘트 2000kN·m(자중포함)가 작용하는 PSC보에 프리스트레스 P=4000kN 이 가해졌을 경우 저항모멘트의 팔길이는 얼마인가?

[답] 강도개념

$M = Cz = Tz$ 에서

$z = \dfrac{M}{T} = \dfrac{M}{P} = \dfrac{2000}{4000} = 0.5\,\mathrm{m}$

2. 경간 15m에 w=40kN/m(자중 포함)가 작용하는 PS 콘크리트보에 P=2000kN의 프리스트레스가 주어질 때 등분포 상향력 u를 하중평형 개념에 의해 계산하면, 이 보의 순하향 분포하중은 얼마인가? (단, 새그 : s=250mm이며 강재는 포물선으로 배치되어 있다.)

[답] 등분포상향력 $u = \dfrac{8Ps}{l^2} = \dfrac{8 \times 2000 \times 0.25}{15^2} = 17.8\,\mathrm{kN/m}$

순하향하중 $= w - u = 40 - 17.8 = 22.2\,\mathrm{kN/m}$

3. 그림과 같이 경간 중앙점에서 강선(tendon)을 꺾었을 때, 이 꺾은 점에서 상향력(上向力) U의 값은?

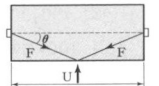

[답] $\sum V = 0$ 에서 $U - 2F\sin\theta = 0$

$U = 2F\sin\theta$

4. 부재에 설계하중이 작용할 때, 부재의 어느 부분에서도 인장응력이 생기지 않도록 프리스트레스를 가하는 것을 _____ 이라고 한다.   [답] 완전 프리스트레싱(full prestressing)

5. 설계하중이 작용할 때, 부재 단면의 일부에 인장응력이 생기도록 프리스트레스를 가하는 것을 _____ 이라고 한다.   [답] 부분 프리스트레싱(partial prestressing)

6. 그림과 같은 경간 8m인 단순보에 등분포 하중(자중포함) w=30kN/m가 작용하며, PS 강재는 단면 도심에 배치되어 있다. 완전 프리스트레싱이 되기 위해서는 최소한의 인장력 P를 얼마로 해야 하는가?

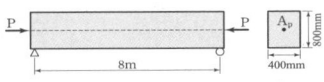

[답] 완전 프리스트레싱은 압축응력만 존재해야 하므로 하연응력이 0(zero)이상이라야 한다.

$f_{하연} = \dfrac{P}{A} - \dfrac{M}{I}y = \dfrac{P}{bh} - \dfrac{\dfrac{wl^2}{8}}{\dfrac{bh^3}{12}} \times \dfrac{h}{2} = \dfrac{P}{bh} - \dfrac{3wl^2}{4bh^2} \geq 0$ 에서

$P \geq \dfrac{3wl^2}{4h} = \dfrac{3 \times 30 \times 8^2}{4 \times 0.8} = 1{,}800\,\mathrm{kN}$

핵심 32   프리스트레스의 도입과 손실 1

1. 강선을 긴장할 때 생기는 프리스트레스의 손실 원인으로는 ① 콘크리트의 탄성수축, ② 강재와 쉬스의 ☐ , ③ 정착단의 활동이 있다.   🗒 마찰

2. 프리스트레스를 도입한 후, 시간의 경과에 따른 프리스트레스의 손실 원인으로는 ① 콘크리트의 건조수축, ② 콘크리트의 크리프, ③ 강재의 ☐ 이 있다.   🗒 릴랙세이션

3. 콘크리트에 프리스트레스 600kN을 도입한 후 여러 가지 원인에 의하여 125kN의 프리스트레스의 감소가 생겼다. 이때 유효율은?

🗒 유효 프리스트레스힘 $P_e = 600 - 125 = 475\,\text{kN}$

유효율 $R = \dfrac{P_e}{P_i} = \dfrac{475}{600} = 0.792$ ∴ 79.2%

4. 단면적 100,000mm²의 콘크리트 단면의 도심에 단면적 1,960mm²의 PS 강선을 배치하고 인장력 300kN을 가할 때 콘크리트 탄성 변형에 의한 인장력의 감소량은?(단, 탄성 계수비 $n = 7$이고, 프리텐션방식이다.)

🗒 $\Delta f_p = nf_c = n\left(\dfrac{P}{bh}\right) = 7 \times \left(\dfrac{300\times 10^3}{100,000}\right) = 21\,\text{MPa}$

$\Delta P = \Delta f_p A_p = 21 \times 1960 = 41,160\,\text{N} = 41.16\,\text{kN}$

5. 300mm×500mm의 직사각형 단면을 가진 프리텐션 단순보에 편심 배치한 PS 강재를 750kN으로 긴장하였을 때 콘크리트의 탄성 변형으로 인한 프리스트레스 감소량은?(단, $n = 6.0$, $I = 3.125 \times 10^9\,\text{mm}^4$)

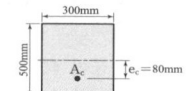

🗒 $\Delta f_p = nf_c = n\left(\dfrac{P}{A} + \dfrac{Pe}{I}y_p\right) = n\left(\dfrac{P}{A} + \dfrac{Pe}{I}\times e\right)$

$= 6 \times \left\{\dfrac{750\times 10^3}{300\times 500} + \dfrac{750\times 10^3 \times 80}{3,125\times 10^9}\times 80\right\} = 39.22\,\text{MPa}$

핵심 33   프리스트레스의 도입과 손실2

1. 일단 정착의 포스트텐션 부재에서 정착부 활동량이 3mm 생겼다. PS강재의 길이 40m, 초기인장응력 1000MPa, $E_p = 2.0 \times 10^5$ MPa일때 PS강재의 프리스트레스의 감소량(Δf_p)은 얼마인가?

> 답 $\Delta f_p = E_p \left(\dfrac{\Delta l}{l} \right) = 2.0 \times 10^5 \times \left(\dfrac{3}{40 \times 10^3} \right) = 15 \, \text{MPa}$

2. 양단 정착하는 포스트텐션 부재에서 1단의 정착부 활동이 2mm 생겼다. PS 강재의 길이가 30m, 초기 프리스트레스 1800MPa일 때 프리스트레스의 손실량은? (단, $E_p = 2 \times 10^5$ MPa, $E_c = 2.8 \times 10^4$ MPa 이다.)

> 답 $\Delta f_p = E_p \left(\dfrac{2 \cdot \Delta l}{l} \right) = 2 \times 10^5 \left(\dfrac{2 \times 2}{30 \times 10^3} \right) = 26.7 \, \text{MPa}$

3. PS강재응력 $f_{ps} = 1200$MPa, PS강재 도심위치에서의 콘크리트의 압축응력 $f_c = 7$MPa일 때 크리프에 의한 PS강재의 인장력 손실률은? (단, 크리프계수는 2이고, 탄성계수비는 6이다.)

> 답 손실량 : $\Delta f_p = n \phi f_c = 6 \times 2 \times 7 = 84 \, \text{MPa}$
>
> $\therefore$ 손실률 $= \dfrac{\Delta f_p}{f_{ps}} \times 100 = \dfrac{84}{1200} \times 100 = 7\%$

4. PS 강재의 탄성계수 $E_p = 200,000$MPa, 콘크리트의 건조 수축변형률이 2.9×10^{-4}일 때 강재의 인장응력의 감소량은?

> 답 $\Delta f_p = E_p \varepsilon_{cs} = 200,000 \times (2.9 \times 10^{-4}) = 58 \, \text{MPa}$

핵심 34   리벳 및 고장력볼트 이음1

1. 리벳으로 연결된 부재에서 리벳이 상·하 두 부분으로 절단되었다면 그 원인은 리벳의 ☐ 파괴 때문이다.   답 전단

2. 리벳 이음에서 리벳 1본의 허용강도는 허용전단강도와 허용 ☐ 강도를 계산해서 그 중 작은 값으로 한다.   답 지압

3. 그림과 같은 리벳 이음에서 리벳 지름 d=22mm, 철
판 두께 t=12mm, 허용전단응력 v_a=80MPa, 허용지
압응력 f_{ba}=160MPa일 때 이 리벳의 강도는?

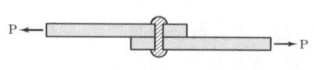

답 전단강도 $\rho_s = v_a\left(\dfrac{\pi d^2}{4}\right) = 80 \times \left(\dfrac{\pi \times 22^2}{4}\right)$
$= 30,411\,\text{N} = 30.4\,\text{kN}$
지압강도 $\rho_b = f_{ba}(dt) = 160 \times (22 \times 12)$
$= 42,240\,\text{N} = 42.24\,\text{kN}$
둘 중 작은 값 $30.4\,\text{kN}$ 이 리벳의 강도이다.

4. 다음 그림과 같은 연결에서 리벳의 강도는? (단, 허용 전단 응
력은 130MPa, 허용 지압 응력은 300MPa)

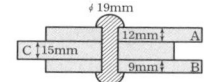

답 복전단이므로
전단강도 $\rho_s = v_a\left(\dfrac{\pi d^2}{4} \times 2\right) = 130 \times \left(\dfrac{\pi \times 19^2}{2}\right)$
$= 73,718\,\text{N} = 73.72\,\text{kN}$
지압강도 $\rho_b = f_{ba}(dt) = 300 \times (19 \times 15)$
$= 85,500\,\text{N} = 85.5\,\text{kN}$
여기서, t는 15mm와 $(12+9)$mm 중에서 작은 값을 사용한다.
리벳의 강도는 둘 중 작은 값 $73.72\,\text{kN}$이다.

핵심 35 ／ 리벳 및 고장력볼트 이음2

1. 그림과 같은 맞대기 이음에서 판의 지압에 의해 파괴되기 위한 t는
얼마 이하인가? (단, $\phi = 22\,\text{mm}$, $v_a = 110\,\text{MPa}$, $f_{ba} = 240\,\text{MPa}$)

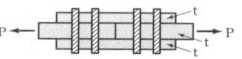

답 전단 강도 $\rho_s = v_a\left(\dfrac{\pi d^2}{4} \times 2\right) = 110 \times \left(\dfrac{\pi \times 22^2}{2}\right) = 83,629\,\text{N}$
지압 강도 $\rho_b = f_{ba}(dt) = 240 \times (22t) = 5280t$
지압의 방향성을 고려하면 t와 $t+t$ 중 작은 값 t를 사용한다.
∴ 지압에 의해 파괴된다는 것은 $\rho_b \le \rho_s$ 이라야 하므로
$5280t \le 83,629$ 에서 $t \le 15.8\,\text{mm}$

2. 인장력 400kN 이 작용하는 두께 16mm의 강철판을 $\phi 22\,mm$의 공장리벳으로 겹이음할 때 소요 리벳수는? (단, 허용전단응력 $v_a = 100\,MPa$, 허용지압응력 $f_b = 220\,MPa$ 임)

답 전단 강도 $\rho_s = v_a \left(\dfrac{\pi d^2}{4} \right) = 100 \times \left(\dfrac{\pi \times 22^2}{4} \right) = 38,013\,N = 38.01\,kN$

지압강도 $\rho_b = f_{ba}(d\,t) = 220 \times (22 \times 16) = 77,440\,N = 77.44\,kN$

∴ 리벳의 강도는 둘 중 작은 값 $38.01\,kN$으로 한다.

리벳수 $n = \dfrac{P}{\rho} = \dfrac{400}{38.01} = 10.52$ ∴ 11개

3. 고장력 볼트를 사용한 이음의 종류는 ☐ , 지압 이음, 인장 이음이 있다.

답 마찰 이음

핵심 36 강구조의 압축, 인장, 휨 부재1

1. 강재가 압축부재일 경우, 축방향 압축강도의 단면계산에서는 총단면적을 사용한다. (O, X)

답 O

2. 아래 그림의 지그재그로 구멍이 있는 판에서 순폭을 구하면?
(단, 리벳구멍직경 = 25mm)

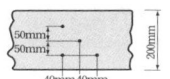

답 $d = 25\,mm$, $w = d - \dfrac{p^2}{4g} = 25 - \dfrac{40^2}{4 \times 50} = 17\,mm$

① $b_n = b_g - 2d = 200 - 2 \times 25 = 150\,mm$
② $b_n = b_g - d - 2w = 200 - 25 - (2 \times 17) = 141\,mm$
③ $b_n = b_g - d - 2w = 141\,mm$

∴ 순폭은 최솟값 $141\,mm$가 된다.

3. 그림과 같은 강재를 인장재로 쓰고자 할 때 순폭은 얼마인가?
(단, 리벳구멍의 지름은 25mm이다.)

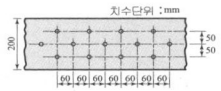

답 $w = d - \dfrac{p^2}{4g} = 25 - \dfrac{60^2}{4 \times 50} = 7\,mm$

$b_n = b_g - 2d = 200 - 2 \times 25 = 150\,mm$
$b_n = b_g - d - w = 200 - 25 - 7 = 168\,mm$
$b_n = b_g - d - 2w = 200 - 25 - 2 \times 7 = 161\,mm$

∴ 순폭은 최솟값 $150\,mm$가 된다.

핵심 37 　강구조의 압축, 인장, 휨 부재2

1. 그림과 같은 1-PL180×10의 강판을 리벳으로 이음할 때 강판의 최대 허용 인장력(kN)은? (단, $f_a = 130\,\text{MPa}$, 구멍의 지름은 25mm이다.)

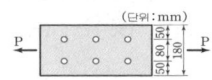

$b_n = b_g - 2d = 180 - 2 \times 28 = 124\,\text{mm}$
$A_n = b_n t = 124 \times 10 = 1240\,\text{mm}^2$
$P = f_a A_n = 130 \times 1240 = 161,200\,\text{N} = 161.2\,\text{kN}$

2. 그림과 같은 L형강에서 순폭 b_n을 구하시오. (단, 리벳구멍의 직경은 22mm이다.)

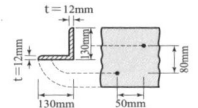

전개 총 폭: $b_g = b_1 + b_2 - t = 130 + 130 - 12 = 248\,\text{mm}$

㉠ $b_n = 248 - 22 = 226\,\text{mm}$

㉡ $b_n = 248 - 22 - \left(22 - \dfrac{50^2}{4 \times 68}\right) = 213.2\,\text{mm}$

여기서 $g = g_1 - t = 80 - 12 = 68\,\text{mm}$

∴ 순폭 b_n은 최솟값인 213.2mm 이다.

핵심 38 　용접 이음1

1. 그림과 같은 필렛 용접에서 목두께를 구하시오.

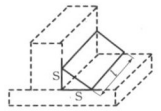

$\dfrac{S}{\sqrt{2}} = \dfrac{\sqrt{2}}{2}S = 0.7S$

2. 그림과 같은 필렛 용접부의 목두께는?

목두께
$a = 0.7s = 0.7 \times 10 = 7\,\text{mm}$

3. 그림과 같은 맞대기 용접의 인장 응력은?

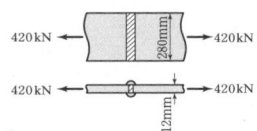

$f = \dfrac{P}{\sum a l_e} = \dfrac{420 \times 10^3}{280 \times 12} = 125\,\text{MPa}$

4. 그림과 같은 맞대기 용접의 용접부에 생기는 인장 응력은 얼마인가?

답 $v = \dfrac{P}{\sum a l_e} = \dfrac{300 \times 10^3}{320 \times 12} = 100\,\text{MPa}$

홈 용접에서 목두께는 모재의 두께(여기서는 10mm)를 사용하고, 유효 길이는 응력에 직각인 방향의 길이(여기서는 300mm)를 사용한다.

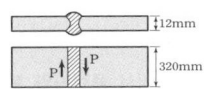

5. 다음 그림과 같이 전단력 $P = 300\,\text{kN}$가 작용하는 부재를 용접 이음하고자 할 때 생기는 전단 응력은?

답 $v = \dfrac{P}{\sum a l} = \dfrac{300 \times 10^3}{320 \times 12} = 78.13\,\text{MPa}$

핵심 39 용접 이음2

1. 용접부의 강도 = ☐ ×유효길이×허용응력   답 목두께

2. 그림과 같은 필렛 용접에서 일어나는 응력은?

답 ・목두께 : $a = 0.7s = 0.7 \times 9 = 6.3\,\text{mm}$
 ・유효 길이 : $l_e = 2(l - 2s) = 2 \times (200 - 2 \times 9) = 364\,\text{mm}$

 $v = \dfrac{P}{\sum a l_e} = \dfrac{250 \times 10^3}{6.3 \times 364} \simeq 109\,\text{MPa}$

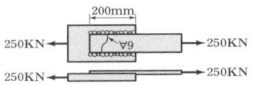

3. 다음 그림의 용접 기호를 설명하시오.

답 I형 홈 용접으로 루트 간격 3mm

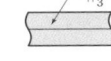

4. 다음 그림은 어떤 용접을 나타낸 것인가?

답 필렛 용접, 단속, 다리길이 6mm, 용접길이 500mm, 피치(간격) 2000mm

5. 다음 그림의 용접 기호를 설명하시오.

답 양면 연속 필렛 용접, 다리길이 5mm, 용접길이 200mm

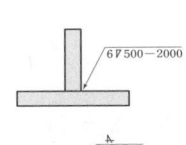

핵심 40   교량

1. 설계 휨 모멘트 $M = 800\,\text{kN} \cdot \text{m}$를 받는 I형 단면의 판형교 높이 h를 구한 값은? (단, $f_{ca} = f_{ta} = 140\,\text{MPa}$, $t = 10\,\text{mm}$)

> 답 $h = 1.1\sqrt{\dfrac{M}{f_a t}} = 1.1\sqrt{\dfrac{800 \times 10^6}{140 \times 10}} \fallingdotseq 832\,\text{mm}$

2. 판형교에서 플랜지의 단면적 A_f를 계산하는 식을 구하시오. (단, A_w : 복부의 단면적)

> 답 $\dfrac{M}{f_a h} - \dfrac{A_w}{6}$

3. 판형에서 플랜지와 복부를 결합하는 리벳은 주로 다음 중 무엇에 의해 결정되는가?

> 답 전단력

4. 합성보 교량에서 슬래브와 강(鋼)보 상부 플랜지의 일체화를 위해 결합재로 사용되는 것은?

> 답 전단 연결재

1주일 완성! 핵심문제풀이
철근콘크리트 및 PSC강구조

發行處 **(주) 한솔아카데미**

(우)06775 서울시 서초구 마방로10길 25 트윈타워 A동 2002호
TEL : 575-6144/5   FAX : 529-1130
〈1998. 2. 19 登錄 第16-1608號〉
www.bestbook.co.kr/www.inup.co.kr

THE PASS

1주일 완성! 핵심문제풀이

철근콘크리트 및 강구조

핵심정리 120제

이 책의 특징
- 각 단원별 기출문제를 체계적으로 정리하여 복습이 자연스럽게 이루어지도록 유도하였습니다.
- 과년도기출문제 중심으로 구성하여 문제 답을 한눈에 들어오도록 하였습니다.
- 총정리 문제풀이로 최종 마무리가 될 수 있도록 하였습니다.

www.inup.co.kr
www.bestbook.co.kr

(6) 띠철근의 수직간격은 축방향 철근 지름의 16배 이하, 띠철근이나 철선지름의 48배 이하, 기둥 단면의 최소 치수 이하 이어야 한다.

4 나선철근 기둥의 제한사항

(1) 축방향 철근의 간격(띠철근과 동일)은 40mm 이상, 철근지름의 1.5배 이상, 굵은 골재 최대치수의 $\frac{4}{3}$ 배 이상이어야 한다.

(2) 축방향 철근은 6개 이상, 철근비는 1% ~ 8%라야 한다.

(3) 나선철근 기둥에 사용하는 콘크리트의 설계기준강도는 21MPa 이상이어야 한다.

(4) 나선철근비 ρ_s는 보통 철근비와는 달리 체적비로 정의되고 다음 값 이상이라야 된다.

$$\rho_s = \frac{나선철근의\ 체적}{심부체적} \geq 0.45\left(\frac{A_g}{A_{ch}} - 1\right)\frac{f_{ck}}{f_{yt}}$$

f_{yt} : 나선철근의 설계기준항복강도(700MPa 이하)
A_g : 기둥의 총 단면적(mm²)
A_{ch} : 나선철근 외곽으로 둘러싸인 단면적

(5) 현장치기콘크리트 공사에서는 나선철근의 지름이 10mm 이상이어야 한다.

(6) 나선철근의 순간격은 75mm 이하, 25mm 이상이라야 한다.

(7) 나선철근의 정착길이는 나선철근 끝에서 1.5회전 이상 연장되어야 한다.

(8) 나선철근의 이음 : 겹침이음, 용접이음, 기계적이음
  1) 겹침이음 : 항상 300mm 이상
    ① 이형철근 및 이형철선 : 48 d_b 이상
    ② 원형철선 및 원형철근 : 72 d_b 이상
    ③ 에폭시도막 이형철근 및 철선 : 72 d_b 이상
    ④ 표준갈고리를 가지는 비도막 원형철근 및 철선 : 48 d_b 이상
    ⑤ 표준갈고리를 가지는 에폭시 도막 이형철근 및 철선 : 48 d_b 이상
  2) 용접이음 및 기계적이음

(9) 나선철근은 확대기초판 또는 슬래브의 상면에서 그 위에 지지된 부재의 최하단 수평철근까지 연장되어야 한다.

■ 나선철근 기둥의 축방향 철근의 간격과 철근비는 띠철근 기둥과 동일하다.

■ 나선철근의 체적에 대한 심부의 체적의 체적

심부의 체적 $= \frac{\pi D_{ch}^2}{4} \times p$

나선철근의 체적 $= \pi D_{ch} A_s$

D_{ch} : 심부의 지름
A_s : 나선철근의 단면적
p : 나선철근의 피치

■ $f_y > 400\,MPa$: 겹침이음불가

■ 나선철근의 정착을 위해 나선철근의 끝에서 1.5회전 만큼 더 연장한다.

5 축방향 철근의 철근비를 제한하는 이유

(1) 최소한도 1%를 규정하는 이유
   ① 예상외의 편심 하중에 의한 휨모멘트에 대한 대비
   ② 콘크리트의 크리프 및 건조수축의 영향을 감소시키기 위해
   ③ 콘크리트의 부분적인 결함을 철근으로 보충하기 위해

(2) 최대한도 8%를 규정하는 이유
   사용된 철근이 너무 많으면 시공에 지장을 초래할 뿐만 아니라 비경제적으로 된다.

핵 심 문 제

1 압축철근의 철근 제한에 관한 다음 설계기준의 규정 중 틀린 것은? (단, 압축부재임) [99, 93 ㉯]

㉮ 축방향 철근의 겹침이음길이는 300mm 이상
㉯ 축방향 철근비는 0.01~0.08
㉰ 축방향 철근 최소 개수는 원형배치 6개
㉱ 축방향 철근 최소수는 사각형배치 4개

해설 1
축방향 주철근의 최소 개수
· 원형 및 사각형 띠철근 : 4개
· 삼각형 띠철근 3개
· 원형 나선철근 : 6개

2 철근 콘크리트의 기둥에 관한 구조세목으로 틀린 것은? [00 ㉮ 05 ㉯]

㉮ 비합성 압축부재의 축방향 주철근의 단면적은 전체 단면적의 0.01 이상, 0.08 이하로 하여야 한다.
㉯ 축방향 부재의 주철근의 최소 개수는 나선철근으로 둘러싸인 철근의 경우는 6개로 하여야 한다.
㉰ 둘 이상의 맞물린 나선철근을 가진 독립 압축부재의 유효단면의 한계는 나선철근의 최외측에서 요구되는 콘크리트 최소 피복두께에 해당하는 거리를 더하여 취한다.
㉱ 나선철근의 설계기준항복강도는 600MPa 이하로 하여야 한다.

해설 2
나선철근의 설계기준항복강도는 700MPa 이하로 한다.

3 기둥의 축방향 철근의 순간격이 옳게 설명된 것은? [98, 97 ㉯]

㉮ 40mm 이상, 철근지름의 1.5배 이상, 굵은 골재의 최대치수의 4/3배 이상
㉯ 40mm 이상, 철근지름의 3/2배 이상, 철근지름 이상
㉰ 40mm 이하, 철근지름의 1.5배 이하, 굵은 골재 최대치수의 1.5배 이하
㉱ 40mm 이하, 철근지름의 4/3배 이하, 굵은 골재 최대치수의 3/2배 이하

해설 3
기둥에 배치되는 축방향 철근의 순간격은 40mm 이상, 철근 공칭지름의 1.5배 이상, 굵은 골재 최대치수의 $\frac{4}{3}$배 이상 이어야 한다.

4 그림과 같은 띠철근 기둥의 단면 크기와 철근량을 결정하였다. D 10 철근을 띠철근으로 사용한다면 띠철근 간격은? (단, 축방향 철근으로서는 4개의 D 29를 사용한다.) [93 ㉮]

㉮ 460 mm
㉯ 400 mm
㉰ 300 mm
㉱ 480 mm

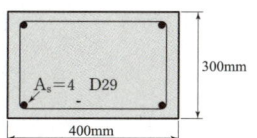

해설 4
띠철근의 수직간격
· 축방향 철근 지름의 16배 이하
· 띠철근 지름의 48배 이하
· 기둥의 단면 최소치수 이하
$[16 \times 29,\ 48 \times 10,\ 300]_{min}$
$= [464,\ 480,\ 300]_{min}$
$= 300\ mm$

정답 1. ㉰ 2. ㉱ 3. ㉮ 4. ㉰

5 압축을 받는 부재 설계시 고려해야할 사항 중 옳지 않은 것은?
[90 ㉮]

㉮ 띠철근 압축부재의 유효단면의 한계는 나선철근이나 띠철근 외측에서 40mm보다 크지 않게 취하여야 한다.
㉯ 축방향 주철근이 겹침이음되는 경우의 철근비는 0.01 ~ 0.08로 한다.
㉰ 나선철근의 설계기준항복강도는 700 MPa 이하라야 한다.
㉱ 유효길이 계수 k는 횡방향 상대 변위가 방지된 경우 1로 본다.

해설 5
축방향 주철근이 겹침이음되는 경우의 철근비는 0.04를 초과하지 않도록 한다.

6 나선철근 기둥의 설계에 있어서 나선철근비를 구하는 식으로 옳은 것은?
(A_g : 기둥의 총 단면적, A_{ch} : 심부의 단면적, f_{yt} : 나선철근의 설계기준항복강도, f_{ck} : 콘크리트의 설계기준압축강도)
[00 ㉮]

㉮ $0.45\left(\dfrac{A_g}{A_{ch}}-1\right)\dfrac{f_y}{f_{yt}}$ ㉯ $0.45\left(\dfrac{A_g}{A_{ch}}-1\right)\dfrac{f_{ck}}{f_{yt}}$

㉰ $0.45\left(1-\dfrac{A_g}{A_{ch}}\right)\dfrac{f_{ck}}{f_{yt}}$ ㉱ $0.85\left(\dfrac{A_{ch}}{A_g}-1\right)\dfrac{f_{ck}}{f_{yt}}$

해설 6
나선철근비와 제한 규정

$$\rho_s = \dfrac{4A_s}{D_{ch}p} \geq 0.45\left(\dfrac{A_g}{A_{ch}}-1\right)\dfrac{f_{ck}}{f_{yt}}$$

7 나선철근 기둥의 심부 지름 350 mm, 기둥 단면의 지름 450 mm인 단면에 나선철근 D 10(71.3mm²)을 배근할 때 피치를 구하면 얼마인가? (단, f_{ck} = 28 MPa, f_{yt} = 400 MPa 이다.)
[98, 96 ㉮]

㉮ 30 mm
㉯ 35 mm
㉰ 40 mm
㉱ 45 mm

해설 7
$$\rho_s = \dfrac{4A_s}{D_{ch}p} \geq 0.45\left(\dfrac{A_g}{A_{ch}}-1\right)\dfrac{f_{ck}}{f_{yt}}$$

$$\therefore p \leq \dfrac{4A_s}{0.45D_{ch}\left(\dfrac{A_g}{A_{ch}}-1\right)\dfrac{f_{ck}}{f_{yt}}}$$

$$= \dfrac{4(71.3)}{0.45(350)\times\left\{\left(\dfrac{450}{350}\right)^2-1\right\}\dfrac{28}{400}}$$

$= 39.6$ mm
$\therefore p ≒ 40$ mm

8 기둥에서 축방향 철근량의 최소 한계를 두는 이유 중 틀린 것은?

㉮ 콘크리트의 크리프 및 건조수축의 영향을 줄이기 위해서이다.
㉯ 시공시 재료분리로 인한 부분적 결함을 보완하기 위해서이다.
㉰ 휨강도보다는 압축단면의 부족을 보강하기 위해서이다.
㉱ 예상외의 편심하중이 작용할 가능성에 대비하기 위함이다.

해설 8
기둥에서 축방향 철근의 철근비를 0.01 이상으로 제한한 이유는 ㉮크리프 및 건조수축의 영향을 줄이고, ㉯콘크리트의 부분적인 결함을 보완하고, ㉱예상외의 편심 하중에 대비하기 위해서이다.

정답 5. ㉯ 6. ㉯ 7. ㉰ 8. ㉰

2 기둥의 설계

> **학습방향**
>
> 비교적 잘 출제되는 단원이다. 특히 단주의 해석과 설계에 관한 부분의 출제율이 상대적으로 높다.

1 기둥의 좌굴 하중과 유효 길이

중심축 하중을 받고 있는 장주의 좌굴 하중 P_c는 다음과 같다.

$$P_c = \frac{\pi^2 EI}{(kl_u)^2}$$

그러므로 좌굴 응력은 다음과 같이 된다.

$$f_{cr} = \frac{P_c}{A} = \frac{\pi^2 E}{\left(\dfrac{kl_u}{r}\right)^2}$$

- E : 탄성계수
- I : 단면 2차 모멘트
- $\dfrac{kl_u}{r}$: 유효 세장비
- l : 기둥의 비지지된 길이
- k : 유효길이계수
- kl : 기둥의 유효 길이(변곡점 사이의 거리)

기둥의 전체길이(l)는 비지지(非支持)된 순 길이를 취한다. 즉 바닥 슬래브, 보 기타 압축부재를 횡방향으로 지지하는 부재들 사이의 순 길이를 취한다. 기둥머리나 헌치가 있는 경우의 비지지된 길이는 해당 평면 내에 있는 기둥머리나 헌치의 하단으로부터 잰 거리가 된다.

2 유효길이계수(k)

(1) 횡방향 상대 변위의 유무에 따른 유효길이계수
  ① 횡구속골조의 유효길이계수는 구속도에 따라 0.5에서 1사이에 있으나 유효길이계수는 $k = 1.0$으로 사용할 수 있다.
  ② 비횡구속골조의 경우 유효길이계수는 $k > 1$이다.

학습POINT

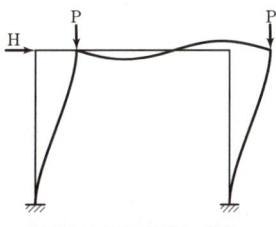

횡방향 브레이싱이 없는 라멘

횡방향 브레이싱이 있는 라멘

(2) 기둥 양단의 지지 조건에 따른 유효길이계수

지지 조건에 따른 기둥의 분류	1단 고정, 타단 자유	양단 힌지	1단 고정, 타단 힌지	양단 고정
유효 길이 계수(k)	2	1	0.7	0.5
강도계수(n) $n = \dfrac{1}{k^2}$	$\dfrac{1}{4}$	1	2	4

3 장주와 단주의 판별

단주는 유효세장비 $\dfrac{kl_u}{r}$ 이 다음과 같을 때이다.

(1) 횡구속 골조의 압축부재 : $\dfrac{kl_u}{r} \leq \left(34 - 12\dfrac{M_1}{M_2}\right)$

$\dfrac{M_1}{M_2} \geq -0.5$ 이고, $\left(34 - 12\dfrac{M_1}{M_2}\right) \leq 40$ 라야 한다.

(2) 비횡구속골조의 압축부재 : $\dfrac{kl_u}{r} \leq 22$

r : 회전 반지름 $\left(= \sqrt{\dfrac{I}{A}}\right)$

직사각형 압축부재 : $r = 0.3t$ (t는 단면의 짧은 변의 길이)

원형 압축부재 : $r = 0.25t$ (t는 단면의 지름)

M_1 : 압축부재의 단모멘트 중 작은 값이며, 부호는 부재가 단일 곡률일 때 양(+)이고 이중곡률일 때 음(-)이다.

M_2 : 압축부재의 단모멘트 중 큰 값이며, 항상 양(+)이다.

➡ 이 세장비 조건을 만족하지 않는 경우에는 압축부재의 장주효과를 고려하여 설계한다.

■ 회전반지름

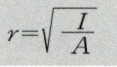

I : 단면 2차 모멘트
A : 단면적

> **핵심예제 1**
>
> 400 mm×400 mm의 단면을 가진 띠철근 기둥이 양단 힌지로 구속되어 있으며, 횡방향 상대변위가 방지되어 있지 않은 경우의 단주의 한계 높이는 얼마인가?
>
> ㉮ 2,250 mm ㉯ 2,640 mm
> ㉰ 3,120 mm ㉱ 3,230 mm

[해설] 횡방향 상대 변위가 방지되어 있지 않을 경우(비횡구속 골조)의 단주 조건

$$\lambda = \frac{kl_u}{r} \leq 22 \text{에서}$$

$$l_u \leq \frac{22r}{k} = \frac{22(0.3t)}{k} = \frac{22(0.3 \times 400)}{1.0} = 2,640 \text{ mm}$$

$$\begin{bmatrix} \text{기둥의 양단이 힌지이므로 } k = 1.0 \\ \text{사각형 단면이므로 } r = 0.3t \text{이다.} \end{bmatrix}$$

답 : ㉯

4 축하중과 모멘트 상관도($P-M$ 상관도)

기둥단면은 대부분 축하중(P)과 편심(e)에 의한 휨모멘트를 동시에 받게 되는 경우가 많다. 이런 경우 기둥의 강도는 축하중만 작용할 때보다 작아진다.

이때 축하중(P_n)과 편심에 의한 모멘트(M_n)의 관계를 나타낸 것이 $P-M$상관도이다. 둘의 관계는 $M = P \cdot e$로 정의된다.

(1) **균형파괴**($e = e_b$이면 $P = P_b$로 된다.)

C점과 같이 콘크리트가 극한변형률($\varepsilon_c = 0.003$)에 도달함과 동시에 인장철근도 항복변형률 $\left(\varepsilon_y = \dfrac{f_y}{E_s}\right)$에 도달하는 상태를 균형파괴라 한다. 이때의 축하중을 균형축하중(P_b), 편심을 균형편심(e_b), 모멘트를 균형모멘트(M_b)라 한다.

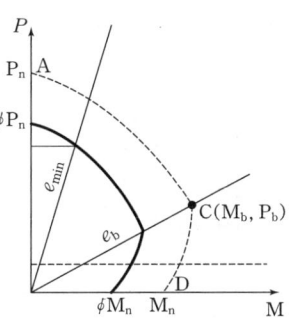

$P-M$상관도

(2) **압축파괴**($e < e_b$이면 $P_u > P_b$로 된다.)

A점에서 C점 사이는 e가 e_b보다 작아서 모멘트의 영향을 비교적 작게 받아 압축파괴가 일어난다.

(3) **인장파괴**($e > e_b$이면 $P_u < P_b$로 된다)

C점에서 D점 사이는 e가 e_b보다 크므로 모멘트의 영향을 많이 받아 인장파괴가 일어난다.

(4) 최소 편심 거리(e_{min})

편심이 작아서 축방향의 하중만 작용하는 것으로 보는 편심 거리이다.

나선철근 기둥일 경우 $e_{min} = 0.05t$

띠철근 기둥일 경우 $e_{min} = 0.10t$

따라서 주어진 편심 내에 축하중이 작용하는 경우는 중심축하중을 받는 기둥으로 보고 설계한다.

5 단주의 설계

(1) 중심축하중을 받는 경우

$$P_u = \alpha\phi P_n = \alpha\phi[0.85f_{ck}A_c + f_y A_{st}]$$

여기서, A_g : 기둥의 전체 단면적

A_{st} : 축방향 철근의 전체 단면적

A_c : 콘크리트의 단면적($A_c = A_g - A_{st}$)

- 나선철근 기둥일 경우 $\alpha = 0.85, \ \phi = 0.70$
- 띠철근 기둥일 경우 $\alpha = 0.80, \ \phi = 0.65$

핵심예제 2

강도설계법에서 다음 그림과 같은 단면을 가진 압축부재의 최대 설계 축방향 하중 P_u 값은? (단, $f_y = 300\,\text{MPa}$, $f_{ck} = 20\,\text{MPa}$, $\phi = 0.65$, 축방향 철근총량은 4,000mm² 인 단주기둥)

㉮ 2,003 kN
㉯ 2,157 kN
㉰ 2,206 kN
㉱ 2,507 kN

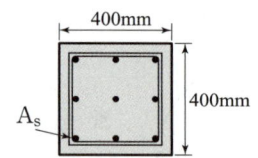

해설 $P_u = 0.80\phi\{0.85f_{ck}(A_g - A_{st}) + f_y A_{st}\}$
$= 0.80 \times 0.65\{0.85 \times 20(400^2 - 4{,}000) + 300 \times 4{,}000\}$
$= 2{,}003{,}040\,\text{N} ≒ 2{,}003\,\text{kN}$

답 : ㉮

---

(2) 압축력과 휨을 받는 경우

균형변형률 상태에서 콘크리트의 압축응력은 등가직사각형 분포하고, 압축철근이 항복할 경우에 대하여 고려하면 평형조건 $\sum V = 0$ 에서 $-P_n - T + C_s + C_c = 0$ 이다.

■ 균형상태에서 압축철근이 항복하지 않을 경우에는 압축철근이 받는 수직력 C_s를 정확하게 구해야 한다. C_s를 구하는 방법은 다음과 같다. 변형률도에서 압축철근의 변형률 ε_s'를 구한 후 그 변형률에 철근의 탄성계수 E_s를 곱해 압축철근이 받는 응력 f_s'를 구한다. 마지막으로 f_s'에 압축철근의 면적 A_s'를 곱하면 C_s를 구할 수 있다.

$$\therefore P_n = C_c + C_s - T$$

여기서, $C_c = \eta(0.85f_{ck})ab$, $T = f_y A_s$, $C_s = f_y A_s'$

$$\therefore \phi P_n = \phi\{\eta(0.85f_{ck})ab + f_y A_s - f_y A_s\}$$

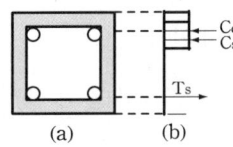

핵심예제 3

그림(a)와 같은 띠철근 기둥단면의 균형재하상태에 대해 해석한 결과 (b)와 같이 콘크리트의 압축력 $C_c = 900\,\text{kN}$, 압축철근의 압축력 $C_s = 200\,\text{kN}$, 인장철근의 인장력 $T_s = 300\,\text{kN}$을 얻었다. 이 기둥의 공칭 편심하중 P_n의 크기는?

㉮ 1,000 kN
㉯ 800 kN
㉰ 750 kN
㉱ 700 kN

[해설] 힘의 평형조건을 적용하면
$P_n = C_c + C_s - T_s = 900 + 200 - 300 = 800\,\text{kN}$

답 : ㉯

6 장주의 설계

장주는 같은 크기의 축하중이 작용해도 기둥 길이의 영향 때문에 단주보다 더 큰 휨모멘트가 발생한다. 따라서 장주를 설계할 때 비선형 2차해석, 탄성 2차해석 또는 모멘트확대계수법에 의한 압축부재의 장주효과를 고려한 확대계수모멘트 M_c에 대하여 설계하여야 한다.

핵 심 문 제

1 장주의 좌굴 하중(임계 하중)은 Euler 공식으로부터 $P_{cr} = \dfrac{\pi^2 EI}{(kl)^2}$ 이다. 기둥의 양단이 힌지일 때 이론적인 k의 값은 얼마인가? [96 ㉮]

㉮ 0.5 ㉯ 0.7
㉰ 1.0 ㉱ 2.0

해설 1

유효길이계수
· 양단힌지일 때 $k=1.0$
· 양단 고정일 때 $k=0.5$
· 1단 고정, 타단 힌지 $k=0.7$
· 1단 고정, 타단 자유 $k=2.0$

2 강도설계법에서 장주 효과에 대한 설명 중 잘못된 것은? [95 ㉮]

㉮ 횡구속 골조 압축부재의 경우 $\dfrac{kl_u}{r} \leq 34 - 12(M_1/M_2)$이면 장주 효과를 무시한다.
㉯ 횡구속 골조 압축부재의 유효길이계수는 $k=1$이다.
㉰ 비횡구속 골조 압축부재의 유효길이계수는 $k<1$이다.
㉱ 비횡구속 골조 압축부재의 경우 $\dfrac{kl_u}{r} \leq 22$이면 장주 효과를 무시한다.

해설 2

비횡구속 골조, 즉 횡방향 상대 변위가 방지되지 않은 경우 유효길이계수는 1보다 크다.($\therefore k > 1$)

3 지름이 400 mm인 원형 기둥의 세장비는 얼마인가? (단, 기둥의 유효길이 $l=5$ m 이다.) [85 ㉮]

㉮ 30 ㉯ 35
㉰ 45 ㉱ 50

해설 3

$\lambda = \dfrac{l_u}{r} = \dfrac{l_u}{0.25t}$
$= \dfrac{5,000}{0.25 \times 400}$
$= 50$

4 횡구속 골조구조물에서 기둥의 유효길이가 3m, 지름이 300mm인 원형 기둥의 유효세장비는 얼마인가? [02 ㉮]

㉮ 30 ㉯ 40
㉰ 50 ㉱ 60

해설 4

$\lambda = \dfrac{kl_u}{r} = \dfrac{1.0 \times 3,000}{0.25 \times 300} = 40$

5 강도설계법에서 인장으로 지배되는 경우로서 인장철근이 먼저 항복할 때는 다음 중 어느 경우인가? (단, $e=$편심거리, $e_b=$평형 편심거리, P_b: 평형하중, P_u: 극한하중이다.) [93 ㉮]

㉮ $e < e_b$, $P_u < P_b$인 경우
㉯ $e > e_b$, $P_u < P_b$인 경우
㉰ $e > e_b$, $P_u > P_b$인 경우
㉱ $e < e_b$, $P_u > P_b$인 경우

해설 5

인장파괴조건 : $e > e_b$, $P_u < P_b$
e가 e_b보다 크면 모멘트의 영향을 많이 받아 인장파괴가 일어난다.

정답 1. ㉰ 2. ㉰ 3. ㉱ 4. ㉯ 5. ㉯

6 기둥에서 편심(e)이 균형편심(e_b)보다 작을 때 일으키는 파괴의 형태는? [02②]

㉮ 압축파괴 ㉯ 인장파괴
㉰ 휨파괴   ㉱ 전단파괴

해설

해설 6
e가 e_b보다 작으면 모멘트의 영향을 적게 받으므로 압축파괴가 일어난다.

7 강도설계법에서는 기둥에 중심축 하중이 작용하는 경우를 허용하고 있지 않으며 최소 편심을 받을 수 있도록 규정하고 있다. 띠철근 기둥에 대한 설계강도는 다음 중 어느 것인가? [92㉮, 96, 98②]

㉮ $\phi \cdot P_n = \phi\{0.85f_{ck}(A_g - A_{st}) + A_{st} \cdot f_y\}$
㉯ $\phi \cdot P_n = 0.80\phi\{0.85f_{ck}(A_g - A_{st}) + A_{st} \cdot f_y\}$
㉰ $\phi \cdot P_n = 0.85\phi\{0.85f_{ck}(A_g - A_{st}) + A_{st} \cdot f_y\}$
㉱ $\phi \cdot P_n = 0.70\phi\{0.85f_{ck}(A_g - A_{st}) + A_{st} \cdot f_y\}$

해설 7
띠철근기둥의 설계강도
$P_d = 0.80\phi\{0.85f_{ck}(A_g - A_{st}) + f_y A_{st}\}$

8 다음 그림과 같은 띠철근 기둥의 설계강도($\phi_c P_n$)는 얼마인가? (단, $f_{ck}=21$ MPa, $f_y=300$ MPa, $A_{st}=3,177$ mm^2, $\phi_c=0.65$이다.) [96②]

㉮ 1,627 kN
㉯ 1,544 kN
㉰ 1,402 kN
㉱ 1,302 kN

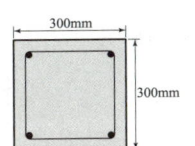

해설 8
$P_d = 0.80\phi\{0.85f_{ck}(A_g - A_{st}) + f_y A_{st}\}$
$= 0.80 \times 0.65\{0.85 \times 21 \times (300^2 - 3,177) + 300 \times 3,177\}$
$= 1,301,503 \text{ N} \fallingdotseq 1,302 \text{ kN}$

9 강도설계에 의한 나선철근 압축부재의 축방향 설계강도 $\phi \cdot P_n$을 구하는 식은? [86㉮, 87, 96, 99, 00②]

㉮ $\phi \cdot P_n = \phi 0.85(0.85f_{ck} \cdot A_g + f_y \cdot A_{st})$
㉯ $\phi \cdot P_n = \phi 0.80(0.85f_{ck} \cdot A_g + f_y \cdot A_{st})$
㉰ $\phi \cdot P_n = \phi 0.85\{0.85f_{ck}(A_g - A_{st}) + f_y \cdot A_{st}\}$
㉱ $\phi \cdot P_n = \phi 0.80\{0.85f_{ck}(A_g - A_{st}) + f_y \cdot A_{st}\}$

해설 9
나선철근기둥의 설계강도
$P_d = 0.85\phi\{0.85f_{ck}(A_g - A_{st}) + f_y A_{st}\}$

10 그림과 같은 나선철근 단주의 계수중심축하중 P_u는 얼마인가? (단, $f_{ck}=28$MPa, $f_y=350$MPa, 축방향 철근은 D25-8개, ($A_{st}=4,050$mm^2)를 사용함) [97㉮]

㉮ 1,787 kN
㉯ 1,875 kN
㉰ 1,915 kN
㉱ 2,006 kN

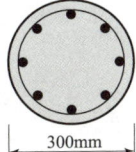

해설 10
$P_u \leq P_d$
$= 0.85\phi\{0.85f_{ck}(A_g - A_{st}) + f_y A_{st}\}$
$= 0.85 \times 0.70\{0.85 \times 28 \times \left(\dfrac{\pi \times 300^2}{4} - 4,050\right) + 350 \times 4,050\}$
$= 1,787,044.9 \text{ N} \fallingdotseq 1,787 \text{kN}$

정답 6.㉮ 7.㉯ 8.㉱ 9.㉰ 10.㉮

11 기둥에 같은 양의 축방향 철근을 배근하였을 때 축방향 설계 강도가 가장 큰 것은 다음 중 어느 것인가? (단, 기둥 단면, 축방향 철근 단면은 모두 동일함) [92②]

㉮ 띠철근 기둥
㉯ 나선철근 기둥
㉰ 나선철근이나 띠철근 없는 축방향 철근만의 기둥
㉱ 기둥 길이가 기둥 지름의 20배를 넘는 띠철근 기둥

12 그림(a)의 단면을 갖는 축방향 압축부재의 변형률 분포가 그림(b)와 같을 때 편심축 하중 P_n의 크기는? (단, $f_{ck}=28$ MPa, $f_y=400$ MPa, $E_s=2.0\times10^5$ MPa, $A_s'=A_s=2,028$ mm², 압축응력의 분포는 등가직사각형 분포로 가정한다.) [95㉮]

㉮ 2,641 kN
㉯ 2,779 kN
㉰ 2,886 kN
㉱ 2,832 kN

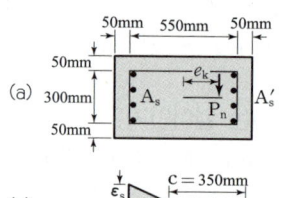

해 설

해설 11

나선철근 기둥의 설계강도
$P_d = 0.85 \times 0.70 P_n = 0.595 P_n$
띠철근 기둥의 설계강도
$P_d = 0.80 \times 0.65 P_n = 0.52 P_n$

해설 12

(1) 최외단 인장철근의 변형률
$$\varepsilon_s = 0.0033 \left(\frac{d-c}{c} \right)$$
$$= 0.0033 \left(\frac{600-350}{350} \right)$$
$$= 0.002357$$
$$> \varepsilon_y = \frac{f_y}{E_s} = 0.002$$
$$\therefore f_s = f_y = 400 \text{ MPa}$$

(2) 압축철근의 변형률
$$\varepsilon_s' = 0.0033 \left(\frac{c-d'}{c} \right)$$
$$= 0.003 \left(\frac{350-50}{350} \right) = 0.0026$$
$$> \varepsilon_y = \frac{f_y}{E_s} = 0.002$$
$$\therefore f_s' = f_y = 400 \text{ MPa}$$

(3) 편심축하중
$$P_n = C_c + C_s - T_s$$
$$= \eta(0.85f_{ck})ab + A_s'f_y - A_s f_y$$
$$= \eta(0.85f_{ck})(\beta_1 c)b$$
$$= 1.0(0.85 \times 28) \times (0.85 \times 350) \times 400$$
$$= 2,832,200 \text{ N} = 2,832 \text{ kN}$$
여기서, $f_{ck} \leq 40$ MPa 이므로
$\eta = 1.0$

정답 11. ㉯ 12. ㉱

출제예상문제

CHAPTER 6 기둥

■■■ 서론 및 제한사항

1. 기둥 설계에 나선철근을 배치하는 이유는? [93 ㉮]

㉮ 콘크리트의 건조수축에 의한 균열 방지
㉯ 외력에 대한 하중의 응력분포를 고르게 하기 위해서
㉰ 외력에 대한 하중을 받고 콘크리트의 균열 방지
㉱ 축방향 철근의 위치를 확고히 하기 위해서

[해설] 기둥에서 나선철근이나 띠철근을 배치하는 이유는 축방향철근의 위치를 확보하고 좌굴을 방지하기 위함이다.

2. 압축을 받는 부재 설계시 고려해야 할 사항 중 옳지 않은 것은? [90 ㉮]

㉮ 띠철근 압축부재의 유효단면의 한계는 나선철근이나 띠철근 외측에서 40mm보다 크지 않게 취하여야 한다.
㉯ 나선철근 압축부재의 축방향 주철근의 개수는 4개 이상이어야 한다.
㉰ 나선철근의 항복 강도는 700 MPa이하라야 한다.
㉱ 유효길이계수 k는 횡방향 상대변위가 방지된 경우 1로 사용할 수 있다.

[해설] 나선철근 압축부재의 축방향철근 최소 개수는 6개로 한다.

3. 콘크리트 구조기준에서는 띠철근으로 보강된(사각형) 기둥에 대해서는 감소계수 $\phi=0.65$, 나선철근으로 보강된 기둥(원형)에 대해서는 $\phi=0.70$로 하도록 하였다. 그 이유에 대한 설명으로 가장 적당한 것은? [05 ㉮]

㉮ 콘크리트의 압축강도 측정시 공시체의 형태가 원형이기 때문이다.
㉯ 나선철근으로 보강된 기둥은 띠철근으로 보강된 기둥보다 연성을 나타내기 때문이다.
㉰ 나선철근으로 보강된 기둥은 띠철근으로 보강된 기둥보다 골재분리 현상이 적기 때문이다.
㉱ 같은 조건(콘크리트 단면적, 철근 단면적)에서 사각형 기둥이 원형 기둥보다 큰 하중을 견딜 수 있기 때문이다.

[해설] 나선철근 기둥이 띠철근 기둥보다 연성을 보이기 때문에 파괴에 대한 신뢰성을 고려하여 나선철근 기둥의 $\phi=0.70$, 띠철근 기둥을 $\phi=0.65$로 한다.

4. 압축부재의 축방향 철근이 D32일 때 사용할 수 있는 띠철근의 지름은? [93 ㉯]

㉮ D 6 이상　　㉯ D 10 이상
㉰ D 13 이상　　㉱ D 16 이상

[해설] 축방향 철근 지름에 따른 띠철근의 지름

축방향철근	띠철근
D 32 이하	D 10 이상
D 35 이상	D 13 이상

5. 400mm×450mm의 직사각형 나선철근 기둥은 등가 원형 기둥으로 보고 설계해야 한다. 이때 등가 원형 기둥으로 환산한 단면적은 얼마인가? [98 ㉯]

㉮ 125,700mm²　　㉯ 135,000mm²
㉰ 145,020mm²　　㉱ 158,960mm²

해답　1. ㉱　2. ㉯　3. ㉯　4. ㉯　5. ㉮

[해설] 등가 원형단면은 최소치수 400mm를 지름으로 하므로 $A_e = \dfrac{\pi h_{min}^2}{4} = \dfrac{\pi (400)^2}{4} = 125,700 \text{ mm}^2$

6. 나선철근을 가진 압축부재의 나선철근비(ρ_s)는? [96④]

㉮ 단면적비 ㉯ 체적비
㉰ 강도비   ㉱ 길이비

[해설] 나선철근비는 다른 철근비와 달리 체적비로 정의된다. $\rho_s = \dfrac{\text{나선철근의 체적}}{\text{심부체적}} = \dfrac{4A_s}{D_{ch}p}$

7. 다음 중 나선철근 기둥의 나선철근비를 나타내는 공식은 어느 것인가?

㉮ $0.45\left(\dfrac{A_g}{A_{ch}}-1\right)\dfrac{f_{ck}}{f_{yt}}$

㉯ $0.85\left(\dfrac{A_g}{A_{ch}}-1\right)\dfrac{f_{ck}}{f_{yt}}$

㉰ $0.45\left(\dfrac{A_g}{A_{ch}}-1\right)\dfrac{f_{yt}}{f_{ck}}$

㉱ $0.85\left(\dfrac{A_g}{A_{ch}}-1\right)\dfrac{f_{yt}}{f_{ck}}$

[해설] $\rho_s = \dfrac{\text{나선철근의 체적}}{\text{심부체적}} = \dfrac{4A_s}{D_{ch}p}$
$\geq 0.45\left(\dfrac{A_g}{A_{ch}}-1\right)\dfrac{f_{ck}}{f_{yt}}$

8. 나선철근 기둥에 사용되는 콘크리트의 재령 28일 압축강도는 얼마 이상이어야 하는가? [94㉮, 89④]

㉮ 18 MPa ㉯ 20 MPa
㉰ 21 MPa ㉱ 28 MPa

[해설] 나선철근 기둥에 사용되는 콘크리트의 재령28일 압축강도는 21MPa 이상이어야 한다.

■■■ 기둥의 설계

9. 양단이 단순 지지된 그림과 같은 단면을 갖는 기둥의 오일러 좌굴하중은 얼마인가? (단, 기둥의 길이는 $L=6$m이며, 탄성계수 $E=2.0\times 10^5$ MPa 이다.) [00㉮]

㉮ 3,560 kN
㉯ 4,540 kN
㉰ 4,960 kN
㉱ 5,400 kN

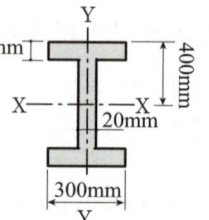

[해설] $P_{cr} = \dfrac{\pi^2 EI_{min}}{(kl_u)^2} = \dfrac{\pi^2(2\times 10^5)\times(90.51\times 10^6)}{(1.0\times 6000)^2}$
$= 4,962,766 \text{ N} = 4,962.8 \text{ kN}$

$I_x = \dfrac{300\times 800^3}{12} - \dfrac{280\times 760^3}{12}$
$= 2,557\times 10^6 \text{ mm}^4$
$I_y = 2\times \dfrac{20\times 300^3}{12} + \dfrac{760\times 20^3}{12} = 90.51\times 10^6 \text{ mm}^4$
단순 지지된 경우는 양단힌지이므로 $k=1.0$

10. 횡방향 상대 변위가 방지되어 있고 양단 힌지인 압축부재의 유효길이계수 k값은? [92④]

㉮ 1.0 ㉯ 1.1
㉰ 1.2 ㉱ 1.3

[해설] 횡방향 상대변위가 방지된 양단 힌지 기둥의 유효길이계수는 $k=1.0$이다.

11. 기둥의 양단이 고정되고 횡방향 상대변위(sidesway)가 방지되어 있는 경우의 유효길이는 얼마인가? (단, 기둥 길이는 l이다.) [97④]

㉮ $0.5\,l$ ㉯ $0.7\,l$
㉰ $1.0\,l$ ㉱ $2.0\,l$

[해설] 횡방향 상대변위가 방지된 양단 고정 기둥의 유효길이는 $0.5l$이다.

해답 6. ㉯ 7. ㉮ 8. ㉰ 9. ㉰ 10. ㉮ 11. ㉮

12. 300 mm×500 mm의 단면을 가진 띠철근 기둥에서 단주의 한계 높이는 얼마인가? [87 산]

㉮ 6.4 m   ㉯ 5.4 m
㉰ 3.9 m   ㉱ 3.5 m

[해설] 단모멘트가 없으므로 비횡구속 골조로 보고, 최대높이를 얻기 위해서 유효길이가 최소인 양단 고정으로 계산한다.

$$\therefore \lambda = \frac{kl_u}{r} \leq 22 \text{에서}$$

$$l_u \leq \frac{22r}{k} = \frac{22(0.3t)}{k} = \frac{22(0.3 \times 300)}{0.5}$$
$$= 3,960 \text{ mm} \doteq 3.96 \text{ m}$$

[양단이 고정이므로 $k=0.5$
 사각형 단면이므로 $r=0.3t$이다.]

13. 강도설계법에서 인장파괴 기둥이란?

㉮ $e > e_b$ 또는 $P_u < P_b$인 경우
㉯ $e < e_b$ 또는 $P_u < P_b$인 경우
㉰ $e > e_b$ 또는 $P_u > P_b$인 경우
㉱ $e < e_b$ 또는 $P_u > P_b$인 경우

[해설] 인장파괴조건: $e > e_b$, $P_u < P_b$
e가 e_b보다 크면 모멘트의 영향을 많이 받아 인장파괴가 일어난다.

14. 나선철근으로 보강된 기둥의 강도감소계수 ϕ는 얼마인가? (단, 압축지배단면이다.) [00 산]

㉮ 0.65   ㉯ 0.70
㉰ 0.75   ㉱ 0.85

[해설] 압축지배단면의 강도감소계수
나선철근 기둥은 $\phi = 0.70$,
띠철근 기둥은 $\phi = 0.65$

15. 나선철근 기둥(단주)의 강도이론에 의한 축방향 설계강도는? (단, 기둥의 총 단면적 A_g=200,000mm², f_{ck}=21MPa, f_y=300MPa, A_{st} 6-D35=5,700mm²)
[90, 97, 99 ㉮, 83 산]

㉮ 2,950 kN   ㉯ 3,080 kN
㉰ 3,300 kN   ㉱ 3,450 kN

[해설] 나선철근 기둥의 설계축강도
$$P_d = 0.85\phi\{0.85f_{ck}(A_g - A_{st}) + f_y A_{st}\}$$
$$= 0.85 \times 0.70\{0.85 \times 21 \times (200,000 - 5,700)$$
$$+ 300 \times 5,700\}$$
$$= 3,081,061.73 \text{ N} \doteq 3,081 \text{ kN}$$

16. 지름 450 mm인 원형 단면을 갖는 중심축하중을 받는 나선철근 기둥에 있어서 강도설계법에 의한 설계축강도 ϕP_n는 얼마인가? (단, 이 기둥은 단주이고, $f_{ck}=27$ MPa, $f_y=350$ MPa, $A_{st}=$ 8-D22 = 3,097mm² 이다.) [05, 01 ㉮]

㉮ 1,166 kN   ㉯ 1,299 kN
㉰ 2,425 kN   ㉱ 2,774 kN

[해설] 나선철근 기둥의 설계축강도
$$P_d = 0.85\phi\{0.85f_{ck}(A_g - A_{st}) + f_y A_{st}\}$$
$$= 0.85 \times 0.70\{0.85 \times 27\left(\frac{\pi \times 450^2}{4} - 3,097\right)$$
$$+ 350 \times 3,097\}$$
$$= 2,774,433.6 \text{ N} \doteq 2,774 \text{ kN}$$

17. 직사각형 기둥(300 mm×450 mm)인 띠철근 단주의 설계축하중강도는 얼마인가? (단, $f_{ck}=28$ MPa, $f_y=400$ MPa, $A_{st}=3,854$ mm²) [01 ㉮]

㉮ 2,425 kN   ㉯ 2,774 kN
㉰ 2,611 kN   ㉱ 2,576 kN

[해설] 띠철근 기둥의 설계축하중
$$P_d = 0.80\phi\{0.85f_{ck}(A_g - A_{st}) + f_y A_{st}\}$$
$$= 0.80 \times 0.65\{0.85 \times 28 \times (300 \times 450 - 3,854)$$
$$+ 400 \times 3,854\}$$
$$= 2,424,694.9 \text{ N} \doteq 2,425 \text{ kN}$$

해답 12. ㉰ 13. ㉮ 14. ㉯ 15. ㉯ 16. ㉱ 17. ㉮

18. 강도설계법에서 그림의 단면을 가진 압축부재의 최대 계수 축하중 P_u는? (단, $f_{ck}=20\,\text{MPa}$, $f_y=300\,\text{MPa}$, $\phi=0.65$, $A_{st}=4,000\,\text{mm}^2$ 이며 단주임)
[01, 05 ㉛]

㉮ 265 kN
㉯ 2,406 kN
㉰ 2,157 kN
㉱ 2,003 kN

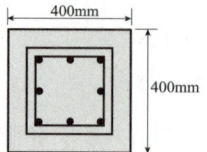

[해설] 띠철근 기둥의 설계축하중
$$P_u = 0.80\phi\{0.85f_{ck}(A_g - A_{st}) + f_y A_{st}\}$$
$$= 0.80 \times 0.65\{0.85 \times 20(400^2 - 4,000) + 300 \times 4,000\}$$
$$= 2,003,040\,\text{N} \fallingdotseq 2,003\,\text{kN}$$

19. 단면이 $400\,\text{mm} \times 400\,\text{mm}$이고, 철근량이 $4,000\,\text{mm}^2$인 띠철근 압축부재에서 $f_{ck}=24\,\text{MPa}$, $f_y=280\,\text{MPa}$라면 이 기둥의 축방향 설계 강도 P_d는 얼마인가?
[99 ㉮, 90, 92, 96, 98 ㉛]

㉮ 2,237 kN
㉯ 2,409 kN
㉰ 3,440 kN
㉱ 3,660 kN

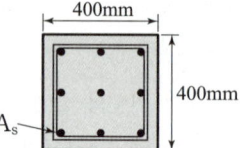

[해설] 띠철근 기둥의 설계축하중
$$P_d = 0.80\phi\{0.85f_{ck}(A_g - A_{st}) + f_y A_{st}\}$$
$$= 0.80 \times 0.65\{0.85 \times 24(400^2 - 4,000) + 280 \times 4,000\}$$
$$= 2,237,248\,\text{N} = 2,237\,\text{kN}$$

20. 단면 $400\,\text{mm} \times 400\,\text{mm}$인 중심축하중을 받는 기둥(단주)에 4-D25($A_{st}=2,027\,\text{mm}^2$)의 축방향 철근이 배근되어 있다. 이 기둥의 변형률이 $\varepsilon = 0.001$에 도달하게 될 때, 축방향 하중의 크기는 약 얼마인가? (단, 콘크리트의 응력 $f_c=15\,\text{MPa}$이며, $f_{ck}=24\,\text{MPa}$, $f_y=300\,\text{MPa}$이다.)
[05 ㉮]

㉮ 1,782 kN   ㉯ 2,775 kN
㉰ 3,787 kN   ㉱ 4,783 kN

[해설] $P = P_c + P_s = f_c A_c + f_s A_{st} = f_c A_c + (E_s \varepsilon_s)A_{st}$
$= 15 \times (400^2 - 2,027) + (2 \times 10^5 \times 0.001) \times 2,027$
$= 2,774,995\,\text{N} \fallingdotseq 2,775\,\text{kN}$

21. $0.85f_{ck}(A_g - A_{ch})$는 무엇을 나타낸 식인가? (단, 여기서 A_g는 기둥의 총 단면적이고, A_{ch}는 심부 콘크리트 단면적이다.)
[93 ㉮]

㉮ 심부 콘크리트의 극한강도
㉯ 나선철근비
㉰ 나선철근의 허용축하중
㉱ 외곽부 콘크리트의 극한강도

[해설] 총단면적에서 심부 콘크리트를 제외한 부분이 부담하는 콘크리트 강도이므로 외곽부 콘크리트가 부담하는 극한강도가 $0.85f_{ck}(A_g - A_{ch})$이다.

22. 강도설계법의 시방서 규정 중 사용하중을 적용하는 경우가 아닌 것은?
[01 ㉮]

㉮ 처짐 검토
㉯ 장주의 모멘트 확대계수 계산
㉰ 확대기초의 넓이 결정
㉱ 옹벽의 안정검토

[해설] 장주의 모멘트 확대계수의 계산은 계수하중으로 구한다.

23. 압축부재의 나선철근에 대한 요건 중 틀린 것은?
[05 ㉮]

㉮ 현장치기 콘크리트 공사에서 나선철근의 지름은 10mm 이상으로 한다.
㉯ 나선철근의 순간격은 25mm이상, 75mm이하이어야 한다.
㉰ 이형 나선철근의 이음은 $48\,d_b$ 이상, 또한 300mm 이상의 겹침이음 또는 용접이음 및 기계적이음으로 하여야 한다.
㉱ 나선철근의 정착은 나선철근의 끝에서 2.5회전 이상 연장한다.

해답 18. ㉱   19. ㉮   20. ㉯   21. ㉱   22. ㉯   23. ㉱

[해설] 나선철근의 정착은 나선철근의 끝에서 1.5회전만큼 더 확보한다.

24. 강도설계법에서 다음 그림과 같은 단면을 가진 압축부재의 최대 설계 축방향 하중 P_u값은? (단, $f_y=300\,\text{MPa}$, $f_{ck}=20\,\text{MPa}$, $\phi=0.65$, 축방향 철근방향 철근량이 4,000mm² 인 단주기둥)

㉮ 1,955kN
㉯ 2,003kN
㉰ 2,160kN
㉱ 2,206kN

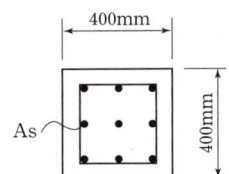

[해설] 띠철근 기둥의 설계축하중
$$P_u = 0.80\phi\{0.85f_{ck}(A_g - A_{st}) + f_y A_{st}\}$$
$$= 0.8 \times 0.65 \times \{0.85 \times 20 \times (400^2 - 4,000) + 300 \times 4,000\}$$
$$= 2,003,040\,\text{N} = 2,003\,\text{kN}$$

25. 활하중에 의한 기둥 부재 설계에서 압축부의 콘크리트 응력이 11MPa일 때 철근의 응력은? (단, 탄성계수비 n은 10이다.)

㉮ 110MPa   ㉯ 120MPa
㉰ 130MPa   ㉱ 140MPa

[해설] 활하중이 작용하므로 탄성해석을 적용하면
$$f_s = nf_c = 10 \times 11 = 110\,\text{MPa}$$

26. 띠철근 기둥 단면에 장기하중 1,000kN이 작용하고 있을 때 기둥에 생기는 콘크리트의 응력은? (단, $f_{ck}=21\,\text{MPa}$, $f_y=300\,\text{MPa}$ 이며 유효 환산 단면적을 이용할 것)

㉮ 6.62MPa
㉯ 5.62MPa
㉰ 4.82MPa
㉱ 3.62MPa

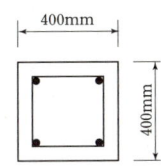

Ast = 4-D32(3177mm²)

[해설] 장기하중이 작용하므로 반탄성해석을 적용하면
$$P = f_c\{A_g + (2n-1)A_{st}\}$$에서
$$f_c = \frac{P}{A_g + (2n-1)A_{st}} = \frac{1,000 \times 10^3}{400^2 + (2\times 8 - 1)\times 3,177}$$
$$= 4.82\,\text{N/mm}^2 = 4.82\,\text{MPa}$$

$$\begin{bmatrix} 탄성계수비\ n = \frac{E_s}{E_c} = \frac{2.0\times 10^5}{8,500\sqrt[3]{f_{cu}}} \\ = \frac{2.0\times 10^5}{8,500\sqrt[3]{f_{ck}+\Delta f}} = \frac{2.0\times 10^5}{8,500\sqrt[3]{21+4}} \\ = 8.05 \fallingdotseq 8 \\ f_{ck} \leq 40\,\text{MPa}\ \text{이므로}\ \Delta f = 4\,\text{MPa} \end{bmatrix}$$

27. 철근콘크리트 기둥에서 총 단면적 A_g=150,000 mm², 철근단면적 A_s=4,000mm²이고, n=10일 때 탄성한도 내에서의 환산 단면적은? (단, 단기 하중임)

㉮ 154,000mm²
㉯ 186,000mm²
㉰ 196,000mm²
㉱ 221,500mm²

[해설] 단기하중이 작용하므로 탄성해석을 적용하면
환산단면적 $= A_c + nA_s = 146,000 + (10\times 4,000)$
$= 186,000\,\text{mm}^2$

28. 반탄성론에 의할 때 압축철근($A_s{}'$)의 환산 단면적은 다음 중 어느 것인가?

㉮ $2nA_s{}'$ ㉯ $nA_s{}'$
㉰ $(2n+1)A_s{}'$ ㉱ $\dfrac{A_s{}'}{n}$

[해설] 반탄성해석을 적용하는 경우는 탄성해석값의 n대신 $2n$을 사용한다. 따라서 압축철근의 환산단면적은 $2nA_s{}'$가 된다.

해답 24.㉯ 25.㉮ 26.㉰ 27.㉯ 28.㉮

29. 300mm×400mm의 직사각형 단면을 갖고 A_{st}=3,000mm², f_{ck}=24MPa, f_y=350MPa인 띠철근 압축부재의 최대 축방향 설계강도 ϕP_n은?

㉮ 1,038kN
㉯ 1,620kN
㉰ 1,787kN
㉱ 1,920kN

[해설] 띠철근 기둥의 설계축하중
$$\phi P_n = 0.80\phi\{0.85f_{ck}(A_g - A_{st}) + f_y A_{st}\}$$
$$= 0.8 \times 0.65\{0.85 \times 24(300 \times 400 - 3,000) + 3000 \times 350\}$$
$$= 1,787,136 \text{ kN} ≒ 1,787 \text{ kN}$$

30. 계수 축방향 하중 $P_u = 2,500$ kN 에 대한 정사각형 띠철근 단주 설계시 한 변의 길이가 400mm인 정사각형 기둥의 축방향 철근량은? (단, 콘크리트의 설계기준강도는 24MPa이고, 철근의 항복강도는 300MPa이며, 강도감소계수 ϕ는 0.65로 계산한다.)

㉮ 4,530mm²
㉯ 5,520mm²
㉰ 6,570mm²
㉱ 7,510mm²

[해설] $P_u = 0.80\phi\{0.85f_{ck}(A_g - A_{st}) + f_y A_{st}\}$에서
$$A_{st} = \frac{\frac{P_u}{0.80\phi} - 0.85f_{ck}A_g}{f_y - 0.85f_{ck}}$$
$$= \frac{\frac{2,500 \times 10^3}{0.80(0.65)} - 0.85 \times 24 \times 400^2}{300 - 0.85 \times 24}$$
$$= 5,521 \text{ mm}^2$$

31. 띠철근 기둥에 대한 설명 중 옳지 않은 것은?

㉮ 축방향 철근의 지름은 16mm 이상일 것
㉯ 축방향 철근의 단면적은 총단면적의 1~8% 범위일 것
㉰ 축방향 철근의 개수는 6개 이상일 것
㉱ D35 이상의 축방향철근에 대해서는 D13 이상의 띠철근을 사용할 것

[해설] 기둥의 축방향 철근의 최소 개수
사각형 및 원형 띠철근 : 4개
삼각형 띠철근 : 3개

해답 29. ㉰ 30. ㉯ 31. ㉰

제 7 장 슬래브

출제경향분석

연속보 또는 1방향 슬래브의 부재력을 구하는 근사적인 방법과 단위폭인 보로 설계하는 1방향 슬래브를 학습하고 나서 2방향 슬래브를 공부한다. 출제 빈도는 0~1문제 정도이다.

단원별 경향분석

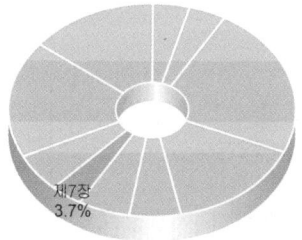

토목기사

제7장
3.7%

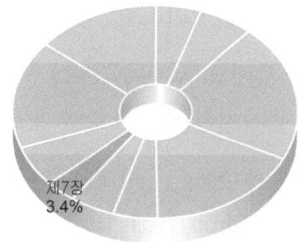

토목산업기사

제7장
3.4%

항목별 경향분석

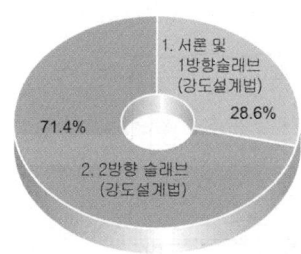

토목기사

1. 서론 및 1방향슬래브 (강도설계법) 28.6%
2. 2방향 슬래브 (강도설계법) 71.4%

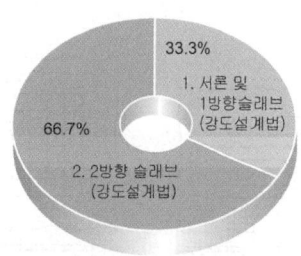

토목산업기사

1. 서론 및 1방향슬래브 (강도설계법) 33.3%
2. 2방향 슬래브 (강도설계법) 66.7%

1 서론 및 1방향 슬래브(강도설계법)

학습방향

1방향 슬래브 설계의 일반적인 사항과 구조 상세, 그리고 전단설계에 관한 문제가 기출문제의 대부분을 차지하고 있으며, 출제 비율은 낮은 단원이다. 출제된 내용에 대해서만 학습하는 것이 효과적일 것이다.

1 슬래브의 정의

폭이나 길이에 비해 두께가 매우 작은 판 모양의 구조물로 판이론에 의해 설계해야 하나 너무 복잡하여 근사적인 방법으로 해석한다.

2 슬래브의 종류

(1) 1방향 슬래브(one-way slab)

마주보는 두 변에 의해서만 지지된 경우이거나, 네 변이 지지된 슬래브 중에서 $\frac{L}{S} > 2$일 경우가 1방향 슬래브에 해당된다. 여기서, L은 장변의 길이이고, S는 단변의 길이이다.

(2) 2방향 슬래브(two-way slab)

네 변이 지지된 슬래브로서 $1 \leq \frac{L}{S} \leq 2$일 경우이다.

(3) 평판 슬래브(flat plate slab)

드롭 패널(drop pannel)이나 기둥머리 없이 순수하게 기둥으로만 지지되는 슬래브로서 하중이 별로 크지 않거나 경간이 짧은 경우에 사용된다.

(4) 플랫 슬래브(flat slab)

보는 없고 기둥으로만 지지되며, 기둥 둘레의 전단력과 부모멘트를 감소시키기 위해 지판과 기둥머리를 둔 슬래브이다.

학습POINT

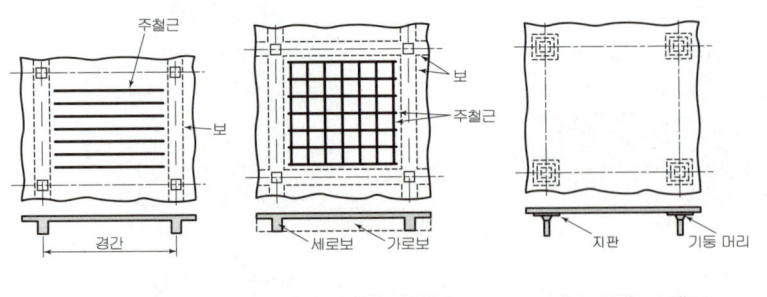

(a) 1방향 슬래브 (b) 2방향 슬래브 (c) 플랫 슬래브

(5) 워플 슬래브(waffle slab)

격자 모양으로 비교적 작은 리브가 붙은 철근콘크리트 슬래브이며, 리브는 작은 보로서 작용한다.

그림. 워플 슬래브의 단면

(6) 장선 슬래브(joist slab)

좁은 간격의 보(장선)와 슬래브가 강결한 구조의 슬래브이다.

3 1방향 슬래브의 설계 일반

(1) 마주보는 두 변에만 지지되는 1방향 슬래브는 휨부재로 보고 설계한다. 즉 단변방향을 경간으로 하는 단위 폭 1m인 직사각형 보로 설계한다.

(2) 4변에 의해 지지되는 2방향 슬래브 중에서 $\dfrac{L}{S} > 2$ 경우 (L은 장변의 길이, S는 단변의 길이) 1방향 슬래브로 해석하며, 단변 방향의 경간을 사용하여 휨부재로 설계한다. 즉 대부분의 하중이 단변 방향으로 전달되므로 주철근을 단변 방향으로 평행하게 배치하고, 장변 방향에는 수축 및 온도철근을 배치한다.

■ 1방향 슬래브 일 경우

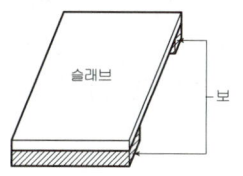

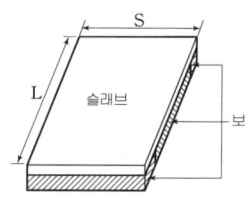

$\dfrac{L}{S} \geq 2$일 경우

4 경간

(1) 받침부와 일체가 아닌 부재는 순경간에 보나 슬래브의 두께를 더한 값을 경간으로 하여야 한다. 그러나 그 값이 받침부의 중심간 거리를 넘을 필요는 없다.

(2) 골조 또는 연속 구조물의 해석에서 휨모멘트를 구할 때 사용하는 경간은 받침부의 중심간 거리로 해야 한다. 받침부와 일체로 된 보의 경우 받침부 전면의 모멘트로 설계할 수 있다.

(3) 받침부와 일체로 된 3m 이하의 순경간을 갖는 슬래브는 그 지지보의 폭을 무시하고, 순경간을 경간으로 하는 연속보로 해석할 수 있다.

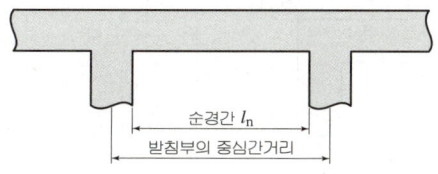

5 철근콘크리트 보와 일체로 된 연속 슬래브

(1) 철근콘크리트 보와 일체로 만든 연속 슬래브의 휨모멘트 및 전단력을 구하기 위해서 단순 받침부 위에 놓인 연속보에 대한 근사적인 계산방법을 사용할 수 있으며, 산정된 휨모멘트는 다음과 같이 수정하여 설계할 수 있다.

① 활하중에 의해 계산된 경간 중앙의 부모멘트는 산정된 값의 $\frac{1}{2}$만을 취한다.
② 경간 중앙의 정(+)모멘트는 양단 고정으로 보고 계산한 값 이상으로 취해야 한다.
③ 순경간이 3.0m를 초과할 때 순경간 내면의 휨모멘트를 사용할 수 있다. 그러나 이 값들이 순경간을 경간으로 보고 계산한 고정단 휨모멘트 이상이어야 한다.

(2) 슬래브 양단부에 있는 보의 처짐이 다를 때는 그 영향을 고려해야 한다.

■ 철근콘크리트 구조물의 구조해석은 탄성해석을 기본으로 하고 있으나, 설계기준에서는 철근콘크리트 보와 일체로 된 연속 슬래브와 연속 휨부재에 대해 근사적인 계산법을 주고 있다.

6 연속보 또는 1방향 슬래브의 근사해법

(1) 근사해법의 제한사항
 ① 2경간 이상인 경우
 ② 인접 2경간의 차이가 짧은 경간의 20% 이상 차이가 나지 않을 경우
 ③ 등분포하중이 작용할 경우
 ④ 활하중이 고정하중의 3배를 초과하지 않는 경우
 ⑤ 부재의 단면크기가 일정한 경우
 단, 프리스트레스 콘크리트는 적용할 수 없다.

(1) 정모멘트
 ① 최외측 경간
  불연속 단부가 구속되지 않은 경우 : $w_u l_n^2 / 11$
  불연속 단부가 받침부와 일체로 된 경우 : $w_u l_n^2 / 14$
 ② 내부 경간 : $w_u l_n^2 / 16$

■ 모멘트 계수

$w_u l_n^2 / x$에서 $\frac{1}{x}$을 모멘트 계수라고 한다. 따라서 $w_u l_n^2 / 11$에서 $\frac{1}{11}$이 모멘트 계수이다.

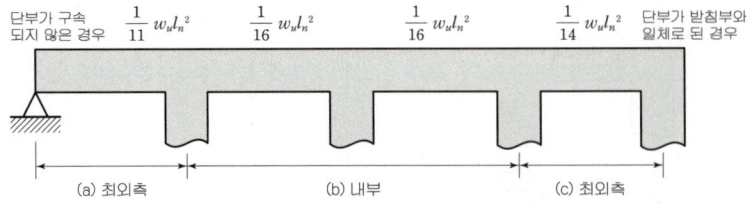

(2) 부모멘트
  ① 첫 번째 내부 받침부에서 외측면의 부모멘트
   2경간일 경우 : $w_u l_n^2/9$
   3경간의 이상일 경우 : $w_u l_n^2/10$
  ② 내부 받침부에서 다른 면의 부모멘트 : $w_u l_n^2/11$
  ③ 모든 받침부면의 부모멘트로서 경간이 3m 이하인 슬래브 : $w_u l_n^2/12$
  ④ 경간의 각 단부에서 보의 강성에 대한 기둥 강성의 합의 비가 8 이상인 보 : $w_u l_n^2/12$
  ⑤ 받침부와 일체로 된 부재의 최외단 받침부 내면의 부모멘트
   • 받침부가 테두리 보 일 경우 : $w_u l_n^2/24$
   • 받침부가 기둥일 경우 : $w_u l_n^2/16$

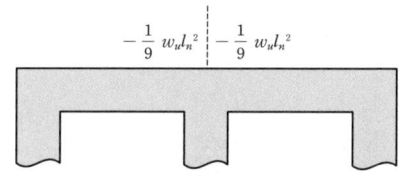

그림. 2경간일 경우 내부 받침부에서의 부모멘트

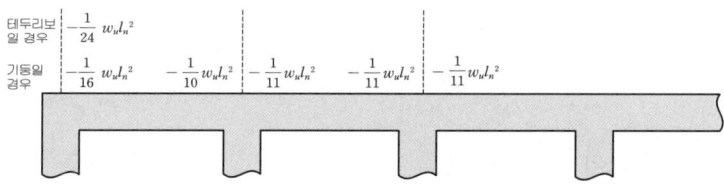

그림. 3경간 이상일 경우의 내부 받침부와 최외단 받침부의 부모멘트

(3) 전단력
  ① 첫 번째 내부 받침부에서 외측면의 전단력 : $1.15 w_u l_n/2$
  ② 기타 받침부면에서의 전단력 : $w_u l_n/2$

■ 전단력 계수
$w_u l_n/x$에서 $\frac{1}{x}$을 전단력계수라고 한다. 따라서 $w_u l_n/2$에서 $\frac{1}{2}$을 전단력계수이다.

7 직접설계법의 제한 사항

(1) 모든 하중은 연직하중으로서 슬래브판 전체에 등분포되는 것으로 간주한다. 활하중은 고정하중의 2배 이하라야 한다.
(2) 각 방향으로 3경간 이상이 연속되어야 한다.
(3) 각 방향으로 연속한 받침부 중심간 경간 길이의 차이는 긴 경간의 $\frac{1}{3}$ 이하이어야 한다.
(4) 판들은 단변경간에 대한 장변경간의 비가 2 이하인 직사각형이어야 한다.
(5) 연속한 기둥 중심선으로부터 기둥의 이탈은 이탈방향 경간의 최대 10%까지 허용된다.
(6) 보가 모든 변에서 슬래브판을 지지할 경우, 직교하는 두 방향에서 $\frac{\alpha_1 l_2^2}{\alpha_2 l_1^2}$ 에 해당하는 보의 상대강성은 0.2 이상 5.0 이하이어야 한다.

8 2방향 슬래브의 구조 상세

(1) 2방향 슬래브 시스템의 각 방향의 철근 단면적은 위험단면의 모멘트에 의해 결정되지만 수축 및 온도철근량 이상이 되어야 한다.
(2) 수축 및 온도철근으로 배근되는 이형 철근의 철근비는 다음 값 이상이라야 한다. 그러나 어떤 경우에 있어서도 철근비는 0.0014 이상이어야 한다.

① 설계기준항복강도가 400 MPa이하인 이형철근을 사용한 슬래브 : 0.0020
② 0.0035의 항복변형률에서 측정한 철근의 설계기준항복강도가 400 MPa를 초과한 슬래브 : $0.0020 \times \frac{400}{f_y}$

(3) 위험 단면에서 철근의 간격은 슬래브 두께의 2배 이하, 또한 300mm 이하 로 하여야 한다.
(4) 단변방향으로 더 큰 하중이 전달되므로 단변방향의 주철근을 슬래브 바닥에 더 가깝게 배치한다.

9 1방향 슬래브의 구조 상세

(1) 1방향 슬래브의 두께는 100mm 이상 이어야 한다.
(2) 1방향 슬래브의 정철근 및 부철근의 중심간격은 최대휨모멘트가 일어나는 단면에서 슬래브 두께의 2배 이하, 300mm 이하 이어야 한다. 기타의 단면에서는 슬래브 두께의 3배 이하이고, 450mm 이하 이어야 한다.
(3) 1방향 슬래브에서는 정철근 및 부철근에 직각방향으로 수축·온도철근을 배치해야 한다.
(4) 수축·온도철근으로 배근되는 이형철근의 철근비는 다음 값 이상 이어야 한다. 그러나 어떤 경우에 있어서도 철근비는 0.0014 이상 이어야 한다.
  ① 설계기준항복강도가 400MPa이하인 이형철근을 사용한 슬래브 : 0.0020
  ② 0.0035의 항복변형률에서 측정한 철근의 설계기준항복강도가 400MPa를 초과한 슬래브 : $0.0020 \times \dfrac{400}{f_y} \geq 0.0014$
(5) 수축 및 온도철근의 간격은 슬래브 두께의 5배 이하, 또한 450mm 이하로 하여야 한다.(단, $A_{s,수축} \leq 1800 \, mm^2/m$)
(6) 슬래브 끝의 단순 받침에서도 내민 슬래브에 의해 부의 휨모멘트가 일어나는 경우에는 이에 상응하는 상부철근을 배치하여야 한다.
(7) 슬래브의 단변방향 보의 상부에 부의 휨모멘트로 인해 발생하는 균열을 방지하기 위하여 슬래브의 장변방향으로 철근을 배치하여야 한다.

■ 배력철근 : 정·부철근에 직각 또는 직각에 가까운 방향으로 배치하는 보조적인 철근

배력철근을 배치하는 이유
① 응력을 고르게 분포시키고
② 주철근의 간격을 유지시켜 주며,
③ 건조수축이나 온도변화에 의한 수축을 감소시키며 균열을 분포시킨다.

특히 ③과 같은 목적으로 배치된 철근을 수축·온도 철근이라고 한다.

10 1방향 슬래브의 전단설계

(1) 1방향 슬래브는 단변방향을 경간으로 하는 단위 폭 1m인 직사각형 보로 보로 전단을 검토한다. 따라서 전단에 대한 위험 단면은 보와 같이 지점으로부터 유효깊이 d 만큼 떨어진 단면 이다.

(2) 2방향 슬래브
등분포하중을 받는 2방향 슬래브가 보 또는 벽체에 지지된 경우 받침부로부터 $d/2$만큼 떨어진 단면에서 보의 경우에 준하여 설계한다. 4변이 지지된 슬래브는 전단 보강이 거의 필요하지 않다.

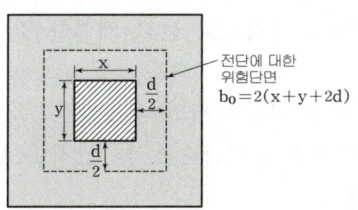

그림. 2방향 슬래브의 위험 단면

핵 심 문 제

1 2방향 슬래브에서 1방향 슬래브로 보고 계산할 수 있는 경우는? (단, L : 2방향 슬래브의 장경간, S : 2방향 슬래브의 단경간)

[78, 83, 95 ㉮, 83, 89 ㉯]

㉮ $\dfrac{L}{S}$ 이 2보다 클 때 ㉯ $\dfrac{L}{S}$ 이 1일 때

㉰ $\dfrac{S}{L}$ 가 2보다 클 때 ㉱ $\dfrac{S}{L}$ 가 1일 때

해 설

해설 1

4변이 보로 지지되어 있는 슬래브의 경우 $\dfrac{L}{S} > 2$일 때 1방향 슬래브로 설계한다.

2 다음은 슬래브(slab)의 설계법에 관한 설명이다. 옳지 않은 것은? [96 ㉯]

㉮ 4변이 지지된 1방향 슬래브는 장변방향을 경간으로 하는 폭이 1m인 보로 보고 설계한다.
㉯ 슬래브 설계는 판이론에 의함이 원칙이나 보통 근사 해법에 의해 설계한다.
㉰ 플랫(flat) 슬래브와 평판 슬래브는 2방향 슬래브에 속한다.
㉱ 강도설계법에서는 2방향 슬래브이건 플랫(flat) 슬래브이건 직접 설계법이나 등가골조법에 의한다.

해설 2

1방향 슬래브의 경우 단변방향을 경간으로 하는 폭 1m인 직사각형 보로 보고 설계한다.

3 슬래브에서 긴 변과 짧은 변의 비가 2를 넘으면 짧은 변을 경간으로 하는 1방향 슬래브로 설계해야 한다. 그 이유는? [97 ㉮, 90 ㉯]

㉮ 계산이 간편하기 때문에
㉯ 철근이 절약되기 때문에
㉰ 하중의 대부분이 짧은 변 방향으로 작용하기 때문에
㉱ 휨모멘트가 작기 때문에

해설 3

$\dfrac{L(\text{장변})}{S(\text{단변})} > 2$이면 대부분의 하중이 단변방향으로 작용하므로 1방향 슬래브로 설계한다.

4 연속 1방향 슬래브의 설계에 대한 다음 설명 중 옳지 않은 것은? [83, 95 ㉮]

㉮ 짧은 지간 방향으로 단위폭당 연속보와 같이 해석하여 단면 설계를 한다.
㉯ 슬래브의 부(負)의 경간 중앙 휨모멘트는 산정된 값의 1/2만 취한다.
㉰ 정(正)의 경간 중앙 모멘트는 양단 고정으로 보고 계산한 값보다 크게 취해서는 안 된다.
㉱ 순경간이 3m를 초과할 때 순경간 내면에서의 휨모멘트를 설계 모멘트로 취하되 이 값이 순경간을 고정단으로 본 고정단 휨모멘트보다 작게 해서는 안 된다.

해설 4

철근콘크리트 보와 일체로 된 연속 슬래브에서 경간 중앙의 정모멘트는 양단 고정으로 보고 계산한 값 이상이어야 한다.

정답 1. ㉮ 2. ㉮ 3. ㉰ 4. ㉰

5 연속보의 단면력을 하중의 크기와 경간으로 표현되는 간단한 식에 의한 근사 해법을 적용할 수 있는 조건이 아닌 것은? [98 ㉮]

㉮ 인접 두 경간이 서로 20% 이상 차이가 나지 않고 거의 동일하여야 한다.
㉯ 활하중이 고정하중의 3배를 초과하지 않아야 한다.
㉰ 부재 단면이 균일하여야 한다.
㉱ 하중은 경간 중앙에 한 개의 집중하중이 작용하여야 한다.

6 연속보 또는 1방향 슬래브에서 모멘트와 전단력을 구하기 위해서 근사 해법을 적용할 수 있는 조건 중에서 맞지 않는 것은? [05 ㉯]

㉮ 활하중이 고정하중의 3배를 초과하는 경우
㉯ 등분포하중이 작용하는 경우
㉰ 인접 2경간의 차이가 짧은 경간의 20% 이상 차이가 나지 않는 경우
㉱ 부재의 단면 크기가 일정한 경우

7 1방향 슬래브의 두께는 최소 얼마 이상이어야 하는가? [02 ㉯]

㉮ 110 mm ㉯ 90 mm
㉰ 120 mm ㉱ 100 mm

8 슬래브의 정철근 및 부철근의 중심간격은 최대휨모멘트가 일어나는 단면에서 슬래브 두께의 몇 배 이하 또는 몇 mm 이하로 하는가? [93 ㉮, 78, 92 ㉯]

㉮ 2배 이하, 300 mm 이하
㉯ 2배 이하, 400 mm 이하
㉰ 3배 이하, 300 mm 이하
㉱ 3배 이하, 400 mm 이하

9 1방향 슬래브의 정부(正負) 철근의 중심간격은 최대휨모멘트가 일어나지 않는 단면에서는 얼마인가? [92 ㉯]

㉮ 슬래브 두께의 3배 이하, 또는 450 mm 이하
㉯ 슬래브 두께의 2배 이하, 또는 450 mm 이상
㉰ 슬래브 두께의 3배 이하, 또는 400 mm 이상
㉱ 슬래브 두께의 2배 이하, 또는 400 mm 이하

해 설

해설 5
근사해법은 활하중이 고정하중의 3배 이하인 등분포하중이 작용하는 경우에 적용할 수 있다.

해설 6
근사해법은 활하중이 고정하중의 3배 이하인 등분포하중이 작용할 경우에 적용할 수 있다.

해설 7
1방향 슬래브의 두께는 최소 100 mm 이상으로 해야 한다.

해설 8
슬래브에서 정·부철근의 중심 간격은 최대 휨모멘트가 일어나는 단면에서 슬래브 두께의 2배 이하, 300 mm 이하로 한다.

해설 9
슬래브의 정·부철근 간격은 최대 휨모멘트 발생단면이 아닌 경우에는 슬래브 두께의 3배 이하, 450 mm 이하로 한다.

정답 5. ㉱ 6. ㉮ 7. ㉱ 8. ㉮ 9. ㉮

10 1방향 슬래브에서 건조수축 및 온도변화에 저항하는 철근의 간격은 슬래브 두께의 (A)배 이하, 또한 (B)mm이하라야 하는데, 이 경우 A와 B로 올바른 것은? [05㉠]

㉮ A : 5, B : 300   ㉯ A : 4, B : 300
㉰ A : 5, B : 450   ㉱ A : 4, B : 400

해설 10
수축 및 온도철근의 간격은 슬래브 두께의 5배 이하, 450mm 이하로 한다.

11 슬래브 설계에서 배력철근을 배치하는 이유 중 틀린 것은? [97㉠]

㉮ 주철근 양의 감소
㉯ 주철근의 간격유지
㉰ 균열을 분포시킨다.
㉱ 응력을 고르게 분포시킨다.

해설 11
배력철근의 배치 이유
① 응력 분포, 균열 분포
② 주철근의 간격 유지
③ 건조 수축이나 온도 변화에 의한 수축균열 감소

12 1방향 슬래브에 대한 다음 사항 중 옳지 않은 것은? [90㉮]

㉮ 1방향 슬래브의 두께는 부재의 구속조건에 따라 정하며, 100mm 이상이어야 한다.
㉯ 1방향 슬래브는 폭 2m인 보로 보고 설계하며 주철근은 1방향으로 배치한다.
㉰ 1방향 슬래브에서는 정철근 또는 부철근에 직각 방향으로 수축·온도철근을 배치한다.
㉱ 슬래브 단부의 단순 받침부에서 부(-)모멘트가 발생할 것으로 예상되는 경우 이에 대하여 배근하여야 한다.

해설 12
1방향 슬래브는 단위 폭 1m인 보로 보고 설계한다.

13 부재의 높이가 일정한 경우 휨에 의한 보 또는 1방향 슬래브에서 최대전단응력이 일어나는 지점은? [95, 98㉮]

㉮ 지점에서 유효깊이 d 만큼 떨어진 단면
㉯ 지점에서 생긴다.
㉰ 경간의 중앙에서 생긴다.
㉱ 지점에서 $\dfrac{d}{2}$ 만큼 떨어진 단면

해설 13
1방향 슬래브는 단위 폭 1m인 직사각형보로 설계하므로 전단에 대한 위험단면은 받침부에서 d 만큼 떨어진 단면이 된다.

14 1방향 슬래브의 전단력에 대한 위험단면은 다음중 어느 곳인가? (단, d는 유효깊이) [00, 05㉮]

㉮ 지점
㉯ 지점에서 $d/2$ 인 곳
㉰ 지점에서 d 인 곳
㉱ 슬래브의 중간인 곳

해설 14
슬래브의 전단에 대한 위험단면
· 1방향 거동 시 : d인 단면
· 2방향 거동 시 : $d/2$인 단면

정답 10. ㉰ 11. ㉮ 12. ㉯ 13. ㉮ 14. ㉰

2 2방향 슬래브

> **학습방향**
> 출제되었던 사항에 대해서만 학습하는 것이 시험에 대한 효과적인 대비일 것으로 생각되며 출제율은 낮은 편이다.

1 2방향 슬래브의 설계 일반

(1) 2방향 슬래브는 네 변이 지지된 슬래브 중에서 $1 \leq \dfrac{L}{S} \leq 2$ 또는 $0.5 \leq \dfrac{S}{L} \leq 1$일 경우 이며, 하중이 장변과 단변 방향으로 분배되어 전달되므로 주철근을 단변과 장변 방향, 즉 2방향으로 모두 배치한다.

(2) 슬래브 시스템은 평형조건과 기하학적 적합조건을 만족시킬 수 있다면 어떠한 방법으로도 설계할 수 있다.

(3) 슬래브는 판 이론(plate theory)으로 설계하는 것이 원칙이지만, 복잡하기 때문에 일반적으로는 근사해법으로 설계한다. 슬래브와 이를 지지하는 보 및 이들과 직교 골조를 이루는 기둥 또는 벽체를 포함하는 슬래브 시스템은 연직하중에 대하여 직접설계법이나 등가골조법으로 설계할 수 있다.

학습POINT

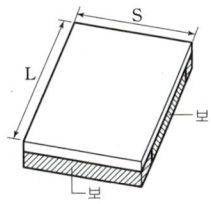

$1 \leq \dfrac{L}{S} \leq 2$ 또는
$0.5 \leq \dfrac{S}{L} \leq 1$일 경우 2방향 슬래브이다.

2 2방향 슬래브의 하중 분담

2방향 슬래브는 두 방향으로 하중이 전달되므로 중앙점에서의 처짐 δ_e는 장변으로 전달되는 하중으로 계산하나 단변 방향으로 전달되는 하중으로 계산하나 같다는 조건으로 유도한다.

(1) 집중하중(P)이 작용할 때(거리 3승에 반비례)

① 장변이 부담하는 하중 : $P_L = \dfrac{S^3}{L^3 + S^3} P$

② 단변이 부담하는 하중 : $P_S = \dfrac{L^3}{L^3 + S^3} P$

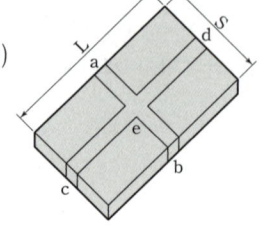

그림. 2방향 슬래브

(2) 등분포하중(w)이 작용할 때(거리 4승에 반비례)

① 장변이 부담하는 하중 : $w_L = \dfrac{S^4}{L^4 + S^4} w$

② 단변이 부담하는 하중 : $w_S = \dfrac{L^4}{L^4 + S^4} w$

전단에 대한 위험 단면은 집중하중이나 집중 반력을 받는 면의 주변에서  만큼 떨어진 주변 단면이다.

핵심예제 1

등분포하중이 작용하고 있는 두 방향 Slab에서 긴 경간 L과 짧은 경간 S 사이에 L = 2.0S의 관계가 있을 때 짧은 변 방향의 Strip ab와 긴 방향의 Strip cd가 받는 하중 분담 비율은?

㉮ 0.165 : 0.835
㉯ 0.835 : 0.165
㉰ 0.941 : 0.059
㉱ 0.889 : 0.111

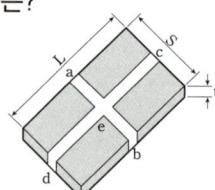

[해설] $w_s = \dfrac{L^4}{L^4 + S^4} w = \dfrac{(2S)^4}{(2S)^4 + S^4} w = 0.9412 w$

$w_L = \dfrac{S^4}{L^4 + S^4} w = \dfrac{S^4}{(2S)^4 + S^4} w = 0.0588 w$

∴ $w_s : w_L = 0.9412 w : 0.0588 w = 0.9412 : 0.0588$

답 : ㉰

3 전단설계

전단설계의 기본개념 : $V_u \leq V_d = \phi V_n = \phi(V_c + V_s)$

(1) 콘크리트가 부담하는 전단강도

$$V_c = v_c b_0 d \leq 0.58 f_{ck} b_0 c_u$$

여기서, v_c : 콘크리트의 재료의 공칭전단응력강도

$v_c = \lambda k_s k_{bo} f_{te} \cot \Psi (c_u/d)$

b_0 : 위험단면의 둘레길이

λ : 경량 콘크리트계수

k_s : 슬래브의 두께계수

$k_s = \sqrt[4]{300/d} = (300/d)^{0.25} \leq 1.1$

(d의 단위는 mm고, k_s의 하한값은 0.75이다.)

k_{bo} : 위험단면 둘레길이의 영향계수

$k_{bo} = 4/\sqrt{a_s(b_o/d)} \leq 1.25$

a_s : 내부 기둥 1.0, 외부 기둥(모서리 기둥 제외) 1.33, 모서리 기둥 2.0

f_{te} : 압축대 콘크리트의 인장강도

$f_{te} = 0.2\sqrt{f_{ck}}$

Ψ : 슬래브 휨 압축대의 균열각도

$\cot \Psi = \sqrt{f_{te}(f_{te} + f_{cc})}/f_{te}$

여기서, f_{cc}는 위험단면의 압축대에 작용하는 평균 압축응력

$f_{cc} = (2/3) f_{ck}$

c_u : 압축철근의 영향을 무시하고 계산된 슬래브 위험단면 압축대 깊이의 평균값

$c_u = d[25\sqrt{\rho/f_{ck}} - 300(\rho/f_{ck})]$

($\rho \leq 0.03$의 범위에서 사용할 수 있으며, ρ가 0.005이하인 경우 0.005를 사용할 수 있다.)

(2) 전단철근의 공칭전단강도

$$V_s = \frac{A_v f_s d}{s}$$

여기서, A_v : 위험단면을 따라 배치된 모든 전단철근량

$f_s = 0.5 f_{yt}$ (단, $f_{yt} \leq 400\,\text{MPa}$)

(3) 공칭전단강도의 제한

공칭전단강도 V_n은 $0.58 f_{ck} b_0 c_u$ 이하이어야 한다.

핵 심 문 제

해 설

1 2방향 슬래브에 관한 설명 중 틀리는 것은? [92 ㉮]

㉮ 단경간과 장경간의 비가 $0.5 < \dfrac{S}{L} \leq 1$일 때 2방향 슬래브로 설계
㉯ 슬래브 철근의 간격은 위험 단면에서 슬래브 두께의 2배 이하, 300 mm 이하
㉰ 짧은 경간 방향의 철근을 긴 경간 방향 철근보다 슬래브 바닥에 가깝게 배근한다.
㉱ 2방향 슬래브의 최소 철근량은 보의 경우에 준하므로 $\phi M_n \geq 1.2 M_{cr}$을 만족해야 한다.

해설 1

2방향 슬래브의 최소 철근량은 수축 및 온도 철근량과 같다.

2 그림과 같은 단순 지지된 2방향 슬래브에 등분포하중 w가 작용할 때 ab와 cd 방향에 분배되는 하중 w_{ab}, w_{cd}는 각각 얼마인가? [91, 99, 05 ㉮]

㉮ $w_{ab} = \dfrac{w \cdot L^3}{L^3 + S^3}$, $w_{cd} = \dfrac{w \cdot S^3}{L^3 + S^3}$

㉯ $w_{ab} = \dfrac{w \cdot L^4}{L^3 + S^3}$, $w_{cd} = \dfrac{w \cdot S^4}{L^3 + S^3}$

㉰ $w_{ab} = \dfrac{w \cdot L^4}{L^4 + S^4}$, $w_{cd} = \dfrac{w \cdot S^4}{L^4 + S^4}$

㉱ $w_{ab} = \dfrac{w \cdot S^4}{L^4 + S^4}$, $w_{cd} = \dfrac{w \cdot L^4}{L^4 + S^4}$

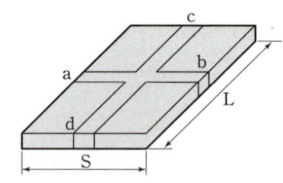

해설 2

등분포하중이 작용하므로 거리 4승에 반비례한다.

$w_{ab} = w_S = \dfrac{L^4}{L^4 + S^4} w$

$w_{cd} = w_L = \dfrac{S^4}{L^4 + S^4} w$

3 슬래브의 단경간 $S = 3\,\text{m}$, 장경간 $L = 5\,\text{m}$에 집중하중 $P = 120\,\text{kN}$이 슬래브의 중앙에 작용할 경우 장경간 L이 부담하는 하중은 얼마인가? [84, 99 ㉮, 98 ㉯]

㉮ 21.3 kN ㉯ 31.3 kN
㉰ 88.2 kN ㉱ 98.7 kN

해설 3

집중하중이 작용하므로 거리 3승에 반비례한다.

$P_L = \dfrac{S^3}{L^3 + S^3} P$

$= \dfrac{3^3}{5^3 + 3^3} \times 120$

$= 21.3\,\text{kN}$

4 그림과 같은 2방향 연속 슬래브에서 활하중과 고정하중을 포함한 등분포하중 $w = 12\,\text{kN/m}^2$ (폭 1m당)이 작용할 때 짧은 지간에 작용하는 하중을 환산 등가 등분포하중으로 구한 것은? (단, 보의 자중은 무시한다.) [98 ㉯]

㉮ 32 kN/m
㉯ 24 kN/m
㉰ 16 kN/m
㉱ 12 kN/m

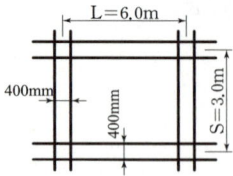

해설 4

$w_S = \dfrac{L^4}{L^4 + S^4} \times w$

$= \dfrac{6^4}{6^4 + 3^4} \times 12$

$= 11.3\,\text{kN/m}$

$\fallingdotseq 12\,\text{kN}$

정답 1. ㉱ 2. ㉰ 3. ㉮ 4. ㉱

5 다음은 2방향 슬래브의 설계에 사용되는 직접설계법의 제한사항에 관한 것이다. 옳지 않은 것은? [90, 98 ㉮]

㉮ 활하중은 고정하중의 2배 이하라야 한다.
㉯ 각 방향에 2개 이상의 연속 경간을 가져야 한다.
㉰ 각 방향에 연속되는 경간의 길이는 긴 경간의 1/3 이상 차이가 있어서는 안된다.
㉱ 기둥은 어느 쪽에 대하여도 연속되는 기둥의 중심선으로부터 경간 길이의 10% 이상 벗어날 수 없다.

해설 5
직접설계법은 각 방향으로 3경간 이상이 연속되어야 한다.

6 2방향 슬래브의 위험단면에서 철근 간격은 슬래브 두께의 얼마를 초과하지 않아야 하는가? (단, 강도설계법에 의함) [92, 00 ㉯]

㉮ 2배
㉯ 2.5배
㉰ 3배
㉱ 4배

해설 6
2방향 슬래브에서 위험단면의 철근 간격은 슬래브 두께의 2배 이하, 300mm 이하이어야 한다.

7 전형적인 내부 패널에서 정모멘트 M_p는 정역학적 총 설계모멘트 M_0의 몇 %로 보는가? [96 ㉮]

㉮ 25%
㉯ 30%
㉰ 35%
㉱ 40%

해설 7
내부 경간에서는 전체 정적 계수 휨모멘트 M_o를 다음과 같이 분배하여야 한다.
· 부계수 모멘트는 0.65 ∴ 0.65 M_o
· 정계수 모멘트는 0.35 ∴ 0.35 M_o

8 다음은 슬래브의 전단에 대한 검토방법을 설명한 것이다. 틀린 것은?

㉮ 1방향 슬래브는 짧은 경간을 경간으로 하고 단위 폭을 폭으로 하는 보로 보고 설계하므로 전단응력의 검토는 보의 경우와 같다.
㉯ 펀칭전단에 대한 위험단면은 받침부로부터 $\frac{d}{2}$ 만큼 떨어진 곳이다.
㉰ 1방향 슬래브를 강도설계법으로 설계할 경우 계수전단응력을 구하는 식은 $v_u = \frac{V_u}{b \cdot d}$ 이다.
㉱ 슬래브는 일반적으로 전단력을 반드시 검토해 볼 필요가 있다.

해설 8
슬래브는 전단에 의해 파괴될 우려가 거의 없으며 특히 4변지지된 2방향슬래브는 전단 보강이 필요 없는 경우가 대부분이다.

9 슬래브의 전단에 대한 다음 설명 중 옳지 않은 것은? [92 ㉮]

㉮ 1방향 슬래브의 전단에 대한 검사방법은 보의 경우에 따른다.
㉯ 등분포하중을 받는 2방향 슬래브가 벽체로 지지되어 있을 때에는 보의 경우에 따른다.
㉰ 펀칭전단이 일어난다고 생각될 때 위험단면은 집중하중이나 집중반력을 받는 면의 주변에서 d/2만큼 떨어진 주변 단면이다.
㉱ 4변 지지된 2방향 슬래브는 반드시 전단보강을 해야 한다.

해설 9
4변이 지지된 2방향 슬래브는 전단보강이 거의 필요 없다.

정답 5.㉯ 6.㉮ 7.㉰ 8.㉱ 9.㉱

출제예상문제

■■■ 서론 및 1방향 슬래브

1. 장변이 단변의 2배가 넘는 슬래브는 단변을 경간으로 하는 1방향 슬래브로 설계해야 한다. 그 이유는?
　　　　　　　　　　　　　　　　[97 ㉮, 90 ㉯]

㉮ 철근이 절약되기 때문에
㉯ 계산이 간편하기 때문에
㉰ 휨모멘트가 작기 때문에
㉱ 하중의 대부분이 단변 방향으로 작용하기 때문에

[해설] $\dfrac{L(장변)}{S(단변)} > 2$ 이면 대부분의 하중이 단변방향으로 작용하므로 1방향 슬래브로 설계한다.

2. 슬래브에 대한 설명 중 옳은 것은? [95 ㉮, 90, 99 ㉯]

㉮ 2방향 슬래브의 배근은 짧은 변 방향으로 주철근을 배근하고, 긴 변 방향으로 수축·온도철근을 배근한다.
㉯ 슬래브는 판 이론에 의해 설계해야 하며, 근사해법으로 설계해서는 안 된다.
㉰ 1방향 슬래브는 짧은 변 방향을 경간으로 하는 폭 1m의 보로 보고 설계한다.
㉱ 1방향 슬래브의 설계방법에는 직접설계법, 등가골조법 등이 있다.

[해설] 슬래브는 판이론으로 설계하는 것이 원칙이나 복잡하여 근사해법으로 설계한다.

3. 연속 1방향 슬래브의 설계에 대한 다음 설명 중 옳지 않은 것은? [83, 95 ㉮]

㉮ 짧은 경간 방향으로 단위 폭당 연속보와 같이 해석하여 단면 설계를 한다.
㉯ 슬래브의 부(−)의 경간 중앙 휨모멘트는 산정된 값의 1/2만 취한다.
㉰ 정(+)의 경간 중앙 모멘트는 양단 고정으로 보고 계산한 값보다 크게 취해서는 안 된다.
㉱ 순경간이 3m를 초과할 때 순경간 내면에서의 휨모멘트를 설계모멘트로 취하되 이 값이 순경간을 고정단으로 본 고정단 휨모멘트보다 작게 해서는 안 된다.

[해설] 철근콘크리트 보와 일체로 된 연속 슬래브에서 경간 중앙의 정모멘트는 양단 고정으로 보고 계산한 값 이상이어야 한다.

4. 1방향 슬래브의 모멘트 계산에서 모멘트계수를 사용할 수 없는 경우는 다음 중 어느 것인가? [93 ㉮]

㉮ 활하중이 고정하중의 2배 이하이고, 등분포하중을 받는 경우
㉯ 2경간 이상의 연속보 및 라멘구조에 적용할 경우
㉰ 균일 단면 부재일 경우
㉱ 서로 이웃한 경간이 20% 이상 차이가 나지 않을 경우

[해설] 근사해법은 활하중이 고정하중의 3배 이하인 등분포하중이 작용할 경우에 적용할 수 있다.

해답　1. ㉱　2. ㉰　3. ㉰　4. ㉮

5. 다음 그림에서 슬래브의 모멘트에서 지지보의 내면에서의 모멘트가 M_1, M_2일 때 이 값은 $\dfrac{wl^2}{12}$에서 다음 어느 값 만큼 뺀 것인가? (단, $V=\dfrac{wl}{2}$이다.) [98㉮]

㉮ $V \times \dfrac{b_w}{2}$

㉯ $V \times \dfrac{b_w}{3}$

㉰ $V \times \dfrac{b_w}{4}$

㉱ $V \times \dfrac{b_w}{5}$

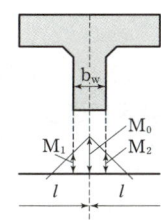

해설 순경간이 3m를 초과할 때 순경간 내면의 휨모멘트를 사용할 수 있다. 그러나 이 값들이 순경간 l_n을 경간으로 하여 계산한 고정단 휨모멘트 이상으로 하여야 한다.

$$M = \dfrac{wl^2}{12} \geq \dfrac{wl_n^2}{12} = \dfrac{w(l-b_w)^2}{12}$$

$$= \dfrac{wl^2}{12} - \dfrac{wlb_w}{6} + \dfrac{wb_w^2}{12}$$

$\dfrac{wb_w^2}{12}$은 미소하므로 무시하면

$\simeq \dfrac{wl^2}{12} - \dfrac{wlb_w}{6}$ 에서 $V = \dfrac{wl}{2}$ 이므로

$\therefore M = \dfrac{wl^2}{12} - \dfrac{wl}{2}\left(\dfrac{b_w}{3}\right) = \dfrac{wl^2}{12} - V\cdot\left(\dfrac{b_w}{3}\right)$

6. 다음과 같은 1방향 슬래브의 구조 세목에 대한 설명 중 옳지 않은 것은? [83, 84, 88, 92㉯]

㉮ 정철근 또는 부철근에 직각인 방향으로 수축·온도철근을 슬래브 두께의 5배 이하, 450mm 이하의 간격으로 배치해야 한다.

㉯ 슬래브 두께는 과다한 처짐이 일어나지 않을 정도의 두께가 되어야 한다.

㉰ 슬래브의 두께는 지지조건과 경간에 따라 다르나 100mm 이상이어야 한다.

㉱ 최대휨모멘트가 일어나는 단면에서 주철근의 간격은 슬래브 두께의 3배 이하, 450mm 이하로 한다.

해설 1방향 슬래브의 최대 휨모멘트가 일어나는 단면에서 주철근 간격은 슬래브 두께의 2배 이하 300mm 이하로 한다.

7. 슬래브의 두께에 대한 사항 중 옳은 것은? [80㉯]

㉮ 1방향 슬래브에서 슬래브 두께는 100mm 이하라야 한다.

㉯ 2방향 슬래브에서 슬래브 두께는 80mm 이하라야 한다.

㉰ 1방향 슬래브에서 슬래브 두께는 100mm 이상이라야 한다.

㉱ 2방향 슬래브에서 슬래브 두께는 60mm 이상이라야 한다.

해설 1방향 슬래브에서 슬래브의 최소 두께는 100mm 이상이라야 한다.

8. 슬래브의 정철근 및 부철근의 중심 간격은 최대휨모멘트가 일어나는 단면에서 슬래브 두께의 몇 배 이하 또는 몇 mm 이하로 하는가? [93㉮, 78, 92㉯]

㉮ 2배 이하, 300mm 이하

㉯ 2배 이하, 400mm 이하

㉰ 3배 이하, 300mm 이하

㉱ 3배 이하, 400mm 이하

해설 1방향 슬래브의 최대 휨모멘트가 일어나는 단면에서 주철근 간격은 슬래브 두께의 2배 이하 300mm 이하로 한다.

9. 부재의 높이가 일정한 경우 휨에 의한 보 또는 1방향 슬래브에서 최대전단응력이 일어나는 곳은?

㉮ 받침부에서의 유효깊이 d만큼 떨어진 단면

㉯ 받침부에서 생긴다.

㉰ 경간의 중앙에서 생긴다.

㉱ 받침부에서 $\dfrac{d}{2}$만큼 떨어진 단면

해설 1방향 슬래브에서 전단에 대한 위험단면은 보와 같이 받침부에서 d만큼 떨어진 단면이다.

해답 5. ㉯ 6. ㉱ 7. ㉰ 8. ㉮ 9. ㉮

■■■ 2방향 슬래브

10. 4변이 지지되는 슬래브에서 단변방향의 길이가 1.5m일 때 장변방향의 길이가 얼마 이내이어야 2방향 슬래브로 보고 설계하는가? [00④]

㉮ 1.5m ㉯ 1.8m
㉰ 2.25m ㉱ 3.0m

[해설] 2방향 슬래브의 조건
$\dfrac{L}{S} \leq 2$에서 $L \leq 2S = 2 \times 1.5 = 3\,\text{m}$

11. 그림과 같은 단순 지지된 2방향 슬래브에 등분포하중 w가 작용할 때 ab와 cd 방향에 분배되는 하중 w_{ab}, w_{cd}는 각각 얼마인가? [05, 99, 91 ㉮]

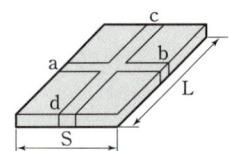

㉮ $w_{ab} = \dfrac{w \cdot L^3}{L^3 + S^3}$, $w_{cd} = \dfrac{w \cdot S^3}{L^3 + S^3}$

㉯ $w_{ab} = \dfrac{w \cdot L^4}{L^3 + S^3}$, $w_{cd} = \dfrac{w \cdot S^4}{L^3 + S^3}$

㉰ $w_{ab} = \dfrac{w \cdot L^4}{L^4 + S^4}$, $w_{cd} = \dfrac{w \cdot S^4}{L^4 + S^4}$

㉱ $w_{ab} = \dfrac{w \cdot S^4}{L^4 + S^4}$, $w_{cd} = \dfrac{w \cdot L^4}{L^4 + S^4}$

[해설] 등분포하중이 작용하는 경우는 거리 4승에 반비례하므로
$w_{ab} = w_S = \dfrac{w \cdot L^4}{L^4 + S^4}$, $w_{cd} = w_L = \dfrac{w \cdot S^4}{L^4 + S^4}$

12. 그림과 같이 단순지지된 2방향 슬래브에 집중하중 P가 작용할 때, ab 방향에 분배되는 하중은 얼마인가? [01 ㉯]

㉮ 0.941P
㉯ 0.059P
㉰ 0.889P
㉱ 0.111P

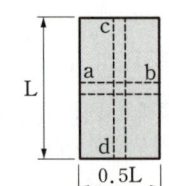

[해설] 집중하중이 작용하는 경우는 거리 3승에 반비례하므로
$P_{ab} = P_L = \dfrac{L^3}{L^3 + S^3} P = \dfrac{L^3}{L^3 + (0.5L)^3} P$
$= 0.889P$

13. 단순지지된 2방향 슬래브의 중앙점에 집중하중 P가 작용한다. 경간의 길이의 비가 1 : 2일 때 하중 분배율은? [84, 83㉮, 83㉯]

㉮ 8 : 1 ㉯ 9 : 4
㉰ 27 : 8 ㉱ 3 : 2

[해설] 집중하중이 작용하는 경우는 거리 3승에 반비례하므로
$P_S : P_L = L^3 : S^3 = 2^3 : 1 = 8 : 1$

14. 2방향 슬래브의 위험단면에서 철근간격은 슬래브 두께의 얼마를 초과하지 않아야 하는가? (단, 강도설계법에 의함) [00㉱]

㉮ 2배 ㉯ 2.5배
㉰ 3배 ㉱ 4배

[해설] 2방향 슬래브의 위험단면에서 철근의 간격은 슬래브 두께의 2배 이하, 또한 300mm 이하로 하여야 한다.

15. 2방향 슬래브의 설계에서 직접설계법을 적용할 수 있는 제한조건으로 틀린 것은? [00㉮]

㉮ 슬래브 판들은 단변경간에 대한 장변경간의 비가 2 이하인 직사각형이어야 한다.
㉯ 각 방향으로 3경간 이상이 연속되어야 한다.
㉰ 각 방향으로 연속한 받침부 중심 간 경간 길이의 차이는 긴 경간의 1/3 이하이어야 한다.
㉱ 모든 하중은 연직하중으로 슬래브판 전체에 등분포이고, 활하중은 고정하중의 3배 이하라야 한다.

해답 10. ㉱ 11. ㉰ 12. ㉰ 13. ㉮ 14. ㉮ 15. ㉱

[해설] 직접설계법은 활하중이 고정하중의 2배 이하인 등분포하중이 작용하는 경우에 적용할 수 있다.

16. 2방향 슬래브 설계시 직접설계법을 적용할 수 있는 제한사항에 대한 설명 중 틀린 것은? [02, 05 ㉮]

㉮ 각 방향으로 3경간 이상이 연속되어야 한다.
㉯ 연속된 받침부 중심간 경간 길이의 차는 긴 경간의 1/3 이하이어야 한다.
㉰ 연속한 기둥 중심선으로부터 기둥의 이탈은 이탈방향경간의 10% 이하이어야 한다.
㉱ 모든 하중은 슬래브판 전체에 연직으로 작용하며, 활하중의 크기는 고정하중의 3배 이하이어야 한다.

[해설] 직접설계법은 활하중이 고정하중의 2배 이하인 등분포하중이 작용하는 경우에 적용할 수 있다.

17. 다음은 2방향 슬래브의 설계에 사용되는 직접설계법의 제한 사항에 관한 것이다. 옳지 않은 것은?

㉮ 활하중은 고정하중의 2배 이하라야 한다.
㉯ 각 방향에 2개 이상의 연속 경간을 가져야 한다.
㉰ 각 방향에 연속되는 경간의 길이는 긴 경간의 1/3 이상 차이가 있어서는 안 된다.
㉱ 기둥은 어느 쪽에 대하여도 연속되는 기둥의 중심선으로부터 경간 길이의 10% 이상 벗어날 수 없다.

[해설] 직접설계법은 각 방향으로 3경간 이상이 연속되어야 한다.

18. 2방향 슬래브를 직접설계법에 의해 설계할 때 단변방향으로 총 정적 계수휨모멘트가 $339.4\,kN\cdot m$ 일 때 내부 패널의 양단에서 지지해야 할 휨모멘트는? [97 ㉮]

㉮ $203.6\,kN\cdot m$ ㉯ $-203.6\,kN\cdot m$
㉰ $220.6\,kN\cdot m$ ㉱ $-220.6\,kN\cdot m$

[해설] 양단부에서는 부(−)모멘트가 발생하므로 내부 경간에서 부계수휨모멘트는 전체 정적 계수휨모멘트의 65%가 분배된다.
$$\therefore M = 0.65 M_0 = -0.64(-339.4)$$
$$= -220.61\,kN\cdot m$$

19. 2방향 슬래브의 전단력에 대한 위험단면은 다음 중 어느 곳인가? (단, d : 유효 깊이) [85 ㉮]

㉮ 받침부
㉯ 받침부에서 d인 곳
㉰ 받침부에서 $\dfrac{d}{2}$인 곳
㉱ 슬래브 경간의 $\dfrac{1}{8}$인 곳

[해설] 슬래브의 전단에 대한 위험단면
• 1방향 거동 시 : 받침부에서 d인 단면
• 2방향 거동 시 : 받침부에서 $d/2$인 단면

20. 슬래브의 전단에 대한 다음 설명 중 옳지 않은 것은?

㉮ 1방향 슬래브의 전단에 대한 검사방법은 보의 경우에 따른다.
㉯ 등분포하중을 받는 2방향 슬래브가 벽체로 지지되어 있을 때에는 보의 경우에 따른다.
㉰ 펀칭전단이 일어난다고 생각될 때 위험단면은 집중하중이나 집중반력을 받는 면의 주변에서 $\dfrac{d}{2}$ 만큼 떨어진 주변 단면이다.
㉱ 4변지지된 2방향 슬래브는 반드시 전단보강을 해야 한다.

[해설] 슬래브는 전단에 의해 파괴될 우려가 거의 없으며 특히 4변지지된 2방향 슬래브는 전단 보강이 거의 필요 없다.

해답 16. ㉱ 17. ㉯ 18. ㉱ 19. ㉰ 20. ㉱

21. 2방향 슬래브에 관한 설명 중 틀린 것은?

㉮ 단변과 장변의 비가 $0.5 < S/L \leq 1$ 일 때 2방향 슬래브로 설계
㉯ 슬래브 철근의 간격은 위험단면에서 슬래브 두께의 2배 이하
㉰ 단변 방향의 철근을 장변 방향 철근보다 슬래브 바닥에 가깝게 배근한다.
㉱ 2방향 슬래브의 최소 철근량은 보의 경우에 준하므로 $\phi M_n \geq 1.2 M_{cr}$을 만족해야 한다.

[해설] 2방향 슬래브의 최소 철근량은 수축 및 온도철근량과 같다.

22. 연속보의 단면력을 하중의 크기와 지간으로 표현되는 간단한 식에 의한 근사해법을 적용할 수 있는 조건이 아닌 것은?

㉮ 인접 두 지간이 서로 20%이상 차이가 나지 않고 거의 동일하여야 한다.
㉯ 활하중이 사하중의 3배를 초과하지 않아야 한다.
㉰ 부재단면이 균일하여야 한다.
㉱ 하중은 지간 중앙에 한 개의 집중하중이 작용하여야 한다.

[해설] 근사해법은 활하중이 고정하중의 3배 이하인 등분포하중이 작용할 경우에 적용할 수 있다.

23. 1방향 슬래브의 전단력에 대한 위험단면은 다음 중 어느 곳인가? (단 d 는 유효높이)

㉮ 지점
㉯ 지점에서 $d/2$ 인 곳
㉰ 지점에서 d 인 곳
㉱ 중간인 곳

[해설] 1방향 슬래브에서 전단에 대한 위험단면은 보와 같이 지점에서 d인 곳이다.

해답 21. ㉱ 22. ㉱ 23. ㉰

제8장 확대기초와 옹벽

출제경향분석

옹벽은 비탈면에서 토사의 붕괴를 방지할 목적으로 만들어진 구조물이고 확대기초는 벽, 기둥, 교대, 교각과 같은 상부 구조물의 하중을 지반의 허용지지력 이내가 되도록 분포시켜 지반에 전달하기 위한 구조물이다. 출제빈도는 1~2문제이다.

단원별 경향분석

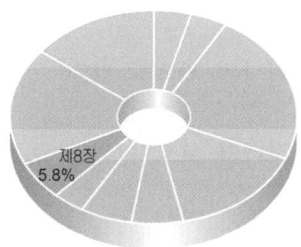

토목기사

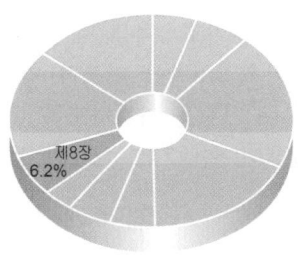

토목산업기사

항목별 경향분석

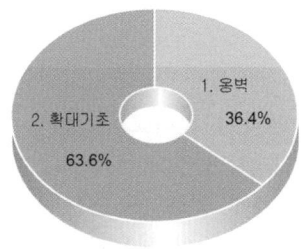

토목기사

토목산업기사

1 확대기초

> **학습방향**
> 확대기초의 저면적 또는 최소폭 그리고 확대기초의 허용지지력에 관한 문제는 매우 자주 출제되는 편이며, 위험단면에 대한 휨모멘트의 산정에 관한 문제와 전단에 대한 문제 역시 비교적 자주 출제되는 편이다.

1 확대기초의 정의

상부 구조물의 하중을 넓은 면적에 분포시켜 지반의 허용지지력 이내가 되도록 함으로써 상부구조물의 하중을 지반에 안전하게 전달하기 위하여 설치되는 구조물을 확대기초라고 한다.

2 확대기초의 종류

(1) 독립 확대기초 : 1개의 기둥을 지지하도록 한 기초
(2) 연결 확대기초 : 2개 이상의 기둥을 하나의 확대기초가 지지하도록 한 것
(3) 벽의 확대기초 : 벽을 지지하기 위한 확대기초
(4) 전면기초 : 지반이 비교적 약할 때 전면적을 하나의 판으로 만들어 모든 기둥을 지지하도록 한 기초
(5) 캔틸레버 확대기초 : 2개의 독립 확대기초를 하나의 보로 연결한 기초.

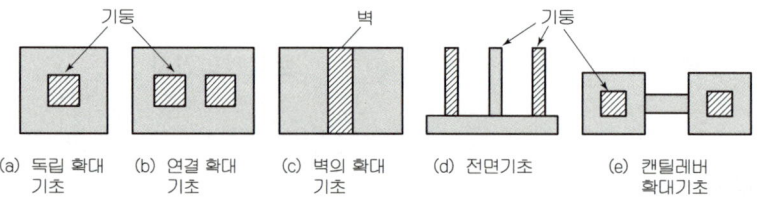

그림. 확대기초의 종류

3 설계 일반

(1) 기초판은 계수하중과 그에 의해 발생되는 반력에 견디도록 설계하여야 한다.
(2) 기초판의 밑면적, 말뚝의 개수와 배열은 기초판에 의해 흙 또는 말뚝에 전달되는 힘과 모멘트, 그리고 지반 또는 말뚝의 허용지지력을 사용하여 산정하여야 한다. 이때 힘과 모멘트는 하중계수를 곱하지 않은 사용하중을 적용하여야 한다.

학습POINT

4 기초판의 저면적(A_f)

$$A_f = \frac{P}{q_a}$$

P : 사용하중
q_a : 지반의 허용지지력

5 휨모멘트에 대한 위험단면

(1) 콘크리트 기둥, 주각(받침대) 또는 벽체를 지지하는 확대기초는 기둥, 주각 또는 벽체의 외면을 휨모멘트에 대한 위험단면으로 본다.

직사각형을 제외한 원형 또는 정다각형의 기둥이나 주각은 같은 면적을 가진 정사각형으로 고쳐 그 전면으로 한다.

(2) 조적조 벽체를 지지하는 확대기초는 벽의 중심과 전면과 단부의 중간을 위험단면으로 본다.

(3) 강재 밑판을 갖는 기둥을 지지하는 확대기초는 기둥 외면과 강재 밑판 연단(緣端)과의 중간을 위험단면으로 본다.

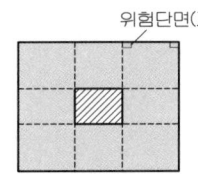
(a) 직사각형 콘크리트 기둥

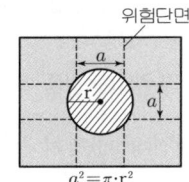
(b) 원형 콘크리트 기둥

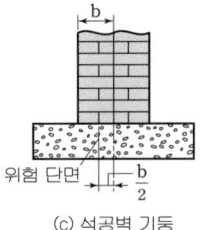
(c) 석공벽 기둥

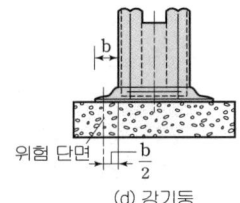
(d) 강기둥

그림. 휨모멘트에 대한 위험단면

6 휨모멘트 계산

그림의 $a-a$ 단면에 대한 계수휨모멘트는 $a-a$ 단면 외측에 있는 확대기초 외측면의 면적에 작용하는 힘으로 계산한다.

M_a = 지반반력×단면적×도심까지의 거리
$= q_u \left(\frac{L-t}{2} \times S \right) \left(\frac{L-t}{4} \right)$
$= \frac{q_u S(L-t)^2}{8} = \frac{P_u S(L-t)^2}{8A}$

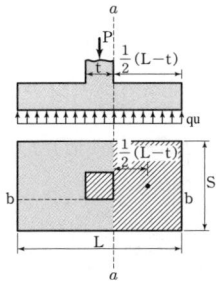

그림. 휨모멘트의 계산

7 휨철근의 배치

(1) 2방향 직사각형 확대기초
   ① 장변방향의 철근은 확대기초의 전체 폭에 균등하게 배치되어야 한다.
   ② 단변방향의 철근은 전체철근량에서 산정한 비율만큼 유효폭(단변의 폭) 내에 균등하게 배치한 후, 나머지 철근량은 이외의 부분에 균등하게 배치한다. 이때 기둥 또는 주각의 중심이 유효폭의 중심이 된다.

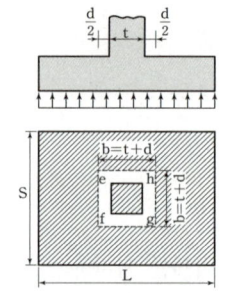

그림. 전단에 대한 위험단면

$$\frac{\text{유효폭에 배근되는 철근량}}{\text{단변방향의 전체 철근량}} = \frac{2}{\beta+1}, \quad \beta = \frac{\text{장변}}{\text{단변}}$$

8 전단에 대한 위험단면

(1) 1방향 작용의 경우 : 전단에 대한 위험단면은 기둥 전면(前面)에서 d 만큼 떨어진 단면이며, 전단에 대한 계산은 보의 경우와 같다.

(2) 2방향 작용의 경우 : 펀칭전단이 일어난다고 볼 경우에는 집중 하중을 받는 슬래브의 경우와 같으며, 위험단면은 기둥 전면(前面)에서 $\dfrac{d}{2}$ 만큼 떨어진 곳으로 본다.

9 위험단면의 계수전단력

(1) 1방향 작용의 경우
   보의 경우와 같이 설계하므로 기둥 외면에서 d 인 곳의 외측으로 작용하는 계수지반반력의 합과 같은 계수전단력이 작용한다.

$$\therefore V_u = q_u S\left\{\frac{(L-t)}{2} - d\right\} = \frac{P_u}{A} S\left\{\frac{(L-t)}{2} - d\right\}$$

(2) 2방향 작용의 경우
   전단에 대한 위험단면은 기둥 외면에서 $\dfrac{d}{2}$ 인 곳으로 위험단면 외측에 작용하는 계수지반반력의 합과 같은 계수전단력이 작용한다.

$$\therefore V_u = q_u\{LS - (t+d)^2\} = \frac{P_u}{A}\{LS - (t+d)^2\}$$

10 전단설계

(1) 1방향 작용일 경우 : 보의 경우와 같다.
(2) 2방향 작용일 경우 : 집중하중을 받는 2방향 슬래브와 같다.

11 구조 상세

(1) 철근의 정착에 대한 위험단면은 휨모멘트에 대한 위험단면과 같으며 단면이나 철근량이 변하는 수직면도 위험단면으로 본다.
(2) 확대기초의 상연에서부터 하부 철근까지의 높이는 직접기초의 경우는 150mm 이상, 말뚝기초의 경우에는 300mm 이상이라야 한다.

핵 심 문 제

1 확대기초에 관한 설명 중 옳지 않은 것은? [94 ⑦]

㉮ 벽, 기둥, 교각 등의 하중을 안전하게 지반에 전달하기 위하여 저면을 확대하여 만든 기초를 말한다.
㉯ 확대기초란 독립 확대기초, 벽의 확대기초, 연결 확대기초, 전면 기초를 말한다.
㉰ 확대기초는 단순보, 연속보, 캔틸레버 및 라멘 또는 이들이 결합된 구조로 보고 설계해야 한다.
㉱ 기초 저면에 일어나는 최대압력이 지반의 허용지지력을 넘지 않도록 기초저면을 확대하여 만든 기초를 말한다.

2 확대기초의 설계계산을 단순화하기 위한 가정 중 옳지 않은 것은? [00 ⑦]

㉮ 확대기초 저면의 압력분포를 직선으로 본다.
㉯ 확대기초 저면과 기초지반 사이에는 압축력만이 작용한다고 본다.
㉰ 연결 확대기초에서 하중은 기초저면에 등분포시키는 것을 원칙으로 한다.
㉱ 캔틸레버 확대기초에서는 연직하중을 연결보에 부담시키고, 확대기초는 휨모멘트만을 받는 것으로 본다.

3 독립 확대기초가 기둥의 연직하중 1250kN을 받을 때 정사각형 기초판으로 설계하고자 한다. 경제적인 면적은 다음 중 어느 것인가? (단, 지반의 허용지지력 $Q_a = 200\,kN$ 로 하고 기초판의 무게는 무시함) [95 ⑦]

㉮ 2m × 2m
㉯ 2.5m × 2.5m
㉰ 3m × 3m
㉱ 3.5m × 3.5m

4 허용지내력 $q_a = 200\,kN$의 지반에 80kN/m의 자중을 포함한 하중을 받는 벽의 확대기초의 최소폭은? [98, 96 ⑦]

㉮ $l = 0.4\,m$
㉯ $l = 0.8\,m$
㉰ $l = 1.2\,m$
㉱ $l = 1.6\,m$

해 설

해설 1
확대기초의 저면을 설계할 때는 주로 캔틸레버로 보며, 연결 확대기초는 기둥과 기둥 사이를 단순보나 연속보로 보고 설계한다. 따라서 라멘과 같은 결합구조로 설계하지는 않는다.

해설 2
캔틸레버 확대기초는 분담하중
• 보 : 휨모멘트를 부담
• 확대기초는 : 연직하중만 부담

해설 3
$Q = \dfrac{P}{A} \leq Q_a$에서
$A \geq \dfrac{P}{Q_a} = \dfrac{1250}{200} = 6.25\,m^2$
$= 2.5\,m \times 2.5\,m$

해설 4
$q = \dfrac{P}{A} \leq q_a$에서
$A = l \times 1 \geq \dfrac{P}{q_a} = \dfrac{80 \times 1}{200}$
∴ $l = 0.4\,m$

정답 1. ㉰ 2. ㉱ 3. ㉯ 4. ㉮

5 그림과 같은 정사각형 확대기초의 기둥에 고정하중 1,000kN, 활하중 700kN이 작용할 때 확대기초의 한 변의 길이는 얼마인가? (단, $q_a=200$ kN/m², 철근콘크리트의 단위 질량 $m_c=2,400\,\text{kg/m}^3$ 이다.) [91④]

㉮ $l=2.8\text{m}$
㉯ $l=3.0\text{m}$
㉰ $l=3.2\text{m}$
㉱ $l=3.4\text{m}$

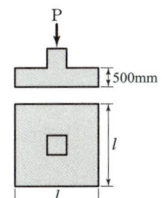

[해설] 5

자중을 별도로 고려하는 경우

$q = \dfrac{P}{A} + \gamma h \leq q_a$ 에서

$A = l^2 \geq \dfrac{P}{q_a - \gamma h}$

$= \dfrac{(1000+700)}{200 - 2,400 \times 9.8 \times 0.5 \times 10^{-3}}$

$\therefore\ l \fallingdotseq 3.0\text{m}$

6 그림과 같은 철근콘크리트 확대기초가 단면이 350mm×350mm인 기둥을 지지하고 있다. 이때 기둥으로부터 확대기초에 전달되는 하중 $P=1,900\,\text{kN}$를 안전하게 지지할 수 있도록 확대기초의 최소 사용하중 면적을 구하면 얼마인가? (단, 지반의 허용지지력 $q_a=500\,\text{kN/m}^2$, 기초의 단위질량은 2,500kg/m³) [00㉮]

㉮ $12\,\text{m}^2$
㉯ $9\,\text{m}^2$
㉰ $6\,\text{m}^2$
㉱ $4\,\text{m}^2$

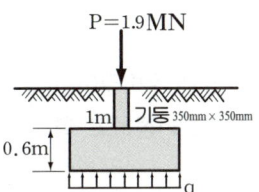

[해설] 6

자중을 별도로 고려하는 경우

$q = \dfrac{P}{A} + \gamma h \leq q_a$ 에서

$A = l^2 \geq \dfrac{P}{q_a - \gamma h}$

$= \dfrac{1,900}{500 - 2,500 \times 9.8 \times 0.6 \times 10^{-3}}$

$= 3.9\,\text{m}^2 \fallingdotseq 4\,\text{m}^2$

7 그림과 같은 압축하중과 휨모멘트가 작용하는 철근콘크리트 확대기초의 최대지반반력은 얼마인가? [00, 98㉮]

㉮ $31.5\,\text{kPa}$
㉯ $41.5\,\text{kPa}$
㉰ $54.4\,\text{kPa}$
㉱ $61.5\,\text{kPa}$

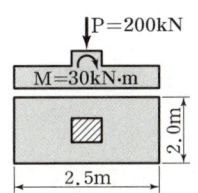

[해설] 7

$q_{max} = \dfrac{P}{A} + \dfrac{M}{I}y$

$= \dfrac{P}{A}\left(1 + \dfrac{6e}{b}\right)$

$= \dfrac{200 \times 10^3}{2.5 \times 2.0}\left(1 + \dfrac{6 \times 0.15}{2.5}\right)$

$= 54,400\,\text{N/m}^2 = 54.4\,\text{kPa}$

$\left[\begin{array}{l}M = Pe\text{에서}\\ e = \dfrac{M}{P} = \dfrac{30}{200} = 0.15\,\text{m}\end{array}\right]$

8 정방형 독립 확대기초의 크기가 3m×3m이고, 지반의 허용지지력이 0.3 MPa일 때 이 기초가 받을 수 있는 하중의 크기는 얼마인가? [94㉯]

㉮ 3,000kN
㉯ 2,500kN
㉰ 1,800kN
㉱ 2,700kN

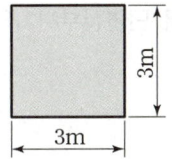

[해설] 8

$q = \dfrac{P}{A} \leq q_a$ 에서

$P \leq q_a A = 0.3 \times 3000 \times 3000$

$= 2,700,000\,\text{N}$

$= 2,700\,\text{kN}$

정답 5. ㉯ 6. ㉱ 7. ㉰ 8. ㉱

9 그림과 같은 정사각형 기둥을 가진 독립 확대기초 저면에 지압력 $q = 160\text{kPa}$일 때 위험단면의 휨모멘트는?

㉮ 980 kN · m
㉯ 720 kN · m
㉰ 700 kN · m
㉱ 640 kN · m

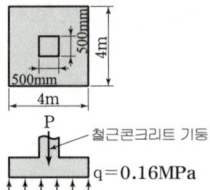

해설 9

$$M = \frac{qS(L-t)^2}{8}$$
$$= \frac{(160 \times 10^3) \times 4 \times (4-0.5)^2}{8}$$
$$= 980,000 \text{ N} \cdot \text{m}$$
$$= 980 \text{ kN} \cdot \text{m}$$

10 2방향 확대기초의 전단파괴(punching shear)가 일어나는 점은? (단, d는 유효깊이) [96㉮]

㉮ 지점에서 d되는 점
㉯ 지점
㉰ 지점에서 $\frac{d}{2}$되는 점
㉱ 지점에서 $\frac{d}{4}$되는 점

해설 10

확대기초의 전단에 대한 위험단면
• 1방향 거동 시 : d인 곳
• 2방향 거동 시 : $d/2$인 곳

11 그림과 같은 독립 확대기초에서 전단에 대한 위험단면의 주변길이는 얼마인가? (단, 2방향 작용에 의해 펀칭 전단이 일어난다고 가정하고 확대기초의 유효 높이는 600mm이다.) [92㉮]

㉮ 2,000 mm
㉯ 2,800 mm
㉰ 4,000 mm
㉱ 8,000 mm

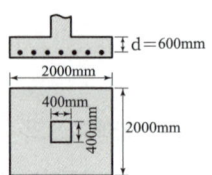

해설 11

기둥면에서 $\frac{d}{2}$인 곳이 전단에 대한 위험단면이므로 이들의 둘레길이는 $4(t+d)$가 된다.
∴ $b_0 = 4(t+d) = 4(400+600)$
$= 4,000 \text{ mm}$

12 그림과 같은 2방향 확대기초에서 위험단면의 계수전단력은 얼마인가?

㉮ 2104kN
㉯ 3855kN
㉰ 1080kN
㉱ 1350kN

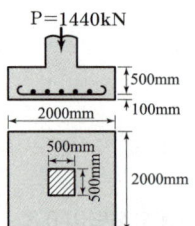

해설 12

$$V_u = q_u\{LS - (t+d)^2\}$$
$$= \frac{P_u}{A}\{LS - (t+d)^2\}$$
$$= \frac{1,440}{2 \times 2}\{2 \times 2 - (0.5+0.5)^2\}$$
$$= 1080 \text{ kN}$$

13 흙 위에 놓인 철근콘크리트 확대기초의 하단철근부터 단면상부까지의 깊이는? [92㉯]

㉮ 600 mm 이상
㉯ 450 mm 이상
㉰ 300 mm 이상
㉱ 150 mm 이상

해설 13

확대기초의 상연에서부터 하부 철근까지의 깊이는, 직접기초(흙 위에 놓인 경우)는 150mm 이상, 말뚝기초인 경우에는 300mm 이상이다.

정답 9.㉮ 10.㉰ 11.㉰ 12.㉰ 13.㉱

2 옹 벽

> **학습방향**
>
> 옹벽의 안정과 설계 그리고 구조 상세에 관한 문제가 비교적 자주 출제되고 있다. 옹벽의 설계에 관한 내용의 경우도 암기하려고 하기 쉽다. 그러나 암기하려하기 보다는 그 원리를 찾아 이해하는 편이 학습효과가 매우 높다.

1 옹벽의 정의

토압에 저항하여 토사의 붕괴를 방지하기 위해 설치되는 구조물을 옹벽이라 한다.

2 옹벽의 종류

(1) 중력식 옹벽
무근콘크리트로 만들어지며, 자중에 의하여 안정을 유지한다.

(2) 캔틸레버식 옹벽
철근콘크리트로 만들어지며, 역 T형 옹벽으로 각부는 캔틸레버로 설계한다.

(3) 부벽식 옹벽
캔틸레버식 옹벽에 일정한 간격으로 부벽을 설치하여 보강한 옹벽이다.
① 뒷부벽식 옹벽 : 옹벽의 뒷면에 인장재로 작용하는 부벽을 설치
② 앞부벽식 옹벽 : 옹벽의 앞면에 압축재로 작용하는 부벽을 설치

그림. 옹벽의 종류

3 옹벽의 안정

옹벽의 안정(전도, 활동, 지반 지지력에 대한 안정)은 사용하중에 의하여 검토한다.

학습POINT

(1) 전도에 대한 안정

$$F_S = \frac{\text{저항 모멘트}}{\text{전도 모멘트}} = \frac{M_r}{M_0} \geq 2.0 \text{(안전율)}$$

$$M_r = \sum (V \cdot x)$$

$$M_0 = \sum (H \cdot y)$$

모든 외력의 합력(R)의 작용점이 옹벽 저면 중앙 $\frac{1}{3}$ 이내 에 있어야 한다.

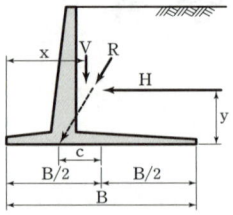

그림. 옹벽의 안정

(2) 활동에 대한 안정

옹벽 저판의 밑면에 활동방지벽(Shear key) 또는 횡방향 앵커를 설치함으로써 활동에 대한 저항성을 크게 할 수 있다.

$$F_S = \frac{\text{수평 저항력}}{\text{수평력}} = \frac{\mu(\Sigma V)}{\Sigma H} \geq 1.5$$

μ : 콘크리트 저판과 지반과의 마찰계수

* 활동에 부족한 경우의 조치
  ① 활동방지벽을 저판과 일체로 만든다.
  ② 횡방향 앵커를 설치한다.

■ 활동 방지벽과 저판은 일체가 되도록 만들어야 한다.

(3) 지반 지지력에 대한 안정

지반에 작용하는 최대하중(q_{max})이 지반의 허용지지력(q_a) 이하가 되면 안전하다. 즉 **안전율이 1.0**이라고 할 수 있다.

$$q_{\substack{max \\ min}} = \frac{V}{A} \pm \frac{M}{I} y = \frac{V}{A} \pm \frac{M}{Z} = \frac{V}{Bl}\left(1 \pm \frac{6e}{B}\right) \leq q_a$$

옹벽은 단위길이 $l = 1\text{m}$에 대하여 설계한다.

4 옹벽의 설계

(1) 저판

① 저판의 뒷굽판은 좀 더 정확한 방법이 사용되지 않는 한 뒷굽판 상부에 재하되는 모든 하중을 지지하도록 설계하여야 한다.
② 캔틸레버식 옹벽의 저판은 전면벽과의 접합부를 고정단으로 간주한 캔틸레버로 가정하여 단면을 설계한다.
③ 부벽식 옹벽의 저판은 부벽간의 거리를 경간으로 가정한 고정보 또는 연속보로 설계한다.

(2) 전면벽

> ① 캔틸레버식 옹벽의 전면벽은 저판에 지지된 캔틸레버로 설계한다.
> ② 부벽식 옹벽의 전면벽은 3변 지지된 2방향 슬래브로 설계한다.
> ③ 전면벽의 하부는 벽체로서 또는 캔틸레버로서도 작용하므로 연직방향으로 최소의 보강철근을 배치하여야 한다.

(3) 앞부벽 및 뒷부벽

> 앞부벽은 직사각형보로 설계하며, 뒷부벽은 T형 보로 보고 설계한다.

(4) 옹벽의 배면

뒤채움 흙에 침입된 물은 실질적인 방법에 의하여 조속히 배수되도록 시공해야 한다.

5 구조 상세

(1) 활동에 대한 효과적인 저항을 위하여 저판의 밑면에 활동방지벽을 설치하는 경우 활동방지벽과 저판을 일체로 만들어야 한다.
(2) 옹벽 설계시 콘크리트의 수화열, 온도변화, 건조수축 등 부피변화에 대한 별도의 구조해석이 없는 경우 신축이음을 설치할 수 있으며, 부피변화에 대한 구조해석을 수행한 경우는 신축이음을 두지 않고 수평으로 철근을 연속 배치할 수 있다.

핵 심 문 제

1 옹벽의 안정에 대한 기술 중 잘못된 것은? [90 ④]

㉮ 활동에 대한 저항력은 옹벽에 작용하는 수평력의 1.5배 이상이라야 한다.
㉯ 지지 지반에 작용하는 최대압력이 지반의 허용지지력을 넘어서는 안 된다.
㉰ 전도에 대한 저항모멘트는 횡토압에 의한 전도모멘트의 1.5배 이상이라야 한다.
㉱ 기초 지반에 작용하는 외력의 합력이 기초 저폭의 1/3 이내에 들도록 함이 좋다.

[해설] 1
① 전도에 대한 안전율 : 2.0
② 활동에 대한 안전율 : 1.5
③ 침하(지지력)에 대한 안전율 : 1.0

2 옹벽 구조의 외력에 대한 안정을 설명한 다음 내용 중 잘못된 것은? [92 ④]

㉮ 활동에 대한 저항력은 옹벽에 작용하는 수평력의 1.5배 이상이어야 한다.
㉯ 전도에 대한 저항모멘트는 횡토압에 의한 전도모멘트의 2배 이상이어야 한다.
㉰ 기초지반에 작용하는 외력의 합력은 기초 저폭 중앙의 1/2 이내에 들어와야 한다.
㉱ 지지지반에 작용하는 최대압력이 지반의 허용지지력을 넘어서는 안 된다.

[해설] 2
모든 외력의 합력의 작용점이 옹벽 저면의 중앙 1/3 이내에 있어야 한다.

3 철근콘크리트 옹벽에서 전도(over turn)에 대하여 부족할 때 다음과 같이 한다. 해당되지 않는 것은 어느 것인가? [96 ㉮]

㉮ 뒷굽 슬래브를 길게 한다.
㉯ 앞굽 슬래브를 앞으로 연장한다.
㉰ 수동토압이 작용하도록 활동방지벽을 설치한다.
㉱ Earth Anchor 공법을 쓴다.

[해설] 3
활동방지벽은 활동에 불안정할 때 설치하고 저판과 일체가 되게 한다.

4 철근콘크리트 옹벽 설계시 침하에 대한 안정 검토에 필요한 요소를 기술한 것이다. 직접 관련이 없는 요소는 어느 것인가? [00 ④]

㉮ 토사 및 콘크리트의 단위질량
㉯ 콘크리트와 지반과의 마찰 계수
㉰ 옹벽 저면에 작용하는 합력의 중심으로부터 편심거리
㉱ 기초 지반의 허용지지력

[해설] 4
콘크리트와 지반과의 마찰계수는 활동에 대한 안정을 검토할 때 필요한 요소이다.

정답 1. ㉰ 2. ㉰ 3. ㉰ 4. ㉯

5 그림의 무근콘크리트 옹벽(단위질량 2300 kg/m³)이 활동에 대하여 안전하려면 B 길이의 최소치는? (단, 흙의 단위질량 1800 kg/m³, 토압은 랜킨 공식으로 계산하며 토압계수 0.3, 마찰계수 0.5) [98 ⓢ]

㉮ 1.87m
㉯ 1.77m
㉰ 1.65m
㉱ 1.18m

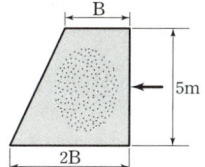

6 그림과 같은 옹벽에 토압(자중포함) P가 작용할 때 옳지 않은 것은? [97 ⓢ]

㉮ A점의 지반반력은 $\dfrac{2P}{b}$ 이다.
㉯ A점의 지반반력은 $\dfrac{\sqrt{2}P}{b}$ 이다.
㉰ A점의 지반반력은 최대지반반력이다.
㉱ B점의 지반반력은 0이다.

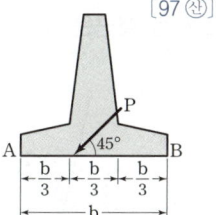

7 옹벽 각부의 설계는 옹벽의 종류와 구조배치에 따라 달라지지만, 일반적으로 다음과 같이 설계하도록 한다. 이중에서 틀린 것은? [96 ⓢ]

㉮ 캔틸레버식 옹벽의 저판은 수직벽에 의해 지지된 캔틸레버로 설계되어야 한다.
㉯ 부벽식 옹벽의 저판은 부벽 간의 거리를 경간으로 보고 단순보로 설계되어야 한다.
㉰ 캔틸레버 옹벽의 전면벽은 저판에 지지된 캔틸레버로 설계되어야 한다.
㉱ 부벽식 옹벽의 전면벽은 3변 지지된 2방향 슬래브로 설계한다.

8 옹벽의 토압 및 설계 일반에 대한 설명 중 옳지 않은 것은? [93, 94, 96 ⓢ]

㉮ 토압은 공인된 공식으로 산정하되 필요한 계수는 측정을 통하여 정해야 한다.
㉯ 옹벽 각부의 설계는 슬래브와 확대기초의 설계방법에 준한다.
㉰ 뒷부벽식 옹벽은 부벽을 T형보의 복부로 보고 전면벽은 2방향 슬래브로 보고 저판은 고정보 또는 연속보로 본다.
㉱ 앞부벽식 옹벽은 부벽을 T형보의 복부로 보고 전면벽은 2방향 슬래브로 보고 저판은 고정보 또는 연속보로 본다.

해 설

해설 5

(1) 수평토압
$$H = \dfrac{1}{2} k_a \gamma_t h^2$$
$$= \dfrac{1}{2} \times 0.3 \times (1,800 \times 9.8) \times 5^2$$
$$= 66,150 \text{ (N)}$$

(2) 마찰력
$$H_r = \mu V = \mu \left\{ \dfrac{B+2B}{2} \times h \right\} \gamma_c$$
$$= 0.5 \left\{ \dfrac{B+2B}{2} \times 5 \right\} \times 2300 \times 9.8$$
$$= 84,525B \text{ (N)}$$

(3) 활동에 대한 안정 조건
$$\dfrac{H_r}{H} = \dfrac{84,525B}{66,150} \geq 1.5 \text{ 에서}$$
$$\therefore B \geq 1.174\text{m}$$

해설 6

$$q_A = q_{max} = \dfrac{V}{A}\left(1 + \dfrac{6e}{B}\right)$$
$$= \dfrac{P\sin 45°}{b \times 1}\left(1 + \dfrac{6 \times \dfrac{b}{6}}{b}\right)$$
$$= \dfrac{\sqrt{2}P}{b}$$

해설 7

부벽식 옹벽의 저판은 부벽간의 거리를 경간으로 보고 고정보 또는 연속보로 설계한다.

해설 8

앞부벽식 옹벽의 부벽은 직사각형 보로 보고 설계한다.

정답 5. ㉱ 6. ㉮ 7. ㉯ 8. ㉱

9 옹벽에 관한 설명으로 틀린 것은? [00 ㉮]

㉮ 앞부벽식 옹벽의 부벽은 직사각형보로 설계한다.
㉯ 활동에 대한 저항력은 옹벽에 작용하는 수평력의 1.5배이어야 한다.
㉰ 옹벽의 뒷채움으로는 다져진 부순돌, 자갈보다는 다져진 실트 및 세사가 더 효과적이다.
㉱ 캔틸레버 옹벽의 전면벽은 저판에 지지된 캔틸레버로 설계할 수 있다.

해설 9
옹벽의 뒷채움재는 배수가 잘 되는 부순돌이나 자갈을 사용한다.

10 다음의 뒷부벽식(扶壁式) 옹벽에 표시된 철근은? [98 ㉮]

㉮ 인장철근
㉯ 배력근(配力筋)
㉰ 보조철근
㉱ 복철근

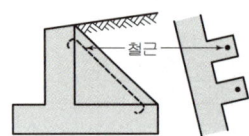

해설 10
뒷부벽의 부벽은 T형보로 설계하여 인장구역에 철근을 배치하므로 표시된 철근은 인장철근이다.

11 뒷부벽식 옹벽의 뒷부벽은 어떤보로 보고 설계하는가? [05 ㉯]

㉮ 직사각형보
㉯ T형보
㉰ 단순보
㉱ 연속보

해설 11
앞부벽은 직사각형보로 설계하고 뒷부벽은 T형보로 설계한다.

12 옹벽설계에서 철근배치의 그림이 역학적으로 가장 좋은 것은? [96, 00 ㉯]

 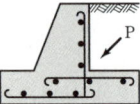   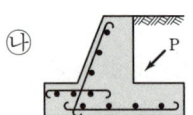

 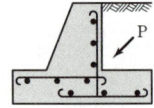   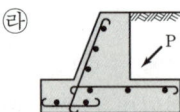

해설 12
(1) 주철근의 배치
 • 전면벽 : 배면
 • 뒷저판 : 상면
 • 앞저판 : 하면
(2) 수축·온도 철근의 배치
 옹벽의 안쪽에 배치한다.

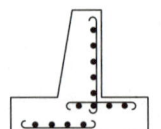

정답 9. ㉰ 10. ㉮ 11. ㉯ 12. ㉮

출제예상문제

CHAPTER 8 확대기초와 옹벽

■■■ 확대기초

1. 확대기초에 대한 설명 중 틀린 것은? [95㉮]

㉮ 독립 확대기초(isolated column footing)는 기둥이나 받침 1개를 지지하도록 단독으로 만든 기초를 말한다.
㉯ 벽의 확대기초(wall footing)란 벽으로부터 가해지는 하중을 확대 보호시키기 위하여 만든 확대기초를 말한다.
㉰ 연결 확대기초(combined footing)란 2개 이상의 기둥 또는 받침을 2개 이상의 확대기초로 지지하도록 만든 기둥을 말한다.
㉱ 전면기초(raft footing)란 기초지반이 비교적 약하여 어느 범위의 전면적을 두꺼운 슬래브를 기초판으로 하여 모든 기둥을 지지하도록 한 연속보와 같은 기초이다.

[해설] 옹벽의 주철근 배치
연결확대기초란 2개 이상의 기둥이나 주각을 1개의 기초로 지지하는 구조물이다.

2. 연결 확대기초 설계시 기둥으로부터 전달된 하중들의 합력이 저판의 도심과 일치하도록 설계하는 이유는? [93㉮]

㉮ 지반반력이 삼각형이 되도록
㉯ 지반반력이 사다리꼴이 되도록
㉰ 지반반력이 생기지 않도록
㉱ 지반반력이 직사각형이 되도록

[해설] 연결확대기초는 기둥으로부터 전달되는 하중을 기초 저판의 도심과 일치시켜 지반반력을 등분포시킨다.
∴ 지반반력이 직사각형이 된다.

3. 콘크리트 기초판 설계시 연직하중(자중포함) 600 kN을 받을 때 허용지지력 150 kPa의 지반에서 가장 경제적인 기초의 크기는 얼마인가? (단, 정방형단면) [00㉯]

㉮ 1.5m×1.5m
㉯ 2m×2m
㉰ 2.5m×2.5m
㉱ 3m×3m

[해설] $q = \dfrac{P}{A} \leq q_a$에서
$A \geq \dfrac{P}{q_a} = \dfrac{600}{150} = 4\,m^2 = 2m \times 2m$

4. 축방향 압축력 $P = 1,800\,kN$, 흙의 허용지지력 $q_a = 200\,kPa$인 정사각형 확대기초의 저판의 한변의 길이는 얼마인가? [00㉯]

㉮ 2m ㉯ 3m
㉰ 4m ㉱ 5m

[해설] $q = \dfrac{P}{A} \leq q_a$에서
$A = l^2 \geq \dfrac{P}{q_a} = \dfrac{1,800}{200} = 9\,m^2$
∴ $l = 3\,m$

5. 두께 500 mm인 균일한 정방형(正方形) 확대기초에 300 kN의 축방향력이 작용할 때 확대기초판의 한 변의 길이 l로서 적당한 것은 다음 중 어느 것인가? (단, 허용지내력 $q_a = 120\,kPa$, 콘크리트의 단위질량 $m_c = 2,400\,kg/m^3$) [97㉮]

㉮ 1.3m ㉯ 1.5m
㉰ 1.7m ㉱ 1.9m

해답 1. ㉰ 2. ㉱ 3. ㉯ 4. ㉯ 5. ㉰

[해설] 자중을 별도로 고려하는 경우

$q = \dfrac{P}{A} + \gamma h \leq q_a$ 에서

$A = l^2 \geq \dfrac{P}{q_a - \gamma h}$

$= \dfrac{300}{120 - 2,400 \times 9.8 \times 0.5 \times 10^{-3}}$

$= 2.77 \, m^2$

$\therefore l = \sqrt{2.77} \fallingdotseq 1.7 \, m$

6. 두께 600mm의 균일한 정방형(正方形) 확대기초에 300kN의 축방향력이 작용할 때 확대기초판의 한변의 길이 l로서 적당한 것은 다음 중 어느 것인가? (단, 허용지내력 $q_a = 120 \, kPa$, 콘크리트의 단위질량 $m_c = 2,400 \, kg/m^3$) [00㉮]

㉮ 1.3m ㉯ 1.5m
㉰ 1.7m ㉱ 1.9m

[해설] 자중을 별도로 고려하는 경우

$q = \dfrac{P}{A} + \gamma h \leq q_a$ 에서

$A = l^2 \geq \dfrac{P}{q_a - \gamma h}$

$= \dfrac{300}{120 - 2,400 \times 9.8 \times 0.6 \times 10^{-3}}$

$= 2.83 \, m^2$

$\therefore l = \sqrt{2.83} \fallingdotseq 1.7 \, m$

7. 자중을 포함한 수직하중 2250kN을 받는 독립확대기초에서 허용지지력이 250kPa일 때 한 변의 길이를 얼마로 하는 것이 경제적인가? (단, 정사각형단면) [00㉯]

㉮ 2m ㉯ 3m
㉰ 4m ㉱ 5m

[해설] $q = \dfrac{P}{A} \leq q_a$ 에서

$A = l^2 \geq \dfrac{P}{q_a} = \dfrac{2250}{250} = 9 \, m^2$

$\therefore l = 3 \, m$

8. 독립 확대기초의 크기가 2m×3m이고, 지반의 허용지지력이 200kPa일 때 이 기초가 받을 수 있는 허용 하중의 크기는? [93㉮]

㉮ 6,000 kN ㉯ 8,000 kN
㉰ 1,200 kN ㉱ 1,500 kN

[해설] $q_a = \dfrac{P}{A}$ 에서 $P = q_a A = 200(2 \times 3) = 1,200 \, kN$

9. 다음 그림에서 축방향력 $P = 200 \, kN$, 모멘트 $M = 20 \, kN \cdot m$ 가 작용하는 독립 확대기초의 최대 지반반력은 얼마인가? [97㉮]

㉮ 0.03 MPa
㉯ 0.04 MPa
㉰ 0.05 MPa
㉱ 0.06 MPa

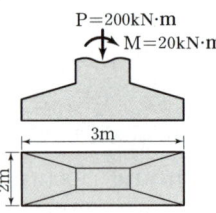

[해설] $q_{max} = \dfrac{P}{A} \pm \dfrac{M}{I} y = \dfrac{P}{A}\left(1 + \dfrac{6e}{b}\right)$

$= \dfrac{200 \times 10^3}{3 \times 2}\left(1 + \dfrac{6 \times 0.1}{3}\right)$

$= 40,000 \, N/m^2 = 40 \, kPa$

$\left[\begin{array}{l} M = Pe \text{에서} \\ e = \dfrac{M}{P} = \dfrac{20}{200} = 0.1 \, m \end{array}\right]$

10. 그림과 같은 편심 하중을 받는 확대기초에서 기초판의 단위 길이에 생기는 지반반력의 크기는 얼마인가? [93㉯]

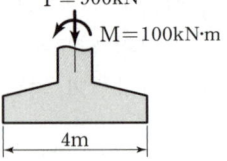

㉮ $f_{max} = 262.5 \, kPa$, $f_{min} = 20 \, kPa$
㉯ $f_{max} = 187.5 \, kPa$, $f_{min} = 30 \, kPa$
㉰ $f_{max} = 222.5 \, kPa$, $f_{min} = 124.5 \, kPa$
㉱ $f_{max} = 262.5 \, kPa$, $f_{min} = 187.5 \, kPa$

해답 6. ㉰ 7. ㉯ 8. ㉰ 9. ㉯ 10. ㉱

해설 $f_{\substack{\max \\ \min}} = \dfrac{P}{A} \pm \dfrac{M}{Z} = \dfrac{P}{A}\left(1 \pm \dfrac{6e}{b}\right)$

$= \dfrac{900 \times 10^3}{4 \times 1}\left(1 \pm \dfrac{6 \times \dfrac{100}{900}}{4}\right)$ 에서

$f_{\max} = 262,500 \, N/mm^2 = 262.5 \, kPa$

$f_{\min} = 187,500 \, N/mm^2 = 187.5 \, kPa$

11. 그림과 같은 철근콘크리트 확대기초의 위험단면에서의 휨모멘트는 얼마인가? (단, 확대기초 저면에서 일어나는 압력은 200kPa이다.) [97, 05 ㉯]

㉮ 1170 kN·m
㉯ 1580 kN·m
㉰ 2050 kN·m
㉱ 2530 kN·m

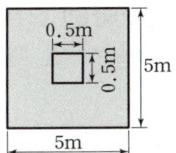

해설 $M = \dfrac{qS(L-t)^2}{8}$

$= \dfrac{(200 \times 10^3) \times 5 \times (5 - 0.5)^2}{8}$

$= 2,531,250 \, N \cdot m$

$= 2,531.25 \, kN \cdot m$

12. 그림의 철근콘크리트벽 확대기초에서 벽길이 1m 당 위험단면의 휨모멘트는? [98 ㉯]

㉮ 30 kN·m
㉯ 43 kN·m
㉰ 77 kN·m
㉱ 120 kN·m

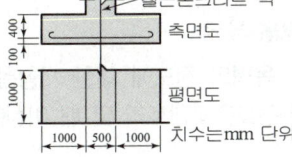

해설 $M = \dfrac{qS(L-t)^2}{8} = \dfrac{P}{A} \cdot \dfrac{S(L-t)^2}{8}$

$= \dfrac{600 \times 10^3}{2,500 \times 1000} \cdot \dfrac{1000 \times (2,500 - 500)^2}{8}$

$= 120,000,000 \, N \cdot m = 120 \, kN \cdot m$

13. 일반적으로 정사각형 확대기초에서 전단에 위험한 단면은? [93 ㉯]

㉮ 기둥의 전면
㉯ 기둥 전면에서 d 만큼 떨어진 면
㉰ 기둥의 전면에서 $d/2$ 만큼 떨어진 면
㉱ 기둥의 전면에서 기둥 두께만큼 안쪽으로 떨어진 면

해설 확대기초는 주로 2방향 거동을 보이므로 전단에 대한 위험단면은 기둥 전면에서 $d/2$인 곳이다.

14. 그림과 같이 1,250kN의 하중을 띠철근 기둥으로 지지할 경우 확대기초(2방향 배근)의 계수전단력은 얼마인가? (단, 유효 높이는 500mm이다.) [93 ㉯]

㉮ 821.5 kN
㉯ 1,222 kN
㉰ 1,701.5 kN
㉱ 1.925.5 kN

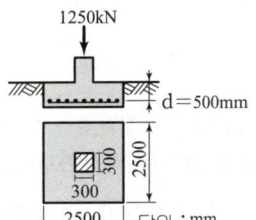

해설 $V_u = q_u\{LS - (t+d)^2\}$

$= \dfrac{P_u}{A}\{LS - (t+d)^2\}$

$= \dfrac{1,250}{2.5 \times 2.5}\{2.5 \times 2.5 - (0.3 + 0.5)^2\}$

$= 1,222 \, kN$

해답 11. ㉱ 12. ㉱ 13. ㉰ 14. ㉯

15. 확대기초에 관한 설명 중 틀린 것은? [96④]

㉮ 확대기초의 종류에는 독립 확대기초, 연결 확대기초, 캔틸레버 확대기초, 벽 확대기초 등이 있다.
㉯ 확대기초는 일반적으로 단순보, 연속보, 캔틸레버 또는 이들이 결합된 것으로 보고 설계해야 한다.
㉰ 확대기초에 작용하는 외부의 축하중, 전단력, 휨모멘트는 모두 지반에 안전하게 전달되어야 한다.
㉱ 확대기초의 상연에서부터 하부 철근까지의 깊이는 직접기초의 경우에 150mm 이상으로 규정되어 있다.

[해설] 확대기초를 설계할 때 주로 캔틸레버로 보며, 연결 확대기초는 기둥과 기둥 사이를 단순보나 연속보로 보고 설계한다. 따라서 라멘과 같은 결합구조로 설계하지는 않는다.

16. 슬래브, 확대기초의 두께가 250mm 이하인 경우 사인장 철근을 배근하지 않는 이유는? [96④]

㉮ 사인장철근이 정착력을 발휘할 수 없기 때문에
㉯ 사인장철근이 주철근 배근에 나쁜 영향을 주므로
㉰ 사인장철근을 배근하지 않아도 전단에 대해 안전하므로
㉱ 설계시 사인장철근을 배근하지 않아도 항상 안전하므로

[해설] 슬래브와 확대기초 및 전체 높이가 250mm 이하인 경우 주로 휨에 의해 파괴되므로 최소전단보강은 하지 않아도 안전하다.

17. 벽의 확대기초에서 허용지지력 $q_a = 150\,kN/m^2$ 이며, $P = 1,350\,kN$(자중 포함)의 수직하중을 받을 때 경제적인 기초의 한 변의 길이는? (단, 정방형일 때)

㉮ 1.0m   ㉯ 2.0m
㉰ 3.0m   ㉱ 4.0m

[해설] $q = \dfrac{P}{A} \leq q_a$ 에서

$$A = l^2 \geq \dfrac{P}{q_a} = \dfrac{1,350}{150} = 9\,m^2$$

$$\therefore\ l = \sqrt{9} = 3\,m$$

18. 정방향 확대기초의 기둥에 활하중 600kN, 고정하중 1200kN의 작용할 때 지반의 허용지지력 $q = 180\,kN/m^2$ 일 때 한 변의 소요길이 a는 얼마인가?

㉮ 3.16m
㉯ 4.16m
㉰ 5.16m
㉱ 6.16m

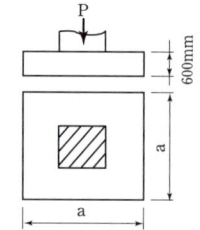

[해설] $q = \dfrac{P}{A} \leq q_a$ 에서

$$A = a^2 \geq \dfrac{P}{q_a} = \dfrac{600 + 1,200}{180} = 10\,m^2$$

$$\therefore\ l = \sqrt{10} = 3.16\,m$$

■■■ 옹벽

19. 옹벽의 전도에 대한 저항휨모멘트는 횡토압에 의한 전도휨모멘트의 몇 배 이상이어야 하는가?
[97④]

㉮ 1.5배   ㉯ 2.0배
㉰ 2.5배   ㉱ 3.0배

[해설] 전도에 대한 안정 조건

$$F_s = \dfrac{\text{저항모멘트}}{\text{전도모멘트}} \geq 2.0$$

해답 15. ㉯ 16. ㉰ 17. ㉰ 18. ㉮ 19. ㉯

20. 옹벽설계시의 안정 조건이 아닌 것은? [05, 02 ⓢ]

㉮ 전도에 대한 안정
㉯ 마찰력에 대한 안정
㉰ 활동에 대한 안정
㉱ 지반 지지력에 대한 안정

해설 옹벽의 안정 조건에는 전도, 활동, 침하, 지지력에 대한 안정조건이 있다.

21. 옹벽 기초에 작용하는 지반반력 분포가 그림과 같다. 앞측 A-A 단면의 단위 폭(1m)당 지반반력에 의한 휨모멘트를 구하면 얼마인가? [97 ㉮]

㉮ 80 kN·m
㉯ 110 kN·m
㉰ 130 kN·m
㉱ 170 kN·m

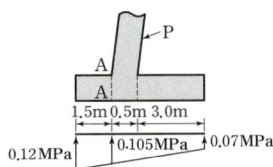

해설 ① $M = PL = \left(\begin{array}{c}\text{분포하중의}\\\text{면적}\end{array}\right)\left(\begin{array}{c}\text{사다리형의}\\\text{도심거리}\end{array}\right)$

$= \left\{\left(\dfrac{105+120}{2}\right)(1.5\times 1)\right\}$

$\quad \times \left(\dfrac{1.5}{3} \cdot \dfrac{105+2\times 120}{105+120}\right)$

$= 129.4 \text{ kN·m}$

$\begin{bmatrix}0.12\,\text{MPa} = 0.12\,\text{N/mm}^2 = 120\,\text{kN/m}^2\\ 0.105\,\text{MPa} = 0.105\,\text{N/mm}^2 = 105\,\text{kN/m}^2\end{bmatrix}$

22. 앞 부벽식 옹벽은 부벽을 어떤 보로 설계하는가? [97 ⓢ]

㉮ T형 보   ㉯ 연속 보
㉰ 단순 보   ㉱ 직사각형 보

해설 부벽의 설계 방법
• 앞부벽 : 직사각형보
• 뒷부벽 : T형보

23. 다음과 같은 옹벽의 각 부분중 T형보로 설계해야 할 부분은? [01 ㉮]

㉮ 앞 부벽식 옹벽의 저판
㉯ 뒷 부벽식 옹벽의 저판
㉰ 앞부벽
㉱ 뒷부벽

해설 옹벽에서 T형보로 설계하는 경우는 뒷부벽이다.

24. 옹벽 각부 설계에 대한 설명 중 옳지 않은 것은?

㉮ 캔틸레버 옹벽의 저판은 수직벽에 의해 지지된 캔틸레버로 설계되어야 한다.
㉯ 뒷부벽식 옹벽 및 앞부벽식 옹벽의 저판은 뒷부벽 또는 앞부벽간의 거리를 지간으로 보고 고정보 또는 연속보로 설계되어야 한다.
㉰ 전면의 하부는 연속 슬래브로서 작용한다고 보고 설계하지만 동시에 벽체 또는 캔틸레버로서도 작용하므로 상당한 양의 가외철근을 넣어야 한다.
㉱ 뒷부벽은 직사각형보로 앞부벽은 T형보로 설계되어야 한다.

해설 부벽식 옹벽에서 앞부벽은 직사각형보, 뒷부벽은 T형보로 설계한다.

25. 다음 그림에서 주철근의 배근이 잘못된 것은? [96 ⓢ]

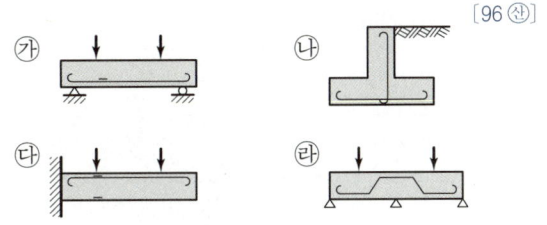

해설 옹벽의 주철근 배치
(1) 주철근의 배치 위치
• 전면벽 : 배면
• 뒷저판 : 상면
• 앞저판 : 하면

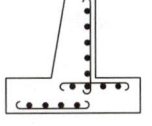

(2) 수축 및 온도 철근의 배치 위치
옹벽의 안쪽에 배치한다.

해답 20. ㉯ 21. ㉰ 22. ㉱ 23. ㉱ 24. ㉱ 25. ㉯

MEMO

제9장 프리스트레스트 콘크리트(PSC)

출제경향분석

긴강재를 긴장하여 부재에 응력을 가한 프리스트레스트 콘크리트 부재에 대하여 학습한다. 출제 빈도는 3~4문제 정도로서 다른 단원에 비해 출제율이 높다.

단원별 경향분석

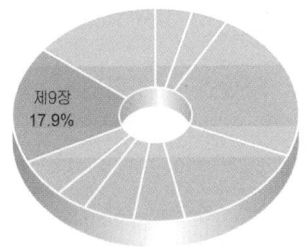

토목기사

제9장
17.9%

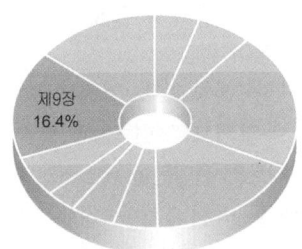

토목산업기사

제9장
16.4%

항목별 경향분석

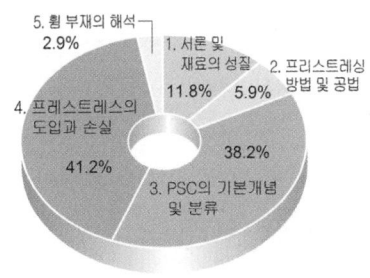

토목기사

5. 휨 부재의 해석 2.9%
1. 서론 및 재료의 성질 11.8%
2. 프리스트레싱 방법 및 공법 5.9%
3. PSC의 기본개념 및 분류 38.2%
4. 프레스트레스의 도입과 손실 41.2%

토목산업기사

5. 휨 부재의 해석 3.4%
1. 서론 및 재료의 성질 3.4%
2. 프리스트레싱 방법 및 공법 13.8%
3. PSC의 기본개념 및 분류 34.5%
4. 프레스트레스의 도입과 손실 44.8%

1 서론 및 재료의 성질

학습방향

PSC의 장단점, 콘크리트와 강재의 성질, 기타의 재료에 관한 내용이 비교적 자주 출제되고 있다. 용어의 의미들을 잘 파악해 둘 필요가 있다.

1 프리스트레스트 콘크리트의 의미

외력에 의하여 발생되는 인장응력을 상쇄시키기 위하여 미리 압축응력을 도입한 콘크리트 부재를 프리스트레스트 콘크리트(prestressed concrete, PSC)라고 한다. PSC는 인장응력에 의한 균열이 방지되고, 콘크리트의 전 단면을 유효하게 이용할 수 있는 장점이 있다.

2 PSC의 장단점

(1) PSC의 장점
  ① 균열이 발생되지 않도록 설계하기 때문에 **강재의 부식 위험이 적고 내구성이 좋다.**
  ② 과다한 하중으로 일시적인 균열이 발생해도 하중을 제거하면 다시 복원되므로 **탄력성과 복원성이 우수하다.**
  ③ **콘크리트의 전단면을 유효하게 이용할 수 있다.**
  ④ 강재를 곡선배치한 경우에는 전단력이 감소되어 복부를 얇게 할 수 있고 또한 고강도 재료를 사용함으로써 단면을 감소시킬 수 있어 **RC부재보다 경간을 길게 할 수 있다.**
  ⑤ **프리캐스트(pre cast)를 사용할 경우 시공성이 좋다.**
  ⑥ PSC 구조물은 안전성이 높다.

(2) PSC의 단점
  ① **내화성에 있어서는 불리하다.**
  ② **변형이 크고 진동하기 쉽다.**
  ③ 단가가 비싸고 보조재료가 많이 사용되므로 **공사비가 많이 든다.**

3 콘크리트

(1) 강재가 고강도이므로 고강도의 콘크리트가 요구된다.
  ① 프리텐션 공법 : $f_{ck} \geq 35\,\text{MPa}$
  ② 포스트텐션 공법 : $f_{ck} \geq 30\,\text{MPa}$

학습POINT

(2) 크리프나 건조수축이 작도록 배합하고 양생해야 한다. 일반적으로 물-시멘트비(또는 물-결합재비)는 45% 이하로 한다.
(3) 콘크리트의 탄성계수는 철근콘크리트(RC)의 경우와 같다.
(4) PS 강재와 직접 부착되는 콘크리트나 그라우트에는 PS 강재를 부식시킬 염려가 있으므로 염화칼슘을 사용해서는 안 된다.

4 PS 강재

(1) 종류
① 강선(wire) : 지름 2.9~9mm 정도의 강재로 주로 프리텐션 공법에 많이 사용된다.
② 강연선(strand) : 강선을 꼬아서 만든 것으로 2연선, 7연선이 많이 사용되고, 19연선, 37연선도 사용된다.
③ 강봉(bar) : 지름 9.2~32mm 정도의 강재로 주로 포스트텐션 공법에 쓰인다. 강봉은 강선이나 강연선보다 강도는 떨어지지만 릴랙세이션이 작은 장점이 있다.

(2) 요구되는 강재의 성질
① 인장강도가 클 것 : 고강도일수록 긴장력의 손실률이 작다.
② 항복비 $\left(=\dfrac{\text{항복 강도}}{\text{인장 강도}}\times 100\,\%\right)$가 클 것
③ 릴랙세이션이 작을 것
④ 부착강도가 클 것
⑤ 응력 부식에 대한 저항성이 클 것
⑥ 곧게 잘 펴지는 직선성이 좋을 것
⑦ 구조물의 파괴를 예측할 수 있도록 강재에 어느 정도의 연신율이 있을 것

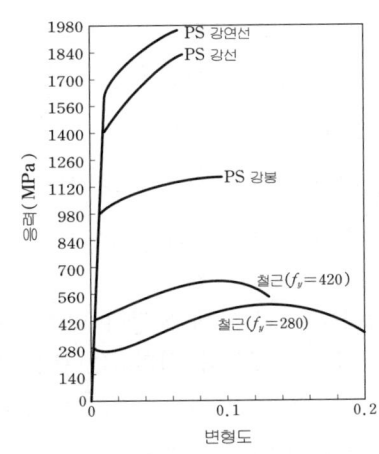

(3) PS 강재의 탄성계수
$$E_{ps}=2.0\times 10^5\,\text{MPa}$$

5 기타의 재료

(1) 쉬스(sheath)
포스트텐션 방식에서 사용하며, 강재를 삽입할 수 있도록 콘크리트 속에 미리 뚫어두는 구멍을 덕트(duct)라고 한다. 덕트를 형성하기 위해 사용하는 관을 쉬스라고 한다.

쉬스는 파형의 원통이 가장 많이 쓰인다. 쉬스는 변형에 대한 저항성이 크고, 콘크리트와의 부착이 좋아야 하며, 충격이나 진동기와의 접촉 등으로 변형되지 않아야 하고 쉬스 이음부는 시멘트 풀이 흘러 들어가지 않아야 한다.

(2) 그라우트(grout)

강재의 부식을 방지하고, 동시에 콘크리트와 부착시키기 위해서 쉬스 안에 시멘트풀 또는 모르타르를 주입한다. 이런 목적으로 만든 시멘트풀 또는 모르타르를 그라우트라 하고, 그라우트를 주입하는 작업을 그라우팅(grouting)이라고 말한다.

■ 그라우트의 요구 조건
① 팽창성 그라우트의 팽창률은 10% 이하라야 한다. (단, 비팽창성 그라우트는 시험을 생략한다.)
② 블리딩률은 0%를 표준으로 한다.
③ 재령 28일 압축 강도는 20MPa 이상이라야 한다. (단, 비팽창성 그라우트는 30MPa 이상이라야 한다.)
④ 물-시멘트비(W/C)는 45% 이하로 한다.
⑤ 염화물 함량은 0.08kg/m³이하로 한다.
⑥ 보통 포틀랜드 시멘트를 사용한다.
⑦ 유동성은 유하시간에 따라 적절히 설정한다.

(3) 정착장치와 접속장치
① 정착장치 : 포스트텐션 방식에서는 긴장재를 긴장한 후, 그 끝부분을 부재에 정착시켜야 하는데 이때 쓰이는 기구를 정착장치라 한다.
② 접속장치(coulper) : PS 강재와 PS 강재를 접속하거나 또는 정착장치와 정착장치를 접속할 때 사용하는 기구이며 나사를 이용하는 것이 많다.

6 간격 제한

(1) 부재단에서 프리텐셔닝 긴장재 사이의 순간격은 강선의 경우 $5d_b$, 강연선의 경우 $4d_b$ 이상이어야 한다.
(2) 콘크리트에 사용되는 굵은 골재의 공칭 최대 치수는 긴장재 또는 덕트 사이 최소 순간격의 $\dfrac{3}{4}$ 배를 초과하지 않아야 한다.
(3) 경간 중앙부에서 긴장재 간의 수직 간격을 부재단의 경우보다 좁게 하거나 다발로 사용할 수 있다.
(4) 포스트텐션 부재일 경우 콘크리트를 치는 데 지장이 없고, 긴장 시 긴장재가 덕트로부터 튀어 나오지 않도록 처리하였다면 덕트를 다발로 사용해도 좋다.
(5) 덕트의 순간격은 굵은 골재 최대 치수의 $\dfrac{4}{3}$ 배 이상, 25mm 이상 이다.

핵 심 문 제

| | 해 설 |

1 PSC 구조의 장점에 해당되지 않는 것은 다음 중 어느 것인가? [92 ⓢ]

㉮ 같은 하중에 대한 단면은 부재 자중이 경감되어 그 경간장을 증대시킬 수 있다.
㉯ 구조물은 가볍고 강하며 복원성이 우수하다.
㉰ 부재에는 확실한 강도와 안전율을 갖게 할 수 있다.
㉱ PSC는 화재시에 폭발할 염려가 없다.

해설 1
PSC는 고온에서 고강도 재료의 강도가 저하되므로 내화성에 있어서 불리하다.

2 PSC 보가 RC에 비해 유리한 점을 기술한 것 중 옳지 않은 것은? [00 ㉮]

㉮ 전단면이 유효하게 이용된다.
㉯ 프리스트레스에 의한 축방향의 응력으로 사인장력이 커진다.
㉰ 설계하중에서는 콘크리트에 균열이 생기지 않으므로 내구성이 크다.
㉱ 구조물이 가볍고, 강하여 복원성이 우수하다.

해설 2
PSC는 프리스트레스의 작용으로 상향력이 발생하여 사인장응력이 감소한다.

3 프리스트레스트 콘크리트를 사용하는 가장 큰 이점은 다음 중 무엇인가? [01 ㉮]

㉮ 고강도 콘크리트의 이용
㉯ 고강도 강재의 이용
㉰ 콘크리트의 균열감소
㉱ 변형의 감소

해설 3
PSC의 최대 장점은 콘크리트에 균열이 발생하더라도 복원성이 우수하여 균열이 감소한다는 것이다.

4 일반적으로 PSC에 사용되는 긴장재의 항복점은 뚜렷하지 않다. 다음 그림은 인장 시험에 의해 PS 강재의 항복 강도를 구하는 방법이다. 그림에서 일반적인 항복 강도시의 변형률 ε_r의 값은? [99, 92, 90 ㉮]

㉮ 0.2%
㉯ 0.3%
㉰ 0.02%
㉱ 0.03%

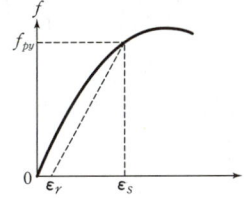

해설 4
일반적으로 PS 강재의 항복점은 뚜렷하지 않으므로, 0.2%의 잔류변형점을 항복점으로 한다.

5 PS 강재에 요구되는 일반적 성질 중 옳지 않은 것은? [99 ㉮, 96, 90 ⓢ]

㉮ 콘크리트와의 부착력이 클 것
㉯ 신직성(伸直性)이 클 것
㉰ 릴랙세이션(Relaxation)이 적을 것
㉱ 인장 강도가 적을 것

해설 5
PS 강재는 인장 강도가 커야 한다.

정답 1. ㉱ 2. ㉯ 3. ㉰ 4. ㉮ 5. ㉱

2 프리스트레싱 방법 및 공법

> **학습방향**
> 비교적 자주 출제되는 단원이다. 프리텐션 공법과 포스트텐션 공법의 원리를 잘 이해해 두기 바라며 각 공법에 관련된 부수적인 내용도 학습 해 두어야 한다.

1 프리스트레싱 방법

(1) 기계적 방법
  잭(jack)을 사용하여 강재를 긴장하는 방법이며, 가장 많이 쓰이는 방법이다.

(2) 화학적 방법
  팽창성 시멘트를 이용하여 강재를 긴장하는 방법이다. 팽창 시멘트를 사용한 콘크리트는 초기 재령에서 팽창한다. 이때 강재로 구속시켜 놓으면 강재는 긴장되고 콘크리트는 압축된다.

(3) 전기적 방법
  강재에 전류를 흘려서 가열하여 늘어난 강재를 콘크리트에 정착하는 방법이다.

(4) 프리플렉스(preflex) 방법
  고강도 강재로 된 보에 실제 작용할 하중보다 작은 하중을 가하여 휘게 한 상태에서 콘크리트를 친 후, 콘크리트가 충분한 강도에 도달하면 하중을 제거한다. 그러면 콘크리트에는 압축 응력이 도입된다.

2 프리텐션(Pre-tention) 공법

콘크리트를 타설하기 전에 강재를 미리 긴장시킨 후 콘크리트를 타설하고, 콘크리트가 경화되면 긴장력을 풀어서 콘크리트에 프리스트레스가 주어지도록 하는 방법이며, 콘크리트와 강재의 부착에 의해서 프리스트레스가 도입된다. 주로 공장 생산에 이용된다.

(1) 프리텐션 공법의 작업 순서

> ① 지지대 설치   ② 강재 배치 후 긴장
> ③ 거푸집 설치   ④ 콘크리트 타설
> ⑤ 콘크리트 양생 ⑥ 콘크리트 경화 후 강재 절단

(2) 장점
  ① 공장 생산에 이용하므로 품질 관리에 유리하다.

학습 POINT

- "pre-"는 "미리, ~이전의"의 뜻을 가진 접두어
- "post-"는 "뒤의, 다음의"의 뜻을 가진 접두어

② 대량 생산이 가능하다.
③ 부착에 의해 긴장력을 전달하므로 쉬스와 같은 부가적인 재료가 필요 없다.

(3) 단점
① 강재를 곡선으로 배치하기가 어려워 대형 구조물 제작에는 부적당하다.
② 단부에 프리스트레스의 도입이 어렵다.

(4) 프리텐션 공법의 종류
① 롱라인 공법(long-line method, 연속식)
한 번의 긴장으로 여러 개의 부재를 동시에 제작할 수 있는 방법으로, 넓은 면적이 필요하지만 대량 생산이 가능하다.
② 인디비듀얼 몰드 공법(individual mold method, 단독식)
거푸집 자체를 인장대로 하여 1회의 긴장으로 비교적 큰 부재를 1개씩 제작하는 방법이다.

3 포스트텐션(Post-tention) 공법

주로 현장 생산에 이용된다.

(1) 포스트텐션 공법의 작업순서

① 철근과 쉬스를 배치하고, 거푸집 제작
② 콘크리트 타설
③ 콘크리트 양생
④ 콘크리트가 경화된 후 강재를 쉬스 속에 삽입하고, 긴장한 후, 단부에 정착시킨다.
⑤ 쉬스 속을 그라우팅 한다.

(2) 장점
① 강재를 곡선 배치할 수 있다.
② 부재의 결합과 조립이 편리하여 현장에서 1개의 크고 긴 부재를 만들 수 있다.
③ 프리텐션 부재보다 비교적 낮은 강도의 콘크리트를 쓸 수 있다.
④ 별도의 지지대가 필요 없다.

(3) 단점
① 정착장치, 쉬스, 그라우트 등이 필요하다.
② 부착시키지 않은 경우 파괴 강도가 낮고 균열폭이 커진다.

(4) 긴장재 정착방법의 종류
① 쐐기식 공법
강재와 정착장치 사이의 마찰력을 이용하는 정착방식으로 강선과 강연선에 주로 사용된다.

㉠ 프레시네(Freyssinet) 공법
㉡ CCL 공법
㉢ 마그넬(Magnel) 공법
㉣ VSL 공법

② 지압식 공법
지압판으로 너트 또는 리벳의 머리 모양으로 가공된 PS 강선을 지지하도록 한 공법이다.
㉠ 리벳머리식 : BBRV 공법
㉡ 너트식 : 디비닥(Dywidag) 공법

③ 루프식 공법
루프형 강재의 부착과 지압에 의해 정착하는 공법이다.
㉠ 바우어 레온하르트(Baur-Leonhart) 공법
㉡ 레오바(Leoba) 공법

(5) 프레시네 공법
12개의 PS 강선을 한 다발로 만들고 잭으로 한번에 긴장하여 한 개의 원뿔형 쐐기(콘, cone)로 정착한다.

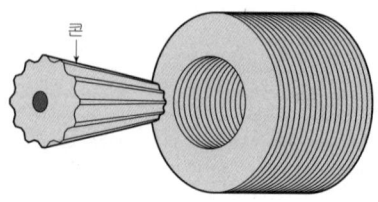

그림. 콘크리트로 제작된 콘

(6) 마그넬(magnel) 공법
쐐기 작용을 이용한 공법이며, 특수한 형태의 샌드위치 판을 사용하여 8개의 PS 강선을 정착할 수 있다.

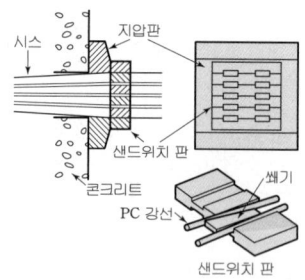

(7) VSL 공법

지름 12.4mm 또는 12.7mm의 7연선을 앵커 헤드(anchor head)의 구멍에 쐐기를 사용하여 하나씩 정착하는 공법이다.

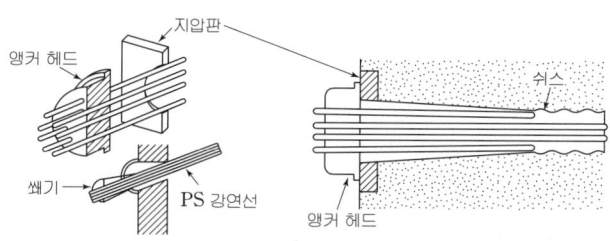

(8) BBRV 공법

PS 강선 끝을 냉간 가공하여 리벳머리를 만들고 이것을 앵커헤드에 지지시킨 다음에 앵커헤드의 중앙에 있는 구멍의 나사에 봉을 끼워서 잭으로 인장한다. 재킹이 끝난 후 앵커헤드 둘레에 끼운 앵커 너트를 조여서 지압판에 지지시킨다.

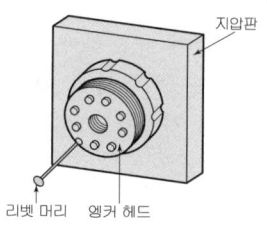

그림. BBRV 공법

(9) 디비닥(Dywidag) 공법

PS 강봉의 단부에 냉간 가공하여 전조 나사를 만들고 여기에 강재 너트를 끼워서 정착판에 정착시키는 공법이다. 커플러(coupler, 접속장치)를 사용하여 쉽게 PS 강봉을 연결해 나갈 수 있는 장점이 있다.

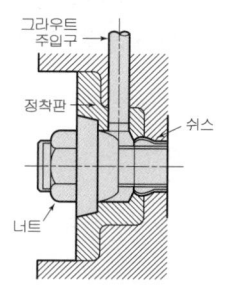

그림. 디비닥 공법

(10) 레오바(Leoba) 공법

PS 강재를 레오바식, 정착구에 감아 붙인 후 인장력을 가하는 공법이다.

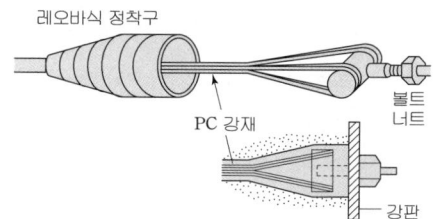

4 PSC의 교량 가설 공법

(1) 캔틸레버 공법(F.C.M)

동바리 없이 교각 위에서 양 방향으로 한 블록씩 콘크리트를 친 후 프리스트레스를 도입하고 나서 또 다시 이 부분을 지지점으로 하여 한 블록씩을 이어 나가는 가설공법이다.

(2) 압출 공법(I.L.M)

교대 후방에 작업장을 설치한 후, 교량의 거더를 10~30m 단위로 분할하여 콘크리트를 이어쳐서 제작하고, 이것을 잭(jack)을 이용하여 교대 위로 밀어내는 가설 공법이다.

(3) 이동식 지보공 공법(M.S.S)

교각의 좌·우에 만들어진 선반 형태의 구조물에 의해 지지되거나 매어 달은 이동식 지보공과 거푸집을 이용하여 한 경간을 현장치기로 시공하고 난 후 지보공을 다음 경간으로 이동시켜 계속 시공하는 공법이다.

(4) 프리캐스트 세그먼트 공법(P.S.M)

공장 또는 현장 부근에서 큰 구조의 부재를 작은 세그먼트로 분할하여 제작한 후, 이것을 운반하여 소정 위치에 들어 올려 놓고 포스트텐션 방식으로 압착하고 접합시켜서 교량을 완성하는 공법이다.

핵 심 문 제

1 PS 강재에 프리스트레스를 가하는 방법에 관한 설명 중 옳지 않은 것은?

㉮ PS 강재에 프리스트레스를 가하는 대표적인 방법으로 잭 등에 의한 기계적인 방법
㉯ PS 강재에 프리스트레스를 가하는 방법으로 팽창성 시멘트를 사용한 콘크리트의 팽창하는 성질을 이용하는 화학적 방법
㉰ PS 강재를 환상(環狀)으로 하여 콘크리트 속에 묻거나 또는 감아두는 콘크리트 블록을 사용하는 방법
㉱ PS 강재를 전기에 의하여 가열하여 신장시킨 후 PS 강재단을 고정하는 전기적 방법

2 아래와 같은 PSC 부재의 제작과정 중에서 프리텐션 공법에서는 필요하지 않은 것은 어느 것인가? [92㉴]

㉮ 콘크리트 치기 작업
㉯ PS 강재에 인장력을 주는 작업
㉰ PS 강재에 준 인장력을 콘크리트 부재에 전달시키는 작업
㉱ PS 강재와 콘크리트를 부착시키는 그라우팅 작업

3 포스트텐션 공법에 대한 기술 중 틀린 것은? [93㉮]

㉮ 콘크리트가 경화된 후에 PS 강재에 인장력을 푼다.
㉯ PS 강재를 먼저 긴장한 후에 콘크리트를 타설한다.
㉰ 그라우트를 주입시켜 PS 강재와 콘크리트를 부착시킨다.
㉱ PS 강재 긴장이 완료됨과 동시에 프리스트레스 도입이 완료된다.

4 프리텐션 부재에서 부재단으로부터 소정의 프리스트레스가 도입된 단면까지의 거리를 무엇이라고 하는가? [97㉮]

㉮ 부착길이 ㉯ 정착길이
㉰ 전달길이 ㉱ 유효길이

5 프리스트레스트 콘크리트에서 다음 중 옳지 않은 것은? [97㉴]

㉮ 롱 라인(long line) 공법으로 부재를 제작할 때는 대량 생산이 가능하다.
㉯ PS콘크리트의 원리는 일반적으로 응력개념, 강도개념, 하중평형 개념으로 구분한다.
㉰ 단독 거푸집(individual mold)공법은 거푸집이 비싸다.
㉱ 포스트텐션 방식으로 제작할 때는 롱 라인(long line) 공법을 이용한다.

해 설

해설 1
PS 강재를 환상으로 하여 콘크리트 속에 묻고 콘크리트 블록을 사용하는 방법은 레온하르트 정착방법이다.
프리스트레스를 가하는 방법
① 기계적 방법
② 화학적 방법
③ 전기적 방법
④ 프리플렉스 방법

해설 2
그라우팅은 포스트텐션 공법에서 사용한다.

해설 3
PS 강재를 먼저 긴장하여 콘크리트를 타설하는 공법은 프리텐션 공법이다.

해설 4
프리텐션 방식은 단부에서 프리스트레스가 도입되지 않고 일정 깊이만큼 들어간 위치에서 프리스트레스가 되입되는데 이 길이를 전달길이 또는 도입길이라 한다.

해설 5
롱라인 공법은 프리텐션 방식이다. 포스트텐션 방식은 부착시킨 포스트텐션 방식과 부착시키지 않은 포스트텐션 방식으로 나눈다.

정답 1. ㉰ 2. ㉱ 3. ㉯ 4. ㉰ 5. ㉱

6 콘크리트에 프리스트레스를 주는 방법에 대한 설명 중 틀린 것은? [99②]

㉮ 프리텐션 방식은 PS 강재를 먼저 긴장한 후 콘크리트를 치고 콘크리트가 경화한 뒤 강재의 긴장을 푸는 방법이다.
㉯ 포스트텐션 방식은 콘크리트 속에 덕트와 강재를 배치하고 콘크리트를 타설함과 동시에 PS 강재를 긴장시키는 방법이다.
㉰ 완전 프리스트레싱이란 사용 하중이 작용할 때 콘크리트 부재의 단면에 인장응력이 생기지 않도록 하는 방법이다.
㉱ 부분 프리스트레싱이란 사용 하중이 작용할 때 부재 단면에 인장응력이 생기는 것을 허용하는 방법이다.

[해설] **6**
포스트텐션 방식은 콘크리트가 경화된 후에 PS 강재를 긴장시키는 방법이다.

7 프리스트레스 콘크리트에서 프리텐션 방식의 장점이 아닌 것은? [00㉮]

㉮ 일반적으로 설비가 좋은 공장에서 제조되므로 제품의 품질에 대한 신뢰도가 높다.
㉯ 동일한 형상과 치수의 프리캐스트부재를 대량으로 제조할 수 있다.
㉰ 쉬스, 정착장치 등이 필요하지 않다.
㉱ PS강재를 곡선상으로 배치할 수 있어서 대형 구조물에 적합하다.

[해설] **7**
프리텐션 방식은 강재의 곡선 배치가 어려워 대형 구조물 제작이 어렵다.

8 다음은 프리텐션 방식과 포스트텐션 방식의 장점을 열거한 것이다. 옳지 않은 것은? [93㉯]

㉮ 프리텐션 방식은 보통 공장에서 제조되므로 제품의 품질에 대한 신뢰도가 높다.
㉯ 프리텐션 방식은 PS 강재를 곡선으로 배치하기가 쉬워서 대형 부재 제작에도 적합하다.
㉰ 프리텐션 방식은 같은 모양과 치수의 프리캐스트 부재를 대량으로 제조할 수 있다.
㉱ 포스트텐션 방식은 프리캐스트 PSC 부재의 결합과 조립에 편리하게 이용된다.

[해설] **8**
프리텐션 방식은 PS 강재의 곡선 배치가 어렵다.

9 마그넬(Magnel) 공법에서 샌드위치판 1장에 몇 개의 PS 강선을 정착시킬 수 있는가? [97㉯]

㉮ 2개   ㉯ 4개
㉰ 6개   ㉱ 8개

[해설] **9**
마그넬(Magnel) 공법은 8개의 강선을 정착시키는 방식이다.

정 6. ㉯ 7. ㉱ 8. ㉯ 9. ㉱

10 PS 강재와 정착 장치(grip) 사이의 마찰력을 이용하여 쐐기 작용으로 PS 강재를 정착하는 방법이 쐐기식인데 이 방법에 속하지 않는 공법은?
[95 ㉮]
㉮ VSL 공법
㉯ BBRV 공법
㉰ Freyssinet 공법
㉱ CCL 공법

11 디비닥(Dywidag) 공법에 관한 사항 중 옳지 않은 것은? [90 ㉮]
㉮ PS 강봉을 사용하여 특수 강재 너트로서 정착하는 공법이다.
㉯ PS 강봉을 쓰는 포스트텐션 공법이다.
㉰ 고강도 콘크리트를 쓰며 동바리 없이 하는 교량 가설 공법이다.
㉱ 프리캐스트(Precast)의 프리텐션 공법이다.

12 다음 프리스트레스트 콘크리트(PSC)에 의한 교량 가설법 중에서 교대 후방의 작업장에서 교량 상부 구조를 10~30m의 블록(block)으로 제작한 후, 미리 가설된 교각의 교축 방향으로 밀어내고 다음 블록을 다시 제작하고 연결하여 연속적으로 밀어내며 시공하는 공법은? [96 ㉳]
㉮ 캔틸레버 공법(F. C. M)
㉯ 이동식 지보공 공법(M. S. S)
㉰ 압출 공법(I. L. M)
㉱ 동바리 공법(F. S. M)

13 다음 프리캐스트 세그멘탈 공법에 대한 설명 중 옳지 않은 것은? [00 ㉳]
㉮ 교각을 먼저 건설한 후 특수제작된 이동식 비계를 이용하여 상판을 일시에 타설하고 비계를 이동하는 공법이다.
㉯ 현장 부근에서 제작된 길이 2~3m의 세그먼트를 압착 접합하여 경간을 만드는 방법이다.
㉰ 캔틸레버 가설법과 경간 단위 가설법으로 구분될 수 있다.
㉱ 하부공사와 세그먼트 제작이 동시에 이루어지므로 공사 기간이 단축되는 장점이 있다.

해 설

해설 10
BBRV 공법은 지압식 공법이다.

해설 11
디비닥 공법은 PS 강봉에 전조 나사를 만들고 강재 너트로 정착시키는 공법이며, 커플러를 사용하여 쉽게 PS 강봉을 연결해 나갈 수 있는 장점이 있어, 교량의 캔틸레버 공법에 이용되고 주로 포스트텐션 방식에 사용된다.

해설 12
교대 후방에서 제작하여 앞으로 밀어내면서 교량을 가설하는 방식은 압출공법이다.

해설 13
이동시 비계를 이용하여 교량을 가설하는 공법은 이동식 지보공 공법(MSS, Movable Scaffolding System)이다.

정답 10. ㉯ 11. ㉱ 12. ㉰ 13. ㉮

3 PSC의 기본개념 및 분류

> **학습방향**
>
> 매우 자주 출제되는 단원이며, 반드시 이해하고 있어야 한다.

1 응력 개념(균등질 보의 개념)

프리스트레스가 도입되면 콘크리트 부재를 탄성이론으로 해석 할 수 있다는 개념으로, Freyssinet가 제안한 개념이다.

학습POINT

(1) 강재가 직선으로 도심에 배치된 경우

$$f = \frac{P}{A} \pm \frac{M}{I}y$$

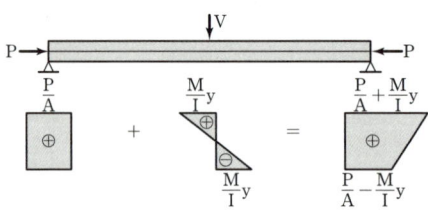

그림. 직선으로 도심에 배치

핵심예제 1

경간이 6 m인 보에 고정하중과 활하중의 합 $w = 30\,\text{kN/m}$ 가 실릴 때 PS 강재가 단면 중심에서 긴장되며 인장측의 콘크리트 응력이 0(zero)이 되려면 PS 강재에 얼마의 긴장력이 작용되어야 하는가? (단, 보의 폭은 300 mm이고, 높이는 400 mm이다.)

㉮ 2,005 kN ㉯ 2,025 kN
㉰ 2,045 kN ㉱ 2,065 kN

해설 $f_{하연} = \frac{P}{A} - \frac{M}{Z} = 0$ 에서

$$P = \frac{AM}{Z} = \frac{bh \times \left(\frac{wl^2}{8}\right)}{\frac{bh^2}{6}} = \frac{3wl^2}{4h} = \frac{3 \times 30 \times 6^2}{4 \times 0.4} = 2,025\,\text{kN}$$

답 : ㉯

(2) 강재가 직선으로 편심 배치된 경우

$$f = \frac{P}{A} \mp \frac{Pe}{I}y \pm \frac{M}{I}y$$

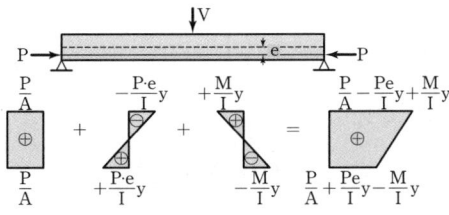

그림. 직선으로 편심에 배치

2 강도 개념(내력 모멘트 개념)

RC와 같이 압축력은 콘크리트가 받고 인장력은 PS 강재가 받는 것으로 하여 두 힘에 의한 내력 모멘트가 외력 모멘트에 저항한다는 개념이다.

$$M = Cz = Tz$$

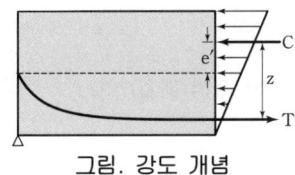

그림. 강도 개념

강재에 작용하는 인장력을 P라고 하면,

$$f_c = \frac{C}{A} \pm \frac{C \cdot e'}{A}y = \frac{P}{A} \pm \frac{P \cdot e'}{I}y$$

3 하중 평형 개념(등가 하중 개념)

프리스트레싱에 의한 작용과 부재에 작용하는 하중을 평형이 되도록 하자는 개념이다.

(1) 강재가 포물선으로 배치된 경우

$$\frac{ul^2}{8} = Ps \quad \text{에서} \quad \therefore u = \frac{8Ps}{l^2}$$

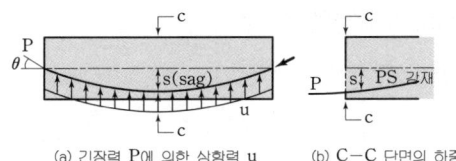

(a) 긴장력 P에 의한 상향력 u (b) C-C 단면의 하중

그림. 하중 평형 개념(포물선 배치)

핵심예제 2

다음 그림과 같은 PSC 단순보에 프리스트레스 힘을 4000kN작용시켰을 때 프리스트레스에 의한 상향력은? [00산]

㉮ 40 kN/m
㉯ 64 kN/m
㉰ 80 kN/m
㉱ 400 kN/m

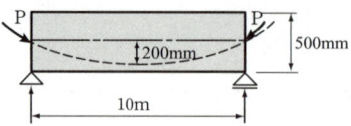

[해설] $u = \dfrac{8Ps}{l^2} = \dfrac{8 \times 4000 \times 0.2}{10^2} = 64\,\text{kN/m}$

답 : ㉯

(2) 강재가 절선으로 배치된 경우

하중 평형 조건 $\Sigma V = 0$ 에서 $U - 2P\sin\theta = 0$ ∴ $U = 2P\sin\theta$

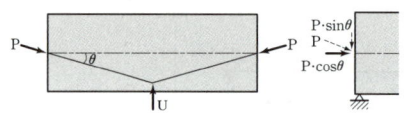

그림. 하중 평형 개념(절선 배치)

핵심예제 3

그림과 같은 단순 PSC보에서 지간중앙의 절곡점에서 상향력(U)과 외력(P)이 비기기 위한 PS강선 프리스트레스힘(F)의 크기는 얼마인가? (단, 손실은 무시한다) [00산]

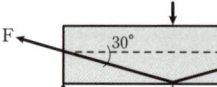

㉮ 100 kN
㉯ 50 kN
㉰ 70 kN
㉱ 30 kN

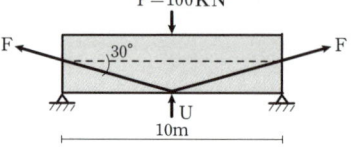

[해설] $P = U = 2F\sin\theta$ 에서 $F = \dfrac{P}{2\sin\theta} = \dfrac{100}{2\sin 30°} = 100\,\text{kN}$

답 : ㉮

4 PSC의 분류

(1) 완전 또는 부분 프리스트레싱

① 완전 프리스트레싱(full-prestressing) : 부재에 설계하중이 작용할 때 부재의 어느 부분에서도 인장응력이 생기지 않도록 프리스트레스를 가하는 것을 말한다.

② 부분 프리스트레싱(partial-prestressing) : 설계하중이 작용할 때 부재 단면의 일부에 인장응력이 생기는 경우이다.

(2) 내적 또는 외적 프리스트레싱
  ① 내적 프리스트레싱(internal prestressing) : 긴장재를 콘크리트 부재 속에 설치해 놓고 긴장하여 프리스트레스를 도입하는 방법이다.
  ② 외적 프리스트레싱(external prestressing) : 긴장재를 콘크리트 부재 밖에 설치하여 프리스트레스를 도입하는 방법이다.

핵 심 문 제

해 설

1 PSC(Prestressed Concrete)의 원리를 설명할 수 있는 기본개념으로 옳지 않은 것은? [02②]

㉮ 응력개념   ㉯ 강도개념
㉰ 변형도개념   ㉱ 하중평형개념

해설 1
PSC의 기본 개념
① 응력개념(균등질보의 개념)
② 강도개념(내력모멘트 개념)
③ 하중평형개념(등가하중 개념)

2 그림과 같은 단면의 PSC 보에 등분포하중(자중무시)이 작용한다면 중앙 단면상연의 응력은 얼마인가? (단, PS강재의 긴장력 $P=2500\,\text{kN}$, $I=2\times10^{10}\,\text{mm}^4$, $M=564\,\text{kN}\cdot\text{m}$) [90, 97㉮]

㉮ $f_c = 9.09\,\text{MPa}$
㉯ $f_c = 9.52\,\text{MPa}$
㉰ $f_c = 9.74\,\text{MPa}$
㉱ $f_c = 9.86\,\text{MPa}$

해설 2
압축을 양(+)으로 취한다.
$$f_{상연} = \frac{P}{A} - \frac{Pe}{I}y_{상연} + \frac{M_{중앙}}{I}y_{상연}$$
$$= \frac{2500\times10^3}{400\times800} - \frac{2500\times10^3\times200}{2\times10^{10}}\times400 + \frac{564\times10^6}{2\times10^{10}}\times400$$
$$= 9.09\,\text{MPa}$$

3 그림의 PSC 보에서 $P=750\,\text{kN}$ 이 작용할 때 경간 중앙 단면의 콘크리트 상연 응력은? (단, PSC 보의 단위 질량은 $2,500\,\text{kg/m}^3$, PS 강재는 직선이고 단면 중앙에 배치되어 있다. w_l: 등분포 활하중이며 보의 자중도 고려한다.) [81, 86, 88, 95, 99㉮㉱]

㉮ 7.23 MPa
㉯ 8.64 MPa
㉰ 9.73 MPa
㉱ 13.25 MPa

해설 3
$$f_{상연} = \frac{P}{A} + \frac{M_{중앙}}{Z}$$
$$= \frac{P}{bh} + \frac{\frac{wl^2}{8}}{\frac{bh^2}{6}}$$
$$= \frac{750\times10^3}{300\times500} + \frac{\frac{5.68\times8^2}{8}\times10^6}{\frac{300\times500^2}{6}}$$
$$= 8.6352\,\text{N/mm}^2 \fallingdotseq 8.64\,\text{MPa}$$
$$\begin{bmatrix} w = w_l + w_d \\ = 2 + 2.5\times9.8\times0.5\times0.3 \\ = 5.675\,\text{kN/m} \fallingdotseq 5.68\,\text{kN/m} \end{bmatrix}$$

4 그림과 같이 등분포하중을 받는 단순보에 PS 강재를 $e=50\,\text{mm}$ 만큼 편심시켜서 직선으로 작용시킬 때 보 중앙 단면의 하연 응력은 얼마인가? (단, 자중은 무시한다.) [90, 94, 98, 99㉱]

㉮ 69 MPa(압축)
㉯ 42 MPa(압축)
㉰ −33 MPa(인장)
㉱ −6 MPa(인장)

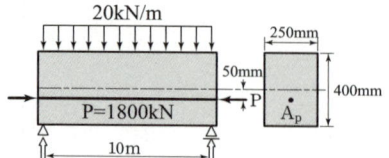

해설 4
$$f_{하연} = \frac{P}{A} + \frac{Pe}{Z} - \frac{M}{Z}$$
$$= \frac{P}{bh} + \frac{Pe}{\frac{bh^2}{6}} - \frac{\frac{wl^2}{8}}{\frac{bh^2}{6}}$$
$$= \frac{1800\times10^3}{250\times400} + \frac{1800\times10^3\times50}{\frac{250\times400^2}{6}}$$
$$- \frac{\frac{20\times10^2}{8}\times10^6}{\frac{250\times400^2}{6}}$$
$$= -6\,\text{MPa}$$

정답 1. ㉰ 2. ㉮ 3. ㉯ 4. ㉱

해 설

5 그림과 같이 경간 20m, b=400mm, h=900mm인 직사각형 단면에 PS 강재가 도심에서 아래로 편심 e=250mm만큼 배치되어 있을 때 보의 중앙단면에서 일어나는 상연과 하연의 콘크리트 응력은 얼마이겠는가? (단, PS 강재의 긴장력은 3375 kN이고, 자중 포함 $W_d + W_L = 27\,kN/m$)
[98, 94 ㉮]

㉮ (상) $f_c = 22.65\,MPa$
   (하) $f_t = 1.5\,MPa$
㉯ (상) $f_c = 20.8\,MPa$
   (하) $f_t = 1.5\,MPa$
㉰ (상) $f_c = 18.75\,MPa$
   (하) $f_t = 0\,MPa$
㉱ (상) $f_c = 15.58\,MPa$
   (하) $f_t = 0\,MPa$

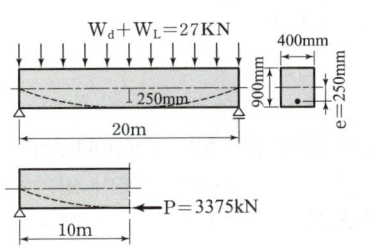

해설 5

$$f_{\substack{상연\\하연}} = \frac{P}{A} \mp \frac{Pe}{Z} \pm \frac{M_{중앙}}{Z}$$

$$= \frac{P}{bh} \mp \frac{Pe}{\frac{bh^2}{6}} \pm \frac{\frac{wl^2}{8}}{\frac{bh^2}{6}}$$

$$= \frac{3375 \times 10^3}{400 \times 900}$$

$$\mp \frac{3375 \times 10^3 \times 250}{\frac{400 \times 900^2}{6}}$$

$$\pm \frac{\frac{27 \times 20^2}{8} \times 10^6}{\frac{400 \times 900^2}{6}}$$

$$= \begin{cases} 18.75\,MPa\,(상연),\\ 0\,MPa\,(하연) \end{cases}$$

6 경간 8m인 단순 PSC보에 등분포 하중(고정하중과 활하중의 합) $w = 30\,kN/m$이 작용하며 PS 강재는 단면 중심에 배치되어 있다. 인장측 하연의 콘크리트 응력이 0이 되려면 PS 강재에 작용되어야 할 인장력 P는?
[05, 94 ㉮]

㉮ 2,400 kN
㉯ 3,500 kN
㉰ 4,000 kN
㉱ 4,920 kN

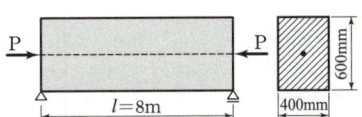

해설 6

$f_{하연} = \frac{P}{A} - \frac{M}{Z} = 0$에서

$$P = \frac{AM}{Z} = \frac{bh \times \left(\frac{wl^2}{8}\right)}{\frac{bh^2}{6}}$$

$$= \frac{3wl^2}{4h} = \frac{3 \times 30 \times 8^2}{4 \times 0.6}$$

$$= 2,400\,kN$$

7 휨모멘트 $2000\,kN \cdot m$(자중포함)가 작용하는 PS보에 프리스트레스 $P = 4000\,kN$이 가해졌을 경우 저항모멘트의 팔길이는 얼마인가? [98 ㉯]

㉮ 0.2 m   ㉯ 0.3 m
㉰ 0.4 m   ㉱ 0.5 m

해설 7

강도개념을 적용하면
$M = Cz = Tz = Pz$에서
$$z = \frac{M}{T} = \frac{M}{P} = \frac{2000}{4000} = 0.5\,m$$

8 경간 15m에 $w = 40\,kN/m$(자중 포함)가 작용하는 PS 콘크리트보에 $P = 2000\,kN$의 프리스트레스가 주어질 때 등분포 상향력 u를 평형하중 개념에 의해 계산하면, 이 보의 순하향 분포하중은 얼마인가? (단, 새그 : $s = 250mm$이며 강재는 포물선으로 배치되어 있다.)
[96 ㉮]

㉮ 17.7 kN/m
㉯ 22.2 kN/m
㉰ 13.4 kN/m
㉱ 57.7 kN/m

해설 8

(1) 등분포 상향력
$$u = \frac{8Ps}{l^2} = \frac{8 \times 2000 \times 0.25}{15^2}$$
$$= 17.8\,kN/m$$

(2) 순하향 분포하중
$$w - u = 40 - 17.8$$
$$= 22.2\,kN/m$$

정답 5. ㉰   6. ㉮   7. ㉱   8. ㉯

9 그림의 PS 콘크리트 보에서 PS 강재를 포물선으로 배치하여 프리스트레스 $P = 1,000$ kN이 작용할 때 프리스트레스의 상향력은?
(단, $b = 600$ mm, $h = 600$ mm, $s = 250$ mm임) [96, 05 ㉮]

㉮ 51.3 kN/m
㉯ 41.3 kN/m
㉰ 31.3 kN/m
㉱ 21.3 kN/m

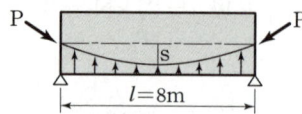

[해설] 9
하중평형개념을 적용하면
$$u = \frac{8Ps}{l^2} = \frac{8 \times 1,000 \times 0.25}{8^2}$$
$$= 31.25 \text{ kN/m}$$

10 그림과 같은 단순 PSC 보에서 등분포하중(자중포함) $w = 30$ kN/m가 작용하고 있다. 프리스트레스에 의한 상향력과 이 등분포 하중이 비기기 위해서는 프리스트레스 힘 P를 얼마로 도입해야 하는가? [96, 01, 05 ㉮]

㉮ 900 kN
㉯ 1,200 kN
㉰ 1,500 kN
㉱ 1,800 kN

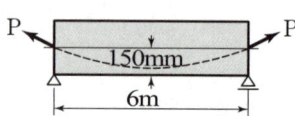

[해설] 10
$w = u = \frac{8Ps}{l^2}$ 에서
$$P = \frac{wl^2}{8s} = \frac{30 \times 6^2}{8 \times 0.15}$$
$$= 900 \text{ kN}$$

11 그림과 같이 경간 중앙점에서 강선(tendon)을 꺾었을 때, 이 꺾은점에서 상향력(上向力) U의 값은? [99, 91 ㉮, 99, 97 ㉯]

㉮ $U = F \cdot \sin\theta$
㉯ $U = 2F \cdot \sin\theta$
㉰ $U = F \cdot \tan\theta$
㉱ $U = 2F \cdot \tan\theta$

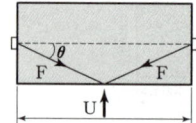

[해설] 11
하중평형개념을 적용하면
$\sum V = 0$ 에서
$U = 2F\sin\theta$

12 부분적 프리스트레싱(prestressing)의 설명으로 옳은 것은? [00, 91 ㉮]

㉮ 구조물에 부분적으로 PSC 부재를 사용하는 것
㉯ 부재 단면의 일부에만 프리스트레스를 도입하는 것
㉰ 설계 하중의 일부만 프리스트레스에 부담시키고 나머지는 강철재에 부담시키는 것
㉱ 설계 하중이 작용할 때 PSC 부재 단면의 일부에 인장응력이 생기는 것

[해설] 12
설계하중이 작용할 때 부재 단면의 일부에 인장응력이 생기는 경우를 부분 프리스트레싱이라 하고, 인장응력이 생기지 않는 경우를 완전 프리스트레싱이라 한다.

13 그림과 같은 경간 8m인 단순보에 등분포 하중(자중포함) $w = 30$ kN/m가 작용하며, PS 강재는 단면 도심에 배치되어 있다. 완전 프리스트레싱이 되기 위해서는 최소한의 인장력 P를 얼마로 해야 하는가? [98 ㉯]

㉮ 1,800 kN
㉯ 1,900 kN
㉰ 2,000 kN
㉱ 2,100 kN

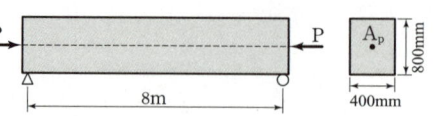

[해설] 13
완전 프리스트레싱 조건
$f_{하연} = \frac{P}{A} - \frac{M_{max}}{Z} = 0$ 에서
$$P = \frac{AM_{max}}{Z} = \frac{bh \times \left(\frac{wl^2}{8}\right)}{\frac{bh^2}{6}}$$
$$= \frac{3wl^2}{4h} = \frac{3 \times 30 \times 8^2}{4 \times 0.8}$$
$$= 1,800 \text{ kN}$$

정답 9. ㉰ 10. ㉮ 11. ㉯ 12. ㉱ 13. ㉮

4 프리스트레스의 도입과 손실

> **학습방향**
> 매우 자주 출제되는 단원이다. 손실의 종류 및 유효율과 탄성 변형, 활동, 건조 수축, 크리프에 의한 손실, 그리고 릴랙세이션에 의한 손실의 계산식 중 근사식 등의 출제율이 높다.

1 프리스트레스의 도입

프리스트레스를 도입하고자 할 때는 부재의 콘크리트의 압축강도는 다음 조건을 만족 시켜야 한다.
프리텐션, 포스트텐션 공법 모두 도입직후 최대응력의 1.7배 이상

· 프리텐션 공법 : 30 MPa 이상

· 포스트텐션 공법 : 여러 개의 강연선 : 28 MPa 이상
　　　　　　　　　단일 강연선 또는 강봉 : 17 MPa 이상

2 프리스트레스 손실의 종류

(1) 프리스트레스를 도입할 때 손실(즉시 손실)

　① 콘크리트의 탄성변형(탄성수축)
　② 강재와 쉬스의 마찰
　③ 정착단의 활동

(2) 프리스트레스를 도입 후 손실(시간적 손실)

　① 콘크리트의 건조수축
　② 콘크리트의 크리프
　③ 강재의 릴랙세이션

핵심예제 1

PS 콘크리트에서 프리스트레스를 도입한 이후에 일어나는 프리스트레스 손실의 원인이 아닌 것은? [00⑤]

㉮ 콘크리트의 탄성변형　　㉯ 콘크리트의 크리프
㉰ 콘크리트의 건조수축　　㉱ PS강재의 릴랙세이션

답 : ㉮

3 유효율(R)

(1) 유효율 $R = \dfrac{P_e}{P_i}$

(프리텐션 방식 : $R = 0.80$, 포스트텐션 방식 : $R = 0.85$)

(2) 감소율 $= \dfrac{P_i - P_e}{P_i} = 1 - R$

(3) $P_e = \alpha P_j$

(프리텐션 방식 : $\alpha = 0.65$, 포스트텐션 방식 : $\alpha = 0.80$)
 α : 재킹(jacking)력에 대한 유효프리스트레스 힘
 P_j : 재킹에 의한 힘
 P_i : 초기 프리스트레스 힘
 P_e : 유효 프리스트레스 힘

4 탄성 변형에 의한 손실

(1) 프리텐션 방식

콘크리트의 탄성변형률 ε_e 만큼의 PS강재의 응력감소가 발생한다.

$\Delta f_p = E_p \varepsilon_e = E_p \dfrac{f_c}{E_c} = n f_c$

$$\Delta f_p = n f_c$$

 f_c : 프리스트레스 도입 후 강재가 있는 위치에서 콘크리트의 응력
 n : 탄성계수비

핵심예제 2

프리텐션 방식으로 제작한 부재에서 프리스트레스에 의한 콘크리트의 압축 응력이 6 MPa이고, $n = 8$일 때 콘크리트의 탄성변형에 의한 PS강재의 프리스트레스의 감소량은 얼마인가? [00 ㉮]

㉮ 24 MPa
㉯ 42 MPa
㉰ 48 MPa
㉱ 52 MPa

해설 $\Delta f_p = n f_c = 8 \times 6 = 48$ MPa

답 : ㉰

2) 포스트텐션 방식
  ① 강재를 한꺼번에 긴장할 경우는 응력의 감소가 없다. 콘크리트 부재에 직접 지지하여 강재를 긴장하기 때문이다.
  ② 순차적으로 긴장할 때는 제일 먼저 긴장하여 정착한 PC 강재가 가장 많이 감소하고 마지막으로 긴장하여 정착한 긴장재는 감소가 없다. 이 경우 프리스트레스의 감소량을 계산하면 제일 먼저 긴장한 긴장재의 감소량의 $\frac{1}{2}$ 과 같고 이를 모든 긴장재의 평균 손실량으로 한다.

  평균감소량 $= \frac{1}{2} \times$(최초에 긴장재의 감소량)
  $$\therefore \Delta f_p = \frac{1}{2} n f_c \frac{N-1}{N}$$

  N : 긴장재수
  f_c : 프리스트레싱에 의한 긴장재가 있는 위치에서 콘크리트의 응력

5 활동에 의한 손실

(1) 프리텐션 방식은 고정 지주의 정착 장치에서 발생한다.
(2) 포스트텐션 방식의 경우
  ① 1단 정착일 경우
  $$\Delta f_p = E_p \varepsilon_{활동} = E_p \frac{\Delta l}{l}$$

  E_p : 강재의 탄성계수($E_p = 2.0 \times 10^5$ MPa)
   l : 긴장재의 길이
   Δl : 정착장치에서 긴장재의 활동량
  쐐기식 : 3~6mm 정도 활동
  지압식 : 1mm 정도 활동
  ② 양단 정착일 경우
  $$\Delta f_p = E_p \varepsilon_{활동} = E_p \frac{2\Delta l}{l}$$

핵심예제3

보의 길이 $l = 30$ m, **활동량** $\Delta l = 3$ mm, $E_p = 200,000$ MPa 일 때 프리스트레스 감소량 Δf_p는? (단, 일단 정착임) [00⑤]

㉮ 40 MPa   ㉯ 15 MPa
㉰ 30 MPa   ㉱ 20 MPa

해설 $\Delta f_p = E_p \varepsilon_{활동} = E_p \frac{\Delta l}{l} = 2 \times 10^5 \times \frac{3}{30 \times 10^3} = 20$ MPa   답 : ㉱

6 마찰에 의한 손실

강재의 인장력은 쉬스와의 마찰로 인하여 긴장재의 끝에서 중심으로 갈수록 작아지며, 포스트텐션 방식에만 해당된다.

(1) 곡률 마찰과 파상 마찰을 동시에 고려할 때

$$P_x = P_0 \cdot e^{-(kx+\mu\alpha)}$$

P_x : 인장단으로 부터 x거리에서의 긴장재의 인장력
P_0 : 인장단에서의 긴장재의 인장력
x : 인장단으로부터 고려하는 단면까지의 길이(m)
k : 파상 마찰계수
α : 각 변화(radian)
μ : 곡률 마찰계수

(2) 근사식

l이 40m 이내이고, 긴장재의 각변화(α)가 30°이하인 경우이거나 $\mu\alpha + kl \leq 0.3$인 경우에는 근사식으로 계산할 수 있다.

$$P_x = P_0(1 - kx - \mu\alpha)$$

긴장력의 손실량 $\Delta P = P_0 - P_x$, 손실률 = $\dfrac{\Delta P}{P_0} = \mu\alpha + kl$

7 건조 수축과 크리프에 의한 손실

(1) 콘크리트의 건조수축에 의한 손실

$$\Delta f_p = E_p \varepsilon_{cs}$$

ε_{cs} : 강재가 있는 곳의 콘크리트 건조수축 변형률

(2) 콘크리트의 크리프에 의한 손실

$$\Delta f_{pc} = E_p \varepsilon_c = E_p \phi \varepsilon_e = \phi \dfrac{E_p}{E_c} f_{ci} = \phi n f_{ci}$$

$$\Delta f_p = n\phi f_c$$

ϕ : 크리프 계수(프리텐션 부재 : 2.0, 포스트텐션 부재 : 1.6)

8 강재의 릴랙세이션에 의한 손실

(1) 포스트텐션 부재의 경우

$$\Delta f_p = f_{pi} \dfrac{\log t}{10} \left(\dfrac{f_{pi}}{f_{py}} - 0.55 \right)$$

f_{pi} : 프리스트레스 도입직후 긴장재의 인장응력
f_{py} : 긴장재의 항복강도
t : 프리스트레싱 후 크리프로 인한 손실계산까지의 시간(hr)

■ 저 릴랙세이션 강재(low-Relaxaton steel)를 사용하는 경우는 분모수를 10 대신 45를 사용한다.

(2) 프리텐션 부재의 경우

$$\Delta f_p = f_{pi}\left(\frac{\log t_n - \log t_r}{10}\right)\left(\frac{f_{pi}}{f_{py}} - 0.55\right)$$

(3) 근사식

$\Delta f_p = r f_{pi}$

강선, 강연선 : $r = 5\%$

강봉 : $r = 3\%$

핵 심 문 제

1 다음 설명 중에서 프리스트레스의 감소 원인이 아닌 것은?

[91, 94 ㉮, 90, 96, 98 ㉯]

㉮ 콘크리트의 크리프(creep)
㉯ PS 강재의 항복점 강도
㉰ PS 강재의 릴랙세이션(relaxation)
㉱ 정착 장치에서의 활동(活動)

2 PS 강선을 긴장할 때 생기는 프리스트레스의 손실 원인이 아닌 것은?

[97 ㉮]

㉮ 콘크리트의 탄성수축에 의한 원인
㉯ 마찰에 의한 원인
㉰ 콘크리트의 건조수축과 크리프에 의한 원인
㉱ 정착단의 활동에 의한 원인

3 콘크리트에 프리스트레스 600 kN을 도입한 후 여러 가지 원인에 의하여 125 kN의 프리스트레스 감소가 생겼다. 이때 유효율은?

[92 ㉯]

㉮ 21 %   ㉯ 30 %
㉰ 70 %   ㉱ 79 %

4 단면적 100,000mm²의 콘크리트 단면의 도심에 단면적 1,960mm²의 PS 강선을 배치하고 인장력 300kN을 가할 때 콘크리트 탄성 변형에 의한 인장력의 감소량은? (단, 탄성계수비 $n=7$이고, 프리텐션방식이다.)

[96 ㉯]

㉮ 41.2 kN
㉯ 38.8 kN
㉰ 61.2 kN
㉱ 58.8 kN

5 300mm×500mm의 직사각형 단면을 가진 프리텐션 단순보에 편심 배치한 PS 강재를 750 kN으로 긴장하였을 때 콘크리트의 탄성 변형으로 인한 프리스트레스 감소량은? (단, $n=6.0$, $I=3.125 \times 10^9 \text{mm}^4$)

[98 ㉯]

㉮ 45.62 MPa
㉯ 39.22 MPa
㉰ 40.54 MPa
㉱ 37.55 MPa

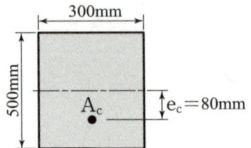

해 설

해설 1
프리스트레스의 손실
① 도입 시 손실
 : 탄성수축, 활동, 마찰
② 도입 후 손실
 : 크리프, 건조수축, 릴랙세이션

해설 2
프리스트레스 도입 시 손실
① 콘크리트의 탄성수축
② 정착단의 활동
③ 강재와 쉬스의 마찰

해설 3
유효율
$$R = \frac{P_e}{P_i} = \frac{P_i - \Delta P}{P_i}$$
$$= \frac{600-125}{600} = 0.792$$
∴ 79.2%

해설 4
(1) 프리스트레스 감소량
$$\Delta f_p = nf_c = n\frac{P}{A}$$
$$= 7\left(\frac{300 \times 10^3}{100,000}\right)$$
$$= 21 \text{N/mm}^2 = 21 \text{MPa}$$
(2) 인장력 감소량
$$\Delta P = \Delta f_p \times A_p = 21 \times 1960$$
$$= 41,160 \text{N} \fallingdotseq 41.2 \text{kN}$$

해설 5
$$\Delta f_p = nf_c = n\left(\frac{P}{A} + \frac{Pe}{I}y_p\right)$$
$$= 6\left(\frac{750 \times 10^3}{300 \times 500}\right.$$
$$\left. + \frac{750 \times 10^3 \times 80}{3.125 \times 10^9} \times 80\right)$$
$$= 39.22 \text{MPa}$$

정답 1. ㉯ 2. ㉰ 3. ㉱ 4. ㉮ 5. ㉯

6 300mm×400mm의 콘크리트 단면에 200mm²의 PS 강선 4개를 대칭으로 배치한 포스트텐션 부재에 있어서 PS 강선을 1개씩 차례로 긴장하는 경우 콘크리트의 탄성 수축에 의한 프리스트레스의 평균 손실량의 근사값은? (단, 초기 프리스트레스 1,000 MPa, $n = 6.0$) [97㉮]

㉮ 13.6 MPa
㉯ 15.0 MPa
㉰ 16.8 MPa
㉱ 17.5 MPa

7 길이 5m인 포스트텐션(post-tension) 콘크리트보의 강선(tendon)에 1,200 MPa의 인장력을 가했더니 정착단이 3mm 변형되었기 때문에 강선(tendon)이 3mm 만큼 풀렸다. 이때 프리스트레스(prestress)의 손실은? (단, $E_s = 2.0 \times 10^5$ MPa 이다.) [98㉮]

㉮ 10 %
㉯ 15 %
㉰ 20 %
㉱ 25 %

8 일단 정착의 포스트텐션 부재에서 PS 강재의 길이 30m, 초기 프리스트레스 1,000 MPa일 때 감소율 3%가 되기 위해서는 활동량이 얼마인가? (단, $E_p = 2.0 \times 10^5$ MPa) [97㉮]

㉮ 3.0 mm
㉯ 3.5 mm
㉰ 4.0 mm
㉱ 4.5 mm

9 그림과 같은 PSC보에서 A단에서 강재를 긴장할 경우 B단까지의 마찰에 의한 프리스트레스 감소율(%)은 얼마인가? (단, θ_1=0.08, θ_2=0.05, θ_3=0.08, μ(곡률마찰계수)=0.20, λ(파상마찰계수)=0.0015이며, 근사법을 적용할 것) [00㉮]

㉮ 6.4 %
㉯ 8.7 %
㉰ 9.6 %
㉱ 12.3 %

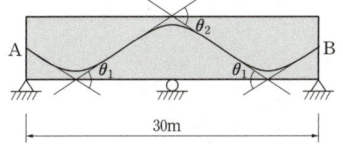

해 설

해설 6
포스트텐션 방식에서 탄성수축에 의한 프리스트레스 감소량
$$\Delta f_p = \frac{1}{2} n f_c \frac{N-1}{N}$$
$$= \frac{1}{2} n \left(\frac{f_p A_p N}{A_g}\right)\left(\frac{N-1}{N}\right)$$
$$= \frac{1}{2} \times 6 \left(\frac{1,000 \times 200 \times 4}{300 \times 400}\right)$$
$$\times \left(\frac{4-1}{4}\right)$$
$$= 15 \text{ N/mm}^2 = 15 \text{ MPa}$$

해설 7
(1) 활동에 의한 손실량
$$\Delta f_p = E_p \left(\frac{\Delta l}{l}\right)$$
$$= 2 \times 10^5 \times \left(\frac{3}{5000}\right)$$
$$= 120 \text{ N/mm}^2$$
$$= 120 \text{ MPa}$$
(2) 감소율
$$\frac{\Delta f_p}{f_p} = \frac{120}{1,200} = 0.1$$
$$\therefore 10\%$$

해설 8
감소율 $= \dfrac{\Delta f_p}{f_p} = \dfrac{E_p\left(\frac{\Delta l}{l}\right)}{f_p}$ 에서
$$\Delta l = \frac{f_p l}{E_p} \times 감소율$$
$$= \frac{1,000 \times (30 \times 10^3)}{2.0 \times 10^5} \times 0.03$$
$$= 4.5 \text{ mm}$$

해설 9
$l \leq 40$ m 이므로 근사식을 적용하면
감소율 $= \mu\alpha + kx$
$= 0.2 \times (0.08 + 0.05 + 0.08)$
$+ 0.0015 \times 30$
$= 0.087 \quad \therefore 8.7\%$

정답 6. ㉯ 7. ㉮ 8. ㉱ 9. ㉯

10 PS 강재의 탄성계수 $E_p = 2.0 \times 10^5 \text{ MPa}$, 콘크리트의 건조 수축 계수가 29×10^{-5}일 때 강재의 인장응력 감소량은? [95 ㉮]

㉮ 29 MPa
㉯ 36 MPa
㉰ 58 MPa
㉱ 61 MPa

11 PS 강재의 프리스트레스 $f_p = 1,000 \text{ MPa}$, 콘크리트의 프리스트레스 $f_c = 6 \text{ MPa}$, 콘크리트 크리프 계수 $\phi_t = 2.0$, $n = 6$일 때 크리프에 의한 PS 강재의 프리스트레스 손실률은? [98 ㉮]

㉮ 5.2%
㉯ 6.2%
㉰ 7.2%
㉱ 8.2%

해 설

[해설] **10**
$\Delta f_p = E_p \varepsilon_{cs}$
$= 2.0 \times 10^5 \times (29 \times 10^{-5})$
$= 58 \text{ MPa}$

[해설] **11**
(1) 크리프에 의한 손실량
$\Delta f_p = n\phi f_c = 2 \times 6 \times 6$
$= 72 \text{ MPa}$
(2) 손실률
$\dfrac{\Delta f_p}{f_p} = \dfrac{72}{1,000} = 0.072$
∴ 7.2%

정답 10. ㉰ 11. ㉰

5 휨 부재의 해석

> **학습방향**
> 출제 빈도는 낮은 편이며 기출문제만 공부하는 것이 효과적이다.

1 콘크리트의 허용 응력(f_{ca})

(1) 프리스트레스 도입 직후 시간에 따른 프리스트레스 손실이 일어나기 전의 응력은 다음 값을 초과해서는 안 된다.
  ① 허용 휨압축응력
   · 단순지지 부재 단부 이외의 경우 : $0.60\,f_{ci}$
   · 단순지지 부재 단부 : $0.70\,f_{ci}$
  ② 휨 인장응력
   · 단순지지 부재 단부 이외의 경우 : $0.25\sqrt{f_{ci}}$
   · 단순지지 부재 단부 : $0.50\sqrt{f_{ci}}$
   (f_{ci} : 프리스트레스를 도입할 때의 콘크리트 압축 강도)

(2) 비균열등급 또는 부분균열등급 프리스트레스트 콘크리트 휨부재에 대해 모든 프리스트레스 손실이 일어난 후 사용하중에 의한 콘크리트의 휨응력은 다음 값 이하로 하여야 한다. 이 때 단면 특성은 비균열 단면으로 가정하여 구한다.
  ① 압축연단응력(유효프리스트레스 + 지속하중) : $0.45\,f_{ck}$
  ② 압축연단응력(유효프리스트레스 + 전체하중) : $0.60\,f_{ck}$

2 강재의 허용 응력(f_{pa})

(1) 긴장을 할 때 긴장재의 인장응력
  $0.80\,f_{pu}$ 또는 $0.94\,f_{py}$ 중 작은 값 이하

(2) 프리스트레스 도입 직후
  $0.74\,f_{pu}$ 또는 $0.82\,f_{py}$ 중 작은 값 이하

(3) 정착구와 커플러의 위치에서 프리스트레스 도입 직후 포스트텐션 긴장재 : $0.70\,f_{pu}$
  여기서, f_{py} : 강재의 설계기준 항복강도
     f_{pu} : 강재의 설계기준 인장강도

학습POINT

■ 균열 등급의 분류
① Class U (Uncracked Section)
  $f_t \leq 0.63\sqrt{f_{ck}}$
② Class T (Transitional Cracked Section)
  $0.63\sqrt{f_{ck}} < f_t \leq 1.0\sqrt{f_{ck}}$
③ Class C (Cracked Section)
  $f_t > 1.0\sqrt{f_{ck}}$
여기서, f_t는 사용하중에 의한 인장 연단의 응력이다.

■ PSC와 RC가 다른 하나는 RC는 설계에서 철근의 항복강도 f_y를 사용하나 PSC는 파괴강도 f_{ps}를 사용한다. 그 이유는 RC는 파괴될 때 철근의 응력이 f_y가 되지만 강재의 응력이 항복이후에도 증가하므로 PSC가 파괴될 때 응력은 f_{py}보다는 크고 f_{pu}보다는 작은 f_{ps}를 갖는다.

3 균열 모멘트(M_{cr})

인장측 콘크리트에 휨 균열을 발생시키는 모멘트를 균열 모멘트라고 한다. 휨 균열은 인장측 콘크리트의 인장응력이 휨인장강도(=파괴 계수)를 넘어설 때 발생하며, 콘크리트 파괴 계수(f_r)는 보통중량 콘크리트의 경우 $0.63\sqrt{f_{ck}}$ 이고 경량콘크리트는 경량콘크리트계수 λ를 곱한 것과 같다.

$$f_{하연} = \frac{P}{A} + \frac{Pe}{I}y_{하연} - \frac{M_{cr}}{I}y_{하연} = -f_r 에서$$

대칭단면은 $\dfrac{I}{y_{하연}} = Z$(단면계수)가 되므로 대입하여 정리하면

$$\therefore M_{cr} = \left(\frac{P}{A} + \frac{Pe}{Z} + f_r\right)Z$$

4 직사각형보의 해석

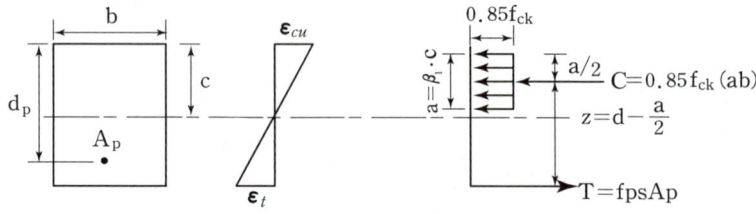

① 등가응력 깊이(a)

$\Sigma H = 0 : C = T$ 에서

$$a = \frac{A_p f_{ps}}{0.85 f_{ck} b}$$

② 공칭 휨 강도

$$M_n = Tz = A_p f_{ps}\left(d - \frac{a}{2}\right)$$

③ 설계 휨 강도

$$M_d = \phi M_n = \phi\left\{A_p f_{ps}\left(d - \frac{a}{2}\right)\right\}$$

핵 심 문 제

1 프리스트레스 콘크리트의 허용응력을 기술한 것 중 잘못된 것은? [90⑦]

㉮ 프리스트레스 도입 직후 콘크리트의 허용 휨 압축 응력(단순지지 부재 단부 이외의 경우) : $0.60 f_{ci}$

㉯ 프리스트레스 도입 직후 단순보의 단부에서 허용 인장응력 : $0.50\sqrt{f_{ci}}$

㉰ 모든 프리스트레스 손실이 일어난 후(유효프리스트레스+지속하중) 작용시 허용 휨 압축 응력 : $0.45 f_{ck}$

㉱ 모든 프리스트레스 손실이 일어난 후(유효프리스트레스+전체하중) 작용시 일반적인 경우의 허용 휨 인장응력 : $0.50\sqrt{f_{ck}}$

[해설] 1

모든 손실 후 사용하중이 작용할 때 콘크리트의 허용응력
- (유효프리스트레스+지속하중)
 : $f_{ca} = 0.60 f_{ck}$
- (유효프리스트레스+지속하중)
 : $f_{ca} = 0.45 f_{ck}$

2 부분 프리스트레스된 보의 단면은 하중의 크기에 따라 단면이 발휘하는 모멘트를 다음과 같이 부른다. 압축 이탈 모멘트 M_o, 사용하중 모멘트 M_w, 계수 모멘트 M_u, 균열 모멘트 M_{cr} 크기의 순서가 옳은 것은? [97산]

㉮ $M_u > M_{cr} > M_o > M_w$
㉯ $M_u > M_w > M_o > M_{cr}$
㉰ $M_u > M_w > M_{cr} > M_o$
㉱ $M_u > M_{cr} > M_w > M_o$

[해설] 2

M_u : 극한(계수)하중에 의해 발생되는 모멘트
M_w : 사용하중에 의한 모멘트
M_{cr} : 부재에 균열을 일으키기 시작하는 크기의 모멘트
M_0 : 부재의 단면에 인장응력이 생기도록 하는 최소 크기의 모멘트

∴ $M_u > M_w > M_{cr} > M_o$

3 그림과 같은 단면의 균열모멘트를 계산하면? (단, $f_{pe} = 1,000$ MPa, $f_{ck} = 40$ MPa, 콘크리트의 휨 인장 강도 $f_r = 4.56$ MPa, 강재의 단면적 $A_p = 1,000$ mm², $e_p = 120$ mm이며, 자중을 포함한 고정하중은 $w_d = 2.4$ kN, 활하중 $w_l = 10$ kN 이고, PS 강재와 콘크리트 사이에는 부착이 있다. 경간 $l = 10.0$ m) [92⑦]

㉮ $M_{cr} = 156$ kN·m
㉯ $M_{cr} = 187$ kN·m
㉰ $M_{cr} = 217$ kN·m
㉱ $M_{cr} = 451$ kN·m

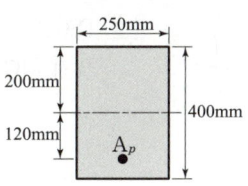

[해설] 3

$$M_{cr} = \left(\frac{P}{A} + \frac{Pe}{Z} + f_r\right) Z$$

$$= \left(\frac{P}{bh} + \frac{Pe}{\frac{bh^2}{6}} + f_r\right) \frac{bh^2}{6}$$

$$= \left(\frac{1,000 \times 10^3}{250 \times 400} + \frac{1,000 \times 10^3 \times 120}{\frac{250 \times 400^2}{6}}\right.$$

$$\left. + 4.56\right) \frac{250 \times 400^2}{6}$$

$$= 217,066,667 \text{ N·mm}$$
$$\fallingdotseq 217 \text{ kN·m}$$

$\begin{bmatrix} P = f_{pe} A_p N = 1,000 \times 1,000 \times 1 \\ = 1,000,000 \text{ N} = 1,000 \text{kN} \end{bmatrix}$

정답 1. ㉱ 2. ㉰ 3. ㉰

출제예상문제

9 CHAPTER 프리스트레스트 콘크리트

■■■ 서론 및 재료의 성질

1. 프리스트레스트 콘크리트 구조의 이점 중 옳지 않은 것은? [92②]
㉮ 프리스트레스트 콘크리트는 부재의 확실한 강도, 안전율을 갖게 할 수 있다.
㉯ 프리스트레스트 콘크리트는 화해(火害)에 대하여 철근콘크리트보다 우수하다.
㉰ 프리스트레스트 콘크리트는 설계 하중 하에서 콘크리트에 균열이 생기지 않으므로 내구성이 크다.
㉱ 프리스트레스트 콘크리트는 구조물이 가볍고 강하여 복원성이 우수하다.

[해설] PSC는 고강도 재료의 사용으로 열에 약하다.

2. 다음은 프리스트레스트 콘크리트에 관한 설명이다. 옳지 않은 것은? [01㉮]
㉮ 탄력성과 복원성이 강한 구조부재이다.
㉯ RC부재보다 경간을 길게 할 수 있고 구조물이 날렵하다.
㉰ RC에 비해 단면이 작기 때문에 변형이 크게 일어난다.
㉱ RC보다 내화성에 있어서 유리하다.

[해설] PSC는 고강도 재료의 사용으로 열에 약하므로 RC에 비해 내화성에 불리하다.

3. 다음 사항 중 프리스트레스트 콘크리트의 장점이 아닌 것은 어느 것인가? [05㉱]
㉮ 구조물의 자중이 가볍고 복원성이 우수하다.
㉯ 철근콘크리트에 비하여 강성이 크고 진동이 적다.
㉰ 부재에 확실한 강도와 안전율을 갖게 할 수 있다.
㉱ 설계하중하에서는 균열이 생기지 않으므로 내구성이 크다.

[해설] PSC는 RC에 비해 강성이 작아서 변형이나 진동이 생기기 쉽다.

4. 다음 설명 중 옳지 않은 것은? [94㉮]
㉮ PS 강재는 철근콘크리트용 강재보다 우수함으로 온도의 상승에 따른 열해(熱害)를 적게 받는다.
㉯ PSC용 콘크리트의 다지기는 진동수가 큰 진동기를 사용한다.
㉰ PSC 보는 철근콘크리트보와는 달리 축방향의 응력 때문에 사인장력이 적어진다.
㉱ PS 강재는 프리스트레싱(prestressing) 작업 중에 최대의 인장응력을 받는다.

[해설] PSC는 고강도 재료의 사용으로 열에 약하므로 열해를 입기 쉽다.

해답 1. ㉯ 2. ㉱ 3. ㉯ 4. ㉮

5. 철근콘크리트와 프리스트레스트 콘크리트에 대한 다음 설명 중 틀린 것은? [93㉮]

㉮ 철근콘크리트 및 프리스트레스트 콘크리트는 설계 하중하에서 최대 응력이 발생한다.
㉯ 프리스트레스트 콘크리트는 설계 하중하에서 균열이 생기지 않으므로 내구성이 좋다.
㉰ 철근콘크리트에 비하여 구조물이 가볍고 강하며, 복원성이 우수하다.
㉱ 프리스트레스트 콘크리트 시공이 복잡하므로 고도의 기술이 필요하고 설계도 상대적으로 어렵다.

[해설] 강재는 긴장을 할 때 최대응력이 발생하고 그 후는 손실로 인해 응력이 감소한다.

6. 포스트텐션 부재에서 콘크리트의 설계기준압축강도는 얼마 이상이어야 하는가? (단, 일반적인 경우임.) [87㉰]

㉮ 25 MPa
㉯ 30 MPa
㉰ 35 MPa
㉱ 40 MPa

[해설] 설계기준압축강도 (f_{ck})
- 프리텐션 방식 : 35MPa 이상
- 포스트텐션 방식 : 30MPa 이상

7. 프리텐션 콘크리트에서 재령 28일 최소 설계 기준 강도 f_{ck}는? [86, 80㉰]

㉮ 18 MPa
㉯ 24 MPa
㉰ 30 MPa
㉱ 35 MPa

8. 다음은 PSC의 재료에 대한 설명이다. 옳지 않은 것은?

㉮ 콘크리트의 설계 기준 강도는 프리텐션의 경우 35 MPa이상, 포스트텐션의 경우 30 MPa 이상이어야 한다.
㉯ 물·시멘트비는 45% 이하가 되도록 하는 것이 좋다.
㉰ 콘크리트의 탄성계수 및 PS 강선의 탄성계수는 철근콘크리트의 경우와 다르다.
㉱ 단위 시멘트량은 필요한 범위 내에서 가능한 한 최소로 한다.

[해설] PSC와 RC의 탄성계수는 같다.
(1) 콘크리트의 탄성계수
$$E_c = 8,500 \sqrt[3]{f_{cm}} = 8,500 \sqrt[3]{f_{ck} + \Delta f}$$
여기서, · $f_{ck} \leq 40$ MPa이면 $\Delta f = 4$ MPa
· $f_{ck} \geq 60$ MPa이면 $\Delta f = 6$ MPa
(2) 강재의 탄성계수
$$E_{ps} = E_s = 2.0 \times 10^5 \text{ MPa}$$

9. PS 강재의 종류가 아닌 것은? [96㉰]

㉮ 강선(Piano wire)
㉯ 강봉(Prestressing steel bar)
㉰ 도관(sheath)
㉱ 강연선(strand)

[해설] 도관(쉬스)은 포스트텐션 방식에서 덕트를 만들기 위해 사용하는 작은 관을 말한다.

10. PS 강선이 갖추어야 할 일반적인 성질 중 옳지 않은 것은?

㉮ 인장강도가 높아야 하고 항복비가 커야 한다.
㉯ 릴랙세이션이 커야 한다.
㉰ 파단시의 늘음이 커야 한다.
㉱ 직선성이 좋아야 한다.

해답 5. ㉮ 6. ㉯ 7. ㉱ 8. ㉰ 9. ㉰ 10. ㉯

[해설] PS 강재의 갖추어야 할 조건
① 인장 강도가 커야하고 항복비 $\left(\dfrac{항복강도}{인장강도}\right)$가 커야 한다.
② 릴랙세이션은 작고 부착 강도는 커야 한다.
③ 직선성(신직성)을 유지해야 한다.
④ 응력부식에 대한 저항성이 커야 한다.
⑤ 파단 시 늘음이 커야 한다.

11. 다음은 PS 강재가 갖추어야 할 일반적인 성질을 기술한 것이다. 옳지 않은 것은? [95 ㉮]

㉮ 인장 강도가 높아야 한다.
㉯ 항복비가 커야 한다.
㉰ 릴랙세이션(relaxation)이 커야 한다.
㉱ 콘크리트와의 부착 강도가 커야 한다.

[해설] 릴랙세이션은 시간의 경과에 따라 강재의 긴장력이 감소하는 현상이므로 릴랙세이션은 작아야 한다.

12. 시험에 의하지 않을 경우 PS 강재의 탄성계수는? [95 ㉮]

㉮ 2.2×10^5 MPa
㉯ 2.1×10^5 MPa
㉰ 2.04×10^5 MPa
㉱ 2.0×10^5 MPa

[해설] $E_{ps} = E_s = 2.0 \times 10^5$ MPa

13. 시스(sheath)에 대한 다음 설명 중 틀린 것은? [95 ㉯]

㉮ 시스는 변형을 막고 탄성을 크게 하기 위해 파형으로 만든다.
㉯ 콘크리트를 칠 때 진동기와 시스를 충분히 접촉시켜 공극을 없애야 한다.
㉰ 이음부는 모르타르의 침입을 막기 위해 테이프 등으로 감는다.
㉱ grouting(그라우팅)을 하기 직전 duct(덕트) 내부는 압축공기로 깨끗이 청소해야 한다.

[해설] 쉬스는 변형이나 파손을 막기 위해 진동기와 접촉을 피하는 것이 좋다.

14. 프리스트레스트 콘크리트에서 PS강재의 배치에 관한 설명 중 옳지 않은 것은?

㉮ 프리텐션 부재의 경우 부재 단부에서 긴장재의 순간격은 강선의 경우 $5d_b$ 이상, 강연선의 경우 $4d_b$ 이상이어야 한다.
㉯ 프리텐션 부재의 경우 경간의 중앙부에서는 긴장재의 수직간격이 부재의 단부보다 좁아도 되며, 또한 강선과 스트랜드를 다발로 사용해도 된다.
㉰ 포스트텐션 부재의 경우 콘크리트를 타설하는 데 지장이 없고 긴장시에 긴장재가 덕트로부터 튀어나오지 않는다면 덕트를 다발로 사용해도 된다.
㉱ 포스트텐션 부재의 경우 일반적인 덕트의 순간격은 40mm 이상, 굵은 골재 최대치수의 1.5배 이상이어야 한다.

[해설] 덕트의 순간격은 굵은 골재 최대치수의 $\dfrac{4}{3}$배 이상, 또는 25mm 이상 이다.

■■■ 프리스트레싱 방법 및 공법

15. 다음 PSC 부재의 프리텐션 공법의 제작 과정으로 맞는 것은? [93 ㉯]

① 콘크리트 치기 작업
② PS 강재와 콘크리트를 부착시키는 그라우팅 작업
③ PS 강재를 긴장하여 인장응력을 주는 작업
④ PS 강재에 준 인장응력을 콘크리트에 전달하는 작업

㉮ ③ - ① - ④   ㉯ ① - ③ - ②
㉰ ① - ③ - ④   ㉱ ③ - ① - ②

[해설] 프리텐션 공법의 제작 과정
지지대에서 거푸집 조립과 PS강재 긴장
→ 콘크리트 타설
→ 긴장력 이완으로 콘크리트에 프리스트레스 도입
또한 주어진 그라우팅 작업은 포스트텐션 공법에서만 실시한다.

해답 11. ㉰ 12. ㉱ 13. ㉯ 14. ㉱ 15. ㉮

16. 아래와 같은 PSC 부재의 제작과정 중에서 프리텐션 공법에서는 필요하지 않은 것은 어느 것인가? [92⑪]
㉮ 콘크리트 치기 작업
㉯ PS 강재에 인장력을 주는 작업
㉰ PS 강재에 준 인장력을 콘크리트 부재에 전달시키는 작업
㉱ PS 강재와 콘크리트를 부착시키는 그라우팅 작업

[해설] PS 강재와 콘크리트를 부착시키는 그라우팅 작업은 포스트텐션 공법에서 마지막으로 하는 작업이다.

17. PSC에서 프리텐션 방식의 장점이 아닌 것은? [00⑪]
㉮ PS 강재를 곡선으로 배치하기 쉽다.
㉯ 정착장치가 필요하지 않다.
㉰ 제품의 품질에 대한 신뢰도가 높다.
㉱ 대량 제조가 가능하다.

[해설] 프리텐션 방식은 강재를 먼저 긴장하므로 강재의 곡선 배치가 어렵다.

18. PSC에서 롱라인 공법(long-line system)에 관한 설명 중 틀린 것은? [90⑪]
㉮ 프리텐션 방식에 속한다.
㉯ 여러 개의 부재를 동시에 제작할 수 있다.
㉰ 일반적으로 프리캐스트(precast)부재의 공장 제품에 사용되는 방법이다.
㉱ 거푸집 비용이 너무 많이 들기 때문에 많이 사용되지 않는다.

[해설] 거푸집 비용이 많이 드는 프리텐션 공법은 인디비듀얼 몰드 공법(단일 몰드 공법)이다.

19. 프리텐션 방식으로 부재를 공장에서 연속식으로 제작할 때의 설명이다. 이들 중 옳지 않은 것은? [88⑦]
㉮ 한 번에 여러 개의 부재를 생산할 수 있다.
㉯ 넓은 면적과 공장 설비가 필요하다.
㉰ 거푸집의 제작 비용이 많이 들지만 반복해서 이용할 수 있다.
㉱ 멀리 떨어진 지지대 사이에 강선을 늘여 놓고 부재를 생산하는 방법이다.

[해설] 프리텐션 공법에서 거푸집 비용이 많이 드는 공법은 인디비듀얼 몰드 공법(단일 몰드 공법)이다.

20. 프리텐션 공법상 주의할 점 중 옳지 않은 것은?
㉮ PS 강재에는 균일 한 인장력을 주어야 한다.
㉯ PS 강재의 인장력은 한편에서 차례로 풀어서 충격이 일어나지 않도록 해야 한다.
㉰ 긴장력을 풀기 전에 측면의 거푸집을 떼고 가급적 마찰을 적게 한다.
㉱ PS를 준 부재를 운반할 때는 PS의 분포를 고려하여 지지점을 정한다.

[해설] PS 강재의 인장력은 양쪽에서 동시에 풀어서 강재의 이동을 막아야 한다.

21. 포스트텐션 공법에 대한 기술 중 틀린 것은? [93⑦]
㉮ 콘크리트가 경화된 후에 PS 강재에 인장력을 준다.
㉯ PS 강재를 먼저 긴장한 후에 콘크리트를 타설한다.
㉰ 그라우트를 주입시켜 PS 강재와 콘크리트를 부착시킨다.
㉱ PS 강재 긴장이 완료됨과 동시에 프리스트레스 도입이 완료된다.

[해설] PS 강재를 먼저 긴장한 후 콘크리트를 타설하는 공법은 프리텐션 공법이다.

해답 16. ㉱ 17. ㉮ 18. ㉱ 19. ㉰ 20. ㉯ 21. ㉯

22. 포스트텐션 공법에 의한 부재의 제작 작업 순서로 옳은 것은? [89㉮]

> ① PS 강재를 긴장하는 작업
> ② 콘크리트 치기 작업
> ③ 거푸집 조립과 시스의 배치
> ④ PS 강재와 콘크리트를 부착시키는 작업

㉮ ③-②-①-④ ㉯ ①-②-③-④
㉰ ①-②-④-③ ㉱ ②-①-④-③

[해설] 포스트 텐션 공법의 제작 과정
거푸집 조립과 쉬스 배치
→ 콘크리트 타설
→ PS강재 긴장
→ PS 강재와 콘크리트의 부착을 위해 그라우팅 실시

23. PS 콘크리트에 대한 다음 사항 중 옳지 않은 것은?

㉮ 포스트텐션은 정착부의 정착에 의해 응력을 전달한다.
㉯ 프리텐션은 철근과 콘크리트의 부착에 의해 응력을 전달한다.
㉰ 시스는 프리텐션 공법으로 사용한다.
㉱ 그라우팅 시 압축 공기로 시스관을 불어내는 것이 좋다.

[해설] 시스, 정착장치, 그라우트 등은 포스트텐션에서만 사용한다.

24. 그라우팅(grouting)에 관한 설명 중 옳지 않은 것은 다음 중 어느 것인가? [90, 85㉱]

㉮ 프리텐션에서 사용한다.
㉯ 팽창제로서 알루미늄 분말을 소량 사용하면 좋다.
㉰ 콘크리트와의 부착과 PS 강재의 부식을 방지하기 위하여 사용한다.
㉱ W/C는 45% 이내의 범위에서 가급적 작은 것을 사용한다.

[해설] PS 강재의 부식을 막고 콘크리트와의 부착을 위해 실시하는 그라우팅은 포스트텐션 방식에서만 사용한다.

25. 콘크리트에 프리스트레스를 주는 방법에 대한 설명 중 틀린 것은? [00㉯]

㉮ 프리텐션 방식은 PS강재를 먼저 긴장한 후 콘크리트를 치고 콘크리트가 경화한 뒤 강재의 긴장을 푸는 방법이다.
㉯ 포스트텐션 방식은 콘크리트 속에 덕트와 강재를 배치하고 콘크리트 타설과 동시에 PS강재를 긴장시키는 방법이다.
㉰ 완전 프리스트레싱이란 사용하중이 작용할 때 어느 콘크리트 부재의 단면에도 인장응력이 생기지 않도록 하는 방법이다.
㉱ 부분 프리스트레싱이란 사용하중이 작용할 때 부재단면에 인장응력이 생기는 것을 허용하는 방법이다.

[해설] 포스트 텐션 방식은 콘크리트를 먼저 타설하고 충분히 경화된 후 나중에 PS 강재를 긴장하는 방식이다.

26. 다음은 포스트텐션 방식에 따른 여러 공법의 설명이다. 옳지 않은 것은?

㉮ 프레시네 공법은 12개의 PS 강선을 같은 간격의 다발로 만들어 12번으로 나누어 긴장한다.
㉯ B.B.R.V 공법은 12개의 PS 강선의 끝에 리벳머리를 두어 앵커헤드(anchor head)에 지지시키는 방법이다.
㉰ 디비닥 공법은 장대교의 가설에 많이 사용되며 캔틸레버 가설법이 가능하다.
㉱ 디비닥 공법에 쓰이는 PS 강봉은 커플러(coupler)를 사용하여 쉽게 이을 수 있다.

[해설] 프레시네 공법은 12개의 PS 강선을 동시에 긴장하여 쐐기콘과 정착실린더의 마찰과 쐐기작용에 의해 정착하는 쐐기식 정착방식이다.

해답 22. ㉮ 23. ㉰ 24. ㉮ 25. ㉯ 26. ㉮

27. 프리스트레스트 콘크리트에서 다음 중 옳지 않은 것은?

㉮ 롱 라인(long line)공법으로 부재를 제작할 때는 대량 생산이 가능하다.
㉯ PS 콘크리트의 원리는 일반적으로 응력개념, 강도개념, 하중평형 개념으로 구분한다.
㉰ 단독 거푸집(individual mold)공법은 거푸집이 비싸다.
㉱ 포스트텐션 방식으로 제작할 때는 롱 라인(long line)공법을 이용한다.

[해설] 롱라인 공법은 프리텐션 방식에 속한다.

28. 프리스트레스트 콘크리트에 대한 다음 설명 중 틀린 것은?

㉮ 프리텐션 방식에서 프리스트레스의 도입은 콘크리트의 압축강도가 30MPa 이상이어야 한다.
㉯ 프리스트레스의 손실은 여러 원인에 의하여 일어나지만 그 중 콘크리트의 크리프와 건조수축에 의한 영향이 제일 크다.
㉰ PS 콘크리트에서 고강도 강재를 사용하는 이유는 높은 인장응력에 견디며, 손실 발생후 프리스트레싱 효율이 좋기 때문이다.
㉱ PS 강재의 부식을 방지하기 위하여 프리텐션 부재에는 방청제를 도포한 PS 강재를 사용해야 한다.

29. 다음은 프리텐션 방식과 포스트텐션 방식의 장점을 열거한 것이다. 옳지 않은 것은?

㉮ 프리텐션 방식은 보통 공장에서 제조되므로 제품의 품질에 대한 신뢰도가 높다.
㉯ 프리텐션 방식은 PS 강재를 곡선으로 배치하기가 쉬워서 대형부재 제작에도 적합하다.
㉰ 프리텐션 방식은 같은 모양과 치수의 프리캐스트 부재를 대량으로 제조할 수 있다.
㉱ 포스트텐션 방식은 프리캐스트 PSC 부재의 결합과 조합에 편리하게 이용된다.

[해설] 프리텐션 방식은 강재를 먼저 긴장하므로 강재의 곡선 배치가 어렵다.

30. 포스트텐션 방식의 공법이 아닌 것은? [00⑭]

㉮ BBRV공법 ㉯ Dywidag공법
㉰ VSL공법 ㉱ 롱라인공법

[해설] 롱라인 공법과 단일 몰드 공법은 프리 텐션 공법에 속한다.

31. 강봉 단부의 전조 나사에 특수한 강재 너트를 끼워서 정착시키는 방법으로 커플러에 의해 강봉을 쉽게 이어 나갈 수 있으므로 장대교의 건설에 유리한 정착 공법은? [01㉮]

㉮ VSL
㉯ 프레시네(Freyssinet)
㉰ B.B.R.V
㉱ 디비닥(Dywidag) 공법

[해설] 디비닥(Dywidag) 공법은 특수 접속장치인 커플러를 사용하여 PS 강봉을 쉽게 연결할 수 있으므로 장대지간의 교량가설에 유리하다.

32. PS 강재와 정착 장치(grip) 사이의 마찰력을 이용하여 쐐기 작용으로 PS 강재를 정착하는 방법이 쐐기식인데 이 방법에 속하지 않는 공법은? [95㉮]

㉮ VSL 공법 ㉯ BBRV 공법
㉰ Freyssinet 공법 ㉱ CCL 공법

[해설] BBRV 공법은 볼트식(리벳머리식)이라고도 하며 지압식 정착법에 속한다.

33. 다음 중 PSC 정착 공법이 아닌 것은? [91⑭]

㉮ N.A.T.M 공법 ㉯ B.B.RV 공법
㉰ Dywidag 공법 ㉱ Freyssinet 공법

[해설] NATM(New Austrian Tunnel Method) 공법은 발파에 의한 터널 굴착 공법이다.

해답 27. ㉱ 28. ㉱ 29. ㉯ 30. ㉱ 31. ㉱ 32. ㉯ 33. ㉮

■■■ PSC의 기본 개념 및 분류

34. 그림과 같은 경간 6m인 단순보의 직사각형 단면에 고정하중과 활하중을 합한 $w=30\,\text{kN/m}$가 작용할 때 PS강재가 단면의 중심에서 긴장되며 하연의 콘크리트 응력이 0이 될 때 PS 강재에 작용하는 긴장력은? [05, 00 산]

㉮ 1,650 kN
㉯ 1,950 kN
㉰ 2,025 kN
㉱ 3,150 kN

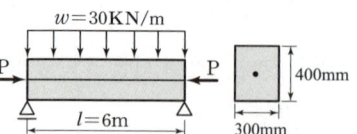

해설 $f_{\substack{중앙\\하연}} = \dfrac{P}{A} - \dfrac{M_{max}}{Z} = 0$ 에서

$$P = \dfrac{AM_{max}}{Z} = \dfrac{bh \times \left(\dfrac{wl^2}{8}\right)}{\dfrac{bh^2}{6}}$$

$$= \dfrac{3wl^2}{4h} = \dfrac{3 \times 30 \times 6^2}{4 \times 0.4} = 2,025\,\text{kN}$$

35. 두께가 400mm인 단순 PSC보($b=300\,\text{mm}$, $d_p=340\,\text{mm}$)에 외력에 의해 8 MPa의 인장응력이 생겼다. 프리스트레스를 도입한 결과 2 MPa의 인장응력이 남아 있었다면 이때 도입한 프리스트레스의 크기는? [00 ㉮]

㉮ 232 kN   ㉯ 253 kN
㉰ 275 kN   ㉱ 293 kN

해설 (1) 프리스트레스 도입 전
$f_{전} = -\dfrac{M}{Z} = -8\,\text{MPa}$ 에서 $\dfrac{M}{Z} = 8\,\text{MPa}$

(2) 프리스트레스 도입 후
$f_{후} = \dfrac{P}{A} + \dfrac{Pe_p}{Z} - \dfrac{M}{Z} = -2\,\text{MPa}$

$\therefore P = \left(f_{후} + \dfrac{M}{Z}\right) \times \dfrac{1}{\dfrac{1}{A} + \dfrac{e_p}{Z}}$

$= (-2 + 8) \times \dfrac{1}{\dfrac{1}{300 \times 400} + \dfrac{140}{\dfrac{300 \times 400^2}{6}}}$

$= 232,258\,\text{N} \fallingdotseq 232\,\text{kN}$

$\left[e_p = d_p - \dfrac{h}{2} = 340 - \dfrac{400}{2} = 140\,\text{mm},\ Z = \dfrac{bh^2}{6}\right]$

36. 높이가 300mm인 1방향 단순 PSC보($b=300\,\text{mm}$, $d_b=250\,\text{mm}$)에 외력이 작용하여 보 하연에 7 MPa의 인장응력이 발생하였다. 이를 상쇄시켜 보의 인장응력이 2 MPa가 되게 하려면 프리스트레스 힘을 얼마나 도입해야 하는가? (단, 프리스트레스의 손실률은 10%로 고려한다.) [00 ㉮]

㉮ 160 kN   ㉯ 165 kN
㉰ 179 kN   ㉱ 200 kN

해설 (1) 프리스트레스 도입 전
$f_{전} = -\dfrac{M}{Z} = -7\,\text{MPa}$ 에서 $\dfrac{M}{Z} = 7\,\text{MPa}$

(2) 프리스트레스 도입 후
$f_{후} = \dfrac{P}{A} + \dfrac{Pe_p}{Z} - \dfrac{M}{Z} = -2\,\text{MPa}$

$\therefore P = \left(f_{후} + \dfrac{M}{Z}\right) \times \dfrac{1}{\dfrac{1}{A} + \dfrac{e_p}{Z}}$

$= (-2 + 7) \times \dfrac{1}{\dfrac{1}{300 \times 300} + \dfrac{100}{\dfrac{300 \times 300^2}{6}}}$

$= 150,000\,\text{N} = 150\,\text{kN}$

$\left[\begin{array}{l} e_p = d_p - \dfrac{h}{2} = 250 - \dfrac{300}{2} = 100\,\text{mm} \\ Z = \dfrac{bh^2}{6} \end{array}\right]$

(3) 도입할 프리스트레스 힘
손실률 10%를 고려하여 프리스트레스를 주면
$P = 150 + 150 \times 0.1 = 165\,\text{kN}$

37. 그림의 PSC 슬래브(높이 0.6m, 폭 1.0m)에 $P=3,000\,\text{kN}$이 작용할 때 프리스트레스 힘만에 의한 슬래브 상연에서의 응력을 중앙 단면에 대하여 계산하면? (단, $e_p = 0.2\,\text{m}$) [91 ㉮]

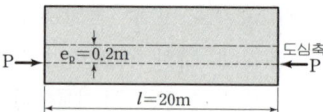

㉮ +50 MPa(압축 응력)
㉯ +10 MPa(압축 응력)
㉰ 0(무응력)
㉱ -5 MPa(인장응력)

해답 34. ㉰ 35. ㉮ 36. ㉯ 37. ㉱

해설 $f_{상연} = \dfrac{P}{A} - \dfrac{P \cdot e_p}{Z} = \dfrac{P}{bh} - \dfrac{P \cdot e_p}{\dfrac{bh^2}{6}}$

$= \dfrac{3 \times 10^6}{1.0 \times 0.6} - \dfrac{(3 \times 10^6) \times 0.2}{\dfrac{1.0 \times 0.6^2}{6}}$

$= -5 \times 10^6 \mathrm{N/m^2} = -5\mathrm{MPa}$(인장응력)

38. 그림과 같은 PSC보에 자중을 포함한 등분포하중이 15 kN/m으로 작용한다면, 경간 중앙단면의 하연 응력은 얼마인가? (단, 경간은 10m, 긴장력 $P = 1{,}200\mathrm{kN}$이다.)
[01 ㉮]

㉮ 9.82 MPa
㉯ 5.81 MPa
㉰ 3.84 MPa
㉱ 0.19 MPa

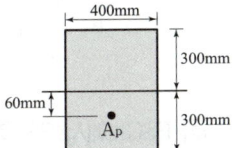

해설 $f_{중앙\,하연} = \dfrac{P}{A} + \dfrac{Pe}{Z} - \dfrac{M_{중앙}}{Z}$

$= \dfrac{P}{bh} + \dfrac{Pe}{\dfrac{bh^2}{6}} - \dfrac{\dfrac{wl^2}{8}}{\dfrac{bh^2}{6}}$

$= \dfrac{1{,}200 \times 10^3}{400 \times 600} + \dfrac{1{,}200 \times 10^3 \times 60}{\dfrac{400 \times 600^2}{6}}$

$- \dfrac{\dfrac{15 \times 10^2}{8} \times 10^6}{\dfrac{400 \times 600^2}{6}}$

$= 0.1875\,\mathrm{N/m} ≒ 0.19\,\mathrm{MPa}$

39. 그림과 같은 경간 8m 되는 변단면 보에 등분포하중 $w = 20\,\mathrm{kN/m}$ (자중 포함)가 작용할 경우 경간 중앙 단면의 최대 압축 응력은? (단, PS 강재의 인장력 $P = 1{,}600\,\mathrm{kN}$, 편심량 $e = 200\,\mathrm{mm}$이다)
[90, 86 ㉮]

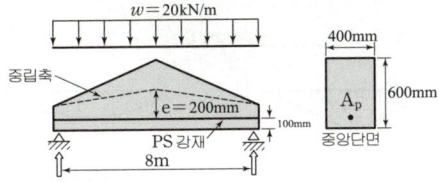

㉮ 26.67 MPa   ㉯ 30.33 MPa
㉰ 13.33 MPa   ㉱ 21.57 MPa

해설 $f_{중앙\,하연} = \dfrac{P}{A} + \dfrac{Pe}{Z} - \dfrac{M_{중앙}}{Z}$

$= \dfrac{P}{bh} + \dfrac{Pe}{\dfrac{bh^2}{6}} - \dfrac{\dfrac{wl^2}{8}}{\dfrac{bh^2}{6}}$

$= \dfrac{1{,}600 \times 10^3}{400 \times 600} + \dfrac{1{,}600 \times 10^3 \times 200}{\dfrac{400 \times 600^2}{6}}$

$- \dfrac{\dfrac{20 \times 8^2}{8} \times 10^6}{\dfrac{400 \times 600^2}{6}}$

$= 13.33\,\mathrm{MPa}$(압축)

40. 그림의 프리스트레스 콘크리트 T형 보의 하단에서 응력이 0이 되는 휨모멘트의 크기는? (단, $P_e = 480\mathrm{kN}$ 단면값 계산에서 A_p를 무시하고 계산한다.)
[96 ㉮]

㉮ 145 kN·m
㉯ 165 kN·m
㉰ 184 kN·m
㉱ 205 kN·m

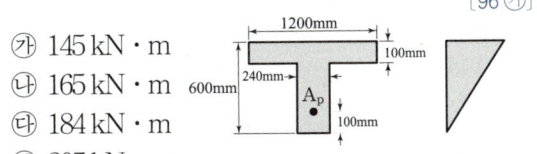

(a) 부재 단면   (b) 콘크리트 응력 분포

해설 (1) T형 단면 도심

$y_o = \dfrac{\sum A \cdot y}{\sum A}$

$= \dfrac{(1{,}200)(100)(550) + (240)(500)(250)}{(1{,}200)(100) + (240)(500)}$

$= 400\,\mathrm{mm}$

(2) 중립축 단면2차모멘트

$I = \left\{ \dfrac{1{,}200 \times 100^3}{12} + (1{,}200)(100) \times 150^2 \right\}$

$\quad + \left\{ \dfrac{240 \times 500^3}{12} + (240)(500) \times 150^2 \right\}$

$= 8 \times 10^9\,\mathrm{mm^4}$

(3) 총단면적

$A = 1{,}200 \times 100 + 240 \times 500 = 240{,}000\,\mathrm{mm^2}$

(4) 휨모멘트 계산

$f_{하단} = \dfrac{P}{A} + \dfrac{Pe}{I}y_{하단} - \dfrac{M}{I}y_{하단} = 0$ 에서

$M = \dfrac{I}{y_{하단}}\left(\dfrac{P}{A} + \dfrac{Pe}{I} \right)$

$= \dfrac{8 \times 10^9}{400}\left\{ \dfrac{480 \times 10^3}{240{,}000} + \dfrac{(480 \times 10^3)(300)}{8 \times 10^9} \times 400 \right\}$

$= 1.84 \times 10^8\,\mathrm{N \cdot m} = 184\,\mathrm{kN \cdot m}$

해답 38. ㉱   39. ㉰   40. ㉰

41. 휨모멘트 2,000kN·m(자중포함)가 작용하는 PS 보에 프리스트레스 $P=4,000\,\text{kN}$ 이 가해졌을 경우 저항모멘트의 팔길이는 얼마인가?

㉮ 0.2m ㉯ 0.3m
㉰ 0.4m ㉱ 0.5m

[해설] PSC의 제2개념을 적용하면
$M=Cz=Tz=Pz$ 에서
$z=\dfrac{M}{P}=\dfrac{2,000}{4,000}=0.5\,\text{m}$

42. 휨모멘트 1,205kN·m(자중포함)가 작용하는 PS 콘크리트보에 프리스트레스 $P=3,000\,\text{kN}$ 이 주어졌을 경우 저항모멘트의 팔 길이는? [97㉦]

㉮ 0.37m ㉯ 0.4m
㉰ 0.43m ㉱ 0.45m

[해설] PSC의 제2개념을 적용하면
$M=Cz=Tz=Pz$ 에서
$z=\dfrac{M}{P}=\dfrac{1,205}{3,000}=0.402\,\text{m}\fallingdotseq 0.4\,\text{m}$

43. 그림과 같은 강선을 포물선으로 배치하고 이 강선에 긴장력 P 를 가했을 때 포물선이 강선에 의해서 생기는 상향력 U 는 얼마인가?

㉮ $U=\dfrac{P\cdot s}{l^2}$
㉯ $U=\dfrac{P\cdot s}{l}$
㉰ $U=\dfrac{8P\cdot s}{l^2}$
㉱ $U=\dfrac{8P\cdot s}{l}$

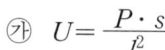

[해설] 중앙점에서 하중 P에 의한 모멘트와 등분포 상향력에 의한 모멘트가 같다고 두면
$P\cos\theta\times s=\dfrac{ul^2}{8}$ 에서 $u=\dfrac{8Ps}{l^2}\cos\theta\fallingdotseq\dfrac{8Ps}{l^2}$
(θ는 미소하므로 $\cos\theta\fallingdotseq 1$이 된다.)

44. 아래 PSC보에서 PS 강재를 포물선으로 배치하여 프리스트레스 힘 $P=2,000\,\text{kN}$ 이 주어질 때 프리스트레스에 의한 상향력 u 는? (단, $b=400\,\text{mm}$, $h=600\,\text{mm}$, $s=0.25\,\text{m}$)

㉮ 70kN/m
㉯ 60kN/m
㉰ 50kN/m
㉱ 40kN/m

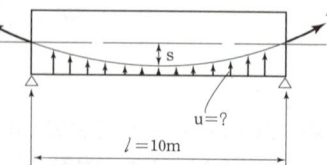

[해설] $u=\dfrac{8Ps}{l^2}$
$=\dfrac{8\times 2,000\times 0.25}{10^2}=40\,\text{kN/m}$

45. 다음 PSC보에서 PS강재를 포물선으로 배치하여 양단에서 $P=2,800\,\text{kN}$ 의 인장력을 줄 때 prestress에 의한 등분포 상향력 u 값은 얼마인가? (단, 보 중앙에서의 강재의 sag는 0.25m이다.)

㉮ $u=19.38\,\text{kN/m}$
㉯ $u=22.30\,\text{kN/m}$
㉰ $u=28.57\,\text{kN/m}$
㉱ $u=33.25\,\text{kN/m}$

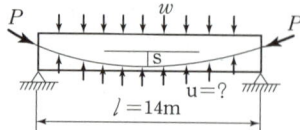

[해설] $u=\dfrac{8Ps}{l^2}$
$=\dfrac{8\times 2800\times 0.25}{14^2}=28.57\,\text{kN/m}$

46. 그림과 같은 PSC부재에서 프리스트레싱에 의하여 콘크리트에 일어나는 모멘트도가 옳은 것은? [00㉦]

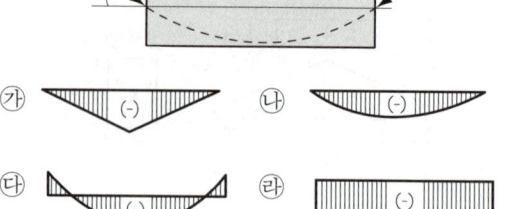

해답 41. ㉱ 42. ㉯ 43. ㉰ 44. ㉱ 45. ㉰ 46. ㉯

[해설] 긴장재가 포물선으로 배치된 경우 긴장력 P에 의해 등분포 상향력이 작용한다.(하중 평형 개념)

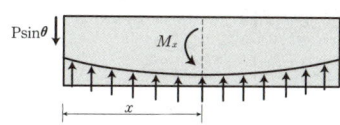

$$M_x = -(P\sin\theta)x + ux\left(\frac{x}{2}\right)$$
$$= \frac{u}{2}x^2 - (P\sin\theta)x$$

∴ 등분포 상향력을 u에 의해 단순보에 상향의 등분포 하중이 작용하는 것과 같다.

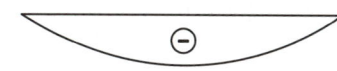

47. 그림과 같은 프리스트레스트 보에서 하중평형개념을 고려할 때 상향력 u는 얼마인가? [01 ㉮]

㉮ 18 kN/m
㉯ 20 kN/m
㉰ 22 kN/m
㉱ 24 kN/m

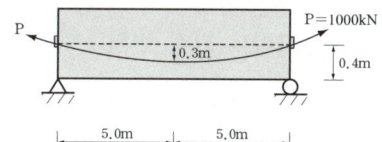

[해설] $u = \dfrac{8Ps}{l^2} = \dfrac{8 \times 1000 \times 0.3}{10^2} = 24\,\text{kN/m}$

48. PS콘크리트보에서 PS강재를 포물선으로 배치하여 긴장하는 경우 등분포의 상향력 u의 크기는 얼마인가? (단, $P = 3000\,\text{kN}$, $s = 200\,\text{mm}$이며, 단면은 $b = 400\,\text{mm}$, $h = 600\,\text{mm}$이다.) [00 ㉮]

㉮ 8 kN/m
㉯ 10 kN/m
㉰ 12 kN/m
㉱ 18 kN/m

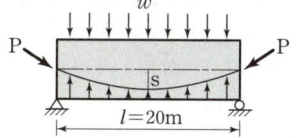

[해설] $u = \dfrac{8Ps}{l^2} = \dfrac{8 \times 3000 \times 0.2}{20^2} = 12\,\text{kN/m}$

49. 경간 20m에 $w = 30\,\text{kN/m}$ (자중포함)가 작용하는 PSC 단순보에 프리스트레스 $P = 2,500\,\text{kN}$이 주어져 있다. 하중 평형법에 의하여 순하향 하중은? (단, 새그(s) $= 300\,\text{mm}$) [94 ㉯]

㉮ 15 kN/m
㉯ 20 kN/m
㉰ 25 kN/m
㉱ 30 kN/m

[해설] (1) 등분포 상향력
$$u = \frac{8Ps}{l^2} = \frac{8 \times 2,500 \times 0.3}{20^2} = 15\,\text{kN/m}$$
(2) 순하향 하중
순하향 하중 $= w - u = 30 - 15 = 15\,\text{kN/m}$

50. 다음 중 풀 프리스트레싱(Full prestressing)에 대한 설명으로 옳은 것은? [00 ㉯]

㉮ 설계하중 작용 시 단면의 일부에 인장응력이 발생하도록 한 방법
㉯ 설계하중 작용 시 단면의 어느 부위에도 인장응력이 발생하지 않도록 한 방법
㉰ 외적으로 반력을 조절해서 프리스트레스를 도입하는 방법
㉱ 콘크리트가 경화한 뒤에 PS 강재를 긴장하는 방법

[해설] 풀 프리스트레싱은 설계하중 작용 시 단면의 어느 부위에도 인장응력이 발생하지 않도록 프리스트레스를 주는 것이다.

■■■ 프리스트레스의 도입과 손실

51. 프리텐션 방식으로 부재를 제작할 때 프리스트레싱 작업을 할 수 있는 경우의 콘크리트 강도는? [92 ㉯]

㉮ 30 MPa 이상
㉯ 35 MPa 이상
㉰ 40 MPa 이상
㉱ 45 MPa 이상

[해설] 프리스트레스를 도입 시 콘크리트 압축강도
• 프리텐션 방식 : 30MPa 이상
• 포스트텐션 방식 : 하나의 긴장재는 17MPa 이상, 여러 개의 긴장재는 28MPa 이상

해답 47. ㉱ 48. ㉰ 49. ㉮ 50. ㉯ 51. ㉮

52. 프리스트레스 감소 원인 중 프리스트레스 도입 후 시간의 경과에 따라 생기는 것이 아닌 것은? [01 ㉮]
㉮ PS강재의 릴랙세이션
㉯ 콘크리트의 건조 수축
㉰ 정착 장치의 활동
㉱ 콘크리트의 크리프

[해설] 정착장치의 활동에 의한 손실은 프리스트레스를 도입할 때 생기는 즉시손실이다.

53. PSC 부재에서 프리스트레스의 직접적인 감소 원인이 아닌 것은?
㉮ 콘크리트 탄성 변형
㉯ 마찰 및 정착단 활동
㉰ 콘크리트의 건조 수축 및 크리프(creep)
㉱ PS 강재의 편심량

[해설] PSC의 손실 원인

즉시 손실	시간적 손실
• 콘크리트의 탄성변형	• 콘크리트의 크리프
• 정착장치의 활동	• 콘크리트의 건조수축
• 강재와 쉬스의 마찰	• 강재의 릴랙세이션

54. 프리스트레스의 손실 중 시간적 손실이 아닌 것은? [92 ㉰]
㉮ 콘크리트의 creep
㉯ 콘크리트의 건조수축
㉰ PS 강재의 relaxation
㉱ PS 강재와 sheath 사이의 마찰

[해설] PS 강재와 쉬스 사이의 마찰에 의한 손실은 프리스트레스를 도입할 때 생기는 즉시손실이다.

55. 다음 프리스트레스의 감소 원인 중에서 프리스트레스를 도입할 때 일어나는 손실의 원인은 다음 중 어느 것인가? [05 ㉮, 00 ㉰]
㉮ 콘크리트의 건조수축
㉯ 콘크리트의 크리프
㉰ PS 강재와 쉬스 사이의 마찰
㉱ PS 강재의 릴랙세이션

[해설] 즉시 손실(프리스트레스 도입 시 손실)
① 콘크리트의 탄성변형에 의한 손실
② 강재와 쉬스의 마찰에 의한 손실
③ 정착단의 활동에 의한 손실

56. 다음 PSC 부재의 프리스트레스 감소 원인 중 프리스트레스를 도입한 후 생기는 것은? [92 ㉰]
㉮ PS 강선의 릴랙세이션(relaxation)
㉯ 마찰
㉰ 정착단 활동
㉱ 콘크리트 탄성 변형

[해설] 시간적 손실(프리스트레스 도입 후 손실)
① 콘크리트의 크리프에 의한 손실
② 콘크리트의 건조수축에 의한 손실
③ PS 강재의 릴랙세이션에 의한 손실

57. 다음의 프리스트레스 손실에 관한 설명 중 옳지 못한 것은? [00, 92 ㉮]
㉮ 콘크리트의 크리프와 건조 수축에 의한 손실은 프리텐션이나 포스트텐션에서나 큰 몫을 차지한다.
㉯ 포스트텐션에서는 탄성 손실을 극소화시킬 수 있다.
㉰ 마찰에 의한 손실은 통상 프리텐션에서 고려된다.
㉱ 일반적으로 프리텐션이 포스트텐션보다 손실이 크다.

[해설] PS 강재와 쉬스 사이의 마찰에 의한 손실은 포스트텐션에서만 발생한다.

해답 52. ㉰ 53. ㉱ 54. ㉱ 55. ㉰ 56. ㉮ 57. ㉰

58. 다음의 프리스트레스 손실에 관한 설명 중 옳지 못한 것은? [93⑦]
㉮ 프리텐션 부재에서 콘크리트의 탄성 수축에 의한 손실은 강재에 프리스트레스를 도입할 때 발생한다.
㉯ 시간이 지남에 따라 발생하는 손실 원인에는 콘크리트의 건조 수축, 크리프, PS 강재의 릴랙세이션이 있다.
㉰ 프리스트레스의 손실량을 잘못 계산하면 부재의 설계 강도에 영향을 미친다.
㉱ 사용하중 작용 시 프리스트레스 손실량의 과대한 예측은 지나친 솟음을 생기게 한다.

[해설] 프리스트레스의 손실량을 잘못 계산하면 사용하중 작용 시 부재의 구조적인 거동, 솟음, 처짐, 균열 등에는 영향을 주지만 부재의 설계강도에는 영향을 주지 않는다.

59. PS 강재의 프리스트레싱의 손실에 대한 설명 중 옳지 않은 것은? [92⑦]
㉮ PS 강재를 긴장하는 동안에는 프리스트레스의 손실량은 프리텐션에서 전혀 일어나지 않는다.
㉯ 프리스트레스의 손실량은 프리텐션 부재의 경우가 포스트텐션 부재의 경우보다 일반적으로 약간 크다.
㉰ 포스트텐션 방식의 경우 일시에 긴장재를 인장하여 정착할 때는 콘크리트의 탄성 변형률에 의한 프리스트레스의 감소를 고려하지 않아도 좋다.
㉱ 콘크리트의 건조 수축과 크리프에 의한 프리스트레스의 손실량은 프리텐션 방식의 경우가 포스트텐션 방식보다 일반적으로 크다.

[해설] 프리텐션 부재는 PS 강재를 긴장하는 동안에 지지대나 거푸집과의 마찰 등에 의해 손실이 발생하나 크기가 작아 설계에서 무시한다.

60. 프리스트레스 손실에 대한 기술 중 잘못된 것은? [00⑦]
㉮ 지간이 짧은 PS콘크리트 부재일수록 정착장치에 의한 손실의 영향이 크다
㉯ 포스트텐션 방식에서 탄성변형에 의한 손실은 최초에 긴장한 강선의 손실량의 1/2을 전체 PS강선의 평균손실로 본다.
㉰ 릴랙세이션에 의한 손실은 PS강재의 초기응력과 항복응력의 비가 0.55보다 큰 경우 무시한다.
㉱ 마찰에 의한 손실 계산시 $kl_x + \mu a \leq 0.3$인 경우 근사식 $P_x = P_0(1 - kl_x - \mu a)$을 사용해도 좋다.

[해설] 릴랙세이션에 의한 긴장재 응력의 감소량 Δf_{pr}을 다음과 같이 주고 있다.
$$\Delta f_{pr} = f_{pi} \frac{\log t}{10} \left(\frac{f_{pi}}{f_{py}} - 0.55 \right)$$
따라서 $\frac{f_{pi}}{f_{py}}$의 값이 0.55보다 작으면 음(-)이 되므로 릴랙세이션에 의한 손실량은 무시한다.

61. 콘크리트에 초기프리스트레스 힘 $P_i = 650 \text{ kN}$을 도입한 후 시간적 손실에 의하여 프리스트레스가 손실되어 유효프리스트레스 힘 P_e가 560 kN이 되었다. 유효율은? [05, 01 ㉾]
㉮ 74%   ㉯ 80%
㉰ 86%   ㉱ 95%

[해설] 유효율 $R = \frac{P_e}{P_i} = \frac{560}{650} = 0.862$ ∴86.2%

62. 콘크리트에 초기 프리스트레스 $P_i = 600 \text{ kN}$을 도입한 후 여러 가지 원인에 의하여 120 kN 의 프리스트레스가 손실되었을 때 감소율은? [94㉾]
㉮ 10%   ㉯ 20%
㉰ 30%   ㉱ 40%

[해설] 감소율 $= \frac{\Delta P}{P_i} = \frac{120}{600} = 0.2$ ∴20%

해답 58. ㉰ 59. ㉮ 60. ㉰ 61. ㉰ 62. ㉯

63. 콘크리트에 프리스트레스 600kN을 도입한 후 여러 가지 원인에 의하여 125kN의 프리스트레스 감소가 생겼다. 이 때 유효율은?

㉮ 21% ㉯ 30%
㉰ 70% ㉱ 79%

[해설] 유효율 $= \dfrac{P_i - \Delta P}{P_i} = 1 - \dfrac{\Delta P}{P_i}$
$= 1 - \dfrac{125}{600} = 0.792 \quad \therefore 79.2\%$

64. 직사각형 단면(300×400)mm²인 프리텐션 부재에 550mm²의 단면적을 가진 PS강선을 콘크리트 단면 도심에 일치하도록 배치하였다. 이때 1,350MPa의 인장응력이 되도록 긴장한 후 콘크리트에 프리스트레스를 도입한 경우 도입직후 생기는 PS강선의 응력은? (단, n=6, 단면적은 총단면적 사용)

[00 ㉮, 97, 05 ㉱]

㉮ 371 MPa ㉯ 398 MPa
㉰ 1,313 MPa ㉱ 1,321 MPa

[해설] (1) 탄성수축에 의한 PS강재의 응력 손실
$\Delta f_p = nf_c = n\left(\dfrac{f_p A_p}{A_g}\right) = 6\left(\dfrac{1,350 \times 550}{300 \times 400}\right)$
$= 37.125 \text{ MPa}$
(2) 프리스트레스 도입 후 PS강선의 응력
$f_{ps} = 1,350 - 37.125 ≒ 1,313 \text{ MPa}$

65. 그림과 같은 단면의 중간 높이에 있는 PS강선에 500 kN의 프리스트레스를 가하였다. PS강선의 단면적은 500mm² 이고 탄성계수비 $n=6$일 때, 탄성손실을 고려한 PS강선의 인장응력은? [00 ㉮]

㉮ 700 MPa
㉯ 970 MPa
㉰ 1,030 MPa
㉱ 850 MPa

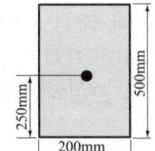

66. 200mm×300mm의 직사각형 프리텐션 부재에 600mm²의 단면적을 가진 PS 강선을 콘크리트 단면 도심에 일치하도록 배치하고 인장대의 양단에서 1,300MPa의 인장응력이 되도록 긴장한 후 콘크리트에 프리스트레스가 주어질 경우 전달 직후에 생기는 PS 강선의 응력은? (단, 탄성계수비 $n=6$ 이고, 단면적은 총 단면적을 사용)

㉮ 1,222MPa ㉯ 78MPa
㉰ 1,300MPa ㉱ 13MPa

[해설] (1) 탄성수축에 의한 PS강재의 응력 손실
$\Delta f_p = nf_c = n\left(\dfrac{f_p A_p}{A_g}\right) = 6\left(\dfrac{1,300 \times 600}{200 \times 300}\right)$
$= 78 \text{ MPa}$
(2) 프리스트레스 도입 후 PS강선의 응력
$f_{ps} = 1,300 - 78 = 1,222 \text{ MPa}$

67. 단면이(300×400) mm² 이고, 150 mm² 의 PS 강선 4개를 단면도심축에 배치한 프리텐션 PS 콘크리트 부재가 있다. 초기 프리스트레스 1,000 MPa일 때 콘크리트의 탄성수축에 의한 프리스트레스의 손실량은? (단, n = 6.0) [01 ㉮, 05 ㉱]

㉮ 25 MPa ㉯ 30 MPa
㉰ 34 MPa ㉱ 42 MPa

[해설] $\Delta f_p = nf_c = n\left(\dfrac{f_p A_p N}{A_g}\right)$
$= 6 \times \left(\dfrac{1,000 \times 150 \times 4}{300 \times 400}\right) = 30 \text{ MPa}$

[해설] (1) 탄성수축에 의한 PS강재의 응력 손실
$\Delta f_p = nf_c = n\left(\dfrac{P}{A_g}\right) = 6 \times \left(\dfrac{500 \times 10^3}{500 \times 200}\right)$
$= 30 \text{ MPa}$
(2) 프리스트레스 도입 후 PS강선의 응력
$f_{ps} = \dfrac{P}{A_p} - \Delta f_p = \dfrac{500 \times 10^3}{500} - 30 = 970 \text{ MPa}$

해답 63. ㉱   64. ㉰   65. ㉯   66. ㉮   67. ㉯

68. 300mm×500mm의 직사각형 단면을 가진 프리텐션 단순보에 편심 배치한 PS 강재를 750 kN으로 긴장하였을 때 콘크리트의 탄성 변형으로 인한 프리스트레스 감소량은? (단, n=6.0, I=3,125×10⁶mm⁴) [98 ㉾]

㉮ 45.62 MPa
㉯ 39.22 MPa
㉰ 40.54 MPa
㉱ 37.55 MPa

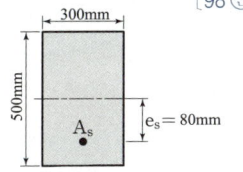

해설 $\Delta f_p = nf_c = n\left(\dfrac{P}{A} + \dfrac{Pe}{I}y_p\right)$

$= 6 \times \left(\dfrac{750\times10^3}{300\times500} + \dfrac{750\times10^3\times80}{3125\times10^6}\times80\right)$

$\fallingdotseq 39.22\,\text{MPa}$

69. 그림과 같은 직사각형 단면의 프리텐션 부재에 편심 배치한 직선 PS 강재를 760 kN으로 긴장했을 때 탄성수축으로 인한 프리스트레스의 감소량은? (단, I=2.5×10⁹mm⁴, e=80mm, n=6) [90 ㉮]

㉮ 43.7 MPa
㉯ 45.7 MPa
㉰ 47.7 MPa
㉱ 49.7 MPa

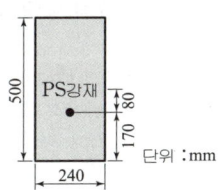

해설 $\Delta f_p = nf_c = n\left(\dfrac{P}{A} + \dfrac{Pe}{I}y_p\right)$

$= 6\times\left(\dfrac{760\times10^3}{500\times240} + \dfrac{760\times10^3\times80}{2.5\times10^9}\times80\right)$

$\fallingdotseq 49.7\,\text{MPa}$

70. 300mm×500mm의 콘크리트의 단면 도심과 의 도심이 일치하도록 단면적 100mm²의 PS강선 3개를 배치한 포스트텐션 부재에 있어서 PS강선을 차례로 긴장하는 경우 콘크리트탄성 수축에 의한 프리스트레스의 평균 손실량은? (단, 초기 프리스트레스는 1,000MPa, n=6.0)

㉮ 6.8MPa
㉯ 3MPa
㉰ 6MPa
㉱ 4MPa

해설 $\Delta f_p = \dfrac{1}{2}nf_c\dfrac{N-1}{N}$

$= \dfrac{1}{2}n\left(\dfrac{f_pA_pN}{A_g}\right)\left(\dfrac{N-1}{N}\right)$

$= \dfrac{1}{2}\times6\left(\dfrac{1,000\times100\times3}{300\times500}\right)\times\left(\dfrac{3-1}{3}\right)$

$= 4\,\text{MPa}$

71. 마찰에 의한 손실을 무시할 때의 프리스트레스에 의한 PS강재의 늘음량 Δl을 구하는 식은? (단, l: PS강재의 길이, P_0: 초기 프리스트레스, f_p: PS 강재의 전장에 대한 등분포 인장응력)

㉮ $\dfrac{1}{E_pA_p}\times\dfrac{P_0+P}{2}$ ㉯ $\dfrac{P_0\cdot l}{E_pA_p}$

㉰ $E_pA_p\cdot\dfrac{P_o+P}{2}$ ㉱ $\dfrac{E_pA_p}{P_0\cdot l}$

해설 $f_p = \dfrac{P_0}{A_p} = E_p\varepsilon_p = E_p\left(\dfrac{\Delta l}{l}\right)$에서

$\therefore \Delta l = \dfrac{P_0 l}{E_pA_p}$

72. 보의 길이 $l=30\,\text{m}$, 활동량 $\Delta l=3\,\text{mm}$, $E_p = 2.0\times10^5\,\text{MPa}$일 때 프리스트레스 감소량 Δf_p는? (단, 일단 정착임)

㉮ 40MPa
㉯ 15MPa
㉰ 30MPa
㉱ 20MPa

해설 $\Delta f_p = E_p\left(\dfrac{\Delta l}{l}\right) = 2.0\times10^5\times\left(\dfrac{3}{30\times10^3}\right) = 20\,\text{MPa}$

73. 길이 10m인 포스트텐션 PSC보의 강선에 1,000MPa의 인장력을 가했더니 정착장치에서 강선이 2mm 활동했다. 이때 프리스트레스의 감소율은 얼마인가? (단, 일단 정착이며, PS 강재의 탄성계수 $E_p = 2.0\times10^5\,\text{MPa}$ 이다.)

㉮ 5.5%
㉯ 4.0%
㉰ 3.5%
㉱ 3.3%

해답 68. ㉯ 69. ㉱ 70. ㉱ 71. ㉯ 72. ㉱ 73. ㉯

[해설] $\Delta f_p = E_p\left(\dfrac{\Delta l}{l}\right) = 2.0\times 10^5 \times \left(\dfrac{2}{10\times 10^3}\right) = 40\,\text{MPa}$

∴ 감소율 $= \dfrac{\Delta f_p}{f_p} = \dfrac{40}{1000} = 0.04$ ∴ 4%

74. 5m인 포스트텐션(Post-Tension)콘크리트보의 강선(Tandon)에 1,200MPa의 인장력을 가했더니 정착장치에서 강선이 3mm를 늘렸다. 이 때 프리스트레스(Prestress)의 손실은? ($E_s = 2\times 10^5\,\text{MPa}$)

㉮ 10%   ㉯ 15%
㉰ 20%   ㉱ 25%

[해설] $\Delta f_p = E_p\left(\dfrac{\Delta l}{l}\right) = 2.0\times 10^5 \times \left(\dfrac{3}{5\times 10^3}\right) = 120\,\text{MPa}$

∴ 감소율 $= \dfrac{\Delta f_p}{f_p} = \dfrac{120}{1,200} = 0.01$ ∴ 10%

75. 일단 정착의 포스트텐션 부재에서 정착부 활동량이 3mm 생겼다. PS강재의 길이 40m, 초기인장응력 1,000MPa, $E_p = 2.0\times 10^5\,\text{MPa}$일때 PS강재의 프리스트레스의 감소량($\Delta f_p$)은 얼마인가? [05 ㉯]

㉮ 15 MPa   ㉯ 30 MPa
㉰ 45 MPa   ㉱ 60 MPa

[해설] $\Delta f_p = E_p\left(\dfrac{\Delta l}{l}\right) = 2.0\times 10^5 \times \left(\dfrac{3}{40\times 10^3}\right) = 15\,\text{MPa}$

76. 길이가 10m인 PC보에서 포스트텐션 공법으로 설계할 때 강선에 1,000MPa의 인장력을 가했더니 강선이 2.0mm 풀렸다. 이 때 프리스트레스의 감소량은? (단, $E_p = 2.0\times 10^5\,\text{MPa}$이고 일단정착이다.) [05 ㉯]

㉮ 20 MPa   ㉯ 30 MPa
㉰ 40 MPa   ㉱ 50 MPa

[해설] $\Delta f_p = E_p\left(\dfrac{\Delta l}{l}\right) = 2.0\times 10^5 \times \left(\dfrac{2}{10\times 10^3}\right) = 40\,\text{MPa}$

77. 양단 정착하는 포스트텐션 부재에서 1단의 정착부 활동이 2mm 생겼다. PS 강재의 길이가 30m, 초기 프리스트레스 1,800MPa일 때 프리스트레스의 손실량은? (단, $E_p = 2\times 10^5\,\text{MPa}$, $E_c = 2.8\times 10^4\,\text{MPa}$ 이다.) [97 ㉰]

㉮ 15.7 MPa   ㉯ 20.7 MPa
㉰ 13.3 MPa   ㉱ 26.7 MPa

[해설] $\Delta f_p = E_p\left(\dfrac{\Delta l}{l}\right) = 2.0\times 10^5 \times \left(\dfrac{2\times 2}{30\times 10^3}\right)$
$= 26.67\,\text{MPa}$

78. 포스트텐션 방법에는 발생하나 프리텐션방법에서는 발생하지 않는 손실은? [01 ㉮]

㉮ 긴장재의 마찰
㉯ 정착장치의 활동
㉰ 콘크리트의 탄성수축
㉱ 긴장재 응력의 릴랙세이션

[해설] 긴장재와 쉬스의 마찰에 의한 손실은 포스트텐션에는 발생하지만 프리텐션에는 발생하지 않는다.

79. 그림과 같은 2경간 연속보의 양단에서 PS 강재를 긴장할 때 단(端) A에서 중간 B까지의 마찰에 의한 프리스트레스의(근사적인) 감소율은? (단, $\mu = 0.4$, $k = 0.0027$) [94 ㉮]

㉮ 12.6 %
㉯ 18.2 %
㉰ 10.4 %
㉱ 15.8 %

[해설] 길이가 40m이하이므로 근사식을 적용하면
$\mu\alpha + kl = 0.4(0.16 + 0.10) + 0.0027\times 20$
$= 0.158 \le 0.3$ ∴ 15.8%

해답 74. ㉮ 75. ㉮ 76. ㉰ 77. ㉱ 78. ㉮ 79. ㉱

80. 아래 그림의 PC부재에서 A단에서 강재를 긴장할 경우 B단까지의 마찰에 의한 감소율(%)은 얼마인가? (단, $\theta_1 = 0.10$, $\theta_2 = 0.08$, $\theta_3 = 0.10$ (radian), μ (곡률마찰계수)=0.20, λ (파상마찰계수) = 0.001이며, 근사법으로 구할 것)

㉮ 4.3%
㉯ 6.4%
㉰ 8.6%
㉱ 17.2%

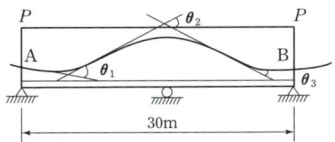

[해설] 길이가 40m이하이므로 근사식을 적용하면
$\mu a + kl = 0.2 \times (0.10 + 0.08 + 0.10) + 0.001 \times 30$
$= 0.086 \therefore 8.6\%$

81. 포스트텐션된 보에는 포물선 긴장재가 배치되었다. A단에서 잭킹(jacking)할 때의 인장력은 900 kN 이었다. 강재와 쉬스의 마찰손실을 고려할 때 상대편 지지점 B단에서의 긴장력 P_x는 얼마인가? (단, 파상마찰계수 k=0.0066/m, 곡률마찰계수 μ=0.30/radian이고, $\mu a + kl \leq 0.3$, 각의 변화 $a = \frac{2}{15}$ (ridian) 이며, 근사식을 사용하여 계산한다.) [05 ㉮]

㉮ 757 kN
㉯ 829 kN
㉰ 900 kN
㉱ 1043 kN

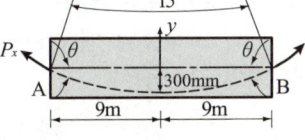

[해설] $\mu a + kl \leq 0.3$ 이므로 근사식을 적용하면
$P_x = P_o(1 - kl - \mu a)$
$= 900(1 - 0.0066 \times 18 - 0.30 \times \frac{2}{15})$
$= 757 \, kN$

82. 그림의 포스트텐션 부재에 강선(단면의 중심에 있고, 단면적 900mm²)의 인장응력 1,200 MPa으로 프리스트레스를 넣었다. 콘크리트의 크리프로 인한 강선 프리스트레스의 손실은? (단, $E_c = 25,000$ MPa, $E_p = 2.0 \times 10^5$ MPa, 크리프 계수 2, 크리프가 일어날 동안 강선 프리스트레스는 일정하다고 보고, 콘크리트 단면적은 강선 단면적을 무시하고 계산한다.) [96 ㉯]

㉮ 5%
㉯ 8%
㉰ 12%
㉱ 15%

[해설] (1) 크리프에 의한 손실량
$\Delta f_p = n \phi f_c = \frac{E_{ps}}{E_c} \phi \left(\frac{P}{A} \right) = \frac{E_{ps}}{E_c} \phi \left(\frac{f_p A_p}{A_g} \right)$
$= \frac{2.0 \times 10^5}{25,000} \times 2 \times \frac{1,200 \times 900}{300 \times 400} = 144 \, MPa$

(2) 손실률
$\frac{\Delta f_p}{f_p} = \frac{144}{1,200} = 0.12 \therefore 12\%$

83. PSC에서 콘크리트의 크리프(creep)에 의한 변형률(ε_c)은 콘크리트의 응력에 비례하며, 다음 식으로 표시되는데 옳은 것은? (단, f_c : 콘크리트에 일어나는 응력, E_c : 콘크리트 탄성계수, ϕ_t : 크리프계수이다.)

㉮ $\varepsilon_c = f E_c \cdot \phi_t$
㉯ $\varepsilon_c = \frac{f_c}{\phi_t} E_c$
㉰ $\varepsilon_c = \frac{f_c}{E_c \cdot \phi_t}$
㉱ $\varepsilon_c = \frac{f_c}{E_c} \phi_t$

[해설] $\varepsilon_c = \phi_c \varepsilon_e = \phi_c \left(\frac{f_c}{E_c} \right)$

84. PS 강재의 인장응력 $f_p = 1,000$ MPa, 크리프 계수 $\phi = 2$, $n = 6$ 일 때 크리프에 의한 PS 강재의 인장응력 감소율은? (단, $f_c = 6$ MPa 의 콘크리트 압축 응력이 발생)

㉮ 5.6%   ㉯ 7.2%
㉰ 8.6%   ㉱ 9.6%

해답   80. ㉰   81. ㉮   82. ㉰   83. ㉱   84. ㉯

[해설] (1) 크리프에 의한 손실량
$$\Delta f_p = n\phi f_c = 6 \times 2 \times 6 = 72\,\text{MPa}$$
(2) 손실률
$$\frac{\Delta f_p}{f_p} = \frac{72}{1,000} = 0.072 \quad \therefore 7.2\%$$

85. 폭 200mm, 높이 500mm의 post-tensioned concrete보에 1,000kN의 인장력을 가했다. 이때 creep로 인한 prestress의 손실은 얼마인가? (단, creep 계수 $\phi_t = 2.5$ 이고, $E_c = 28,000\,\text{MPa}$, $E_s = 2.0 \times 10^5$ 이다.)

㉮ 178.5MPa   ㉯ 97MPa
㉰ 87MPa   ㉱ 77MPa

[해설] $\Delta f_p = n\phi f_c = \dfrac{E_{ps}}{E_c}\phi\left(\dfrac{P}{A}\right)$
$= \dfrac{2.0 \times 10^5}{28,000} \times 2.5 \times \dfrac{1,000}{200 \times 500}$
$\fallingdotseq 178.5\,\text{MPa}$

86. PS 강재의 인장응력 $f_p = 1,000\,\text{MPa}$, 콘크리트의 압축응력 $f_c = 5\,\text{MPa}$, 콘크리트의 크리프 계수 $\phi_t = 2.0$, $n = 5$ 일 때 크리프에 의한 PS 강재 인장응력의 손실량은?

㉮ 50MPa   ㉯ 55MPa
㉰ 60MPa   ㉱ 65MPa

[해설] $\Delta f_p = n\phi f_c = 5 \times 2 \times 5 = 50\,\text{MPa}$

87. PS 강재에서 인장응력 $f_p = 800\,\text{MPa}$, 콘크리트 압축 응력 $f_c = 7\,\text{MPa}$, 콘크리트 크리프 계수 $\phi_t = 2.1$ 이며, $n = 5$ 일 때 크리프에 의한 인장응력의 감소량은 다음 중 어느 것인가?

㉮ 80MPa   ㉯ 73.5MPa
㉰ 60MPa   ㉱ 53.5MPa

[해설] $\Delta f_p = n\phi f_c = 5 \times 2.1 \times 7 = 73.5\,\text{MPa}$

88. 프리스트레스트 콘크리트 부재에서 PS 강재의 인장응력 $f_p = 1,000\,\text{MPa}$, 콘크리트의 압축응력 $f_c = 8\,\text{MPa}$, 콘크리트의 크리프 계수 $\phi_t = 2.0$, 탄성계수비 $n = 6$ 일 때, 콘크리트의 크리프에 의한 PS 강재의 인장응력의 감소량은?

㉮ $\Delta f_p = 48\,\text{MPa}$ ㉯ $\Delta f_p = 96\,\text{MPa}$
㉰ $\Delta f_p = 16\,\text{MPa}$ ㉱ $\Delta f_p = 24\,\text{MPa}$

[해설] $\Delta f_p = n\phi f_c = 6 \times 2 \times 8 = 96\,\text{MPa}$

89. PS 강재에서 인장응력 $f_p = 1500\,\text{MPa}$, 콘크리트의 압축응력 $f_c = 10\,\text{MPa}$, 콘크리트 creep 계수 $\phi_t = 2.0$, $n = 6$ 일 때 creep에 의한 PS 강재의 인장응력의 감소율은?

㉮ 6%   ㉯ 8%
㉰ 10%   ㉱ 12%

[해설] (1) 크리프에 의한 손실량
$$\Delta f_p = n\phi f_c = 6 \times 2 \times 10 = 120\,\text{MPa}$$
(2) 손실률
$$\frac{\Delta f_p}{f_p} = \frac{120}{1500} = 0.08 \quad \therefore 8\%$$

90. PS 강재에서 인장응력 $f_p = 1,000\,\text{MPa}$, 콘크리트의 압축응력 $f_c = 8\,\text{MPa}$, 콘크리트 creep 계수 $\phi_t = 2.0$, $n = 8$ 일 때 creep에 의한 PS 강재의 인장응력의 감소율은?

㉮ 5.7%   ㉯ 12.8%
㉰ 11.2%   ㉱ 3%

[해설] (1) 크리프에 의한 손실량
$$\Delta f_p = n\phi f_c = 8 \times 2 \times 8 = 128\,\text{MPa}$$
(2) 손실률
$$\frac{\Delta f_p}{f_p} = \frac{128}{1,000} = 0.128 \quad \therefore 12.8\%$$

해답 85. ㉮ 86. ㉮ 87. ㉯ 88. ㉯ 89. ㉯ 90. ㉯

91. 일단 정착의 포스트텐션 부재에서 PS강재의 길이 35m, 초기 프리스트레스 1,200MPa이다. 감소율이 2%가 되기 위한 활동량은 얼마인가? (단, $E_p = 2.0 \times 10^5 \text{MPa}$)

㉮ 3.8mm ㉯ 4.0mm
㉰ 4.2mm ㉱ 4.4mm

[해설] 감소율 $= \dfrac{\Delta f_p}{f_p} = \dfrac{E_p \left(\dfrac{\Delta l}{l}\right)}{f_p}$ 에서

$\Delta l = \dfrac{f_p l}{E_p} \times$ 감소율

$= \dfrac{1,200 \times (35 \times 10^3)}{2.0 \times 10^5} \times 0.02$

$= 4.2 \text{mm}$

92. PS강재응력 $f_{ps} = 1,200 \text{MPa}$, PS강재 도심위치에서의 콘크리트의 압축응력 $f_c = 7 \text{MPa}$일 때 크리프에 의한 PS강재의 인장력 손실률은? (단, 크리프계수는 2이고 탄성계수비는 6이다.) [01㉮]

㉮ 7%   ㉯ 8%
㉰ 9%   ㉱ 10%

[해설] (1) 크리프에 의한 손실량

$\Delta f_p = n\phi f_c = 6 \times 2 \times 7 = 84 \text{MPa}$

(2) 손실률

$\dfrac{\Delta f_p}{f_{ps}} = \dfrac{84}{1,200} = 0.07 \;\therefore\; 7\%$

93. PS 강재의 탄성계수 $E_p = 2 \times 10^5 \text{MPa}$, 건조수축률 $E_{cs} = 18 \times 10^{-5}$일 때 PS 강재의 프리스트레스 감소율은 얼마인가? (단, 초기 프리스트레스는 1,200MPa이다.)

㉮ 1%   ㉯ 2%
㉰ 3%   ㉱ 4%

[해설] $\Delta f_p = E_p \varepsilon_{cs} = 2 \times 10^5 \times (18 \times 10^{-5}) = 36 \text{MPa}$

$\therefore$ 감소율 $= \dfrac{36}{1200} = 0.03 \;\therefore\; 3\%$

94. 300mm×500mm의 단면을 가진 PSC 부재에 500mm²의 단면적으로 가진 PS 강선 5본을 $f_p = 1,100 \text{MPa}$로 긴장하였다. 콘크리트 압축응력 $f_c = 7 \text{MPa}$이고, $E_p = 2.0 \times 10^5 \text{MPa}$일 때 PS 강재의 릴랙세이션에 의한 프리스트레스의 감소량은 얼마인가? [93㉯]

㉮ 120.5 kN   ㉯ 137.5 kN
㉰ 192.3 kN   ㉱ 275.0 kN

[해설] $\Delta f_p = r f_p = \dfrac{\Delta P_p}{A_p}$ 에서

$\Delta P_p = r f_p A_p = 0.05 \times 1,100 \times (500 \times 5개)$

$= 137,500 \text{N} = 137.5 \text{kN}$

■■■ 휨 부재의 해석

95. PS 콘크리트에서 프리스트레스 도입시 콘크리트의 압축 응력 $f_{ci} = 35 \text{MPa}$ 일 때 콘크리트의 허용 휨 압축 응력은? (단, 단순지지 부재 단부 이외의 경우이다.) [96㉯]

㉮ 21 MPa   ㉯ 24 MPa
㉰ 28 MPa   ㉱ 30 MPa

[해설] $f_{ca} = 0.60 f_{ci} = 0.60 \times 35 = 21 \text{MPa}$

96. 그림과 같은 단면으로 된 프리스트레스트 콘크리트 보의 균열 모멘트는? (단, 프리스트레스 도입 시 $f_{pe} = 1,000 \text{MPa}$, $f_{ck} = 40 \text{MPa}$, PS강재의 단면적 $A_p = 1,000 \text{mm}^2$이다.) [01㉮]

㉮ 155 kN·m
㉯ 233 kN·m
㉰ 283 kN·m
㉱ 325 kN·m

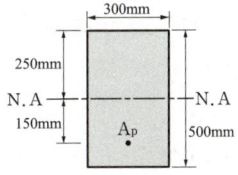

해답 91. ㉰ 92. ㉮ 93. ㉰ 94. ㉯ 95. ㉮ 96. ㉰

해설 $M_{cr} = \left(\dfrac{P}{A} + \dfrac{Pe}{Z} + f_r\right)Z$

$= \left(\dfrac{P}{bh} + \dfrac{Pe}{\dfrac{bh^2}{6}} + f_r\right)\dfrac{bh^2}{6}$

$= \left(\dfrac{1,000 \times 10^3}{300 \times 500} + \dfrac{1,000 \times 10^3 \times 150}{\dfrac{300 \times 500^2}{6}} + 3.98\right)$

$\times \dfrac{300 \times 500^2}{6}$

$= 283,083,333\,N \cdot mm \fallingdotseq 283\,kN \cdot m$

$\begin{bmatrix} P = f_{pe}A_p N = 1,000 \times 1,000 \times 1 \\ = 1,000,000\,N = 1,000\,kN \\ f_r = 0.63\lambda\sqrt{f_{ck}} = 0.63(1.0\sqrt{40}) = 3.98\,MPa \end{bmatrix}$

97. 그림과 같은 단면의 중간 높이에 있는 PS 강선에 500kN의 프리스트레스를 가하였다. PS 강선의 단면적은 500mm²이고 탄성계수비 $n=6$일 때, 탄성손실을 고려한 PS 강선의 인장응력은?

㉮ 700MPa
㉯ 970MPa
㉰ 1030MPa
㉱ 850MPa

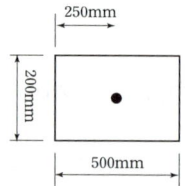

해설 PS 강선의 유효응력

$f_{pe} = f_p - \Delta f_p = \dfrac{P_i}{A_p} - nf_c = \dfrac{P_i}{A_p} - n\left(\dfrac{P_i}{bh}\right)$

$= \dfrac{500 \times 10^3}{500} - 6 \times \left(\dfrac{500 \times 10^3}{200 \times 500}\right) = 970\,MPa$

98. 지간 10m의 단순 직사각형 PSC보에서 PS 강재의 인장력이 600kN이고 보의 자중만이 작용할 때, 이 보의 하연응력은? (단, 프리스트레서의 감소는 무시하고, 계산 콘크리트의 단면적은 270mm², $I = 1.8225 \times 10^{10}\,mm^4$, 콘크리트의 단위중량은 25kN/m³이다.)

㉮ 6.65MPa
㉯ 5.23MPa
㉰ 3.97MPa
㉱ 3.10MPa

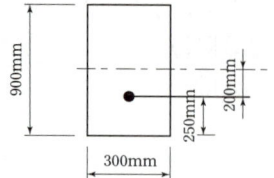

해설 $f_{중앙\,하연} = \dfrac{P}{A} + \dfrac{Pe}{Z} - \dfrac{M_{중앙}}{Z}$

$= \dfrac{P}{bh} + \dfrac{Pe}{\dfrac{bh^2}{6}} - \dfrac{\dfrac{w_d l^2}{8}}{\dfrac{bh^2}{6}}$

$= \dfrac{600 \times 10^3}{300 \times 900} + \dfrac{600 \times 10^3 \times 200}{\dfrac{300 \times 900^2}{6}}$

$- \dfrac{\dfrac{6.75 \times 10^2}{8} \times 10^6}{\dfrac{300 \times 900^2}{6}}$

$\fallingdotseq 3.10\,MPa(압축)$

$\begin{bmatrix} 고정하중에 의한 등분포하중 \\ w_d = \gamma A = 25 \times 0.9 \times 0.3 = 6.75\,N/m \end{bmatrix}$

99. 그림과 같은 단면의 도심에 PS 강재가 배치되어 있다. 여기에 초기 프리스트레스 힘을 1,200kN을 작용시켰다. 20%의 손실을 가정하여 콘크리트 하연응력이 0이 되도록 하려면 이때의 휨모멘트는 얼마인가? (단, 프리텐션 방식임) [00㉮, 05, 93㉱]

㉮ 96 kN · m
㉯ 84 kN · m
㉰ 72 kN · m
㉱ 60 kN · m

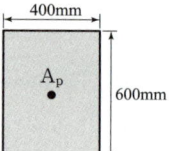

해설 $f_{하연} = \dfrac{P_e}{A} - \dfrac{M}{Z} = 0$에서

$M = \dfrac{P_e Z}{A} = \dfrac{P_e\left(\dfrac{bh^2}{6}\right)}{bh}$

$= \dfrac{P_e h}{6} = \dfrac{960 \times 0.6}{6} = 96\,kN \cdot m$

$\begin{bmatrix} 20\% 손실이므로 유효율은 80\%이다. \\ \therefore P_e = P_i \times (유효율)로 계산한다. \end{bmatrix}$

해답 97. ㉯ 98. ㉱ 99. ㉮

100. 그림과 같은 단면의 도심에 PS 강재가 배치되어 있다. 초기 프리스트레스 힘을 1,500kN작용시켰다. 20%의 손실을 가정하여 콘크리트의 하연 응력이 0이 되도록 하려면 이 때의 휨모멘트 값은 얼마인가? (단, 자중은 무시함)

㉮ 120kN·m
㉯ 240kN·m
㉰ 320kN·m
㉱ 440kN·m

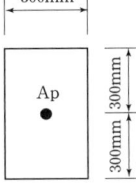

[해설] $f_{하연} = \dfrac{P_e}{A} - \dfrac{M}{Z} = 0$ 에서

$$M = \dfrac{P_e Z}{A} = \dfrac{P_e \left(\dfrac{bh^2}{6}\right)}{bh} = \dfrac{P_e h}{6}$$

$$= \dfrac{(1,500 \times 0.8) \times 0.6}{6} = 120 \text{ kN}$$

101. 그림과 같은 프리스트레스 콘크리트 단면의 설계휨강도를 구하면? (단, f_{ck}=35MPa, f_{ps}=1,700MPa이고 과소보강 되었다고 가정한다.)

㉮ 403 kN·m
㉯ 419 kN·m
㉰ 425 kN·m
㉱ 437 kN·m

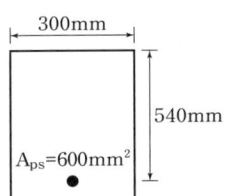

[해설] (1) 등가응력깊이

$$a = \dfrac{A_{ps} f_{ps}}{\eta(0.85 f_{ck}) b_w} = \dfrac{600 \times 1,700}{1.0(0.85 \times 35) \times 300}$$

$$= 114.3 \text{ mm}$$

(2) 최외단 인장철근의 순인장변형률 : 변형률선도의 닮음비를 이용하면

$$\varepsilon_t = \dfrac{d-c}{c}\varepsilon_{cu} = \dfrac{d-a/\beta_1}{a/\beta_1}\varepsilon_{cu}$$

$$= \dfrac{\beta_1 d - a}{a}\varepsilon_{cu}$$

$$= \dfrac{0.80 \times 540 - 114.3}{114.3} \times 0.0033 \simeq 0.009$$

여기서, $f_{ck} \leq 40$ MPa이므로 $\beta_1 = 0.80$,

$\varepsilon_{cu} = 0.0033$

$\varepsilon_t = 0.009 > \varepsilon_{t,tcl} = 0.005$ (인장지배변형률 한계)

∴ 인장지배단면이므로 $\phi = 0.85$

해답 100. ㉮ 101. ㉯

MEMO

10장 강구조 및 교량

출제경향분석

리벳 및 고장력 볼트 그리고 용접에 의한 강재의 연결과 응력 계산을 학습한다.
출제빈도는 2~3문제이다.

단원별 경향분석

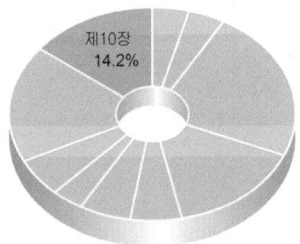

토목기사

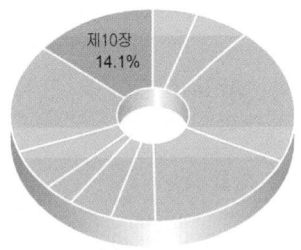

토목산업기사

항목별 경향분석

토목기사

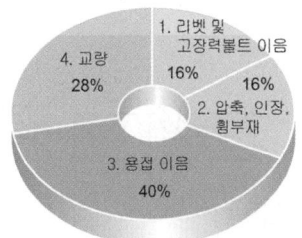

토목산업기사

1 리벳 및 고장력 볼트 이음

학습방향

리벳의 강도와 소요되는 리벳의 수를 결정하는 문제가 매우 자주 출제되었다.

1 형강

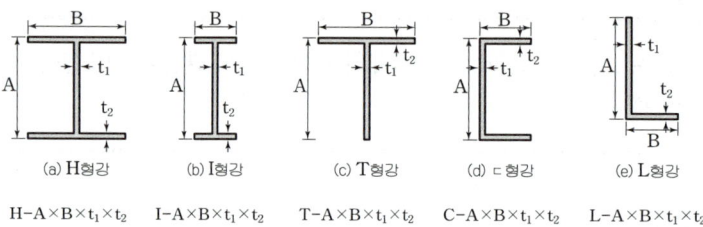

그림. 형강의 종류

(2) 형강은 "A×B×t×길이"로 표시한다.

2 리벳의 종류

(1) 리벳의 지름은 6~40mm 정도의 10종류가 있다. 교량에서는 주로 19mm, 22mm, 25mm를 표준으로 한다(교량가설에는 한 종류의 리벳을 사용하는 것이 좋다.).
(2) ① 둥근 리벳 : 일반적으로 많이 사용된다.
② 접시 리벳 : 리벳 머리가 돌출 되는 것이 구조상 곤란한 경우에 사용한다.
③ 평 리벳 : 강도가 약해 거의 사용되지 않는다.

학습POINT

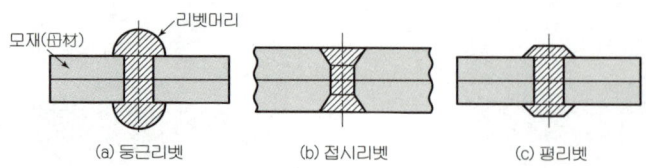

그림. 리벳의 종류

3 리벳 이음의 종류

(1) 겹침 이음 : 모재를 겹쳐서 잇는 것이다.
(2) 맞댐 이음 : 모재를 맞대서 잇는 것이다.

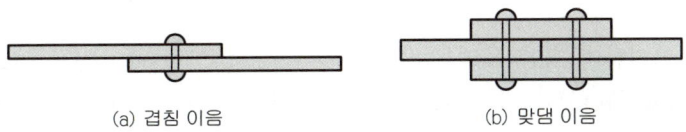

(a) 겹침 이음   (b) 맞댐 이음

그림. 이음의 종류

4 리벳 이음의 일반사항

(1) 동일단면에 이음을 집중시키지 않아야 한다.
(2) 이음은 가능한 한 응력의 여유가 있는 곳에 만든다.
(3) 리벳 및 이음판의 중심선을 부재의 중심선과 일치시켜 편심을 피한다.
(4) 최소 리벳수는 3개 이상으로 한다.
(5) 리벳의 최소 중심간격은 리벳지름에 따라 지름의 3배보다 더 큰 값으로 규정하고 있다.
(6) 리벳의 피치는 가능한 한 좁게 하고, 힘의 방향의 리벳 수는 6개 이하로 한다.

5 리벳의 강도

(1) 전단 강도
  ① 단전단(절단면이 한 개)

  $$\rho_s = v_a \times \frac{\pi d^2}{4}$$

  ρ_s : 리벳의 허용 전단 강도
  v_a : 리벳의 허용 전단 응력
  d : 리벳의 지름

  ② 복전단(절단면이 두 개)

  $$\rho_s = v_a \times \frac{\pi d^2}{4} \times 2$$

■ 전단파괴

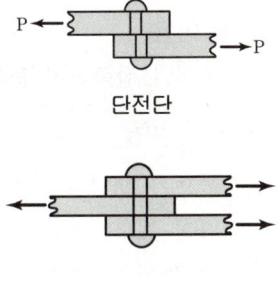

단전단

복전단

(2) 지압 강도

$$\rho_b = f_{ba}dt$$

ρ_b : 리벳의 허용 지압 강도
f_{ba} : 리벳의 허용 지압 응력
d : 리벳의 지름
t : 얇은 판의 두께로 지압 방향을 고려하여 작은 두께를 사용함

리벳의 허용강도(ρ)는 전단강도(ρ_s)와 지압강도(ρ_b)중에서 작은 값으로 한다.

■ 지압파괴

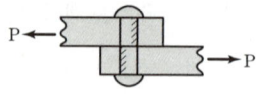

그림에서 빗금친 부분과 같이강재에 의해 눌러서 찌그러지는 파괴를 지압파괴라고 한다.

6 리벳의 소요 개수

$$n = \frac{P}{\rho}$$

P : 부재에 작용하는 힘
ρ : 리벳의 허용강도

7 고장력 볼트 이음의 일반사항

(1) 마찰 이음, 지압 이음, 인장 이음이 있다.
(2) 한 이음에서 2개 이상의 고장력 볼트를 사용해야 한다.
(3) 마찰이음에 사용되는 볼트는 KS B 1010에 규정되어 있는 제 1 종 F8T, 제 2 종 F10T, 제3종 F11T 및 제4종 F13T가 있으며, 지압 이음용 볼트에는 B8T와 B10T, B11T 및 B13T 가 있다.
(4) 고장력 볼트에는 나사부의 지름에 따라 M20(지름이 20mm), M22, M24 등이 있다.

8 고장력 볼트의 응력 계산

(1) 마찰 이음

연결부재의 접촉면에 분포되는 마찰력에 의해 응력을 전달한다.

$$\rho_a = \frac{1}{S}\mu N, \qquad N = af_y A_v$$

ρ_a : 볼트 1 개당 1 마찰면에 허용되는 전단력
μ : 마찰 계수(=0.4)
N : 설계 볼트 축력
S : 미끄러짐에 대한 안전율(=1.7)
a : 항복점에 대한 비율로 F8T에 대하여 0.85, F10T에 대하여 0.75
f_y : 항복응력
A_v : 볼트 나사부의 유효 단면적

(2) 지압 이음

① 지압 이음용 볼트 1개에 허용되는 전단력

$\rho_s = v_a \times \dfrac{\pi d^2}{4}$ (1면 전단일 경우)

v_a : 허용 전단 응력

② 지압 이음용 볼트 1개에 허용되는 지압력

$\rho_b = f_{ba} d t$

9 고장력 볼트의 소요 개수

$n = \dfrac{P}{\rho}$

P : 이음부에 작용하는 힘
ρ : 고장력 볼트의 허용 강도

핵심문제

1 리벳으로 연결된 부재에서 리벳이 상하 두 부분으로 절단되었다면 그 원인은? [94 ㉮]

㉮ 연결 부재의 인장 파괴 ㉯ 리벳의 압축 파괴
㉰ 연결 부재의 지압 파괴 ㉱ 리벳의 전단 파괴

2 리벳(rivet) 이음에서 리벳 1본의 허용 강도는? [95 ㉮]

㉮ 허용 전단 강도를 계산해서 그 값으로 한다.
㉯ 허용 전단 강도와 허용 지압 강도를 계산해서 그 중 작은 값을 택한다.
㉰ 허용 전단 강도와 허용 지압 강도를 계산해서 그 중 큰 값을 택한다.
㉱ 허용 전단 강도와 허용 지압 강도의 평균값을 택한다.

3 다음 그림과 같은 리벳으로 부재를 연결할 때 지압강도는? (단, f_{ba} = 280MPa) [98 ㉰]

㉮ 28 kN
㉯ 50 kN
㉰ 70 kN
㉱ 11 kN

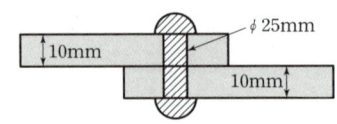

4 그림과 같은 리벳 이음에서 리벳 지름 d=22mm, 철판 두께 t=12mm, 허용전단응력 v_a=80MPa, 허용지압응력 f_{ba}=160MPa일 때 이 리벳의 강도는? [98, 92 ㉮, 99, 98, 97 ㉰]

㉮ 30.4 kN
㉯ 42.2 kN
㉰ 60.8 kN
㉱ 13.0 kN

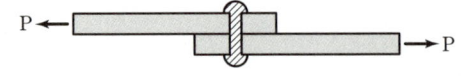

5 다음 그림과 같은 연결에서 리벳의 강도는? (단, 허용 전단 응력은 130MPa, 허용 지압 응력은 300MPa) [97, 90 ㉮, 00, 97 ㉰]

㉮ 73.72 kN
㉯ 85.50 kN
㉰ 73.50 kN
㉱ 85.68 kN

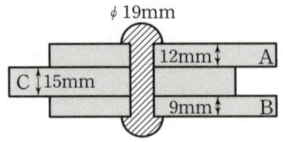

해설

해설 1

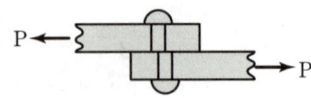

해설 2

허용 전단 강도와 허용 지압 강도 중 작은 값이 리벳의 허용 강도이다.

해설 3

$\rho_b = f_{ba}dt$
$= 280 \times 25 \times 10$
$= 70,000\,\text{N} = 70\,\text{kN}$

해설 4

① 전단 강도
$\rho_s = v_a\left(\dfrac{\pi d^2}{4}\right)$
$= 80 \times \left(\dfrac{\pi \times 22^2}{4}\right)$
$= 30,410.62\,\text{N} ≒ 30.4\,\text{kN}$

② 지압강도
$\rho_b = f_{ba}(dt)$
$= 160 \times (22 \times 12) = 42,240\,\text{N}$
$= 42.24\,\text{kN}$

∴ 둘 중 작은 값 30.4 kN이 리벳의 강도이다.

해설 5

① 전단 강도 : 복전단이므로
$\rho_s = v_a\left(\dfrac{\pi d^2}{4} \times 2\right)$
$= 130 \times \left(\dfrac{\pi \times 19^2}{4} \times 2\right)$
$= 73,717.5\,\text{N} ≒ 73.72\,\text{kN}$

② 지압강도
$\rho_b = f_{ba}(dt) = 300 \times (19 \times 15)$
$= 85,500\,\text{N} = 85.5\,\text{kN}$
(t는 지압의 방향을 고려하므로 15mm와 (12+9)mm 중 작은 값을 사용한다.)

∴ 둘 중 작은 값 73.72kN이 리벳의 강도이다.

정답 1. ㉱ 2. ㉯ 3. ㉰ 4. ㉮ 5. ㉮

6 그림과 같은 강재의 겹이음에서 리벳 값은? (단, d=22mm, t=10mm, v_a =100MPa, f_{ba}=210MPa) [98 ㉮]

㉮ 36.96 kN
㉯ 73.92 kN
㉰ 38.01 kN
㉱ 46.20 kN

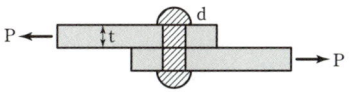

7 그림과 같은 맞댐 이음에서 판의 지압에 의해 파괴되기 위한 t는 얼마 이하인가? (단, ϕ=22mm, v_a=110MPa, f_{ba}=240MPa) [91 ㉯]

㉮ 15.8 mm
㉯ 16.3 mm
㉰ 17.2 mm
㉱ 18.3 mm

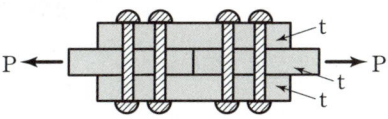

8 인장력 400 kN이 작용하는 두께 16 mm의 강철판을 ϕ22mm의 공장리벳으로 겹이음할 때 소요 리벳수는? (단, 허용전단응력 v_a=100MPa, 허용지압 응력 f_b=220MPa임) [98 ㉮]

㉮ 9개
㉯ 11개
㉰ 13개
㉱ 15개

9 P=300kN의 인장력이 작용하고 판두께 10mm인 철판에 ϕ22mm인 리벳을 사용하여 접합할 때 소요 리벳수는? (단, f_s=100MPa, f_b=180MPa) [96 ㉯]

㉮ 14개
㉯ 12개
㉰ 10개
㉱ 8개

10 고장력 볼트를 사용한 이음 종류가 아닌 것은? [02 ㉮]

㉮ 마찰이음
㉯ 지압이음
㉰ 압축이음
㉱ 인장이음

[해설] 고장력 볼트 이음에는 마찰이음, 지압이음, 인장이음의 3가지 종류가 있다.

해 설

[해설] **6**
① 전단 강도
$$\rho_s = v_a\left(\frac{\pi d^2}{4}\right) = 100\left(\frac{\pi \times 22^2}{4}\right)$$
$$= 38,013.3\,N = 38.01\,kN$$
② 지압 강도
$$\rho_b = f_{ba}(dt) = 210 \times (22 \times 10)$$
$$= 46,200\,N = 46.2\,kN$$
∴ 둘 중 작은 값 38.01 kN이 리벳의 강도이다.

[해설] **7**
① 전단 강도
$$\rho_s = v_a\left(\frac{\pi d^2}{2}\right) = 110\left(\frac{\pi \times 22^2}{2}\right)$$
$$= 83,629.2\,N = 83.63\,kN$$
② 지압 강도
$$\rho_b = f_{ba}(dt) = 240 \times 22t = 5280t$$
[두께는 지압의 방향을 고려하여 t와 $t+t=2t$ 중 작은 값 t를 사용한다.]
③ 지압에 의해 파괴될 조건
$\rho_b \le \rho_s$에서 $5280t \le 83.63$
∴ $t \le 0.0158\,m = 15.8\,mm$

[해설] **8**
$$\rho_s = v_a\left(\frac{\pi d^2}{4}\right) = 100\left(\frac{\pi \times 22^2}{4}\right)$$
$$= 38,013.3\,N ≒ 38\,kN$$
$$\rho_b = f_{ba}(dt) = 220 \times (22 \times 16)$$
$$= 77,440\,N = 77.44\,kN$$
∴ 리벳의 강도 $\rho_a = 38.01\,kN$
$$n = \frac{P}{\rho} = \frac{400}{38.01} = 10.52$$
∴ 11개

[해설] **9**
$$\rho_s = v_a\left(\frac{\pi d^2}{4}\right) = 100\left(\frac{\pi \times 22^2}{4}\right)$$
$$= 38013.3\,N = 38.01\,N$$
$$\rho_b = f_{ba}(dt) = 180 \times (22 \times 10)$$
$$= 39,600\,N = 39.6\,kN$$
∴ 리벳의 강도 $\rho_a = 38.01\,kN$
$$n = \frac{300}{38.01} = 7.89$$
∴ 8개

정답 6. ㉰ 7. ㉮ 8. ㉯ 9. ㉱ 10. ㉰

2 압축, 인장, 휨 부재

학습방향

인장 부재의 순폭 또는 허용 인장력을 묻는 문제의 출제 빈도가 매우 높다. 판형과 L형강으로 된 인장 부재의 순폭과 허용 인장력을 구할 수 있어야 한다.

1 압축 부재

부재에 압축력이 작용할 경우에는 **총단면이 유효한 것으로 본다**.

$$P = f_a A_g$$

- f_a : 부재의 허용 압축 응력
- A_g : 부재의 총 단면적

2 인장 부재

인장력이 전달될 경우에는 리벳구멍의 크기를 공제한 **순단면적으로 축방향 인장강도를 계산한다**.

$$P = f_a A_n$$

- f_a : 부재의 허용 인장 응력
- A_n : 부재의 순단면적

(1) 순단면적(A_n)

$$A_n = b_n t$$

- b_n : 순폭
- t : 부재의 두께

(2) 순폭(b_n)

① 구멍이 판형에 일직선으로 배치된 경우

$$b_n = b_g - nd$$

- b_g : 총폭
- n : 일직선으로 배치된 구멍의 수
- d : **구멍의 지름**

학습POINT

■ 구멍을 뚫을 때는 연결재의 지름보다 더 크게 구멍을 만든다. 작업 시에 주변 금속과의 접촉을 피하기 위하여 구멍의 지름은 연결재의 지름보다 크게 하며, 설계법과 연결재에 따라 모두 다르게 규정되어 있다. 기사는 리벳의 구멍 지름, 산업기사는 고장력볼트구멍의 지름만이 출제가 되었다.

표. 리벳 구멍의 지름

리벳의 지름	구멍의 지름
20mm 미만	+1.0mm
20mm 이상	+1.5mm

표. 고장력볼트 구멍의 지름

리벳의 지름	구멍의 지름
27mm 이하	+2.0mm
27mm 초과	+3.0mm

단, 일반볼트는 지름에 0.5mm를 추가한다.

② 구멍이 판형에 지그재그로 배치된 경우
총 폭에서 최초 구멍은 리벳 구멍의 지름을 빼고 그 후는 순차적으로 $\left(d - \dfrac{p^2}{4g}\right)$ 을 빼서 계산한다.

p : 리벳 피치
g : 리벳 선간 거리

$$b_n = b_g - d - \sum\left(d - \dfrac{p^2}{4g}\right)$$
$$= b_g - nd - \sum \dfrac{p^2}{4g}$$

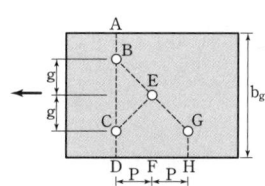

그림. 순폭의 계산

그림에서
㉠ ABCD : $b_n = b_g - 2d$
㉡ ABEF : $b_n = b_g - d - \left(d - \dfrac{p^2}{4g}\right)$
㉢ ABECD와 ABEGH : $b_n = b_g - d - 2\left(d - \dfrac{p^2}{4g}\right)$

예상 파단면에서 계산한 폭 ㉠~㉢ 중에서 최솟값을 순폭으로 한다.

③ L형강의 경우
L형강을 전개한 후에 판형과 같은 방법으로 순폭을 계산한다. L형강을 전개할 때의 총폭(b_g)과 리벳 선간거리(g)는 다음과 같다.

$$b_g = b_1 + b_2 - t$$

$$g = g_1 - t$$

그러므로 그림과 같은 L형강의 순폭은

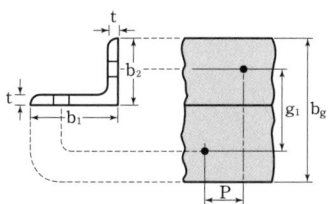

그림. L형강의 순폭 계산

㉠ $b_n = b_g - d$
㉡ $b_n = b_g - d - w$
㉠과 ㉡의 값 중에서 작은 값이다.

만약 · $\dfrac{p^2}{4g} \geq d$ 인 경우 $b_n = b_g - d$

· $\dfrac{p^2}{4g} < d$ 인 경우 $b_n = b_g - d - \left(d - \dfrac{p^2}{4g}\right)$

3 휨 부재

휨 부재의 휨 응력은 다음 휨응력 공식으로 구한다.
$$f = \dfrac{M}{I} y = \dfrac{M}{Z}$$
여기서, Z : 단면 계수

핵 심 문 제

1 부재의 순단면을 계산하는 경우 지름이 19mm의 리벳을 박을 때 리벳구멍의 지름은 얼마로 하는가?(단, 강구조 연결 설계기준(허용응력설계법)을 적용한다.) [96 ㉮]

㉮ 20 mm ㉯ 21 mm
㉰ 22 mm ㉱ 23 mm

2 강판을 리벳으로 이음할 때 지그재그(zigzag)된 경우의 순폭은 최초의 지름에 대해서는 그 지름을 빼고 다음 것에 대하여는 다음 어느 식으로 빼주는가? (단, g : 리벳의 중심선간 거리, p : 리벳의 피치(pitch)) [95 ㉮, 98, 97, 93, 92, 90 ㉯]

㉮ $d - \dfrac{4p^2}{g}$ ㉯ $d - \dfrac{g^2}{4p}$
㉰ $d - \dfrac{p^2}{4g}$ ㉱ $d - \dfrac{3p^2}{4g}$

3 다음 그림과 같은 판(plate)에서 리벳 지름 $\phi = 19$mm일 때 순폭은 얼마인가?(단, 구멍의 지름은 22mm로 가정한다.) [99, 92 ㉮, 93 ㉯]

㉮ 136 mm
㉯ 130 mm
㉰ 114 mm
㉱ 123 mm

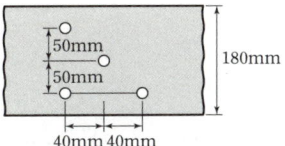

4 아래 그림의 지그재그로 구멍이 있는 판에서 순폭을 구하면? (단, 리벳구멍직경 = 25mm) [00, 05 ㉮]

㉮ $b_n = 187$ mm
㉯ $b_n = 150$ mm
㉰ $b_n = 141$ mm
㉱ $b_n = 125$ mm

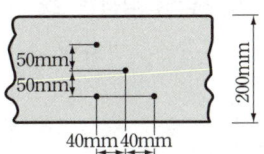

5 그림과 같은 강재를 인장재로 쓰고자 할 때 순폭은 얼마인가? (단, 리벳구멍의 지름은 $\phi = 25$ mm이다.) [93 ㉮]

㉮ 150 mm
㉯ 174 mm
㉰ 170 mm
㉱ 146 mm

해 설

해설 1
리벳 지름이 20mm 미만이면 1.0mm 추가, 리벳 지름이 20mm 이상이면 1.5mm를 추가하므로
$d = 19 + 1.0 = 20$ mm

해설 2
리벳이 지그재그로 배치된 경우 최초구멍은 d를 공제하고 그 후는 $\left(d - \dfrac{p^2}{4g}\right)$을 공제한다.

해설 3
$w = d - \dfrac{P^2}{4g} = 22 - \dfrac{40^2}{4 \times 50} = 14$ mm
· $b_n = b_g - 2d = 180 - 2 \times 22$
  $= 136$ mm
· $b_n = b_g - d - w$
  $= 180 - 22 - 14 = 144$ mm
· $b_n = b_g - d - 2w$
  $= 180 - 22 - 2 \times 14 = 130$ mm
∴ 순폭은 최솟값 130 mm이다.

해설 4
$d = 25$ mm,
$w = d - \dfrac{P^2}{4g} = 25 - \dfrac{40^2}{4 \times 50} = 17$
① $b_n = b_g - 2d = 200 - 2 \times 25$
   $= 150$ mm
② $b_n = b_g - d - w$
   $= 200 - 25 - 17 = 158$ mm
③ $b_n = b_g - d - 2w = 141$ mm
   $= 200 - 25 - (2 \times 17) = 141$ mm
∴ 순폭은 최솟값 141 mm이다.

해설 5
$w = d - \dfrac{P^2}{4g} = 25 - \dfrac{60^2}{4 \times 50} = 7$
$b_n = b_g - 2d = 200 - 2 \times 25$
   $= 150$ mm
$b_n = b_g - d - w$
   $= 200 - 25 - 7 = 168$ mm
$b_n = b_g - d - 2w$
   $= 200 - 25 - 2 \times 7 = 161$ mm
∴ 순폭은 최솟값 150 mm이다.

정답 1. ㉰ 2. ㉰ 3. ㉯ 4. ㉰ 5. ㉮

6 그림과 같은 1-㎩ 180×10의 강판의 구멍지름이 28mm일 때 강판의 최대 허용 인장력(kN)은? (단, $f_a = 130 \text{ MPa}$) [98 ㉮]

㉮ 150.2 kN
㉯ 152.2 kN
㉰ 163.2 kN
㉱ 161.2 kN

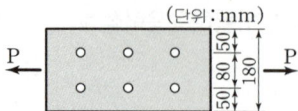

해설 6
(1) 순폭
$b_n = b_g - 2d = 180 - 2 \times 28$
$= 124 \text{ mm}$
(2) 허용 인장력
$P_a = f_a A_n = f_a(b_n t)$
$= 130(124 \times 10) = 161,200 \text{ N}$
$= 161.2 \text{ kN}$

7 강판(150×10 mm)을 그림과 같이 리벳(rivet)으로 연결할 때 강판의 최대 허용인장력은? (단, $f_{ta} = 120 \text{ MPa}$, 구멍의 지름은 25mm)

㉮ 115000 N
㉯ 120000 N
㉰ 125000 N
㉱ 130000 N

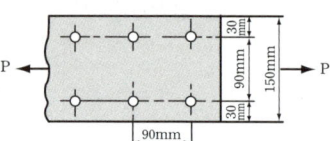

해설 7
(1) 순폭
$b_n = b_g - 2d = 150 - 2 \times 25$
$= 100 \text{ mm}$
$b_n = b_g - d - w$
$= 150 - 25 - 2.5$
$= 122.5 \text{ mm}$
∴ $b_n = 100 \text{ mm}$

$\left[w = d - \dfrac{p^2}{4g} = 25 - \dfrac{90^2}{4 \times 90} \right.$
$\left. = 2.5 \text{ mm} \right]$

(2) 허용인장력
$P_a = f_a A_n = f_a(b_n t)$
$= 120(100 \times 10) = 120,000 \text{ N}$
$= 120 \text{ kN}$

8 L-150×90×12인 형강(angle)의 순단면을 구하기 위하여 전개한 총폭 b_g는 얼마인가? [93 ㉮]

㉮ 228 mm
㉯ 232 mm
㉰ 240 mm
㉱ 252 mm

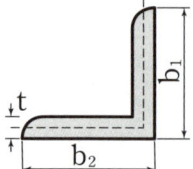

해설 8
L형강은 전개한 폭에 대해 계산하므로
$b_g = b_1 + b_2 - t$
$= 150 + 90 - 12 = 228 \text{ mm}$

9 그림과 같은 L형강에서 순폭 b_n을 구하시오. (단, 리벳구멍의 직경은 22 mm 이다.) [91 ㉱]

㉮ 10.28 cm
㉯ 21.32 cm
㉰ 15.85 cm
㉱ 29.24 cm

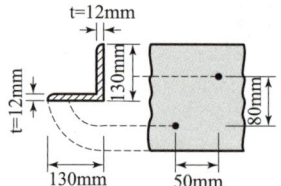

해설 9
(1) 파괴면의 판정
$\dfrac{p^2}{4g} = \dfrac{50^2}{4 \times 68} ≒ 9.2 \text{ mm} < d$
∴ 지그재그로 파괴된다.
$[g = g_1 - t = 80 - 12 = 68 \text{ mm}]$

(2) 순폭
$b_n = b_g - d - w$
$= 248 - 22 - 12.8 = 213.2 \text{ mm}$

$\begin{cases} b_g = b_1 + b_2 - t \\ \quad = 130 + 130 - 12 = 248 \text{ mm} \\ w = d - \dfrac{p^2}{4g} = 22 - \dfrac{50^2}{4 \times 68} \\ \quad = 12.8 \text{ mm} \end{cases}$

3 용접 이음

학습방향

출제 빈도가 매우 높은 단원이며, 용접부의 응력 계산과 용접 기호 등을 학습해 두어야 한다.

1 용접의 장점

① 재료가 절약되고, 단면이 간단하다.
② 구멍이 없으므로 단면적이 감소되지 않기 때문에 인장재라 하더라도 강도의 저하가 없다.
③ 시공 시 소음이 적다.

2 용접의 단점

① 검사가 어렵다.
② 반복하중에 의한 피로에 약하다.
③ 부분적으로 가열되었다 냉각되기 때문에 잔류 응력이 남는다.
④ 지속적인 열에 의해 재질이 변한다.
⑤ 응력집중이 생기기 쉽다.
⑥ 숙련도에 따라 강도가 좌우된다.

3 용접 이음의 종류

(1) 홈 용접

모재(母材)의 홈에 용접하는 것으로 전단면 용입과 부분 용입이 있다. 홈의 형상에 따라 I형, V형, X형, K형 등이 있다. 홈용접에서 용접부의 강도를 계산할 때, 목 두께는 모재의 두께를 사용한다.

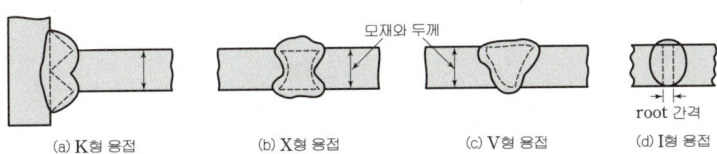

그림. 홈 용접의 종류

(2) 필렛(fillet) 용접

겹대기 이음을 하거나 T형으로 부재를 연결할 때 접합부의 구석에 용접하는 것으로 목두께의 방향은 모재의 면과 45°로 한다.

① 측면 필렛 용접
  용접선의 방향이 응력전달 방향에 평행할 경우
② 전면(前面) 필렛 용접
  용접선의 방향이 응력전달 방향에 직각일 경우

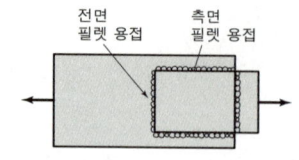

그림. 겹대기 이음의 필렛 용접

4 목두께와 유효 길이

(1) 목두께(a)

① 홈 용접 : 목 두께(a)는 모재의 두께를 사용한다.
② 필렛 용접 : 목두께의 방향은 모재의 면과 45°로 한다.

$$목두께\,(a) = \frac{1}{\sqrt{2}}\,s = 0.7s$$

b : 다리길이, s : 치수(size)

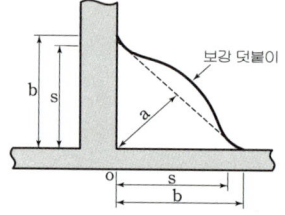

그림. 필렛 용접의 목두께

(2) 유효 길이(l)

유효길이(l)는 이론상의 목두께를 가지는 용접부의 길이로 한다. 용접 개시점의 불완전한 부분과 용접 끝부분의 크레이터(crater)를 제거한 길이이다.

① 홈용접
  용접선이 응력방향에 경사진 경우에는 반드시 응력방향에 투영시킨 길이를 사용한다.

  $l = l_1 \sin \theta$

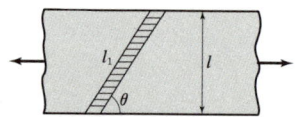

그림. 홈 용접의 유효 길이

② 필렛 용접
총길이에서 2배의 목두께(모살치수)를 공제한 길이로 한다.
(가) $l_e = (l - 2s) \times 2$
(나) $l_e = (2l_1 + l_2 - 2s)$

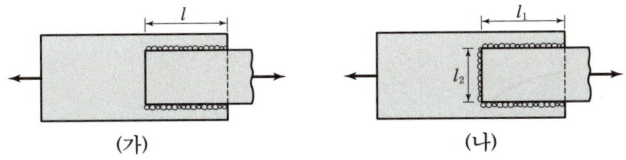

그림. 필렛 용접의 유효 길이

(3) 필렛 용접의 단면규정
① 치수는 등치수로 하는 것을 원칙으로 한다.
② 필릿용접의 최대치수

부재의 두께	필릿용접의 최대치수(mm)
6mm 미만	그 부재의 두께
6mm 이상	부재두께-2mm

③ 필릿용접의 최소치수

연결부의 두꺼운 모재 두께(T), mm	필릿용접의 최소치수(mm)
$T \leq 20$	6
$T > 20$	8

④ 응력을 전달하는 필릿용접 이음부의 길이는 모살치수(s)의 10배 이상 또한 40mm 이상을 원칙으로 한다.
⑤ 서로 다른 폭을 갖는 부재에 대한 맞대기용접이음은 대칭인 변화부를 가져야 한다. 따라서 서로 다른 두께의 맞대기 용접 이음부의 오프셋 표면 기울기가 1/2.5 이하가 되도록 규정하고 있다.

5 용접부의 강도 및 응력 계산

(1) 용접부의 강도 = 용접 면적×허용 응력
용접 면적 = 목두께×유효 길이

(2) 인장력, 압축력, 전단력을 받는 이음부의 응력

$$f = \frac{P}{\Sigma a \cdot l} \quad v = \frac{P}{\Sigma a \cdot l}$$

(3) 휨모멘트를 받는 이음부의 응력

$$f = \frac{M}{I} y$$

6 필렛 용접부의 결함

① 균열　② 변형　③ 오버랩
④ 언더컷　⑤ 다리길이 부족　⑥ 치수 부족
⑦ 목두께 부족　⑧ 보강 덧붙임 과다　⑨ 슬래그 잠입

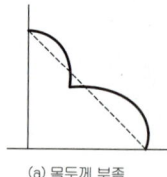 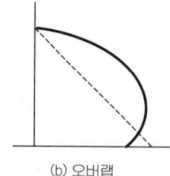 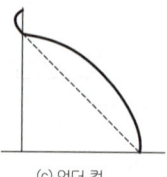

(a) 목두께 부족　(b) 오버랩　(c) 언더 컷

그림. 필렛 용접부의 결함

7 용접 기호

명칭		기호	기 입 예	해 설
홈 용접	I형 용접			루트 간격 2mm
	V형 용접			홈의 깊이 16mm 홈의 각도 60° 루트 간격 2mm
	V형 용접			
	X형 용접			
필렛 용접	연속 필렛 용접			
	단속 필렛 용접			L : 용접길이 P : 용접중심간피치

핵 심 문 제

해 설

1 용접 작업 중 일반적인 주의사항을 열거한 것이다. 잘못 설명된 내용은? [97 ㉮]

㉮ 용접의 열은 가능한 주변으로 집중시켜 분포시킨다.
㉯ 앞의 용접에서 생긴 변형을 다음 용접에서 제거할 수 있도록 진행시킨다.
㉰ 특히 비뚤어지지 않게 평행한 용접은 같은 방향으로 할 수 있으면 동시에 용접을 한다.
㉱ 용접은 중심에서 대칭으로 주변으로 향해서 하는 것이 변형을 적게 한다.

[해설] 1
용접을 할 때 발생하는 열은 가능한 한 곳에 집중되지 않도록 해야 한다.

2 그림과 같은 필렛 용접에서 목두께가 옳게 표시된 것은? [00 ㉮]

㉮ s
㉯ $\dfrac{\sqrt{3}}{2}s$
㉰ $\dfrac{\sqrt{2}}{2}s$
㉱ $\dfrac{\sqrt{1}}{2}l$

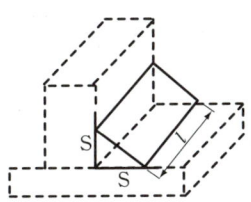

[해설] 2
필렛 용접의 목두께는 모재면에 45° 방향으로 한다.
∴ $a = \dfrac{s}{\sqrt{2}} = 0.7s$

3 그림과 같은 필렛 용접부의 목두께는? [96 ㉯]

㉮ 7mm
㉯ 70mm
㉰ 10mm
㉱ 100mm

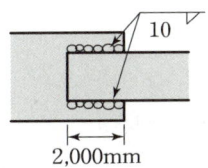

[해설] 3
$a = 0.7s$
$\quad = 0.7 \times 10$
$\quad = 7\,mm$

4 그림과 같은 맞대기 용접의 인장 응력은? [05, 00, 98, 97 ㉮]

㉮ 250 MPa
㉯ 25 MPa
㉰ 125 MPa
㉱ 1250 MPa

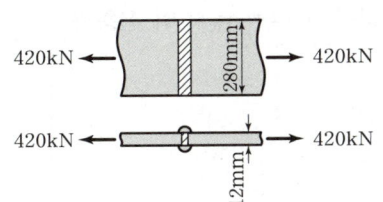

[해설] 4
$f = \dfrac{P}{\sum al} = \dfrac{P}{tl}$
$\quad = \dfrac{420 \times 10^3}{12 \times 280}$
$\quad = 125\,MPa$

정답 1. ㉮ 2. ㉰ 3. ㉮ 4. ㉰

5 그림과 같은 맞대기 용접의 용접부에 생기는 인장 응력은 얼마인가?

㉮ 50 MPa
㉯ 70 MPa
㉰ 100 MPa
㉱ 141.4 MPa

[00, 98 ㉮]

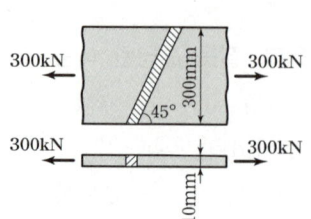

해설 5

$$f = \frac{P}{\Sigma al} = \frac{P}{tl}$$
$$= \frac{300 \times 10^3}{10 \times 300} = 100 \text{ MPa}$$

홈 용접에서 목두께는 모재의 두께 (여기서는 10mm)를 사용하고, 유효 길이는 응력에 직각인 방향의 길이 (여기서는 300mm)를 사용한다.

6 다음 그림과 같이 전단력 $P = 300$ kN 가 작용하는 부재를 용접 이음 하고자 할 때 생기는 전단 응력은?

㉮ 96 MPa
㉯ 78.1 MPa
㉰ 115.2 MPa
㉱ 80 MPa

[98, 93 ㉮]

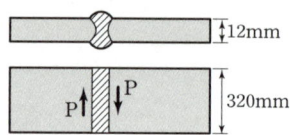

해설 6

$$f = \frac{V}{\Sigma al} = \frac{P}{tl}$$
$$= \frac{300 \times 10^3}{12 \times 320} = 78.13 \text{ MPa}$$

7 휨 모멘트를 받는 그림과 같은 용접 이음부의 연단 응력은? (단, $M = 2,880$ N·m)

㉮ 120 MPa
㉯ 112 MPa
㉰ 110 MPa
㉱ 102 MPa

[01, 98, 97 ㉯]

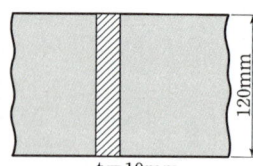

해설 7

$$f_{연단} = \frac{M}{I} y_{연단} = \frac{M}{Z}$$
$$= \frac{2,880 \times 10^3}{\frac{10 \times 120^2}{6}} = 120 \text{ MPa}$$

8 그림과 같은 필렛 용접에서 일어나는 응력으로 옳은 것은?

㉮ 97.2 MPa
㉯ 98.2 MPa
㉰ 99.2 MPa
㉱ 109 MPa

[94 ㉮]

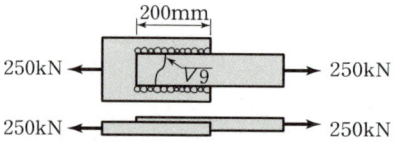

해설 8

$$v = \frac{V}{\Sigma al} = \frac{P}{0.70s \times 2(l - 2s)}$$
$$= \frac{250 \times 10^3}{(0.7 \times 9) \times 2(200 - 2 \times 9)}$$
$$= 109.02 \text{ MPa}$$

9 용접의 목의 두께 $a = 5$ mm, 한쪽 용접의 유효길이 500mm인 양측 필렛용접(fillet welding)으로 된 강부재에 인장력 $P = 700$ kN 이 작용하는 경우 용접 이음부의 검토를 위한 응력은 얼마인가?

㉮ 135 MPa
㉯ 140 MPa
㉰ 145 MPa
㉱ 150 MPa

[00 ㉮]

해설 9

$$v = \frac{V}{\Sigma al} = \frac{P}{a \times (2l)}$$
$$= \frac{700 \times 10^3}{5 \times (2 \times 500)} = 140 \text{ MPa}$$

[필렛용접은 전단응력만 받는다.]

정답 5. ㉰ 6. ㉯ 7. ㉮ 8. ㉱ 9. ㉯

10 설계계산에서 용접부의 강도는? [97 ㉮]

㉮ 목두께×유효 길이×허용 응력
㉯ 목두께×치수×허용 응력
㉰ 치수×유효 길이×허용 응력
㉱ 면적×유효 길이×허용 응력

[해설] 10
용접부의 강도
=용접면적×허용응력
=(목두께×유효길이)×허용응력

11 아래 용접 기호를 바르게 나타낸 것은? [95 ㉮]

㉮ I형 홈 용접으로 루트 간격 3mm
㉯ I형 홈 용접으로 판두께가 3mm
㉰ H형 홈 용접으로 홈 깊이 3mm
㉱ U형 필렛 용접으로 다리 3mm

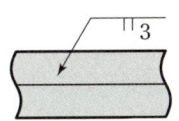

[해설] 11
||는 I형 용접을 의미하는 기호이고 숫자는 루트 간격(용접부 간격)이 3mm라는 것이다.

12 다음 그림은 어떤 용접을 나타낸 것인가? [94 ㉮]

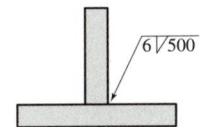

㉮ 필렛 용접, 연속, 다리길이 6mm, 용접길이 500mm
㉯ 필렛 용접, 단속, 다리길이 6mm, 용접길이 500mm
㉰ 맞대기 용접, T형, 치수 6mm, 용접길이 500mm
㉱ 맞대기 용접, T형, 다리길이 6mm, 용접길이 500mm

[해설] 12
모서리에 용접하므로 필렛용접이고 최초의 숫자는 다리길이(치수)를 의미하며 뒤의 숫자는 용접된 길이를 표시한다.(숫자가 3개 등장하면 적당한 간격마다 용접한 단속 용접이며 3번째 숫자는 용접 간격 즉 피치를 의미한다. 여기서는 2개의 숫자만 나오므로 연속용접이라는 의미이다. 기사 시험에서는 무조건 연속만 나왔다.)

13 다음 그림의 용접 기호를 옳게 설명한 것은? [97 ㉮]

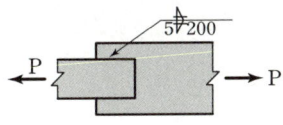

㉮ 양면 연속 필렛 용접, 다리길이 5mm, 용접길이 200mm
㉯ 홈용접, 다리길이 5mm, 용접길이 200mm
㉰ 슬롯 용접, 다리길이 5mm, 용접길이 200mm
㉱ 플러그 용접, 다리길이 5mm, 용접길이 200mm

[해설] 13
모서리에 용접하므로 필렛용접이고 위·아래로 표시된 삼각형은 양면 용접이라는 것이다. 역시 2개의 숫자뿐이므로 연속이다. 종합하면 양면연속측면필렛용접이 된다.
첫 번째 숫자는 다리길이(치수)이고 2번째 숫자는 용접길이를 표시한다.

정답 10. ㉮ 11. ㉮ 12. ㉮ 13. ㉮

4 교량

학습방향

교량은 판형교에 대해서 출제가 되고 있으며, 주로 각 부분이 받는 힘과 용도가 자주 출제된다.

1 교량의 구성

상부구조와 하부구조로 나누어지며, 상부구조는 바닥판, 브레이싱, 형(girder), 트러스 등을 말하고, 하부구조는 교대, 교각 등을 말한다.

2 판형교(plate girder bridge)

강판과 L 형강을 사용하여 I형으로 조립한 것을 주형으로 사용한다.

(1) 복부판의 전단 응력

복부판은 상하 플랜지의 위치를 확보해 주고 주로 전단에 저항하는 역할을 한다.

$$v = \frac{V}{A_{wg}}$$

V : 전단력

A_{wg} : 복부판의 총 단면적

(2) 플랜지와 주형

① 경제적인 주형의 높이(h)

$$h ≒ 1.1\sqrt{\frac{M}{f_{ba}t_w}}$$

t_w : 복부판의 두께

f_{ba} : 허용 휨 응력

M : 작용 모멘트

② 플랜지의 단면적(A_f)

$$A_f = \frac{M}{f_{ba}h} - \frac{A_w}{6}$$

A_w : 복부의 단면적

h : 주형의 높이

학습POINT

(3) 보강재

복부판의 좌굴을 막기 위하여 수직 보강재인 스티프너(stiffner)를 설치한다.

(4) 브레이싱(bracing)

브레이싱은 주형의 상호위치 유지와 판형의 비틀림을 막기 위해 사용된다.

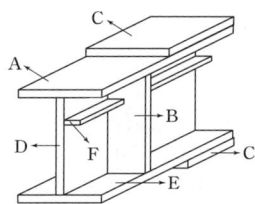

A : 상부플랜지
B : 보강재(스티프너)
C : 덮개판
D : 복부판
E : 하부플랜지
F : 브레이싱

핵 심 문 제

해 설

1 그림과 같은 판형(Plate Girder)의 각부 명칭 중 틀린 것은? [00 ㉮]

㉮ A – 상부판(Flange)
㉯ B – 보강재(Stiffener)
㉰ C – 덮개판(Cover plate)
㉱ D – 횡구(Bracing)

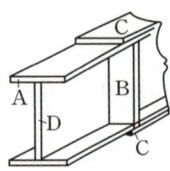

해설 1
D는 판형교의 복부판에 해당한다.

2 판형에서 복부판에 전단력 V=800kN이 작용할 때 전단 응력은? (단, 복부판의 순 단면적 A_n=9,000mm²이고, 총 단면적 A_{wg}=12,000mm² 이다) [00 ㉯]

㉮ 86.9MPa   ㉯ 87.9MPa
㉰ 88.9MPa   ㉱ 66.7MPa

해설 2
$$v = \frac{V}{A_{wg}} = \frac{800 \times 10^3}{12000}$$
$$= 66.7 \, MPa$$

3 설계 휨 모멘트 $M = 800 \, kN \cdot m$를 받는 I형 단면의 판형교 높이 h를 구한 값은? (단, $f_{ca} = f_{ta} = 140 \, MPa$, $t = 10 \, mm$) [00, 98 ㉯]

㉮ 840 mm   ㉯ 940 mm
㉰ 1,040 mm   ㉱ 1,140 mm

해설 3
$$h = 1.1 \sqrt{\frac{M}{f_a t}}$$
$$= 1.1 \sqrt{\frac{800 \times 10^6}{140 \times 10}}$$
$$= 832 \, mm$$

4 판형교에서 플랜지의 단면적 A_f를 계산하는 식 중 옳은 것은? (단, A_w : 복부의 단면적) [95 ㉮]

㉮ $\dfrac{M}{fh} - \dfrac{A_w}{8}$

㉯ $\dfrac{M}{fh} - \dfrac{A_w}{6}$

㉰ $\dfrac{M \cdot f}{h} - \dfrac{A_w}{8}$

㉱ $\dfrac{M \cdot f}{h} - \dfrac{A_w}{6}$

해설 4
판형교이 플랜지 단면적
$$A_f = \frac{M}{f_a h} - \frac{A_w}{6}$$

5 판형에서 플랜지와 복부를 결합하는 리벳은 주로 다음 중 무엇에 의해 결정되는가? [96 ㉮]

㉮ 휨 모멘트   ㉯ 전단력
㉰ 복부의 좌굴   ㉱ 보의 처짐

해설 5
$h = 1.1 \sqrt{\dfrac{M}{f_a t}}$ 에서
판형의 높이는 휨모멘트에 의해 결정된다.

정답 1. ㉱ 2. ㉱ 3. ㉮ 4. ㉯ 5. ㉯

6 합성보 교량에서 슬래브와 강(鋼)보 상부 플랜지를 떨어지지 않게 결합시키는 결합재로 사용되는 것은? [96 ㉮]

㉮ 볼트
㉯ 전단 연결재
㉰ 합성 철근
㉱ 접착제

해 설

해설 6

합성형 교량에서 콘크리트 슬래브와 강보 상부 플랜지를 일체화시키기 위해서 접촉부에 전단 연결재(스터드)를 배치한다.

6. ㉯

출제예상문제

CHAPTER 10 강구조 및 교량

■■■ 리벳 및 고장력 볼트 이음

1. 강재의 압축부재에 대한 설명으로 옳은 것은? [05⑷]

㉮ 축방향 압축강도(P_c)의 단면계산에서 리벳이나 볼트구멍을 제외한 순단면적을 사용한다.
㉯ 축방향 압축강도(P_c)의 단면계산에서 총단면적을 사용한다.
㉰ 축방향 압축강도(P_c)의 계산에서 응력은 극한응력을 사용한다.
㉱ 압축부재가 길이에 비해 단면이 작으면 세장비가 작아져서 좌굴파괴를 일으킨다.

[해설] 압축부재는 전단면이 유효하므로 총 단면적(A_g)을 사용하고 인장부재는 구멍의 지름을 공제한 순 단면적(A_n)을 사용한다.

2. 리벳의 값을 결정하는 방법 중 옳은 것은? [97⑷]

㉮ 허용 전단력과 허용 압축력으로 결정한다.
㉯ 허용 전단력과 허용 지압력 중 큰 것으로 한다.
㉰ 허용 전단력과 허용 압축력의 평균치로 결정한다.
㉱ 허용 전단력과 허용 지압력 중 작은 것으로 한다.

[해설] 연결부재의 전단파괴와 접합판재의 지압파괴를 대비하기 위해 허용전단력과 허용지압력 중 작은 응력값으로 산정한다.(허용전단력=전단강도, 허용지압력=지압강도)

3. 그림과 같은 리벳 연결에서 리벳의 전단 강도를 구한 값은? (단, 리벳 지름은 16mm이며, v_a=150MPa, f_b=300MPa임) [81㉮, 87⑷]

㉮ 60.3 kN
㉯ 55.3 kN
㉰ 50.3 kN
㉱ 45.3 kN

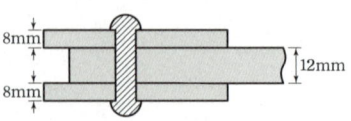

[해설] 전단에 저항하는 면이 2개이므로 복전단이다.
$$\rho_s = v_a\left(\frac{\pi d^2}{4} \times 2\right) = 150 \times \left(\frac{\pi \times 16^2}{4} \times 2\right)$$
$$= 60,319\,\text{N} = 60.3\,\text{kN}$$

4. 지름이 22mm인 리벳으로 복전단 이음을 하고자 할 때 리벳의 허용 지압 강도는? (단, v_a=110MPa, f_b=240MPa, 강판의 두께는 14mm이다.) [98⑷]

㉮ 83.6 kN
㉯ 73.9 kN
㉰ 88.6 kN
㉱ 78.9 kN

[해설] $\rho_b = f_{ba}(dt) = 240 \times (22 \times 14)$
$= 73,920\,\text{N} = 73.9\,\text{kN}$

5. 그림과 같은 리벳접합의 허용내력은? (v_a=120 MPa, f_{ba}=300 MPa) [00㉮]

㉮ 34.0 kN
㉯ 68.1 kN
㉰ 68.4 kN
㉱ 82.6 kN

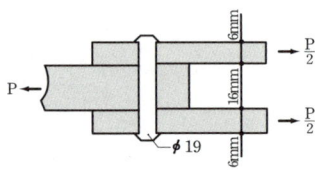

[해설] (1) 전단강도
$$\rho_s = v_a\left(\frac{\pi d^2}{2}\right) = 120 \times \left(\frac{\pi \times 19^2}{2}\right)$$
$$= 68,046.9\,\text{N} = 68.05\,\text{kN}$$
(2) 지압강도
$$\rho_b = f_{ba}(dt) = 300 \times (19 \times 12)$$
$$= 68,400\,\text{N} = 68.4\,\text{kN}$$
[판두께 t는 지압의 방향성을 고려하여 16mm와 (6+6)=12mm 중 작은 값 12mm를 사용한다.]
∴ 둘 중 최솟값 68.1 kN이 허용내력이다.

해답 1. ㉯ 2. ㉱ 3. ㉮ 4. ㉯ 5. ㉯

6. 인장력 400kN이 작용하는 두께 16mm의 강철판을 ϕ22mm의 공장 리벳으로 겹침이음할 때 소요 리벳수는? (단, 허용 전단 응력 $v_a = 100\,\text{MPa}$, 허용 지압 응력 $f_b = 220\,\text{MPa}$ 임) [98 ㉮]

㉮ 9개 ㉯ 11개
㉰ 13개 ㉱ 15개

해설 (1) 전단강도
$$\rho_s = v_a\left(\frac{\pi d^2}{4}\right) = 100 \times \left(\frac{\pi \times 22^2}{4}\right)$$
$$= 38,013.3\,\text{N} = 38.01\,\text{kN}$$

(2) 지압강도
$$\rho_b = f_{ba}(dt) = 220 \times (22 \times 16)$$
$$= 77,440\,\text{N} = 77.44\,\text{kN}$$
∴ 리벳의 강도 $\rho_a = 38.01\,\text{kN}$

(3) 소요 리벳수
$$n = \frac{P}{\rho_a} = \frac{400}{38.01} = 10.52$$
∴ 11개

7. 다음의 리벳 이음에서 필요한 최소 리벳수는? (단, 리벳의 허용 전단응력은 100 MPa, 허용 지압 응력은 220 MPa이고 ϕ22mm 이다.) [96 ㉮, 93 ㉯]

㉮ 4
㉯ 8
㉰ 11
㉱ 14

해설 (1) 전단강도
복전단이므로 $\rho_s = v_a\left(\dfrac{\pi d^2}{2}\right) = 100 \times \left(\dfrac{\pi \times 22^2}{2}\right)$
$$= 76,026.5\,\text{N} = 76.03\,\text{kN}$$

(2) 지압강도
$$\rho_b = f_{ba}(dt) = 220 \times (22 \times 6)$$
$$= 29,040\,\text{N} = 29.04\,\text{kN}$$
[판두께 t는 지압의 방향성을 고려하여 6mm와 (6+6)=12mm 중 작은 값 6mm를 사용한다.]
∴ $\rho_a = 29.04\,\text{kN}$

(3) 최소 리벳수
$$n = \frac{P}{\rho_a} = \frac{300}{29.04} = 10.33$$
∴ 11개

8. 그림의 리벳 이음에서 $t_1 + t_2 > t$ 이다. 지름 25mm의 공장 리벳으로 연결할 때 이음부의 강도가 복전단 강도로 결정되는 t 의 범위는? (단, $v_a = 150\,\text{MPa}$, $f_{ba} = 320\,\text{MPa}$ 이다) [93 ㉮]

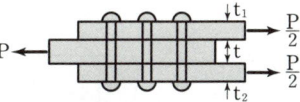

㉮ t는 18.4mm보다 작아서는 안 된다.
㉯ t는 36.8mm보다 커야 한다.
㉰ t는 18.4mm보다 작아야 한다.
㉱ t는 25mm보다 커야 한다.

해설 (1) 전단강도
복전단이므로 $\rho_s = v_a\left(\dfrac{\pi d^2}{2}\right) = 150 \times \left(\dfrac{\pi \times 25^2}{2}\right)$
$$= 147,262.16\,\text{N} = 147.3\,\text{kN}$$

(2) 지압강도
$$\rho_b = f_{ba}(dt) = 320 \times (25t)$$
$$= 8,000t\,(\text{N}) = 8t\,(\text{kN})$$
이음부 강도가 복전단의 강도이므로 전단강도가 지압강도보다 작아야 하므로 $\rho_s \le \rho_b$에서
$$147.3 \le 8t$$
∴ $t \ge 18.4\,\text{mm}$

9. 복전단 고장력 볼트(bolt)의 마찰이음에서 강판에 $P = 300\,\text{kN}$가 작용할 때 볼트의 수는 몇 개가 필요한가? (단, 볼트의 지름 $d = 20\,\text{mm}$이고, 허용전단응력 $v_a = 120\,\text{MPa}$이다.) [05, 01 ㉮]

㉮ 4개 ㉯ 5개
㉰ 6개 ㉱ 7개

해설 (1) 볼트의 전단 강도
복전단이므로 $\rho_s = v_a\left(\dfrac{\pi d^2}{2}\right) = 120 \times \left(\dfrac{\pi \times 20^2}{2}\right)$
$$= 75,398.2\,\text{N} = 75.4\,\text{kN}$$

(2) 볼트의 수
$$n = \frac{P}{\rho_s} = \frac{300}{75.4} = 3.98 \therefore 4개$$

해답 6. ㉯ 7. ㉰ 8. ㉮ 9. ㉮

■■■ 압축, 인장, 휨 부재

10. 아래 그림의 지그재그 리벳 이음에서 A-B-C-D-G에 따른 순폭을 구하면? (단, $b_g = 200\,mm$, $g = 50\,mm$, $p = 40\,mm$, 리벳 구멍의 지름은 25mm이다.)

㉮ $b_n = 187\,mm$
㉯ $b_n = 150\,mm$
㉰ $b_n = 141\,mm$
㉱ $b_n = 125\,mm$

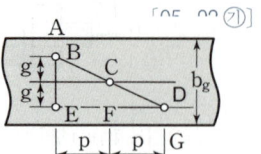

해설 가정한 파괴면에 대해 순폭을 계산하면
· ABE에서 $b_n = b_g - 2d = 200 - 2 \times 25 = 150\,mm$
· ABCDG에서 $b_n = b_g - d - 2w = 200 - 25 - 2 \times 17$
$= 141\,mm$
이 중 최솟값 141mm가 순폭이다.

$$\left[w = d - \frac{p^2}{4g} = 25 - \frac{40^2}{4 \times 50} = 17\,mm \right]$$

11. 220mm×20mm의 강판에 그림과 같이 지그재그 이음을 하였다. 이음판의 순 단면적은 얼마인가? (단, 리벳 구멍의 직경은 25mm 이다.) [98④]

㉮ $3{,}400\,mm^2$
㉯ $3{,}500\,mm^2$
㉰ $3{,}700\,mm^2$
㉱ $3{,}800\,mm^2$

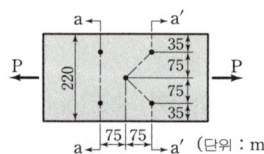

해설 (1) 순폭
가정한 파괴면에 대해 순폭을 계산하면
$a - a$단면 : $b_n = b_g - 2d$
$= 220 - 2 \times 25 = 170\,mm$
$a' - a'$단면 : $b_n = b_g - d - 2w$
$= 220 - 25 - 2 \times 6.25$
$= 182.5\,mm$

$$\left[w = d - \frac{p^2}{4g} = 25 - \frac{75^2}{4 \times 75} = 6.25\,mm \right]$$

∴ 순폭 b_n은 최솟값 170mm이다.

(2) 순단면적
$A_n = b_n t = 170 \times 20 = 3{,}400\,mm^2$

12. 그림과 같은 1-PL200×10의 강판을 리벳으로 이음할 때 강판의 허용 인장력은? (단, $f_{ta} = 130\,MPa$, 구멍의 지름은 25mm이다.) [98㉮]

㉮ 155 kN
㉯ 169 kN
㉰ 195 kN
㉱ 209 kN

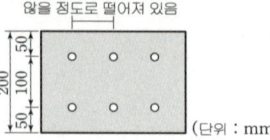

해설 $P_a = f_{ta} A_n = f_{ta}(b_n t) = 130 \times (150 \times 10)$
$= 195{,}000\,N = 195\,kN$

$$\left[\begin{array}{l} 순폭 : b_n = b_g - 2d = 200 - 2 \times 25 = 150\,mm \\ cf)\ PL\ 200 \times 10의\ 의미 \\ \quad : 총폭\ 200mm,\ 두께가\ 10mm인\ 판을\ 뜻한다. \end{array} \right]$$

13. 그림과 1-PL 180×10의 강판을 볼트로 이음할 때 강판의 최대 허용 인장력(kN)은? (단, $f_a = 130\,MPa$, 구멍의 지름은 28mm이다.) [01, 98㉮]

㉮ 150.2 kN
㉯ 152.2 kN
㉰ 163.2 kN
㉱ 161.2 kN

해설 $P_a = f_a A_n = f_a(b_n t) = 130 \times (124 \times 10)$
$= 161{,}200\,N = 161.2\,kN$

$$\left[순폭 : b_n = b_g - 2d = 180 - 2 \times 28 = 124\,mm \right]$$

14. 다음 그림의 강판 1-PL 200×15를 리벳으로 이음할 경우 강판의 인장 강도의 크기는? (단, 강판은 SS400이며 $f_{ta} = 140\,MPa$, 구멍의 지름은 25mm이다.) [96④]

㉮ 205 kN
㉯ 215 kN
㉰ 305 kN
㉱ 315 kN

해설 $P_a = f_{ta} A_n = f_{ta}(b_n t) = 140 \times (150 \times 15)$
$= 315{,}000\,N = 315\,kN$

$$\left[순폭 : b_n = b_g - 2d = 200 - 2 \times 25 = 150\,mm \right]$$

해답 10. ㉰ 11. ㉮ 12. ㉰ 13. ㉱ 14. ㉱

15. 순단면이 볼트의 구멍 하나를 제외한 단면(즉, A-B-C 단면)과 같도록 피치(S)를 결정하면? (단, 볼트구멍의 직경은 22mm이다.) [05]

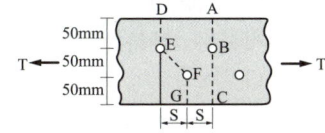

㉮ s=114.9 mm
㉯ s=90.6 mm
㉰ s=66.3 mm
㉱ s=50 mm

해설 ABC단면의 순폭 : $b_n = b_g - d$

DEFG 단면의 순폭 : $b_n = b_g - d - \left(d - \dfrac{p^2}{4g}\right)$

$\qquad\qquad\qquad = b_g - d - \left(d - \dfrac{S^2}{4g}\right)$

순폭이 같아야 한다는 조건을 적용하면

$b_g - d \le b_g - d - \left(d - \dfrac{S^2}{4g}\right)$ 에서

괄호항이 0이라야 한다.

$\therefore S = \sqrt{4gd} = \sqrt{4 \times 50 \times (22)} = 66.3\ mm$

16. 그림과 같은 L형강에서 순 단면적을 구하기 위한 폭은 얼마인가?

㉮ 170 mm
㉯ 180 mm
㉰ 190 mm
㉱ 200 mm

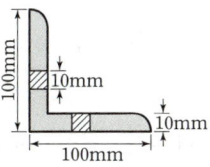

해설 $b_n = b_g - 2d = 190 - 2 \times 10 = 170\ mm$
총폭 : $b_g = A + B - t = 100 + 100 - 10 = 190\ mm$
그림에서 리벳 구멍의 지름은 $d = 10\ mm$이다.

17. 다음의 L형강에서 인장응력 검토를 위한 순폭은 얼마인가? [00 ㉮]

㉮ 164 mm
㉯ 174 mm
㉰ 187 mm
㉱ 190 mm

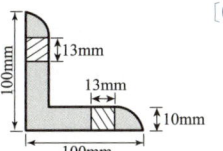

해설 $b_n = b_g - 2d = 190 - 2 \times 13 = 164\ mm$
총폭 : $b_g = A + B - t = 100 + 100 - 10 = 190\ mm$
그림에서 리벳 구멍의 지름은 $d = 13\ mm$이다.

18. 다음은 L형강에서 인장응력 검토를 위한 순폭계산에 대한 설명이다. 틀린 것은? [05 ㉮]

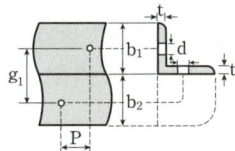

㉮ 전개 총폭은 $b = b_1 + b_2 - t$ 이다.
㉯ $P^2/4g \ge d$인 경우 순폭은 $b_n = b - d$ 이다.
㉰ 리벳선거리는 $g = g_1 - t$ 이다.
㉱ $P^2/4g < d$는 경우 순폭은 $b_n = b - d - P^2/4g$ 이다.

해설 $\dfrac{P^2}{4g} < d$인 경우는 지그재그로 파괴되므로 이 경우의

순폭은 $b_n = b_g - d - \left(d - \dfrac{P^2}{4g}\right)$이 된다.

19. L-90×90×13mm의 L형강을 그림과 같이 연결판을 리벳으로 연결했을 때 이 앵글형강은 얼마의 하중에 견디겠는가? (단, 앵글 단면적 2,171mm², 유효단면적은 전 단면적의 3/4으로 하고, 강판의 $f_{ta} = 140\ MPa$, 구멍의 지름은 25mm이다.) [97 ㉮]

㉮ $P = 182.4\ kN$
㉯ $P = 172.4\ kN$
㉰ $P = 162.4\ kN$
㉱ $P = 152.4\ kN$

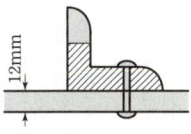

해설 (1) 유효 단면적
$A_e = \dfrac{3}{4} A_g = \dfrac{3}{4} \times 2,171 = 1,628\ mm^2$

(2) 순 단면적
$A_n = A_e - dt = 1,628 - 25 \times 13$
$\quad\ \ = 1,303\ mm^2$

(3) 허용하중
$P_a = f_{ta} A_n = 140 \times 1,303$
$\quad\ \ = 182,400\ N = 182.4\ kN$

해답 15. ㉰ 16. ㉮ 17. ㉮ 18. ㉱ 19. ㉮

20. 인장 부재의 볼트 연결부를 설계 할 때 고려 되지 않는 항목은? [05 ㉑]

㉮ 지압응력
㉯ 볼트의 전단응력
㉰ 부재의 항복응력
㉱ 부재의 좌굴응력

[해설] 인장력을 받는 볼트 연결부는 좌굴하중은 고려하지 않으며 항복응력은 허용응력을 구할 때 사용된다.

21. 철골 압축재의 좌굴 안정성에 대한 설명 중 틀린 것은? [01 ㉮]

㉮ 좌굴길이가 길수록 유리하다.
㉯ 힌지지지 보다 고정지지가 유리하다.
㉰ 단면2차모멘트 값이 클수록 유리하다.
㉱ 단면2차반지름이 클수록 유리하다.

[해설] $P_{cr} = \dfrac{\pi^2 EI}{L_k^2} \propto \dfrac{1}{L_k^2}$ 에서 유효길이 L_k가 길수록 좌굴하중이 감소하여 쉽게 좌굴되므로 불리하다.

■■■ 용접 이음

22. 용접시의 주의 사항에 관한 설명 중 틀린 것은? [00 ㉮]

㉮ 용접의 열을 될 수 있는 대로 균등하게 분포시킨다.
㉯ 용접부의 구속을 될 수 있는 대로 적게 하여 수축변형을 일으키더라도 해로운 변형이 남지 않도록 한다.
㉰ 평행한 용접은 같은 방향으로 동시에 용접하는 것이 좋다.
㉱ 주변에서 중심으로 향하여 대칭으로 용접해 나간다.

[해설] 용접은 중심에서 주변으로 향해서 대칭으로 하는 것이 변형을 적게 한다.

23. 용접이음을 리벳 이음과 비교할 때의 장점 중 옳지 않은 것은? [98 ㉑]

㉮ 리벳구멍으로 인한 인장측 단면 감소가 일어나지 않는다.
㉯ 용접되는 부분은 연성도 크고 피로저항도 크다.
㉰ 작업에 따른 소음을 내지 않는다.
㉱ 리벳이음에 비하여 강재가 절약되므로 경제적이다.

[해설] 용접된 부분은 연성과 피로에 대한 저항성이 작아서 취성적인 파괴를 보인다.

24. 현장 용접 시 용접부의 허용 응력은? [93 ㉮]

㉮ 공장 용접의 95%를 취한다.
㉯ 공장 용접의 90%를 취한다.
㉰ 공장 용접의 85%를 취한다.
㉱ 공장 용접의 80%를 취한다.

[해설] 현장용접 시 허용응력은 공장용접 시 허용응력의 90%를 취한다.

25. 그림과 같은 용접 길이의 유효 길이는 얼마인가? [05, 99, 88 ㉑]

㉮ 600mm
㉯ 520mm
㉰ 400mm
㉱ 300mm

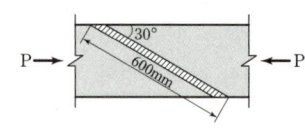

[해설] 용접선이 응력방향에 직각이 아닌 경우는 응력 방향에 투영시킨 길이 즉 응력 방향에 직각인 길이를 유효 길이로 하므로
$l_e = 600 \sin 30° = 300\,\text{mm}$

26. t=12mm인 강판을 그림과 같이 용접 이음할 때 용접부의 응력은 얼마인가? (단, 인장력 P=350kN 임) [94 ㈛]

㉮ 54.3 MPa
㉯ 59.6 MPa
㉰ 65.4 MPa
㉱ 72.9 MPa

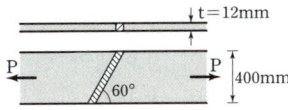

[해설] $f = \dfrac{P}{\Sigma al} = \dfrac{P}{t(l\sin\theta)}$

$= \dfrac{350 \times 10^3}{12 \times 400} = 72.92 \text{ MPa}$

[유효길이는 응력에 직각 방향의 길이를 사용해야 하므로 $l\sin\theta = 400\,\text{mm}$가 된다.]

27. 다음 그림에서 인장력 $P = 400$ kN이 작용할 때 용접이음부의 응력은 얼마인가? [00 ㈛]

㉮ 96.2 MPa
㉯ 101.2 MPa
㉰ 105.3 MPa
㉱ 108.6 MPa

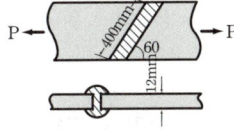

[해설] $f = \dfrac{P}{\Sigma al} = \dfrac{P}{t(l\sin\theta)}$

$= \dfrac{400 \times 10^3}{12 \times 400 \sin 60°} = 96.2 \text{ MPa}$

28. 그림과 같은 용접부에 작용하는 응력은? [00 ㉮]

㉮ 113 MPa
㉯ 118 MPa
㉰ 120 MPa
㉱ 125 MPa

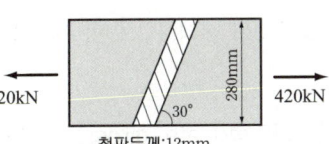

[해설] $f = \dfrac{P}{\Sigma al} = \dfrac{P}{t(l\sin\theta)}$

$= \dfrac{420 \times 10^3}{12 \times 280} = 125 \text{ MPa}$

29. 그림과 같은 맞대기 용접이음에서 이음의 응력을 구한 값은? [05 ㉮, 00 ㈛]

㉮ 180 MPa
㉯ 141 MPa
㉰ 200 MPa
㉱ 223 MPa

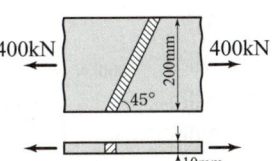

[해설] $f = \dfrac{P}{\Sigma al} = \dfrac{P}{t(l\sin\theta)}$

$= \dfrac{400 \times 10^3}{10 \times 200} = 200 \text{ MPa}$

[유효길이는 응력에 직각 방향의 길이를 사용해야 하므로 $l\sin\theta = 200\,\text{mm}$가 된다.]

30. 그림과 같은 용접이음에서 용접부의 전단응력은? [01 ㉮, 05 ㈛]

㉮ 40.6 MPa
㉯ 45.6 MPa
㉰ 50.6 MPa
㉱ 55.6 MPa

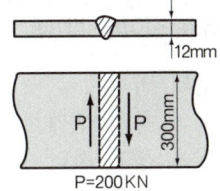

[해설] $v = \dfrac{V}{\Sigma al} = \dfrac{P}{tl}$

$= \dfrac{200 \times 10^3}{12 \times 300} = 55.6 \text{ MPa}$

31. 다음 그림에서 용접 이음부의 검토를 위한 응력은 얼마인가? (단, P = 300kN) [01 ㉮]

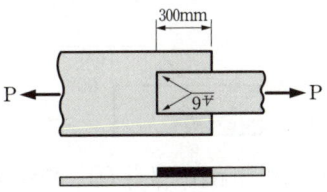

㉮ 전단응력으로 55.56 MPa
㉯ 인장응력으로 55.56 MPa
㉰ 전단응력으로 84.43 MPa
㉱ 인장응력으로 84.43 MPa

[해설] 필렛용접은 전단응력에만 저항하므로

$v = \dfrac{V}{\Sigma al} = \dfrac{P}{(0.7s) \times 2(l-2s)}$

$= \dfrac{300 \times 10^3}{(0.7 \times 9) \times 2(300 - 2 \times 9)} = 84.43 \text{ MPa}$

해답 26. ㉱ 27. ㉮ 28. ㉱ 29. ㉰ 30. ㉱ 31. ㉰

32. 필렛 용접 이음이 그림과 같은 경우 용접에 발생하는 전단응력 $v(\text{MPa})$의 값은? [98산]

㉮ 25.6 MPa
㉯ 45.5 MPa
㉰ 68.9 MPa
㉱ 89.8 MPa

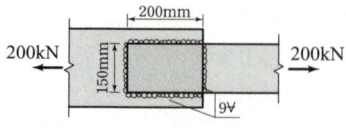

[해설] 필렛용접은 전단응력에만 저항하므로
$$v = \frac{V}{\Sigma al} = \frac{P}{(0.7s) \times 2(l_1 + l_2)}$$
$$= \frac{200 \times 10^3}{(0.7 \times 9) \times 2(150 + 200)} = 45.4\,\text{MPa}$$
➡ 용접의 단부가 없으므로 전길이가 유효하다.

33. 압축을 받는 강재의 이음부 응력은 $f = \dfrac{P}{\Sigma al}$ 로 계산한다. P를 이음의 설계에 쓰이는 외력, l을 용접의 유효 길이라 할 때, a는 어느 것인가? [05, 96산]

㉮ 용접의 면적
㉯ 용접의 목의 두께
㉰ 용접에 생긴 전단 응력
㉱ 용접의 부피

[해설] 용접부의 단면적은 al로 표시되며 a는 목두께 l은 유효길이이다.

34. 다음 그림에서 강재 용접 표시를 옳게 설명한 것은 어느 것인가? [96산]

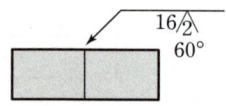

㉮ U형 홈 깊이 16mm, 홈각 60°, 루트 간격 2mm
㉯ K형 홈 깊이 16mm, 홈각 60°, 루트 간격 2mm
㉰ I형 홈 깊이 16mm, 홈각 60°, 루트 간격 2mm
㉱ V형 홈 깊이 16mm, 홈각 60°, 루트 간격 2mm

[해설] 홈의 형상으로 보아 V형 용접이고 첫 번째 숫자는 홈의 깊이, 2번째 숫자는 루트 간격(용접 시작부의 간격), 3번째 숫자는 개선 각도이다.

■■■ 교량

35. 교량에서 사용되는 고장력강으로 요구되는 특성이 아닌 것은? [98산]

㉮ 가공성이 좋을 것
㉯ 내식성이 양호해야 할 것
㉰ 용접성이 좋아야 할 것
㉱ 인장강도, 항복강도가 크고 피로강도가 작을 것

[해설] 토목에서 사용되는 재료의 강도는 기본적으로 커야 하므로 피로 강도 역시 커야 한다.

36. 강판형(plate girder) 복부(web)에 대해 두께의 제한이 규정되어 있는 이유는? [96㉮]

㉮ 좌굴의 방지   ㉯ 공비의 절약
㉰ 자중의 경감   ㉱ 시공상의 난이

[해설] 판형에서 복부 두께를 제한하는 궁극적인 이유는 좌굴을 방지하기 위함이다.

37. 판형교 단면의 경제적인 높이를 구하는 식은? (단, f_t : 총 단면에 대한 연응력도, t : 판의 두께, M : 휨 모멘트) [97㉮]

㉮ $1.8\sqrt{\dfrac{M}{f_t t}}$ ㉯ $1.1\sqrt{\dfrac{M}{f_t t}}$

㉰ $2.2\sqrt{\dfrac{f_t t}{M}}$ ㉱ $2.5\sqrt{\dfrac{M}{f_t t}}$

[해설] 판형의 경제적인 높이 : $h = 1.1\sqrt{\dfrac{M}{f_t t}}$

38. 강판형(plate girder)의 경제적인 높이는 다음 어느 것에 의해 구해지는가? [94㉮]

㉮ 전단력   ㉯ 휨 모멘트
㉰ 경간장   ㉱ 지압력(支壓力)

[해설] $h = 1.1\sqrt{\dfrac{M}{f_t t}}$ 이므로 판형의 높이는 휨모멘트에 의해 결정된다.

해답 32. ㉯ 33. ㉯ 34. ㉱ 35. ㉱ 36. ㉮ 37. ㉯ 38. ㉯

39. 설계 휨 모멘트 $M = 800\,kN \cdot m$를 받는 Ⅰ형 단면의 판형교 높이 h를 구한 값은? (단, $f_{ca} = f_{ta} = 140\,MPa$, $t = 10\,mm$) [98❀]

㉮ 약 840mm ㉯ 약 940mm
㉰ 약 1,040mm ㉱ 약 1,140mm

[해설] $h = 1.1\sqrt{\dfrac{M}{f_a t}} = 1.1\sqrt{\dfrac{800 \times 10^6}{140 \times 10}} \fallingdotseq 840\,mm$

40. 리벳이음 판형에서 플랜지의 단면적 A_f를 계산하는 식은? (단, A_w : 복부의 단면적, h : 플랜지 중심간의 거리) [92❀]

㉮ $\dfrac{M}{f \cdot h} - \dfrac{A_w}{8}$ ㉯ $\dfrac{M}{f \cdot h} - \dfrac{A_w}{6}$
㉰ $\dfrac{M \cdot f}{h} - \dfrac{A_w}{8}$ ㉱ $\dfrac{M \cdot f}{h} - \dfrac{A_w}{8}$

[해설] 판형에서 플랜지의 단면적
$$A_f = \dfrac{M}{f_a h} - \dfrac{A_w}{6}$$

41. I $-200 \times 100 \times 7$(단면2차 모멘트 $2,175 \times 10^4\,mm^4$)에 그림과 같이 2개의 리벳구멍이 있다. 중립축에 대한 단면 2차 모멘트는? (단, 리벳구멍 지름은 20mm) [05, 00❀]

㉮ $2,037 \times 10^4\,mm^2$
㉯ $2,056 \times 10^4\,mm^2$
㉰ $2,149 \times 10^4\,mm^2$
㉱ $2,205 \times 10^4\,mm^2$

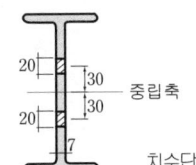

[해설] 중공단면으로 보고 중첩을 적용하면
$$I = I_g - 2(I_{구멍} + Ay^2) = I_g - 2\left(\dfrac{td^3}{12} + td \times y^2_{구멍}\right)$$
$$= 2,175 \times 10^4 - 2 \times \left\{\dfrac{7 \times 20^3}{12} + (7 \times 20) \times 30^2\right\}$$
$$= 2,149 \times 10^4\,mm^2$$

42. 그림과 같이 리벳팅한 강판의 전강을 구하면 얼마인가? (단, 철판 두께 12mm, 리벳 구멍의 지름 25mm, 철판의 허용 인장 응력 130MPa)

㉮ 303.5kN
㉯ 312kN
㉰ 312.6kN
㉱ 328.5kN

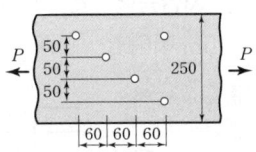
(단위: mm)

[해설] (1) 순폭
· $b_n = b_g - 2d = 250 - 2 \times 25 = 200\,mm$
· $b_n = b_g - d - w = 250 - 25 - 7 = 218\,mm$
· $b_n = b_g - d - 2w = 250 - 25 - 14 = 211\,mm$
· $b_n = b_g - d - 3w = 250 - 25 - 21 = 204\,mm$
이 중 최솟값 200mm가 순폭이다.
$$\left[w = d - \dfrac{p^2}{4g} = 25 - \dfrac{60^2}{4 \times 50} = 7\,mm\right]$$

(2) 강판의 전체 강도
$P_a = f_{ta}(b_n t) = 130 \times (200 \times 12)$
$\quad = 312,000\,N = 312\,kN$

43. 다음 그림과 같이 리벳팅(riveting)한 강판의 인장강도를 구하면? (단, 리벳구멍의 지름은 25mm, $f_{ta} = 140\,MPa$, 강판 두께 10mm)

㉮ 290kN
㉯ 280kN
㉰ 270kN
㉱ 260kN

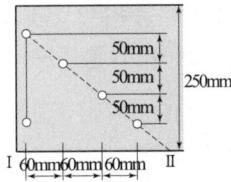

[해설] (1) 순폭
· $b_n = b_g - 2d = 250 - 2 \times 25 = 200\,mm$
· $b_n = b_g - d - w = 250 - 25 - 7 = 218\,mm$
· $b_n = b_g - d - 2w = 250 - 25 - 14 = 211\,mm$
· $b_g - d - 3w = 250 - 25 - 21 = 204\,mm$
이 중 최솟값 200mm가 순폭이다.
$$\left[w = d - \dfrac{p^2}{4g} = 25 - \dfrac{60^2}{4 \times 50} = 7\,mm\right]$$

(2) 강판의 인장강도
$P_a = f_{ta}(b_n t) = 140 \times (200 \times 10)$
$\quad = 280,000\,N = 280\,kN$

해답 39. ㉮ 40. ㉯ 41. ㉰ 42. ㉯ 43. ㉯

44. 그림과 같은 복전단 리벳 이음에서 인장력 $P = 500\,\mathrm{kN}$ 이 작용할 때 필요한 최소 리벳수는? (단, 리벳의 허용 전단응력 $v_a = 130\,\mathrm{MPa}$, 리벳의 허용 지압응력 $f_{ba} = 250\,\mathrm{MPa}$, 리벳의 직경 $d = 19\,\mathrm{mm}$ 이다.)

㉮ 8개
㉯ 9개
㉰ 10개
㉱ 11개

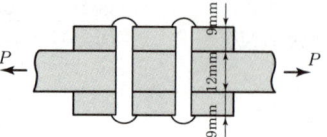

해설 (1) 전단강도

복전단이므로 $\rho_s = v_a\left(\dfrac{\pi d^2}{2}\right) = 130 \times \left(\dfrac{\pi \times 19^2}{2}\right)$
$= 73,720\,\mathrm{N} = 73.72\,\mathrm{kN}$

(2) 지압강도
$\rho_b = f_{ba}(dt) = 250 \times (19 \times 12)$
$= 57,000\,\mathrm{N} = 57\,\mathrm{kN}$

[판두께 t는 지압의 방향성을 고려하여 12mm와 (9+9)=18mm 중 작은 값 12mm를 사용한다.]

∴ $\rho_a = 57\,\mathrm{kN}$

(3) 최소 리벳수
$n = \dfrac{P}{\rho_a} = \dfrac{500}{57} = 8.77$ ∴ 9개

45. 판형에서 복부판에 전단력 $V = 80\,\mathrm{kN}$ 이 작용할 때 전단응력은? (단, 복부판의 순단면적 $A_{wn}=$ 9,000mm²이고, 총 단면적 A_{wg}=12,000mm²이다.)

㉮ 86.9MPa ㉯ 87.9MPa
㉰ 88.9MPa ㉱ 66.7MPa

해설 $v = \dfrac{V}{A_{wg}} = \dfrac{80 \times 10^3}{12,000} = 66.7\,\mathrm{MPa}$

46. 그림과 같이 400mm×12mm의 강판을 홈 용접하려 한다. 500kN의 인장력이 작용하면 용접부에 일어나는 응력은 얼마인가? (단, 전면을 유효 길이로 한다.)

㉮ $f = 101.2\,\mathrm{MPa}$
㉯ $f = 102.2\,\mathrm{MPa}$
㉰ $f = 103.2\,\mathrm{MPa}$
㉱ $f = 104.2\,\mathrm{MPa}$

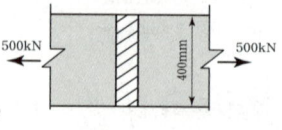

해설 $f = \dfrac{P}{\sum al} = \dfrac{500 \times 10^3}{400 \times 12} = 104.167\,\mathrm{N/mm^2}$
$\fallingdotseq 104.2\,\mathrm{MPa}$

해답 44. ㉯ 45. ㉱ 46. ㉱

Part 2
CIVIL ENGINEERING

과년도 출제문제

토목기사
2021년 1회 시행 출제문제해설 및 정답
2021년 2회 시행 출제문제해설 및 정답
2021년 3회 시행 출제문제해설 및 정답
2022년 1회 시행 출제문제해설 및 정답
2022년 2회 시행 출제문제해설 및 정답
2022년 3회 시행 출제문제해설 및 정답(CBT)
2023년 1회 시행 출제문제해설 및 정답(CBT)
2023년 2회 시행 출제문제해설 및 정답(CBT)
2023년 3회 시행 출제문제해설 및 정답(CBT)
2024년 1회 시행 출제문제해설 및 정답(CBT)
2024년 2회 시행 출제문제해설 및 정답(CBT)
2024년 3회 시행 출제문제해설 및 정답(CBT)
2025년 1회 시행 출제문제해설 및 정답(CBT)
2025년 2회 시행 출제문제해설 및 정답(CBT)
2025년 3회 시행 출제문제해설 및 정답(CBT)

토목산업기사

2023년 1월 1일부터 출제범위 변경 및 출제문항수가 20문항에서 10문항으로 변경되었습니다.

2023년 1회 시행 출제문제해설 및 정답(CBT)
2023년 2회 시행 출제문제해설 및 정답(CBT)
2023년 4회 시행 출제문제해설 및 정답(CBT)
2024년 1회 시행 출제문제해설 및 정답(CBT)
2024년 2회 시행 출제문제해설 및 정답(CBT)
2024년 3회 시행 출제문제해설 및 정답(CBT)
2025년 1회 시행 출제문제해설 및 정답(CBT)
2025년 2회 시행 출제문제해설 및 정답(CBT)
2025년 3회 시행 출제문제해설 및 정답(CBT)

CBT대비 기사 6회 실전테스트
- CBT 토목기사 제1회 (2025년 제1회 과년도)
- CBT 토목기사 제2회 (2025년 제3회 과년도)
- CBT 토목기사 제3회 (2024년 제1회 과년도)
- CBT 토목기사 제4회 (2024년 제3회 과년도)
- CBT 토목기사 제5회 (2023년 제1회 과년도)
- CBT 토목기사 제6회 (2023년 제3회 과년도)

CBT대비 산업기사 6회 실전테스트
- CBT 토목산업기사 제1회 (2025년 제1회 과년도)
- CBT 토목산업기사 제2회 (2025년 제3회 과년도)
- CBT 토목산업기사 제3회 (2024년 제1회 과년도)
- CBT 토목산업기사 제4회 (2024년 제3회 과년도)
- CBT 토목산업기사 제5회 (2023년 제1회 과년도)
- CBT 토목산업기사 제6회 (2023년 제4회 과년도)

CBT 대비 토목기사, 토목산업기사 실전테스트는 홈페이지 (www.inup.co.kr)에서 CBT 모의 TEST로 함께 체험하실 수 있습니다.

과년도 출제문제

21 토목기사
1회 시행 출제문제

1. 아래 그림과 같은 인장재의 순단면적은 약 얼마인가? (단, 구멍의 지름은 25mm이고, 강판두께는 10mm이다.)

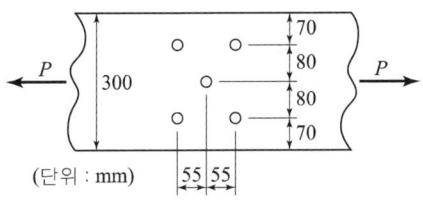

① 2,323mm² ② 2,439mm²
③ 2,500mm² ④ 2,595mm²

2. 그림과 같은 단면의 도심에 PS강재가 배치되어 있다. 초기 프리스트레스 1,800kN을 작용시켰다. 30%의 손실을 가정하여 콘크리트의 하연응력이 0이 되기 위한 휨모멘트 값은? (단, 자중은 무시한다.)

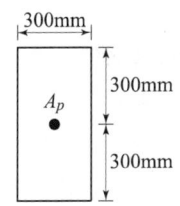

① 120kN·m ② 126kN·m
③ 130kN·m ④ 150kN·m

3. 철근의 정착에 대한 설명으로 틀린 것은?

① 인장 이형철근 및 이형철선의 정착길이(l_d)는 항상 300mm 이상이어야 한다.
② 압축 이형철근의 정착길이(l_d)는 항상 400mm 이상이어야 한다.
③ 갈고리는 압축을 받는 경우 철근정착에 유효하지 않은 것으로 보아야 한다.
④ 단부에 표준갈고리가 있는 인장 이형철근의 정착길이(l_{dh})는 항상 철근의 공칭지름(d_b)의 8배 이상, 또한 150mm 이상이어야 한다.

4. 아래 그림과 같은 철근콘크리트 보-슬래브 구조에서 대칭 T형보의 유효폭(b)은?

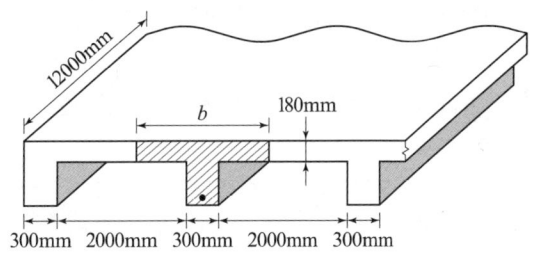

① 2,000mm ② 2,300mm
③ 3,000mm ④ 3,180mm

5. 옹벽의 설계에 대한 일반적인 설명으로 틀린 것은?

① 뒷부벽은 캔틸레버로 설계하여야 하며, 앞부벽은 T형보로 설계하여야 한다.
② 활동에 대한 저항력은 옹벽에 작용하는 수평력의 1.5배 이상이어야 한다.
③ 전도에 대한 저항휨모멘트는 횡토압에 의한 전도 모멘트의 2.0배 이상이어야 한다.
④ 저판의 뒷굽판은 정확한 방법이 사용되지 않는 한, 뒷굽판 상부에 재하되는 모든 하중을 지지하도록 설계하여야 한다.

6. 나선철근 압축부재 단면의 심부 지름이 300mm, 기둥 단면의 지름이 400mm인 나선철근 기둥의 나선철근비는 최소 얼마 이상이어야 하는가?
(단, 나선철근의 설계기준항복강도(f_{yt})는 400MPa, 콘크리트의 설계기준압축강도(f_{ck})는 28MPa이다.)

① 0.0184 ② 0.0201
③ 0.0225 ④ 0.0245

7. 단면이 300×400mm이고, 150mm²의 PS강선 4개를 단면도심축에 배치한 프리텐션 PS 콘크리트 부재가 있다. 초기 프리스트레스 1,000MPa일 때 콘크리트의 탄성수축에 의한 프리스트레스의 손실량은? (단, 탄성계수비(n)는 6.00이다.)

① 30MPa ② 34MPa
③ 42MPa ④ 52MPa

8. 그림과 같은 맞대기 용접의 용접부에 생기는 인장응력은?

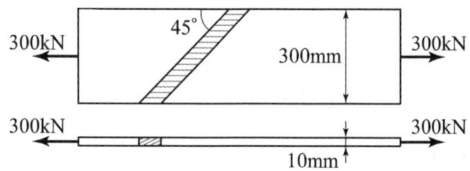

① 50MPa ② 70.7MPa
③ 100MPa ④ 141.4MPa

9. 계수하중에 의한 전단력 V_u=75kN을 받을 수 있는 직사각형 단면을 설계하려고 한다. 기준에 의한 최소 전단철근을 사용할 경우 필요한 보통중량콘크리트의 최소 단면적($b_w d$)은? (단, f_{ck}=28MPa, f_y=300MPa이다.)

① 101,090mm² ② 103,073mm²
③ 106,303mm² ④ 113,390mm²

10. 아래는 슬래브의 직접설계법에서 모멘트 분배에 대한 내용이다. 아래의 ( )안에 들어갈 ㉠, ㉡으로 옳은 것은?

> 내부 경간에서는 전체 정적 계수휨모멘트 M_o를 다음과 같은 비율로 분배하여야 한다.
> • 부계수휨모멘트 ················ (㉠)
> • 정계수휨모멘트 ················ (㉡)

① ㉠ : 0.65, ㉡ : 0.35 ② ㉠ : 0.55, ㉡ : 0.45
③ ㉠ : 0.45, ㉡ : 0.55 ④ ㉠ : 0.35, ㉡ : 0.65

11. 깊은보는 한쪽 면이 하중을 받고 반대쪽 면이 지지되어 하중과 받침부 사이에 압축대가 형성되는 구조요소로서 아래의 (가) 또는 (나)에 해당하는 부재이다. 아래의 ( )안에 들어갈 ㉠, ㉡으로 옳은 것은?

> (가) 순경간 l_n이 부재 깊이의 (㉠)배 이하인 부재
> (나) 받침부 내면에서 부재 깊이의 (㉡)배 이하인 위치에 집중하중이 작용하는 경우는 집중하중과 받침부 사이의 구간

① ㉠ : 4, ㉡ : 2 ② ㉠ : 3, ㉡ : 2
③ ㉠ : 2, ㉡ : 4 ④ ㉠ : 2, ㉡ : 3

12. 복철근 콘크리트보 단면에 압축철근비 ρ'=0.01이 배근되어 있다. 이 보의 순간처짐이 20mm일 때 1년간 지속하중에 의해 유발되는 전체 처짐량은?

① 38.7mm ② 40.3mm
③ 42.4mm ④ 45.6mm

13. 2방향 슬래브의 설계에서 직접설계법을 적용할 수 있는 제한 사항으로 틀린 것은?

① 각 방향으로 3경간 이상 연속되어야 한다.
② 슬래브 판들은 단변 경간에 대한 장변 경간의 비가 2 이하인 직사각형이어야 한다.
③ 각 방향으로 연속한 받침부 중심간 경간 차이는 긴 경간의 1/3 이하이어야 한다.
④ 연속한 기둥 중심선을 기준으로 기둥의 어긋남은 그 방향 경간의 20% 이하이어야 한다.

14. 아래에서 ( ) 안에 들어갈 수치로 옳은 것은?

> 보나 장선의 깊이 h가 ( )mm를 초과하면 종방향 표피철근을 인장연단부터 $h/2$ 지점까지 부재 양쪽 측면을 따라 균일하게 배치하여야 한다.

① 700 ② 800
③ 900 ④ 1,000

15. 단철근 직사각형 보의 폭이 300mm, 유효깊이가 500mm, 높이가 600mm일 때, 외력에 의해 단면에서 휨균열을 일으키는 휨모멘트(Mcr)는?
(단, f_{ck}=28MPa, 보통중량콘크리트이다.)

① 58kN · m   ② 60kN · m
③ 62kN · m   ④ 64kN · m

16. 콘크리트 설계기준압축강도가 28MPa, 철근의 설계기준항복강도가 350MPa로 설계된 길이가 4m인 캔틸레버 보가 있다. 처짐을 계산하지 않는 경우의 최소 두께는? (단, 보통중량콘크리트(mc=2,300kg/m³)이다.)

① 340mm   ② 465mm
③ 512mm   ④ 600mm

17. 강도감소계수(ϕ)를 규정하는 목적으로 옳지 않은 것은?

① 부정확한 설계 방정식에 대비한 여유
② 구조물에서 차지하는 부재의 중요도를 반영
③ 재료 강도와 치수가 변동할 수 있으므로 부재의 강도 저하 확률에 대비한 여유
④ 하중의 공칭값과 실제 하중 간의 불가피한 차이 및 예기치 않은 초과하중에 대비한 여유

18. 철근콘크리트 부재에서 V_s가 $\frac{1}{3}\lambda\sqrt{f_{ck}}b_w d$를 초과하는 경우 부재축에 직각으로 배치된 전단철근의 간격 제한으로 옳은 것은?
(단, b_w : 복부의 폭, d : 유효깊이, λ : 경량콘크리트계수, V_s : 전단철근에 의한 단면의 공칭전단강도)

① $\frac{d}{2}$ 이하, 또 어느 경우이든 600mm 이하

② $\frac{d}{2}$ 이하, 또 어느 경우이든 300mm 이하

③ $\frac{d}{4}$ 이하, 또 어느 경우이든 600mm 이하

④ $\frac{d}{4}$ 이하, 또 어느 경우이든 300mm 이하

19. 용접이음에 관한 설명으로 틀린 것은?

① 내부 검사(X-선 검사)가 간단하지 않다.
② 작업의 소음이 적고 경비와 시간이 절약된다.
③ 리벳구멍으로 인한 단면 감소가 없어서 강도 저하가 없다.
④ 리벳이음에 비해 약하므로 응력 집중 현상이 일어나지 않는다.

20. 포스트텐션 긴장재의 마찰손실을 구하기 위해 아래와 같은 근사식을 사용하고자 할 때 근사식을 사용할 수 있는 조건으로 옳은 것은?

$$P_{px} = \frac{P_{pj}}{(1 + Kl_{px} + \mu_p \alpha_{px})}$$

P_{px} : 임의점 x에서 긴장재의 긴장력(N)
P_{pj} : 긴장단에서 긴장재의 긴장력(N)
K : 긴장재의 단위길이 1m당 파상마찰계수
l_{px} : 정착단부터 임의의 지점 x까지 긴장재의 길이(m)
μ_p : 곡선부의 곡률마찰계수
α_{px} : 긴장단부터 임의점 x까지 긴장재의 전체 회전각 변화량(라디안)

① P_{pj}의 값이 5,000kN 이하인 경우
② P_{pj}의 값이 5,000kN 초과하는 경우
③ $(Kl_{px} + \mu_p \alpha_{px})$값이 0.3 이하인 경우
④ $(Kl_{px} + \mu_p \alpha_{px})$값이 0.3 초과인 경우

해설 및 정답

1. (1) 순폭 : 파괴 단면에 대해 최초 구멍은 d를 공제하고, 그 후는 $d - \dfrac{p^2}{4g}$을 공제하면

$b_n = b_g - 2d = 300 - 2 \times 25 = 250\,\text{mm}$

$b_n = b_g - d - 2\left(d - \dfrac{p^2}{4g}\right)$

$= 300 - 25 - 2\left(25 - \dfrac{55^2}{4 \times 80}\right)$

$\simeq 243.9\,\text{mm}$

∴ 최솟값 243.9mm가 순폭이 된다.

➡ $d - \dfrac{p^2}{4g}$을 계산한 값이 음(-)이므로 순폭은 일직선 파괴시의 값이다.

(2) 순단면적

$A_n = b_n t = 243.9 \times 10 = 2,439\,\text{mm}^2$

2. (1) 유효 프리스트레스 힘(P_e)

$P_e = P_i(1 - \text{손실률}) = 1,800 \times (1 - 0.3) = 1,260\,\text{kN}$

(2) 휨모멘트

$f_{\text{하연}} = \dfrac{P_e}{A} - \dfrac{M}{Z} = 0$ 에서

$M = \dfrac{P_e Z}{A} = \dfrac{1,260 \times \left(\dfrac{300 \times 600^2}{6}\right)}{300 \times 600} = 126\,\text{kN} \cdot \text{m}$

3. 압축 이형철근의 정착길이(l_d)는 항상 200mm 이상이어야 한다.

4. 대칭 T형보의 유효폭

(1) $16t_f + b_w = 16 \times 180 + 300 = 3,180\,\text{mm}$

(2) 양쪽슬래브의 중심간 거리 = 2,300mm

(3) 보의 경간의 $\dfrac{1}{4} = \dfrac{12,000}{4} = 3,000\,\text{mm}$

이 중 최솟값 2,300mm를 유효폭으로 한다.

5. 옹벽의 구조해석

뒷부벽은 T형보로 설계하여야 하며, 앞부벽은 직사각형보로 설계하여야 한다.

6. 나선철근비

$\rho_s \geq 0.45\left(\dfrac{A_g}{A_{ch}} - 1\right)\dfrac{f_{ck}}{f_{yt}}$

$= 0.45\left(\dfrac{\pi D_g^2/4}{\pi D_{ch}/4} - 1\right)\dfrac{f_{ck}}{f_{yt}} = 0.45\left(\dfrac{400^2}{300^2} - 1\right)\dfrac{28}{400} = 0.0245$

7. $\Delta f_p = nf_c = n\left(\dfrac{f_p A_p N}{bh}\right) = 6 \times \left(\dfrac{1000 \times 150 \times 4}{300 \times 400}\right)$

$= 30\,\text{N/mm}^2 = 30\,\text{MPa}$

8. $f = \dfrac{P}{\sum al} = \dfrac{300 \times 10^3}{10 \times 300} = 100\,\text{N/mm}^2 = 100\,\text{MPa}$

9. $\dfrac{1}{2}\phi V_c \leq V_u \leq \phi V_c$일 때 최소 전단철근 배근하므로

$\dfrac{1}{2}\phi\left(\dfrac{\lambda\sqrt{f_{ck}}}{6}\right)b_w d \leq V_u \leq \phi\left(\dfrac{\lambda\sqrt{f_{ck}}}{6}\right)b_w d$에서

콘크리트의 최소 단면적은 뒤쪽 항으로 계산하면

$b_w d \geq \dfrac{6V_u}{\phi\lambda\sqrt{f_{ck}}} = \dfrac{6(75 \times 10^3)}{0.75(1.0)\sqrt{28}} \simeq 113,390\,\text{mm}^2$

10. 직접설계법에 의한 내부 경간의 모멘트 분배

(1) 부계수 모멘트 : 전체 정적 계수휨모멘트

$M_o = \dfrac{w_u l_2 l_n^2}{8}$의 0.65배를 분배

(2) 정계수 모멘트 : 전체 정적 계수휨모멘트

$M_o = \dfrac{w_u l_2 l_n^2}{8}$의 0.35배를 분배

11. $\dfrac{l_n}{h} \leq 4$인 보 또는 $\dfrac{a}{h} \leq 2$인 보의 a구간을 깊은보라 한다.

12. (1) 장기 처짐 = (순간 처짐) $\times \dfrac{\xi}{1 + 50\rho'}$

$= 20 \times \dfrac{1.4}{1 + 50 \times 0.01} = 18.7\,\text{mm}$

(2) 총 처짐 = (순간 처짐) + (장기 처짐)

$= 20 + 18.7 = 38.7\,\text{mm}$

13. 직접설계법
연속한 기둥 중심선을 기준으로 기둥의 어긋남은 그 방향 경간의 최대 10%까지 허용할 수 있다.

14. 표피철근

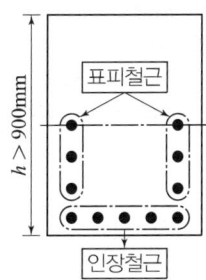

정의 : 전체 깊이가 900mm를 초과하는 휨 부재 복부의 양 측면에 부재 축 방향으로 배치하는 철근

15. $M_{cr} = f_r Z = 0.63\lambda \sqrt{f_{ck}} \left(\dfrac{bh^2}{6} \right)$

$= (0.63 \times 1.0 \times \sqrt{28}) \times \left(\dfrac{300 \times 600^2}{6} \right)$

$\simeq 60 \times 10^6 \, \text{N} \cdot \text{mm} = 60 \, \text{kN} \cdot \text{m}$

16. 처짐 계산을 하지 않는 경우 캔틸레버보의 최소두께 ($f_y \neq 400\text{MPa}$)

$\dfrac{l}{8}\left(0.43 + \dfrac{f_y}{700}\right) = \dfrac{4,000}{8}\left(0.43 + \dfrac{350}{700}\right) \simeq 465\,\text{mm}$

17. 강도설계법에서는 예상하지 못한 초과하중에 대비하여 하중계수를 사용한다.

18. $V_s > \dfrac{1}{3}\lambda\sqrt{f_{ck}}\,b_w d$ 이므로 전단철근의 간격을 1/2로 줄인다.

∴ $\dfrac{d}{4}$ 이하, 또 어느 경우이든 300mm 이하

19. 용접부는 리벳에 비해 강하므로 용접부에 응력집중이 생기기 쉽다.

20. $(Kl_{px} + \mu_p \alpha_{px})$값이 0.3 이하인 경우 근사식으로 마찰손실을 구할 수 있다.

1. ②	2. ②	3. ②	4. ②	5. ①
6. ④	7. ①	8. ③	9. ④	10. ①
11. ①	12. ①	13. ④	14. ③	15. ②
16. ②	17. ④	18. ④	19. ④	20. ③

과년도 출제문제

21 토목기사 2회 시행 출제문제

1. 옹벽의 구조해석에 대한 설명으로 틀린 것은?

① 뒷부벽식 옹벽의 뒷부벽은 직사각형보로 설계하여야 한다.
② 캔틸레버식 옹벽의 전면벽은 저판에 지지된 캔틸레버로 설계할 수 있다.
③ 저판의 뒷굽판은 정확한 방법이 사용되지 않는 한, 뒷굽판 상부에 재하되는 모든 하중을 지지하도록 설계하여야 한다.
④ 부벽식 옹벽 저판은 정밀한 해석이 사용되지 않는 한, 부벽 사이의 거리를 경간으로 가정한 고정보 또는 연속보로 설계할 수 있다.

2. 철근콘크리트가 성립되는 조건으로 틀린 것은?

① 철근과 콘크리트 사이의 부착강도가 크다.
② 철근과 콘크리트의 탄성계수가 거의 같다.
③ 철근은 콘크리트 속에서 녹이 슬지 않는다.
④ 철근과 콘크리트의 열팽창계수가 거의 같다.

3. 경간이 12m인 대칭 T형보에서 양쪽의 슬래브 중심간 거리가 2.0m, 플랜지의 두께가 300mm, 복부의 폭이 400mm일 때 플랜지의 유효폭은?

① 2,000mm
② 2,500mm
③ 3,000mm
④ 5,200mm

4. 콘크리트의 크리프에 대한 설명으로 틀린 것은?

① 고강도 콘크리트는 저강도 콘크리트보다 크리프가 크게 일어난다.
② 콘크리트가 놓이는 주위의 온도가 높을수록 크리프 변형은 크게 일어난다.
③ 물-시멘트비가 큰 콘크리트는 물-시멘트비가 작은 콘크리트보다 크리프가 크게 일어난다.
④ 일정한 응력이 장시간 계속하여 작용하고 있을 때 변형이 계속 진행되는 현상을 말한다.

5. 그림과 같은 단순지지 보에서 긴장재는 C점에 150mm의 편차에 직선으로 배치되고, 1,000kN으로 긴장되었다. 보에는 120kN의 집중하중이 C점에 작용한다. 보의 고정하중은 무시할 때 C점에서의 휨모멘트는 얼마인가? (단, 긴장재의 경사가 수평압축력에 미치는 영향 및 자중은 무시한다.)

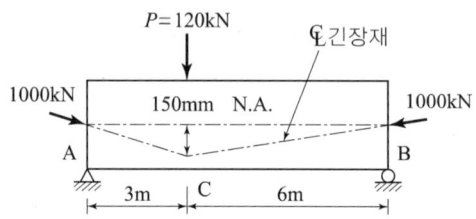

① $-150kN \cdot m$
② $90kN \cdot m$
③ $240kN \cdot m$
④ $390kN \cdot m$

6. 지름 450mm인 원형 단면을 갖는 중심축하중을 받는 나선철근 기둥에서 강도설계법에 의한 축방향 설계축강도(ϕP_n)는 얼마인가? (단, 이 기둥은 단주이고, f_{ck} = 27MPa, f_y = 350MPa, A_{st} = 8-D22 = 3,096mm², 압축지배단면이다.)

① 1,166kN
② 1,299kN
③ 2,425kN
④ 2,774kN

7. 옹벽의 활동에 대한 저항력은 옹벽에 작용하는 수평력의 최소 몇 배 이상이어야 하는가?

① 1.5배
② 2배
③ 2.5배
④ 3배

8. 폭(b)이 250mm이고, 전체높이(h)가 500mm인 직사각형 철근콘크리트 보의 단면에 균열을 일으키는 비틀림모멘트(T_{cr})는 약 얼마인가? (단, 보통중량콘크리트이며, f_{ck} = 28MPa이다.)

① $9.8kN \cdot m$
② $11.3kN \cdot m$
③ $12.5kN \cdot m$
④ $18.4kN \cdot m$

9. 프리스트레스트 콘크리트(PSC)의 균등질 보의 개념(homogeneous beam concept)을 설명한 것으로 옳은 것은?

① PSC는 결국 부재에 작용하는 하중의 일부 또는 전부를 미리 가해진 프리스트레스와 평행이 되도록 하는 개념
② PSC보를 RC보처럼 생각하여, 콘크리트는 압축력을 받고 긴장재는 인장력을 받게 하여 두 힘의 우력 모멘트로 외력에 의한 휨모멘트에 저항시킨다는 개념
③ 콘크리트에 프리스트레스가 가해지면 PSC부재는 탄성재료로 전환되고 이의 해석은 탄성이론으로 가능하다는 개념
④ PSC는 강도가 크기 때문에 보의 단면을 강재의 단면으로 가정하여 압축 및 인장을 단면전체가 부담할 수 있다는 개념

10. 철근콘크리트 구조물 설계 시 철근 간격에 대한 설명으로 틀린 것은? (단, 굵은 골재의 최대 치수에 관련된 규정은 만족하는 것으로 가정한다.)

① 동일 평면에서 평행한 철근 사이의 수평 순간격은 25mm 이상, 또한 철근의 공칭지름 이상으로 하여야 한다.
② 벽체 또는 슬래브에서 휨 주철근의 간격은 벽체나 슬래브 두께의 3배 이하로 하여야 하고, 또한 450mm 이하로 하여야 한다.
③ 나선철근 또는 띠철근이 배근된 압축 부재에서 축방향 철근의 순간격은 40mm 이상, 또한 철근 공칭 지름의 1.5배 이상으로 하여야 한다.
④ 상단과 하단에 2단 이상으로 배치된 경우 상하 철근은 동일 연직면 내에 배치되어야 하고, 이 때 상하 철근의 순간격은 40mm 이상으로 하여야 한다.

11. 철근콘크리트 휨부재에서 최소철근비를 규정한 이유로 가장 적당한 것은?

① 부재의 시공 편의를 위해서
② 부재의 사용성을 증진시키기 위해서
③ 부재의 경제적인 단면 설계를 위해서
④ 부재의 급작스런 파괴를 방지하기 위해서

12. 전단철근이 부담하는 전단력 V_s = 150kN일 때 수직스터럽으로 전단보강을 하는 경우 최대 배치간격은 얼마 이하인가? (단, 전단철근 1개 단면적=125mm², 횡방향 철근의 설계기준항복강도(f_{yt})= 400MPa, f_{ck} = 28MPa, b_w = 300mm, d = 500mm, 보통중량콘크리트이다.)

① 167mm   ② 250mm
③ 333mm   ④ 600mm

13. 압축 이형철근의 겹침이음길이에 대한 설명으로 옳은 것은? (단, d_b는 철근의 공칭직경)

① 어느 경우에나 압축 이형철근의 겹침이음길이는 200mm 이상이어야 한다.
② 콘크리트의 설계기준압축강도가 28MPa 미만인 경우는 규정된 겹침이음길이를 1/5 증가시켜야 한다.
③ f_y가 500MPa 이하인 경우는 $0.72f_yd_b$ 이상, f_y가 500MPa을 초과할 경우는 $(1.3f_y-24)d_b$ 이상이어야 한다.
④ 서로 다른 크기의 철근을 압축부에서 겹침이음하는 경우, 이음길이는 크기가 큰 철근의 정착길이와 크기가 작은 철근의 겹침이음길이 중 큰 값 이상이어야 한다.

14. 2방향 슬래브의 설계에서 직접설계법을 적용할 수 있는 제한 조건으로 틀린 것은?

① 각 방향으로 3경간 이상이 연속되어야 한다.
② 슬래브 판들은 단변 경간에 대한 장변 경간의 비가 2 이하인 직사각형이어야 한다.
③ 각 방향으로 연속한 받침부 중심간 경간 차이는 긴 경간의 1/3 이하이어야 한다.
④ 모든 하중은 연직하중으로 슬래브 판 전체에 등분포이고, 활하중은 고정하중의 3배 이상이어야 한다.

15. 아래 그림과 같은 보의 단면에서 표피철근의 간격 s는 최대 얼마 이하로 하여야 하는가?
(단, 건조환경에 노출되는 경우로서, 표피철근의 표면에서 부재 측면까지 최단거리(c_c)는 40mm, $f_{ck}=24$MPa, $f_y=350$MPa이다.)

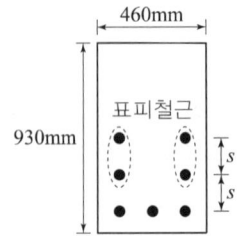

① 330mm ② 340mm
③ 350mm ④ 360mm

16. 강판형(Plate girder) 복부(web) 두께의 제한이 규정되어 있는 가장 큰 이유는?

① 시공상의 난이   ② 좌굴의 방지
③ 공비의 절약   ④ 자중의 경감

17. 프리스트레스 손실 원인 중 프리스트레스 도입 후 시간의 경과에 따라 생기는 것이 아닌 것은?

① 콘크리트의 크리프
② 콘크리트의 건조수축
③ 정착 장치의 활동
④ 긴장재 응력의 릴랙세이션

18. 강합성 교량에서 콘크리트 슬래브와 강(鋼)주형 상부 플랜지를 구조적으로 일체가 되도록 결합시키는 요소는?

① 볼트   ② 접착제
③ 전단연결재   ④ 합성철근

19. 리벳으로 연결된 부재에서 리벳이 상·하 두 부분으로 절단되었다면 그 원인은?

① 리벳의 압축파괴   ② 리벳의 전단파괴
③ 연결부의 인장파괴 ④ 연결부의 지압파괴

20. 강도 설계에 있어서 강도감소계수(ϕ)의 값으로 틀린 것은?

① 전단력 : 0.75
② 비틀림모멘트 : 0.75
③ 인장지배단면 : 0.85
④ 포스트텐션 정착구역 : 0.75

해설 및 정답

1. 옹벽의 구조해석
 뒷부벽은 T형보로 설계하여야 하며, 앞부벽은 직사각형보로 설계하여야 한다.

2. 철근과 콘크리트의 탄성계수는 같지 않다.

3. (1) $16t_f + b_w = 16 \times 300 + 400 = 5,200\mathrm{mm}$
 (2) 양쪽 슬래브의 중심간 거리 = 2,000mm
 (3) 경간의 $\dfrac{1}{4} = \dfrac{12 \times 10^3}{4} = 3,000\mathrm{mm}$
 이 중 최솟값 2,000mm를 유효폭으로 한다.

4. 고강도 콘크리트일수록 크리프가 작게 일어난다.

5. (1) 집중 상향력
$$U = \sum P\sin\theta + P(\sin\theta_{좌} + \sin\theta_{우})$$
$$= 1,000 \times \left(\dfrac{150}{\sqrt{3,000^2 + 150^2}} + \dfrac{150}{\sqrt{6,000^2 + 150^2}}\right)$$
$$= 74.93\mathrm{kN} \fallingdotseq 75\mathrm{kN}$$

 (2) 지점 반력
 $\sum M_B = 0$ 에서
 $R_A \times 9 - (P-U) \times 6 = R_A \times 9 - (120-75) \times 6 = 0$
 $\therefore R_A = 30\mathrm{kN}$

 (3) C점 휨모멘트
 $M_c = R_A \times 3 = 30 \times 3 = 90\mathrm{kN \cdot m}$

6. $P_d = 0.85\phi\{0.85f_{ck}(A_g - A_{st}) + f_y A_{st}\}$
$= 0.85 \times 0.7\left\{0.85 \times 27\left(\dfrac{\pi \times 450^2}{4} - 3,096\right) + 350 \times 3,096\right\}$
$= 2,774,239.021\mathrm{N} \fallingdotseq 2774\mathrm{kN}$

7. 활동에 대한 안정 조건
$F_s = \dfrac{저항력}{수평력} \geq 1.5$

8. $T_{cr} = \left(\dfrac{\lambda\sqrt{f_{ck}}}{3}\right)\dfrac{A_{cp}^2}{p_{cp}} = \left(\dfrac{\lambda\sqrt{f_{ck}}}{3}\right) \cdot \dfrac{(bh)^2}{2(b+h)}$
$= \left(\dfrac{1.0 \times \sqrt{28}}{3}\right) \times \dfrac{(250 \times 500)^2}{2 \times 250 + 2 \times 500}$
$= 18,372,916\mathrm{N \cdot mm} \fallingdotseq 18.4\mathrm{kN \cdot m}$

9. 균등질보의 개념이란 콘크리트에 프리스트레스가 가해지면 PSC부재는 탄성재료로 전환되고 이의 해석은 탄성이론으로 가능하다는 개념이다.

10. 주철근을 2단 이상으로 배치할 때 상하 철근의 순간격은 25mm 이상이라야 한다.

11. 휨부재에서 철근비를 제한하는 이유는 취성파괴를 막고, 연성파괴를 유도하기 위함이다.
 [보충] 철근비 제한 이유
 (1) 최대철근비 제한 이유 : 압축측 콘크리트의 취성파괴 방지
 (2) 최소철근비 제한 이유 : 인장측 콘크리트의 취성파괴 방지

12. (1) 전단철근의 전단강도 검토
$\left(\dfrac{\lambda\sqrt{f_{ck}}}{3}\right)b_w d = \left(\dfrac{1.0 \times \sqrt{28}}{3}\right) \times 300 \times 500$
$= 264,575\mathrm{N}$
$\therefore V_s = 150\mathrm{kN} < \left(\dfrac{\lambda\sqrt{f_{ck}}}{3}\right)b_w d$

 (2) 전단철근의 간격
$s = \dfrac{A_v f_{yt} d}{V_s} = \dfrac{(125 \times 2) \times 400 \times 500}{150 \times 10^3} \fallingdotseq 333\mathrm{mm}$
 $\left[\begin{array}{l}\text{이 값은} \\ \dfrac{d}{2} = \dfrac{500}{2} = 250\mathrm{mm} \text{ 이하}\end{array}\right]$ 라야 하므로
 600mm 이하
 $\therefore s = 250\mathrm{mm}$

13. 압축이형철근의 겹침이음길이
$$l_s = \left(\frac{1.4f_y}{\lambda\sqrt{f_{ck}}} - 52\right)d_b$$
① 압축이형철근의 겹침이음길이는 300mm 이상
② f_y가 400MPa 이하인 경우 : $0.072f_y d_b$ 이하,
   f_y가 400MPa을 초과하는 경우 : $(0.13f_y - 24)d_b$ 이하
   또한, 인장철근의 겹침이음길이보다 길 필요는 없다.
③ f_{ck}가 21MPa 미만인 경우는 규정된 겹침이음길이를 $\frac{1}{3}$ 증가시켜야 한다.

14. 활하중은 고정하중의 2배 이하라야 한다.

15. 표피철근의 간격 : 최외단 인장철근의 중심간격(s)과 동일하므로
$$s = 375\left(\frac{k_{cr}}{f_s}\right) - 2.5c_c = 375\left(\frac{280}{\frac{2}{3}\times 350}\right) - 2.5\times 40 = 350\,\text{mm}$$
$$s = 300\left(\frac{k_{cr}}{f_s}\right) = 300\left(\frac{280}{\frac{2}{3}\times 350}\right) = 360\,\text{mm}$$
∴ 둘 중 작은 값 350mm로 한다.
여기서, $f_s = \frac{2}{3}f_y$
k_{cr} = 환경조건에 따른 계수
(건조환경 280, 기타 210)

16. 강판형의 복부는 주로 전단에 저항하게 되는데 전단이나 휨에 의해 복부판이 좌굴될 우려가 있기 때문에 복부판의 두께를 제한하고 있다.

17. 프리스트레스 도입 후 생기는 손실(시간적 손실)
(1) 콘크리트의 건조수축에 의한 손실
(2) 콘크리트의 크리프에 의한 손실
(3) PS 강재의 릴렉세이션에 의한 손실

18. 합성 교량에서 콘크리트 슬래브와 강보 상부 플랜지 사이에 생기는 수평전단력에 저항하기 위해 전단연결재(스터드)를 사용한다.

19. 리벳이 상하 두 부분으로 절단되는 것은 리벳의 전단파괴이다.

20. 포스트 텐션 정착구역에서 강도감도계수는 0.85이다.

1. ①	2. ②	3. ①	4. ①	5. ②
6. ④	7. ①	8. ④	9. ③	10. ④
11. ④	12. ②	13. ④	14. ④	15. ③
16. ②	17. ③	18. ③	19. ②	20. ④

과년도 출제문제

21 토목기사
3회 시행 출제문제

1. 그림과 같은 나선철근 단주의 강도설계법에 의한 공칭축강도(P_n)는? (단, D32 1개의 단면적=794mm², f_{ck} =24MPa, f_y =400MPa)

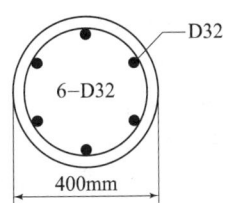

① 2,648kN ② 3,254kN
③ 3,716kN ④ 3,972kN

2. 균형철근량 보다 적고 최소철근량 보다 많은 인장철근을 가진 과소철근 보가 휨에 의해 파괴될 때의 설명으로 옳은 것은?

① 인장측 철근이 먼저 항복한다.
② 압축측 콘크리트가 먼저 파괴된다.
③ 압축측 콘크리트와 인장측 철근이 동시에 항복한다.
④ 중립축이 인장측으로 내려오면서 철근이 먼저 파괴된다.

3. 직접 설계법에 의한 2방향 슬래브 설계에서 전체 정적계수 휨모멘트(M_o)가 340kN·m로 계산되었을 때, 내부 경간의 부계수 휨모멘트는?

① 102kN·m ② 119kN·m
③ 204kN·m ④ 221kN·m

4. 부재의 설계 시 적용되는 강도감수계수(ϕ)에 대한 설명으로 틀린 것은?

① 인장지배 단면에서의 강도감소계수는 0.85이다.
② 포스트텐션 정착구역에서 강도감소계수는 0.80이다.
③ 압축지배단면에서 나선철근으로 보강된 철근콘크리트 부재의 강도감소계수는 0.70이다.
④ 공칭강도에서 최외단 인장철근의 순인장 변형률(ϵ_t)이 압축지배와 인장지배단면 사이일 경우에는, ϵ_t가 압축지배변형률 한계에서 인장지배변형률 한계로 증가함에 따라 ϕ값을 압축지배단면에 대한 값에서 0.85까지 증가시킨다.

5. b_w =400mm, d =700mm인 보에 f_y =400MPa인 D16 철근을 인장 주철근에 대한 경사각 α =60°인 U형 경사 스터럽으로 설치했을 때 전단철근에 의한 전단 강도(V_s)는? (단, 스터럽 간격 s =300mm, D16 철근 1본의 단면적은 199mm²이다.)

① 253.7kN ② 321.7kN
③ 371.5kN ④ 507.4kN

6. 그림과 같은 필릿용접의 유효목두께로 옳게 표시된 것은? (단, KDS 14 30 25 강구조 연결 설계기준(허용응력설계법)에 따른다.)

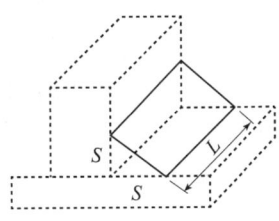

① S ② 0.9S
③ 0.7S ④ 0.5L

7. 강도설계법에 의한 콘크리트구조 설계에서 변형률 및 지배단면에 대한 설명으로 틀린 것은?

① 인장철근의 설계기준항복강도 f_y에 대응하는 변형률에 도달하고 동시에 압축 콘크리트가 가정된 극한변형률에 도달할 때, 그 단면이 균형변형률 상태에 있다고 본다.
② 압축연단 콘크리트가 가정된 극한변형률에 도달할 때 최외단 인장철근의 순인장변형률 ϵ_t가 0.0025의 인장지배변형률 한계 이상인 단면을 인장지배단면이라고 한다.
③ 압축연단 콘크리트가 가정된 극한변형률에 도달할 때 최외단 인장철근의 순인장변형률 ϵ_t가 압축지배변형률 한계 이하인 단면을 압축지배단면이라고 한다.
④ 순인장변형률 ϵ_t가 압축지배변형률 한계와 인장지배변형률 한계 사이인 단면은 변화구간 단면이라고 한다.

8. 경간이 8m인 단순 프리스트레스트 콘크리트 보에 등분포하중(고정하중과 활하중의 합)이 $w=30$kN/m 작용할 때 중앙 단면 콘크리트 하연에서의 응력이 0이 되려면 PS강재에 작용되어야 할 프리스트레스 힘(P)은? (단, PS강재는 단면 중심에 배치되어 있다.)

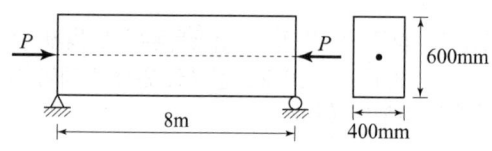

① 2,400kN ② 3,500kN
③ 4,000kN ④ 4,920kN

9. 표피철근(skin reinforcement)에 대한 설명으로 옳은 것은?

① 상하 기둥 연결부에서 단면치수가 변하는 경우에 구부린 주철근이다.
② 비틀림모멘트가 크게 일어나는 부재에서 이에 저항하도록 배치되는 철근이다.
③ 건조수축 또는 온도변화에 의하여 콘크리트에 발생하는 균열을 방지하기 위한 목적으로 배치되는 철근이다.
④ 주철근이 단면의 일부에 집중 배치된 경우일 때 부재의 측면에 발생 가능한 균열을 제어하기 위한 목적으로 주철근 위치에서부터 중립축까지의 표면 근처에 배치하는 철근이다.

10. 옹벽의 설계에 대한 설명으로 틀린 것은?

① 무근콘크리트 옹벽은 부벽식 옹벽의 형태로 설계하여야 한다.
② 활동에 대한 저항력은 옹벽에 작용하는 수평력의 1.5배 이상이어야 한다.
③ 저판의 뒷굽판은 정확한 방법이 사용되지 않는 한, 뒷굽판 상부에 재하되는 모든 하중을 지지하도록 설계하여야 한다.
④ 부벽식 옹벽의 저판은 정밀한 해석이 사용되지 않는 한 부벽 사이의 거리를 경간으로 가정한 고정보 또는 연속보로 설계할 수 있다.

11. 압축철근비가 0.01이고, 인장철근비가 0.003인 철근콘크리트보에서 장기 추가처짐에 대한 계수(λ_Δ)의 값은? (단, 하중재하기간은 5년 6개월이다.)

① 0.66 ② 0.80
③ 0.93 ④ 1.33

12. 그림과 같은 맞대기 용접의 인장응력은?

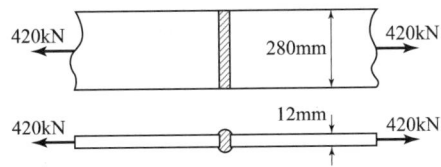

① 25MPa
② 125MPa
③ 250MPa
④ 1,250MPa

13. 그림과 같은 단순 프리스트레스트 콘크리트보에서 등분포하중(자중포함) $w=30$kN/m가 작용하고 있다. 프리스트레스에 의한 상향력과 이 등분포 하중이 평형을 이루기 위해서는 프리스트레스 힘(P)를 얼마로 도입해야 하는가?

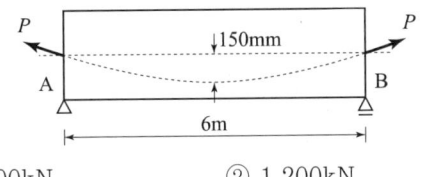

① 900kN
② 1,200kN
③ 1,500kN
④ 1,800kN

14. 철근의 이음 방법에 대한 설명으로 틀린 것은? (단, l_d는 정착길이)

① 인장을 받는 이형철근의 겹침이음길이는 A급 이음과 B급 이음으로 분류하며, A급 이음은 1.0 l_d 이상, B급 이음은 1.3l_d 이상이며, 두 가지 경우 모두 300mm 이상이어야 한다.
② 인장 이형철근의 겹침이음에서 A급 이음은 배치된 철근량이 이음부 전체 구간에서 해석결과 요구되는 소요 철근량의 2배 이상이고, 소요 겹침이음길이 내 겹침이음된 철근량이 전체 철근량의 1/2 이하인 경우이다.
③ 서로 다른 크기의 철근을 압축부에서 겹침이음 하는 경우, D41과 D51 철근은 D35 이하 철근과의 겹침이음은 허용할 수 있다.
④ 휨부재에서 서로 직접 접촉되지 않게 겹침이음된 철근은 횡방향으로 소요 겹침이음길이의 1/3 또는 200mm 중 작은 값 이상 떨어지지 않아야 한다.

15. 옹벽에서 T형보로 설계하여야 하는 부분은?

① 뒷부벽식 옹벽의 전면벽
② 뒷부벽식 옹벽의 뒷부벽
③ 앞부벽식 옹벽의 저판
④ 앞부벽식 옹벽의 앞부벽

16. 그림과 같은 필릿용접에서 일어나는 응력으로 옳은 것은? (단, KDS 14 30 25 강구조 연결 설계기준(허용응력설계법)에 따른다.)

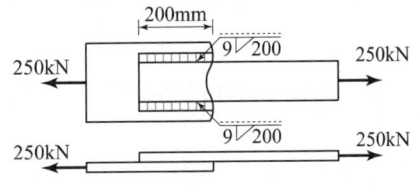

① 82.3MPa
② 95.05MPa
③ 109.02MPa
④ 130.25MPa

17. 강도설계법에 대한 기본 가정으로 틀린 것은?

① 철근 및 콘크리트의 변형률은 중립축부터 거리에 비례한다.
② 콘크리트의 인장강도는 철근 콘크리트 부재 단면의 축강도와 휨강도 계산에서 무시한다.
③ 철근의 응력이 설계기준항복강도 f_y 이하일 때 철근의 응력은 그 변형률에 관계없이 f_y와 같다고 가정한다.
④ 휨모멘트 또는 휨모멘트와 축력을 동시에 받는 부재의 콘크리트 압축연단의 극한변형률은 콘크리트의 설계기준압축강도가 40MPa 이하인 경우에는 0.0033으로 가정한다.

18. 철근콘크리트 구조물의 전단철근에 대한 설명으로 틀린 것은?

① 전단철근의 설계기준항복강도는 450MPa을 초과할 수 없다.
② 전단철근으로서 스터럽과 굽힘철근을 조합하여 사용할 수 있다.
③ 주인장철근에 45° 이상의 각도로 설치되는 스터럽은 전단철근으로 사용할 수 있다.
④ 경사스터럽과 굽힘철근은 부재 중간높이인 0.5d에서 반력점 방향으로 주인장철근까지 연장된 45° 선과 한 번 이상 교차되도록 배치하여야 한다.

19. 프리스트레스트 콘크리트(PSC)에 대한 설명으로 틀린 것은?

① 프리캐스트를 사용할 경우 거푸집 및 동바리공이 불필요하다.
② 콘크리트 전 단면을 유효하게 이용하여 철근콘크리트(RC) 부재보다 경간을 길게 할 수 있다.
③ 철근콘크리트(RC)에 비해 단면이 작아서 변형이 크고 진동하기 쉽다.
④ 철근콘크리트(RC)보다 내화성에 있어서 유리하다.

20. 나선철근 기둥의 설계에 있어서 나선철근비(ρ_s)를 구하는 식으로 옳은 것은? (단, A_g : 기둥의 총 단면적, A_{ch} : 나선철근 기둥의 심부 단면적, f_{yt} : 나선철근의 설계기준 항복강도, f_{ck} : 콘크리트의 설계기준압축강도)

① $0.45\left(\dfrac{A_g}{A_{ch}}-1\right)\dfrac{f_{yt}}{f_{ck}}$ ② $0.45\left(\dfrac{A_g}{A_{ch}}-1\right)\dfrac{f_{ck}}{f_{yt}}$
③ $0.45\left(1-\dfrac{A_g}{A_{ch}}\right)\dfrac{f_{ck}}{f_{yt}}$ ④ $0.85\left(\dfrac{A_{ch}}{A_g}-1\right)\dfrac{f_{ck}}{f_{yt}}$

해설 및 정답

1. $P_n = 0.85(P_c + P_s)$
$= 0.85\{0.85 f_{ck}(A_g - A_{st}) + f_y A_{st}\}$
$= 0.85 \times \left\{0.85 \times 24\left(\dfrac{\pi \times 400^2}{4} - 6 \times 794\right) + 400(6 \times 794)\right\}$
$= 3,716,161\,\text{N} \simeq 3,716\,\text{kN}$

2. 과소철근보의 휨 파괴특성
  1) 인장철근이 먼저 항복한다.
  2) 중립축이 압축측으로 이동한다.
  3) 인장철근의 연성파괴가 발생한다.

3. 내부 경간의 부계수 휨모멘트는 전체 정적 계수 휨모멘트의 0.65배를 분배한다.
$\therefore M^- = 0.65 M_0 = 0.65 \times 340 = 221\,\text{kN}\cdot\text{m}$

4. 포스트 텐션 정착구역에서 강도감소계수는 0.85이다.

5. $V_s = \dfrac{A_v f_y d(\sin\alpha + \cos\alpha)}{s}$
$= \dfrac{(199 \times 2) \times 400 \times 700(\sin 60° + \cos 60°)}{300}$
$= 507,432.9\,\text{N} \simeq 507.4\,\text{kN}$

6. 필릿 용접의 목두께 방향은 모재면에 45° 방향이므로
$a = S\sin 45° = \dfrac{\sqrt{2}}{2}S \simeq 0.7S$

7. 인장지배단면은 압축연단 콘크리트가 가정된 극한변형률에 도달할 때 최외단 인장철근의 순인장변형률 ϵ_t가 인장지배변형률 한계 이상인 단면이다.
  (1) $f_y \leq 400\,\text{MPa}$일 때 인장지배변형률 한계는 0.005
  (2) $f_y > 400\,\text{MPa}$일 때 인장지배변형률 한계는 $2.5\epsilon_y$

8. $f_{중앙\,하연} = \dfrac{P}{A} - \dfrac{M_{중앙}}{Z} = 0$에서
$P = \dfrac{AM_{중앙}}{Z} = \dfrac{400 \times 600 \times \left(\dfrac{30 \times 8000^2}{8}\right)}{\dfrac{400 \times 600^2}{6}}$
$= 2,400,000\,\text{N} = 2,400\,\text{kN}$

9. 표피철근

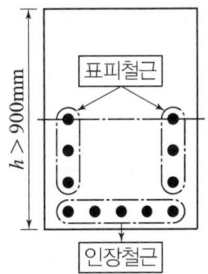

정의 : 전체 깊이가 900mm를 초과하는 휨 부재 복부의 양 측면에 부재 축 방향으로 배치하는 철근

10. 무근콘크리트 옹벽은 자중이 저항하는 중력식 옹벽의 형태로 설계하여야 한다.

11. $\lambda_\Delta = \dfrac{\xi}{1 + 50\rho'} = \dfrac{2.0}{1 + 50 \times 0.01} = 1.333$

12. $f_t = \dfrac{P}{\sum al} = \dfrac{420 \times 10^3}{12 \times 280} = 125\,\text{MPa}$ (인장응력)

13. $u = \dfrac{8Ps}{l^2} = w$에서
$\therefore P = \dfrac{wl^2}{8s} = \dfrac{30 \times 6^2}{8 \times 0.15} = 900\,\text{kN}$

14. 휨부재에서 서로 접촉되지 않게 겹침이음된 철근은 횡방향으로 소요 겹침이음길이의 1/5 또는 150mm 중 작은 값 이상 떨어지지 않아야 한다.

15. 부벽식 옹벽의 설계 방법
- 저판 : 부벽간 거리를 경간으로 하는 연속보 또는 고정보로 설계
- 전면벽 : 3변 지지 2방향 슬래브로 설계
- 앞부벽 : 직사각형보로 설계
- 뒷부벽 : T형보로 설계

16. 목두께 $a = 0.7s$ 이고, 유효길이 $l_e = 2(l-2s)$로 규정하므로

$$v = \frac{V}{\Sigma a l_e} = \frac{P}{0.7s \times 2(l-2s)} = \frac{250 \times 10^3}{0.7(9) \times 2(200 - 2 \times 9)}$$
$$\simeq 109.01 \, \text{MPa}$$

17. 항복강도 f_y 이하에서 철근의 응력은 그 변형률의 E_s배를 취한다.
$$\therefore f_s \leq f_y \rightarrow f_s = E_s \epsilon_s$$

18. 전단철근의 설계기준항복강도는 500MPa을 초과할 수 없다.

19. PSC는 RC에 비해 내화성에 있어서 불리하다.

20. $\rho_s = \dfrac{\text{나선철근의 체적}}{\text{심부체적}}$

$$= \frac{4A_s}{D_{ch}\, p} \geq 0.45 \left(\frac{A_g}{A_{ch}} - 1 \right) \frac{f_{ck}}{f_{yt}}$$

1. ③	2. ①	3. ④	4. ②	5. ④
6. ③	7. ②	8. ①	9. ④	10. ①
11. ④	12. ②	13. ①	14. ④	15. ②
16. ③	17. ③	18. ①	19. ④	20. ②

과년도출제문제

22 토목기사
1회 시행 출제문제

1. 단철근 직사각형 보에서 $f_{ck}=38$MPa인 경우, 콘크리트 등가 직사각형 압축응력블록의 깊이를 나타내는 계수 β_1은?

① 0.74
② 0.76
③ 0.80
④ 0.85

2. 표준갈고리를 갖는 인장 이형철근의 정착에 대한 설명으로 틀린 것은? (단, d_b는 철근의 공칭지름이다.)

① 갈고리는 압축을 받는 경우 철근정착에 유효하지 않는 것으로 보아야 한다.
② 정착길이는 위험단면부터 갈고리의 외측 단부까지 거리로 나타낸다.
③ D35 이하 180° 갈고리 철근에서 정착길이 구간을 $3d_b$ 이하 간격으로 띠철근 또는 스터럽이 정착되는 철근을 수직으로 둘러싼 경우에 보정계수는 0.7이다.
④ 기본 정착 길이에 보정계수를 곱하여 정착길이를 계산하는 데 이렇게 구한 정착길이는 항상 $8d_b$ 이상, 또한 150mm 이상이어야 한다.

3. 프리스트레스를 도입할 때 일어나는 손실(즉시손실)의 원인은?

① 콘크리트의 크리프
② 콘크리트의 건조수축
③ 긴장재 응력의 릴랙세이션
④ 포스트텐션 긴장재와 덕트 사이의 마찰

4. 콘크리트 설계기준압축강도가 28MPa, 철근의 설계기준항복강도 400MPa로 설계된 길이가 7m인 양단 연속보에서 처짐을 계산하지 않는 경우 보의 최소두께는? (단, 보통중량콘크리트($m_c=2,300$kg/m³)이다.)

① 275mm
② 334mm
③ 379mm
④ 438mm

5. 철근콘크리트의 강도설계법을 적용하기 위한 설계 가정으로 틀린 것은?

① 철근과 콘크리트의 변형률은 중립축부터 거리에 비례한다.
② 인장 측 연단에서 철근의 극한변형률은 0.003으로 가정한다.
③ 콘크리트 압축연단의 극한변형률은 콘크리트의 설계기준압축강도가 40MPa 이하인 경우에는 0.0033으로 가정한다.
④ 철근의 응력이 설계기준항복강도(f_y) 이하일 때 철근의 응력은 그 변형률에 철근의 탄성계수(E_s)를 곱한 값으로 한다.

6. 강도설계법에서 구조의 안전을 확보하기 위해 사용되는 강도감소계수(ϕ) 값으로 틀린 것은?

① 인장지배 단면: 0.85
② 포스트텐션 정착구역: 0.70
③ 전단력과 비틀림모멘트를 받는 부재: 075
④ 압축지배 단면 중 띠철근으로 보강된 철근콘크리트 부재: 0.65

7. 연속보 또는 1방향 슬래브의 휨모멘트와 전단력을 구하기 위해 근사해법을 적용할 수 있다. 근사해법을 적용하기 위해 만족하여야 하는 조건으로 틀린 것은?

① 등분포 하중이 작용하는 경우
② 부재의 단면 크기가 일정한 경우
③ 활하중이 고정하중의 3배를 초과하는 경우
④ 인접 2경간의 차이가 짧은 경간의 20% 이하인 경우

8. 순간 처짐이 20mm 발생한 캔틸레버 보에서 5년 이상의 지속하중에 의한 총 처짐은? (단, 보의 인장 철근비는 0.02, 받침부의 압축철근비는 0.01이다.)

① 26.7mm ② 36.7mm
③ 46.7mm ④ 56.7mm

9. 그림과 같은 단면을 갖는 지간 20m의 PSC보에 PS 강재가 200mm의 편심거리를 가지고 직선배치 되어있다. 자중을 포함한 계수등분포하중 16kN/m가 보에 작용할 때 보중앙단면의 콘크리트 상연응력은? (단, 유효 프리스트레스 힘(P_e)은 2,400kN이다.)

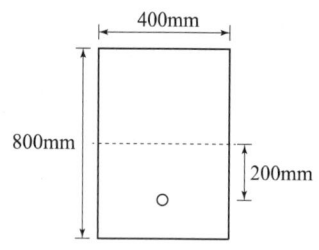

① 6MPa ② 9MPa
③ 12MPa ④ 15MPa

10. 그림과 같은 맞대기 용접의 이음부에 발생하는 응력의 크기는? (단, $P = 360kN$, 강판두께=12mm)

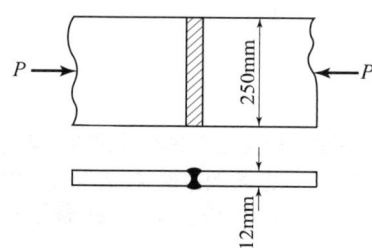

① 압축응력 $f_c = 14.4MPa$
② 인장응력 $f_t = 3,000MPa$
③ 전단응력 $\tau = 150MPa$
④ 압축응력 $f_c = 120MPa$

11. 유효깊이가 600mm인 단철근 직사각형 보에서 균형 단면이 되기 위한 압축연단에서 중립축까지의 거리는? (단, $f_{ck} = 28MPa$, $f_y = 300MPa$, 강도설계법에 의한다.)

① 494.5mm ② 412.5mm
③ 390.5mm ④ 293.5mm

12. 보의 길이가 20m, 활동량이 4mm, 긴장재의 탄성계수(E_p)가 200,000MPa일 때 프리스트레스의 감소량(Δf_{an})은? (단, 일단 정착이다.)

① 40MPa ② 30MPa
③ 20MPa ④ 15MPa

13. 그림과 같은 띠철근 기둥에서 띠철근의 최대 수직 간격은? (단, D10의 공칭직경은 9.5mm, D32의 공칭직경은 31.8mm이다.)

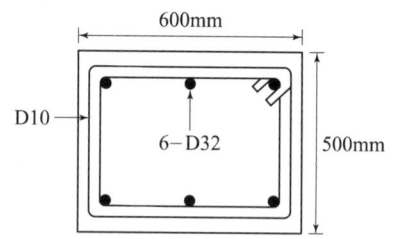

① 400mm ② 456mm
③ 500mm ④ 509mm

14. 강판을 리벳(Rivet)이음할 때 지그재그로 리벳을 체결한 모재의 순폭은 총폭으로부터 고려하는 단면의 최초의 리벳 구멍에 대하여 그 지름을 공제하고 이하 순차적으로 다음 식을 각 리벳 구멍으로 공제하는데 이때의 식은? (단, g : 리벳 선간의 거리, d : 리벳 구멍의 지름, p : 리벳 피치)

① $d - \dfrac{p^2}{4g}$ ② $d - \dfrac{g^2}{4p}$
③ $d - \dfrac{4p^2}{g}$ ④ $d - \dfrac{4g^2}{p}$

15. 비틀림철근에 대한 설명으로 틀린 것은? (단, A_{oh}는 가장 바깥의 비틀림 보강철근의 중심으로 닫혀진 단면적(mm²)이고, p_h는 가장 바깥의 횡방향 폐쇄스터럽 중심선의 둘레(mm)이다.)

① 횡방향 비틀림철근은 종방향 철근 주위로 135° 표준갈고리에 의해 정착하여야 한다.
② 비틀림모멘트를 받는 속빈 단면에서 횡방향 비틀림 철근의 중심선부터 내부 벽면까지의 거리는 $0.5A_{oh}/p_h$ 이상이 되도록 설계하여야 한다.
③ 횡방향 비틀림철근의 간격은 $p_h/6$보다 작아야 하고, 또한 400mm 보다 작아야 한다.
④ 종방향 비틀림철근은 양단에 정착하여야 한다.

16. 뒷부벽식 옹벽에서 뒷부벽을 어떤 보로 설계하여야 하는가?

① T형보
② 단순보
③ 연속보
④ 직사각형보

17. 직사각형 단면의 보에서 계수전단력 $V_u = 40$kN을 콘크리트만으로 지지하고자 할 때 필요한 최소 유효깊이(d)는? (단, 보통중량콘크리트이며, $f_{ck} = 25$MPa, $b_w = 300$mm이다.)

① 320mm
② 348mm
③ 384mm
④ 427mm

18. 슬래브와 보가 일체로 타설된 비대칭 T형보(반 T형보)의 유효폭은? (단, 플랜지 두께=100mm, 복부 폭=300mm, 인접보와의 내측 거리=1,600mm, 보의 경간=6.0m)

① 800mm
② 900mm
③ 1,000mm
④ 1,100mm

19. 그림과 같은 인장철근을 갖는 보의 유효 깊이는? (단, D19철근의 공칭단면적은 287mm²이다.)

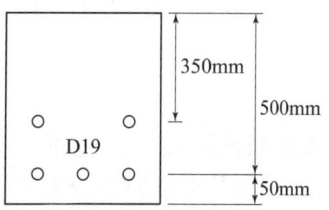

① 350mm
② 410mm
③ 440mm
④ 500mm

20. 인장응력 검토를 위한 $L-150\times90\times12$인 형강(angle)의 전개한 총 폭(b_g)은?

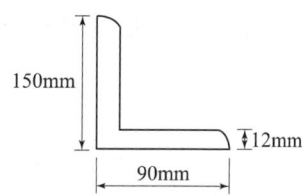

① 228mm
② 232mm
③ 240mm
④ 252mm

해설 및 정답

1. $f_{ck} = 38\,\text{MPa} < 40\,\text{MPa}$이므로 $\beta_1 = 0.80$이다.

2. D35 이하 180° 갈고리 철근에서 정착길이 구간을 $3d_b$ 이하 간격으로 띠철근 또는 스터럽이 정착되는 철근을 수직으로 둘러싼 경우에 보정계수는 0.8이다.

3. 프리스트레스의 손실원인
(1) 프리스트레스 도입 시 손실(즉시 손실)
  콘크리트의 탄성변형, 강재와 쉬스의 마찰, 정착단의 활동
(2) 프리스트레스 도입 후 손실(시간적 손실)
  콘크리트의 건조수축, 콘크리트의 크리프, 강재의 릴랙세이션

4. 처짐 계산을 않는 양단연속보의 최소두께 일반식
$t_{\min} = \dfrac{l}{21}\left(0.43 + \dfrac{f_y}{700}\right)(1.65 - 0.00031 m_c \geq 1.09)$에서 보통중량콘크리트이고, $f_y = 400\,\text{MPa}$인 표준상태이므로
$t_{\min} = \dfrac{l}{21} = \dfrac{7{,}000}{21} \simeq 334\,\text{mm}$

5. 인장연단의 철근의 변형률은 변형률 선도의 닮음비를 이용하여 계산하여야 한다.
$\epsilon_s = \epsilon_{cu}\left(\dfrac{d-c}{c}\right)$

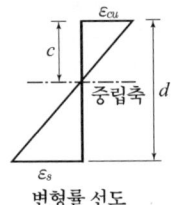
변형률 선도

6. 포스트텐션 정착구역에서 강도감소계수는 0.85이다.

7. 연속보 또는 1방향 슬래브의 휨모멘트와 전단력을 구하기 위해 근사해법은 활하중이 고정하중의 3배를 초과하지 않는 경우에 적용할 수 있다.
[보충] 근사해법의 제한 : $w_L \leq 3w_D$

8. (1) 장기처짐
(장기처짐) = (탄성처짐) $\cdot \lambda_\Delta$
$= (\text{탄성처짐}) \cdot \dfrac{\xi}{1+50\rho'}$
$= 20 \times \left(\dfrac{2.0}{1+50\times 0.01}\right) = 26.7\,\text{mm}$

(2) 총처짐
(탄성처짐) + (장기처짐) $= 20 + 26.6 = 46.7\,\text{mm}$

9. $f_{상면} = \dfrac{P_e}{A} - \dfrac{P_e \cdot e_p}{Z} + \dfrac{M}{Z}$

$= \dfrac{P_e}{bh} - \dfrac{P_e \cdot e_p}{\dfrac{bh^2}{6}} + \dfrac{\dfrac{wl^2}{8}}{\dfrac{bh^2}{6}}$

$= \dfrac{2{,}400\times 10^3}{400\times 800} - \dfrac{(2{,}400\times 10^3)\times 200}{\dfrac{400\times 800^2}{6}} + \dfrac{\dfrac{16\times 20{,}000^2}{8}}{\dfrac{400\times 800^2}{6}}$

$= 15\,\text{MPa}$

10. $f_c = \dfrac{P}{\sum al} = \dfrac{360\times 10^3}{12\times 250} = 120\,\text{N/mm}^2$
$= 120\,\text{MPa}(\text{압축응력})$

11. 균형단면의 중립축 위치
$c_b = \left(\dfrac{\epsilon_{cu}}{\epsilon_{cu}+\epsilon_y}\right)d = \left(\dfrac{0.0033}{0.0033+0.0015}\right)\times 600 = 412.5\,\text{mm}$
여기서, $f_{ck} = 38\,\text{MPa} < 40\,\text{MPa}$이므로 $\epsilon_{cu} = 0.0033$
$\epsilon_y = \dfrac{f_y}{E_s} = \dfrac{300}{2\times 10^5} = 0.0015$

12. $\Delta f_p = E_p\left(\dfrac{\Delta l}{l}\right) = 200{,}000 \times \left(\dfrac{4}{20\times 10^3}\right) = 40\,\text{MPa}$

13. 띠철근의 최대간격
- 종방향 철근 지름의 16배 = 31.8 × 16 = 508.8 mm 이하
- 띠철근이나 철선 지름의 48배 = 9.5 × 48 = 456 mm 이하
- 기둥 단면 최소치수 = 500 mm 이하
∴ 이 중 최솟값 456mm가 띠철근의 최대간격이다.

14. 강판의 순폭은 총폭에서 고려하는 단면의 최초 리벳 구멍은 그 지름을 공제하고, 그 후는 $d - \dfrac{p^2}{4g}$을 공제하여 구한다.

15. 횡방향 비틀림 철근의 간격은 $\dfrac{p_h}{8}$ 이하, 300mm 이하라야 한다.

16. 부벽의 설계
(1) 앞부벽 : 직사각형보로 설계
(2) 뒷부벽 : T형보로 설계

17. $V_u \leq \dfrac{1}{2}\phi V_c$ 일 경우 최소 전단철근을 보강하지 않아도 된다.

$$V_u \leq \dfrac{1}{2}\phi V_c = \dfrac{1}{2}\phi\left(\dfrac{\lambda\sqrt{f_{ck}}}{6}\right)b_w d$$

$$\therefore d = \dfrac{12 V_c}{\phi\lambda\sqrt{f_{ck}}b_w} = \dfrac{12 \times (40 \times 10^3)}{0.75 \times 1.0 \times \sqrt{25} \times 300} \approx 427\,\text{mm}$$

18. 비대칭 T형보의 유효폭
(1) $6t_f + b_w = 6 \times 100 + 300 = 900\,\text{mm}$
(2) 인접한 보와의 내측거리의 $\dfrac{1}{2} + b_w$
$= \dfrac{1,600}{2} + 300 = 1,100\,\text{mm}$
(3) 보의 경간의 $\dfrac{1}{12} + b_w = \dfrac{6,000}{12} + 300 = 800\,\text{mm}$
이 중 최솟값이므로 유효폭은 800mm이다.

19. 바리농 정리에 의해
$5 \times d = 2 \times 350 + 3 \times 500$
∴ $d = 440\,\text{mm}$

20. $b_g = A(총높이) + B(총폭) - t(두께)$
$= 150 + 90 - 12 = 228\,\text{mm}$

1. ③	2. ③	3. ④	4. ②	5. ②
6. ②	7. ③	8. ③	9. ④	10. ④
11. ②	12. ①	13. ②	14. ①	15. ③
16. ①	17. ④	18. ①	19. ③	20. ①

과년도 출제문제

22 토목기사
2회 시행 출제문제

1. 프리텐션 PSC부재의 단면적이 200,000mm²인 콘크리트 도심에 PS강선을 배치하여 초기의 긴장력(P_i)을 800kN 가하였다. 콘크리트의 탄성변형에 의한 프리스트레스의 감소량은? (단, 탄성계수비(n)는 6이다.)

① 12MPa ② 18MPa
③ 20MPa ④ 24MPa

2. 경간이 8m인 단순 지지된 프리스트레스트 콘크리트 보에서 등분포하중(고정하중과 활하중의 합)이 $w=$ 40kN/m 작용할 때 중앙 단면 콘크리트 하연에서의 응력이 0이 되려면 PS강재에 작용되어야 할 프리스트레스 힘(P)은? (단, PS강재는 단면 중심에 배치되어 있다.)

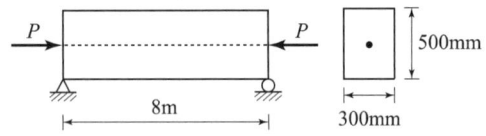

① 1,250kN ② 1,880kN
③ 2,650kN ④ 3,840kN

3. 아래 그림과 같은 직사각형 단면의 단순보에 PS강재가 포물선으로 배치되어 있다. 보의 중앙단면에서 일어나는 상연응력(㉠) 및 하연응력(㉡)은? (단, PS강재의 긴장력은 3,300kN이고, 자중을 포함한 작용하중은 27kN/m이다.)

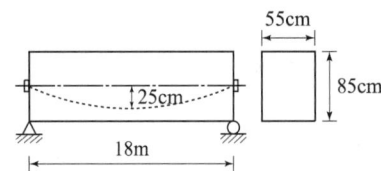

① ㉠ : 21.21MPa, ㉡ : 1.8MPa
② ㉠ : 12.07MPa, ㉡ : 0MPa
③ ㉠ : 11.11MPa, ㉡ : 3.00MPa
④ ㉠ : 8.6MPa, ㉡ : 2.45MPa

4. 2방향 슬래브 설계 시 직접설계법을 적용하기 위해 만족하여야 하는 사항으로 틀린 것은?

① 각 방향으로 3경간 이상이 연속되어야 한다.
② 슬래브 판들은 단변 경간에 대한 장변 경간의 비가 2 이하인 직사각형이어야 한다.
③ 각 방향으로 연속한 받침부 중심간 경간 차이는 긴 경간의 1/3 이하이어야 한다.
④ 연속한 기둥 중심선을 기준으로 기둥의 어긋남은 그 방향 경간의 20% 이하이어야 한다.

5. 옹벽의 설계 및 구조해석에 대한 설명으로 틀린 것은?

① 지반에 유발되는 최대 지반반력은 지반의 허용지지력을 초과할 수 없다.
② 전도에 대한 저항휨모멘트는 횡토압에 의한 전도모멘트의 1.5배 이상이어야 한다.
③ 저판의 뒷굽판은 정확한 방법이 사용되지 않는 한, 뒷굽판 상부에 재하되는 모든 하중을 지지하도록 설계하여야 한다.
④ 캔틸레버식 옹벽의 저판은 전면벽과의 접합부를 고정단으로 간주한 캔틸레버로 가정하여 단면을 설계할 수 있다.

6. 그림과 같은 띠철근 기둥에서 띠철근의 최대 수직간격은? (단, D10의 공칭직경은 9.5mm, D32의 공칭직경은 31.8mm이다.)

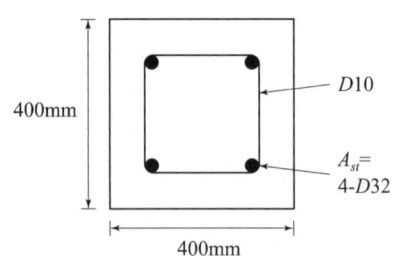

① 400mm ② 456mm
③ 500mm ④ 509mm

7. 강구조의 특징에 대한 설명으로 틀린 것은?

① 소성변형능력이 우수하다.
② 재료가 균질하여 좌굴의 영향이 낮다.
③ 인성이 커서 연성파괴를 유도할 수 있다.
④ 단위면적당 강도가 커서 자중을 줄일 수 있다.

8. 콘크리트와 철근이 일체가 되어 외력에 저항하는 철근콘크리트 구조에 대한 설명으로 틀린 것은?

① 콘크리트와 철근의 부착강도가 크다.
② 콘크리트와 철근의 탄성계수는 거의 같다.
③ 콘크리트 속에 묻힌 철근은 거의 부식하지 않는다.
④ 콘크리트와 철근의 열에 대한 팽창계수는 거의 같다.

9. 폭이 300mm, 유효깊이가 500mm인 단철근 직사각형 보에서 인장철근 단면적이 1,700mm²일 때 강도설계법에 의한 등가 직사각형 압축응력블록의 깊이(a)는? (단, f_{ck} = 20MPa, f_y = 300MPa이다.)

① 50mm　　② 100mm
③ 200mm　　④ 400mm

10. 아래에서 설명하는 용어는?

> 보나 지판이 없이 기둥으로 하중을 전달하는 2방향으로 철근이 배치된 콘크리트 슬래브

① 플랫 플레이트　　② 플랫 슬래브
③ 리브 쉘　　④ 주열대

11. 그림과 같은 L형강에서 인장응력 검토를 위한 순폭 계산에 대한 설명으로 틀린 것은?

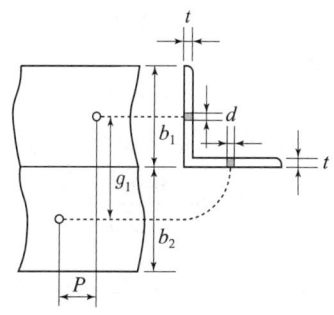

① 전개된 총 폭(b) = $b_1 + b_2 - t$ 이다.
② 리벳선간 거리(g) = $g_1 - t$ 이다.
③ $\dfrac{p^2}{4g} \geq d$ 인 경우 순폭(b_n) = $b - d$ 이다.
④ $\dfrac{p^2}{4g} < d$ 인 경우 순폭(b_n) = $b - d - \dfrac{p^2}{4g}$ 이다.

12. 단변 : 장변 경간의 비가 1 : 2인 단순 지지된 2방향 슬래브의 중앙점에 집중하중 P가 작용할 때 단변과 장변이 부담하는 하중비($P_S : P_L$)는? (단, P_S : 단변이 부담하는 하중, P_L : 장변이 부담하는 하중)

① 1 : 8　　② 8 : 1
③ 1 : 16　　④ 16 : 1

13. 보통중량콘크리트에서 압축을 받는 이형철근 D29 (공칭지름 28.6mm)를 정착시키기 위해 소요되는 기본 정착길이(l_{db})는? (단, f_{ck} = 35MPa, f_y = 400MPa이다.)

① 491.92mm　　② 483.43mm
③ 464.09mm　　④ 450.38mm

14. 철근콘크리트 부재의 전단철근에 대한 설명으로 틀린 것은?

① 전단철근의 설계기준항복강도는 300MPa을 초과할 수 없다.
② 주인장 철근에 30° 이상의 각도로 구부린 굽힌 철근은 전단철근으로 사용할 수 있다.
② 최소 전단철근량은 $\dfrac{0.35b_w s}{f_{yt}}$보다 작지 않아야 한다.
③ 부재축에 직각으로 배치된 전단철근의 간격은 d/2 이하, 또한 600mm 이하로 하여야 한다.

15. 폭 350mm, 유효깊이 500mm인 보에 설계기준항복강도가 400MPa인 D13 철근을 인장 주철근에 대한 경사각(α)이 60°인 U형 경사 스터럽으로 설치했을 때 전단보강철근의 공칭강도(V_s)는? (단, 스터럽 간격 $s=250$mm, D13 철근 1본의 단면적은 127mm²이다.)

① 201.4kN   ② 212.7kN
③ 243.2kN   ④ 277.6kN

16. 철근콘크리트 보를 설계할 때 변화구간 단면에서 강도감소계수(ϕ)를 구하는 식은? (단, $f_{ck}=40$MPa, $f_y=400$MPa, 띠철근으로 보강된 부재이며, ϵ_t는 최외단 인장철근의 순인장변형률이다.)

① $\phi = 0.65 + (\epsilon_t - 0.002)\dfrac{200}{3}$
② $\phi = 0.70 + (\epsilon_t - 0.002)\dfrac{200}{3}$
③ $\phi = 0.65 + (\epsilon_t - 0.002) \times 50$
④ $\phi = 0.70 + (\epsilon_t - 0.002) \times 50$

17. 그림과 같이 지름 25mm의 구멍이 있는 판(plate)에서 인장응력 검토를 위한 순폭은?

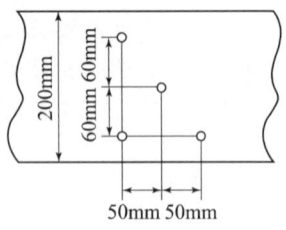

① 160.4mm   ② 150mm
③ 145.8mm   ④ 130mm

18. 폭이 350mm, 유효깊이가 550mm인 직사각형 단면의 보에서 지속하중에 의한 순간 처짐이 16mm일 때 1년 후 총 처짐량은? (단, 배근된 인장철근량(A_s)은 2,246mm², 압축철근량($A_s{'}$)은 1,284mm²이다.)

① 20.5mm   ② 26.5mm
③ 32.8mm   ④ 42.1mm

19. 단철근 직사각형 보에서 $f_{ck}=32$MPa인 경우, 콘크리트 등가 직사각형 압축응력블록의 깊이를 나타내는 계수 β_1은?

① 0.74   ② 0.76
③ 0.80   ④ 0.85

20. 폭이 300mm, 유효깊이가 500mm인 단철근 직사각형 보에서 강도설계법으로 구한 균형 철근량은? (단, 등가 직사각형 압축응력블록을 사용하며, $f_{ck}=35$MPa, $f_y=350$MPa이다.)

① 5,285mm²   ② 5,890mm²
③ 6,665mm²   ④ 7,235mm²

해설 및 정답

1. $\Delta f_p = nf_c = n\left(\dfrac{P}{A}\right) = 6 \times \left(\dfrac{800 \times 10^3}{200,000}\right) = 24\,\text{MPa}$

2. $f_{하연} = \dfrac{P}{A} - \dfrac{M}{Z} = 0$ 에서

$P = \dfrac{AM}{Z} = \dfrac{bh \times \left(\dfrac{wl^2}{8}\right)}{\dfrac{bh^2}{6}} = \dfrac{3wl^2}{4h}$

$= \dfrac{3 \times 40 \times 8^2}{4 \times 0.5} = 3{,}840\,\text{kN}$

3. (1) 등분포 상향력(u)

$u = \dfrac{8Ps}{l^2} = \dfrac{(8 \times 3{,}300 \times 10^3) \times 0.25}{18^2}$

$= 20.37 \times 10^3\,\text{N/m}$

$= 20.37\,\text{kN/m}$

(2) 순하향력(w')

$w' = w - u = 27 - 20.37 = 6.63\,\text{kN/m}$

(3) 중앙단면의 상·하연응력

$f_{\substack{상연\\하연}} = \dfrac{P}{A} \pm \dfrac{M}{Z} = \dfrac{P}{bh} \pm \dfrac{\dfrac{w'l^2}{8}}{\dfrac{bh^2}{6}}$

$= \dfrac{3{,}300 \times 10^3}{550 \times 850} \pm \dfrac{\dfrac{(6.63) \times 18{,}000^2}{8}}{\dfrac{550 \times 850^2}{6}}$

$= 7.059 \pm 4.054\,\text{MPa}$

$\therefore f_{상연} = 7.059 + 4.054$

$\simeq 11.11\,\text{MPa}$

$f_{하연} = 7.059 - 4.054$

$\simeq 3.00\,\text{MPa}$

4. 연속한 기둥 중심선을 기준으로 기둥의 어긋남은 그 방향 경간의 10% 이하이어야 한다.

5. 전도에 대한 저항휨모멘트는 횡토압에 의한 전도모멘트의 2배 이상이어야 한다.

6. 띠철근의 최대간격
 - 종방향 철근 지름의 16배 = $31.8 \times 16 = 508.8\,\text{mm}$ 이하
 - 띠철근이나 철선 지름의 48배 = $9.5 \times 48 = 456\,\text{mm}$ 이하
 - 기둥 단면 최소치수 = $400\,\text{mm}$ 이하

$\therefore$ 이 중 최솟값 400mm가 띠철근의 최대간격이다.

7. 강구조는 단면이 세장하므로 좌굴의 우려가 있다.

8. 철근과 콘크리트의 탄성계수는 같지 않다.

9. 수평력 평형조건 $\sum H = 0$을 적용하면

$\eta(0.85 f_{ck})(ab) = f_y A_s$에서

$a = \dfrac{A_s f_y}{\eta(0.85 f_{ck}) b} = \dfrac{1{,}700(300)}{1.0(0.85 \times 20)(300)} = 100\,\text{mm}$

여기서, $f_{ck} = 20\,\text{MPa} < 40\,\text{MPa}$이므로 $\eta = 1.0$

10. 보나 지판이 없이 기둥으로 하중을 전달하는 2방향으로 철근이 배치된 콘크리트 슬래브는 플랫 플레이트 슬래브라 한다.

11. $\dfrac{p^2}{4g} < d$인 경우 순폭(b_n) = $b - d - \left(d - \dfrac{p^2}{4g}\right)$이다.

12. (1) $P_L = \dfrac{S^3}{S^3 + L^3} P = \dfrac{S^3}{S^3 + (2S)^3} P = \dfrac{1}{9} P$

(2) $P_S = \dfrac{L^3}{S^3 + L^3} P = \dfrac{(2S)^3}{S^3 + (2S)^3} P = \dfrac{8}{9} P$

$\therefore P_S : P_L = \dfrac{8}{9} : \dfrac{1}{9} = 8 : 1$

13. 압축이형철근의 기본정착길이

$$l_{db} = \max\left(\frac{0.25f_y d_b}{\lambda\sqrt{f_{ck}}},\ 0.043f_y d_b\right) = 0.043f_y d_b$$

$$= 0.043 \times 400 \times 28.6 = 491.92\,\mathrm{mm}$$

14. 전단철근의 설계기준항복강도는 500MPa을 초과할 수 없다.

15. $V_s = \dfrac{A_v f_y d(\sin\alpha + \cos\alpha)}{s}$

$$= \frac{(127 \times 2) \times 400 \times 500(\sin 60° + \cos 60°)}{250}$$

$$= 277{,}576\,\mathrm{N} \simeq 277.6\,\mathrm{kN}$$

16. 띠철근으로 보강된 $\phi - \epsilon_t$ 선도에서 닮음비를 이용하면

$$\phi = 0.65 + 0.2\left(\frac{\epsilon_t - \epsilon_{t,ccl}}{\epsilon_{t,tcl} - \epsilon_{t,ccl}}\right) = 0.65 + 0.2\left(\frac{\epsilon_t - 0.002}{0.005 - 0.002}\right)$$

$$= 0.65(\epsilon_t - 0.002)\frac{200}{3}$$

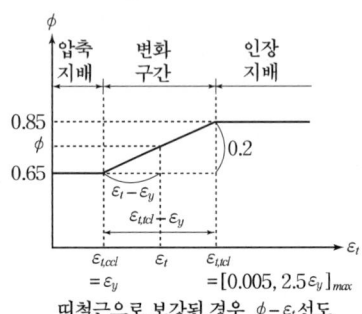

띠철근으로 보강된 경우 $\phi - \epsilon_t$ 선도

17. (1) $b_n = b_g - 2d = 200 - 2 \times 25 = 150\,\mathrm{mm}$

(2) $b_n = b_g - d - 2\left(d - \dfrac{p^2}{4g}\right)$

$$= 200 - 25 - 2 \times \left(25 - \frac{50^2}{4 \times 60}\right)$$

$$= 145.83\,\mathrm{mm} \simeq 145.8\,\mathrm{mm}$$

이 중 최솟값이 순폭이다.

∴ 순폭(b_n) = 145.8 mm

18. (1) 장기처짐 = 탄성처짐 $\times \dfrac{\xi}{1 + 50\rho'}$

$$= 16 \times \frac{1.4}{1 + 50 \times \dfrac{1{,}284}{350 \times 550}}$$

$$= 16.8\,\mathrm{mm}$$

(2) 총처짐 = 탄성처짐 + 장기처짐 = 16 + 16.8
= 32.8 mm

19. $f_{ck} = 32\,\mathrm{MPa} < 40\,\mathrm{MPa}$ 이므로 $\beta_1 = 0.80$ 이다.

20. (1) 균형철근비

균형철근비는 항복변형률에 해당하는 철근비이므로 평형조건 $\sum H = 0(C = T)$을 적용하면

$$\eta(0.85f_{ck})\beta_1\left(\frac{\epsilon_{cu}}{\epsilon_{cu} + \epsilon_y}\right)b = f_y(\rho_b bd)\text{에서}$$

$$\rho_b = \frac{\eta(0.85f_{ck})\beta_1}{f_y}\left(\frac{\epsilon_{cu}}{\epsilon_{cu} + \epsilon_y}\right)$$

$$= \frac{1.0(0.85 \times 35)(0.80)}{350}\left(\frac{0.0033}{0.0033 + 0.00175}\right) \simeq 0.044436$$

여기서, $f_{ck} = 35\,\mathrm{MPa} < 40\,\mathrm{MPa}$ 이므로

$\eta = 1.0,\ \beta_1 = 0.80,\ \epsilon_{cu} = 0.0033$

$$\epsilon_y = \frac{f_y}{E_s} = \frac{350}{2 \times 10^5} = 0.00175$$

(2) 균형철근량

$$A_b = \rho_b bd = 0.044436(300)(500) \simeq 6{,}665\,\mathrm{mm}^2$$

1. ④	2. ④	3. ③	4. ④	5. ②
6. ①	7. ②	8. ②	9. ②	10. ①
11. ④	12. ②	13. ①	14. ①	15. ④
16. ①	17. ③	18. ③	19. ③	20. ③

과년도 출제문제(CBT시험문제)

22 토목기사
3회 시행 출제문제

※ 본 기출문제는 수험자의 기억을 바탕으로 하여 복원한 문제이므로 실제 문제와 다를 수 있음을 미리 알려드립니다.

1. 철근콘크리트가 성립하는 이유에 대한 설명으로 잘못된 것은?
① 철근과 콘크리트와의 부착력이 크다.
② 콘크리트 속에 묻힌 철근은 녹슬지 않고 내구성을 갖는다.
③ 철근과 콘크리트의 탄성계수가 거의 같다.
④ 철근과 콘크리트는 열에 대한 팽창계수가 거의 같다.

2. 단철근 직사각형 보의 자중이 15kN/m이고 활하중이 23kN/m일 때 계수휨모멘트는 얼마인가? (단, 이 보는 경간 8m인 단순보이다.)
① 416.2kN·m   ② 438.4kN·m
③ 452.4kN·m   ④ 511.2kN·m

3. $b=350$mm, $d=550$mm 단면의 보에서 지속하중에 의한 순간처짐이 16mm이다. 1년 후 총처짐량은?
(단, $A_s=2,246$mm², $A_s'=1,284$mm²)
① 20.5mm   ② 32.8mm
③ 42.1mm   ④ 26.5mm

4. 길이 6m의 철근콘크리트 단순보의 처짐을 계산하지 않아도 되는 보의 최소두께는 얼마인가?
(단, $f_{ck}=21$MPa, $f_y=350$MPa)
① 356mm   ② 403mm
③ 375mm   ④ 349mm

5. 그림과 같은 보의 단면에서 표피철근의 간격 s는 약 얼마인가? (단, 습윤환경에 노출되는 경우로서, 표피철근의 표면에서 부재 측면까지 최단거리(c_c)는 50mm, $f_{ck}=28$MPa, $f_y=400$MPa이다.)
① 170mm   ② 190mm
③ 220mm   ④ 240mm

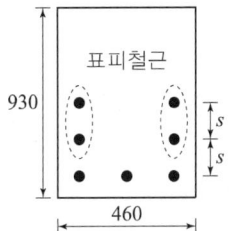

6. 그림과 같이 철근콘크리트 휨부재의 최외단 인장철근의 순인장 변형률(ϵ_t)이 0.0045일 경우 강도감소계수 ϕ는? (단, 나선철근으로 보강되지 않은 경우이고, 사용철근은 $f_y=400$MPa)

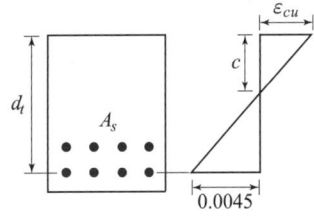

① 0.813   ② 0.817
③ 0.821   ④ 0.825

7. 균형철근량보다 작은 인장철근을 가진 과소철근보가 휨에 의해 파괴될 때의 설명 중 옳은 것은?
① 중립축이 인장측으로 내려오면서 철근이 먼저 파괴된다.
② 압축측 콘크리트와 인장측 철근이 동시에 항복한다.
③ 인장측 철근이 먼저 항복한다.
④ 압축측 콘크리트가 먼저 파괴된다.

8. 단철근 T형보에서 주어진 조건에 대하여 공칭휨모멘트강도(M_n)는? (조건 : $b_e=1,000$mm, $t_f=80$mm, $d=600$mm, $b_w=400$mm, $f_{ck}=21$MPa, $f_y=300$MPa, $A_s=5,000$mm²)

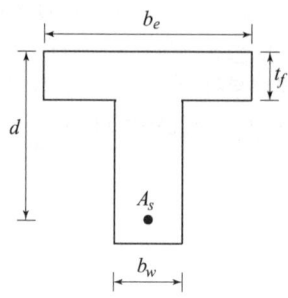

① 711.3kN · m ② 836.8kN · m
③ 947.5kN · m ④ 1,084.6kN · m

9. 직사각형(300mm×450mm) 띠철근 단주의 공칭축강도(P_n)는? (단, $A_{st}=3,854$mm², $f_{ck}=28$MPa, $f_y=400$MPa)

① 2,611.2kN ② 3,263.2kN
③ 3,730.3kN ④ 3,963.4kN

10. 단철근 직사각형 보에서 부재축에 직각인 전단보강철근이 부담해야 할 전단력 $V_s=350$kN일 때 전단보강철근의 간격 s는 얼마 이하이어야 하는가? (단, $A_v=253$mm², $f_{yt}=400$MPa, $f_{ck}=28$MPa, $b_w=300$mm, $d=600$mm)

① 150mm ② 173mm
③ 100mm ④ 300mm

11. $f_{ck}=21$MPa, $f_y=240$MPa일 때, 단철근 직사각형 보의 균형철근비는?

① 0.039 ② 0.044
③ 0.053 ④ 0.056

12. 폭(b) 250mm, 전체높이(h) 500mm인 직사각형 철근콘크리트 보의 단면에 균열을 일으키는 비틀림모멘트 T_{cr}은 얼마인가? (단, $f_{ck}=28$MPa)

① 9.8kN · m   ② 11.3kN · m
③ 12.5kN · m ④ 18.4kN · m

13. 연속보 또는 1방향 슬래브는 다음 조건을 모두 만족하는 경우에만 콘크리트구조기준에서 제안된 근사해법을 적용할 수 있다. 그 조건에 대한 설명으로 잘못된 것은?

① 2경간 이상이어야 하며, 인접 2경간의 차이가 짧은 경간의 20% 이하인 경우
② 등분포 하중이 작용하는 경우
③ 활하중이 고정하중의 3배를 초과하는 경우
④ 부재의 단면 크기가 일정한 경우

14. 옹벽의 안정조건에 대한 설명으로 틀린 것은?

① 활동에 대한 저항력은 옹벽에 작용하는 수평력의 2.5배 이상이어야 한다.
② 지반에 유발되는 최대 지반반력이 지반의 허용지지력의 1.0배 이상이어야 한다.
③ 전도 및 지반지지력에 대한 안정조건은 만족하지만 활동에 대한 안정조건만을 만족하지 못할 경우에는 활동방지벽 혹은 횡방향앵커 등을 설치하여 활동저항력을 증대시킬 수 있다.
④ 전도에 대한 저항휨모멘트는 횡토압에 의한 전도휨모멘트의 2.0배 이상이어야 한다.

15. 철근콘크리트 부재의 철근 이음에 관한 설명 중 옳지 않은 것은?

① D35를 초과하는 철근은 겹침이음을 하지 않아야 한다.
② 인장이형철근의 겹침이음에서 A급 이음은 $1.3l_d$ 이상, B급 이음은 $1.0l_d$ 이상 겹쳐야 한다. (단, l_d는 규정에 의해 계산된 인장이형철근의 정착길이이다.)
③ 압축이형철근의 이음에서 콘크리트의 설계기준 압축강도가 21MPa 미만인 경우에는 겹침이음 길이를 $\frac{1}{3}$ 증가시켜야 한다.
④ 용접이음과 기계적연결은 철근의 항복강도의 125% 이상을 발휘할 수 있어야 한다.

16. PS콘크리트 보에서 PS강재를 포물선으로 배치하여 긴장하는 경우 등분포상향력 u는? (단, $P=3,000$kN, $s=0.2$m, $b=400$mm, $h=600$mm)

① 8kN/m
② 10kN/m
③ 12kN/m
④ 18kN/m

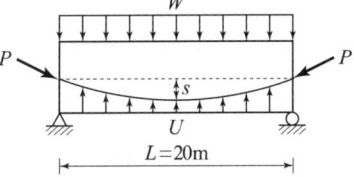

17. 프리스트레스 손실원인 중 프리스트레스 도입 후 시간이 경과함에 따라서 생기는 것은 어느 것인가?

① 콘크리트의 탄성수축
② 콘크리트의 크리프
③ PS 강재와 시스의 마찰
④ 정착단의 활동

18. 그림은 필릿(Fillet) 용접한 것이다. 목두께 a를 표시한 것으로 옳은 것은?

① $a = S_2 \times 0.7$
② $a = S_1 \times 0.7$
③ $a = S_2 \times 0.6$
④ $a = S_1 \times 0.6$

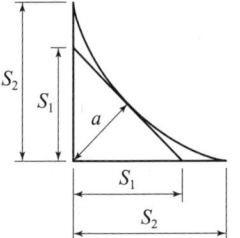

19. 그림과 같은 맞대기 용접이음에서 이음의 응력을 구한 값은?

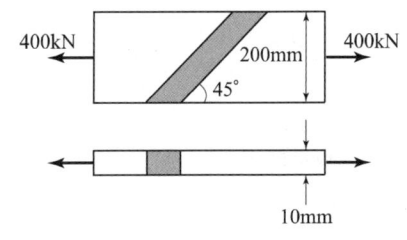

① 141MPa
② 183MPa
③ 200MPa
④ 283MPa

20. PSC 보를 RC 보처럼 생각하여, 콘크리트는 압축력을 받고 긴장재는 인장력을 받게 하여 두 힘의 우력모멘트로 외력에 의한 휨모멘트에 저항시킨다는 생각은 다음 중 어느 개념과 같은가?

① 응력개념(Stress Concept)
② 강도개념(Strength Concept)
③ 하중평형개념(Load Balancing Concept)
④ 균등질 보의 개념(Homogeneous Beam)

해설 및 정답

1. 철근과 콘크리트의 탄성계수는 같지 않다.

2. $M_u = \dfrac{w_u l^2}{8} = \dfrac{54.8 \times 8^2}{8} = 438.4\,\text{kN·m}$

$\left[\begin{array}{l} w_u = 1.2w_d + 1.6w_l \\ \quad = 1.2 \times 15 + 1.6 \times 23 \\ \quad = 54.8\,\text{kN/m} \end{array}\right]$

3. (1) 장기처짐 = 탄성처짐 × $\dfrac{\xi}{1+50\rho'}$

$= 16 \times \dfrac{1.4}{1 + 50 \times \dfrac{1{,}284}{350 \times 550}}$

$= 16.8\,\text{mm}$

(2) 총처짐 = 탄성처짐 + 장기처짐
$= 16 + 16.8 = 32.8\,\text{mm}$

4. 처짐 계산을 하지 않는 경우 단순보의 최소두께
$(f_y \neq 400\,\text{MPa})$

$\dfrac{l}{16}\left(0.43 + \dfrac{f_y}{700}\right) = \dfrac{6{,}000}{16}\left(0.43 + \dfrac{350}{700}\right)$
$= 348.75\,\text{mm} \simeq 349\,\text{mm}$

5. 표피철근 간격(s)

1) $f_s = \dfrac{2}{3} f_y = \dfrac{2}{3} \times 400 = 266.67\,\text{MPa}$

2) 철근의 노출을 고려한 계수
$k_{cr} = 280$(건조환경), $k_{cr} = 210$(그 외의 환경)

3) $s = 375\left(\dfrac{k_{cr}}{f_s}\right) - 2.5 C_c$

$= 375\left(\dfrac{210}{266.67}\right) - 2.5 \times 50 = 170.3\,\text{mm}$

$s = 300\left(\dfrac{k_{cr}}{f_s}\right) = 300\left(\dfrac{210}{266.67}\right) = 236.25\,\text{mm}$

∴ $s = 170\,\text{mm}$ (두 값 중 작은 값)

6. 휨부재이고, $\epsilon_t < \epsilon_{t,td} = 0.005$이므로 변화구간단면이다.
∴ 나선철근 이외로 보강된 경우에 대해 직선보간하면

$\phi = 0.65 + (0.85 - 0.65)\left(\dfrac{\epsilon_t - \epsilon_y}{\epsilon_{t,td} - \epsilon_y}\right)$

$= 0.65 + 0.2\left(\dfrac{0.0045 - 0.002}{0.005 - 0.002}\right) \simeq 0.817$

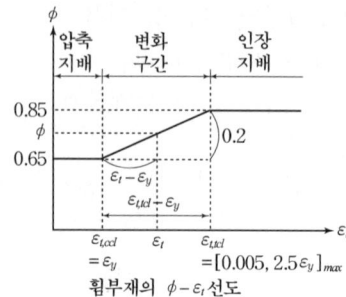

휨부재의 $\phi - \epsilon_t$선도

7. 과소철근보의 휨 파괴특성
(1) 인장철근이 먼저 항복한다.
(2) 중립축이 압축측으로 이동한다.
(3) 인장철근의 연성파괴가 발생한다.

8. (1) T형보의 판정

$a = \dfrac{A_s f_y}{\eta(0.85 f_{ck})b}$

$= \dfrac{5{,}000 \times 300}{1.0 \times (0.85 \times 21) \times 1{,}000} = 84.03\,\text{mm} > t_f$ 이므로

∴ T형보로 설계
여기서, $f_{ck} = 21\,\text{MPa} < 40\,\text{MPa}$이므로 $\eta = 1.0$

(2) 공칭 휨 강도

$M_n = A_{sf} f_y \left(d - \dfrac{t_f}{2}\right) + (A_s - A_{sf})f_y \left(d - \dfrac{a}{2}\right)$

$= 2{,}856 \times 300 \times \left(600 - \dfrac{80}{2}\right)$
$\quad + (5{,}000 - 2{,}856) \times 300 \times \left(600 - \dfrac{90.08}{2}\right)$

$= 836{,}758{,}272\,\text{N·mm} \simeq 836.8\,\text{kN·mm}$

$\left[\begin{array}{l} A_{sf} = \dfrac{\eta(0.85 f_{ck})(b-b_w)t_f}{f_y} \\ \quad = \dfrac{1.0(0.85 \times 21) \times (1{,}000 - 400) \times 80}{300} \\ \quad = 2{,}856\,\text{mm}^2 \\ a = \dfrac{(A_s - A_{sf})f_y}{\eta(0.85 f_{ck})b_w} \\ \quad = \dfrac{(5{,}000 - 2{,}856) \times 300}{1.0(0.85 \times 21) \times 400} \simeq 90.08\,\text{mm} \end{array}\right]$

9. $P_n = 0.80\{0.85f_{ck}(A_g - A_{st}) + f_y A_{st}\}$
$= 0.8 \times \{0.85 \times 28 \times (300 \times 450 - 3,854) + 400 \times 3,854\}$
$= 3,730,299.84 \text{N} \simeq 3,730.3 \text{kN}$

10. (1) 전단철근의 전단강도 검토
$\left(\dfrac{\lambda\sqrt{f_{ck}}}{3}\right)b_w d = \left(\dfrac{1.0 \times \sqrt{28}}{3}\right) \times 300 \times 600$
$\qquad = 317,490 \text{N}$
$\therefore V_s = 350,000 \text{N} > \left(\dfrac{\lambda\sqrt{f_{ck}}}{3}\right)b_w d$

(2) 전단철근의 간격
$s = \dfrac{A_v f_{yt} d}{V_s} = \dfrac{253 \times 400 \times 600}{350 \times 10^3} \simeq 173.5 \text{mm}$
$\dfrac{d}{4} = \dfrac{600}{4} = 150 \text{mm}$ 이하
300mm 이하
$\therefore$ 이 중 최솟값 150mm로 한다.

11. 균형철근비는 항복변형률에 해당하는 철근비이므로 평형조건 $\Sigma H = 0(C = T)$을 적용하면
$\eta(0.85f_{ck})\beta_1\left(\dfrac{\epsilon_{cu}}{\epsilon_{cu} + \epsilon_y}\right)db = f_y(\rho_b bd)$ 에서
$\rho_b = \dfrac{\eta(0.85f_{ck})\beta_1}{f_y}\left(\dfrac{\epsilon_{cu}}{\epsilon_{cu} + \epsilon_y}\right)$
$\quad = \dfrac{1.0(0.85 \times 21)(0.80)}{240}\left(\dfrac{0.0033}{0.0033 + 0.0012}\right) \simeq 0.044$
여기서, $f_{ck} = 21\text{MPa} < 40\text{MPa}$이므로
$\qquad \eta = 1.0,\ \beta_1 = 0.80,\ \epsilon_{cu} = 0.0033$
$\qquad \epsilon_y = \dfrac{f_y}{E_s} = \dfrac{240}{2 \times 10^5} = 0.0012$

12. $T_{cr} = \left(\dfrac{\sqrt{f_{ck}}}{3}\right)\dfrac{A_{cp}^2}{p_{cp}} = \left(\dfrac{\sqrt{f_{ck}}}{3}\right) \cdot \dfrac{(bh)^2}{2(b+h)}$
$\quad = \left(\dfrac{\sqrt{28}}{3}\right) \times \dfrac{(250 \times 500)^2}{2 \times (250 + 500)}$
$\quad = 18,372,916 \text{N} \cdot \text{mm} \simeq 18.4 \text{kN} \cdot \text{m}$

13. 연속보 또는 1방향 슬래브의 휨모멘트와 전단력을 구하기 위해 근사해법은 활하중이 고정하중의 3배를 초과하지 않는 경우에 적용할 수 있다.
[보충] 근사해법의 제한 : $w_L \leq 3w_D$

14. 활동에 대한 저항력은 옹벽에 작용하는 수평력의 1.5배 이상이어야 한다.

15. 인장 이형 철근의 겹침이음길이
· A급 이음 : $1.0l_d$ 이상, 300mm 이상
· B급 이음 : $1.3l_d$ 이상, 300mm 이상

16. $u = \dfrac{8Ps}{l^2} = \dfrac{8 \times 3,000 \times 0.2}{20^2} = 12 \text{kN/m}$

17. 프리스트레스의 손실원인
(1) 프리스트레스 도입 시 손실(즉시 손실)
    콘크리트의 탄성변형, 강재와 쉬스의 마찰, 정착단의 활동
(2) 프리스트레스 도입 후 손실(시간적 손실)
    콘크리트의 건조수축, 콘크리트의 크리프, 강재의 릴랙세이션

18. 필릿 용접의 목두께 방향은 모재면에 45° 방향이므로
$a = S_1 \sin 45° = \dfrac{\sqrt{2}}{2}S_1 \simeq 0.7S_1$

19. $f = \dfrac{P}{\Sigma al} = \dfrac{400 \times 10^3}{10 \times 200} = 200 \text{N/mm}^2$
$\quad = 200 \text{MPa}$(인장응력)

20. PSC 보를 RC 보처럼 생각하여, 콘크리트는 압축력을 받고 긴장재는 인장력을 받게 하여 두 힘의 우력모멘트가 외력에 의한 휨모멘트에 저항하는 개념은 강도개념(Strength Concept)이다.
$M = Cz = Tz = Pz$

1. ③	2. ②	3. ②	4. ④	5. ①
6. ②	7. ③	8. ②	9. ③	10. ①
11. ②	12. ④	13. ③	14. ①	15. ②
16. ③	17. ②	18. ②	19. ③	20. ②

과년도출제문제(CBT시험문제)

23 토목기사
1회 시행 출제문제

※ 본 기출문제는 수험자의 기억을 바탕으로 하여 복원한 문제이므로 실제 문제와 다를 수 있음을 미리 알려드립니다.

1. 철근 콘크리트 보에 배치되는 철근의 순간격에 대한 설명으로 틀린 것은?

① 동일 평면에서 평행한 철근 사이의 수평 순간격은 25mm 이상이어야 한다.
② 상단과 하단에 2단 이상으로 배치된 경우 상하 철근의 순간격은 25mm 이상으로 하여야 한다.
③ 철근의 순간격에 대한 규정은 서로 접촉된 겹침이음 철근과 인접된 이음철근 또는 연속철근 사이의 순간격에도 적용하여야 한다.
④ 벽체 또는 슬래브에서 휨 주철근의 간격은 벽체나 슬래브 두께의 2배 이하로 하여야 한다.

2. 콘크리트의 강도설계에서 등가 직사각형 응력블록의 깊이 $a = \beta_1 c$로 표현할 수 있다. f_{ck}가 60MPa인 경우 β_1의 값은 얼마인가?

① 0.85 ② 0.72
③ 0.74 ④ 0.76

3. 그림과 같은 용접부의 응력은?

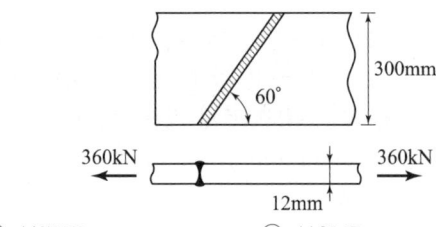

① 115MPa ② 110MPa
③ 100MPa ④ 94MPa

4. 철근콘크리트가 성립하는 이유에 대한 설명으로 잘못된 것은?

① 철근과 콘크리트와의 부착력이 크다.
② 콘크리트 속에 묻힌 철근은 녹슬지 않고 내구성을 갖는다.
③ 철근과 콘크리트의 무게가 거의 같고 내구성이 같다.
④ 철근과 콘크리트는 열에 대한 팽창계수가 거의 같다.

5. 그림과 같은 나선철근단주의 공칭축강도(P_n)를 구하면? (단, D32 1개의 단면적=794mm², $f_{ck}=24$MPa, $f_y=420$MPa)

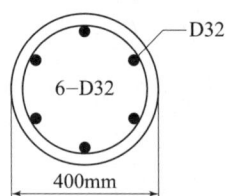

① 2,648kN ② 3,254kN
③ 3,797kN ④ 3,972kN

6. 비틀림철근에 대한 설명으로 틀린 것은?
(단, A_{oh}는 가장 바깥의 비틀림 보강철근의 중심으로 닫혀진 단면적이고, P_h는 가장 바깥의 횡방향 폐쇄스터럽 중심선의 둘레이다.)

① 횡방향 비틀림철근은 종방향 철근 주위로 135° 표준갈고리에 의해 정착하여야 한다.
② 비틀림모멘트를 받는 속빈 단면에서 횡방향 비틀림철근의 중심선으로부터 내부 벽면까지의 거리는 $0.5A_{oh}/P_h$ 이상이 되도록 설계하여야 한다.
③ 횡방향 비틀림철근의 간격은 $P_h/6$ 및 400mm보다 작아야 한다.
④ 종방향 비틀림철근은 양단에 정착하여야 한다.

7. 다음 그림과 같이 $W=40kN/m$ 일 때 PS강재가 단면 중심에서 긴장되며 인장측의 콘크리트 응력이 "0"이 되려면 PS 강재에 얼마의 긴장력이 작용하여야 하는가?

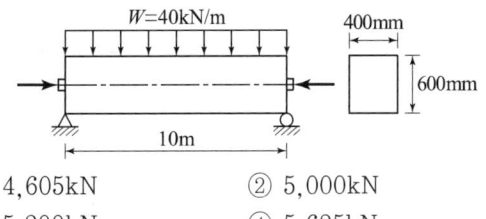

① 4,605kN ② 5,000kN
③ 5,200kN ④ 5,625kN

8. 프리스트레스트콘크리트의 원리를 설명할 수 있는 기본 개념으로 옳지 않은 것은?

① 균등질 보의 개념
② 내력 모멘트의 개념
③ 하중평형의 개념
④ 공액보 개념

9. 인장응력 검토를 위한 $L-150\times90\times12$인 형강(angle)의 전개한 총 폭(b_g)은?

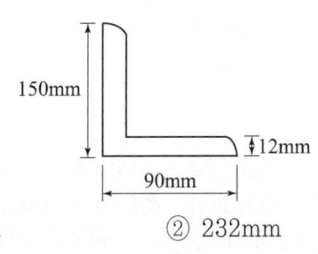

① 228mm ② 232mm
③ 240mm ④ 252mm

10. $b=300mm$, $d=500mm$, $A_S=3-D25=1,520mm^2$가 1열로 배치된 단철근 직사각형 보의 설계 휨강도 ϕM_n은 얼마인가? (단, $f_{ck}=28MPa$, $f_y=400MPa$이고, 과소철근보이다.)

① 132.5kN·m ② 183.3kN·m
③ 236.4kN·m ④ 307.7kN·m

11. 다음은 프리스트레스트 콘크리트에 관한 설명이다. 옳지 않은 것은?

① 프리캐스트를 사용할 경우 거푸집 및 동바리공이 불필요하다.
② 콘크리트 전 단면을 유효하게 이용하여 RC부재보다 경간을 길게 할 수 있다.
③ RC에 비해 단면이 작아서 변형이 크고 진동하기 쉽다.
④ RC보다 내화성에 있어서 유리하다.

12. 슬래브의 구조 상세에 대한 설명으로 틀린 것은?

① 1방향 슬래브의 두께는 최소 100mm 이상으로 하여야 한다.
② 1방향 슬래브의 정모멘트 철근 및 부모멘트 철근의 중심 간격은 위험단면에서는 슬래브 두께의 2배 이하이어야 하고, 또한 300mm 이하로 하여야 한다.
③ 1방향 슬래브의 수축·온도철근의 간격은 슬래브 두께의 3배 이하, 또한 400mm 이하로 하여야 한다.
④ 2방향 슬래브의 위험단면에서 철근 간격은 슬래브 두께의 2배 이하, 또한 300mm 이하로 하여야 한다.

13. 옹벽의 설계 및 구조해석에 대한 설명으로 틀린 것은?

① 지반에 유발되는 최대 지반반력은 지반의 허용지지력을 초과할 수 없다.
② 전도에 대한 저항휨모멘트는 횡토압에 의한 전도모멘트의 1.5배 이상이어야 한다.
③ 저판의 뒷굽판은 정확한 방법이 사용되지 않는 한, 뒷굽판 상부에 재하되는 모든 하중을 지지하도록 설계하여야 한다.
④ 캔틸레버식 옹벽의 저판은 전면벽과의 접합부를 고정단으로 간주한 캔틸레버로 가정하여 단면을 설계할 수 있다.

14. 깊은보는 한쪽 면이 하중을 받고 반대쪽 면이 지지되어 하중과 받침부 사이에 압축대가 형성되는 구조요소로서 아래의 (가) 또는 (나)에 해당하는 부재이다. 아래의 ( )안에 들어갈 ㉠, ㉡으로 옳은 것은?

> (가) 순경간 l_n이 부재 깊이의 (㉠)배 이하인 부재
> (나) 받침부 내면에서 부재 깊이의 (㉡)배 이하인 위치에 집중하중이 작용하는 경우는 집중하중과 받침부 사이의 구간

① ㉠ : 4, ㉡ : 2 ② ㉠ : 3, ㉡ : 2
③ ㉠ : 2, ㉡ : 4 ④ ㉠ : 2, ㉡ : 3

15. 아래는 슬래브의 직접설계법에서 모멘트 분배에 대한 내용이다. 아래의 ( )안에 들어갈 ㉠, ㉡으로 옳은 것은?

> 내부 경간에서는 전체 정적 계수휨모멘트 M_o를 다음과 같은 비율로 분배하여야 한다.
> · 부계수휨모멘트 ·················· (㉠)
> · 정계수휨모멘트 ·················· (㉡)

① ㉠ : 0.65, ㉡ : 0.35
② ㉠ : 0.55, ㉡ : 0.45
③ ㉠ : 0.45, ㉡ : 0.55
④ ㉠ : 0.35, ㉡ : 0.65

16. 콘크리트의 크리프에 대한 설명으로 틀린 것은?
① 고강도 콘크리트는 저강도 콘크리트보다 크리프가 작게 일어난다.
② 콘크리트가 놓이는 주위의 온도, 습도가 높을수록 크리프 변형은 크게 일어난다.
③ 물-시멘트비가 큰 콘크리트는 물-시멘트비가 작은 콘크리트보다 크리프가 크게 일어난다.
④ 일정한 응력이 장시간 계속하여 작용하고 있을 때 변형이 계속 진행되는 현상을 말한다.

17. 그림과 같은 두께 19mm 평판의 순단면적을 구하면? (단, 볼트구멍의 직경은 25mm)

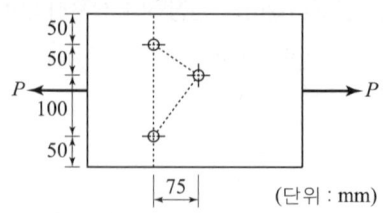

① 3,270mm² ② 3,800mm²
③ 3,920mm² ④ 4,530mm²

18. 인장이형철근의 정착에 대한 설명으로 옳은 것은?
① 인장이형철근의 정착길이는 기본정착길이 l_{db}에 보정계수를 곱하여 구하며, 상부철근(정착길이 아래 300mm를 초과되게 굳지 않은 콘크리트를 친 수평철근)일 때 보정계수(α)는 1.2이다.
② 에폭시 도막철근으로 피복두께가 $3d_b$ 미만 또는 순간격이 $6d_b$ 미만인 경우 보정계수(β)는 1.5이다.
③ 동일한 철근량을 사용할 경우, 굵은 철근을 사용하는 것이 정착길이를 짧게 하며, 정착에 유리하다.
④ 콘크리트의 평균쪼갬인장강도(f_{sp})가 주어지지 않은 경량콘크리트의 보정계수(λ)는 보통중량콘크리트에서 1.3이다.

19. 경간(L) 6m인 단철근 직사각형 단순보에 고정하중(자중포함)이 15.5kN/m, 활하중이 35kN/m가 작용할 경우 최대 모멘트가 발생하는 단면의 계수모멘트(M_u)는 얼마인가?(단, 하중조합을 고려할 것)
① 227.3kN·m   ② 300.6kN·m
③ 335.7kN·m   ④ 373.2kN·m

20. $b_w = 250$mm, $d = 500$mm, $f_{ck} = 24$MPa, $f_{yt} = 400$MPa인 직사각형 보에서 콘크리트가 부담하는 설계전단강도(ϕV_c)는? (단, 보통중량콘크리트 사용)
① 76.5kN   ② 86.3kN
③ 94.7kN   ④ 98.5kN

해설 및 정답

1. 현행 구조기준에서는 벽체 및 슬래브에서의 휨 주철근의 간격은 중심간격을 규정하며, 두께의 3배 이하, 450mm 이하로 규정하고 있다.

2. $f_{ck} \leq 60\text{MPa}$이므로 $\beta_1 = 0.76$
∴ $\beta_1 = 0.76$

3. $f_t = \dfrac{P}{\sum al} = \dfrac{360 \times 10^3}{12 \times 300} = 100\text{MPa}$

4. 철근과 콘크리트의 단위질량이 다르므로 무게가 다르며, 내구성 또한 다르다.

5. 나선철근 단주의 공칭축강도
$P_n = 0.85\{0.85f_{ck}(A_g - A_{st}) + f_y A_{st}\}$
$= 0.85\left\{0.85 \times 24\left(\dfrac{\pi \times 400^2}{4} - 794 \times 6개\right)\right.$
$\left. + 420(794 \times 6개)\right\}$
$= 3,797,148.90\text{N} \simeq 3,797\text{kN}$

6. 횡방향 비틀림 철근의 간격은 $p_h/8$ 이하, 300mm 이하라야 한다.

7. $f_{하연} = \dfrac{P}{A} - \dfrac{M}{Z} = 0$ 에서
$P = \dfrac{AM}{Z} = \dfrac{bh \times \left(\dfrac{wl^2}{8}\right)}{\dfrac{bh^2}{6}} = \dfrac{3wl^2}{4h}$
$= \dfrac{3 \times 40 \times 10^2}{4 \times 0.6} = 5,000\text{kN}$

8. PSC구조물의 해석 개념
 (1) 제 1개념 : 응력 개념(균등질보의 개념)
 (2) 제 2개념 : 강도 개념(내력모멘트의 개념)
 (3) 제 3개념 : 하중평형 개념(등가하중의 개념)

9. $b_g = A(총높이) + B(총폭) - t(두께)$
$= 150 + 90 - 12 = 228\text{mm}$

10. $\phi M_n = \phi\left\{A_s f_y\left(d - \dfrac{a}{2}\right)\right\}$
$= 0.85\left\{1,520 \times 400 \times \left(500 - \dfrac{85.15}{2}\right)\right\}$
$= 236,397,240\text{N} \cdot \text{mm} = 236.4\text{kN} \cdot \text{m}$

$\left[\begin{array}{l} a = \dfrac{A_s f_y}{\eta 0.85 f_{ck} b} = \dfrac{1,520 \times 400}{1.0 \times 0.85 \times 28 \times 300} = 85.15\text{mm} \\ \epsilon_t = \dfrac{0.0033}{\dfrac{a}{\beta_1}} d_t - 0.0033 = \dfrac{0.0033}{\dfrac{85.15}{0.80}} \times 500 - 0.0033 \\ = 0.0122 > 0.005 (\text{인장지배 변형률 한계}) \end{array}\right]$

11. PSC 콘크리트 단점
 (1) RC(철근콘크리트)보다 내화성에 있어서는 불리하다.
 (2) RC에 비해 단면이 작으므로 변형이 크고 진동하기 쉽다.
 (3) 공사비가 많이 든다.

12. 수축 및 온도철근의 간격은 슬래브 두께의 5배 이하, 또한 450mm 이하라야 한다.

13. 전도에 대한 저항모멘트는 횡토압에 의한 전도모멘트의 2.0배 이상이어야 한다.

14. $\dfrac{l_n}{h} \leq 4$인 보 또는 $\dfrac{a}{h} \leq 2$인 보의 a구간을 깊은보라 한다.

15. 직접설계법에 의한 내부 경간의 모멘트 분배
 (1) 부계수 모멘트 : 전체 정적 계수휨모멘트
  $M_o = \dfrac{w_u l_2 l_n^2}{8}$의 0.65배를 분배
 (2) 정계수 모멘트 : 전체 정적 계수휨모멘트
  $M_o = \dfrac{w_u l_2 l_n^2}{8}$의 0.35배를 분배

16. 온도는 높을수록 크리프가 증가하는 것은 맞지만, 습도는 높을수록 크리프가 감소한다.

17. (1) 순폭(b_n) : ㉮, ㉯, ㉰ 중 작은 값

㉮ $b_n = b_g - 2d = (250) - 2(25) = 200\text{mm}$

㉯ $b_n = b_g - d - \left(d - \dfrac{s^2}{4g_1}\right)$

$= (250) - (25) - \left((25) - \dfrac{(75)^2}{4(50)}\right) = 228.125\text{mm}$

㉰ $b_n = b_g - d - \left(d - \dfrac{s^2}{4g_1}\right) - \left(d - \dfrac{s^2}{4g_2}\right)$

$= (250) - (25) - \left((25) - \dfrac{(75)^2}{4(50)}\right)$

$\quad - \left((25) - \dfrac{(75)^2}{4(100)}\right) = 217.188\text{mm}$

(2) 순단면적 : $A_n = b_n \cdot t = (200)(19) = 3,800\text{mm}^2$

18. ① 상부철근(정착길이 또는 겹침이음부 아래 300mm를 초과되게 굳지 않은 콘크리트를 친 수평철근)인 경우, 철근배근 위치에 따른 보정계수 1.3을 적용한다.

③ 동일한 철근량을 사용할 경우, 가느다란 철근을 사용하는 것이 정착길이를 짧게 하며, 정착에 유리하다.

④ 콘크리트의 평균쪼갬인장강도(f_{sp})가 주어지지 않은 경량콘크리트의 보정계수(λ)는 보통중량콘크리트에서 1.0 이다.

19. (1) $w_u = 1.2w_D + 1.6w_L$

$\quad = 1.2(15.5) + 1.6(35) = 74.6\text{kN/m}$

$\quad \geq 1.4M_D = 1.4(15.5) = 21.7\text{kN/m}$

(2) $M_u = \dfrac{w_u \cdot L^2}{8} = \dfrac{(74.6)(6)^2}{8} = 335.7\text{kN} \cdot \text{m}$

20. $\phi V_c = \phi \dfrac{1}{6} \lambda \sqrt{f_{ck}} \cdot b_w \cdot d$

$= (0.75)\dfrac{1}{6}(1.0)\sqrt{(24)}(250)(500)$

$= 76,546 \text{ N} = 76.546 \text{ kN}$

1. ④	2. ④	3. ③	4. ③	5. ③
6. ③	7. ②	8. ④	9. ①	10. ③
11. ④	12. ③	13. ②	14. ①	15. ①
16. ②	17. ②	18. ②	19. ③	20. ①

과년도출제문제(CBT시험문제)

23 토목기사
2회 시행 출제문제

※ 본 기출문제는 수험자의 기억을 바탕으로 하여 복원한 문제이므로 실제 문제와 다를 수 있음을 미리 알려드립니다.

1. 철근콘크리트가 성립하는 이유에 대한 설명으로 틀린 것은?

① 철근과 콘크리트와의 부착력이 크다.
② 콘크리트 속에 묻힌 철근은 부식하지 않는다.
③ 철근과 콘크리트의 탄성계수는 거의 같다.
④ 철근과 콘크리트는 온도에 대한 팽창계수가 거의 같다.

2. 콘크리트의 설계기준압축강도(f_{ck})가 50MPa인 경우 콘크리트 탄성계수 및 크리프 계산에 적용되는 콘크리트의 평균압축강도(f_{cm})는?

① 54MPa ② 55MPa
③ 56MPa ④ 57MPa

3. 철근 콘크리트 휨 부재설계에 대한 일반원칙을 설명한 것으로 틀린 것은?

① 인장철근이 설계기준항복강도에 대응하는 변형률에 도달하고 동시에 압축 콘크리트가 가정된 극한변형률인 0.0033에 도달할 때, 그 단면이 균형변형률 상태에 있다고 본다.
② 철근의 항복강도가 400MPa 이하인 경우, 압축 연단 콘크리트가 가정된 극한변형률인 0.0033에 도달할 때 최외단 인장철근 순인장변형률이 0.0015 이상인 단면을 인장지배단면이라고 한다.
③ 철근의 항복강도가 400MPa을 초과하는 경우, 인장지배변형률한계를 철근 항복변형률의 2.5배로 한다.
④ 순인장변형률이 압축지배변형률 한계와 인장지배변형률 한계 사이인 단면은 변화구간단면이라고 한다.

4. 길이 6m의 철근콘크리트 단순보의 처짐을 계산하지 않아도 되는 보의 최소두께는 얼마인가?
(단, f_{ck}=21MPa, f_y=350MPa)

① 356mm ② 403mm
③ 375mm ④ 349mm

5. 단철근 직사각형보의 폭 300mm, 유효깊이 500mm, 높이 600mm 일 때, 외력에 의해 단면에서 휨균열을 일으키는 휨모멘트(M_{cr})를 구하면? (단, 보통중량콘크리트 f_{ck}=24MPa, 콘크리트 파괴계수 $f_r=0.63\lambda\sqrt{f_{ck}}$)

① 45.2kN·m ② 48.9kN·m
③ 52.1kN·m ④ 55.6kN·m

6. 그림과 같은 T형보의 응력사각형 깊이 a는 얼마인가?
(단, b_e=1,000mm, b_w=480mm, t_f=100mm, d=600mm, $A_s=14-D25=7,094mm^2$, f_{ck}=21MPa, f_y=300MPa)

① 120mm
② 130mm
③ 140mm
④ 150mm

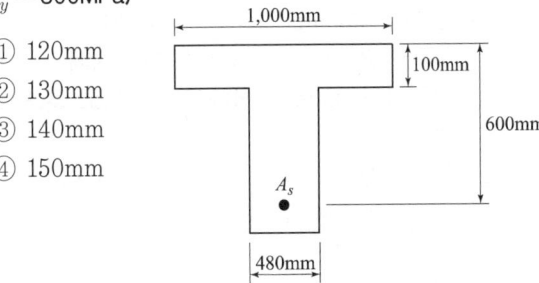

7. 전체깊이가 900mm를 초과하는 휨부재 복부의 양 측면에 부재 축방향으로 배근하는 철근의 명칭은?

① 배력철근 ② 표피철근
③ 피복철근 ④ 연결철근

8. 그림과 같은 띠철근 기둥에서 띠철근으로 D10(공칭지름 9.5mm) 및 축방향철근으로 D32(공칭지름 31.8mm)의 철근을 사용할 때, 띠철근의 최대 수직간격은?

① 450mm
② 456mm
③ 500mm
④ 509mm

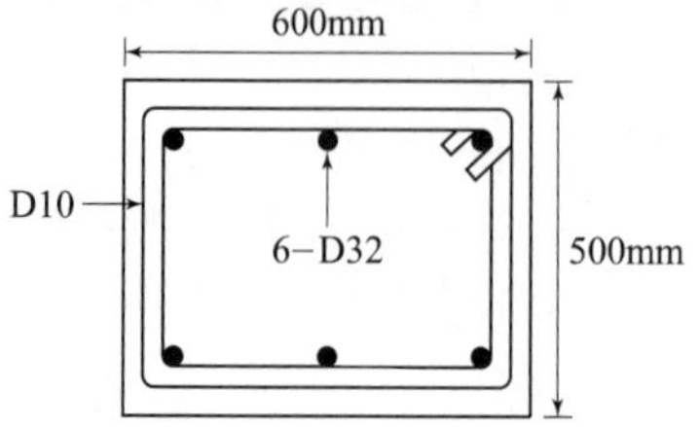

9. 계수전단력 $V_u = 60$kN을 받을 수 있는 직사각형 단면이 전단철근 없이 견딜 수 있는 콘크리트의 유효깊이 d는 최소 얼마 이상인가? (단, $f_{ck} = 24$MPa, $b_w = 350$mm)

① 618mm ② 560mm
③ 434mm ④ 328mm

10. 비틀림철근에 대한 설명 중 옳지 않은 것은? (단, P_h: 가장 바깥의 횡방향 폐쇄스터럽 중심선의 둘레(mm))

① 비틀림철근의 설계기준항복강도는 500MPa을 초과해서는 안된다.
② 횡방향 비틀림철근의 간격은 $P_h/8$ 보다 작아야 하고, 또한 300mm 보다 작아야 한다.
③ 비틀림에 요구되는 종방향철근은 폐쇄스터럽의 둘레를 따라 300mm 이하의 간격으로 분포시켜야 한다.
④ 스터럽의 각 모서리에 최소한 세 개 이상의 종방향 철근을 두어야 한다.

11. 1방향 철근콘크리트 슬래브에서 수축온도철근의 간격에 대한 설명으로 옳은 것은?

① 슬래브 두께의 3배 이하, 또한 300mm 이하로 하여야 한다.
② 슬래브 두께의 3배 이하, 또한 450mm 이하로 하여야 한다.
③ 슬래브 두께의 5배 이하, 또한 450mm 이하로 하여야 한다.
④ 슬래브 두께의 5배 이하, 또한 300mm 이하로 하여야 한다.

12. 다음은 옹벽의 안정에 대한 규정이다. 옳지 않은 것은?

① 옹벽의 활동에 대한 저항력은 옹벽에 작용하는 수평력의 2.5배 이상이어야 한다.
② 전도 및 지반지지력에 대한 안정조건을 만족하며, 활동에 대한 안정조건만을 만족하지 못할 경우 활동방지벽을 설치하여 활동저항력을 증대시킬 수 있다.
③ 전도에 대한 저항모멘트는 횡토압에 의한 전도모멘트의 2.0배 이상이어야 한다.
④ 지지 지반에 작용되는 최대 압력이 지반의 허용지지력을 과하지 않아야 한다.

13. 뒷부벽식 옹벽에서 뒷부벽을 어떤 보로 설계하여야 하는가?

① 직사각형보 ② T형보
③ 단순보   ④ 연속보

14. U형 스터럽의 정착방법 중 종방향철근을 둘러싸는 표준갈고리 만으로 정착이 가능한 철근의 범위는?

① D16 이하의 철근
② D19 이하의 철근
③ D22 이하의 철근
④ D25 이하의 철근

15. 프리스트레스트 콘크리트 구조물의 특징에 대한 설명으로 틀린 것은?

① 철근콘크리트 구조물에 비해 진동에 대한 저항성이 우수하다.
② 설계하중 하에서 균열이 생기지 않으므로 내구성이 크다.
③ 철근콘크리트 구조물에 비하여 복원성이 우수하다.
④ 공사가 복잡하여 고도의 기술을 요한다.

16. 일단정착의 포스트텐션 부재에서 PS강재의 길이 30m, 초기 프리스트레스 1,000MPa일 때 감소율 3%가 되기 위해서는 활동량이 얼마인가?
(단, $E_p = 2.0 \times 10^5$MPa)

① 3.0mm ② 3.5mm
③ 4.0mm ④ 4.5mm

17. 그림과 같은 맞대기 용접의 용접부에 발생하는 인장응력은?

① 100MPa
② 150MPa
③ 200MPa
④ 220MPa

18. 용접이음에 관한 설명으로 틀린 것은?

① 리벳구멍으로 인한 단면 감소가 없어서 강도 저하가 없다.
② 내부 검사(X선 검사)가 간단하지 않다.
③ 작업의 소음이 적고 경비와 시간이 절약된다.
④ 리벳이음에 비해 약하므로 응력집중 현상이 일어나지 않는다.

19. 순단면이 볼트구멍 하나를 제외한 단면(즉, A-B-C 단면)과 같도록 피치(s)를 결정하면? (단, 볼트 직경은 19mm이다.)

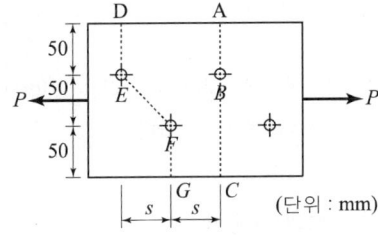

① $s = 114.9$mm   ② $s = 90.6$mm
③ $s = 66.3$mm   ④ $s = 50$mm

20. 전단설계 시 깊은보(Deep Beam)란 부재의 상부 또는 압축면에 하중이 작용하는 부재로 $\dfrac{L_n}{h}$이 얼마 이하인 경우인가? (단, L_n: 받침부 내면 사이의 순경간, h: 부재 전체의 깊이 또는 두께)

① 3   ② 4
③ 5   ④ 6

해설 및 정답

1. ③ 철근의 탄성계수($E_s = 200,000[\text{MPa}]$)는 콘크리트 탄성계수 ($E_c = 8,500 \cdot \sqrt[3]{f_{cu}}[\text{MPa}]$)의 6~10배 정도이다.

2. (1) $40\text{MPa} < f_{ck} < 60\text{MPa}$는 직선보간이므로
$\Delta f = 5\text{MPa}$
(2) $f_{cu} = f_{ck} + \Delta f = (50) + (5) = 55\text{MPa}$

3.

지배단면	순인장변형률 조건	ϕ
압축지배	ϵ_y 이하	0.65
변화구간	$\epsilon_y \sim 0.005$ (또는 $2.5\epsilon_y$)	0.65~0.85
인장지배	0.005 이상 ($f_y > 400\text{MPa}$인 경우 $2.5\epsilon_y$ 이상)	0.85

4. $h_{\min} = \dfrac{l}{16}\left(0.43 + \dfrac{f_y}{700}\right) = \dfrac{(6,000)}{16}\left(0.43 + \dfrac{(350)}{700}\right)$
$= 348.75\text{mm}$

5. $M_{cr} = f_r \cdot \dfrac{I_g}{y_t} = 0.63 \lambda \sqrt{f_{ck}} \cdot \dfrac{bh^2}{6}$
$= 0.63(1.0)\sqrt{(24)} \cdot \dfrac{(300)(500)^2}{6}$
$= 55,554,427 \text{ N} \cdot \text{mm} = 55.554 \text{ kN} \cdot \text{m}$

6. (1) $A_{sf} = \dfrac{\eta 0.85 f_{ck}(b_e - b_w)t_f}{f_y}$
$= \dfrac{0.85(21)[(1,000) - (480)](100)}{(300)} = 3,094\text{mm}^2$
(2) T형보에 대한 등가응력깊이(a)
$a = \dfrac{(A_s - A_{sf})f_y}{\eta 0.85 f_{ck} \cdot b_w} = \dfrac{[(7,094) - (3,094)](300)}{1.0 \times 0.85(21)(480)}$
$= 140.056\text{mm}$

7. 표피철근(Skin Reinforcement)

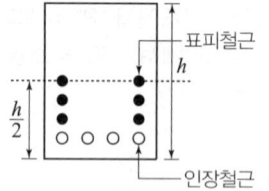

전체깊이(h)가 900mm를 초과하는 휨부재 복부의 양 측면에 부재 축방향으로 배치하는 철근

8. 띠철근의 수직간격 : ㉮, ㉯, ㉰ 중 최소값
㉮ 주철근의 16배 이하 : $16 \times 31.8 = 508.8\text{mm}$
㉯ 띠철근 지름의 48배 이하 : $48 \times 9.5 = 456\text{mm}$
㉰ 기둥 단면 최소 치수 이하 : 500mm

9. (1) $V_u \leq \dfrac{1}{2}\phi V_c = \dfrac{1}{2}\phi\left(\dfrac{1}{6}\lambda\sqrt{f_{ck}} \cdot b_w \cdot d\right)$
(2) $d = \dfrac{12 V_u}{\phi \lambda \sqrt{f_{ck}} \cdot b_w} = \dfrac{12(60 \times 10^3)}{(0.75)(1.0)\sqrt{(24)}(350)}$
$= 559.883\text{mm}$

10. ④ 종방향 철근이나 긴장재는 스터럽의 내부에 배치시켜야 하며, 스터럽의 각 모서리에 최소한 하나의 종방향 철근이나 긴장재가 있어야 한다.

11. 1방향 슬래브의 수축·온도철근의 간격
슬래브 두께의 5배 이하, 또한 450mm 이하로 하여야 한다.

12. ① 옹벽의 활동에 대한 저항력은 옹벽에 작용하는 수평력의 1.5배 이상이어야 한다.

13. 부벽식 옹벽의 설계 방법
(1) 저판 : 부벽간 거리를 경간으로 하는 연속보 또는 고정보로 설계
(2) 전면벽 : 3변 지지 2방향 슬래브로 설계
(3) 앞부벽 : 직사각형보로 설계
(4) 뒷부벽 : T형보로 설계

14. ① 복부철근을 단일 U형 또는 다중 U형 스터럽의 단부로 정착할 경우 D16 이하의 철근 또는 지름 16mm 이하의 철선으로 종방향철근을 둘러싸는 표준갈고리로 정착하여야 한다.

15. ① PSC는 RC 부재에 비해 고강도 재료를 사용하므로 단면이 65~80%로 작기 때문에 변형, 진동, 내화성에 불리하게 된다.

16. 감소율 $= \dfrac{\Delta f_p}{f_p} = \dfrac{E_p\left(\dfrac{\Delta l}{l}\right)}{f_p}$

$\Delta l = \dfrac{1000 \times (30 \times 10^3)}{2.0 \times 10^5} \times 0.03 = 4.5\text{mm}$

17. (1) 유효목두께(a) : 모재의 두께 20mm
 (2) 유효용접길이 : 직각거리로 산정
 (3) $F_w = \dfrac{P}{A_n} = \dfrac{P}{a \cdot L_e} = \dfrac{(500 \times 10^3)}{(20)(250)}$
   $= 100\text{N/mm}^2 = 100\text{MPa}$

18. ④ 리벳이음에 비해 용접이음이 더 강한 접합이음이다.

19. ③ $b_n = b_g - d - \left(d - \dfrac{s^2}{4g}\right) = b_g - d$ 에서 $d - \dfrac{s^2}{4g} = 0$

∴ $s = \sqrt{4g \cdot d} = \sqrt{4(50)(19+3)} = 66.332\text{mm}$

20. ② 깊은보(Deep Beam)
 (1) 순경간(L_n)이 부재깊이(h)의 4배 이하이거나 하중이 받침부로부터 부재깊이(h)의 2배 이내인 보이다.
 (2) $\dfrac{L_n}{h} \leq 4, \ \dfrac{a}{h} \leq 2$

1. ③	2. ②	3. ②	4. ④	5. ④
6. ③	7. ②	8. ②	9. ②	10. ④
11. ③	12. ①	13. ②	14. ①	15. ①
16. ④	17. ①	18. ④	19. ③	20. ②

과년도출제문제(CBT시험문제)

23 토목기사
3회 시행 출제문제

※ 본 기출문제는 수험자의 기억을 바탕으로 하여 복원한 문제이므로 실제 문제와 다를 수 있음을 미리 알려드립니다.

1. 그림과 같은 필릿 용접에서 $S=9mm$일 때 목두께 a 의 값은?

① 5.46mm
② 6.36mm
③ 7.26mm
④ 8.16mm

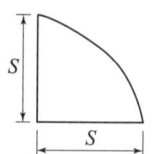

2. 다음 필릿 용접의 전단응력은 얼마인가?

① 67.72MPa
② 78.23MPa
③ 72.72MPa
④ 75.72MPa

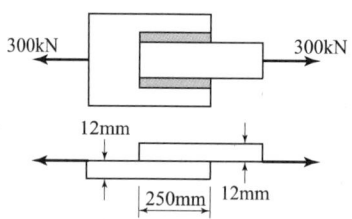

3. 2방향 슬래브의 설계에서 직접설계법을 적용할 수 있는 제한조건으로 틀린 것은?

① 슬래브들은 단변경간에 대한 장변경간의 비가 2 이하인 직사각형이어야 한다.
② 각 방향으로 3경간 이상이 연속되어야 한다.
③ 각 방향으로 연속한 받침부 중심간 경간 길이의 차이는 긴 경간의 1/3 이하이어야 한다.
④ 모든 하중은 연직하중으로 슬래브 전체에 등분포이고, 활하중은 고정하중의 2배이상이라야 한다.

4. 옹벽의 구조해석에 대한 설명으로 틀린 것은?

① 뒷부벽식 옹벽의 저판은 정확한 방법이 사용되지 않는 한, 뒷부벽 간의 거리를 경간으로 가정하여 고정보 또는 연속보로 설계할 수 있다.
② 저판의 뒷굽판은 정확한 방법이 사용되지 않는 한, 뒷굽판 상부에 재하되는 모든 하중을 지지하도록 설계되어야 한다.
③ 캔틸레버 옹벽의 전면벽은 저판에 지지된 캔틸레버 옹벽의 전면벽을 저판에 지지된 캔틸레버로 설계할 수 있다
④ 뒷부벽식 옹벽의 뒷부벽은 직사각형보로 설계하여야 한다.

5. 프리스트레스 손실원인 중 프리스트레스 도입 후 시간이 경과함에 따라서 생기는 것은 어느 것인가?

① 콘크리트의 탄성수축
② 콘크리트의 크리프
③ PS 강재와 시스의 마찰
④ 정착단의 활동

6. 그림과 같이 단순지지된 2방향 슬래브에 등분포하중 w가 작용할 때, ab방향에 분배되는 하중은 얼마인가?

① 0.941w
② 0.059w
③ 0.889w
④ 0.111w

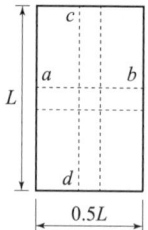

7. 철근콘크리트 부재의 피복두께에 관한 설명으로 틀린 것은?

① 최소 피복두께를 제한하는 이유는 철근의 부식 방지, 부착력의 증대, 내화성을 갖도록 하기 위해서이다.
② 현장치기 콘크리트로서, 흙에 접하거나 옥외의 공기에 직접 노출되는 콘크리트의 최소 피복두께는 D19 이상의 철근의 경우 40mm이다.
③ 현장치기 콘크리트로서, 흙에 접하여 콘크리트를 친 후 영구히 흙에 묻혀있는 콘크리트의 최소 피복두께는 75mm이다.
④ 콘크리트 표면과 그와 가장 가까이 배치된 철근 표면 사이의 콘크리트 두께를 피복두께라 한다.

8. 그림과 같은 보에서 계수전단력 $V_u = 225$kN에 대한 적당한 스터럽 간격은? (단, 사용된 스터럽은 D13으로 단면적은 127mm^2, $f_{ck}=24$MPa, $f_{yt}=350$MPa)

① 110mm
② 150mm
③ 210mm
④ 225mm

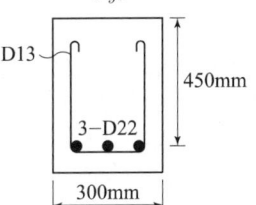

9. 철근콘크리트 보에서 스터럽을 배근하는 이유로 가장 중요한 것은?

① 보에 작용하는 사인장응력에 의한 균열을 방지하기 위하여
② 주철근 상호의 위치를 정확하게 확보하기 위하여
③ 콘크리트의 부착을 좋게 하기 위하여
④ 압축을 받는 쪽의 좌굴을 방지하기 위하여

10. $b=300$mm, $d=450$mm인 단철근 직사각형 보의 균형철근량은? (단, $f_{ck}=35$MPa, $f_y=300$MPa)

① 7,590mm^2 ② 7,320mm^2
③ 7,363mm^2 ④ 7,010mm^2

11. 그림과 같은 보의 유효깊이는 얼마인가? (단, 사용 철근의 지름은 동일함)

① 580mm
② 630mm
③ 660mm
④ 680mm

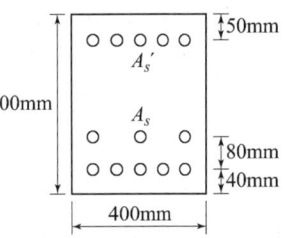

12. 강도설계법에서 적용되는 부재별 강도감소계수가 잘못된 것은?

① 인장지배단면 : 0.85
② 압축지배단면 중 나선철근으로 보강된 철근콘크리트 부재 : 0.70
③ 무근콘크리트의 휨모멘트, 압축력, 전단력, 지압력을 받는 부재 : 0.55
④ 콘크리트의 지압력을 받는 부재 : 0.80

13. 비틀림철근에 대한 설명 중 옳지 않은 것은? (단, P_h : 가장 바깥의 횡방향 폐쇄스터럽 중심선의 둘레(mm))

① 비틀림철근의 설계기준항복강도는 500MPa을 초과해서는 안된다.
② 횡방향 비틀림철근의 간격은 $P_h/8$ 보다 작아야 하고, 또한 300mm 보다 작아야 한다.
③ 비틀림에 요구되는 종방향철근은 폐쇄스터럽의 둘레를 따라 300mm 이하의 간격으로 분포시켜야 한다.
④ 스터럽의 각 모서리에 최소한 세 개 이상의 종방향 철근을 두어야 한다.

14. 경간 $L=10$m인 대칭 T형보에서 양쪽 슬래브의 중심간격 2,100mm, 슬래브 두께 $t_f=100$mm, 복부폭 $b_w=400$mm일 때 플랜지의 유효폭은 얼마인가?

① 2,000mm   ② 2,100mm
③ 2,300mm   ④ 2,500mm

15. 처짐을 계산하지 않는 경우 단순지지된 보의 최소 두께(h)로 옳은 것은? (단, 보통콘크리트 및 $f_y=300$MPa인 철근을 사용한 부재의 길이가 10m인 보)

① 429mm ② 500mm
③ 537mm ④ 625mm

16. 다음 중 표피철근의 정의로서 옳은 것은?

① 유효깊이가 900mm를 초과하는 휨부재 복부의 양 측면에 부재 축방향으로 배치하는 철근
② 유효깊이가 1,200mm를 초과하는 휨부재 복부의 양 측면에 부재 축방향으로 배치하는 철근
③ 전체깊이가 900mm를 초과하는 휨부재 복부의 양 측면에 부재 축방향으로 배치하는 철근
④ 전체깊이가 1,200mm를 초과하는 휨부재 복부의 양 측면에 부재 축방향으로 배치하는 철근

17. 단순지지 보에서 긴장재는 C점에 100mm의 편심에 직선으로 배치되고 1,100kN으로 긴장되었다. 보에는 120kN의 집중하중이 C점에 작용한다. 보의 고정하중은 무시할 때 AC구간에서의 전단력은 얼마인가?

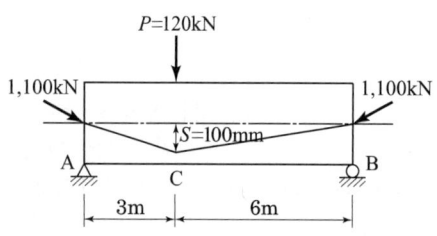

① $V=36.7$kN(↓) ② $V=120$kN(↓)
③ $V=80$kN(↑)   ④ $V=43.3$kN(↑)

18. 철근콘크리트 부재의 철근 이음에 관한 설명 중 옳지 않은 것은? (단, l_d는 규정에 의해 계산된 철근의 정착길이이다.)

① 인장이형철근의 겹침이음에서 A급과 B급으로 분류하며, A급 이음은 $1.0l_d$ 이상, B급 이음은 $1.3l_d$ 이상이며, 어떠한 경우에도 300mm 이상이어야 한다.
② A급 이음은 배치된 철근량이 소요철근량의 2배 이상이고, 겹침이음된 철근량이 전체 철근량의 1/2 이하이어야 한다.
③ 서로 다른 크기의 철근에 대한 겹침이음은 D41과 D51 철근 중 하나와 D35 이하의 철근에 대해서 허용한다.
④ 서로 접촉되지 않은 겹침이음은 소요 겹침이음 길이의 1/3 또는 200mm 중 작은값 이상 떨어지지 않아야 한다.

19. 유효깊이(d)가 500mm 직사각형 단면 보에 $f_y=400$MPa인 인장철근이 1열로 배치되어 있다. 중립축의 위치(c)가 압축연단에서 200mm인 경우 강도감소계수(ϕ)는? ($f_{ck}=35$MPa이다.)

① 0.804 ② 0.817
③ 0.834 ④ 0.847

20. 파셜 프리스트레스 보(Partially Prestressed Beam)란 어떤 보인가?

① 사용하중 하에서 인장응력이 일어나지 않도록 설계된 보
② 사용하중 하에서 얼마간의 인장응력이 일어나도록 설계된 보
③ 계수하중 하에서 인장응력이 일어나지 않도록 설계된 보
④ 부분적으로 철근 보강된 보

해설 및 정답

1. $a = 0.707S = 0.707(9) = 6.363\text{mm}$

2. (1) $a = 0.707S = 0.707(12) = 8.484\text{mm}$
(2) $L_e = L - 2s = 250 - 2 \times 12 = 226\text{mm}$
(3) $F_w = \dfrac{P}{\sum a \cdot L} = \dfrac{(300 \times 10^3)}{(8.484)(226) \times 2\text{면}}$
$= 78.23 \text{ N/mm}^2 = 78.23\text{MPa}$

3. ④ 활하중은 고정하중의 2배 이하이어야 한다.

4. ④ 뒷부벽식 옹벽의 뒷부벽은 T형보로 설계하여야 한다.

5. ①, ③, ④ 는 프리스트레스 도입 시의 손실에 해당된다.

6. $w_{ab} = \dfrac{L^4}{L^4 + S^4} \cdot w$
$= \dfrac{L^4}{L^4 + (0.5L)^4} \cdot w = 0.941w$

7. ② 현장치기 콘크리트로서, 흙에 접하거나 옥외의 공기에 직접 노출되는 콘크리트의 최소 피복두께는 D19 이상 철근의 경우 50mm이다.

8. (1) 전단철근의 전단강도(V_s) 산정
$V_u \leq \phi V_n = \phi(V_c + V_s)$ 에서
$V_s = \dfrac{V_u}{\phi} - V_c = \dfrac{V_u}{\phi} - \dfrac{1}{6}\lambda\sqrt{f_{ck}} \cdot b_w \cdot d$
$= \dfrac{(225 \times 10^3)}{(0.75)} - \dfrac{1}{6}(1.0)\sqrt{(24)}\,(300)(450)$
$= 189{,}773 \text{ N} = 189.773 \text{ kN}$
(2) 전단철근의 전단강도 검토
① $\dfrac{1}{3}\lambda\sqrt{f_{ck}} \cdot b_w \cdot d = \dfrac{1}{3}(1.0)\sqrt{(24)} \cdot (300)(450)$
$= 220{,}454 \text{ N} = 220.454 \text{ kN}$
② $V_s = 189.773\text{kN}$ 일 때
$V_s \leq \dfrac{1}{3}\lambda\sqrt{f_{ck}} \cdot b_w \cdot d$

(3) 전단철근의 간격 : ㉮, ㉯, ㉰ 중 작은 값
① $\dfrac{d}{2} = \dfrac{(450)}{2} = 225\text{mm}$ 이하
② 600mm 이하
③ $s = \dfrac{f_{yt} \cdot A_v \cdot d}{V_s}$
$= \dfrac{(350)(127 \times 2\text{개})(450)}{(189{,}773)} = 210.804\text{mm}$ 이하

9. ① 전단력에 의한 사인장균열을 방지하기 위해 전단철근의 일종인 스터럽을 배근한다.

10. 균형철근량
(1) $f_{ck} \leq 40\text{MPa} : \beta_1 = 0.80$
(2) $\rho_b = \dfrac{\eta 0.85 f_{ck}}{f_y} \cdot \beta_1 \cdot \dfrac{660}{660 + f_y}$
$= \dfrac{0.85(35)}{(300)} \cdot (0.80) \cdot \dfrac{660}{660 + (300)} = 0.05454$
(3) $A_{sb} = \rho_b \cdot bd = (0.05454)(300)(450)$
$= 7{,}362.9\text{mm}^2$

11. 바리뇽의 정리(Varigno's Theorem) 적용
(1) 압축연단에서 인장철근 합력의 위치까지를 유효깊이 d 라고 가정
(2) 8개 $\times d =$ 3개 $\times 580 +$ 5개 $\times 660$
∴ $d = 630\text{mm}$

12. ④ 콘크리트의 지압력을 받는 부재 : 0.65

13. ④ 종방향 철근이나 긴장재는 스터럽의 내부에 배치시켜야 하며, 스터럽의 각 모서리에 최소한 하나의 종방향 철근이나 긴장재가 있어야 한다.

14. ㉮, ㉯, ㉰ 중 최소값
㉮ $16t_f + b_w = 16(100) + (400) = 2{,}000\text{mm}$
㉯ 양쪽 슬래브 중심간 거리 $= 2{,}100\text{mm}$
㉰ 보 경간의 $\dfrac{1}{4} = \dfrac{(10 \times 10^3)}{4} = 2{,}500\text{mm}$

15. $h_{min} = \dfrac{l}{16}\left(0.43 + \dfrac{f_y}{700}\right) = \dfrac{(10,000)}{16}\left(0.43 + \dfrac{(300)}{700}\right)$
  $= 536.61\text{mm}$

16. 표피철근(Skin Reinforcement)

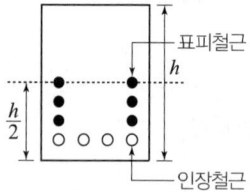

(1) 전체깊이(h)가 900mm를 초과하는 휨부재 복부의 양측면에 부재 축방향으로 배치하는 철근
(2) 보 또는 장선의 깊이 h가 900mm를 초과하면 종방향 표피철근을 인장연단으로부터 $\dfrac{h}{2}$ 지점까지 부재 양쪽 측면을 따라 균일하게 배치하여야 한다.

17. (1) 집중상향력(U)
$U = (1,100) \cdot \dfrac{(0.1)}{\sqrt{(3^2)+(0.1)^2}} + (1,100) \cdot \dfrac{(0.1)}{\sqrt{(6)^2+(0.1)^2}}$
$= 54.977\text{ kN}(\uparrow)$

(2) 지점반력($\Sigma M_B = 0$)
$+(V_A)(9) - \left((1,100) \cdot \dfrac{(0.1)}{\sqrt{(3)^2+(0.1)^2}}\right)(9)$
$-(120 - 54.977)(6) = 0$
$\therefore V_A = +79.995\text{kN}(\uparrow)$

(3) AC 구간의 전단력(V_{AC})
$V_{AC} = +\left[+(V_A) - \left((1,100) \cdot \dfrac{(0.1)}{\sqrt{(3)^2+(0.1)^2}}\right)\right]$
$= +43.348\text{kN}(\uparrow\downarrow)$

18. ④ 휨부재에서 서로 접촉되지 않게 겹침이음된 철근은 횡방향으로 소요 겹침이음길이의 1/5 또는 150mm 중 작은값 이상 떨어지지 않아야 한다.

19. (1) $\epsilon_t = \dfrac{d_t - c}{c} \cdot \epsilon_c = \dfrac{(500)-(200)}{(200)} \cdot (0.0033)$
  $= 0.00495$

(2) $0.002 < \epsilon_t < 0.005$ ☞ 변화구간단면
$\phi = 0.65 + (\epsilon_t - 0.002) \times \dfrac{200}{3}$
$= 0.65 + [(0.00495) - 0.002] \times \dfrac{200}{3} = 0.847$

20. Partial Prestressing
사용하중 재하 시 부재 내에 허용범위 내에서 인장응력의 발생을 허용하는 프리스트레싱 방법

1. ②	2. ②	3. ④	4. ④	5. ②
6. ①	7. ②	8. ③	9. ①	10. ③
11. ②	12. ④	13. ④	14. ①	15. ③
16. ③	17. ④	18. ④	19. ④	20. ②

과년도출제문제(CBT시험문제)

24 토목기사
1회 시행 출제문제

※ 본 기출문제는 수험자의 기억을 바탕으로 하여 복원한 문제이므로 실제 문제와 다를 수 있음을 미리 알려드립니다.

1. 다음 필렛용접의 전단응력은 얼마인가?

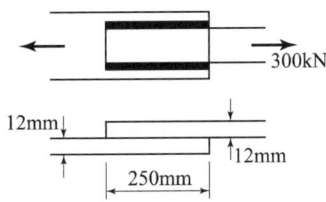

① 67.72MPa   ② 79.01MPa
③ 72.72MPa   ④ 75.72MPa

2. 정착구와 커플러의 위치에서 프리스트레스 도입 직후 포스트텐션 긴장재의 응력은 얼마 이하로 하여야 하는가? (단, f_{pu}는 긴장재의 설계기준인장강도)

① $0.6f_{pu}$ ② $0.74f_{pu}$
③ $0.70f_{pu}$ ④ $0.85f_{pu}$

3. 인장응력 검토를 위한 $L-150 \times 90 \times 12$인 형강(angle)의 전개한 총폭($b_g$)은?

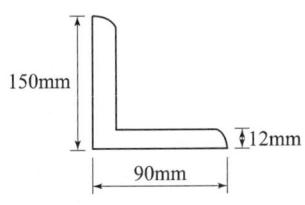

① 228mm   ② 232mm
③ 240mm   ④ 252mm

4. 직접설계법에 의한 2방향 슬래브 설계에서 전체 정적계수 휨모멘트(M_o)가 340kN·m로 계산되었을 때, 내부 경간의 부계수휨모멘트는?

① 102kN·m   ② 119kN·m
③ 204kN·m   ④ 221kN·m

5. 아래의 표와 같은 조건에서 경량콘크리트를 사용하고, 설계기준복강도가 400MPa인 D25(공칭지름 : 25.4mm) 철근을 인장철근으로 사용하는 경우 기본정착길이(l_{db})는?

- 콘크리트 설계기준 압축강도(f_{ck}) : 24MPa
- 콘크리트의 인장강도(f_{sp}) : 2.17MPa

① 1,430mm   ② 1,515mm
③ 1,535mm   ④ 1,575mm

6. PS콘크리트의 균등질보의 개념(homogeneous beam concept)을 설명한 것으로 가장 적당한 것은?

① 콘크리트에 프리스트레스가 가해지면 PSC부재는 탄성재료로 전환되고 이의 해석은 탄성이론으로 가능하다는 개념
② PSC보를 RC보처럼 생각하여, 콘크리트는 압축력을 받고 긴장재는 인장력을 받게 하여 두 힘의 우력모멘트로 외력에 의한 휨모멘트에 저항시킨다는 개념
③ PS콘크리트는 결국 부재에 작용하는 하중의 일부 또는 전부를 미리 가해진 프리스트레스와 평행이 되도록 하는 개념
④ PS콘크리트는 강도가 크기 때문에 보의 단면을 강재의 단면으로 가정하여 압축 및 인장을 단면 전체가 부담할 수 있다는 개념

7. 표준갈고리를 갖는 인장이형철근의 정착에 대한 설명으로 틀린 것은? (단, d_b은 철근의 공칭지름이다.)

① 갈고리는 압축을 받는 경우 철근정착에 유효하지 않은 것으로 보아야 한다.
② 정착길이는 위험단면부터 갈고리의 외측단부까지 거리를 나타낸다.
③ D35 이하 180° 갈고리 철근에서 정착길이 구간을 $3d_b$ 이하 간격으로 띠철근 또는 스터럽이 정착되는 철근을 수직으로 둘러싼 경우에 보정계수는 0.7이다.
④ 기본정착길이에 보정계수를 곱하여 정착길이를 계산하는 데 이렇게 구한 정착길이는 항상 $8d_b$ 이상, 또한 150mm 이상이어야 한다.

8. 강도설계에서 $f_{ck}=29\text{MPa}$, $f_y=300\text{MPa}$일 때 단철근 직사각형보의 균형철근비(ρ_b)는?

① 0.034　　② 0.045
③ 0.051　　④ 0.067

9. 사용 고정하중(D)과 활하중(L)을 작용시켜서 단면에서 구한 휨모멘트는 각각 $M_D=30\text{kN}\cdot\text{m}$, $M_L=3\text{kN}\cdot\text{m}$ 이었다. 주어진 단면에 대해서 현행 콘크리트 구조설계기준에 따라 최대소요강도를 구하면?

① 30kN·m　　② 40.8kN·m
③ 42kN·m　　④ 48.2kN·m

10. 계수전단강도 $V_u=60\text{kN}$을 받을 수 있는 직사각형 단면이 최소전단철근 없이 견딜 수 있는 콘크리트의 유효깊이 d는 최소 얼마 이상이어야 하는가? (단, $f_{ck}=24\text{MPa}$, 단면의 폭(b)=350mm)

① 560mm　　② 525mm
③ 434mm　　④ 328mm

11. 아래 그림과 같은 보통중량콘크리트 직사각형 단면의 보에서 균열모멘트(M_{cr})은?
(단, $f_{ck}=24\text{MPa}$이다.)

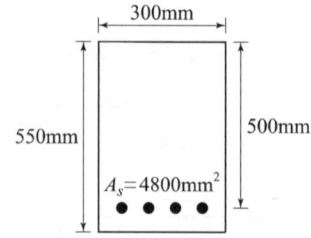

① 46.7kN·m　　② 52.3kN·m
③ 56.4kN·m　　④ 62.1kN·m

12. 1방향 철근콘크리트 슬래브의 전체 단면적이 2,000,000mm²이고, 사용한 이형철근의 설계기준항복강도가 500MPa인 경우, 수축 및 온도철근량의 최솟값은?

① 1,800mm²　　② 2,400mm²
③ 3,200mm²　　④ 3,800mm²

13. $b=200\text{mm}$, $d=380\text{mm}$, $A_s=$3-D25(1,520mm²), $f_{ck}=21\text{MPa}$, $f_y=300\text{MPa}$인 단철근 직사각형 보의 설계 휨모멘트 강도(ϕM_n)는?

① 103kN·m　　② 118kN·m
③ 154kN·m　　④ 201kN·m

14. 복철근 직사각형보에서 다음 주어진 조건에 대하여 등가압축응력의 깊이 a는 약 얼마인가? (단, $b_w=350\text{mm}$, $d=550\text{mm}$, $A_s=1,935\text{mm}^2$, $A_s'=860\text{mm}^2$, $f_{ck}=21\text{MPa}$, $f_y=300\text{MPa}$)

① 39mm　　② 45mm
③ 52mm　　④ 64mm

15. 철근콘크리트 부재의 전단철근에 대한 설명으로 틀린 것은?

① 전단철근의 설계기준항복강도는 300MPa을 초과할 수 없다.
② 주인장 철근에 30° 이상의 각도로 구부린 굽힘 철근은 전단철근으로 사용할 수 있다.
③ 최소 전단철근량은 $\frac{0.35 b_w s}{f_{yt}}$ 보다 작지 않아야 한다.
④ 부재축에 직각으로 배치된 전단철근의 간격은 d/2 이하, 또한 600mm 이하로 하여야 한다.

16. 그림과 같은 강재의 이음에서 $P=600kN$이 작용할 때 필요한 리벳의 수는? (단, 리벳의 지름은 19mm, 허용전단응력은 110MPa, 허용지압응력은 240MPa이다.)

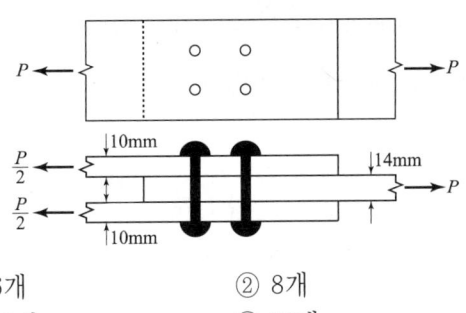

① 6개　　② 8개
③ 10개　④ 12개

17. 다음 중 철근의 피복두께를 필요로 하는 이유로 옳지 않은 것은?

① 철근이 산화되지 않도록 한다.
② 화재에 의한 직접적인 피해를 받지 않도록 한다.
③ 부착응력을 확보한다.
④ 인장강도를 보강한다.

18. 강합성 교량에서 콘크리트 슬래브와 강(鋼)주형 상부 플랜지를 구조적으로 일체가 되도록 결합시키는 요소는?

① 볼트　　　　② 접착제
③ 전단연결재　④ 합성철근

19. 캔틸레버식 옹벽(역T형 옹벽)에서 뒷굽판의 길이를 결정할 때 가장 주가 되는 것은?

① 전도에 대한 안정
② 침하에 대한 안정
③ 활동에 대한 안정
④ 지반지지력에 대한 안정

20. 강도설계법에 있어서의 안전규정에 강도감소계수(ϕ계수)를 규정하는 목적이 되지 않는 것은?

① 재료강도와 치수가 변동할 수 있으므로 부재의 강도 저하 확률에 대비한 여유
② 구조물에서 차지하는 부재의 중요도 등을 반영하기 위해서
③ 주어진 하중 조건에 대한 부재의 연성도와 소요 신뢰도
④ 초과하중의 재하에 대비하기 위한 여유

해설 및 정답

1. (1) $a = 0.7S = 0.7(12) = 8.4\text{mm}$

(2) $L_e = L - 2s = 250 - 2 \times 12 = 226\text{mm}$

(3) $F_w = \dfrac{P}{\sum a \cdot L} = \dfrac{(300 \times 10^3)}{(8.4)(226) \times 2면}$
$= 79.01 \text{ N/mm}^2 = 79.01 \text{MPa}$

2. 프리스트레싱 도입 직후 포스트텐션 긴장재의 허용응력은 $0.7f_{pu}$

3. $b_g =$ 총높이 $+$ 총폭 $-$ 두께 $= (90) + (150) - (12)$
$= 228\text{mm}$

4. $M_u^- = 0.65 M_o = 0.65(340) = 221\text{kN} \cdot \text{m}$

5. (1) f_{sp} 값이 규정되어 있는 경우 경량콘크리트계수 :

$\lambda = \dfrac{f_{sp}}{0.56\sqrt{f_{ck}}} = \dfrac{(2.17)}{0.56\sqrt{(24)}} = 0.79 \leq 1.0$

(2) $l_{db} = \dfrac{0.6 d_b \cdot f_y}{\lambda \sqrt{f_{ck}}} = \dfrac{0.6(25.4)(400)}{(0.79)\sqrt{(24)}} = 1,575.11\text{mm}$

6. 콘크리트에 프리스트레스가 가해지면 PSC부재는 탄성재료로 전환되고 이의 해석은 탄성이론으로 가능하다는 개념

7. D35 이하 180° 갈고리 철근에서 정착길이 구간을 $3d_b$ 이하 간격으로 띠철근 또는 스터럽이 정착되는 철근을 수직으로 둘러싼 경우에 보정계수는 0.8이다.

8. (1) $f_{ck} \leq 40\text{MPa} : \beta_1 = 0.80$

(2) $\rho_b = \dfrac{\eta 0.85 f_{ck}}{f_y} \cdot \beta_1 \cdot \dfrac{660}{660 + f_y}$
$= \dfrac{0.85(29)}{(300)} \cdot (0.80) \cdot \dfrac{660}{660 + (300)} = 0.04519$

9. $M_u = 1.2 M_D + 1.6 M_L = 1.2(30) + 1.6(3) = 40.8\text{kN} \cdot \text{m}$
$\geq 1.4 M_D = 1.4(30) = 42\text{kN} \cdot \text{m}$

10. (1) $V_u \leq \dfrac{1}{2}\phi V_c = \dfrac{1}{2}\phi\left(\dfrac{1}{6}\lambda\sqrt{f_{ck}} \cdot b_w \cdot d\right)$

(2) $d = \dfrac{12 V_u}{\phi \lambda \sqrt{f_{ck}} \cdot b_w} = \dfrac{12(60 \times 10^3)}{(0.75)(1.0)\sqrt{(24)}(350)}$
$= 559.883\text{mm}$

11. $M_{cr} = f_r \cdot \dfrac{I_g}{y_t} = 0.63\lambda\sqrt{f_{ck}} \cdot \dfrac{bh^2}{6}$

$= 0.63(1.0)\sqrt{(24)} \cdot \dfrac{(300)(550)^2}{6}$

$= 46,681,150 \text{ N} \cdot \text{mm} = 46.681 \text{ kN} \cdot \text{m}$

12. (1) $f_y = 400\text{MPa}$ 초과

∴ $\rho = 0.0020 \times \dfrac{400}{f_y} \geq 0.0014$

(2) $\rho = 0.0020 \times \dfrac{400}{(500)} = 0.0016 \geq 0.0014$

(3) $A_{s,\min} = (2,000,000)(0.0016) = 3,200\text{mm}^2$

13. (1) $a = \dfrac{A_s \cdot f_y}{\eta 0.85 f_{ck} \cdot b} = \dfrac{(1,520)(300)}{0.85(21)(200)} = 127.731\text{mm}$

(2) $f_{ck} \leq 40\text{MPa}$: $\beta_1 = 0.80$
$a = \beta_1 \cdot c$ 에서
$c = \dfrac{a}{\beta_1} = \dfrac{(127.731)}{(0.80)} = 159.66\text{mm}$

(3) $\epsilon_t = \dfrac{d_t - c}{c} \cdot \epsilon_c = \dfrac{(380) - (159.66)}{(159.66)} \cdot (0.0033)$
$= 0.00455$

(4) $0.002 < \epsilon_t < 0.005$ ☞ 변화구간단면

$\phi = 0.65 + (\epsilon_t - 0.002) \times \dfrac{200}{3}$

$= 0.65 + [(0.00455) - 0.002] \times \dfrac{200}{3} = 0.82$

(5) $M_d = \phi M_n = \phi A_s \cdot f_y\left(d - \dfrac{a}{2}\right)$

$= (0.82)(1,520)(300)\left((380) - \dfrac{(127.731)}{2}\right)$

$= 118,207,329 \text{ N} \cdot \text{mm} = 118.207 \text{ kN} \cdot \text{m}$

14. $a = \dfrac{(A_s - A_s')\cdot f_y}{\eta\, 0.85 f_{ck}\cdot b} = \dfrac{[(1{,}935)-(860)](300)}{1.0\times 0.85(21)(350)}$
  $= 51.620\,\text{mm}$

15. 전단철근의 설계항복강도는 500MPa을 초과할 수 없다.
(※ 단, 용접이형철망을 사용할 경우 600MPa을 초과할 수 없다.)

16. (1) 전단강도 : 복전단이므로
$$\rho_s = v_a\left(\dfrac{\pi d^2}{2}\right) = 110\times\left(\dfrac{\pi\times 19^2}{2}\right) \simeq 62{,}376.3\,\text{N}$$
(2) 지압강도
$$\rho_b = f_{ba}(dt_{\min}) = 240\times(19\times 14) = 63{,}840\,\text{N}$$
여기서, $t_{\min} = \min[10+10 = 20\,\text{mm},\ 14\,\text{mm}]$
  $= 14\,\text{mm}$
(3) 리벳강도(ρ_a)
  ρ_s 와 ρ_a 중 작은 값 ∴ $\rho_a = 62{,}376.3\,\text{N}$
(4) 소요리벳수
$$n = \dfrac{P}{\rho_a} = \dfrac{600\times 10^3}{62{,}376.3} = 9.62 \quad \therefore\ 10개$$

17. (1) 정의 : 콘크리트 표면에서 가장 근접한 철근 표면까지 거리
(2) 목적 : 내구성(철근의 방청), 내화성, 부착력 확보

18. 강재보와 RC슬래브 사이의 미끄러짐을 방지하고, 두 부재 사이의 수평전단력에 저항하는 부재

스터드커넥터	C형강	나선철근

19. 앞굽판의 길이는 전도를 고려하여 설계하고, 뒷굽판의 길이는 활동을 고려하여 설계한다.

20. ④ 초과하중에 대한 설명
(1) 재료강도와 치수가 변동할 수 있으므로 부재의 강도 저하 확률에 대비한 여유
(2) 부정확한 설계방정식에 대비한 여유 및 주어진 하중 조건에 대한 부재의 연성도와 소요신뢰도
(3) 구조물에서 차지하는 부재의 중요도 등을 반영

1. ②	2. ③	3. ①	4. ④	5. ④
6. ①	7. ③	8. ②	9. ③	10. ①
11. ①	12. ③	13. ②	14. ③	15. ①
16. ③	17. ④	18. ③	19. ③	20. ④

과년도출제문제(CBT시험문제)

24 토목기사
2회 시행 출제문제

※ 본 기출문제는 수험자의 기억을 바탕으로 하여 복원한 문제이므로 실제 문제와 다를 수 있음을 미리 알려드립니다.

1. 다음 그림과 같은 복철근보의 유효깊이(d)는?
(단, 철근 1개의 단면적은 250mm²이다.)

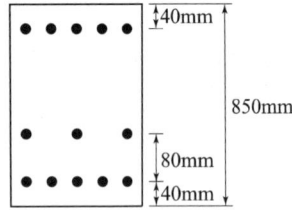

① 730mm   ② 740mm
③ 760mm   ④ 780mm

2. 폭(b)이 250mm이고, 전체높이(h)가 500mm인 직사각형 철근콘크리트보의 단면에 균열을 일으키는 비틀림모멘트(T_{cr})는 약 얼마인가? (단, 보통중량콘크리트이며, $f_{ck}=28$MPa이다.)

① 9.8kN·m   ② 11.3kN·m
③ 12.5kN·m ④ 18.4kN·m

3. $b_w=300$mm, $d=450$mm인 단철근 직사각형 보의 균형철근량은 약 얼마인가? (단, $f_{ck}=35$MPa, $f_y=300$MPa)

① 7,590mm²   ② 7,363mm²
③ 7,150mm²   ④ 7,010mm²

4. 철근콘크리트가 성립되는 조건으로 틀린 것은?

① 철근과 콘크리트 사이의 부착강도가 크다.
② 철근과 콘크리트의 탄성계수가 거의 같다.
③ 철근은 콘크리트 속에서 녹이 슬지 않는다.
④ 철근과 콘크리트의 열팽창계수가 거의 같다.

5. 철근콘크리트 부재의 피복두께에 관한 설명으로 틀린 것은?

① 최소 피복두께를 제한하는 이유는 철근의 부식 방지, 부착력의 증대, 내화성을 갖도록 하기 위해서이다.
② 현장치기 콘크리트로서, 흙에 접하거나 옥외의 공기에 직접 노출되는 콘크리트의 최소 피복두께는 D19 이상의 철근의 경우 40mm이다.
③ 현장치기 콘크리트로서, 흙에 접하여 콘크리트를 친 후 영구히 흙에 묻혀 있는 콘크리트의 최소 피복두께는 75mm이다.
④ 콘크리트 표면과 그와 가장 가까이 배치된 철근 표면 사이의 콘크리트 두께를 피복두께라 한다.

6. 아래 그림과 같은 보의 단면에서 표피철근의 간격 s는 약 얼마인가? (단, 습윤환경에 노출되는 경우로서, 표피철근의 표면에서 부재 측면까지 최단거리(c_c)는 50mm, $f_{ck}=28$MPa, $f_y=400$MPa이다.)

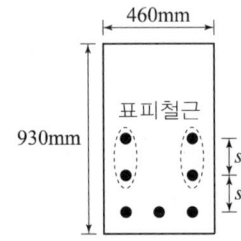

① 170mm   ② 200mm
③ 230mm   ④ 260mm

7. 순간처짐이 20mm 발생한 캔틸레버보에서 5년 이상의 지속하중에 의한 총처짐은? (단, 보의 인장 철근비는 0.02, 받침부의 압축철근비는 0.01이다.)

① 26.7mm   ② 36.7mm
③ 46.7mm   ④ 56.7mm

8. 철근콘크리트의 강도설계법을 적용하기 위한 설계 가정으로 틀린 것은?

① 철근 및 콘크리트의 변형률은 중립축으로부터의 거리에 비례한다.
② 인장 측 연단에서 철근의 극한변형률은 0.003으로 가정한다.
③ 콘크리트 압축연단의 극한변형률은 콘크리트의 설계기준압축강도가 40MPa 이하인 경우에는 0.0033으로 가정한다.
④ 철근의 응력이 설계기준항복강도(f_y) 이하일 때 철근의 응력은 그 변형률에 철근의 탄성계수 (E_s)를 곱한 값으로 한다.

9. 균형철근량보다 적고 최소철근량보다는 많은 인장철근량을 가진 보가 휨에 의해 파괴되는 경우에 대한 설명으로 옳은 것은?

① 취성파괴를 한다.
② 연성파괴를 한다.
③ 사용철근량이 균형철근량보다 적은 경우는 보로서 의미가 없다.
④ 중립축이 인장측으로 내려오면서 철근이 먼저 파괴한다.

10. 그림의 T형보에서 $f_{ck}=28$MPa, $f_y=400$MPa일 때 공칭모멘트강도(M_n)를 구하면? (단, $A_s=5,000$mm^2)

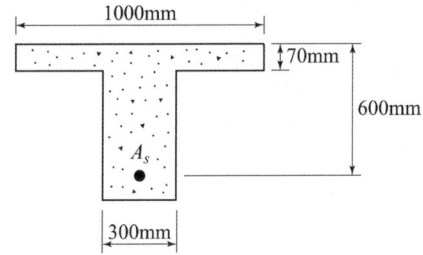

① 1,110.5kN·m
② 1,251.0kN·m
③ 1,372.5kN·m
④ 1,434.0kN·m

11. 프리스트레스 손실 원인 중 프리스트레스 도입 후 시간의 경과에 따라 생기는 것이 아닌 것은?

① 콘크리트의 크리프
② 콘크리트의 건조수축
③ 정착 장치의 활동
④ 긴장재 응력의 릴랙세이션

12. 옹벽에서 T형보로 설계하여야 하는 부분은?

① 뒷부벽식 옹벽의 전면벽
② 뒷부벽식 옹벽의 뒷부벽
③ 앞부벽식 옹벽의 저판
④ 앞부벽식 옹벽의 앞부벽

13. 인장이형철근의 정착길이 산정시 필요한 보정계수에 대한 설명 중 틀린 것은? (단, 보통 중량콘크리트 사용)

① 피복두께가 $3d_b$ 미만 또는 순간격이 $6d_b$ 미만인 에폭시 도막철근일 때 철근 도막계수(β)는 1.5를 적용한다.
② 상부철근(정착길이 또는 겹침이음부 아래 300mm를 초과되게 굳지 않은 콘크리트를 친 수평철근)인 경우, 철근배근 위치에 따른 보정계수(α)는 1.3을 적용한다.
③ 아연도금 철근은 철근 도막계수를 1.0으로 적용한다.
④ 에폭시 도막철근이 상부철근인 경우 상부철근의 위치계수와 철근 도막계수의 곱($\alpha \cdot \beta$)한 값이 1.6보다 크지 않아야 한다.

14. 철근콘크리트 1방향 슬래브의 설계에 대한 설명 중 틀린 것은?

① 1방향 슬래브의 두께는 최소 100mm 이상으로 하여야 한다.
② 4변에 의해 지지되는 2방향 슬래브 중에서 단변에 대한 장변의 비가 2배를 넘으면 1방향 슬래브로 해석한다.
③ 슬래브의 정모멘트 및 부모멘트 철근의 중심간격은 위험단면에서는 슬래브 두께의 3배 이하이어야 하고, 또한 450mm 이하로 하여야 한다.
④ 슬래브의 단변방향 보의 상부에 부모멘트로 인해 발생하는 균열을 방지하기 위하여 슬래브의 장변방향으로 슬래브 상부에 철근을 배치하여야 한다.

15. 아래와 같은 맞대기이음부에 발생하는 응력의 크기는? (단, $P = 360$kN, 강판두께 : 12mm)

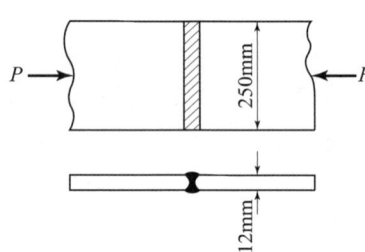

① 압축응력 : $f_c = 14.4$MPa
② 인장응력 : $f_t = 3,000$MPa
③ 전단응력 : $\tau = 150$MPa
④ 압축응력 : $f_c = 120$MPa

16. 그림과 같은 필렛용접의 유효목두께로 옳게 표시된 것은? (단, KDS 14 30 25 강구조 연결설계 기준(허용응력설계법)에 따른다.)

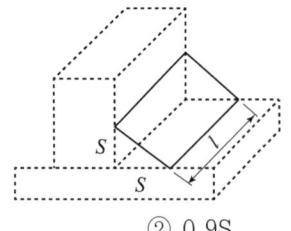

① S
② 0.9S
③ 0.7S
④ 0.5L

17. 그림과 같은 단면을 갖는 지간 10m의 PSC보에 PS 강재가 100mm의 편심거리를 가지고 직선배치되어있다. 자중을 포함한 계수등분포하중 16kN/m가 보에 작용할 때, 보 중앙단면 콘크리트 상연응력은 얼마인가? (단, 유효 프리스트레스 힘 $P_e = 2,400$kN)

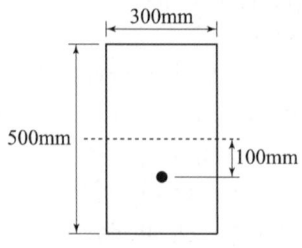

① 11.2MPa
② 12.8MPa
③ 13.6MPa
④ 14.9MPa

18. 직사각형보에서 계수전단력 $V_u = 70$kN을 전단철근 없이 지지하고자 할 경우 필요한 최소유효깊이 d는 약 얼마인가? (단, $b_w = 400$mm, $f_{ck} = 21$MPa, $f_y = 350$MPa)

① $d = 426$mm
② $d = 556$mm
③ $d = 611$mm
④ $d = 751$mm

19. 그림과 같은 나선철근 단주의 강도설계법에 의한 공칭축강도(P_n)는? (단, D32 1개의 단면적 = 794mm², $f_{ck} = 24$MPa, $f_y = 400$MPa)

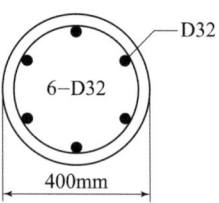

① 2,648kN
② 3,254kN
③ 3,716kN
④ 3,972kN

20. 단면의 폭 400mm, 보의 유효깊이 600mm, 콘크리트의 설계기준압축강도 25MPa로 설계된 전단철근이 있는 보가 있다. 이 보에 계수전단력 $V_u = 300$kN이 작용할 경우, 전단철근이 부담하여야 할 전단력 V_s는? (단, 보통중량콘크리트 사용)

① 75kN   ② 100kN
③ 150kN ④ 200kN

해설 및 정답

1. (1) 압축연단에서 인장철근 합력의 위치까지를 유효깊이 d 라고 가정
(2) 8개 $\times d$ = 3개 $\times$ 730 + 5개 $\times$ 810
∴ d = 780mm

2. (1) 전 둘레길이
$P_{cp} = 2(b+h) = 2(250+500) = 1{,}500\text{mm}$
(2) 전 단면적
$A_{cp} = b \cdot h = (250)(500) = 125{,}000\text{mm}^2$
(3) $T_{cr} = \dfrac{1}{3}\lambda\sqrt{f_{ck}} \cdot \dfrac{A_{cp}^2}{P_{cp}}$
$= \dfrac{1}{3}(1.0)\sqrt{(28)} \cdot \dfrac{(125{,}000)^2}{(1{,}500)}$
$= 18{,}373{,}272 \text{ N} \cdot \text{mm} = 18.373 \text{ kN} \cdot \text{m}$

3. (1) $f_{ck} \leq 40\text{MPa} : \beta_1 = 0.80$
(2) $\rho_b = \dfrac{\eta 0.85 f_{ck}}{f_y} \cdot \beta_1 \cdot \dfrac{660}{660+f_y}$
$= \dfrac{0.85(35)}{(300)} \cdot (0.80) \cdot \dfrac{660}{660+(300)} = 0.05454$
(3) $A_{sb} = \rho_b \cdot bd = (0.05454)(300)(450)$
$= 7{,}362.9 \text{mm}^2$

4. 철근의 탄성계수($E_s = 200{,}000[\text{MPa}]$)는 콘크리트 탄성계수($E_c = 8{,}500 \cdot \sqrt[3]{f_{cu}}[\text{MPa}]$)의 6~10배 정도이다.

5. 현장치기 콘크리트로서, 흙에 접하거나 옥외의 공기에 직접 노출되는 콘크리트의 최소 피복두께는 D19 이상 철근의 경우 50mm이다.

6. (1) $k_{cr} = 210$(습윤환경), $k_{cr} = 280$(건조환경)
(2) 사용철근의 응력
: $f_s = \dfrac{2}{3} f_y = \dfrac{2}{3}(400) = 266.67\text{MPa}$
(3) ①, ② 중 작은 값
① $s = 375\left(\dfrac{k_{cr}}{f_s}\right) - 2.5 C_c$
$= 375\left(\dfrac{(210)}{(266.67)}\right) - 2.5(50) = 170.309\text{mm}$
② $s = 300\left(\dfrac{\kappa_{cr}}{f_s}\right) = 300\left(\dfrac{(210)}{(266.67)}\right) = 236.247\text{mm}$

7. (1) 5년 이상이므로 $\xi = 2.0$
(2) $\lambda_\Delta = \dfrac{\xi}{1+50\rho'} = \dfrac{(2.0)}{1+50(0.01)} = 1.333$
(3) 장기처짐 = 탄성처짐 $\times \lambda_\Delta$
$= 20 \times 1.333 = 26.66\text{mm}$
(4) 총처짐 = 탄성처짐 + 장기처짐
$= 20 + 26.66 = 46.66\text{mm}$

8. 압축측 연단에서 콘크리트 극한변형률
(1) $f_{ck} \leq 40\text{MPa} : \epsilon_{cu} = 0.0033$
(2) $f_{ck} > 40\text{MPa} : f_{ck}$가 10MPa 증가 시마다 0.0001씩 감소

9. 과소철근보는 인장측 철근이 먼저 항복변형률에 도달하는 과소철근비 상태이므로 중립축이 압축측으로 상향하고 인장철근의 연성파괴가 발생하게 된다.

10. (1) T형보의 판정
: $a = \dfrac{A_s \cdot f_y}{\eta 0.85 f_{ck} \cdot b_e} = \dfrac{(5{,}000)(400)}{0.85(28)(1{,}000)}$
$= 84.03\text{mm} > t_f (=70\text{mm})$ ∴ T형보
(2) $A_{sf} = \dfrac{\eta 0.85 f_{ck}(b_e - b_w)t_f}{f_y}$
$= \dfrac{0.85(28)[(1{,}000)-(300)](70)}{(400)}$
$= 2{,}915.5\text{mm}^2$

(3) T형보에 대한 등가응력깊이(a)

$$a = \frac{(A_s - A_{sf})f_y}{\eta 0.85 f_{ck} \cdot b_w} = \frac{[(5,000) - (2,915.5)](400)}{1.0 \times 0.85(28)(300)}$$

$$= 116.779 \text{mm}$$

(4) T형보 ($a > t_f$)의 공칭휨모멘트강도

$$M_n = M_{n1} + M_{n2}$$
$$= A_{sf} \cdot f_y \cdot \left(d - \frac{t_f}{2}\right) + (A_s - A_{sf}) \cdot f_y \cdot \left(d - \frac{a}{2}\right)$$
$$= (2,915.5)(400)\left((600) - \frac{(70)}{2}\right)$$
$$+ [(5,000) - (2,915.5)](400)\left((600) - \frac{(116.779)}{2}\right)$$
$$= 1,110,497,834 \text{ N} \cdot \text{mm} = 1,110.497 \text{ kN} \cdot \text{m}$$

11. ③ 정착장치의 활동은 프리스트레스 도입 시 발생한다.

12. ② 뒷부벽은 T형보로 앞부벽은 직사각형보로 설계한다.

13. 에폭시 도막철근이 상부철근인 경우 상부철근의 위치계수(α)와 철근 도막계수(β)의 곱 $\alpha\beta$가 1.7보다 크지 않아야 한다.

14. 슬래브의 정모멘트철근 및 부모멘트철근 중심간격은 최대 휨모멘트 단면에서 슬래브 두께의 2배 이하 또한 300mm 이하이어야 한다.

15. (1) 유효목두께(a) : 모재의 두께 12mm
(2) 유효용접길이 : 직각거리로 산정
(3) $F_w = \dfrac{P}{A_n} = \dfrac{P}{a \cdot L_e} = \dfrac{(360 \times 10^3)}{(12)(250)} = 120 \text{N/mm}^2$
$= 120 \text{MPa}$

16. $a = \dfrac{\sqrt{2}S}{2} = 0.707S$ (단, S : 얇은쪽 모살치수)

17. $f_{상연} = \dfrac{P_e}{A} + \dfrac{M}{Z} - \dfrac{P_e \cdot e_P}{Z}$

$$= \frac{(2,400 \times 10^3)}{(300 \times 500)} + \frac{\frac{(16)(10,000)^2}{8}}{\frac{(300)(500)^2}{6}} - \frac{(2,400 \times 10^3)(100)}{\frac{(300)(500)^2}{6}}$$

$$= 12.8 \text{N/mm}^2 = 12.8 \text{MPa}$$

18. (1) $V_u \leq \dfrac{1}{2}\phi V_c = \dfrac{1}{2}\phi\left(\dfrac{1}{6}\lambda\sqrt{f_{ck}} \cdot b_w \cdot d\right)$

(2) $d = \dfrac{12 V_u}{\phi \lambda \sqrt{f_{ck}} \cdot b_w} = \dfrac{12(70 \times 10^3)}{(0.75)(1.0)\sqrt{(21)}(400)}$
$= 611.010 \text{mm}$

19. $P_n = (0.85)[0.85 f_{ck} \cdot (A_g - A_{st}) + f_y \cdot A_{st}]$
$= (0.85)$
$\left[0.85(24)\left(\dfrac{\pi(400)^2}{4} - (6 \times 794)\right) + (420)(6 \times 794)\right]$
$= 3,797,148 \text{ N} = 3,797.148 \text{ kN}$

20. (1) 콘크리트 전단강도(V_c)
$$V_c = \frac{1}{6}\lambda\sqrt{f_{ck}} \cdot b_w \cdot d = \frac{1}{6}(1.0)\sqrt{(25)}(400)(600)$$
$$= 200,000 \text{N} = 200 \text{kN}$$

(2) $V_u = \phi V_n = \phi(V_c + V_s)$ 에서
$$V_s = \frac{V_u}{\phi} - V_c = \frac{(300)}{(0.75)} - (200)$$
$$= 200 \text{ kN}$$

1. ④	2. ④	3. ②	4. ②	5. ②
6. ①	7. ③	8. ②	9. ②	10. ①
11. ③	12. ②	13. ④	14. ③	15. ④
16. ③	17. ②	18. ③	19. ③	20. ④

과년도 출제문제(CBT시험문제)

24 토목기사
3회 시행 출제문제

※ 본 기출문제는 수험자의 기억을 바탕으로 하여 복원한 문제이므로 실제 문제와 다를 수 있음을 미리 알려드립니다.

1. 경간 25m인 PS 콘크리트보에 계수하중 40kN/m이 작용하고, $P=2,500$kN의 프리스트레스가 주어질 때 등분포상향력 u를 하중평형(Balanced Load) 개념에 의해 계산하여 이 보에 작용하는 순수하향 분포하중을 구하면?

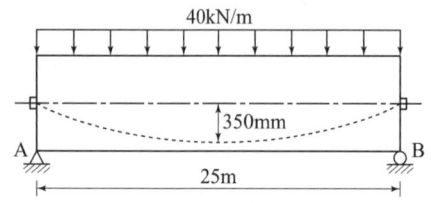

① 26.5kN/m ② 27.3kN/m
③ 28.8kN/m ④ 29.6kN/m

2. $A_s=4,000$mm^2, $A_s{'}=1,500$mm^{2}로 배근된 그림과 같은 복철근보의 탄성처짐이 15mm이다. 5년 이상의 지속하중에 의해 유발되는 장기처짐은 얼마인가?

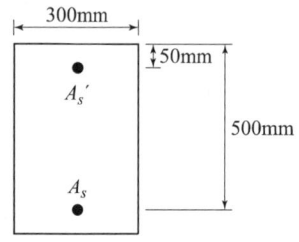

① 15mm ② 20mm
③ 25mm ④ 30mm

3. 아래 그림과 같은 두께 19mm 평판의 순단면적을 구하면? (단, 볼트 체결을 위한 강판구멍의 작은 직경은 25mm이다.)

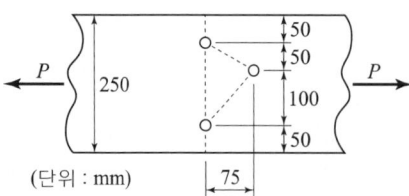

① 3,270mm^2 ② 3,800mm^2
③ 3,920mm^2 ④ 4,530mm^2

4. 경간 $l=10$m인 대칭 T형보에서 양쪽 슬래브의 중심 간격 2,100mm, 슬래브의 두께(t) 100mm, 복부의 폭 (b_w) 400mm일 때 플랜지의 유효폭은 얼마인가?

① 2,000mm ② 2,100mm
③ 2,300mm ④ 2,500mm

5. 그림과 같은 복철근 직사각형 단면에서 응력 사각형의 깊이 a의 값은 얼마인가? (단, $f_{ck}=24$MPa, $f_y=350$MPa, $A_s=5,730$mm^2, $A_s{'}=1,980$mm^2)

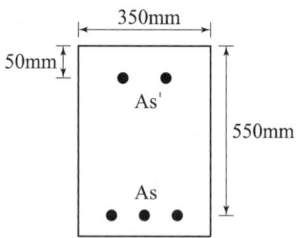

① 227.2mm ② 199.6mm
③ 217.4mm ④ 183.8mm

6. 전단철근에 대한 설명으로 틀린 것은?

① 철근콘크리트 부재의 경우 주인장 철근에 45° 이상의 각도로 설치되는 스터럽을 전단철근으로 사용할 수 있다.
② 철근콘크리트 부재의 경우 주인장 철근에 30° 이상의 각도로 구부린 굽힘철근을 전단철근으로 사용할 수 있다.
③ 전단철근으로 사용하는 스터럽과 기타 철근 또는 철선은 콘크리트 압축연단부터 거리 d만큼 연장 하여야 한다.
④ 용접 이형철망을 사용할 경우 전단철근의 설계 기준항복강도는 500MPa을 초과할 수 없다.

7. 그림과 같은 원형철근기둥에서 콘크리트구조설계기준에서 요구하는 최대 나선철근의 간격은 약 얼마인가? (단, f_{ck} = 24MPa, f_{yt} = 400MPa, D10 철근의 공칭단면적은 71.3mm²이다.)

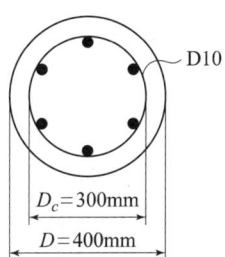

① 35mm ② 38mm
③ 42mm ④ 45mm

8. 단순 지지된 2방향 슬래브의 중앙점에 집중하중 P가 작용할 때 경간비가 1:2라면 단변과 장변이 부담하는 하중비($P_s:P_L$)는? (단, P_s: 단변이 부담하는 하중, P_L: 장변이 부담하는 하중)

① 1:8   ② 8:1
③ 1:16 ④ 16:1

9. 단면이 400mm×500mm인 직사각형이고, 길이가 6m인 철근콘크리트 부재가 있다. 철근은 단면 도심에 대하여 대칭으로 배치하였으며, 단면적은 A_s = 2,000mm²이다. 콘크리트의 건조수축으로 인한 콘크리트의 수축응력은? (단, 콘크리트의 건조수축률은 0.000150이고, 콘크리트 및 철근의 탄성계수는 각각 E_c = 2.85×10⁴MPa, E_s = 2.0×10⁵MPa이며, 이 부재의 변형은 구속되어 있지 않다.)

① 0.14MPa ② 0.28MPa
③ 14MPa   ④ 28MPa

10. 그림과 같이 보의 단면은 휨모멘트에 대해서만 보강되어 있다. 설계기준에 따라 단면에 허용되는 최대계수전단력 V_u는 얼마인가? (단, f_{ck} = 22MPa, f_y = 400MPa)

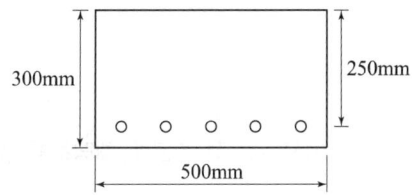

① 32.5kN ② 36.6kN
③ 42.7kN ④ 43.3kN

11. 플레이트보(plate girder)의 경제적인 높이는 다음 중 어느 것에 의해 구해지는가?

① 휨모멘트   ② 전단력
③ 비틀림모멘트 ④ 지압력

12. 초기 프리스트레스가 1,200MPa이고, 콘크리트의 건조수축변형률 ϵ_{sh} = 1.8×10⁻⁴일 때 긴장재의 인장응력의 감소는? (단, PS 강재의 탄성계수 E_P = 2.0×10⁵MPa)

① 12MPa ② 24MPa
③ 36MPa ④ 48MPa

13. 다음 중 플랫 슬래브(flat slab)에 대한 설명으로 옳은 것은?

① 보 없이 지판에 의해 하중이 기둥으로 전달되며, 2방향으로 철근이 배치된 콘크리트 슬래브
② 보나 지판이 없이 기둥으로 하중을 전달하는 2방향으로 철근이 배치된 콘크리트 슬래브
③ 상부 수직하중을 하부지반에 분산시키기 위해 저면을 확대시킨 철근콘크리트판
④ 기초 위에 돌출된 압축부재로서 단면의 평균최소치수에 대한 높이의 비율이 3 이하인 부재

14. 철근콘크리트에서 콘크리트의 탄성계수로 쓰이며, 철근콘크리트 단면의 결정이나 응력을 계산할 때 쓰이는 것은?

① 전단 탄성계수　② 할선 탄성계수
③ 접선 탄성계수　④ 초기접선 탄성계수

15. 강도설계법에서 사용성 검토에 해당하지 않는 사항은?

① 철근의 피로　② 처짐
③ 균열　　　　④ 투수성

16. 그림과 같은 단면의 균열모멘트 M_{cr} 은?
(단, $f_{ck}=24$MPa, $f_y=400$MPa)

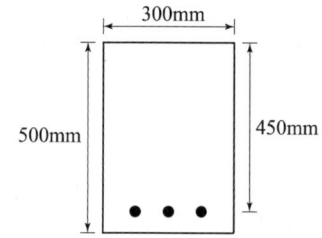

① 30.8kN·m　② 38.6kN·m
③ 28.2kN·m　④ 22.4kN·m

17. 철근콘크리트보에 배치하는 복부철근에 대한 설명으로 틀린 것은?

① 복부철근은 사인장응력에 대하여 배치하는 철근이다.
② 복부철근은 휨 모멘트가 가장 크게 작용하는 곳에 배치하는 철근이다.
③ 굽힘철근은 복부철근의 한 종류이다.
④ 스터럽은 복부철근의 한 종류이다.

18. 철근콘크리트 보에서 스터럽을 배근하는 주 목적은?

① 철근의 인장강도가 부족하기 때문에
② 콘크리트의 사인장강도가 부족하기 때문에
③ 콘크리트의 탄성이 부족하기 때문에
④ 철근과 콘크리트의 부착강도가 부족하기 때문에

19. 처짐을 계산하지 않는 경우 단순 지지된 보의 최소 두께(h)로 옳은 것은? (단, 보통콘크리트($m_c=$ 2,300kg/m³) 및 $f_y=300$MPa인 철근을 사용한 부재의 길이가 10m인 보)

① 429mm　② 500mm
③ 537mm　④ 625mm

20. 강도설계에 있어서 안전율을 위한 강도 감소계수 ϕ의 값으로 틀린 것은?

① 인장지배단면 : 0.85
② 전단 : 0.75
③ 비틀림모멘트 : 0.75
④ 나선철근으로 보강된 압축지배단면 : 0.65

해설 및 정답

1. (1) $u = \dfrac{8P \cdot s}{L^2} = \dfrac{8(2{,}500)(0.35)}{(25)^2} = 11.2\text{kN/m}$

(2) $w - u = (40) - (11.2) = 28.8\text{kN/m}$

2. (1) 5년 이상이므로 $\xi = 2.0$

(2) $\lambda_\Delta = \dfrac{\xi}{1 + 50\rho'} = \dfrac{(2.0)}{1 + 50\left(\dfrac{1{,}500}{300 \times 500}\right)} = 1.333$

(3) 장기처짐=탄성처짐$\times \lambda_\Delta$
$= 15 \times 1.333 = 19.995\text{mm}$

3. (1) 순폭(b_n) : ㉮, ㉯, ㉰ 중 작은 값

㉮ $b_n = b_g - 2d = (250) - 2(25) = 200\text{mm}$

㉯ $b_n = b_g - d - \left(d - \dfrac{s^2}{4g_1}\right)$
$= (250) - (25) - \left((25) - \dfrac{(75)^2}{4(50)}\right) = 228.125\text{mm}$

㉰ $b_n = b_g - d - \left(d - \dfrac{s^2}{4g_1}\right) - \left(d - \dfrac{s^2}{4g_2}\right)$
$= (250) - (25) - \left((25) - \dfrac{(75)^2}{4(50)}\right)$
$\quad - \left((25) - \dfrac{(75)^2}{4(100)}\right) = 217.188\text{mm}$

(2) 순단면적 : $A_n = b_n \cdot t = (200)(19) = 3{,}800\text{mm}^2$

4. ㉮ $16t_f + b_w = 16(100) + (400) = 2{,}000\text{mm}$

㉯ 양쪽 슬래브 중심간 거리 $= 2{,}100\text{mm}$

㉰ 보 경간의 $\dfrac{1}{4} = \dfrac{(10 \times 10^3)}{4} = 2{,}500\text{mm}$

최소값인 2,000mm를 유효폭으로 사용한다.

5. $a = \dfrac{(A_s - A_s') \cdot f_y}{\eta \, 0.85 f_{ck} \cdot b} = \dfrac{[(5{,}730) - (1{,}980)](350)}{1.0 \times 0.85(24)(350)}$
$= 183.824\text{mm}$

6. 용접이형철망을 사용할 경우 600MPa을 초과할 수 없다.

7. $p \leq \dfrac{4A_s}{D_{ch}\left\{0.45\left(\dfrac{A_g}{A_{ch}} - 1\right) \cdot \dfrac{f_{ck}}{f_{yt}}\right\}}$

$= \dfrac{4A_s}{D_{ch}\left\{0.45\left(\dfrac{D^2}{D_{ch}^2} - 1\right) \cdot \dfrac{f_{ck}}{f_{yt}}\right\}}$

$= \dfrac{4(71.33)}{(300)\left\{0.45\left(\dfrac{(400)^2}{(300)^2} - 1\right)\dfrac{(24)}{(400)}\right\}} = 45.288\text{mm}$

8. (1) $P_S = \dfrac{L^3}{S^3 + L^3} \cdot P$, $P_L = \dfrac{S^3}{S^3 + L^3} \cdot P$

(2) $P_S : P_L = L^3 : S^3 = 2^3 : 1^3 = 8 : 1$

9. (1) $n = \dfrac{E_s}{E_c} = \dfrac{(2.0 \times 10^5)}{(2.85 \times 10^4)} = 7.017 \Rightarrow 7$

(2) $f_{ct} = \dfrac{E_s \cdot \epsilon_{sh} \cdot A_s}{A_c + n \cdot A_s}$

$= \dfrac{(2 \times 10^5)(0.00015)(2{,}000)}{(400 \times 500 - 2{,}000) + (7)(2{,}000)}$

$= 0.283\text{N/mm}^2 = 0.283\text{MPa}$

10. (1) 휨모멘트에 대해서만 보강된 단면에 허용되는 최대 계수전단력은 전단철근 없이 저항할 수 있는 조건을 적용하라는 의미가 된다.

(2) $V_u \leq \dfrac{1}{2}\phi V_c = \dfrac{1}{2}\phi\left(\dfrac{1}{6}\lambda\sqrt{f_{ck}} \cdot b_w \cdot d\right)$

$= \dfrac{1}{2}(0.75)\left(\dfrac{1}{6}(1.0)\sqrt{(22)}(500)(250)\right)$

$= 36{,}643\text{N} = 36.643\text{kN}$

11. 판형교의 높이 $h = 1.1\sqrt{\dfrac{M}{f_a \cdot t}}$ 은 휨모멘트에 의해 구해진다.

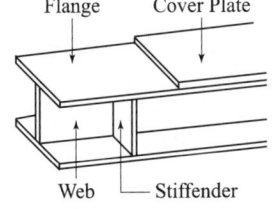

12. $\Delta f_{ps} = E_p \cdot \epsilon_{cs}$
$= (2.0 \times 10^5)(1.8 \times 10^{-4}) = 36 \text{ MPa}$

13. ② 플랫플레이트(Flat Plate)
③ 확대기초판(Spread Footing)
④ 주각(Pedestal)

14. 철근콘크리트 부재의 단면 결정이나 응력계산에서 콘크리트 탄성계수는 초기점과 최대응력의 $1/2 (= 0.5 f_{ck})$ 되는 점을 연결한 직선의 기울기인 할선(Secant) 탄성계수를 사용한다.

15. 구조물의 안전에는 문제가 없지만 구조물을 사용하는데 있어서 지장을 초래하거나 사용자에게 불안감을 주는 정도로 구조부재의 피로, 처짐 및 균열, 구조체의 진동이 사용성에 해당된다.

16. $M_{cr} = f_r \cdot \dfrac{I_g}{y_t} = 0.63\lambda \sqrt{f_{ck}} \cdot \dfrac{bh^2}{6}$
$= 0.63(1.0)\sqrt{(24)} \cdot \dfrac{(300)(500)^2}{6}$
$= 38{,}579{,}463 \text{ N} \cdot \text{mm} = 38.579 \text{ kN} \cdot \text{m}$

17. 복부철근은 전단력이 가장 크게 작용하는 곳에 배치하는 철근이다

18. 스터럽(Stirrup)은 콘크리트 사인장강도를 보강하기 위해 배치하는 전단철근이다.

19. $h_{\min} = \dfrac{l}{16}\left(0.43 + \dfrac{f_y}{700}\right) = \dfrac{(10{,}000)}{16}\left(0.43 + \dfrac{(300)}{700}\right)$
$= 536.61 \text{mm}$

20. 압축지배단면 중 나선철근으로 보강된 철근콘크리트 부재의 강도감소계수는 0.70이다.

1. ③	2. ②	3. ②	4. ①	5. ④
6. ④	7. ④	8. ②	9. ②	10. ②
11. ①	12. ③	13. ①	14. ②	15. ④
16. ②	17. ②	18. ②	19. ③	20. ④

과년도출제문제(CBT시험문제)

25 토목기사
1회 시행 출제문제

1. 콘크리트의 설계기준압축강도(f_{ck})가 50MPa인 경우 콘크리트 탄성계수 및 크리프 계산에 적용되는 콘크리트의 평균 압축강도(f_{cu})는?

① 54MPa ② 55MPa
③ 56MPa ④ 57MPa

2. 계수전단력 $V_u = 60$kN을 받을 수 있는 직사각형 단면이 전단철근 없이 견딜 수 있는 콘크리트의 유효깊이 d는 최소 얼마 이상인가? (단, $f_{ck} = 24$MPa, $b_w = 350$mm)

① 618mm ② 560mm
③ 434mm ④ 328mm

3. 그림과 같은 띠철근 기둥에서 띠철근의 최대 수직간격으로 적당한 것은? (단, D10의 공칭직경은 9.5mm, D32의 공칭직경은 31.8mm이다.)

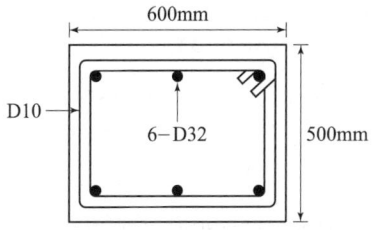

① 456mm ② 472mm
③ 500mm ④ 509mm

4. 옹벽의 토압 및 설계일반에 대한 설명 중 옳지 않은 것은?

① 활동에 대한 저항력은 옹벽에 작용하는 수평력의 1.5배 이상이어야 한다.
② 뒷부벽식 옹벽의 저판은 정밀한 해석이 사용되지 않는 한, 3변 지지된 2방향 슬래브로 설계하여야 한다.
③ 뒷부벽은 T형보로 설계하여야 하며, 앞부벽은 직사각형 보로 설계하여야 한다.
④ 지반에 유발되는 최대 지반반력이 지반의 허용지지력을 초과하지 않아야 한다.

5. 옹벽에서 T형보로 설계하여야 하는 부분은?

① 뒷부벽식 옹벽의 전면벽
② 뒷부벽식 옹벽의 뒷부벽
③ 앞부벽식 옹벽의 저판
④ 앞부벽식 옹벽의 앞부벽

6. 순단면이 볼트구멍 하나를 제외한 단면(즉, A-B-C 단면)과 같도록 피치(s)를 결정하면? (단, 구멍의 직경은 22mm이다.)

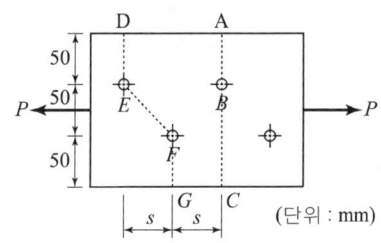

① $s = 114.9$mm ② $s = 90.6$mm
③ $s = 66.3$mm ④ $s = 50$mm

7. 크리프 변형 계산 시 초기접선탄성계수를 구하시오. (단 $f_{ck} = 29$MPa이며, 보통골재를 사용한 경우이다.)

① 27,264MPa ② 32,172MPa
③ 45,325MPa ④ 48,757MPa

8. 그림과 같은 단면의 균열모멘트 M_{cr}은? (단, $f_{ck}=$ 24MPa, $f_y=400$MPa, 보통중량 콘크리트이다.)

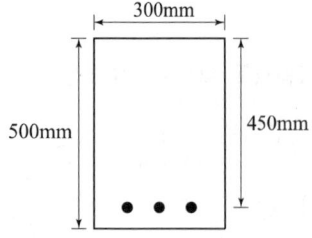

① 22.46kN·m ② 28.24kN·m
③ 30.81kN·m ④ 38.58kN·m

9. 그림과 같은 맞대기 용접의 용접부에 생기는 인장응력은?

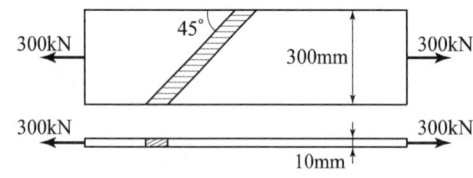

① 50MPa ② 70.7MPa
③ 100MPa ④ 141.4MPa

10. 용접이음에 관한 설명으로 틀린 것은?

① 리벳구멍으로 인한 단면 감소가 없어서 강도 저하가 없다.
② 내부 검사(X선 검사)가 간단하지 않다.
③ 작업의 소음이 적고 경비와 시간이 절약된다.
④ 리벳이음에 비해 약하므로 응력집중 현상이 일어나지 않는다.

11. 철근콘크리트 부재의 전단철근에 대한 설명으로 틀린 것은?

① 전단철근의 설계기준항복강도는 300MPa을 초과할 수 없다.
② 주인장 철근에 30° 이상의 각도로 구부린 굽힌 철근은 전단철근으로 사용할 수 있다.
② 최소 전단철근량은 $\dfrac{0.35 b_w s}{f_{yt}}$ 보다 작지 않아야 한다.
③ 부재축에 직각으로 배치된 전단철근의 간격은 d/2 이하, 또한 600mm 이하로 하여야 한다.

12. 길이 6m의 철근콘크리트 단순보의 처짐을 계산하지 않아도 되는 보의 최소두께는 얼마인가? (단, $f_{ck}=$ 21MPa, $f_y=350$MPa)

① 356mm ② 403mm
③ 375mm ④ 349mm

13. 단철근 직사각형 보의 자중이 15kN/m이고 활하중이 23kN/m일 때 계수휨모멘트는 얼마인가? (단, 이 보는 경간 8m인 단순보이다.)

① 416.2kN·m ② 438.4kN·m
③ 452.4kN·m ④ 511.2kN·m

14. 강도설계법에서 그림과 같은 단철근 T형보의 공칭휨강도(M_n)는? (단, $A_s=5,000$mm², $f_{ck}=21$MPa, $f_y=300$MPa, 그림의 단위는 mm이다.)

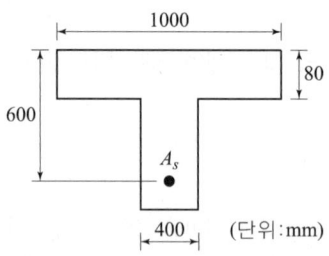

① 711.3kN·m ② 836.8kN·m
③ 947.5kN·m ④ 1,084.6kN·m

15. 그림의 보에서 계수전단력 $V_u=262.5$kN에 대한 가장 적당한 스터럽 간격은? (단, 사용된 스터럽은 D13철근이다. 철근 D13의 단면적은 127mm², $f_{ck}=24$MPa, $f_{yt}=350$MPa이다.)

① 125mm
② 195mm
③ 210mm
④ 250mm

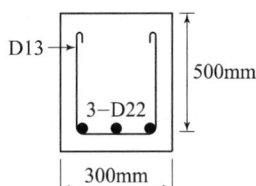

16. 철근의 정착에 대한 설명으로 틀린 것은?

① 인장 이형철근 및 이형철선의 정착길이(l_d)는 항상 300mm 이상이어야 한다.
② 압축 이형철근의 정착길이(l_d)는 항상 400mm 이상이어야 한다.
③ 갈고리는 압축을 받는 경우 철근정착에 유효하지 않은 것으로 보아야 한다.
④ 단부에 표준갈고리가 있는 인장 이형철근의 정착길이(l_{dh})는 항상 철근의 공칭지름(d_b)의 8배 이상, 또한 150mm 이상이어야 한다.

17. 2방향 슬래브의 설계에서 직접설계법을 적용할 수 있는 제한 사항으로 틀린 것은?

① 각 방향으로 3경간 이상 연속되어야 한다.
② 슬래브 판들은 단변 경간에 대한 장변 경간의 비가 2 이하인 직사각형이어야 한다.
③ 각 방향으로 연속한 받침부 중심간 경간 차이는 긴 경간의 1/3 이하이어야 한다.
④ 연속한 기둥 중심선을 기준으로 기둥의 어긋남은 그 방향 경간의 20% 이하이어야 한다.

18. 프리스트레스 손실 원인 중 프리스트레스 도입 후 시간의 경과에 따라 생기는 것이 아닌 것은?

① 콘크리트의 크리프
② 콘크리트의 건조수축
③ 정착 장치의 활동
④ 긴장재 응력의 릴랙세이션

19. 폭이 300mm, 유효깊이가 500mm인 단철근 직사각형 보에서 인장철근 단면적이 1,700mm²일 때 강도설계법에 의한 등가 직사각형 압축응력블록의 깊이(a)는? (단, $f_{ck}=20$MPa, $f_y=300$MPa이다.)

① 50mm   ② 100mm
③ 200mm ④ 400mm

20. 경간이 8m인 PSC보에 계수등분포하중(w)이 20kN/m 작용할 때 중앙 단면 콘크리트 하연에서의 응력이 0이 되려면 강재에 줄 프리스트레스 힘(P)은? (단, PS강재는 콘크리트 도심에 배치되어 있다.)

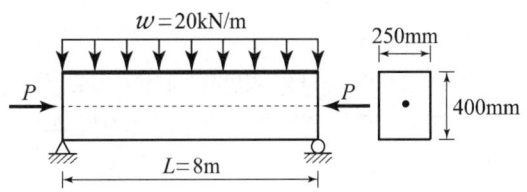

① $P=2,000$kN   ② $P=2,200$kN
③ $P=2,400$kN   ④ $P=2,600$kN

해설 및 정답

1. $f_{cu} = f_{ck} + \Delta f = 50 + 5 = 55\text{MPa}$

$\begin{bmatrix} 40\text{MPa} < f_{ck} < 60\text{MPa} \text{인 경우는 직선보간해야 하므로} \\ \Delta f = 4 + 2\left(\dfrac{f_{ck}-40}{20}\right) = 4 + 2\left(\dfrac{50-40}{20}\right) = 5\text{MPa} \end{bmatrix}$

2. (1) $V_u \leq \dfrac{1}{2}\phi V_c = \dfrac{1}{2}\phi\left(\dfrac{1}{6}\lambda\sqrt{f_{ck}} \cdot b_w \cdot d\right)$

(2) $d = \dfrac{12V_u}{\phi\lambda\sqrt{f_{ck}}\cdot b_w} = \dfrac{12(60\times 10^3)}{(0.75)(1.0)\sqrt{(24)}(350)}$
$= 559.883\text{mm}$

3. 띠철근의 최대간격
- 종방향 철근 지름의 16배
  $= 31.8 \times 16 = 508.8\text{mm}$ 이하
- 띠철근이나 철선 지름의 48배
  $= 9.5 \times 48 = 456\text{mm}$ 이하
- 기둥 단면 최소치수 $= 500\text{mm}$ 이하
∴ 이 중 최솟값 456mm가 띠철근의 최대간격이다

4. 옹벽의 설계일반
뒷부벽식 옹벽의 저판은 정밀한 해석이 사용되지 않는 한, 부벽간 거리를 경간으로 가정한 고정보 또는 연속보로 설계한다.

5. 부벽식 옹벽의 설계 방법
- 저판 : 부벽간 거리를 경간으로 하는 연속보 또는 고정보로 설계
- 전면벽 : 3변 지지 2방향 슬래브로 설계
- 앞부벽 : 직사각형보로 설계
- 뒷부벽 : T형보로 설계

6. ③ $b_n = b_g - d - \left(d - \dfrac{s^2}{4g}\right) = b_g - d$ 에서 $d - \dfrac{s^2}{4g} = 0$

∴ $s = \sqrt{4g \cdot d} = \sqrt{4(50)(19+3)} = 66.332\text{mm}$

7. $1.18E_c = 1.18(8,500\sqrt[3]{f_{cm}})$
$= 1.18(8,500\sqrt[3]{29+4}) = 32,172\text{MPa}$

8. $M_{cr} = f_r Z = 0.63\lambda\sqrt{f_{ck}}\left(\dfrac{bh^2}{6}\right)$
$= (0.63 \times 1.0 \times \sqrt{24}) \times \left(\dfrac{300 \times 500^2}{6}\right)$
$= 38,579,463\text{N}\cdot\text{mm} \simeq 38.58\text{kN}\cdot\text{m}$

9. $f = \dfrac{P}{\sum al} = \dfrac{300 \times 10^3}{10 \times 300} = 100\text{N/mm}^2 = 100\text{MPa}$

10. ④ 리벳이음에 비해 용접이음이 더 강한 접합이음이다.

11. 전단철근의 설계기준항복강도는 500MPa을 초과할 수 없다.

12. 처짐 계산을 하지 않는 경우 단순보의 최소두께
$(f_y \neq 400\text{MPa})$
$\dfrac{l}{16}\left(0.43 + \dfrac{f_y}{700}\right) = \dfrac{6,000}{16}\left(0.43 + \dfrac{350}{700}\right)$
$= 348.75\text{mm} \simeq 349\text{mm}$

13. $M_u = \dfrac{w_u l^2}{8} = \dfrac{54.8 \times 8^2}{8} = 438.4\text{kN}\cdot\text{m}$

$\begin{bmatrix} w_u = 1.2w_d + 1.6w_l \\ = 1.2 \times 15 + 1.6 \times 23 \\ = 54.8\text{kN/m} \end{bmatrix}$

14. (1) T형보의 판정
$a = \dfrac{A_s f_y}{\eta 0.85 f_{ck} b} = \dfrac{5,000 \times 300}{1.0 \times 0.85 \times 21 \times 1,000}$
$= 84.03\text{mm} > t_f$
∴ T형보 설계한다.

(2) 공칭 휨 강도

$$M_n = A_s f_y \left(\frac{d-t_f}{2}\right) + (A_s - A_{sf}) f_y \left(d - \frac{a}{2}\right)$$

$$= 2{,}856 \times 300 \times \left(600 - \frac{80}{2}\right)$$

$$+ (5{,}000 - 2{,}856) \times 300 \times \left(600 - \frac{90.08}{2}\right)$$

$$= 836{,}758{,}272\,\mathrm{N \cdot mm} = 836.8\,\mathrm{kN \cdot m}$$

$$\left[\begin{array}{l} A_{sf} = \dfrac{\eta 0.85 f_{ck}(b-b_w)t_f}{f_y} \\ \quad = \dfrac{1.0 \times 0.85 \times 21 \times (1{,}000 - 400) \times 80}{300} \\ \quad = 2{,}856\,\mathrm{mm}^2 \\ a = \dfrac{(A_s - A_{sf})f_y}{\eta 0.85 f_{ck} b_w} \\ \quad = \dfrac{(5{,}000 - 3{,}856) \times 300}{1.0 \times 0.85 \times 21 \times 400} = 90.08\,\mathrm{mm} \end{array}\right]$$

15. (1) 전단철근이 부담해야 하는 전단강도

$$V_s = \frac{V_u}{\phi} - V_c = \frac{262.5}{0.75} - 122.5 = 227.5\,\mathrm{kN}$$

(2) 전단철근의 전단강도 검토

$$\left(\frac{\lambda \sqrt{f_{ck}}}{3}\right) b_w d = \left(\frac{1.0 \times \sqrt{24}}{3}\right) \times 300 \times 500$$

$$= 244{,}949\,\mathrm{N} \simeq 244.9\,\mathrm{kN}$$

$$V_s = 227.5\,\mathrm{kN} < \left(\frac{\lambda \sqrt{f_{ck}}}{3}\right) b_w d = 244.9\,\mathrm{kN}$$

(3) 전단철근의 간격

$$s = \frac{A_v f_{yt} d}{V_s} = \frac{(127 \times 2\text{개}) \times 350 \times 500}{227.5 \times 10^3} \simeq 195\,\mathrm{mm}$$

$$\frac{d}{2} = \frac{500}{2} = 250\,\mathrm{mm} \text{ 이하}$$

600mm 이하

∴ 최솟값 195mm 이하로 한다.

16. 압축 이형철근의 정착길이(l_d)는 항상 200mm 이상이어야 한다.

17. 연속한 기둥 중심선을 기준으로 기둥의 어긋남은 그 방향 경간의 최대 10%까지 허용할 수 있다.

18. 프리스트레스 도입 후 생기는 손실(시간적 손실)
  (1) 콘크리트의 건조수축에 의한 손실
  (2) 콘크리트의 크리프에 의한 손실
  (3) PS 강재의 릴렉세이션에 의한 손실

19. $a = \dfrac{A_s f_y}{\eta(0.85 f_{ck})b} = \dfrac{1{,}700(300)}{1.0(0.85 \times 20)(300)} = 100\,\mathrm{mm}$

20. $f_{\text{하연}} = \dfrac{P}{A} - \dfrac{M}{Z} \geq 0$ 에서

$$P \geq \frac{AM}{Z} = \frac{250 \times 400 \times \left(\dfrac{20 \times 8{,}000^2}{8}\right)}{\dfrac{250 \times 400^2}{6}}$$

$$= 2{,}400{,}000\,\mathrm{N} = 2{,}400\,\mathrm{kN}$$

1. ②	2. ②	3. ①	4. ②	5. ②
6. ③	7. ②	8. ④	9. ③	10. ④
11. ①	12. ④	13. ②	14. ②	15. ②
16. ②	17. ④	18. ③	19. ②	20. ③

과년도 출제문제(CBT시험문제)

25 토목기사
2회 시행 출제문제

1. 옹벽의 설계 및 해석에 대한 설명으로 틀린 것은?

① 앞부벽식 옹벽에서 앞부벽은 직사각형 보로 설계한다.
② 부벽식 옹벽의 추가철근은 3변 지지된 2방향 슬래브로 설계할 수 있다.
③ 옹벽 저판의 설계는 슬래브의 설계방법 규정에 따라 수행하여야 한다.
④ 옹벽 상재하중, 뒤채움흙의 중량, 옹벽의 자중 및 옹벽에 작용하는 토압, 필요에 따라서 수압에도 견디도록 설계하여야 한다.

2. 강도설계법에서 그림과 같은 T형보의 응력 사각형블록의 깊이(a)는 얼마인가? (단, $A_s = 14-D25 = 7,094mm^2$, $f_{ck} = 21MPa$, $f_y = 300MPa$)

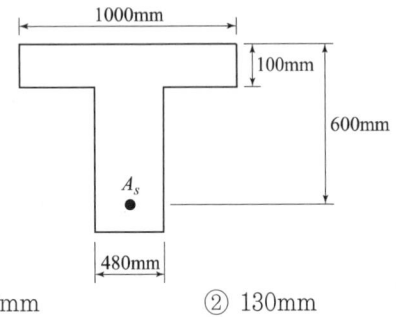

① 120mm ② 130mm
③ 140mm ④ 150mm

3. 강도설계법에 의한 콘크리트구조 설계에서 변형률 및 지배단면에 대한 설명으로 틀린 것은?

① 인장철근의 설계기준항복강도 f_y에 대응하는 변형률에 도달하고 동시에 압축콘크리트가 가정된 극한변형률에 도달할 때, 그 단면이 균형변형률 상태에 있다고 본다.
② 압축연단 콘크리트가 가정된 극한변형률에 도달할 때 최외단 인장철근의 순인장변형률에 도달할 때 최외단 인장철근의 순인장변형률 ϵ_t가 0.0025의 인장지배변형률 한계 이상인 단면을 인장지배단면이라고 한다.
③ 압축연단 콘크리트가 가정된 극한변형률에 도달할 때 최외단 인장철근의 순인장변형률 ϵ_t가 압축지배변형률 한계 이하인 단면을 압축지배단면이라고 한다.
④ 순인장변형률 ϵ_t가 압축지배변형률 한계와 인장지배변형률 한계 사이인 단면은 변화구간 단면이라고 한다.

4. 단철근 직사각형보의 폭이 300mm, 유효깊이가 500mm, 높이가 600mm일 때, 외력에 의해 단면에서 휨균열을 일으키는 휨모멘트(M_{cr})는? (단, f_{ck} = 28MPa, 보통중량콘크리트이다.)

① 58kN·m ② 60kN·m
③ 62kN·m ④ 64kN·m

5. M_u = 200kN·m의 계수모멘트가 작용하는 단철근 직사각형보에서 필요한 철근량(A_s)은 약 얼마인가? (단, b = 300mm, d = 500mm, f_{ck} = 28MPa, f_y = 400MPa, ϕ = 0.85이다.)

① 1,072.7mm² ② 1,266.3mm²
③ 1,524.6mm² ④ 1,785.4mm²

6. 슬래브의 구조 상세에 대한 설명으로 틀린 것은?

① 1방향 슬래브의 두께는 최소 100mm 이상으로 하여야 한다.
② 1방향 슬래브의 정모멘트 철근 및 부모멘트 철근의 중심 간격은 위험단면에서는 슬래브 두께의 2배 이하이어야 하고, 또한 300mm 이하로 하여야 한다.
③ 1방향 슬래브의 수축·온도철근의 간격은 슬래브 두께의 3배 이하, 또한 400mm 이하로 하여야 한다.
④ 2방향 슬래브의 위험단면에서 철근 간격은 슬래브 두께의 2배 이하, 또한 300mm 이하로 하여야 한다.

7. 플레이트 보(plate girder)의 경제적인 높이는 다음 중 어느 것에 의해 구해지는가?

① 전단력　　② 지압력
③ 휨모멘트　　④ 비틀림모멘트

8. 지간이 4m이고 단순지지된 1방향 슬래브에서 처짐을 계산하지 않는 경우 슬래브의 최소두께로 옳은 것은? (단, 보통중량 콘크리트를 사용하고, $f_{ck} = 28$MPa, $f_y = 400$MPa인 경우)

① 100mm　　② 150mm
③ 200mm　　④ 250mm

9. 프리스트레스트 콘크리트 중 비부착긴장재를 가진 부재에서 깊이에 대한 경간의 비가 35 이하인 경우 공칭강도를 발휘할 때 긴장재의 인장응력(f_{ps})을 구하는 식으로 옳은 것은? (단, f_{pe} : 긴장재의 유효프리스트레스, ρ_p : 긴장재의 비)

① $f_{ps} = f_{pe} + 70 + \dfrac{f_{ck}}{100\rho_p}$

② $f_{ps} = f_{pe} + 70 + \dfrac{f_{ck}}{200\rho_p}$

③ $f_{ps} = f_{pe} + 70 + \dfrac{f_{ck}}{300\rho_p}$

④ $f_{ps} = f_{pe} + 70 + \dfrac{f_{ck}}{400\rho_p}$

10. 프리스트레스트 콘크리트의 원리를 설명할 수 있는 기본개념으로 옳지 않은 것은?

① 균등질보의 개념
② 내력모멘트의 개념
③ 하중평형의 개념
④ 변형도 개념

11. 복철근으로 설계해야 할 경우를 설명한 것으로 잘못된 것은?

① 단면이 넓어서 철근을 고루 분산시키기 위해
② 정, 부 모멘트를 교대로 받는 경우
③ 크리프에 의해 발생하는 장기처짐을 최소화하기 위해
④ 보의 높이가 제한되어 철근의 증가로 휨강도를 증가시키기 위해

12. 폭이 300mm, 유효깊이가 500mm인 단철근 직사각형보 단면에서 $f_{ck} = 35$MPa, $f_y = 350$MPa일 때, 강도설계법으로 구한 균형철근량은 약 얼마인가?

① 5,285mm²　　② 5,890mm²
③ 6,665mm²　　④ 7,235mm²

13. 철근콘크리트 휨부재에서 최소철근비를 규정한 이유로 가장 적당한 것은?

① 부재의 경제적인 단면 설계를 위해서
② 부재의 사용성을 증진시키기 위해서
③ 부재의 시공 편의를 위해서
④ 부재의 급작스런 파괴를 방지하기 위해서

14. $A_g = 180,000$mm², $f_{ck} = 24$MPa, $f_y = 350$MPa 이고, 종방향 철근의 전체 단면적(A_{st})=4,500mm²인 나선철근기둥(단주)의 공칭축강도(P_n)는?

① 2987.7kN　　② 3067.4kN
③ 3873.2kN　　④ 4381.9kN

15. 이형철근의 정착길이에 대한 설명으로 틀린 것은? (단, d_b : 철근의 공칭지름)

① 표준갈고리가 있는 인장이형철근 : $10d_b$ 이상, 또한 200mm 이상
② 인장 이형철근 : 300mm 이상
③ 압축 이형철근 : 200mm 이상
④ 확대머리 인장 이형철근 : $8d_b$ 이상 또한 150mm 이상

16. 계수전단력 $V_u = 75\text{kN}$에 대하여 규정에 의한 최소 전단철근을 배근하여야 하는 직사각형 철근콘크리트 보가 있다. 이 보의 폭이 300mm일 경우 유효깊이(d)의 최소값은? (단, $f_{ck} = 24\text{MPa}$, $f_y = 350\text{MPa}$)

① 375mm ② 387mm
③ 394mm ④ 409mm

17. 아래 그림과 같은 두께 12mm 평판의 순단면적을 구하면? (단, 구멍의 직경은 23mm이다.)

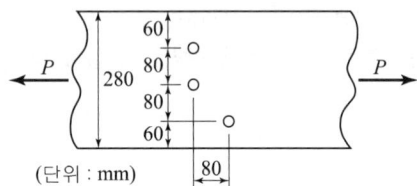

① 2,310mm² ② 2,340mm²
③ 2,772mm² ④ 2,928mm²

18. 철골 압축재의 좌굴안정성에 대한 설명으로 틀린 것은?

① 좌굴길이가 길수록 유리하다.
② 힌지지지보다 고정지지가 유리하다.
③ 단면2차모멘트 값이 클수록 유리하다.
④ 단면2차반지름이 클수록 유리하다.

19. 직사각형 단면(300mm×400mm)인 프리텐션 부재에 550mm²의 단면적을 가진 PS강선을 콘크리트 단면도심에 일치하도록 배치하였다. 이때 1350MPa의 인장응력이 되도록 긴장한 후 콘크리트에 프리스트레스를 도입한 경우 도입직후 생기는 PS강선의 응력은? (단, $n = 6$, 단면적은 총단면적 사용)

① 371MPa ② 398MPa
③ 1313MPa ④ 1321MPa

20. 압축 이형철근의 겹침이음길이에 대한 다음 설명으로 틀린 것은? (단, d_b는 철근의 공칭지름)

① 겹침이음길이는 300mm 이상이어야 한다.
② 철근의 항복강도(f_y)가 400MPa 이하인 경우의 겹침이음길이는 $0.072 f_y d_b$ 보다 길 필요가 없다.
③ 서로 다른 크기의 철근을 압축부에서 겹침이음하는 경우, 이음길이는 크기가 큰 철근의 정착길이와 크기가 작은 철근의 겹침이음길이 중 큰 값 이상이어야 한다.
④ 압축철근의 겹침이음길이는 인장철근의 겹침이음길이보다 길어야 한다.

해설 및 정답

1. 옹벽의 설계
부벽식 옹벽의 저판은 앞부벽 또는 뒷부벽 간의 거리를 경간으로 보고 고정보 또는 연속보로 설계 되어야 한다.

2. (1) $A_{sf} = \dfrac{\eta 0.85 f_{ck}(b_e - b_w)t_f}{f_y}$

$= \dfrac{0.85(21)[(1,000)-(480)](100)}{(300)}$

$= 3,094 \mathrm{mm}^2$

(2) T형보에 대한 등가응력깊이(a)

$a = \dfrac{(A_s - A_{sf})f_y}{\eta 0.85 f_{ck} \cdot b_w} = \dfrac{[(7,094)-(3,094)](300)}{1.0 \times 0.85(21)(480)}$

$= 140.056 \mathrm{mm}$

3. 인장지배단면은 압축연단 콘크리트가 가정된 극한변형률에 도달할 때 최외단 인장철근의 순인장변형률 ϵ_t가 인장지배변형률 한계 이상인 단면이다.
(1) $f_y \leq 400 \mathrm{MPa}$일 때 인장지배변형률 한계는 0.005
(2) $f_y > 400 \mathrm{MPa}$일 때 인장지배변형률 한계는 $2.5\epsilon_y$

4. $M_{cr} = f_r Z = 0.63\lambda \sqrt{f_{ck}} \left(\dfrac{bh^2}{6}\right)$

$= (0.63 \times 1.0 \times \sqrt{28}) \times \left(\dfrac{300 \times 600^2}{6}\right)$

$\simeq 60 \times 10^6 \mathrm{N \cdot mm}$

$= 60 \mathrm{kN \cdot m}$

5. (1) $M_u \leq \phi M_n = \phi A_s \cdot f_y \left(d - \dfrac{a}{2}\right)$

$= \phi A_s \cdot f_y \left(d - \dfrac{A_s \cdot f_y}{1.7 f_{ck} \cdot b}\right)$

(2) $(200 \times 10^6) \leq (0.85) \cdot A_s \cdot (400)\left(500 - \dfrac{A_s \cdot (400)}{1.7(28)(300)}\right)$

(3) 이 식은 A_s에 대한 2차방정식이며 계산기를 이용하면 $A_s \geq 1,266.303 \mathrm{mm}^2$

6. 수축 및 온도철근의 간격은 슬래브 두께의 5배 이하, 또한 450mm 이하라야 한다.

7. 판형교의 높이 $h = 1.1\sqrt{\dfrac{M}{f_a \cdot t}}$은 휨모멘트에 의해 구해진다.

8.

부 재	최소두께 ($h_{\min}$)			
	단순지지	1단연속	양단연속	캔틸레버
슬래브	$\dfrac{l}{20}$	$\dfrac{l}{24}$	$\dfrac{l}{28}$	$\dfrac{l}{10}$

$h_{\min} = \dfrac{l}{20} = \dfrac{(4 \times 10^3)}{20} = 200 \mathrm{mm}$

9. 깊이에 대한 경간의 비가 35 이하인 경우

: $f_{ps} = f_{pe} + 70 + \dfrac{f_{ck}}{100\rho_p}$

10. 응력(균등질보) 개념, 강도(내력모멘트) 개념, 하중평형(등가하중) 개념

11. 모멘트 재분배와 같은 방법을 통해 철근을 분산 배치시킬 수 있지만, 복철근으로 설계하는 것과는 무관하다.

12. (1) $f_{ck} \leq 40 \mathrm{MPa} : \beta_1 = 0.80$

(2) $\rho_b = \dfrac{\eta 0.85 f_{ck}}{f_y} \cdot \beta_1 \cdot \dfrac{660}{660 + f_y}$

$= \dfrac{1.0 \times 0.85 \times 35}{(350)} \cdot (0.80) \cdot \dfrac{660}{660+(350)}$

$= 0.044436$

(3) $A_{sb} = \rho_b \cdot bd$

$= (0.044436)(300)(500) = 6,665 \mathrm{mm}^2$

13. 최소철근비
최소철근비를 규정하는 이유는 부재의 급작스런 파괴(취성파괴)를 방지하기 위함이다.

14. $P_n = (0.85)[\eta 0.85 f_{ck} \cdot (A_g - A_{st}) + f_y \cdot A_{st}]$
$= (0.85)[0.85(24)[(180,000) - (4,500)] + (350)(4,500)]$
$= 4,381,920 \text{ N} = 4,381.920 \text{ kN}$

15. 표준갈고리가 있는 인장 이형철근: $8d_b$ 이상, 또한 150mm 이상

16. 최소 전단철근을 배치하는 경우
(1) $V_u \leq \phi V_c$ 에서 $V_u \leq \phi \left(\dfrac{1}{6} \lambda \sqrt{f_{ck}} \cdot b_w \cdot d \right)$
(2) $d \geq \dfrac{6 V_u}{\phi \lambda \sqrt{f_{ck}} \cdot b_w} = \dfrac{6(75 \times 10^3)}{(0.75)(1.0)\sqrt{(24)}\,(300)}$
$= 408.248 \text{mm}$

17. (1) 순폭(b_n) : ㉮, ㉯ 중 작은 값
㉮ $b_n = b_g - 2d = (280) - 2(23) = 234 \text{mm}$
㉯ $b_n = b_g - 2d - \left(d - \dfrac{s^2}{4g} \right)$
$= (280) - 2(23) - \left((23) - \dfrac{(80)^2}{4(80)} \right) = 231 \text{mm}$
(2) 순단면적 : $A_n = b_n \cdot t = (231)(12) = 2,772 \text{mm}^2$

18. 좌굴하중 $P_{cr} = \dfrac{\pi^2 EI}{(KL)^2}$ 유효좌굴길이(KL)가 길수록 불리하다.

19. (1) $P_i = f_p \cdot A_p = (1,350)(550) = 742,500 \text{N}$
(2) $\Delta f_p = n \cdot f_c = n \cdot \dfrac{P_i}{A_c} = (6) \cdot \dfrac{(742,500)}{(300 \times 400)}$
$= 37.125 \text{N/mm}^2 = 37.125 \text{MPa}$
(3) 프리스트레스 도입직후의 응력(f_{pi})
$f_\pi = f_p - \Delta f_p = (1,350) - (37.125)$
$= 1,312.875 \text{MPa}$

20. 인장철근의 겹침이음길이, 압축철근의 겹침이음길이 모두 최소 300mm 이상이어야 한다.

1. ③	2. ③	3. ②	4. ②	5. ②
6. ③	7. ③	8. ③	9. ①	10. ④
11. ①	12. ③	13. ④	14. ④	15. ①
16. ④	17. ③	18. ①	19. ③	20. ④

과년도출제문제(CBT시험문제)

25 토목기사 3회 시행 출제문제

1. 옹벽에서 T형보로 설계하여야 하는 부분은?

① 뒷부벽식 옹벽의 전면벽
② 뒷부벽식 옹벽의 뒷부벽
③ 앞부벽식 옹벽의 저판
④ 앞부벽식 옹벽의 앞부벽

2. 그림과 같은 보의 단면에서 표피철근의 간격 s는 약 얼마인가? (단, 습윤환경에 노출되는 경우로서, 표피철근의 표면에서 부재 측면까지 최단거리(c_c)는 50mm, $f_{ck}=28$MPa, $f_y=400$MPa이다.)

① 170mm
② 190mm
③ 220mm
④ 240mm

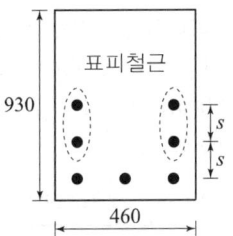

3. 강도설계법에 대한 기본 가정으로 틀린 것은?

① 철근 및 콘크리트의 변형률은 중립축부터 거리에 비례한다.
② 콘크리트의 인장강도는 철근 콘크리트 부재 단면의 축강도와 휨강도 계산에서 무시한다.
③ 철근의 응력이 설계기준항복강도 f_y 이하일 때 철근의 응력은 그 변형률에 관계없이 f_y와 같다고 가정한다.
④ 휨모멘트 또는 휨모멘트와 축력을 동시에 받는 부재의 콘크리트 압축연단의 극한변형률은 콘크리트의 설계기준압축강도가 40MPa 이하인 경우에는 0.0033으로 가정한다.

4. 순단면이 볼트구멍 하나를 제외한 단면(즉, A-B-C 단면)과 같도록 피치(s)를 결정하면? (단, 볼트 구멍직경은 22mm이다.)

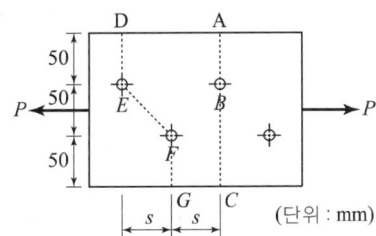

① $s=114.9$mm
② $s=90.6$mm
③ $s=66.3$mm
④ $s=50$mm

5. 그림과 같은 필릿용접의 유효목두께로 옳게 표시된 것은?(단, 강구조 연결 설계기준에 따름)

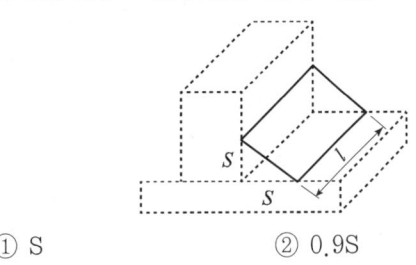

① S
② 0.9S
③ 0.7S
④ $0.5l$

6. 비틀림철근에 대한 설명으로 틀린 것은? (단, A_{oh}는 가장 바깥의 비틀림 보강철근의 중심으로 닫혀진 단면적(mm²)이고, p_h는 가장 바깥의 횡방향 폐쇄스터럽 중심선의 둘레(mm)이다.)

① 횡방향 비틀림철근은 종방향 철근 주위로 135° 표준갈고리에 의해 정착하여야 한다.
② 비틀림모멘트를 받는 속빈 단면에서 횡방향 비틀림 철근의 중심선부터 내부 벽면까지의 거리는 $0.5A_{oh}/p_h$ 이상이 되도록 설계하여야 한다.
③ 횡방향 비틀림철근의 간격은 $p_h/6$보다 작아야 하고, 또한 400mm 보다 작아야 한다.
④ 종방향 비틀림철근은 양단에 정착하여야 한다.

7. 단면이 300×400mm이고, 150mm²의 PS강선 4개를 단면도심축에 배치한 프리텐션 PS 콘크리트 부재가 있다. 초기 프리스트레스 1,000MPa일 때 콘크리트의 탄성수축에 의한 프리스트레스의 손실량은? (단, 탄성계수비(n)는 6.0이다.)

① 30MPa   ② 34MPa
③ 42MPa   ④ 52MPa

8. 인장이형철근의 정착에 대한 설명으로 옳은 것은?

① 인장이형철근의 정착길이는 기본정착길이 l_{db}에 보정계수를 곱하여 구하며, 상부철근(정착길이 아래 300mm를 초과되게 굳지 않은 콘크리트를 친 수평철근)일 때 보정계수(α)는 1.2이다.
② 에폭시 도막철근으로 피복두께가 $3d_b$ 미만 또는 순간격이 $6d_b$ 미만인 경우 보정계수(β)는 1.5이다.
③ 동일한 철근량을 사용할 경우, 굵은 철근을 사용하는 것이 정착길이를 짧게 하며, 정착에 유리하다.
④ 콘크리트의 평균쪼갬인장강도(f_{sp})가 주어지지 않은 경량콘크리트의 보정계수(λ)는 보통중량 콘크리트에서 1.3이다.

9. 지름 450mm인 원형 단면을 갖는 중심축하중을 받는 나선철근 기둥에서 강도설계법에 의한 축방향 설계축강도(ϕP_n)는 얼마인가? (단, 이 기둥은 단주이고, $f_{ck} = 27$MPa, $f_y = 350$MPa, $A_{st} = 8\text{-}D22 = 3{,}096$mm², 압축지배단면이다.)

① 1,166kN   ② 1,299kN
③ 2,425kN   ④ 2,774kN

10. 슬래브의 구조 상세에 대한 설명으로 틀린 것은?

① 1방향 슬래브의 두께는 최소 100mm 이상으로 하여야 한다.
② 1방향 슬래브의 정모멘트 철근 및 부모멘트 철근의 중심 간격은 위험단면에서는 슬래브 두께의 2배 이하이어야 하고, 또한 300mm 이하로 하여야 한다.
③ 1방향 슬래브의 수축·온도철근의 간격은 슬래브 두께의 3배 이하, 또한 400mm 이하로 하여야 한다.
④ 2방향 슬래브의 위험단면에서 철근 간격은 슬래브 두께의 2배 이하, 또한 300mm 이하로 하여야 한다.

11. 그림과 같은 T형보의 응력사각형 깊이 a는 얼마인가? (단, $b_e = 1{,}000$mm, $b_w = 480$mm, $t_f = 100$mm, $d = 600$mm, $A_s = 14-D25 = 7{,}094$mm², $f_{ck} = 21$MPa, $f_y = 300$MPa)

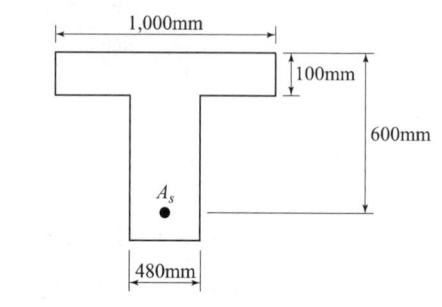

① 120mm   ② 130mm
③ 140mm   ④ 150mm

12. 계수전단력 $V_u = 60$kN을 받을 수 있는 직사각형 단면이 전단철근 없이 견딜 수 있는 콘크리트의 유효깊이 d는 최소 얼마 이상인가? (단, $f_{ck} = 24$MPa, $b_w = 350$mm)

① 618mm   ② 560mm
③ 434mm   ④ 328mm

13. 아래와 같은 맞대기 이음부에 발생하는 응력의 크기는? (단, $P=360$kN, 강판두께$=12$mm)

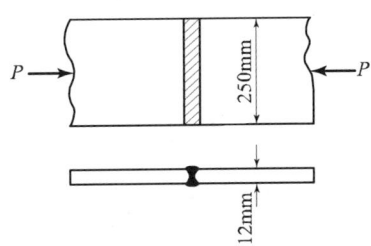

① 압축응력 $f_c = 14.4$MPa
② 인장응력 $f_t = 3,000$MPa
③ 전단응력 $\tau = 150$MPa
④ 압축응력 $f_c = 120$MPa

14. 균형철근량 보다 적고 최소철근량 보다 많은 인장철근을 가진 과소철근 보가 휨에 의해 파괴될 때의 설명으로 옳은 것은?

① 인장측 철근이 먼저 항복한다.
② 압축측 콘크리트가 먼저 파괴된다.
③ 압축측 콘크리트와 인장측 철근이 동시에 항복한다.
④ 중립축이 인장측으로 내려오면서 철근이 먼저 파괴된다.

15. 철근콘크리트 부재의 피복두께에 관한 설명으로 틀린 것은?

① 최소 피복두께를 제한하는 이유는 철근의 부식 방지, 부착력의 증대, 내화성을 갖도록 하기 위해서이다.
② 현장치기 콘크리트로서, 흙에 접하거나 옥외의 공기에 직접 노출되는 콘크리트의 최소 피복두께는 D19 이상의 철근의 경우 40mm이다.
③ 현장치기 콘크리트로서, 흙에 접하여 콘크리트를 친 후 영구히 흙에 묻혀있는 콘크리트의 최소 피복두께는 75mm이다.
④ 콘크리트 표면과 그와 가장 가까이 배치된 철근 표면 사이의 콘크리트 두께를 피복두께라 한다.

16. 연속보 또는 1방향 슬래브의 휨모멘트와 전단력을 구하기 위해 근사해법을 적용할 수 있다. 근사해법을 적용하기 위해 만족하여야 하는 조건으로 틀린 것은?

① 등분포 하중이 작용하는 경우
② 부재의 단면 크기가 일정한 경우
③ 활하중이 고정하중의 3배를 초과하는 경우
④ 인접 2경간의 차이가 짧은 경간의 20% 이하인 경우

17. 프리스트레스의 손실 원인은 그 시기에 따라 즉시 손실과 도입 후에 시간적인 경과 후에 일어나는 손실로 나눌 수 있다. 다음 중 손실 원인의 시기가 나머지와 다른 하나는?

① 콘크리트의 크리프
② 콘크리트의 건조수축
③ 긴장재 응력의 릴랙세이션
④ 포스트텐션 긴장재와 덕트 사이의 마찰

18. $b_w=250$mm, $d=500$mm인 직사각형 보에서 콘크리트가 부담하는 설계전단강도(ϕV_c)는? (단, $f_{ck}=21$MPa, $f_y=400$MPa, 보통중량 콘크리트이다.)

① 91.5kN ② 82.2kN
③ 76.4kN ④ 71.6kN

19. 폭이 350mm, 유효깊이가 550mm인 직사각형 단면의 보에서 지속하중에 의한 순간 처짐이 16mm일 때 1년 후 총 처짐량은? (단, 배근된 인장철근량(A_s)은 2,246mm^2, 압축철근량($A_s{}'$)은 1,284mm^{2}이다.)

① 20.5mm ② 26.5mm
③ 32.8mm ④ 42.1mm

20. 그림과 같은 단면을 갖는 지간 20m의 PSC보에 PS강재가 200mm의 편심거리를 가지고 직선배치 되어 있다. 자중을 포함한 계수등분포하중 16kN/m가 보에 작용할 때 보중앙단면의 콘크리트 상연응력은? (단, 유효 프리스트레스 힘(P_e)은 2,400kN이다.)

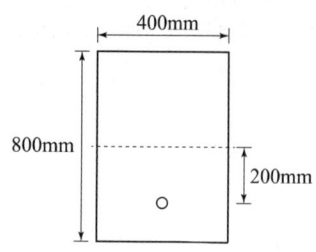

① 6MPa ② 9MPa
③ 12MPa ④ 15MPa

해설 및 정답

1. 부벽식 옹벽의 설계 방법
- 저판 : 부벽간 거리를 경간으로 하는 연속보 또는 고정보로 설계
- 전면벽 : 3변 지지 2방향 슬래브로 설계
- 앞부벽 : 직사각형보로 설계
- 뒷부벽 : T형보로 설계

2. 표피철근 간격(s)

(1) $f_s = \dfrac{2}{3} f_y = \dfrac{2}{3} \times 400 = 266.67 \text{MPa}$

(2) 철근의 노출을 고려한 계수
$k_{cr} = 280$(건조환경), $k_{cr} = 210$(그 외의 환경)

(3) $s = 375 \left(\dfrac{k_{cr}}{f_s} \right) - 2.5 C_c$
$= 375 \left(\dfrac{210}{266.67} \right) - 2.5 \times 50 = 170.3 \text{mm}$

$s = 300 \left(\dfrac{k_{cr}}{f_s} \right) = 300 \left(\dfrac{210}{266.67} \right) = 236.25 \text{mm}$

∴ $s = 170 \text{mm}$ (두 값 중 작은 값)

3. 항복강도 f_y 이하에서 철근의 응력은 그 변형률의 E_s배를 취한다.

∴ $f_s \leq f_y \rightarrow f_s = E_s \epsilon_s$

4. $b_n = b_g - d - \left(d - \dfrac{s^2}{4g} \right) = b_g - d$ 에서 $d - \dfrac{s^2}{4g} = 0$

∴ $s = \sqrt{4g \cdot d} = \sqrt{4(50)(19+3)} = 66.332 \text{mm}$

5. 유효 목두께(a)

(1) 필렛용접 : 목두께의 방향은 모재 면과 45°로 한다.
$a = \dfrac{1}{\sqrt{2}} s = 0.7 s$

(2) 홈 용접 : 목두께는 모재의 두께를 사용한다.

6. 횡방향 비틀림 철근의 간격은 $\dfrac{p_h}{8}$ 이하, 300mm 이하라야 한다.

7. $\Delta f_p = n f_c = n \left(\dfrac{f_p A_p N}{bh} \right) = 6 \times \left(\dfrac{1,000 \times 150 \times 4}{300 \times 400} \right)$
$= 30 \text{N/mm}^2 = 30 \text{MPa}$

8. ① 상부철근(정착길이 또는 겹침이음부 아래 300mm를 초과되게 굳지 않은 콘크리트를 친 수평철근)인 경우, 철근배근 위치에 따른 보정계수 1.3을 적용한다.
③ 동일한 철근량을 사용할 경우, 가느다란 철근을 사용하는 것이 정착길이를 짧게 하며, 정착에 유리하다.
④ 콘크리트의 평균쪼갬인장강도(f_{sp})가 주어지지 않은 경량콘크리트의 보정계수(λ)는 보통중량콘크리트에서 1.0 이다.

9. $P_d = 0.85 \phi \{ 0.85 f_{ck} (A_g - A_{st}) + f_y A_{st} \}$
$= 0.85 \times 0.7 \left\{ 0.85 \times 27 \left(\dfrac{\pi \times 450^2}{4} - 3,096 \right) + 350 \times 3,096 \right\}$
$= 2,774,239.021 \text{N} \fallingdotseq 2,774 \text{kN}$

10. 수축 및 온도철근의 간격은 슬래브 두께의 5배 이하, 또한 450mm 이하라야 한다.

11. (1) $A_{sf} = \dfrac{\eta 0.85 f_{ck} (b_e - b_w) t_f}{f_y}$
$= \dfrac{0.85(21)[(1,000)-(480)](100)}{(300)}$
$= 3,094 \text{mm}^2$

(2) T형보에 대한 등가응력깊이(a)
$a = \dfrac{(A_s - A_{sf}) f_y}{\eta 0.85 f_{ck} \cdot b_w} = \dfrac{[(7,094)-(3,094)](300)}{1.0 \times 0.85 (21)(480)}$
$= 140.056 \text{mm}$

12. (1) $V_u \leq \dfrac{1}{2} \phi V_c = \dfrac{1}{2} \phi \left(\dfrac{1}{6} \lambda \sqrt{f_{ck}} \cdot b_w \cdot d \right)$

(2) $d = \dfrac{12 V_u}{\phi \lambda \sqrt{f_{ck}} \cdot b_w} = \dfrac{12(60 \times 10^3)}{(0.75)(1.0)\sqrt{(24)}(350)}$
$= 559.883 \text{mm}$

13. 용접부의 압축응력

(1) $P = 360 \text{kN} = 360,000 \text{N}$

(2) $f_c = \dfrac{P}{\sum al} = \dfrac{360,000}{12 \times 250} = 120 \text{MPa}$

14. $\rho_{\min} < \rho < \rho_b$ 이하인 RC보는 과소철근보이므로 인장측 철근이 먼저 항복한다.

15. 현장치기 콘크리트로서, 흙에 접하거나 옥외의 공기에 직접 노출되는 콘크리트의 최소 피복두께는 D19 이상 철근의 경우 50mm이다.

16. 연속보 또는 1방향 슬래브의 휨모멘트와 전단력을 구하기 위해 근사해법은 활하중이 고정하중의 3배를 초과하지 않는 경우에 적용할 수 있다.
[보충] 근사해법의 제한 : $w_L \leq 3w_D$

17. 프리스트레스 도입 후 생기는 손실(시간적 손실)
(1) 콘크리트의 건조수축에 의한 손실
(2) 콘크리트의 크리프에 의한 손실
(3) PS 강재의 릴랙세이션에 의한 손실

18. 콘크리트의 설계전단강도
$$\phi V_c = \phi \left(\frac{\lambda \sqrt{f_{ck}}}{6} \right) b_w d = 0.75 \left(\frac{1.0 \times \sqrt{21}}{6} \right) \times 250 \times 500$$
$$= 71,602.7\,\text{N} \simeq 71.6\,\text{kN}$$

19. (1) 장기처짐 = 탄성처짐 $\times \dfrac{\xi}{1+50\rho'}$

$$= 16 \times \frac{1.4}{1 + 50 \times \frac{1,284}{350 \times 550}} = 16.8\,\text{mm}$$

(2) 총처짐 = 탄성처짐 + 장기처짐 = 16 + 16.8
$$= 32.8\,\text{mm}$$

20. $f_{\text{상면}} = \dfrac{P_e}{A} - \dfrac{P_e \cdot e_p}{Z} + \dfrac{M}{Z}$

$$= \frac{P_e}{bh} - \frac{P_e \cdot e_p}{\frac{bh^2}{6}} + \frac{\frac{wl^2}{8}}{\frac{bh^2}{6}}$$

$$= \frac{2,400 \times 10^3}{400 \times 800} - \frac{(2,400 \times 10^3) \times 200}{\frac{400 \times 800^2}{6}} + \frac{\frac{16 \times 20,000^2}{8}}{\frac{400 \times 800^2}{6}}$$

$$= 15\,\text{MPa}$$

1. ②	2. ①	3. ③	4. ③	5. ③
6. ③	7. ①	8. ②	9. ④	10. ③
11. ③	12. ②	13. ④	14. ①	15. ②
16. ③	17. ④	18. ④	19. ③	20. ④

과년도출제문제(CBT시험문제)

23 토목산업기사
1회 시행 출제문제

※ 본 기출문제는 수험자의 기억을 바탕으로 하여 복원한 문제이므로 실제 문제와 다를 수 있음을 미리 알려드립니다.

1. 그림과 같은 띠철근 기둥에서 띠철근으로 D10(공칭지름 9.5mm) 및 축방향철근으로 D32(공칭지름 31.8mm)의 철근을 사용할 때, 띠철근의 최대 수직간격은?

① 450mm
② 456mm
③ 500mm
④ 509mm

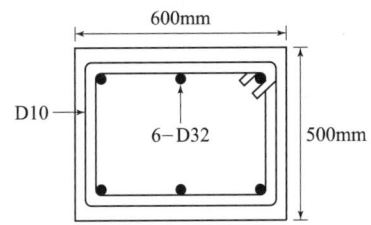

2. 그림과 같은 T형보에서 등가직사각형 응력블록깊이 (a)는? (단, $f_{ck}=28\text{MPa}$, $f_y=400\text{MPa}$, $A_s=3,855\text{mm}^2$)

① 81mm
② 98mm
③ 108mm
④ 116mm

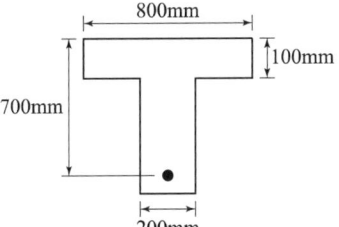

3. 강도설계법의 기본 가정으로 옳지 않은 것은?

① 철근과 콘크리트의 변형률은 중립축으로부터의 거리에 비례한다.
② 콘크리트 압축연단의 최대 변형률은 0.0033으로 한다.
③ 콘크리트의 인장강도는 철근콘크리트 휨 계산에서 무시한다.
④ 콘크리트의 압축응력은 중립축으로부터의 거리에 비례한다.

4. 그림과 같은 단면의 보에서 해당 지속하중에 대한 탄성처짐이 30mm이었다면 크리프 및 건조수축에 따른 추가적인 장기처짐을 고려한 최종 전체처짐량은 몇 mm인가? (단, 하중재하기간은 10년으로 $\xi=2.00$이다.)

① 42.6mm
② 54.7mm
③ 67.5mm
④ 78.3mm

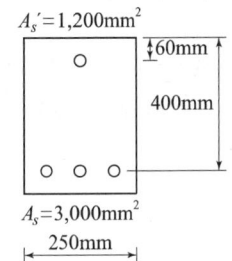

5. 그림과 같이 용접이음을 했을 경우 전단응력은?

① 78.9MPa
② 67.5MPa
③ 57.5MPa
④ 45.9MPa

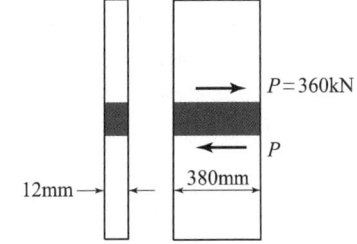

6. 그림과 같은 경간 8m인 단순보에 등분포하중(자중포함) $w=30\text{kN/m}$가 작용하며 PS강재는 단면 도심에 배치되어 있다. Full Prestressing이 되기 위해서는 최소한의 인장력 P를 얼마로 해야 하는가?

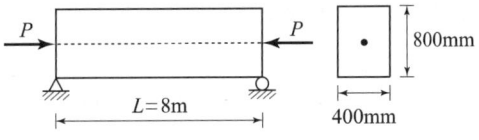

① 1,800kN ② 2,400kN
③ 2,600kN ④ 3,100kN

7. 다음은 철근 이음에 관한 일반사항이다. 옳지 않은 것은?

① D35를 초과하는 철근은 겹침이음을 하지 않아야 한다.
② 이음은 가능한 한 최대 인장응력점으로부터 떨어진 곳에 두어야 한다.
③ 휨부재에서 서로 직접 접촉되지 않게 겹침이음된 철근은 횡방향으로 소요겹침 이음길이의 1/3 또는 200mm 중 작은값 이상 떨어지지 않아야 한다.
④ 다발철근의 겹침이음은 다발 내의 개개 철근에 대한 겹침이음길이를 기본으로 하여 결정하여야 한다.

8. 철근콘크리트 1방향 슬래브에 대한 설명으로 틀린 것은?

① 마주보는 두 변에만 지지되는 슬래브는 1방향 슬래브로 설계하여야 한다.
② 4변에 의해 지지되는 2방향 슬래브 중에서 단변에 대한 장변의 비가 2배를 넘으면 1방향 슬래브로서 해석한다.
③ 슬래브의 두께는 최소 50mm 이상으로 하여야 한다.
④ 슬래브의 정모멘트 철근 및 부모멘트 철근의 중심간격은 위험단면에서는 슬래브 두께의 2배 이하여야 하고, 또한 300mm 이하로 하여야 한다.

9. 고정하중 10kN/m, 활하중 20kN/m의 등분포하중을 받는 경간 8m의 단순지지보에서 하중계수와 하중조합을 고려한 계수 모멘트는?

① 352kN·m   ② 408kN·m
③ 449kN·m   ④ 497kN·m

10. '피복두께'에 대한 설명으로 적합한 것은?

① 콘크리트 표면과 그에 가장 가까이 배치된 주철근 표면 사이의 콘크리트 두께
② 콘크리트 표면과 그에 가장 가까이 배치된 부철근 표면 사이의 콘크리트 두께
③ 콘크리트 표면과 그에 가장 가까이 배치된 가외철근 표면 사이의 콘크리트 두께
④ 콘크리트 표면과 그에 가장 가까이 배치된 철근 표면 사이의 콘크리트 두께

해설 및 정답

1. 띠철근의 수직간격 : ㉮,㉯,㉰ 중 최소 값
  ㉮ 주철근의 16배 이하 : 16×31.8=508.8mm
  ㉯ 띠철근 지름의 48배 이하 : 48×9.5=456mm
  ㉰ 기둥 단면 최소 치수 이하 : 500mm

2. (1) T형보의 판정
$$a = \frac{A_s \cdot f_y}{\eta 0.85 f_{ck} \cdot b_e} = \frac{(3,855)(400)}{0.85(28)(800)}$$
$$= 80.98\text{mm} < t_f (=100\text{mm})$$
  (2) $a < t_f$ 이므로 플랜지폭 $b_e = 81$mm를 폭으로 하는 직사각형 단면 보로 설계한다.

3. 콘크리트의 응력은 중립축으로부터의 거리에 비례하지 않으므로, 압축측 연단에서 $0.85f_{ck}$, 압축응력 등가블럭의 깊이 $a = \beta_1 \cdot c$까지 직사각형 분포로 가정한다.

4. (1) 5년 이상 : $\xi = 2.0$
  (2) 장기처짐 $= (30) \times \dfrac{(2.0)}{1 + 50\left(\dfrac{1,200}{250 \times 400}\right)} = 37.5\text{mm}$
  (3) 총처짐량 $=(30)+(37.5)=67.5$mm

5. (1) 유효목두께(a): 모재의 두께 12mm
  (2) 유효용접길이: 직각거리로 산정
  (3) $F_w = \dfrac{P}{A_n} = \dfrac{P}{a \cdot L_e} = \dfrac{(360 \times 10^3)}{(12)(380)}$
    $= 78.947$N/mm^2 = 78.947MPa

6. $f_{하연} = -\dfrac{P}{A} + \dfrac{M}{Z} = 0$
$$P = A \cdot \frac{M}{Z} = (400 \times 800) \cdot \frac{\left(\dfrac{(30)(8,000)^2}{8}\right)}{\left(\dfrac{(400)(800)^2}{6}\right)}$$
$= 1,800,000$ N $= 1,800$ kN

7. 휨부재에서 서로 직접 접촉되지 않게 겹침이음된 철근은 횡방향으로 소요겹침이음길이의 $\dfrac{1}{5}$ 또는 150mm 중 작은값 이상 떨어지지 않아야 한다.

8. 과도한 처짐 방지를 위해 1방향 Slab의 두께는 최소 100mm 이상이어야 한다.

9. (1) $w_u = 1.2w_D + 1.6w_L$
    $= 1.2(10) + 1.6(20) = 44$kN/m
    $\geq 1.4w_D = 1.4(10) = 14$kN/m
  (2) $M_u = \dfrac{w_u \cdot L^2}{8} = \dfrac{(44)(8)^2}{8} = 352$kN·m

10. 피복두께는 콘크리트 표면에서 가장 근접한 철근 표면까지의 거리이다.

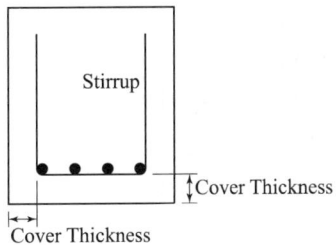

| 1. ② | 2. ① | 3. ④ | 4. ③ | 5. ① |
| 6. ① | 7. ③ | 8. ③ | 9. ① | 10. ④ |

과년도 출제문제(CBT시험문제)

23 토목산업기사 2회 시행 출제문제

※ 본 기출문제는 수험자의 기억을 바탕으로 하여 복원한 문제이므로 실제 문제와 다를 수 있음을 미리 알려드립니다.

1. 그림과 같은 띠철근 기둥에서 띠철근으로 D10(공칭지름 9.5mm) 및 축방향철근으로 D32(공칭지름 31.8mm)의 철근을 사용할 때, 띠철근의 최대 수직간격은?

① 450mm
② 456mm
③ 500mm
④ 509mm

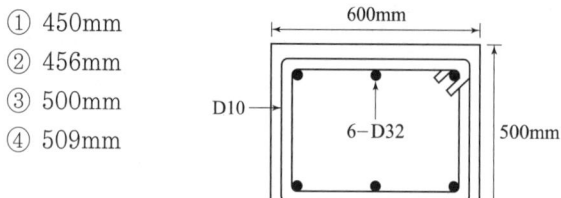

2. $b=300mm$, $d=400mm$, 압축철근량 $A_s'=1,200mm^2$, 인장철근량 $A_s=2,400mm^2$이 배근된 복철근보의 탄성처짐이 15mm라 할 때, 5년 후 지속하중에 의해 유발되는 장기처짐은 얼마인가?

① 15mm
② 20mm
③ 25mm
④ 30mm

3. 철근콘크리트 부재 설계에서 강도감소계수(ϕ)를 사용하는 이유에 해당하지 않는 것은?

① 하중의 변경, 구조해석 할 때의 가정 및 계산의 단순화로 인해 야기될지 모르는 초과하중에 대비한 여유를 반영하기 위해
② 재료 강도와 치수가 변동할 수 있으므로 부재의 강도 저하 확률에 대비
③ 부정확한 설계 방정식에 대비한 여유
④ 구조물에서 차지하는 부재의 중요도 등을 반영

4. 강판형의 경제적인 높이는 무엇에 의해 구해지는가?

① 지압력
② 경간길이
③ 전단력
④ 휨모멘트

5. 그림과 같은 PSC 단순보에 프리스트레스 힘을 4,000kN 작용했을 때 프리스트레스에 의한 상향력은?

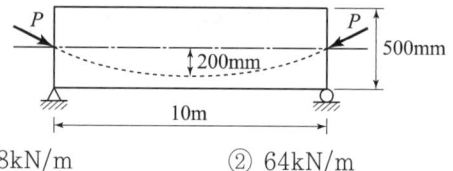

① 48kN/m
② 64kN/m
③ 80kN/m
④ 400kN/m

6. 표준갈고리를 갖는 인장이형철근의 정착길이(l_{dh})에 대한 설명으로 옳은 것은? (단, d_b : 철근의 공칭지름)

① 정착길이(l_{dh})는 항상 $8d_b$ 이상 또한 150mm 이상이어야 한다.
② 정착길이(l_{dh})는 항상 $8d_b$ 이상 또한 300mm 이상이어야 한다.
③ 정착길이(l_{dh})는 항상 $16d_b$ 이상 또한 300mm 이상이어야 한다.
④ 정착길이(l_{dh})는 항상 $16d_b$ 이상 또한 300mm 이상이어야 한다.

7. 철근콘크리트 1방향 슬래브에 대한 설명으로 틀린 것은?

① 1방향 슬래브에서는 정모멘트 철근 및 부모멘트 철근에 직각방향으로 수축온도철근을 배치하여야 한다.
② 4변에 의해 지지되는 슬래브 중에서 단변에 대한 장변의 비가 2배를 넘으면 1방향 슬래브로 설계하여도 좋으며 이때 슬래브의 경간은 장변방향으로 취하여야 한다.
③ 슬래브의 두께는 최소 100mm 이상으로 하여야 한다.
④ 슬래브 정철근 및 부철근의 중심간격은 위험단면에서 슬래브 두께의 2배 이하이어야 하고 또한 300mm 이하로 하여야 한다.

8. 1방향 슬래브 전체단면적이 2,000,000mm², 이형철근 설계기준항복강도 $f_y = 500$MPa인 경우 수축온도철근량의 최소값은?

① 1,800mm²
② 2,400mm²
③ 3,200mm²
④ 3,800mm²

9. 직사각형 보에서 압축상단에서 중립축까지의 거리(c)는 얼마인가? (단, 철근 $D22$ 4본의 단면적은 1,548mm², $b = 300$mm, $f_{ck} = 35$MPa, $f_y = 350$MPa)

① 60.7mm
② 71.4mm
③ 75.9mm
④ 80.9mm

10. 경간 $L = 10$m인 대칭 T형보에서 양쪽 슬래브의 중심간격 2,100mm, 플랜지의 두께 $t_f = 100$mm, 플랜지가 있는 부재의 복부폭 $b_w = 400$mm일 때 플랜지의 유효폭은 얼마인가?

① 2,000mm
② 2,100mm
③ 2,300mm
④ 2,500mm

해설 및 정답

1. ② 띠철근의 수직간격 : ㉮, ㉯, ㉰ 중 최소 값
 ㉮ 주철근의 16배 이하 : 16×31.8=508.8mm
 ㉯ 띠철근 지름의 48배 이하 : 48×9.5=456mm
 ㉰ 기둥 단면 최소 치수 이하 : 500mm

2. (1) 5년 이상 : $\xi = 2.0$
 (2) 장기처짐 $= (15) \times \dfrac{(2.0)}{1+50\left(\dfrac{1,200}{300\times400}\right)} = 20\text{mm}$

3. 강도감소계수의 사용 목적
 (1) 재료강도와 치수가 변동할 수 있으므로 부재의 강도저하 확률에 대비한 여유
 (2) 부정확한 설계방정식에 대비한 여유 및 주어진 하중조건에 대한 부재의 연성도와 소요신뢰도
 (3) 구조물에서 차지하는 부재의 중요도 등을 반영

4. ④ 판형(Plate Girder)의 높이 $h = 1.1\sqrt{\dfrac{M}{f_a \cdot t}}$ 은 휨모멘트에 의해 구해진다.

5. $u = \dfrac{8P \cdot s}{L^2} = \dfrac{8(4,000)(0.2)}{(10)^2} = 64\text{kN/m}$

6. 표준갈고리 (Standard Hook)를 갖는 인장이형 철근의 소요(실제)정착길이
 $l_{dh} = l_{hb} \times$ 보정계수 $\geq 8d_b$, 150mm

7. ② 4변에 의해 지지되는 슬래브 중에서 단변에 대한 장변의 비가 2배를 넘으면 1방향 슬래브로 설계하여도 좋으며 이때 슬래브의 경간은 단변방향으로 취하여야 한다.

8. (1) $f_y = 400\text{MPa}$ 초과 : $\rho = 0.0020 \times \dfrac{400}{f_y} \geq 0.0014$
 (2) $\rho = 0.0020 \times \dfrac{400}{(500)} = 0.0016 \geq 0.0014$
 (3) $A_{s,\min} = (2,000,000)(0.0016) = 3,200\text{mm}^2$

9. (1) $f_{ck} \leq 40\text{MPa}$: $\beta_1 = 0.80$, $\eta = 1.0$
 (2) $a = \dfrac{A_s \cdot f_y}{\eta 0.85 f_{ck} \cdot b} = \dfrac{(1,548)(350)}{0.85(35)(300)} = 60.71\text{mm}$
 (3) $a = \beta_1 \cdot c$ ☞ $c = \dfrac{a}{\beta_1} = \dfrac{(60.71)}{(0.80)} = 75.89\text{mm}$

10. ㉮, ㉯, ㉰ 중 최소 값
 ㉮ $16t_f + b_w = 16(100) + (400) = 2,000\text{mm}$
 ㉯ 양쪽 슬래브 중심간 거리 $= 2,100\text{mm}$
 ㉰ 보 경간의 $\dfrac{1}{4} = (10 \times 10^3) \times \dfrac{1}{4} = 2,500\text{mm}$

1. ②	2. ②	3. ①	4. ④	5. ②
6. ①	7. ②	8. ③	9. ③	10. ①

과년도출제문제(CBT시험문제)

23 토목산업기사
4회 시행 출제문제

※ 본 기출문제는 수험자의 기억을 바탕으로 하여 복원한 문제이므로 실제 문제와 다를 수 있음을 미리 알려드립니다.

1. 철근콘크리트가 성립하는 이유에 대한 설명으로 틀린 것은?

① 철근과 콘크리트와의 부착력이 크다.
② 콘크리트 속에 묻힌 철근은 부식하지 않는다.
③ 철근과 콘크리트의 탄성계수는 거의 같다.
④ 철근과 콘크리트는 온도에 대한 팽창계수가 거의 같다.

2. $f_{ck}=24$MPa이고, 보통골재를 사용한 콘크리트와 철근의 탄성계수비(n)는?

① 6.75
② 7.75
③ 8.25
④ 9.15

3. 단철근 직사각형 보에서 $f_y=400$MPa, $f_{ck}=28$MPa일 때, 강도설계법에 의한 균형철근비(ρ_b)는?

① 0.0432
② 0.0384
③ 0.0296
④ 0.0242

4. 최소철근량도보다 많고 균형철근량보다 적은 인장철근량을 가진 보가 휨에 의해 파괴되는 경우에 대한 설명으로 옳은 것은?

① 취성파괴를 한다.
② 연성파괴를 한다.
③ 사용철근량이 균형철근량보다 적은 경우는 보로서 의미가 없다.
④ 중립축이 인장측으로 내려오면서 철근이 먼저 파괴한다.

5. 철근콘크리트의 전단철근에 관한 다음 설명 중 틀린 것은?

① $\frac{2}{3}\sqrt{f_{ck}} \cdot b_w \cdot d \geq V_s > \frac{1}{3}\sqrt{f_{ck}} \cdot b_w \cdot d$의 경우에 수직스터럽의 간격은 $\frac{d}{5}$ 이하, 또한 200mm 이하로 한다.
② $V_s \leq \frac{1}{3}\sqrt{f_{ck}} \cdot b_w \cdot d$의 경우에 수직스터럽의 간격은 $\frac{d}{2}$ 이하, 또한 600mm 이하로 한다.
③ $\frac{1}{2}\phi V_c < V_u \leq \phi V_c$의 구간에 최소전단철근을 배치한다.
④ 전단설계 $V_u \leq \phi V_n$의 관계식에 기초한다.

6. 옹벽의 설계에 대한 일반적인 설명으로 틀린 것은?

① 활동에 대한 저항력은 옹벽에 작용하는 수평력의 1.5배 이상이어야 한다.
② 전도에 대한 저항휨모멘트는 횡토압에 의한 전도모멘트의 2.0배 이상이어야 한다.
③ 캔틸레버식 옹벽의 전면벽은 저판에 지지된 캔틸레버로 설계할 수 있다.
④ 뒷부벽은 직사각형보로 설계하여야 한다.

7. 인장이형철근의 정착길이에 대한 설명으로 틀린 것은?

① 인장이형철근의 정착길이(l_d)는 기본정착길이(l_{db})에 보정계수를 고려하여 구할 수 있다.
② 인장이형철근의 정착길이는 철근의 항복강도(f_y)에 비례한다.
③ 인장이형철근의 정착길이는 콘크리트의 설계기준압축강도(f_{ck})의 제곱근에 반비례한다.
④ 인장이형철근의 정착길이(l_d)는 항상 500mm 이상이어야 한다.

8. PS강재에 요구되는 일반적인 성질 중 옳지 않은 것은?

① 인장강도가 클 것
② 적당한 늘음과 인성이 있을 것
③ 직선성이 좋을 것
④ 릴랙세이션(Relaxation)이 클 것

9. PSC부재에서 프리스트레스(Prestress)의 직접적인 감소원인이 아닌 것은?

① 콘크리트의 탄성변형
② 마찰 및 정착단 활동
③ 콘크리트의 건조수축 및 크리프(Creep)
④ PS강재의 편심량

10. 그림과 같은 리벳이음에서 허용전단응력이 70MPa이고, 허용지압응력이 150MPa일 때 이 리벳의 강도는? (단, 리벳지름 $d=22$mm, 철판 두께 $t=12$mm)

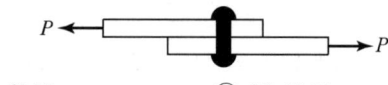

① 26.6kN   ② 39.6kN
③ 30.4kN   ④ 42.2kN

해설 및 정답

1. ③ 철근의 탄성계수($E_s = 200,000$[MPa])는 콘크리트 탄성계수 ($E_c = 8,500 \cdot \sqrt[3]{f_{cu}}$[MPa])의 6~10배 정도이다.

2. $n = \dfrac{E_s}{E_c} = \dfrac{200,000}{8,500 \cdot \sqrt[3]{(24)+(4)}} = 7.748$

3. (1) $f_{ck} \leq 40$MPa : $\beta_1 = 0.80$
(2) $\rho_b = \dfrac{\eta 0.85 f_{ck}}{f_y} \cdot \beta_1 \cdot \dfrac{660}{660+f_y}$
$= \dfrac{0.85(28)}{(400)} \cdot (0.80) \cdot \dfrac{660}{660+(400)} = 0.02964$

4. ② 균형철근비 미만($\rho_t < \rho_b$)

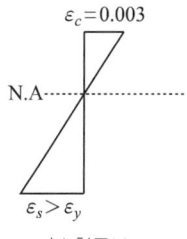
과소철근보

과소철근보이므로 중립축이 압축측으로 상향하며, 인장측 철근이 먼저 극한변형률에 도달하여 인장철근의 연성파괴가 발생한다.

5. ① $\dfrac{2}{3}\sqrt{f_{ck}} \cdot b_w \cdot d \geq V_s > \dfrac{1}{3}\sqrt{f_{ck}} \cdot b_w \cdot d$의 경우수직 스터럽의 간격은 $\dfrac{d}{4}$ 이하, 또한 300mm 이하로 한다.

6. ④ 뒷부벽은 T형보로 설계하여야 한다.

7. 인장이형철근의 정착길이(l_d)는 항상 300mm 이상이어야 한다.

8. ④ 긴장재의 릴랙세이션이 작을 것

9. ④ 프리스트레스 손실

(1) 프리스트레스 도입 시 (=즉시 손실)	(2) 프리스트레스 도입 후 (=시간적 손실)
① 콘크리트의 탄성변형 (탄성수축)	① 콘크리트 건조수축
② 강재와 시스(Sheath)의 마찰 ※ Post-Tension 에서만 발생	② 콘크리트 크리프
③ 정착단의 활동	③ 긴장재 릴랙세이션

10. (1), (2) 중 작은 값
(1) 볼트의 전단강도
$R_v = \tau_a \cdot A = \tau_a \cdot \dfrac{\pi d^2}{4}$
$= (70) \cdot \dfrac{\pi(22)^2}{4} = 26,609$N $= 26.609$kN
(2) 접합판 지압강도
$R_p = f_p \cdot A = f_p \cdot d \cdot t$
$= (150)(22)(12) = 39,600$N $= 39.600$kN

| 1. ③ | 2. ② | 3. ③ | 4. ② | 5. ① |
| 6. ④ | 7. ④ | 8. ④ | 9. ④ | 10. ① |

1. 다음은 프리스트레스트 콘크리트에 관한 설명이다. 옳지 않은 것은?

① 탄력성과 복원성이 강한 구조부재이다.
② RC 부재보다 경간을 길게 할 수 있고 단면을 작게 할 수 있어 구조물이 날렵하다.
③ RC에 비해 강성이 작아서 변형이 크고 진동하기 쉽다.
④ RC 보다 내화성에 있어서 유리하다.

2. PSC 부재의 프리스트레스 감소원인 중 프리스트레스를 도입한 후 시간의 경과에 의해 발생하는 것은?

① PS강재의 릴랙세이션으로 인한 손실
② PS강재와 시스의 마찰로 인한 손실
③ 정착장치의 활동으로 인한 손실
④ 콘크리트의 탄성변형으로 인한 손실

3. 그림과 같은 판형에서 Stiffener(보강재)의 사용목적은?

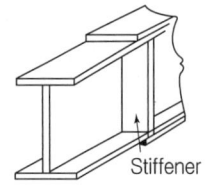

① Web Plate의 좌굴을 방지하기 위하여
② Flange Angle의 간격을 넓게 하기 위하여
③ Flange의 강성을 보강하기 위하여
④ 보 전체의 비틀림에 대한 강도를 크게 하기 위하여

4. 인장철근 D19(공칭직경 : 19.1mm)를 정착시키는데 필요한 기본정착길이(l_{db})는? (단, $f_{ck}=21$MPa, $f_y=300$MPa, 보정계수는 없는 것으로 간주한다.)

① 542mm ② 751mm
③ 987mm ④ 1,125mm

5. 뒷부벽식 옹벽을 설계할 때 뒷부벽에 대한 설명으로 옳은 것은?

① T형보로 설계하여야 한다.
② 캔틸레버보로 설계하여야 한다.
③ 직사각형보로 설계하여야 한다.
④ 3변 지지된 2방향 슬래브로 설계하여야 한다.

6. 슬래브 설계에서 직접설계법을 사용하고자 할 때 제한사항으로 틀린 것은?

① 각 방향으로 3경간 이상 연속되어야 한다.
② 슬래브판들은 단변경간에 대한 장변경간의 비가 2 이하인 직사각형이어야 한다.
③ 연속한 기둥 중심선을 기준으로 기둥의 어긋남은 그 방향 경간의 10% 이하이여야 한다.
④ 모든 하중은 모멘트하중으로서 슬래브판 전체에 등분포되어야 하며, 활하중은 고정하중의 $\frac{1}{2}$ 이상이어야 한다.

7. 강도감소계수(ϕ)의 사용 목적에 대한 설명으로 틀린 것은?

① 재료 강도와 치수가 변동할 수 있으므로 부재의 강도저하 확률에 대비한 여유를 위해서
② 초과하중 및 구조물의 용도변경에 따른 여유를 반영하기 위해서
③ 구조물에서 차지하는 부재의 중요도 등을 반영하기 위해서
④ 부정확한 설계방정식에 대비한 여유를 반영하기 위해서

8. 하중재하기간이 5년이 넘은 경우 장기처짐량은 얼마인가? (단, 단기의 순간탄성처짐량은 30mm이고, 이 보는 단순부재로서 중앙단면의 압축철근비 ρ'는 0.02이다.)

① 10mm ② 30mm
③ 40mm ④ 60mm

9. 강도설계법에서 등가직사각형 응력블록의 깊이(a)는 다음 표와 같은 식으로 구할 수 있다. 여기서 f_{ck}가 38MPa인 경우 β_1의 값은?

① 0.74 ② 0.76
③ 0.78 ④ 0.80

10. 그림에 나타난 직사각형 단철근보의 공칭전단강도 V_n을 계산하면? (단, 철근 D10을 수직스터럽(Stirrup)으로 사용하며, 스터럽 간격은 200mm, 철근 D10 1본의 단면적은 71mm², $f_{ck}=28$MPa, $f_{yt}=350$MPa)

① 119kN
② 176kN
③ 231kN
④ 287kN

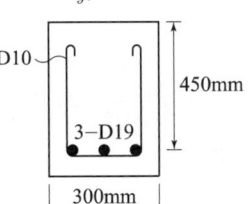

해설 및 정답

1. ④ PSC는 RC 부재에 비해 고강도 재료를 사용하므로 단면이 65~80%로 작기 때문에 변형, 진동, 내화성에 불리하게 된다.

2.

(1) 프리스트레스 도입 시 (=즉시 손실)	(2) 프리스트레스 도입 후 (=시간적 손실)
① 콘크리트의 탄성변형 (탄성수축)	① 콘크리트 건조수축
② 강재와 시스(Sheath)의 마찰 ※ Post-Tension에서만 발생	② 콘크리트 크리프
③ 정착단의 활동	③ 긴장재 릴랙세이션

3. Stiffener는 복부판(Web Plate)이 얇아 발생될 수 있는 국부좌굴을 방지하기 위해 사용된다.

4. $l_{db} = \dfrac{0.6 d_b \cdot f_y}{\lambda \sqrt{f_{ck}}} = \dfrac{0.6(19.1)(300)}{(1.0)\sqrt{(21)}} = 750.23 \text{mm}$

5. (1) 저판 : 부벽간 거리를 경간으로 하는 연속보 또는 고정보로 설계
(2) 전면벽 : 3변 지지 2방향 슬래브로 설계
(3) 앞부벽 : 직사각형보로 설계
(4) 뒷부벽 : T형보로 설계

6. ④ 모든 하중은 슬래브판 전체에 등분포된 연직하중이어야 하며, 활하중은 고정하중의 2배 이하이어야 한다.

7. (1) 재료강도와 치수가 변동할 수 있으므로 부재의 강도저하 확률에 대비한 여유
(2) 부정확한 설계방정식에 대비한 여유 및 주어진 하중조건에 대한 부재의 연성도와 소요신뢰도
(3) 구조물에서 차지하는 부재의 중요도 등을 반영

8. (1) 5년 이상 : $\xi = 2.0$
(2) 장기처짐 $= (30) \times \dfrac{(2.0)}{1 + 50(0.02)} = 30 \text{mm}$

9. $f_{ck} \leq 40 \text{MPa}$: $\beta_1 = 0.80$

10. (1) 콘크리트의 전단강도
① $V_c = \dfrac{1}{6} \lambda \sqrt{f_{ck}} \cdot b_w \cdot d$
$= \dfrac{1}{6}(1.0)\sqrt{(28)}(300)(450)$
$= 119{,}059 \text{ N} = 119.059 \text{ kN}$
(2) 수직 Stirrup의 전단강도
$V_s = \dfrac{A_v \cdot f_{yt} \cdot d}{s} = \dfrac{(2개 \times 71)(350)(450)}{(200)}$
$= 111{,}825 \text{ N} = 111.825 \text{ kN}$
(3) $V_n = V_c + V_s = (119.059) + (111.825)$
$= 230.884 \text{ kN}$

| 1. ④ | 2. ① | 3. ① | 4. ② | 5. ① |
| 6. ④ | 7. ② | 8. ② | 9. ④ | 10. ③ |

과년도출제문제(CBT시험문제)

24 토목산업기사
2회 시행 출제문제

※ 본 기출문제는 수험자의 기억을 바탕으로 하여 복원한 문제이므로 실제 문제와 다를 수 있음을 미리 알려드립니다.

1. 지름 30mm인 고장력볼트를 사용하여 강판을 연결하고자 할 때 강판에 뚫어야 할 구멍의 지름은?

① 31.5mm　　② 32mm
③ 32.5mm　　④ 33mm

2. 인장이형철근의 최소 정착길이는 얼마 이상이어야 하는가?

① 200mm　　② 300mm
③ 400mm　　④ 500mm

3. 전단설계의 원칙에 대한 설명으로 틀린 것은?

① 공칭전단강도(V_n)에 강도감소계수를 곱한 값이 계수전단력(V_u)보다 크게 설계하여야 한다.
② 공칭전단강도(V_n)는 콘크리트에 의한 전단강도(V_c)에서 전단철근에 의한 공칭전단강도(V_s)를 뺀 값이다.
③ 공칭전단강도(V_n)를 결정할 때, 부재에 개구부가 있는 경우에는 그 영향을 고려하여야 한다.
④ 콘크리트에 의한 전단강도(V_c)를 결정할 때, 구속된 부재에서 크리프와 건조수축으로 인한 축방향 인장력을 고려하여야 한다.

4. 콘크리트의 설계기준강도가 40MPa인 경우 콘크리트의 탄성계수 E_c는? (단, 보통골재를 사용한 콘크리트이다.)

① $2.76 \times 10^4 \text{MPa}$　　② $2.86 \times 10^4 \text{MPa}$
③ $2.91 \times 10^4 \text{MPa}$　　④ $3.00 \times 10^4 \text{MPa}$

5. 그림과 같은 띠철근 기둥의 공칭축강도(P_n)는 얼마인가? (단, $f_{ck}=24$MPa, $f_y=300$MPa, 종방향 철근의 전체 단면적 $A_{st}=2,027\text{mm}^2$이다.)

① 2,145.7kN
② 2,279.2kN
③ 3,064.6kN
④ 3,492.2kN

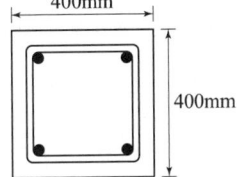

6. 프리스트레스 도입 시의 프리스트레스 손실원인이 아닌 것은?

① 정착장치의 활동
② 콘크리트의 탄성수축
③ 긴장재와 덕트 사이의 마찰
④ 콘크리트의 크리프와 건조수축

7. 철근콘크리트가 하나의 구조체로서 성립하는 이유로서 틀린 것은?

① 콘크리트 속에 묻힌 철근은 녹슬지 않는다.
② 철근과 콘크리트 사이의 부착강도가 크다.
③ 철근과 콘크리트의 열에 대한 팽창계수는 거의 비슷하다.
④ 철근과 콘크리트의 탄성계수는 거의 비슷하다.

8. 프리스트레스트 콘크리트에서 콘크리트의 건조수축 변형률이 19×10^{-5}일 때 긴장재 인장응력의 감소량은? (단, 긴장재의 탄성계수는 2.0×10^5MPa이다.)

① 38MPa　　② 41MPa
③ 42MPa　　④ 45MPa

9. 옹벽설계시의 안정 조건이 아닌 것은?

① 전도에 대한 안정
② 지반 지지력에 대한 안정
③ 활동에 대한 안정
④ 마찰력에 대한 안정

10. 보의 휨파괴에 대한 설명 중 틀린 것은?

① 과소철근보는 철근이 먼저 항복하게 되지만 철근은 연성이 크기 때문에 파괴는 단계적으로 일어난다.
② 과다철근보는 철근량이 많기 때문에 더욱 느린 속도로 파괴되고 위험예측이 가능하다.
③ 인장철근이 항복강도 f_y에 도달함과 동시에 콘크리트도 극한변형률에 도달하여 파괴되는 보를 균형철근보라 한다.
④ 인장으로 인한 파괴 시 중립축은 위로 이동한다.

해설 및 정답

1. 고장력볼트의 지름(mm)
 $d = 30 + 3 = 33\text{mm}$

2. 인장이형철근의 정착길이(l_d)는 항상 300mm 이상이어야 한다.

3. ② 공칭전단강도(V_n)는 콘크리트에 의한 전단강도(V_c)와 전단철근에 의한 공칭전단강도(V_s)를 더한 값이다.

4. 보통골재를 사용하는 경우의 탄성계수
 (1) $f_{ck} \leq 40\text{MPa}$: $\Delta f = 4\text{MPa}$
 (2) $E_c = 8{,}500 \cdot \sqrt[3]{f_{cu}}$
  $= 8{,}500 \cdot \sqrt[3]{(40)+(4)} = 30{,}008\text{MPa}$

5. (1) 띠철근이므로 $\alpha = 0.80$
 (2) $P_A = \alpha[0.85 f_{ck}(A_g - A_{st}) + f_y A_{st}]$
  $= (0.80)[0.85(24)[(400 \times 400) - (2{,}027)]$
   $+ (300)(2{,}027)]$
  $= 3{,}064{,}599\text{N} = 3{,}064.6\text{kN}$

6. (1) 도입손실 = 즉시 손실
 • 정착장치의 활동
 • 콘크리트의 탄성수축
 • 포스트텐션 긴장재와 덕트 사이의 마찰
 (2) 도입 후 손실 = 시간적 손실
 • 콘크리트의 크리프
 • 콘크리트의 건조수축
 • 긴장재 응력의 릴랙세이션

7. 철근의 탄성 계수 E_s는 콘크리트의 탄성 계수 E_c보다 n배 크다.

8. $\Delta f_p = E_{ps} \cdot \epsilon_{sh}$
  $= (2.0 \times 10^5) \times (19 \times 10^{-5}) = 38\text{MPa}$

9. 옹벽의 안정 조건
 • 전도에 대한 안정
 • 활동에 대한 안정
 • 지반지지력(침하)에 대한 안정

10. 과다철근보는 철근량이 균형철근량보다 많아 콘크리트가 먼저 파괴되는 취성파괴가 발생하므로 위험예측이 어렵다.

| 1. ④ | 2. ② | 3. ② | 4. ④ | 5. ③ |
| 6. ④ | 7. ④ | 8. ① | 9. ④ | 10. ② |

과년도 출제문제(CBT시험문제)

24 토목산업기사
3회 시행 출제문제

※ 본 기출문제는 수험자의 기억을 바탕으로 하여 복원한 문제이므로 실제 문제와 다를 수 있음을 미리 알려드립니다.

1. 슬래브의 단변 $S=3m$, 장변 $L=4.5m$에 집중하중 $P=150kN$이 슬래브의 중앙에 작용한 경우 단변 S가 부담하는 하중은 얼마인가?

① 73kN
② 77kN
③ 116kN
④ 83kN

2. 옹벽설계시의 안정 조건이 아닌 것은?

① 전도에 대한 안정
② 마찰력에 대한 안정
③ 활동에 대한 안정
④ 지반 지지력에 대한 안정

3. 경간이 8m인 캔틸레버 보에서 처짐을 계산하지 않는 경우 보의 최소 두께로서 옳은 것은? (단, 보통중량 콘크리트를 사용한 경우로서 $f_{ck}=28MPa$, $f_y=400MPa$ 이다.)

① 1000mm
② 800mm
③ 600mm
④ 500mm

4. 다음 중 스터럽을 쓰는 이유로 옳은 것은?

① 보의 강성(剛性)을 높이고 사인장 응력을 받게 하기 위하여
② 콘크리트의 탄성을 높이기 위하여
③ 콘크리트가 옆으로 튀어 나오는 것은 방지하기 위하여
④ 철근의 조립을 위하여

5. 그림과 같은 판형(Plate Girder)의 각부 명칭으로 틀린 것은?

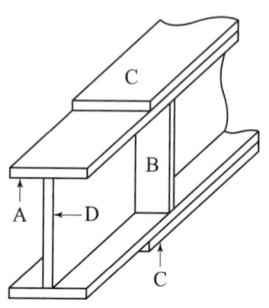

① A – 상부판(Flange)
② B – 보강재(Stiffener)
③ C – 덮개판(Cover plate)
④ D – 횡구(Bracing)

6. 강도설계법에 의해 콘크리트 구조물을 설계할 때 안전을 위해 사용하는 강도감소계수 ϕ의 값으로 옳지 않은 것은?

① 인장지배단면 : 0.85
② 포스트텐션 정착구역 : 0.85
③ 압축지배단면으로서 나선철근으로 보강된 철근 콘크리트 부재 : 0.65
④ 전단력과 비틀림모멘트를 받는 부재 : 0.75

7. 콘크리트의 크리프에 영향을 미치는 요인들에 대한 설명으로 틀린 것은?

① 물-시멘트비가 클수록 크리프가 크게 일어난다.
② 단위 시멘트량이 많을수록 크리프가 증가한다.
③ 습도가 높을수록 크리프가 증가한다.
④ 온도가 높을수록 크리프가 증가한다.

8. 그림과 같은 단순보에서 자중을 포함하여 계수하중이 20kN/m작용하고 있다. 이 보의 위험단면에서 전단력은 얼마인가?

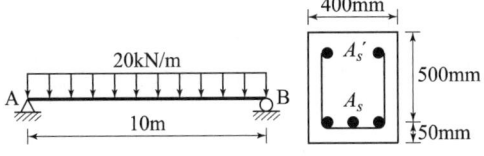

① 100kN
② 90kN
③ 80kN
④ 70kN

9. 강도설계법의 가정으로 틀린 것은?

① 철근과 콘크리트의 변형률은 중립축으로부터의 거리에 비례한다.
② 압축측 연단에서 콘크리트의 극한 변형률은 0.0033으로 가정한다.
③ 휨응력 계산에서 콘크리트의 인장강도는 무시한다.
④ 극한강도 상태에서 콘크리트의 응력은 그 변형률에 비례한다.

10. 아래 그림과 같은 단철근 직사각형 단면보의 설계 휨강도 ϕM_n을 구하면?(단, $A_s = 2,000mm^2$, $f_{ck} = 24MPa$, $f_y = 400MPa$, 이 단면은 인장지배단면이다.)

① 243.8kN·m
② 274.1kN·m
③ 295.6kN·m
④ 324.7kN·m

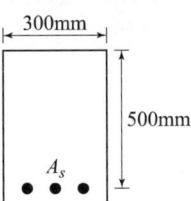

해설 및 정답

1. ③ 집중하중이 작용하는 경우 분담하중은 길이의 3승에 반비례하므로

$$P_S = \frac{L^3}{S^3 + L^3}P = \frac{4.5^3}{3^3 + 4.5^3}(150) = 115.71\,\text{kN} \simeq 116\,\text{kN}$$

[보충]
등분포하중이 작용하는 경우 분담하중은 길이의 4승에 반비례한다.

2. ② 옹벽의 안정 조건에는 전도, 활동, 침하, 지지력에 대한 안정조건이 있다.

3. ① 처짐 계산을 하지 않는 경우 캔틸레버 보의 최소두께

$$\frac{l}{8} = \frac{8,000}{8} = 1,000\,\text{mm}$$

4. ① 스터럽(전단철근)은 보에 작용하는 전단응력 또는 사인장응력에 의한 균열을 막음으로써 보의 강성을 높이기 위해 배치한다.

5. ④ 판형(Plate Girder)

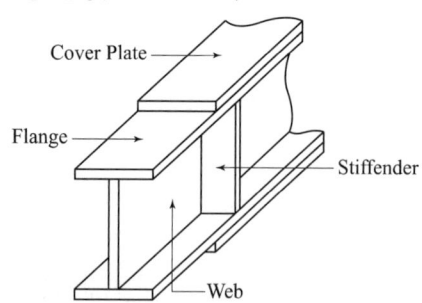

6. ③ 압축지배단면으로서 나선철근으로 보강된 철근콘크리트 부재 : 0.70

7. ③ 크리프에 영향을 미치는 요인
- 물시멘트비 : 클수록 크리프가 크게 발생
- 단위시멘트량 : 많을수록 크리프 증가
- 온도 : 높을수록 크리프 증가
- 상대습도 : 높을수록 크리프 작게 발생
- 응력 : 클수록 크리프 증가
- 콘크리트의 강도 및 재령 : 클수록 크리프 작게 발생

8. ② 전단위험단면에서의 계수전단력(V_u)

$$V_u = \frac{w_u \cdot L}{2} - w_u \cdot d = \frac{(20)(10)}{2} - (20)(0.5) = 90\,\text{kN}$$

9. ④ 강도설계법에서 콘크리트 압축응력은 $\eta 0.85f_{ck}$로 등가직사각형분포하며 압축연단으로부터 $a = \beta_1 c$ 깊이까지 등분포한다.

10. ③ $\phi M_n = \phi\left\{A_s f_y\left(d - \dfrac{a}{2}\right)\right\}$

$$= 0.85\left\{2,000 \times 400 \times \left(500 - \frac{130.72}{2}\right)\right\}$$
$$= 295,555,200\,\text{N}\cdot\text{mm} \simeq 295,6\,\text{kN}\cdot\text{m}$$

$$\left[\begin{array}{l} a = \dfrac{A_s f_y}{\eta 0.85 f_{ck} b} = \dfrac{2,000 \times 400}{1.0 \times 0.85 \times 24 \times 300} \simeq 130.72\,\text{mm} \\ \epsilon_t = \dfrac{0.0033}{\dfrac{a}{\beta_1}}d_t - 0.0033 = \dfrac{0.0033}{\dfrac{130.72}{0.80}} \times 500 - 0.0033 \\ \simeq 0.00679 > 0.005\,(\text{인장지배 변형률 한계}) \\ \therefore \text{인장지배단면이므로 } \phi = 0.85 \end{array}\right]$$

1. ③	2. ②	3. ①	4. ①	5. ④
6. ③	7. ③	8. ②	9. ④	10. ③

과년도출제문제(CBT시험문제) — 25 토목산업기사 1회 시행 출제문제

1. 뒷부벽식 옹벽을 설계할 때 뒷부벽에 대한 설명으로 옳은 것은?

① T형보로 설계하여야 한다.
② 캔틸레버보로 설계하여야 한다.
③ 직사각형보로 설계하여야 한다.
④ 3변 지지된 2방향 슬래브로 설계하여야 한다.

2. 시간과 더불어 진행되는 장기처짐은 탄성처짐에 λ_Δ 계수를 곱하여 사용한다. 이때 λ_Δ의 값으로 옳은 것은? (단, 재하기간은 1년이며, ρ'(압축철근비)=0.01)

① 0.63 ② 0.73
③ 0.83 ④ 0.93

3. 철근콘크리트 부재 설계에서 강도감소계수(ϕ)를 사용하는 이유에 해당하지 않는 것은?

① 하중의 변경, 구조해석 할 때의 가정 및 계산의 단순화로 인해 야기될지 모르는 초과하중에 대비한 여유를 반영하기 위해
② 재료 강도와 치수가 변동할 수 있으므로 부재의 강도 저하 확률에 대비
③ 부정확한 설계 방정식에 대비한 여유
④ 구조물에서 차지하는 부재의 중요도 등을 반영

4. 아래 그림과 같은 판형에서 스티프너(stiffener)의 주된 사용목적은?

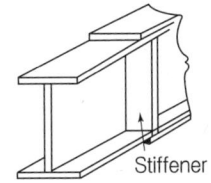

① web plate의 좌굴을 방지하기 위하여
② flange angle의 간격을 넓게 하기 위하여
③ flange의 강성을 보강하기 위하여
④ 보 전체의 비틀림에 대한 강도를 크게 하기 위하여

5. 인장철근 D19(공칭직경 : 19.1mm)를 정착시키는데 필요한 기본정착길이(l_{db})는? (단, $f_{ck}=25$MPa, $f_y=400$MPa, 보정계수는 고려하지 않는다.)

① 542mm ② 751mm
③ 917mm ④ 1,125mm

6. 다음은 프리스트레스트 콘크리트에 관한 설명이다. 옳지 않은 것은?

① 탄력성과 복원성이 강한 구조부재이다.
② RC 부재보다 경간을 길게 할 수 있고 단면을 작게 할 수 있어 구조물이 날렵하다.
③ RC에 비해 강성이 작아서 변형이 크고 진동하기 쉽다.
④ RC보다 내화성에 있어서 유리하다.

7. 프리스트레스 손실원인 중 프리스트레스 도입 후 시간이 경과함에 따라서 생기는 것은 어느 것인가?

① 콘크리트의 탄성수축
② 긴장재의 릴랙세이션
③ PS 강재와 시스의 마찰
④ 정착단의 활동

8. 그림과 같은 보에서 콘크리트가 부담할 수 있는 공칭전단강도(V_c)는? (단, 보통중량 콘크리트 $f_{ck}=28$MPa, $f_y=400$MPa)

① 111.1kN
② 134.6kN
③ 165.2kN
④ 194.3kN

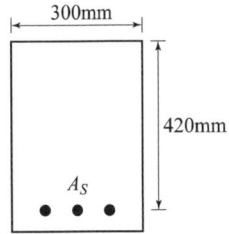

9. 강도설계법에서 $f_{ck}=35$MPa인 경우 β_1의 값은?

① 0.78　　　② 0.80
③ 0.82　　　④ 0.85

10. 아래는 1방향 슬래브 벽체 또는 슬래브의 휨주철근 간격에 대한 내용이다. 아래의 (　) 안에 들어갈 ㉠, ㉡으로 옳은 것은?

벽체 또는 슬래브에서 휨 주철근의 간격은 벽체나 슬래브 두께의 (㉠)배 이하로 하여야 하고, 또한 (㉡)mm 이하로 하여야 한다.

① ㉠ : 2, ㉡ : 350
② ㉠ : 3, ㉡ : 350
③ ㉠ : 2, ㉡ : 450
④ ㉠ : 3, ㉡ : 450

해설 및 정답

1. 앞부벽은 직사각형보로 뒷부벽은 T형보로 설계한다.

2. 1년일 때의 시간경과 계수 : $\xi = 1.4$
$$\lambda_\Delta = \frac{\xi}{1+50\rho'} = \frac{(1.4)}{1+50(0.01)} = 0.93$$

3. 강도감소계수의 사용 목적
 (1) 재료강도와 치수가 변동할 수 있으므로 부재의 강도 저하 확률에 대비한 여유
 (2) 부정확한 설계방정식에 대비한 여유 및 주어진 하중 조건에 대한 부재의 연성도와 소요신뢰도
 (3) 구조물에서 차지하는 부재의 중요도 등을 반영

4. 판형에서 보강재(Stiffener)를 사용하는 이유는 복부판 (web plate)의 좌굴을 방지하기 위함이다.

5. $l_{db} = \dfrac{0.6 d_b \cdot f_y}{\lambda \sqrt{f_{ck}}} = \dfrac{0.6(19.1)(400)}{(1.0)\sqrt{(25)}} = 916.8\text{mm}$

6. PSC는 RC 부재에 비해 고강도 재료를 사용하므로 단면이 65~80%로 작기 때문에 변형, 진동, 내화성에 불리하게 된다.

7.

(1) 프리스트레스 도입 시 (=즉시 손실)	(2) 프리스트레스 도입 후 (=시간적 손실)
① 콘크리트의 탄성변형 (탄성수축)	① 콘크리트 건조수축
② 강재와 시스(Sheath)의 마찰 ※ Post-Tension에서만 발생	② 콘크리트 크리프
③ 정착단의 활동	③ 긴장재 릴랙세이션

8. $V_c = \dfrac{1}{6}\lambda\sqrt{f_{ck}} \cdot b_w \cdot d = \dfrac{1}{6}(1.0)\sqrt{(28)}\,(300)(450)$
$= 111{,}122\text{ N} = 111.122\text{ kN}$

9. $f_{ck} \le 40\text{MPa} : \beta_1 = 0.80$

10. 벽체 또는 슬래브에서 휨 주철근의 간격은 벽체나 슬래브 두께의 3배 이하로 하여야 하고, 또한 450mm 이하로 하여야 한다.

1. ①	2. ④	3. ①	4. ①	5. ③
6. ④	7. ②	8. ①	9. ②	10. ④

과년도 출제문제(CBT시험문제)

25 토목산업기사
2회 시행 출제문제

1. 다음 중 일반적인 철근의 정착방법 종류가 아닌 것은?
① 묻힘길이에 의한 정착
② 갈고리에 의한 정착
③ 약품에 의한 정착
④ 철근의 가로 방향에 T형이 되도록 철근을 용접해 붙이는 정착

2. 아래의 표에서 설명하고 있는 프리스트레스트 콘크리트의 개념은?

> 콘크리트에 프리스트레스를 도입하면 콘크리트가 탄성체로 전환된다는 생각으로서, 가장 널리 통용되고 있는 PSC의 기본적인 개념이다.

① 내력 모멘트의 개념
② 외력 모멘트의 개념
③ 균등질 보의 개념
④ 하중 평형의 개념

3. 강도설계법의 가정으로 틀린 것은?
① 철근과 콘크리트의 변형률은 중립축으로부터의 거리에 비례한다.
② 콘크리트 압축측 연단에서 콘크리트의 설계기준 압축강도가 40MPa 이하인 경우에는 최대변형률은 0.0033으로 가정한다.
③ 휨응력 계산에서 콘크리트의 인장강도는 무시한다.
④ 극한강도 상태에서 콘크리트의 응력은 그 변형률에 비례한다.

4. 다음 중 스터럽을 쓰는 이유로 옳은 것은?
① 보의 강성(剛性)을 높이고 사인장 응력을 받게 하기 위하여
② 콘크리트의 탄성을 높이기 위하여
③ 콘크리트가 옆으로 튀어 나오는 것은 방지하기 위하여
④ 철근의 조립을 위하여

5. 경간 $l=10$m인 대칭 T형보에서 양쪽 슬래브의 중심 간격 2,100mm, 플랜지의 두께 $t=100$mm, 플랜지가 있는 부재의 복부폭 $b_w=400$mm일 때 플랜지의 유효폭은 얼마인가?
① 2,000mm ② 2,100mm
③ 2,300mm ④ 2,500mm

6. 뒷부벽식 옹벽을 설계할 때 뒷 부벽에 대한 설명으로 옳은 것은?
① T형보로 설계하여야 한다.
② 캔틸레버보로 설계하여야 한다.
③ 직사각형보로 설계하여야 한다.
④ 3변 지지된 2방향 슬래브로 설계하여야 한다.

7. 강도설계법에서 단철근 직사각형 보의 균형철근비 (ρ_b)는? (단, $f_{ck}=25$MPa, $f_y=400$MPa이다.)
① 0.026 ② 0.030
③ 0.033 ④ 0.036

8. 최소철근량 보다 많고 균형철근량 보다 적은 인장철근량을 가진 철근콘크리트 보가 휨에 의해 파괴되는 경우에 대한 설명으로 옳은 것은?

① 연성파괴를 한다.
② 취성파괴를 한다.
③ 사용철근량이 균형철근량 보다 적은 경우는 보로서 의미가 없다.
④ 중립축이 인장 측으로 내려오면서 철근이 먼저 항복한다.

9. 프리스트레스트 콘크리트 부재의 제작과정 중 프리텐션 공법에서 필요하지 않는 것은?

① 콘크리트 치기 작업
② PS강재에 인장력을 주는 작업
③ PS강재에 준 인장력을 콘크리트 부재에 전달시키는 작업
④ PS강재와 콘크리트를 부착시키는 그라우팅 작업

10. 그림과 같이 용접이음을 했을 경우 전단응력은?

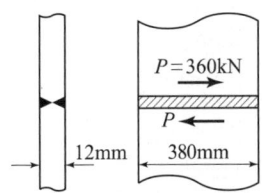

① 78.9MPa
② 67.5MPa
③ 57.5MPa
④ 45.9MPa

해설 및 정답

1. 철근의 정착방법
  (1) 묻힘길이에 의한 정착
  (2) 갈고리에 의한 정착
  (3) 기계적 정착 : ④에 해당

2. 콘크리트에 프리스트레스를 도입하여 탄성해석을 한다는 개념은 균등질보의 개념이다.

3. 강도설계법에서 콘크리트 압축응력은 $\eta 0.85 f_{ck}$로 등가 직사각형분포하며 압축연단으로부터 $a = \beta_1 c$ 깊이까지 등분포한다.

4. 스터럽(전단철근)은 보에 작용하는 전단응력 또는 사인장응력에 의한 균열을 막음으로써 보의 강성을 높이기 위해 배치한다.

5. ㉮ $16 t_f + b_w = 16(100) + (400) = 2{,}000 \, \text{mm}$
  ㉯ 양쪽 슬래브 중심간 거리 $= 2{,}100 \, \text{mm}$
  ㉰ 보 경간의 $\dfrac{1}{4} = (10 \times 10^3) \times \dfrac{1}{4} = 2{,}500 \, \text{mm}$
  이 중 최솟값 $2{,}000 \, \text{mm}$를 유효폭으로 한다.

6. 앞부벽은 직사각형보로 뒷부벽은 T형보로 설계한다.

7. $\rho_b = \dfrac{\eta 0.85 f_{ck} \beta_1}{f_y} \times \dfrac{660}{660 + f_y}$
  $= \dfrac{1.0 \times 0.85 \times 25 \times 0.80}{400} \times \dfrac{660}{660 + 400} \simeq 0.026$

8. 최소철근량 보다 많고 균형철근량 보다 적은 인장철근량을 가진 철근콘크리트 보는 과소철근보이므로 압축측 콘크리트보다 인장철근이 먼저 항복하여 연성파괴가 일어난다.

9. 쉬스, 정착장치 및 그라우팅은 포스트텐션에서 필요하다.

10. $v = \dfrac{P}{\sum al} = \dfrac{360 \times 10^3}{12 \times 380}$
  $= 78.95 \, \text{N/mm}^2 \simeq 78.9 \, \text{MPa}$

1. ③	2. ③	3. ④	4. ①	5. ①
6. ①	7. ①	8. ①	9. ④	10. ①

과년도출제문제(CBT시험문제)

25 토목산업기사
3회 시행 출제문제

1. 표준갈고리를 갖는 인장이형철근의 정착길이(l_{dh})에 대한 설명으로 옳은 것은? (단, d_b : 철근의 공칭지름)

① 정착길이(l_{dh})는 항상 $8d_b$ 이상 또한 150mm 이상이어야 한다.
② 정착길이(l_{dh})는 항상 $8d_b$ 이상 또한 300mm 이상이어야 한다.
③ 정착길이(l_{dh})는 항상 $16d_b$ 이상 또한 300mm 이상이어야 한다.
④ 정착길이(l_{dh})는 항상 $16d_b$ 이상 또한 300mm 이상이어야 한다.

2. 그림과 같은 T형보에서 등가직사각형 응력블록깊이(a)는? (단, $f_{ck}=28\text{MPa}$, $f_y=400\text{MPa}$, $A_s=3,855\text{mm}^2$)

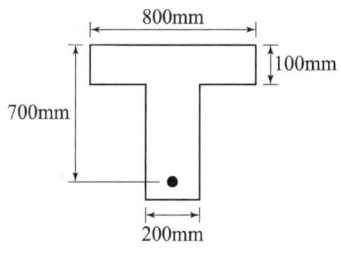

① 81mm   ② 98mm
③ 108mm   ④ 116mm

3. 아래 설명에서 ( )에 들어갈 내용으로 옳은 것은?

> 인장철근이 설계기준항복강도 f_y에 대응하는 변형률에 도달하고 동시에 압축 콘크리트가 가정된 극한변형률에 도달할 때, 그 단면이 ( ) 상태에 있다고 본다.

① 균형변형률   ② 인장지배
③ 압축지배   ④ 허용변형률

4. 슬래브의 단변 $S=3\text{m}$, 장변 $L=4.5\text{m}$에 집중하중 $P=150\text{kN}$이 슬래브의 중앙에 작용한 경우 단변 S가 부담하는 하중은 얼마인가?

① 73kN   ② 77kN
③ 116kN   ④ 83kN

5. 프리스트레스의 손실원인 중 프리스트레스 도입 후에 시간의 경과에 따라 생기는 것은?

① 콘크리트의 탄성변형
② 정착단의 활동
③ 콘크리트의 크리프
④ PS강재와 쉬스 사이의 마찰

6. 전체 깊이가 900mm를 초과하는 휨부재 복부의 양 측면에 부재 축방향으로 배근하는 철근의 명칭은?

① 배력철근   ② 표피철근
③ 피복철근   ④ 연결철근

7. 다음 중 스터럽을 쓰는 이유로 옳은 것은?

① 보의 강성(剛性)을 높이고 사인장 응력을 받게 하기 위하여
② 콘크리트의 탄성을 높이기 위하여
③ 콘크리트가 옆으로 튀어 나오는 것을 방지하기 위하여
④ 철근의 조립을 위하여

8. 강도설계법에 의한 나선철근 압축부재의 공칭 축강도(P_n)의 값은? (단, $A_g=160,000\text{mm}^2$, $A_{st}=6-\text{D}32=4,765\text{mm}^2$, $f_{ck}=22\text{MPa}$, $f_y=350\text{MPa}$이다.)

① 3,567kN   ② 3,885kN
③ 4,428kN   ④ 4,967kN

9. 아래 그림과 같은 판형에서 스티프너(stiffener)의 주된 사용목적은?

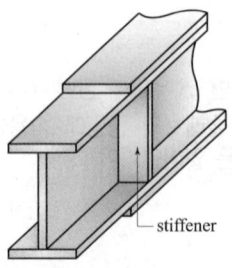

① web plate의 좌굴을 방지하기 위하여
② flange angle의 간격을 넓게 하기 위하여
③ flange의 강성을 보강하기 위하여
④ 보 전체의 비틀림에 대한 강도를 크게 하기 위하여

10. 아래의 표와 같은 조건에서 하중재하 기간이 5년이 넘는 경우 추가 장기처짐량은?

- 해당 지속하중에 의해 생긴 순간처짐량 : 30mm
- 단순보로서 중앙단면의 압축철근비 : 0.02

① 20mm   ② 30mm
③ 40mm   ④ 50mm

해설 및 정답

1. 표준갈고리(Standard Hook)를 갖는 인장이형 철근의 소요(실제)정착길이
$l_{dh} = l_{hb} \times$ 보정계수 $\geq 8d_b$, $150mm$

2. (1) T형보의 판정
$$a = \frac{A_s \cdot f_y}{\eta 0.85 f_{ck} \cdot b_e} = \frac{(3,855)(400)}{0.85(28)(800)}$$
$= 80.98mm < t_f (=100mm)$

(2) $a < t_f$ 이므로 플랜지폭 $b_e = 81mm$를 폭으로 하는 직사각형 단면 보로 설계한다.

3. 인장철근이 설계기준항복강도 f_y에 대응하는 변형률(ϵ_y)에 도달하고 동시에 압축 콘크리트가 가정된 극한변형률(ϵ_{cu})에 도달할 때, 그 단면이 (균형변형률)상태에 있다고 본다.

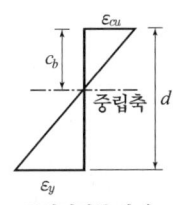

균형변형률 상태

4. 집중하중이 작용하는 경우 분담하중은 길이의 3승에 반비례하므로
$$P_S = \frac{L^3}{S^3 + L^3} P = \frac{4.5^3}{3^3 + 4.5^3}(150) = 115.71 \, kN \simeq 116 \, kN$$

5. PSC의 손실 원인

즉시 손실	시간적 손실
(1) 콘크리트 탄성수축	(1) 콘크리트 건조수축
(2) 정착단의 활동	(2) 콘크리트 크리프
(3) 강재와 쉬스 사이의 마찰	(3) 강재의 릴랙세이션

6. 표피철근은 전체 깊이가 900mm를 초과하는 휨부재 복부의 양 측면에 부재의 축방향으로 배치하는 철근이다.

7. 스터럽(전단철근)은 보에 작용하는 전단응력 또는 사인장응력에 의한 균열을 막음으로써 보의 강성을 높이기 위해 배치한다.

8. 나선철근의 공칭축강도
$P_n = \alpha\{0.85 f_{ck}(A_g - A_{st}) + A_{st} f_y\}$
$= 0.85\{0.85 \times 22 \times (160,000 - 4,765) + 4,765 \times 350\}$
$= 3,885,048 \, N \simeq 3,885 \, kN$

9. 판형에서 보강재(Stiffener)를 사용하는 이유는 복부판(web plate)의 좌굴을 방지하기 위함이다.

10. (1) 5년 이상 : $\xi = 2.0$

(2) 장기처짐 $= (30) \times \dfrac{(2.0)}{1 + 50(0.02)} = 30mm$

1. ①	2. ①	3. ①	4. ③	5. ③
6. ②	7. ①	8. ②	9. ①	10. ②

토목기사 대비 **철근콘크리트 및 강구조** 4

定價 28,000원

저 자	정경동 · 정용욱
	고길용 · 이지훈
	김지우
발행인	이 종 권

2001年 5月   7日 초판발행
2021年 1月   7日 20차개정1쇄발행
2022年 1月 10日 21차개정1쇄발행
2023年 1月 18日 22차개정1쇄발행
2024年 1月   9日 23차개정1쇄발행
2025年 1月 10日 24차개정1쇄발행
2026年 1月   7日 25차개정1쇄발행

發行處 **(주) 한솔아카데미**

(우)06775 서울시 서초구 마방로10길 25 트윈타워 A동 2002호
TEL : (02)575-6144/5   FAX : (02)529-1130
〈1998. 2. 19 登錄 第16-1608號〉

※ 본 교재의 내용 중에서 오타, 오류 등은 발견되는 대로 한솔아카데미 인터넷 홈페이지를 통해 공지하여 드리며 보다 완벽한 교재를 위해 끊임없이 최선의 노력을 다하겠습니다.
※ 파본은 구입하신 서점에서 교환해 드립니다.
www.inup.co.kr / www.bestbook.co.kr

ISBN 979-11-6654-751-5 13530

한솔아카데미 발행도서

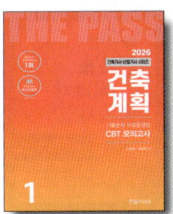
건축기사시리즈
①건축계획
이종석, 이병억 공저
432쪽 | 27,000원

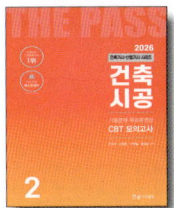
건축기사시리즈
②건축시공
김형중, 한규대, 이명철 공저
570쪽 | 27,000원

건축기사시리즈
③건축구조
안광호, 홍태화, 고길용 공저
796쪽 | 27,000원

건축기사시리즈
④건축설비
오병칠, 권영철, 오호영 공저
564쪽 | 27,000원

건축기사시리즈
⑤건축법규
현정기, 조영호, 한웅규, 김주석 공저
622쪽 | 27,000원

건축기사 필기 10개년
핵심 과년도문제해설
안광호, 백종엽, 이병억 공저
1,028쪽 | 45,000원

건축기사 4주완성
남재호, 송우용 공저
1,412쪽 | 47,000원

건축산업기사 4주완성
남재호, 송우용 공저
1,136쪽 | 44,000원

7개년 기출문제
건축산업기사 필기
한솔아카데미 수험연구회
868쪽 | 38,000원

건축설비기사 4주완성
남재호 저
1,088쪽 | 46,000원

건축설비산업기사
4주완성
남재호 저
872쪽 | 40,000원

10개년 핵심
건축설비기사 과년도
남재호 저
1,148쪽 | 40,000원

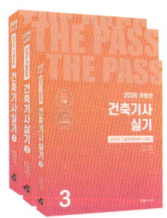
건축기사 실기
한규대, 김형중, 안광호, 이병억 공저
1,708쪽 | 53,000원

건축기사 실기
(The Bible)
안광호, 백종엽, 이병억 공저
1,000쪽 | 41,000원

건축기사 실기 14개년
과년도
안광호, 백종엽, 이병억 공저
688쪽 | 34,000원

건축산업기사 실기
한규대, 김형중, 안광호, 이병억 공저
696쪽 | 33,000원

건축산업기사 실기
(The Bible)
안광호, 백종엽, 이병억 공저
300쪽 | 30,000원

실내건축기사 4주완성
남재호 저
1,320쪽 | 39,000원

실내건축산업기사
4주완성
남재호 저
1,096쪽 | 32,000원

시공실무
실내건축(산업)기사 실기
안동훈, 이병억 공저
422쪽 | 30,000원

Hansol Academy

**건축사 과년도출제문제
1교시 대지계획**
한솔아카데미 건축사수험연구회
346쪽 | 33,000원

**건축사 과년도출제문제
2교시 건축설계1**
한솔아카데미 건축사수험연구회
192쪽 | 33,000원

**건축사 과년도출제문제
3교시 건축설계2**
한솔아카데미 건축사수험연구회
436쪽 | 33,000원

**건축물에너지평가사
①건물 에너지 관계법규**
건축물에너지평가사 수험연구회
852쪽 | 32,000원

**건축물에너지평가사
②건축환경계획**
건축물에너지평가사 수험연구회
516쪽 | 30,000원

**건축물에너지평가사
③건축설비시스템**
건축물에너지평가사 수험연구회
708쪽 | 32,000원

**건축물에너지평가사
④건물 에너지효율설계·평가**
건축물에너지평가사 수험연구회
648쪽 | 32,000원

**건축물에너지평가사
2차실기(상)**
건축물에너지평가사 수험연구회
940쪽 | 45,000원

**건축물에너지평가사
2차실기(하)**
건축물에너지평가사 수험연구회
905쪽 | 50,000원

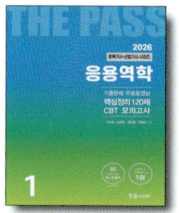
**토목기사시리즈
①응용역학**
안광호, 김창원, 염창열, 정용욱 공저
540쪽 | 28,000원

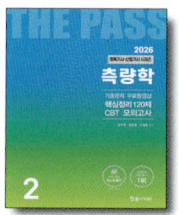
**토목기사시리즈
②측량학**
남수영, 정경동, 고길용 공저
392쪽 | 28,000원

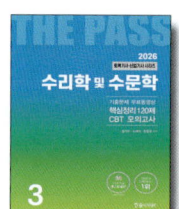
**토목기사시리즈
③수리학 및 수문학**
심기오, 노재식, 한웅규 공저
396쪽 | 28,000원

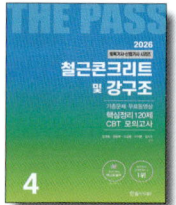
**토목기사시리즈
④철근콘크리트 및 강구조**
정경동, 정용욱, 고길용, 김지우 공저
464쪽 | 28,000원

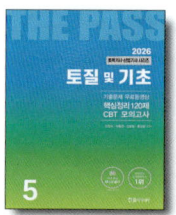
**토목기사시리즈
⑤토질 및 기초**
안진수, 박광진, 김창원, 홍성협 공저
588쪽 | 28,000원

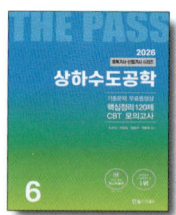
**토목기사시리즈
⑥상하수도공학**
노재식, 이상도, 한웅규, 정용욱 공저
544쪽 | 28,000원

**10개년 핵심 토목기사
과년도문제해설**
김창원 외 5인 공저
1,076쪽 | 46,000원

**토목기사 4주완성
핵심 및 과년도문제해설**
이상도, 고길용, 안광호, 홍성협, 김지우 공저
1,054쪽 | 45,000원

**토목산업기사 4주완성
과년도문제해설**
이상도, 정경동, 고길용, 안광호, 한웅규, 홍성협 공저
752쪽 | 42,000원

토목기사 실기
김태선, 박광진, 홍성협, 김창원, 김상욱, 이상도, 한웅규 공저
1,540쪽 | 52,000원

**토목기사 실기
과년도문제해설**
김태선, 이상도, 한웅규, 홍성협, 김상욱, 김지우 공저
892쪽 | 38,000원

www.bestbook.co.kr

콘크리트기사 · 산업기사
4주완성(필기)
정용욱, 고길용, 전지현, 김지우 공저
856쪽 | 39,000원

콘크리트기사
과년도(필기)
정용욱, 고길용, 김지우 공저
684쪽 | 30,000원

콘크리트기사 · 산업기사
3주완성(실기)
정용욱, 한웅규, 홍성협, 전지현 공저
784쪽 | 33,000원

건설재료시험기사
4주완성 필독서(필기)
박광진, 이상도, 김지우, 전지현 공저
742쪽 | 39,000원

건설재료시험기사
과년도(필기)
고길용, 정용욱, 홍성협, 전지현 공저
692쪽 | 32,000원

건설재료시험기사
3주완성(실기)
고길용, 홍성협, 전지현, 김지우 공저
728쪽 | 33,000원

콘크리트기능사
3주완성(필기+실기)
정용욱, 고길용, 염창열, 전지현 공저
538쪽 | 27,000원

지적기능사(필기+실기)
3주완성
염창열, 정병노 공저
640쪽 | 30,000원

측량기능사 3주완성
염창열, 정병노, 고길용 공저
580쪽 | 29,000원

전산응용토목제도기능사
필기 3주완성
염창열, 김지우, 최진호 공저
644쪽 | 29,000원

건설안전기사 4주완성
필기
지준석, 조태연 공저
1,388쪽 | 38,000원

산업안전기사 4주완성
필기
지준석, 조태연 공저
1,560쪽 | 38,000원

공조냉동기계기사 필기
조성안, 이승원, 강희중 공저
1,358쪽 | 41,000원

공조냉동기계산업기사
필기
조성안, 이승원, 강희중 공저
1,236쪽 | 36,000원

공조냉동기계기사 실기
조성안, 강희중 공저
1,040쪽 | 38,000원

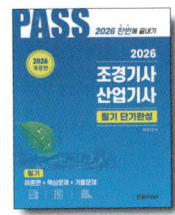
조경기사 · 산업기사
필기
이윤진 저
1,464쪽 | 49,000원

조경기사 · 산업기사
실기
이윤진 저
784쪽 | 45,000원

조경기능사 필기
이윤진 저
682쪽 | 29,000원

조경기능사 실기
이윤진 저
360쪽 | 29,000원

조경기능사 필기
한상엽 저
712쪽 | 28,000원

Hansol Academy

조경기능사 실기
한상엽 저
823쪽 | 30,000원

산림기사·산업기사 1권
이윤진 저
888쪽 | 27,000원

산림기사·산업기사 2권
이윤진 저
974쪽 | 27,000원

전기기사시리즈(전6권)
대산전기수험연구회
2,240쪽 | 131,000원

전기기사 5주완성
전기기사수험연구회
2,140쪽 | 43,000원

전기산업기사 5주완성
전기산업기사수험연구회
1,964쪽 | 43,000원

전기공사기사 5주완성
전기공사기사수험연구회
2,096쪽 | 43,000원

전기공사산업기사 5주완성
전기공사산업기사수험연구회
1,606쪽 | 43,000원

전기(산업)기사 실기
대산전기수험연구회
766쪽 | 43,000원

전기기사 실기 20개년 과년도문제해설
대산전기수험연구회
992쪽 | 38,000원

전기기사시리즈(전6권)
김대호 저
3,230쪽 | 136,000원

전기기사 실기 기본서
김대호 저
964쪽 | 39,000원

전기기사 실기 기출문제
김대호 저
1,340쪽 | 43,000원

전기산업기사 실기 기본서
김대호 저
920쪽 | 39,000원

전기산업기사 실기 기출문제
김대호 저
1,076쪽 | 41,000원

전기기사/전기산업기사 실기 마인드 맵
김대호 저
232쪽 | 15,000원

CBT 전기기사 단기완성
이승원, 김승철, 윤종식 공저
1,244쪽 | 42,000원

전기기능사 3단계 핵심 및 과년도
김승철, 신면순, 오용환, 이승원 공저
876쪽 | 28,000원

전기기능사 3주완성
이승원, 김승철, 윤종식 공저
532쪽 | 27,000원

소방설비기사 기계분야 필기
김흥준, 윤중오 공저
1,212쪽 | 40,000원

www.bestbook.co.kr

소방설비기사 전기분야 필기
김홍준, 신면순 공저
1,148쪽 | 40,000원

공무원 건축계획
이병억 저
800쪽 | 37,000원

7·9급 토목직 응용역학
정경동 저
1,192쪽 | 42,000원

응용역학개론 기출문제
정경동 저
686쪽 | 40,000원

측량학(9급 기술직/ 서울시·지방직)
정병노, 염창열, 정경동 공저
756쪽 | 29,000원

응용역학(9급 기술직/ 서울시·지방직)
이국형 저
628쪽 | 23,000원

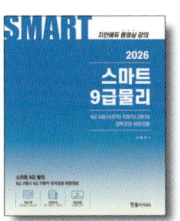
스마트 9급 물리 (서울시·지방직)
신용찬 저
422쪽 | 23,000원

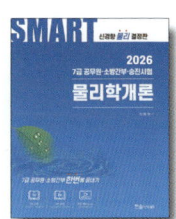
7급 공무원 스마트 물리학개론
신용찬 저
996쪽 | 45,000원

1종 운전면허
도로교통공단 저
110쪽 | 13,000원

2종 운전면허
도로교통공단 저
110쪽 | 13,000원

지게차 운전기능사
건설기계수험연구회 편
216쪽 | 15,000원

굴삭기 운전기능사
건설기계수험연구회 편
224쪽 | 15,000원

지게차 운전기능사 3주완성
건설기계수험연구회 편
338쪽 | 12,000원

굴삭기 운전기능사 3주완성
건설기계수험연구회 편
356쪽 | 12,000원

초경량 비행장치 무인멀티콥터
권희춘, 김병구 공저
258쪽 | 22,000원

시각디자인 산업기사 4주완성
김영애, 서정술, 이원범 공저
1,102쪽 | 36,000원

시각디자인 기사·산업기사 실기
김영애, 이원범 공저
508쪽 | 35,000원

토목 BIM 설계활용서
김영휘, 박형순, 송윤상, 신현준, 안서현, 박진훈, 노기태 공저
388쪽 | 30,000원

BIM 전문가 토목 2급자격(필기+실기)
BIM전문가 토목연구회 공저
324쪽 | 32,000원

BIM 구조편
(주)알피종합건축사사무소
(주)동양구조안전기술 공저
536쪽 | 32,000원

Hansol Academy

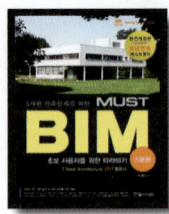
BIM 기본편
(주)알피종합건축사사무소
402쪽 | 32,000원

BIM 기본편 2탄
(주)알피종합건축사사무소
380쪽 | 28,000원

BIM 건축계획설계 Revit 실무지침서
BIMFACTORY
607쪽 | 35,000원

전통가옥에서 BIM을 보며
김요한, 함남혁, 유기찬 공저
548쪽 | 32,000원

BIM 주택설계편
(주)알피종합건축사사무소
박기백, 서창석, 함남혁, 유기찬 공저
514쪽 | 32,000원

BIM 활용편 2탄
(주)알피종합건축사사무소
380쪽 | 30,000원

BIM 건축전기설비설계
모델링스토어, 함남혁
572쪽 | 32,000원

BIM 토목편
송현혜, 김동욱, 임성순, 유자영, 심창수 공저
278쪽 | 25,000원

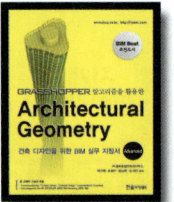
디지털모델링 방법론
이나래, 박기백, 함남혁, 유기찬 공저
380쪽 | 28,000원

건축디자인을 위한 BIM 실무 지침서
(주)알피종합건축사사무소
박기백, 오정우, 함남혁, 유기찬 공저
516쪽 | 30,000원

BIM 전문가 건축 2급자격(필기+실기)
모델링스토어
760쪽 | 36,000원

BIM 전문가 토목 2급 실무활용서
채재현, 김영휘, 박준오, 소광영, 김소희, 이기수, 조수연
614쪽 | 35,000원

BE Architect
유기찬, 김재준, 차성민, 신수진, 홍유찬 공저
282쪽 | 20,000원

BE Architect 라이노&그래스호퍼
유기찬, 김재준, 조준상, 오주연 공저
288쪽 | 22,000원

BE Architect AUTO CAD
유기찬, 김재준 공저
400쪽 | 25,000원

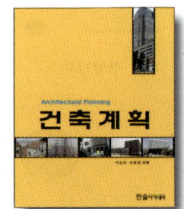
건축관계법규(전3권)
최한석, 김수영 공저
3,544쪽 | 110,000원

건축법령집
최한석, 김수영 공저
1,490쪽 | 60,000원

건축법해설
김수영, 이종석, 김동화, 김용환, 조영호, 오호영 공저
918쪽 | 32,000원

건축설비관계법규
김수영, 이종석, 박호준, 조영호, 오호영 공저
790쪽 | 34,000원

건축계획
이순희, 오호영 공저
422쪽 | 23,000원

www.bestbook.co.kr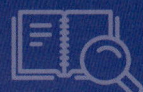

건축시공학
이찬식, 김선국, 김예상, 고성석,
손보식, 유정호, 김태완 공저
776쪽 | 30,000원

**현장실무를 위한
토목시공학**
남기천,김상환,유광호,강보순,
김종민,최준성 공저
1,212쪽 | 45,000원

알기쉬운 토목시공
남기천, 유광호, 류명찬, 윤영철,
최준성, 고준영, 김연덕 공저
818쪽 | 28,000원

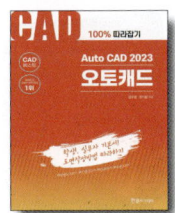
Auto CAD 오토캐드
김수영, 정기범 공저
364쪽 | 25,000원

친환경 업무매뉴얼
정보현, 장동원 공저
352쪽 | 30,000원

**건축시공기술사
기출문제**
배용환, 서갑성 공저
1,146쪽 | 69,000원

**합격의 정석
건축시공기술사**
조민수 저
904쪽 | 67,000원

**건축시공기술사
용어해설**
조민수 저
1,438쪽 | 70,000원

**건축전기설비기술사
(상,하)**
서학범 저
1,532쪽 | 65,000원(각권)

**디테일 기본서 PE
건축시공기술사**
백종엽 저
730쪽 | 62,000원

**디테일 마법지 PE
건축시공기술사**
백종엽 저
504쪽 | 50,000원

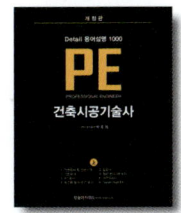
**용어설명1000 PE
건축시공기술사(상,하)**
백종엽 저
2,148쪽 | 70,000원(각권)

역학의 정석
김성민, 김성범 공저
788쪽 | 52,000원

**합격의 정석
토목시공기술사**
김무섭, 조민수 공저
874쪽 | 60,000원

건설안전기술사
이태엽 저
776쪽 | 60,000원

소방기술사 上
윤정득, 박견용 공저
656쪽 | 55,000원

소방기술사 下
윤정득, 박견용 공저
730쪽 | 55,000원

**소방시설관리사 1차
(상,하)**
김흥준 저
1,630쪽 | 63,000원

건축에너지관계법해설
조영호 저
614쪽 | 27,000원

ENERGYPULS
이광호 저
236쪽 | 25,000원

Hansol Academy

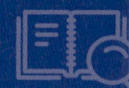

수학의 마술(2권)
아서 벤저민 저, 이경희, 윤미선, 김은현, 성지현 옮김
206쪽 | 24,000원

스트레스, 과학으로 풀다
그리고리 L. 프리키온, 애너이브 코비치, 앨버트 S.융 저
176쪽 | 20,000원

행복충전 50Lists
에드워드 호프만 저
272쪽 | 16,000원

지치지 않는 뇌 휴식법
이시카와 요시키 저
188쪽 | 12,800원

지능형홈관리사
김일진, 이의신, 송한춘, 황준호, 장우성 공저
500쪽 | 35,000원

스마트 건설, 스마트 시티, 스마트 홈
김선근 저
436쪽 | 19,500원

e-Test 엑셀 ver.2016
임창인, 조은경, 성대근, 강현권 공저
268쪽 | 17,000원

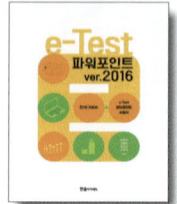
e-Test 파워포인트 ver.2016
임창인, 권영희, 성대근, 강현권 공저
206쪽 | 15,000원

e-Test 한글 ver.2016
임창인, 이권일, 성대근, 강현권 공저
198쪽 | 13,000원

e-Test 엑셀 2010(영문판)
Daegeun-Seong
188쪽 | 25,000원

e-Test 한글+엑셀+파워포인트
성대근, 유재휘, 강현권 공저
412쪽 | 28,000원

재미있고 쉽게 배우는 포토샵 CC2020
이영주 저
320쪽 | 23,000원

토목기사 실기 (전 3권)

김태선, 박광진, 홍성협, 김창원, 김상욱, 이상도, 한웅규
1,540쪽 | 52,000원

토목기사 실기 12개년 과년도

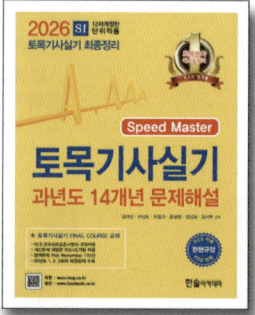

김태선, 이상도, 한웅규, 홍성협, 김상욱, 김지우
892쪽 | 38,000원

※ 구입처는 **전국대형서점**에서 구매하실 수 있습니다.